页岩储层四维地应力及加密井压裂理论

Theory of Four-Dimensional Stress Evolution and Infill Well Fracturing in Shale Gas Reservoir

朱海燕　唐煊赫　李　扬　著

国家自然科学基金项目(52192622、51604232、51874253、U19A2097、U20A20265)
四川省国际合作计划项目(2014HH0004)
油气藏地质及开发工程国家重点实验室
共同资助

科学出版社
北京

内 容 简 介

我国涪陵页岩气田初始井距约 600m，蜀南地区井距 400～500m。涪陵、长宁、威远等主要页岩气田近几年的生产发现，页岩气井投产前三年产量下降 50%以上。为了缓解页岩气田产能衰减、充分挖掘储层未动用产能，需要在初期开发井网基础上，部署加密井或老井重复压裂，以提高资源动用率。页岩气开采过程中，储层压力快速下降，老井周围储层存在超过 40MPa 的压降漏斗，扰动压降区的原地应力、储层原三维地应力随时间不断变化(即四维地应力)，诱使加密井压裂干扰老井。储层四维地应力演化及加密井复杂裂缝扩展的准确预测是页岩气加密井压裂优化设计的关键。本书介绍了作者多年来在页岩气藏四维动态地应力演化及加密井复杂裂缝扩展方面的研究成果，主要内容包括：复杂裂缝相交与分岔扩展模型及其数值实现；页岩气老井压裂复杂裂缝交错扩展机理；页岩气加密井储层四维动态地应力模拟方法；长期开采过程中页岩气储层四维地应力演化机理；页岩气藏加密井复杂裂缝扩展机理及参数优化。

本书可作为研究储层四维动态地应力演化和水力压裂复杂裂缝扩展模拟的参考用书，也可供具备一定学科知识基础、从事水力压裂相关工作的技术人员和相关专业的研究生参考。

图书在版编目(CIP)数据

页岩储层四维地应力及加密井压裂理论 = Theory of Four-Dimensional Stress Evolution and Infill Well Fracturing in Shale Gas Reservoir / 朱海燕，唐煊赫，李扬著. —北京：科学出版社，2022.7

ISBN 978-7-03-069608-3

Ⅰ. ①页… Ⅱ. ①朱…②唐…③李… Ⅲ. ①油页岩-储集层-气田开发-关系-加密井-压裂-研究 Ⅳ. ①TE357.1 ②TE2

中国版本图书馆 CIP 数据核字(2021)第 168132 号

责任编辑：刘翠娜 / 责任校对：王萌萌
责任印制：师艳茹 / 封面设计：无极书装

科 学 出 版 社 出版
北京东黄城根北街 16 号
邮政编码：100717
http://www.sciencep.com

北京汇瑞嘉合文化发展有限公司 印刷
科学出版社发行 各地新华书店经销

*

2022 年 7 月第 一 版 开本：787×1092 1/16
2022 年 7 月第一次印刷 印张：15 1/4
字数：337 000

定价：198.00 元

(如有印装质量问题，我社负责调换)

作 者 简 介

朱海燕 男，安徽亳州人，博士(后)，教授，博士生导师，四川省页岩气勘探开发工程实验室主任，油气藏地质及开发工程国家重点实验室学术骨干。担任国际石油工程领域TOP期刊*Journal of Petroleum Science and Engineering*副主编、*Frontiers in Earth Science*客座编辑、《天然气工业》编委、美国岩石力学学会“Distinguished Service Award”评选委员会主席等。主要从事石油钻采岩石力学的实验、理论及应用研究。先后主持国家自然科学基金重大项目课题、面上项目、青年基金项目及中国博士后科学基金面上项目、特别资助项目等20余项，承担2019年四川省“天府万人计划”天府科技菁英项目。以第一作者或通讯作者在国内外知名期刊发表论文40余篇(其中TOP期刊10篇)，授权发明专利23件(其中国际专利6件)，出版专著2部、教材3部，获软件著作权5项。研究成果工业化应用1169井次以上(截至2020年12月)，获省部级科技进步奖一等奖4项、二等奖1项，以及优秀专利奖1项，为四川盆地页岩气、胜利油田致密油与页岩油等非常规油气开发做出了贡献。入选2018年“全国高等学校矿业石油安全工程领域优秀青年科技人才”、2021年四川省杰出青年科技人才、2019年美国岩石力学学会“未来领军者”计划(ARMA“Future Leaders Program”)，获2020年中国石油和化学工业联合会“青年科技突出贡献奖”、2021年第二十四届中国科协求是杰出青年奖成果转化奖提名奖。

序

近年来，以页岩气为代表的“非常规油气革命”在美国取得成功，实现了美国由天然气进口大国转变为出口大国，深刻改变了世界天然气供给格局。借鉴北美页岩气成熟开发技术，经过十余年持续攻关，我国形成了3500m以浅页岩气水平井多段压裂等关键技术，达到年产超200亿m^3规模，已实现商业化开发。

页岩气开发与常规天然气存在较大差异。通过四川盆地涪陵、长宁、威远等区块生产历史发现，页岩气井投产前三年产量下降50%以上，未来埋深3500m以浅页岩气能否继续稳产上产是川渝地区能否建成“天然气大庆”的关键。为弥补单井产能递减、稳定推进区域产能建设，需要在同一或相邻平台已有生产井之间，部署加密井，提高资源动用率。由于老井周围储层存在超过40MPa的压降漏斗，储层压力下降扰动压降区的原地应力、储层原三维地应力(即四维地应力)随时间不断变化，诱使加密井压裂干扰老井，甚至压窜老井，导致老井产量骤降，是制约我国页岩气持续高效开发的新难题。准确评价页岩气储层四维地应力和加密井复杂裂缝扩展形态是加密井压裂设计的关键。

自2014年以来，成都理工大学朱海燕教授带领团队在国家科技重大专项、国家自然科学基金项目、四川省国际合作计划项目、中石化“十条龙”科技攻关项目等资助下，针对页岩气储层加密井压裂的关键科学问题，率先提出了页岩双重介质多裂缝起裂与交错扩展的有限元-离散裂缝网络数值模拟方法、基于地质-工程一体化的四维地应力多物理场建模方法、基于页岩储层四维地应力动态演化的加密井压裂复杂裂缝扩展模拟方法，揭示了页岩气储层四维地应力演化和加密井复杂裂缝扩展机理，发现了涪陵页岩气加密井压裂的微地震屏障效应，形成了基于地质-工程一体化理念的页岩气储层四维地应力演化及加密井压裂复杂裂缝扩展预测技术。相关研究成果在*SPE Journal*、*Journal of Petroleum Science and Engineering*、《石油勘探与开发》及《石油学报》等期刊上发表，支撑了涪陵页岩气田一期产建区加密井的规模化压裂开发。

该书通过大量的室内实验、理论分析、数值模拟和现场实践，对页岩储层四维地应力演化和加密井压裂理论进行了系统、深入的开创性研究，填补了我国页岩气储层四维动态地应力预测及加密井复杂裂缝扩展模拟的空白，提出了许多富有科学价值的新见解、新方法，是我国四维地应力预测、加密井压裂领域的关键著作，对从事研究、教学和生产的水力压裂工作者具有重要的参考价值。

中国科学院院士

2022年1月15日

前言

长期以来，我国能源供需矛盾突出，石油天然气对外依存度逐年攀升，非常规油气的高效开发是缓解我国能源供需矛盾、保障能源安全的重大战略需求。据美国能源信息署(EIA)的全球调查显示，我国页岩气储量为36.1万亿m^3，全球排名第一位。我国页岩气开发起步较晚，2009年中石油钻探我国第一口页岩气井威201井，并于次年压裂成功采气；2012年11月，焦石坝JY1-HF井获页岩气测试日产量20.3万m^3，发现了涪陵页岩气田，并于2013年设立涪陵国家级页岩气示范区，从此，正式拉开我国页岩气开发的序幕。2021年我国页岩气产量达230亿m^3，约占美国的3%，可见我国页岩气开发整体尚处于初期阶段，前景广阔，亟待加大开发。

四川盆地页岩气资源量全国第一，年产页岩气占全国的90%以上，是我国页岩气开发的主战场。与北美相比，我国四川盆地页岩气储层地质条件更复杂：埋藏更深(普遍达3000m，部分已达5000m)、演化程度高、晚期构造活动强烈、断层/裂缝发育、水平地应力高且差异大(地应力高达120MPa、水平地应力差高达28MPa)、页岩各向异性强/破裂强度高，致使页岩气的压裂开发难度更大。近年来，涪陵、长宁、威远等主要页岩气田的生产实践表明，页岩气井投产后前三年产量下降50%以上，储层压力下降超过40MPa。为了弥补单井产能递减、稳定推进区域产能建设，通常在生产老井中进行重复压裂，或在同一或相邻平台已有生产井之间钻加密井并进行体积压裂，来提高储层的动用程度。由于储层压力、地应力等地质力学参数随着页岩气开采不断演化，使得老井与加密井裂缝扩展存在明显差异。如何准确预测储层四维地应力演化、保证加密井压裂压出复杂裂缝，而又不压窜老井，是制约我国页岩气持续高效开发的新难题。

页岩气储层四维地应力演化及加密井复杂裂缝扩展预测，其核心问题在于：①如何准确评价天然裂缝发育页岩气储层初次压裂的复杂裂缝交错扩展形态；②如何通过建立数值模型，准确地描述页岩气渗流过程中，地应力的非均匀变化及其对渗流过程的影响，该过程一般描述为三维储层空间的渗流-应力耦合过程；③如何构建储层地应力非均匀动态变化条件下的加密井复杂裂缝非均衡扩展模拟方法及其数值模型。

自2014以来，本书作者在国家科技重大专项、国家自然科学基金项目、四川省国际合作计划项目、国家重点实验室基金项目、中石化“十条龙”科技攻关项目等支持下，基于地质-工程一体化理念，与美国岩石力学学会前主席John D. McLennan教授和加拿大滑铁卢大学教授、国际著名地质力学专家、美国岩石力学学会会士Maurice B. Dusseault合作，攻克了页岩气储层四维动态地应力预测、加密井复杂裂缝扩展模拟的系列关键科学问题，填补了国内页岩气储层四维动态地应力预测及加密井复杂裂缝扩展模拟的空白，打破了国际油企在四维动态地应力及加密井复杂裂缝扩展方面的技术垄断。截至 2019 年 12 月，研究成果已在中石化涪陵页岩气田、中海油沁水盆地煤层气区、中石油长庆油田鄂尔多斯盆地致密油开发区等工业化应用，为中石化涪陵页岩气田一期加密井的压裂优化设计提供了理论依据。

本书针对四川盆地页岩气储层渗透率低、非均质性和各向异性强、天然裂缝发育、地应力高且差异大等复杂地质力学特征，围绕页岩气储层四维动态地应力演化及加密井复杂裂缝扩展模拟问题，提出了页岩双重介质多裂缝起裂与交错扩展的有限元-离散裂缝网络(FEM-DFN)数值模拟方法、基于地质-工程一体化的四维地应力多物理场建模方法、基于页岩储层四维地应力动态演化的加密井压裂复杂裂缝扩展模拟方法，构建了页岩气老井初次压裂复杂裂缝相交与分岔扩展、页岩气长期开采过程中储层四维地应力演化、加密井复杂裂缝扩展等数值模型，揭示了页岩气储层四维地应力演化和加密井复杂裂缝扩展机理，首次发现了涪陵页岩气储层加密井压裂的微地震事件“屏障效应”，形成了基于地质-工程一体化理念的页岩气储层四维地应力演化及复杂裂缝扩展预测技术，为我国页岩气的长效开发提供了理论与技术支撑。

本书共分为 7 章，由成都理工大学的朱海燕教授、唐煊赫博士和西南石油大学李扬博士合作完成。博士研究生黄楚淏参与了第 2～4 章的撰写与整理工作，硕士研究生宋宇家、刘英君、徐鑫勤参与了第 5、6 章的撰写与整理工作。全书由朱海燕教授统稿及审定。

本书内容是在国家科技重大专项(2016ZX05060004)、国家自然科学基金项目(52192622、51604232、51874253、U19A2097、U20A20265)、四川省国际合作计划项目(2014HH0004)、油气藏地质及开发工程国家重点实验室基金、中石化“十条龙”科技攻关项目等资助下完成的。

限于作者水平有限，本书的不足之处在所难免，敬请广大读者批评指正！

著　者

2021 年 8 月 28 日

目录

第1章

绪　　论

1.1　研究背景及意义

随着常规油气资源的逐渐减少和枯竭，非常规油气的高效开发成为缓解我国能源供需矛盾、保障能源供给安全的重大战略措施。据2018年联合国贸易和发展会议报告显示，我国页岩气储量为31.6万亿m^3，全球排名第一位。2021年我国页岩气产量230亿m^3，作为一种典型的非常规天然气资源，我国页岩气开发潜力巨大。四川盆地页岩气资源量全国第一，年产页岩气占全国的90%以上，是我国页岩气开发的主战场(邹才能等，2021)。

“水平井+分段多簇射孔+大排量”的体积压裂技术是页岩气开发的主体技术，通过“打碎”储层，形成天然与“人造”裂缝交错的复杂裂缝，增加改造体积，以提高页岩气井的单井产量和最终采收率。近10年来，针对我国四川盆地页岩气的实际情况，在借鉴国外相关技术的基础上，结合我国页岩气开发的实际和技术难题，在页岩气水平井体积压裂理论与技术方面的研究和生产应用上均取得了一些创新成果，目前已经形成一套较为完善的方法体系，该体系主要采用“水平井+体积压裂”的开发工艺，配合“井工厂”的开发模式，一次性部署多口水平井，集中施工，集中投产(吴奇等，2012；邹才能等，2016；胥云等，2018)。在该开发模式下，合理控制井距、提高气井控制范围和储层动用程度显得尤为重要。早期美国页岩气水平井间距较大，主要集中在400m左右，后期进行优化和加密，目前基本在200m以内(焦方正，2019；Xiong et al., 2018；Pichon et al., 2018)。由于我国对页岩气井压裂改造认识不足，导致初期井距过大，井间储量难以动用(贾爱林等，2016)。目前我国蜀南地区页岩气藏水平井井距400～500m，涪陵地区初始井距约600m(赵群等，2020；位云生等，2017)。因此，需要在初期开发井网基础上，通过部署加密井等方式合理减小井距，缓解页岩气田产能衰减，提高资源动用率，其中我国涪陵页岩气田已自2014年开始进行加密井开发实验研究(位云生等，2018)。

涪陵、长宁、威远等位于四川盆地的主要页岩气田近几年的生产发现，页岩气井投产前三年产量下降50%以上，储层压力下降超40MPa。为了弥补单井产能递减、稳定推进区域产能建设，需要在同一或相邻平台已有生产井之间，钻加密井并进行体积压裂，来提高储层的动用程度。由于老井长期生产，页岩储层压力快速下降，受储层岩石力学性质、天然裂缝、老井压裂裂缝等因素的影响，生产井周围地应力不断变化，使加密井水力压裂裂缝扩展形态及开发效果与老井存在明显差异。当加密井与老井井距较近时，加密井“Frac-hit”效应影响，水力裂缝产生非对称扩展，使其更倾向于向老井孔隙压力下降区域扩展，这一现象已经在现场试井、示踪剂测试及压裂微地震监测结果中得到了验证(Dohmen et al., 2017；Cipolla et al., 2018；Kumar et al., 2020)。如2018年以来，威远页岩气区块共有50余井次老井被加密井压窜，影响老井生产和相邻平台新井钻完井等，老井被压窜后产量恢复慢，目前压窜井产量仅恢复不到70%，严重制约了页岩气田的持续高效开发。加密井压裂“Frac-hit”效应受多方面因素影响，如：井距、老井生产程度、地层物性条件、地层应力状态、天然裂缝发育程度、老井压裂时间、水力裂缝复杂性、压裂液类型、施工参数等，该问题力学机理较为复杂。因此，开展页岩气储层四维地应力演化及加密井复杂裂缝扩展预测，对我国页岩气的长效开发具有重要现实意义。

与北美相比，我国四川盆地页岩气储层地质条件复杂世界罕见：埋藏更深(普遍达3000m，部分已达到5000m)、演化程度高、晚期构造活动强烈、断层/裂缝发育、水平地应力高且差异大(地应力高达120MPa、水平地应力差高达28MPa)、页岩各向异性强/破裂强度高，致使水平井分段多簇体积压裂复杂裂缝扩展机理异常复杂。随着页岩气老井初次压裂数万立方米水的注入和不断开采，老井周围产生依赖于老井压裂改造体积的压力动态扰动区，储层地应力动态非均匀变化，再加上天然裂缝、老井压裂裂缝、岩石力学性质的非均质性和各向异性，显著加剧了加密井体积压裂复杂裂缝的预测难度，该问题已成为制约我国页岩气开发后期增产提效的主要瓶颈问题，也是当前国际石油工程领域攻关的热点和难点。

本书针对四川盆地页岩气加密井压窜老井的瓶颈难题，系统考虑页岩气开采过程中储层压力、物性参数、地应力等的变化及其在三维空间内的非均质性和各向异性，通过页岩气老井初次压裂复杂裂缝扩展模拟、老井生产气藏与地质力学耦合的四维地应力演化模拟、储层地应力变化条件下的加密井复杂裂缝扩展模拟等的地质-工程一体化研究思路，建立了页岩气储层四维动态地应力预测的气藏渗流-应力耦合数值模拟方法、复杂裂缝相交与分岔扩展的FEM-DFN数值模型、页岩气加密井复杂裂缝扩展的多物理场耦合模型等，揭示了储层天然裂缝、老井开采制度、压裂施工参数、井间距等对储层四维地应力演化和加密井复杂裂缝扩展的影响机理，找出了实现加密井复杂裂缝充分扩展、避免井间压窜的井间距、射孔位置、压裂施工参数和储层地质条件，为我国页岩气资源的持续高效开发提供了重要的理论与技术支撑。

1.2 渗流-应力耦合动态演化研究现状

1.2.1 渗流-应力耦合动态演化

储层压力、地应力等地质力学参数随着页岩气开采不断演化，致使储层条件非均匀分布，是老井重复压裂或加密井钻井和压裂与老井初次压裂的最大不同。如果不能准确认识老井生产导致的地质力学参数演化过程及当前状态，就可能出现老井重复压裂施工无法达到预期效果、加密井钻井井周失稳以及加密井压裂过程中发生压窜等问题。因此，为了使老井重复压裂/加密井压裂达到预期效果、保证钻加密井井筒安全，首先需要弄清页岩气长期开采条件下储层地质力学参数的动态演化，这就涉及气藏与地质力学的耦合模拟，该问题一直是近年来国内外研究的热点。

Maurice(1941)最早在 Terzaghi 的一维流动-应力耦合理论基础上率先提出了三维地应力模型，而后 Geertsma(1956)提出孔隙和岩石体积变化理论，并讨论了地应力变化对岩石弹性和孔隙体积的影响。1976 年，委内瑞拉 Bachaquero 油田在开采过程中出现了明显的地层沉降和压实现象(Merle et al., 1976)，使人们意识到不能仅仅只考虑开采过程中的渗流过程。1983 年，Espinoza(1983)最早提出在评价储层状态时需要考虑地应力的影响，并通过建立压力和温度对孔隙压缩率的关系式来研究注蒸汽地层模型的压实情况。从 20 世纪 90 年代开始，由于水力压裂的推广应用、油气藏长效开采过程中需要考虑压实沉降等，在油藏模拟过程中考虑地应力变化的相关研究得出了大量的研究成果，先后出现了大量渗流-应力耦合模型(Tortike et al., 1993; Gutierrez et al., 1994; Lewis et al., 1994; Fung et al., 1994; Mourits, 1994; Heffer et al., 1994)。

渗流-应力耦合或称为渗流-地质力学耦合(flow-geomechanics coupling)的数值方法最主要的划分方式是从耦合进行划分：最主要的耦合求解形式包括 Cuisiat 等(1998)提出全耦合，Settari 等(1999)、Chin 等(2002)为解决全耦合收敛性差和求解效率低而提出的交叉迭代耦合模型，以及以 Fung 等(1994)、Tortike 等(1993)、Koutsabeloulis 等(1998)提出的单向耦合三种，此外，还存在一种拟耦合形式。针对不同的耦合求解方法，Dean 等(2006)对比了显式求解、隐式迭代和全耦合三类渗流-应力耦合方法，研究发现，虽然三类方法的计算结果相同，但隐式迭代求解能够最大限度上平衡计算精度和计算时间。基于此，Tran 等(2005)通过对比不同的耦合方法，提出了应该根据模型尺度等特征、计算效率需求、计算精度需求等综合考量应该使用哪种算法。

上述四种耦合求解形式的特征及差别如表 1-1 所示。

表 1-1 不同耦合求解形式及其数值方法对比

<table>
<tr><th>求解形式</th><th>计算精度</th><th>计算效率</th><th>数值方法</th><th>求解器</th><th>连续性方程</th><th>其他场变量</th><th>模型尺度</th></tr>
<tr><td rowspan="3">全耦合</td><td rowspan="3">高</td><td rowspan="3">低</td><td rowspan="3">FEM</td><td>DYNAFLOW；FEMH</td><td>单孔渗+弹性变形</td><td>温度场、化学场</td><td>局部井段</td></tr>
<tr><td>COMSOL</td><td>单孔渗+弹/塑性变形</td><td>温度场、化学场</td><td>全井筒、局部井段</td></tr>
<tr><td>Code_Bright</td><td>单孔渗+弹/塑/黏塑性变形</td><td>温度场</td><td>局部井段</td></tr>
<tr><td rowspan="3">交叉迭代耦合</td><td rowspan="3">较高</td><td rowspan="3">较高</td><td rowspan="2">FDM+FEM</td><td>CMG/Eclipse+ABAQUS</td><td>复杂孔渗+弹/塑性变形</td><td>温度场、化学场</td><td>整个区域、全井筒</td></tr>
<tr><td>ATHOS++VISAGE</td><td>复杂孔渗+弹/塑性变形</td><td>温度场、化学场</td><td>整个区域</td></tr>
<tr><td>FDM+FVM</td><td>TOUGH2/TOUGHREACT+FLAC3D</td><td>单/双孔渗+弹/塑性变形</td><td>温度场、化学场</td><td>全井筒、局部井段</td></tr>
<tr><td rowspan="3">单向耦合</td><td rowspan="3">较低</td><td rowspan="3">高</td><td rowspan="2">FDM+FEM</td><td>ECLIPSE+VISAGE</td><td>复杂孔渗+弹/塑性变形</td><td>温度场、化学场</td><td>整个区域</td></tr>
<tr><td>ATHOS+ABAQUS</td><td>单孔渗+弹/塑性变形</td><td>温度场、化学场</td><td>整个区域</td></tr>
<tr><td>DEM</td><td>NUFT+LDEC；3DEC</td><td>单孔渗+弹/塑性变形</td><td>温度场</td><td>整个区域、全井筒</td></tr>
<tr><td>拟耦合</td><td>低</td><td>高</td><td>FDM</td><td>CMG</td><td>复杂孔渗+储层压实</td><td>温度场、化学场</td><td>整个区域</td></tr>
</table>

随着 SAGD、CO_2 埋存、地热能开采、水合物开采等技术的出现与应用，需要在渗流-地质力学耦合的基础上，考虑温度对流体性质、热应力、注入流体与地层岩石和流体发生化学反应。国际上以国际多期合作项目 DECOVALEX 为代表，围绕渗流-地质力学-热力学三场耦合和渗流-地质力学-热力学-化学反应四场耦合开展了大量研究（Tran et al., 2005；Safari and Ghassemi, 2011；Pan et al., 2016；Birkholzer et al., 2018）；而国内赵阳升等（2008）、杨天鸿等（2010）、张东晓等（2016）、陈卫忠等（2018）也对储层地质力学多场耦合分析进行了一定程度的探索。但是由于目前页岩气开采过程中渗流-地质力学耦合过程对热应力和化学反应的敏感性较低，因此对相关研究不做展开讨论。此外，不论是渗流-地质力学-热力学三场耦合还是渗流-地质力学-热力学-化学反应四场耦合，其耦合的核心还是在于渗流场和应力场之间的耦合。

页岩气储层的一般特征有：天然裂缝发育、页岩岩石力学参数呈现各向异性，并具有一定程度的非均质性等特征。

在含有天然裂缝或断层等不连续面的储层，Koutsabeloulis 等（1998）、Nakaten 等（2014）开展了渗流-地质力学耦合数值建模，但是均为六面体网格，其对天然裂缝进行了渗透率等效处理，虽然能够很好地模拟天然裂缝作为主要渗流介质对流体流动的作为，但却忽略了天然裂缝在地应力变化过程中可能存在的形变；而 Gutierrez 等（1997）、Zhang 等（2019）则将储层岩石处理为非连续性介质，利用离散元或边界元的方法，准确地描述了裂缝作为离散介质对地应力的影响，但不连续介质无法准确模拟基质渗流情况。

在岩石各向异性方面，Lewis 等（1997）、Taron 等（2009）分别针对裂缝性油藏、地热等储层开展了相关研究，但缺乏对页岩的各向异性在页岩气开采渗流-地质力学耦合中的影响相关讨论；Ostadhassan 等（2012）针对页岩的研究仅限于井筒尺度；Teufel 等（1991）针对储层的非均质性，进行了渗流-地质力学耦合分析，但都局限于不同井几个深度上，未能形成三维的连续性模型；Samier 等（2006）、Vidal-Gilbert 等（2009）基于储层的实际特性建立了非均质性数值模型，但是仅考虑了层间或岩性间非均质性；Herwanger 等（2011）、Onaisi 等（2015）建立基于四维地震的地质力学模型，虽然准确地描述了储层的非均质性状态，却未能考虑储层实际渗流情况。

另一方面，根据模型在耦合参数上的交互特征，可以按照网格独立性进行分类，大致可分为：按照渗流模型和地质力学模型是否共享网格划分为单网格耦合系统和双网格耦合系统，两者特征及差别如表 1-2 所示。

表 1-2　单、双网格耦合系统对比

网格耦合形式	求解方式	优点	缺点	适用性
单网格耦合	渗流模型和地质力学模型共用一套网格系统	不存在网格差异造成的误差	计算效率低	全耦合/拟耦合小尺寸模型
双网格耦合	渗流模型和地质力学模型分别在不同的网格系统中进行计算求解	计算效率高	结果准确度依赖网格传递算法	交叉迭代耦合/单向耦合大尺寸模型

对于单网格耦合，由于渗流模型和地质力学模型共用一套网格系统，因此，无论是全耦合、交叉迭代耦合还是单向耦合，所有求解均在同一网格下进行，只要保证网格质

量合理，那么网格本身不会对计算结果产生影响。但是如果渗流模拟器和地质力学模型无法共享同一套网格系统，那么就涉及两套网格系统之间的参数传递问题。除了全耦合和拟耦合只能在同一套网格系统下进行外，对于交叉迭代耦合和单向耦合，一般情况下都需要通过接口程序实现渗流模型网格下的参数和地质力学模型网格下的参数之间的传递，而两套网格系统参数传递算法就成了决定交叉迭代耦合计算精度和计算效率的重要参数。因此，如果是双网格耦合系统，就必须针对两类网格之间的差异，包括网格性质、几何形态以及密度等进行综合考察，选取适合的搜索及插值算法，既要保证参数传递精度，又要保证参数传递过程中的计算效率。

近年来，随着商业求解器逐渐在渗流-应力耦合方面趋向成熟，相较自编程需要同时兼顾渗流模型和地质力学模型所耗费的巨大工作量，商业求解器能够适用于大部分渗流模型或地质力学模型，极大简化了建模流程，提高了分析效率。如遇到特殊储层，商业求解器无法提供相应数学模型的情况，只需要针对储层的特征对商业求解器进行二次开发，写入自己提供的数学模型，并利用商业求解器进行求解以及前后处理，基本能够适应当前绝大部分需求。

其中应用较广、认可度较高的耦合系统主要有以Code_Bright(Olivella et al., 1995)、DYNAFLOW(Prevost, 1981)、FEMH(Bower and Zyvoloski, 1997)、COMSOL(Li et al., 2009)等为代表的全耦合，以TOUGH和FLAC3D耦合(Rutqvist, 2011)、ECLIPSE或CMG与ABAQUS耦合(Fei et al., 2015)等为代表的交叉迭代耦合，ECLIPSE与VISAGE耦合(Olden, et al. 2012)和NUFT与LDEC耦合(Johnson et al., 2004)为代表的单向耦合。虽然上述求解器能够为建立具有页岩特性的储层渗流-地质力学模型提供帮助，但是目前尚未出现一篇有关页岩气开采三维动态数值模型的文献，能够同时将储层地质力学属性与天然裂缝分布的非均质性、页岩的各向异性以及开采过程对天然裂缝形态的影响都进行充分考虑。

本书作者通过对各类耦合方法和求解器的对比分析，结合页岩气储层尺度较大、渗流机制复杂且具有地质力学各向异性的特点，选取了基于CMG/ECLIPSE为渗流求解器+ABAQUS为地质力学求解器的交叉迭代耦合方式，通过编制的接口程序(Zhu et al., 2018)，建立了非常规储层渗流-地质力学耦合数值建模方法，并针对页岩气开采动态地应力(Tang et al., 2019)和煤岩排采渗透率演化(Zhu et al., 2018)进行了数值建模分析。

目前的大型复杂三维渗流-应力耦合方式的不足主要集中在以下三个方面：①全耦合精度高，但计算效率低，仅适合小尺度模型；单向耦合计算效率高，但无法考虑应力、应变对渗流的影响。②现有交叉迭代耦合计算案例中多假设理想产量，并未基于油气的真实开采情况，仅能反映演化特征，无法准确反映实际生产过程中油气藏地应力的变化。③现有的渗流-应力耦合未能同时将储层构造特征、复杂裂缝网络、储层各向异性和非均质性同时考虑到模型中。

1.2.2 非常规储层开采动态建模方法

在非常规油气开发过程中，油气井生产很大程度上影响着包括生产井下安全、生产井压裂或重复压裂、加密井布井及钻井、加密井压裂等一系列开发方案调整中的具体措施(Harstad et al., 1998；Wu et al., 2000)。针对非常规油气藏开发过程中的地层状态变化，国内外学者自20世纪90年代开始，先后开展了大量的渗流-应力耦合模型研究，但大多数研究多集中于渗流-应力的耦合算法及其模拟得到的演变大致规律上，其研究结果的准确性，或者说直接应用到生产现场的可能性，随着储层复杂性的增加，特别是以页岩油气、致密砂岩油气等为代表的低/特低渗透储层不断被开发，储层不仅表现出非均质性和岩石力学各向异性的特征，还由于需要实施水力压裂且含有天然裂缝，使得建立仅仅从渗流模型与地应力模型相互耦合这一角度得到的研究结果与现场真实地层存在一定的出入。因此，需要尽可能多地将储层生产所涉及的地质力学特征和工艺过程考虑进来，也就是需要建立覆盖真实地层建模-天然/水力裂缝分析-储层渗流模型-地质力学模型在内的工程-地质一体化建模方案。

Cipolla等(1996)率先提出要基于尽可能多的现场资料，分别建立三维裂缝模型，分析单井物性参数剖面和试井解释结果，然后建立考虑天然裂缝的有限元渗流模型，分析各类开采形式中的动态变化；此外，众多学者在(Thararoop et al., 2008；Salmachi et al., 2013；Lindsay et al., 2018；Guan et al., 2002)围绕储层生产后的物性或地质力学状态变化问题，基于现场得到的裂缝参数、单井参数剖面、前期施工资料、井筒生产动态数据等真实动静态数据开展统计学分析，推算开采一段时间后的储层状态变化。

为了解决独立开展渗流-应力耦合分析过程中只能得到方向性结论的缺陷，在地质-工程一体化思想的指导下，Gupta等(2012)首先提出了跨地质模型、天然/水力裂缝分析、油藏建模、地质力学建模及其互相耦合的综合分析方法。

Marongiu-Porcu等(2015)在渗流-应力耦合为核心的地质-工程一体化思想下，针对非常规裂缝性储层，提出了需要引入离散天然裂缝建模和水力压裂复杂裂缝扩展，并结合微地震事件反演结果对裂缝进行校正，这对该方法的分析准确性无疑是做了进一步的提升，但其耦合方法为单向耦合，无法考虑地质力学状态变化对孔渗的影响。

Huang等(2015)针对裂缝性储层复杂裂缝扩展及其对开采过程的影响问题，从地质-工程一体化思路出发，以真实地质模型、单井参数剖面建立了DDM(displacement discontinuity method)水力裂缝扩展地质力学模型。该模型中嵌入了天然裂缝网络DFN(dscrete fracture network，DFN)模型，并通过微地震事件对裂缝扩展的过程进行校正，最后结合水力压裂得到的复杂裂缝，模拟了开采过程中的地层压力变化。

Xu等(2017)针对非常规储层重复压裂问题，建立了地质模型-裂缝模型-油藏渗流模型-地质力学模型一体化建模分析方法。该方法的特点在于，利用模拟得到的不同生产阶段下的渗流-应力单向耦合结果进行重复压裂计算，并将计算结果投入到下一生产阶段的分析。

Zheng(2018)针对加密井水力压裂问题，以地质-工程一体化思想为指导，建立了包括地质模型-老井压裂分析-油藏渗流模型-动态地应力模型-加密井压裂的综合分析方法，但是该方法的主要缺陷在于对老井压裂过程中的复杂裂缝扩展问题没有引入天然裂缝模型，且渗流-应力耦合依然采用的是单向耦合。

1.3 裂缝性储层复杂裂缝扩展研究现状

水力压裂作为非常规油气的主要增产技术，在近20年得到了大力的发展和应用，其水力裂缝扩展是一个包含裂缝内流体渗流、应力及损伤的多场耦合问题，其扩展过程一般描述为：①压裂液在裂缝内流动；②流体不断进入裂缝使得缝内压力逐渐增大；③缝内压力施加在裂缝壁面上引起裂缝在其壁面正向和切向上发生变形；④变形达到一定程度导致裂缝向前扩展（Adachi et al., 2007）。为了压裂施工设计、压后裂缝评价及优化，研究人员根据储层及施工的特性先后提出了不同的裂缝扩展模型。随着储层特征复杂程度逐渐提高，裂缝扩展模型的复杂程度和准确程度也越来越高，基本上可以概况为从解析发展到数值、从二维模型发展到三维模型、从单裂缝模型发展到多裂缝、从均质储层发展到非均质储层、从连续介质储层发展到天然裂缝储层等。

1.3.1 常规水力裂缝扩展模型

常规水力裂缝扩展模型包括二维解析或半解析模型、拟三维，以及平面水力裂缝模型。其中二维解析模型或半解析模型作为最简单同时也是目前应用最为广泛的模型，最具代表性的包括由Zheltov等（1955）、Geertsma等（1969）分别提出的KGD模型[图1-1(a)]；Perkins和Kern（1961）提出的PK模型以及Nordgren（1972）后来对该模型进行了扩展，并最终形成经典的PKN模型[图1-1(b)]。对于埋深较浅的地层，其应力机制表现为逆断层时(即垂向应力为最小主应力)，压裂裂缝形态一般为水平裂缝。Geertsma等（1969）针对这一情况，提出了平面径向模型，认为水平裂缝为水平圆形径向裂缝[图1-1(c)]，并基于二维KGD模型给出了其控制方程。

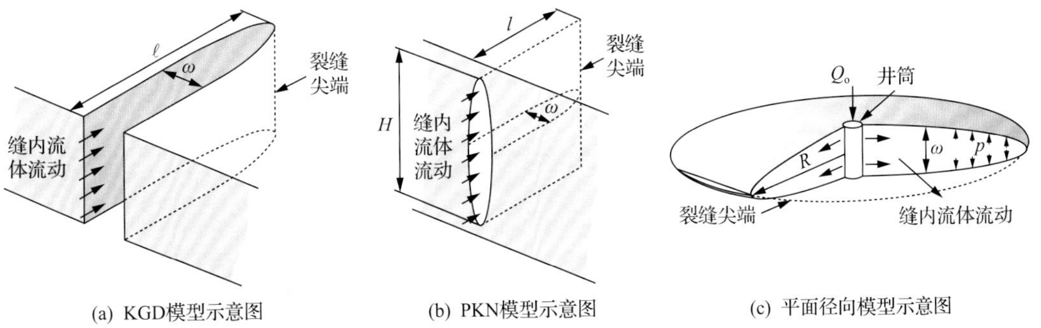

图1-1 水力裂缝扩展二维解析模型

H-缝高；l-缝长；ω-缝宽；Q_o-注入液量；R-水平裂缝改造范围；p-缝内压力

上述三种经典模型虽然简单且适用性有限，但其求解容易且能一定程度上反映当时储层条件的水力裂缝扩展情况的特征，不仅在早期水力压裂设计中广泛应用于现场设计与施工，同时还在当下新发展模型的简化对比验证中广泛使用。针对上述解析模型的裂缝形状过于简单的问题，Detournay等（2003，2004，2016）、Desroches等（1994）、Lenoach（1995）先后采用渐近理论对裂缝尖端区域的扩展情况进行了描述，并提出了多种适用于不同情况的渐进半解析解，这些半解析解逐渐将裂缝尖端流体与缝宽的关系、裂缝壁面滤失等引入水力压裂裂缝扩展中，很大程度上拓展了人们对水力压裂扩展的认识，并很大程度上促进了后续数值模型的发展（Daneshy, 1973; Detournay, 2004, 2016; Detournay et al., 2003; Desroches et al., 1994; Lenoach, 1995）。

随着多层压裂施工的兴起，人们发现现有的 KGD 或 PKN 模型无法较为准确地评价具有层间非均质性的多层裂缝形态，特别是对缝高的预测完全无法满足压裂施工生产实际。在此情况下拟三维模型应运而生，在 Simonson 等（1978）首次提出了针对 3 层地层压裂的上下对称缝高模型后，Fung 等（1987）、Settari 等（1986）和 Morales 等（1989）先后发展出考虑多层地层上下非对称扩展以及允许流体垂向流动的拟三维模型（图 1-2），并以其兼顾裂缝形态合理性和计算效率的优点，在 FracproPT、Stimplan 等水力压裂商业软件中得到了广泛的应用。

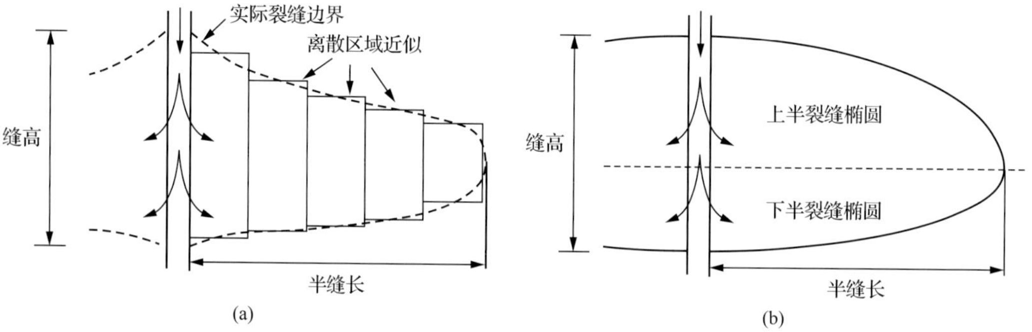

图 1-2　非对称拟三维模型示意图（Simonson et al., 1978；Fjær et al., 2008）

数值计算技术在 20 世纪 80 年代取得重大进步，使得基于裂缝面离散网格的平面水力裂缝扩展模型能够更为精确地描述不规则裂缝形态。如图 1-3 所示，无论是三角形网格［图 1-3（a）］还是四边形网格［图 1-3（b）］，其划分策略主要是固定网格［图 1-3（b）］、动态网格［图 1-3（a）］或重画网格这三类。而数值方法的选取上，Clifton 等（1979）最早提出了利用有限元方法（finite element method，FEM）模拟三维平面水力裂缝扩展，在其模型中考虑了非牛顿流体以及随深度变化的地应力。有限元方法的特点在于，在离散裂缝的同时，离散岩体以便能够准确地描述岩体变形及其岩石属性非均质分布的影响，但这样

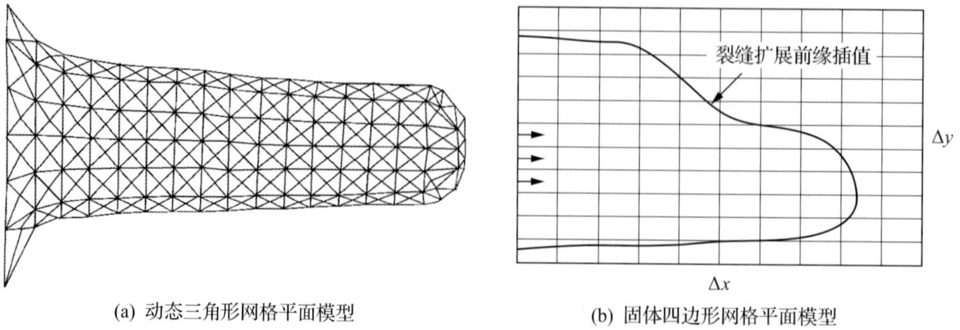

(a) 动态三角形网格平面模型　　(b) 固体四边形网格平面模型

图 1-3　离散网格模型示意图（Clifton et al., 1979）

做导致了网格类型和网格数量都大幅增加，导致计算量庞大；而另一种数值方法则是由Siebrits 等(2002)引入的位移不连续法，即边界元法(boundary element method，BEM)在裂缝扩展上的主要应用，其利用固体四边形网格来模拟裂缝面[图 1-3(b)]，并针对裂缝尖端进行特殊的插值处理。边界元法在描述裂缝扩展上则由于其只在裂缝面或边界上布置单元的特点，实现了降维并减少单元数量，虽然能够很大程度上降低运算量，但也影响了其计算精度。

除此以外，由 Peirce 等(2008)提出，Gordeliy 等(2013，2015)、Peirce 等(2015)和Dontsov 等(2017)进一步发展的隐式水平集的方法来模拟水力裂缝的扩展，将数值离散方法与裂缝尖端渐近解处理相结合，不仅能够准确地描述裂缝几何形态，也保证了裂缝尖端的计算精度。在离散网格的三维平面裂缝模型中，最为著名的当属用 cohesive(黏聚力)单元作为模拟裂缝的单元类型(Zhu et al., 2015a)，cohesive 单元目前已经发展出不仅能够模拟裂缝的几何形态、裂缝壁面渗流，还能够考虑岩石的弹塑性特征、裂缝与多孔介质岩石的流体交换及其孔弹性特征(Chen et al., 2009，2017；Carrier and Granet, 2012)。

随着水平井及其分段多簇压裂完井在各类储层中的大量应用，仅能模拟单一裂缝的各类模型(包括二维解析、拟三维或平面裂缝)无法满足多裂缝预测与压裂参数设计的需求，需要发展新的、能够模拟多条裂缝同时扩展的多平面裂缝扩展模型来指导压裂施工设计与压后裂缝评价。目前较为具有代表性的多平面水力裂缝扩展模型包括：Peirce 等(2015)基于隐式水平集算法(ILSA)提出的边界元法多平面模型、Bunger 等(2014)从水力压裂过程中能量耗散角度提出的平行多平面模型、Lecampion 等(2009，2015)基于边界元方法提出的多平面径向裂缝模型、Cheng 等(2016)基于能量法提出的多条平行径向水力裂缝同步扩展的快速求解半解析模型 C2Frac、Dontsov 等(2016)在 Peirce 的隐式水平集算法模型的基础上集成缝尖渐近解的模型、Tang 等(2016)基于 DDM 方法提出的考虑了管柱摩阻、重力、支撑剂以及温度影响的模型。在常规单裂缝模型能够考虑断裂韧性、流体黏度以及滤失速率等的基础上，多平行裂缝扩展模型逐步发展到可以考虑井筒流动摩阻、射孔孔隙压力摩阻、裂缝沿程摩阻、支撑剂性质以及温度等，更加符合工程实际，同时可分析多条裂缝扩展过程中的应力干扰，因此被广泛应用于簇间距的优化设计中。由于天然裂缝较常见于非常规储层，同时非常规储层由于其低孔渗的特性使得压裂需要较近的簇间距，且非常规储层通常需要分析储层改造体积(stimulated reservoir volume，SRV)，而多平面水力裂缝扩展模型在这种情况下暴露出的主要缺陷在于：①所有裂缝在计算过程中始终相互平行，无法计算水力裂缝的转向并据此优化簇间距；②无法考虑天然裂缝对水力裂缝扩展的影响，使得其无法更加准确地预测水力裂缝的方向、水力裂缝与天然裂缝的作用机理以及 SRV，进而影响后期产能评价。

1.3.2 复杂水力裂缝扩展模型

页岩气储层普遍发育有大量天然裂缝，且页岩的层理特征表现显著；页岩气储层普遍采用水平井分段多簇压裂完井。常规的平面裂缝模型难以考虑页岩压裂过程中多簇水力裂缝扩展过程中的竞争干扰，也无法模拟出具有一定分布特征的多条天然裂缝对水力裂缝扩展的作用机理。国内外学者针对页岩气储层的体积压裂问题，从能否压出体积裂缝和如何压出体积裂缝方面，开展了大量的研究工作，其中数值模拟成了研究页岩缝网形成机理的重要手段。常用的复杂裂缝扩展数值模拟方法主要分为：基于非连续介质的离散裂缝网络(dscrete fracture network，DFN)、离散元法(discrete element method，DEM)以及非连续变形法(discontinuous deformation analysis，DDA)，基于连续介质的边界元法(BEM)、传统有限元法(FEM)、扩展有限元法(extend-finite element method，XFEM)，以及将离散和连续相结合的有限-离散元法(finite-discrete element method，F/DEM 或 FEM-DEM)等。

1) 离散裂缝网络方法(DFN)

Dverstorp 等(1989)提出的离散裂缝网络(DFN)，其本质上是多个离散的平面裂缝解析模型，也因此能够保证良好的计算效率，因而在商业软件中被广泛采用，如常用的页岩压裂设计软件 Meyer、Fracman 等就是基于 DFN 模型开发的。

Dershowitz 等(2010)基于 DFN 方法创建了裂缝性岩体数值计算平台 Fracman，Fracman 能够实现基于露头、岩心分析及成像测井分析的单井天然裂缝和三维区域天然裂缝 DFN 建模，并模拟出考虑射孔孔眼摩阻、井筒摩阻的分段多簇射孔条件下水力裂缝扩展，并可以将裂缝剪切行为识别为微地震事件，用于与现场微地震监测结果进行对比验证，因而得到广泛应用。Sun 等(2016)建立了裂缝性储层水力压裂 DFN 模型，并在模型中引入微地震监测、岩心分析和成像测井作为裂缝扩展模型的约束条件。该方法本质上是一种校正手段，其模型的实际意义更多在于对已压裂裂缝的准确评价，以便为后续油藏渗流数值计算提供可靠基础，但是却无法用于未施工井的水力裂缝扩展预测。Huang 等(2019)建立了含断层地层的三维 DFN 裂缝扩展模型，通过模拟水力压裂过程中的断层滑移过程中断层开度各向异性(正向滑移和切向滑移之比)对缝内流体的影响，讨论断层滑移对水力裂缝正向/切向位移产生影响。本书作者(Zhu et al., 2019)利用 DFN 模型计算了裂缝性页岩气储层在老井生产一段时间地应力发生变化后的加密井水力压裂裂缝扩展，通过对比老井和加密井的复杂裂缝形态，探讨了页岩气生产带来的地应力演化对水力裂缝扩展的影响。虽然模拟得到的复杂裂缝网络能够通过微地震监测事件进行验证，但受限于 DFN 模型无法考虑裂缝扩展过程中的应力阴影，水力主裂缝始终沿着最大水平主应力方向扩展，这一点无法通过微地震监测进行验证，因此主裂缝形态可能与实际情况存在出入。

由于 DFN 难以考虑天然裂缝面特性、材料各向异性、孔隙压力、应力阴影等对裂缝网络的影响，无法体现复杂裂缝交错扩展过程中的力学机理，现目前更多应用于天然裂缝几何建模，并嵌入到其他数值模型中探讨水力裂缝与天然裂缝的交错情况(Taleghani et al., 2013)。

2) 离散元法(DEM)

离散元法属于非连续介质力学数值计算方法的一种，该方法将材料离散成互相独立的单元(块体或颗粒)，单个单元之间一般互不共享节点，同时普遍采用牛顿第二定律描述每个单元运动，而单元之间的相互作用力可以根据相对位移关系进行接触判断并计算接触载荷。由于单元之间不必满足连续性条件，因而在模拟非连续面发育岩体(页岩、裂缝性致密砂岩、煤岩等)的变形与破坏时具有先天优势。离散元法根据其求解方式可以分为显式离散元法和隐式离散元法，目前文献中称作的离散元法(DEM)是由 Cundall 教授于 1979 年提出并随后被广泛应用于模拟岩石材料中的裂缝扩展的一种显式求解的数值方法(Cundall et al., 1979)，而隐式离散元法在裂缝扩展中则一般称作非连续变形法(DDA)。

Damjanac 等(2010)建立了含有天然裂缝储层的水力压裂模型，发现可压缩流体可产生复杂的裂缝网络。

Zangeneh 等(2012)应用 UDEC 对裂缝性储层中水力裂缝的扩展进行了研究，岩体采用 Voronoi 型块体单元进行离散。

Nagel 等(2013)综合考虑天然裂缝的特点和渗流变形的耦合行为，将页岩基体离散成刚性的微元体，并将天然裂缝 DFN 模型嵌入到各刚性微元体之间，利用 UDEC 对含天然裂缝的水力压裂问题进行了数值模拟，其研究发现：水力裂缝是否压开天然裂缝主要受到包括水力裂缝裂尖的剪应力大小、天然裂缝与地应力的夹角、天然裂缝弱面强度和初始缝宽、地应力差以及注入参数等。

Nasehi 等(2013)利用 UDEC 建立了考虑井筒内压的离散元水力压裂模型，研究了地应力和材料参数对井周水力裂缝起裂及扩展的影响。该模型单元离散分为两个阶段，首先采用随机 Voronoi 型将岩体离散出岩石块体，然后在块体内部离散，能够有效地判断裂缝沿岩石块体间弱面扩展或是穿透岩石块体。其分析认为：在井周裂缝扩展过程中，水力裂缝沿着最大主应力方向扩展过程中产生的应力阴影将导致沿着主裂缝扩展方向的诱导裂缝；地应力差越大，越有利于缝内流体流动并形成较宽的主裂缝。

Wang 等(2015)针对经典纳维尔-斯托克斯(Navier-Stokes，N-S)方程并行计算以及在处理复杂几何边界上的缺陷，在其颗粒流形式的 DEM 井周水力裂缝扩展模型中，引入了格子玻尔兹曼法(Lattice Boltzmann Method，LBM)模拟缝内液体流动，并利用固体流动边界动量和流体的拖曳力来实现流固耦合。由于该方法是将岩石固体划分为颗粒流单元，可以在细观上模拟裂缝的起裂与扩展。

鞠杨等(2016)采用基于连续介质的离散元程序(CDEM)，模拟非均质砂砾岩水力压裂裂缝的起裂与扩展行为。

Zhang 等(2017)将 PFC 和 FLAC 有机结合建立了离散-连续耦合法，对水力裂缝和天然裂缝相交的问题进行了数值模拟研究，其中 FLAC 作为连续介质模拟流体注入和宏观主裂缝扩展过程中地层的应力应变情况，而 PFC 作为离散介质用于模拟裂缝扩展过程中的细观复杂形态特征。其研究讨论了应力比、天然裂缝摩擦系数、天然裂缝两侧岩石强度比、天然裂缝与应力夹角等对水力裂缝与天然裂缝互作用的影响机理。

Fatahi 等(2017)利用 PFC 建立了室内实验尺度的颗粒离散元水力裂缝扩展模型，并结合室内水力压裂实验，对比验证分析了不同状态天然裂缝对水力裂缝扩展的影响机理。其研究结果表明，天然裂缝和最大水平地应力之间的夹角是水力裂缝是否穿过天然裂缝的决定性因素之一，两者夹角越大，水力裂缝穿透天然裂缝的可能性越大；相反，两者夹角越小，水力裂缝更容易被天然裂缝诱导并致使天然裂缝发生剪切。不仅如此，其研究还发现天然裂缝弱面强度也是影响水力裂缝与天然裂缝互作用的重要因素，当弱面强度过低时，即使是水力裂缝扩展方向和天然裂缝互相垂直，水力裂缝仍然有可能受天然裂缝诱导进而产生剪切滑移。

Ghaderi 等(2018)利用 UDEC 和 ABAQUS 建立了将 DEM 和 XFEM 相结合的裂缝性储层水力裂缝扩展模型，其模型中 DEM 部分用于模拟水力裂缝与天然裂缝的扩展及流体流动；而 XFEM 部分则利用其无网格优势，用于模拟水力裂缝扩展至天然裂缝而导致的次生裂缝。其研究显示水力裂缝缝长比缝宽对产能的影响更大，而天然裂缝面上的拉伸和剪切与次生裂缝的相对夹角和距离密切相关。

综上可知，离散元通常用二维圆盘或三维圆球对材料进行离散(如 PFC)，但也有离散元用块体单元对材料进行离散(如 UDEC 和 3DEC)。离散单元法的主要问题在于：①需要在所有不连续面上进行接触检查，计算量较大；②颗粒型离散元模型侧重于分析细观或微观的裂缝扩展，但是其材料参数无法直接利用宏观实验测试结果，需要反复调整以获得宏观实验力学参数与微观力学参数的关系，这无疑将耗费大量的时间和精力；③从现有的公开文献来看，DEM 方法本身由于需要通过试算获得近似的弹性力学和断裂力学参数，严重影响了分析结果的准确性，部分文献虽然通过实验验证了其结果的准确性，但从 DEM 本身的特性来看，我们应该更加倾向于认为其室内实验对数值模型的校正作用强于验证；④部分学者引入了其他类型数值手段(如 FDM、XFEM)与离散元进行联合仿真，这样做虽然一定程度上解决了离散元对岩石力学参数无法直接使用的问题，但也由于引入了其他数值工具，很大程度上降低了计算效率，同时联合仿真也不可避免地带来计算误差。

3)非连续变形法(DDA)

非连续变形法(DDA)是石根华博士提出的一种基于隐式时间积分、平行于有限元的离散元方法，本质上属于隐式离散元法的一种。该方法基于最小势能法则，将岩体根据其不同位置的特征划分为不同形状的离散体，利用广义平衡方程来表达岩石块体变形及其互相之间的接触关系，能够模拟出裂缝的拉伸或剪切滑移，在不连续面发育的岩体分析中应用广泛。由于该方法采用隐式积分方案，其稳定计算时间步长显著高于其他基于显式积分方案的离散元方法，在模拟大时间尺度的工程问题时具有一定的优势。

Ben 等(2012)在石根华博士的 DDA 模型基础上，首次将该方法应用于水力裂缝扩展的模拟之中，通过将连续管网模型嵌入到 DDA 岩体之间，连续管网模型模拟裂缝内流体流动，并利用交叉迭代耦合形式，以流体压力和 DDA 岩体之间的缝宽作为耦合介质，实现缝内流体流动与岩体变形耦合互作用，从而实现模拟水力压裂扩展的作用。

Jiao 等(2015)引入 cohesive 黏聚力模型来描述 DDA 岩体之间的载荷随缝宽的变化关系并作为其失效准则，一旦两个 DDA 岩体之间的黏聚力失效，则将该两岩体之间的空间加入到扩展流体网格计算空间域中。

Morgan 等(2015)进一步发展了现有的隐式耦合算法，与交叉迭代耦合不同，该算法将流动方程和应力应变方程进行整合，实现了缝内流动与岩石变形的全耦合，并通过与 KGD 模型和室内实验对比，验证了其基于新算法的 DDA 方法能够非常准确地模拟双翼型裂缝扩展，但该算法的全耦合形式在迭代过程中对模型的收敛性要求较高，影响了计算效率。

Choo 等(2016)将 DDA 和 FEM 方法相结合，对单个 DDA 块体的变形采用有限元法进行计算，能够更加准确地描述单个块体的变形情况。同时，其在考虑 DDA 块体之间流动模型时，将原来普遍采用的块体边界流体载荷均匀分布扩展至根据流动方向压力变化的非均匀分布。相比于全耦合隐式的 DDA 水力压裂模型，DDA-FEM 模型在保证计算精度的同时，大幅提高了计算效率。

王知深(2019)在利用 DDA 方法分析水力压裂裂缝扩展时，同时引入了达西流体和非达西流体来描述裂缝内的流体流动，其分析认为在 DDA 方法的框架下，非达西流体更容易在裂缝扩展过程中产生次生裂缝，而达西流体则在双翼主裂缝扩展过程中未见次生裂缝产生。其通过室内实验与数值结果对比，证实了在不同围压条件下，非达西流体相较于达西流体能够更加接近室内实验结果。

4)边界元法(BEM)

边界元法仅在定义域边界上进行网格划分和插值离散，相较于有限元，边界元由于降低了问题的维数，从而显著降低了自由度总数，也降低了离散难度，从而大大降低了计算规模和求解时间；同时，边界元法边界积分方程的核函数是微分算子的基本解析解，从而使得其具有解析解的高精度特征。因此，边界元法相对于有限元法，在处理裂缝尖端应力集中及其扩展问题时能够同时保证计算精度和计算效率。其中，位移不连续法是将问题表达成边界积分方程后在区域边界上离散求近似解的一种数值方法，属于边界元体系，目前水力裂缝扩展模拟主要基于位移不连续法开展。

Rungamornrat 等(2005)针对水力压裂过程对周围应力场的扰动问题，建立了边界元三维裂缝扩展模型，在其裂缝中将压裂液考虑了幂律流体，讨论了在各向同性和各向异性岩石介质下三维裂缝扩展过程中受到应力干扰的转向问题。

Zhang 等(2007，2008，2016)利用基于 DDM 开发的 MineHF2D 程序对地层大型不连续界面(包括断层、层理以及煤岩顶底板弱面)对水力裂缝扩展的影响也进行了研究，其模型均基于真实储层的特性讨论水力裂缝在与大型不连续交错时的扩展机理，并发现对于胶结程度较好的层理，水力裂缝容易穿透并向上或向下扩展；而对于水力裂缝扩展弱胶结甚至是无胶结的断层或煤岩顶底板弱面时，由于岩石强度变化以及弱面连续拉伸导致的缝内流体大量向弱面分流，天然裂缝更难穿透。

Olson 等(2009)引入裂尖刚度和断裂韧性的比值函数来描述裂缝扩散速率，建立了基于二维位移不连续解的多裂缝数值模型，模型重点针对不同缝内净压力、不同角度随机分布等长天然裂缝，研究了多条水力裂缝与天然裂缝相遇时缝网形成的规律，但是其模型最初未能考虑缝内流体黏度，因此裂缝内部净压力未知；随后 Wu(2014)通过在润滑方程中引入流体黏度和壁面摩擦系数来模拟缝内非牛顿流体流动，解决上述问题，使得其模拟结果更为接近真实情况。其研究发现在多条裂缝同时扩展时，裂缝形态表现出吸引与排斥转向特性，并讨论了地层各向异性和起裂位置对这一特性的影响。

Chuprakov 等(2011)采用位移不连续法建立了含断层的水力压裂裂缝扩展模型，针对裂缝扩展中的拉伸应力问题进行了讨论，其分析认为：水力裂缝在和断层交错后在断层内容易产生次生拉张裂缝；当水力裂缝与断层刚好交错时断层受到最大拉伸应力；断层被水力裂缝拉伸并沿着断层扩展后，在断层扩展反方向上的拉应力大小主要由缝内流体净压力决定。

McClure 等(2016)将 DFN 和 DDM 相结合，利用 DFN 模型对天然裂缝进行建模，同时基于 DDM 开发了针对裂缝性地热储层的复杂水力裂缝扩展模型，其模型忽略了线性方程组中系数矩阵的弱作用项，使得系数矩阵的求解更为简便，在处理水力裂缝与天然裂缝互作用时大大提高了计算效率。同时，模型中引入摩擦模型来描述天然裂缝剪切滑移，并模拟了裂缝扩展中基于剪切滑移的微地震事件。

Weng 和 Kresse 在 Olson 二维模型基础上发展出三维裂缝性非常规储层裂缝扩展模型，该模型在限制最大裂缝计算高度的情况下进行缝高计算，模型中考虑了多簇裂缝间的竞争排斥、水力裂缝和天然裂缝相互作用、缝内压裂液流动以及支撑剂动态运移与分布(Weng et al., 2011; Weng, 2015; Kresse et al., 2013)。

Shen 等(2013，2016)利用 DDM 程序 FRACOD 建立裂缝性地热储层的流-固-热三场耦合条件下的水力裂缝扩展模型；讨论了横观各向同性材料对水力裂缝扩展的影响，以及 CO_2 注入过程中断层的滑移问题。与传统基于隐式求解的 DDM 不同，FRACOD 针对复杂边界适应性问题采用显式求解。此外，其模型在不同场之间通过交替迭代实现耦合。

Zhao 等(2016)引入三维修正系数，建立了等高拟三维的裂缝扩展模型，研究了等高三维多裂缝同时扩展的相互排斥与吸引，讨论水平井多簇压裂簇间干扰和井间干扰对裂缝形态和缝内流量分配的影响，同时发现可以通过改变射孔孔眼摩阻(射孔数、孔眼直径)来控制缝内流量分配，以便使多裂缝均匀扩展。

Cheng 等(2017)运用 DDM，模拟了页岩气储层中水力裂缝在随机分布的天然裂缝干扰下扩展的复杂形态，其研究对比了无天然裂缝和含有大量天然裂缝的页岩气储层多裂缝扩展的情况，发现虽然天然裂缝对水力裂缝扩展有着很强的诱导作用，但在多簇裂缝同步压裂的情况下，裂缝间的竞争扩展仍然非常明显，即两侧裂缝仍然对中间裂缝扩展有明显的限制。

Tang 等(2019)建立了类似 Rungamornrat 的水平井多簇裂缝扩展 DDM 模型，并引入包括自适应网格、稀疏高斯积分点(减少积分点数)、距离积分等网格质量控制策略，通过改善收敛性在一定程度上提高了计算效率，但是该模型假设每一时间步内施加在裂缝面上的流体压力固定。

边界元法能够简单快速地处理复杂缝网的裂缝扩展问题，但其目前存在以下主要问题：①其求解需要以存在相应微分算子的基本解为前提，无法应用于非均匀介质，也就无法模拟强非均质性的裂缝性储层裂缝扩展；②边界元法本身的特点限制了其模拟储层基质孔隙内部及其与裂缝网络之间的流固耦合；③求解代数方程组的系数矩阵是非对称满秩矩阵，如果模型过于复杂而产生的大型矩阵将极大程度影响计算效率，很有可能抵消掉其仅在边界处离散带来的高计算效率。

5)扩展有限元法(XFEM)

相对于传统有限元在模拟裂缝扩展时需要对网格进行复杂的处理，扩展有限元法则不需要把裂缝当作几何实体，该方法裂缝面网格与结构内部的几何或物理界面无关，其最大的优势在于克服了在应力或变形集中区进行高密度网格剖分所带来的困难。Gupta等(2015)指出广义有限元法(GFEM)和扩展有限元法(XFEM)有很多相似之处,因此在裂缝扩展方面统一将GFEM和XFEM看作一类数值方法。

Daux等(2000)通过定义主裂缝与次裂缝，实现了扩展有限元法对固体材料平面交叉裂缝的模拟，并在模型中讨论了不同起裂角度在和交叉裂缝相交角度对应力强度因子(SIF)的影响。

Taleghani等(2011，2013)开展了含天然裂缝地层的二维裂缝扩展模拟，讨论了缝内净压力、裂缝正向宽度和切向滑移等在扩展方向上的变化关系，发现当水力裂缝与天然裂缝交汇并连通后，天然裂缝通过分流作用将导致裂缝相关参数均发生降低，但其模型中并没有考虑页岩基质变形与流体的耦合。

Mousavi等(2010)提出了一种广义的Harmonic富集函数,可有效处理XFEM的多裂缝干扰、相交和分岔的不连续扩展问题。

国内方面，清华大学庄茁课题组采用XFEM建立了考虑裂缝壁面水压驱动的三维裂缝扩展模型，通过发展新的水平集模拟了人工裂缝与天然裂缝的复杂相互作用，以及裂缝的动态分岔扩展，使得XFEM在模拟复杂裂缝扩展方面前景广阔(王涛等，2014)。

姚军课题组考虑井眼和裂缝内流体流动、耦合岩体变形，开展了水平井多裂缝同步扩展的二维XFEM模拟(曾青冬等，2015)。陈军斌等(2016)基于XFEM研究了二维多裂缝的竞争扩展问题。

此外，基于ABAQUS软件的XFEM水力裂缝扩展模拟方法，在非平面水力裂缝的模拟方面也得到了一定的应用。孙可明等(2016)开发了横观各向同性岩体的起裂判据和裂缝演化法则，研究了岩石层理对裂纹扩展的影响。龚迪光等(2016)采用ABAQUS软件的XFEM方法，模拟了二维转向裂缝的流固耦合扩展过程。

至于利用XFEM方法模拟多簇裂缝干扰(Gutierrez et al., 2019；Saberhosseini et al., 2019)或多条天然裂缝与水力裂缝的相互作用机理(Shi et al., 2017),目前均有相关文献进行了一定程度的研究,但现阶段扩展有限元难以处理多条(接近或达到真实储层天然裂缝密度)复杂裂缝交叉时的形函数,尚局限于模拟单条或数条裂缝相互影响情况下的裂纹扩展，在模拟大量裂缝相交、分岔、贯通等情形(比如裂缝性储层中水力裂缝的扩展过程)时还存在一定的困难。

6)传统有限元法(FEM)

有限元法是目前工程界应用最广的数值方法。在传统有限元的框架下，通过引入cohesive黏聚力区域模型形成了CFEM方法，该方法在两个岩石基质单元之间通过牵引-分离准则(traction-separation law)来描述裂缝扩展(Park et al., 2011)，避免了裂缝尖端的应力奇点，再将裂缝内(两个岩石基质单元之间)的流体流动和应力应变进行耦合，就在两个岩石基质单元间形成了孔隙压力黏聚力区域(pore pressure cohesive zone，PPCZ)

(Chen et al., 2009；Carrier, et al., 2012；Wang et al., 2016；Nguyen et al., 2017)。

以著名大型商业有限元软件 ABAQUS 为例，其提供的基于黏弹塑性损伤模型的 cohesive 单元，采用隐式时间积分算法，可以模拟水力裂缝的起裂和扩展，以及压裂液在水力裂缝内的流动和滤失情况。许多学者，如刘合等(2010)、Zhang 等(2010)、朱海燕等(2015)针对各向同性储层单一裂缝的三维扩展问题，进行了数值模拟研究。Guo 等(2015)、Chen 等(2017)建立了多裂缝交互扩展二维模型，研究了不同裂缝夹角和施工参数下裂缝相交扩展的规律。采用基尔霍夫定律类比，求解井眼-裂缝-基质孔隙内流体的流动，Shin 等(2014)、潘林华等(2014)忽略天然裂缝对主裂缝扩展的影响，建立了基于三维黏弹塑性损伤单元的多裂缝动态扩展模型，发现在裂缝间距较小的情况下，中间裂缝形成被“包裹”的现象。李明等(2016)基于水平集法，讨论了含有不同类型包裹体分布岩石的三维有限元建模，并研究了非均匀三维弥散裂缝模型在 ABAQUS 中的实现。

张东晓课题组采用有限元法求解变形场和有限差分法求解流-热-固耦合场，编制了多条主裂缝在各向异性储层中的竞争扩展模拟程序，该模型中不含有天然裂缝，而是在周围岩石中引入天然裂缝的拉张和剪切失效机制，通过水力裂缝扩展过程中的应力阴影与天然裂缝的失效机制进行对比，从而判断出相应的岩石区域是否有天然裂缝被波及。这一方法虽然无法探究水力裂缝与天然裂缝的互作用机理，但是也能相对准确地计算压裂产生复杂裂缝网络的 SRV，并估算改造区域的渗透率(张东晓等，2016)。

传统有限元方法的优势在于：①适用于非均质、本构模型复杂的材料；②能直接使用弹性参数和断裂力学参数；③能够解决裂缝的交叉和分岔，而无须处理复杂的形函数；④能够实现岩石基质孔隙内部及其与裂缝系统之间的流固耦合。但其缺陷在于必须预先设定好裂缝扩展路径(如预先判断有限元网格可能劈裂的方向或预先将 cohesive 单元嵌入到扩展路线上)，如果遇到大量天然裂缝，就需要在每个天然裂缝嵌入方向上预制扩展路径，这势必造成巨大的工作量。

其中，针对大量天然裂缝的储层水力压裂过程中的预制裂缝扩展路径问题，为准确模拟复杂水力裂缝的扩展过程，相关学者基于有限元理论提出了多种计算模型。

唐春安、杨天鸿课题组基于渗流-应力-损伤耦合模型，编制了岩石在水力作用下的损伤破裂过程分析软件 RFPA2D/3D，可以对各向异性储层的水力压裂多裂缝交叉和分岔进行模拟，该方法在刻画裂缝宽度的变化时需要非常密的网格(杨天鸿等，2010，2001；唐世斌等，2006)。

Fu 和 Settgast 等提出了一种网格重画(remeshing)算法，并开发了二维/三维有限元计算程序 GEOS。该方法即假设水力裂缝沿着单元边界，当裂缝尖端达到起裂条件就在前方动态插入裂缝单元用以表征裂缝的扩展并计算裂缝内流体的流动，同时该方法通过将 DFN 模型预先嵌入到有限元网格边界上来考虑天然裂缝对水力裂缝扩展的影响。该方法由于每扩展一个网格都需要进行一次网格重画，当天然裂缝数量过大时，计算效率较低，适用性较差。但对于深部地层水力裂缝的扩展方向主要受到地应力场和天然裂缝的控制，即其扩展往往具有一个或多个优势方向，这样通过合理的划分网格，采用带网格依赖性的方法对水力裂缝扩展进行模拟也不会引入显著的误差(Fu et al., 2013；Settgast et al., 2017)。

Profit 等(2016)同样基于网格重画算法，在 Elfen 软件中开发了可以模拟页岩地层中水力裂缝扩展的有限元程序，该程序可以考虑裂缝扩展过程中孔隙流体流动和基质变形的渗流-应力耦合，并且能够自动实现裂缝尖端网格加密。

不论是网格重画还是 DFN 嵌入，均是对有限元网格边界进行处理，一定程度上限制了网格划分。Zhang 等(2013)基于多维虚拟内键(virtual multidimensional internal bonds，VMIB)模型，创建了网格劈裂算法(element partition method，EPM)，将裂缝扩展看作是单元上两相邻节点组成的虚拟键的断裂与重构，并引入到有限元模型中计算裂缝扩展。针对含有天然裂缝储层，其网格划分并不依赖，而是在初次网格划分结束后，在所有天然裂缝覆盖的网格处进行预先劈裂(Wang et al., 2020)。

7)有限-离散元法(FEM/DEM)

目前 PPCZ 单元在有限元模型中可以同时采用隐式和显式积分求解三维平面裂缝，但隐式求解在处理天然裂缝与水力裂缝的非线性互作用时往往收敛性较差，经常需要通过大量的网格质量检查、模型参数适应性调整等工作来勉强收敛，无疑使得工作量巨大。同时，其需要提前预设裂缝扩展的方向也难以用于复杂的裂缝性储层。为解决上述问题，Munjiza(2004)将离散元的思想引入有限元方法中，在有限元模型中插入 cohesive 单元的基础上，提出了有限-离散元法(finite-discrete element method，也称为 FEM-DEM)。与在预定裂缝扩展路线上插入 cohesive 单元不同，该方法针对脆性岩石，将连续的有限块体单元全部离散，并在所有块体单元之间插入表征节理的 cohesive 单元。由于块体单元内部采用有限元方法，块体单元之间采用离散元方法，因此将该方法称作有限-离散元法。随后 Munjiza 和 Grasselli 课题组联合开发了 FEM-DEM 软件 Y-GEO(2012)，目前已经发展为三维 FEM-DEM 软件 Y3D。

Xiang 等(2009, 2012)引入库仑摩擦模型表征裂缝面之间的摩擦作用，并将 CFD 软件 Fluidity 与 Y3D 进行联合，从而实现了流固耦合条件下的三维模型水力裂缝扩展。Guo(2014)详细阐述了 FEM-DEM 在水压致裂情况下的三维裂缝如何扩展，并通过包括三点弯压、巴西圆盘以及三轴压缩实验验证了 FEM-DEM 模型的可靠性。Guo 引入利用 FEM-DEM 方法模拟裂缝的扩展，采用软件 Fluidity 模拟裂缝中液体的流动，通过分步耦合的方式实现流固耦合，从而实现水力裂缝扩展的模拟。

Lisjak 等(2014)围绕基于 Y-GEO/Y3D 针对井周地层水力压裂裂缝扩展进行了研究，分析包括井周/巷道层理性地层错动、复杂天然裂缝对水力裂缝的诱导机理、室内实验岩心的内部破裂形态(Safari et al., 2017)等。

国内以严成增等(2014)为代表的学者在 Y-GEO/Y3D 的基础上各自进行了开发，将该方法应用于水力裂缝扩展的模拟，并针对三维裂缝扩展问题开展了一定程度上的讨论。

在 Munjiza 程序之外，Liu 等(2018)利用 LS-DYNA 在非线性动力学计算、Li 等(2019)利用 ABAQUS 在多孔介质非线性有限元计算上的优势，开发出了 FEM-DEM 二维平面水力裂缝扩展程序，讨论了裂缝性致密砂岩储层等的扩展问题。李世海课题组基于 FEM-DEM(在其文献中称为 CDEM，continuum-based discrete element method)开发的 GDEM 软件也能实现水力压裂过程中的流固耦合，但目前在水力压裂方面应用较少(Ju et al., 2016)，并未针对水力裂缝扩展过程中的非线性断裂行为进行深入探讨。

1.4 加密井压裂复杂裂缝扩展研究现状

1.4.1 油气藏渗流-地质力学耦合的复杂裂缝扩展模型研究

地层力学状态变化直接影响水力裂缝扩展形态，因此需要在常规静态条件下的裂缝扩展模型基础上结合油气藏渗流-地质力学耦合模型(朱海燕等, 2021)。1980 年，Settari(1980)和 Hagoort 等(1980)首次考虑油藏渗流引起的储层孔隙压力和地应力变化，建立了油藏渗流-地质力学与压裂裂缝扩展耦合的数值模型。随后，Ji 等(2009)建立了油藏渗流与地质力学全耦合的裂缝扩展有限元模型，实现均质油藏注采诱导地应力场动态变化条件下的单条平面裂缝扩展模拟。

近年来，由于非常规油气开发的需要，许多学者开展了加密井裂缝扩展的数值模拟研究。Gupta 等(2012)首次将老井生产效应与加密井水力压裂裂缝扩展相结合，利用有限元模型分析了老井生产引起的地应力变化对加密井压裂裂缝扩展的影响。随后，Roussel 等(2013)、Rezaei 等(2019)结合有限元与位移不连续方法、Safari 等(2017)结合有限差分和 DDM 方法，分析了均质地层条件下，老井前期生产过程中的地应力变化，以及在其变化下加密井的水力裂缝转向和非均匀扩展，但模型中加密井水力裂缝均为简单两翼裂缝。Zhang 等(2019)在离散元模型中引入离散裂缝网络，研究了老井生产对加密井复杂水力裂缝扩展的影响，并系统讨论了裂缝性储层中水力裂缝起裂和扩展，以及天然裂缝与水力裂缝、多条水力裂缝之间的影响。为了考虑页岩储层的天然裂缝，Huang 等(2015)建立了集成“老井初次压裂微地震数据-地质力学-离散天然裂缝网络-气藏渗流”的加密井压裂多物理场模型，研究了加密井压裂的复杂裂缝形态及其导流能力，但忽略了老井开采后基质孔隙压力变化对加密井裂缝扩展的影响，且难以考虑储层地质力学参数的非均质性及动态非均匀变化。

本书作者针对涪陵页岩气的真实储层特征及生产参数，提出了集成“离散天然裂缝网络-老井压裂复杂裂缝扩展-老井气藏渗流与应力耦合-加密井裂缝扩展”的综合建模方法(Zhu et al., 2021)，研究页岩气藏加密井复杂裂缝扩展机理(图 1-4)。该方法根据地震、测井、岩心观察及实验测试等资料，分别建立了精细三维地质网格属性模型、地质力学模型及离散裂缝模型，并在此基础上建立基于离散裂缝的水力压裂复杂裂缝扩展模型，采用 Oda 方法将离散裂缝属性等效转化为连续网格属性。通过渗流-地质力学耦合模型计算老井生产过程中地层属性变化情况，并在此基础上模拟加密井裂缝扩展情况(Zhu et al., 2019，2020)。

现有加密井裂缝扩展模型主要有两种类型；一是考虑油藏渗流-地质力学全耦合的均质各向同性储层模型，该模型无法考虑复杂裂缝扩展问题；二是“地质模型-老井压裂-气藏模拟-地质力学模拟-加密井复杂裂缝扩展模拟”多模型交叉迭代的非均质性和各向异性储层模型，复杂裂缝的扩展均是基于解析或简化的裂缝本构模型，这些均不能真实反映页岩气储层流体运移、岩石形变及复杂裂缝扩展机理和特征，需要在连续介质模型和离散裂缝模型基础上，深入探究复杂裂缝扩展数理模型，考虑模型尺度影响，优化计算时效。

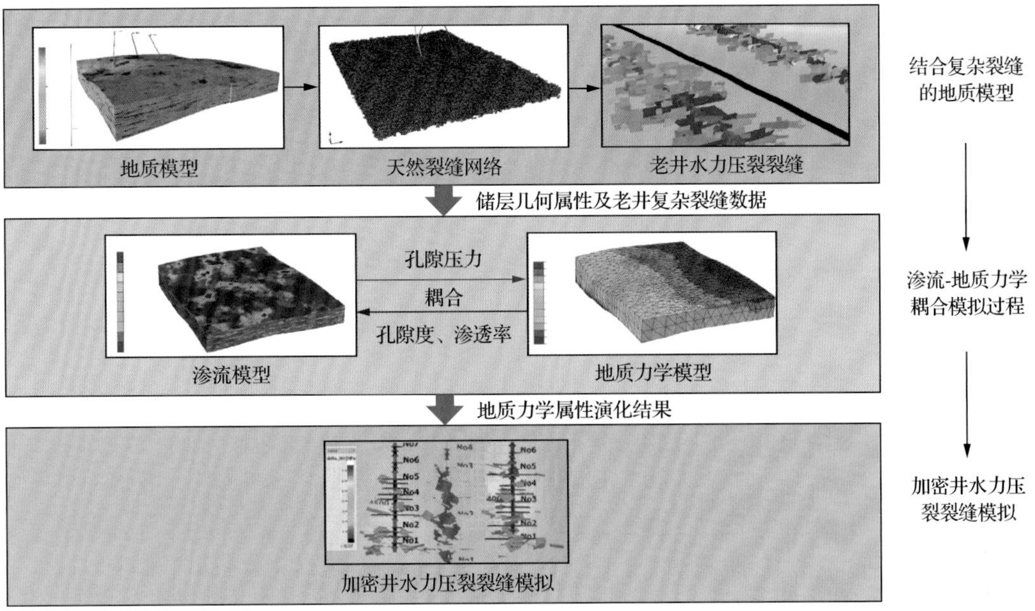

图 1-4　加密井复杂裂缝模拟流程

1.4.2　页岩气加密井压裂裂缝扩展规律研究

在页岩气藏开发过程中，受老井生产诱导应力场干扰影响，老井水力裂缝改造区边缘位置可能会产生地应力方向偏转，甚至两向水平应力反转(Gupta et al., 2012；Safari et al., 2017)。由于加密井井筒位置处地应力偏转程度相对较小，同时射孔方向对水力裂缝扩展存在诱导作用，加密井水力裂缝在初期扩展时依然沿原最大水平主应力方向，当裂缝进入应力转向区内时，扩展方向逐渐发生偏转，阻碍加密井裂缝扩展进入老井压裂改造区(Roussel et al., 2013；Rezaei et al., 2019；Guo et al., 2019)。而地层应力变化范围和变化程度与老井生产时间及产量有关，因此，从老井生产到加密井压裂之间存在一个时间窗口，在窗口期内实施加密井压裂能够取得较好的压裂效果(Gupta et al., 2012)。

页岩气井的生产会使其压裂改造范围内孔隙压力和三向主应力降低，加密井压裂过程中受“Frac-hit”效应影响，水力裂缝产生非对称扩展，使其更倾向于向老井孔隙压力下降区域扩展(Cipolla et al., 2018；Kumar et al., 2020)。这一现象已经在现场试井、示踪剂测试及压裂微地震监测结果中得到了验证(Cipolla et al., 2018；Seth et al., 2018；Wood et al., 2018)。加密井压裂“Frac-hit”效应受多方面因素影响，如井距、老井生产程度、地层物性条件、地层应力状态、天然裂缝发育、老井压裂时间、水力裂缝复杂性、压裂液类型、施工参数等，因此，老井与加密井压裂裂缝扩展规律应该综合多方面因素进行研究(Xu et al., 2018；King et al., 2017)。

页岩储层层理和天然裂缝发育，页岩基质脆性较强，水力压裂过程中，水力裂缝受其诱导改变扩展方向，产生复杂裂缝网络。陈勉团队通过真三轴水力压裂物理模拟实验验证天然裂缝对水力裂缝扩展方向的影响。杨春和团队通过物理模拟实验发现水力压裂过程中页岩层理会使水力裂缝发生止裂、分叉、穿过或转向等现象，最终演变成 5 种模式：顺从、先顺从后转向、贯穿闭合、贯穿开启及多裂缝。Zou 等(2017)研究了不同天然裂缝分布对水力裂缝扩展的影响，Guo(2014)和 Tan 等(2017)研究了不同应力状态、注入速率、液体黏度下，水力裂缝在多天然弱面或层理页岩中的扩展规律。实验结果表明：低应力差、高注入速率、较小的液体黏度有利于沟通天然弱面或层理，形成复杂裂缝网络。因此，在页岩气压裂模拟中，单一裂缝并不能准确表征水力裂缝展布。另外，对于老井开发对新井水力裂缝扩展影响的实验研究较少，Bruno 等(1991)通过实验研究表明岩石局部注水会改变其应力状态，使水力裂缝发生偏转，而老井生产作用对加密井水力裂缝扩展影响目前还未得到实验验证。

本书作者针对涪陵页岩气的真实储层特征及生产参数，采用“离散天然裂缝网络-老井压裂复杂裂缝扩展-老井气藏渗流与应力耦合-加密井裂缝扩展”综合模拟方法，初步探索了某开发平台在特定井间距条件下的加密井复杂裂缝扩展规律。研究发现：老井生产会引起其水力裂缝网络范围内孔隙压力和三向主应力减小，两向水平应力差增大，但应力场方向并未发生明显转向，同时，加密井位置处地层力学状态变化不大。受地应力变化影响，加密井水力裂缝依然沿原最大水平主应力方向扩展，但裂缝形态与老井相比发生较大变化。加密井水力裂缝主要集中在井筒周围，特别是层理缝扩张形成的分支扩张裂缝；越靠近老井，加密井裂缝数量越少，且主要为构造缝扩张形成的分支裂缝，层理缝难以开启；而老井水力压裂时，地层保持初始力学状态，其裂缝扩展较为均匀(图 1-5)。这使得相同施工液量下，加密井水力裂缝扩展范围小于老井(Zhu et al., 2019，2020，2021)。

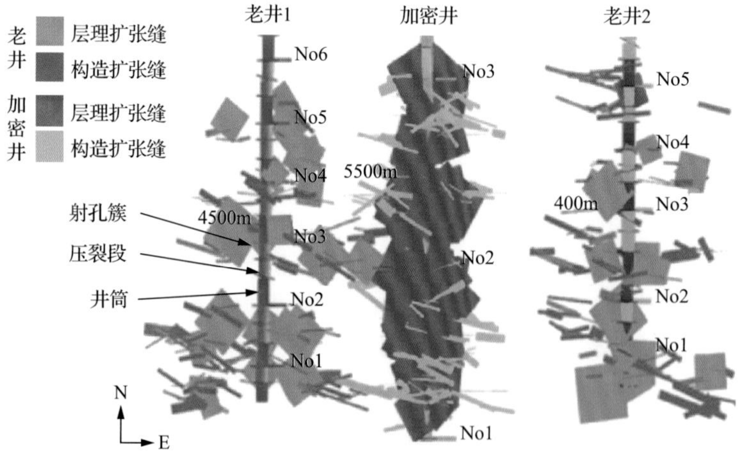

图 1-5　水力压裂裂缝复杂裂缝模拟结果

1.5　页岩气藏地应力演化及复杂裂缝扩展发展方向展望

1) 页岩气水平井重复压裂和加密井压裂复杂裂缝扩展模拟

随着国内主要页岩气区块进入中期开发阶段，原开发区域内老井的产能迅速下降，除勘探新的区块或向深部层位下探外，老井重复压裂及部署加密井是提高采收率的重要措施。然而，由于老井经历了数年的开采，储层地质力学特征发生了一定程度的变化。在此环境下，无法准确认识其裂缝扩展机理，就有可能导致加密井在压裂过程中与老井压窜，或造成重复压裂裂缝无效扩展，影响重复压裂及加密井改造效果，甚至产生老井套管变形等安全事故。

储层压力、地应力等地质力学参数随着页岩气开采不断演化，致使储层条件非均匀变化，这是加密井压裂裂缝扩展模拟与老井初次压裂的最大不同。同时，老井重复压裂时，初次压裂裂缝影响是不容忽视的。因此，准确预测老井重复压裂及加密井复杂裂缝扩展，需要弄清页岩气藏长期开采条件下裂缝性储层地质力学参数的动态演化。

目前尚未对页岩重复压裂及加密井压裂裂缝扩展机理形成较为统一的方向性认识。现有油气藏渗流-地质力学耦合的裂缝扩展模型尚不能准确反映页岩地层天然裂缝发育、非均质性及各向异性特征，不同尺度下基质、微裂缝及宏观裂缝的流体运移及地质力学属性变化机理模型尚不完善，对该条件下复杂裂缝扩展问题未形成一套较为完善的数值模型和数值模拟方法，因此，针对这些问题还需进一步探索和研究。

2) 页岩气储层立体开发复杂裂缝空间干扰机理研究

目前我国主要页岩气田一期已初步完成大量的加密井部署(同一储层平面加密布井)，今后几年龙马溪组上部页岩气小层将成为开发的重点，因此，我国页岩气将面临下部储层和上部储层同时开发(简称立体开发)的情况(焦方正，2019)。在该开发模式下，下部储层开发改变了下部储层的孔隙压力、地应力，对上部储层的压裂将产生额外的诱导干扰，该问题涉及上、下部储层精细地质建模，下部储层初次压裂，加密井压裂，气藏模拟等复杂的地质工程一体化交叉融合。如何实现上、下部储层充分改造，但不发生垂向压窜，是主要的技术瓶颈。

然而，国内外对该问题的研究较少，目前的模型及研究成果主要针对单一均质油气藏模型，开展同层位内老井生产过程中地层属性变化及加密井裂缝扩展机理研究，尚未考虑老井生产对上、下多地层属性动态影响，及其对不同层位加密井裂缝扩展规律的影响。因此亟待开展该方面研究，为我国页岩气的立体开发提供理论与技术指导。

3) 页岩气藏水平井重复压裂和加密井压裂时机优化

页岩气重复压裂及加密井压裂方案制定需以其产量和经济效益为评价标准，丰富的储量、良好的流体运移条件、最优的裂缝扩展是保证其改造效果的必然条件。由于老井改造及生产开发作用，地层条件变化难以直接观测，因此，准确模拟和预测地层属性变化成为压裂改造的核心和前提条件。在此基础上，选择最佳压裂时间可为重复压裂及加密井压裂效果提供有力保障。但该优选过程复杂，涉及多因素、多尺度、多维度的综合影响，而目前研究仅局限于其中某一环节，忽视了压裂生产全过程的综合考量；仅局限于部分静态参数，忽视了时间尺度的深入探讨。

因此，页岩气藏水平井重复压裂和加密井压裂需要同时考虑渗流、地质力学及裂缝扩展，结合地质和工程各因素，建议一套“地质精细解释模型+地质力学模型+水力压裂裂缝扩展模型+产能预测模型+经济评价模型”的综合模拟评价方法，从时间和空间维度上研究页岩气藏开发过程中各环节地层变化情况，为页岩气开发方案优选提供理论支撑。

4）基于地质工程一体化的页岩气藏水平井压裂套管损伤机理

近年来随着页岩气藏体积压裂改造技术的广泛应用，压裂过程中的套管变形和损伤问题日益突出，其直接导致桥塞无法坐封到位或套管破损，影响后续层段施工，缩短页岩气井生命周期，严重制约页岩气藏开发。

水平井多级压裂过程中套管变形及损伤机理复杂，除考虑压裂过程中液体流动、岩石变形、裂缝及断层滑移等地层力学状态变化，还需研究该条件下固井水泥和套管等受力形变问题。另外，目前页岩气开发普遍采用“井工厂”开发模式，多井同步施工，段间、井间干扰不容忽视，地层属性变化存在累加效应，因此，该过程涉及多物理场、多介质、多维度耦合模拟分析。而目前模型大多针对单一裂缝或断层滑移条件下套管及水泥环受力变形分析，未考虑复杂地质条件及多井、多压裂段复杂裂缝扩展的相互影响。对该问题，特别是套变风险点位置准确预测尚未形成统一认识(李凡华等，2019；Han et al., 2019)。地质工程一体化研究集地层构造及特征分析、地质力学分析、井位部署、钻井、固井、压裂设计与施工分析于一体，以三维数字模型为载体，精细分析地层岩石力学特征，计算工程施工过程中井筒及地层状态演化，为准确预测套变风险点和有效解决套管变形损伤问题提供理论依据。

1.6 本书主要内容

1）复杂裂缝相交与分岔扩展模型及其数值实现

根据页岩气储层的岩石力学特征，考虑裂缝面之间的摩擦效应，描述了页岩气储层裂缝单元的变形破坏行为，发展了水力裂缝非线性损伤内聚力本构模型；通过在基质单元间嵌入零厚度黏弹塑性损伤裂缝单元，考虑岩石的非线性断裂损伤以及射孔孔眼对压裂液的限流作用，提出了页岩双重介质多裂缝起裂与交错扩展的数值模拟方法，建立了水力压裂复杂裂缝相交与分岔扩展的 FEM-DFN 模型及其数值实现方法，实现了复杂裂缝的起裂、扩展、缝内流体流动以及与岩石单元的互作用表征，解决了复杂裂缝的相交与分叉扩展难题。

2）页岩气老井压裂复杂裂缝交错扩展机理

基于页岩双重介质多裂缝起裂与交错扩展的数值模拟方法，考虑天然裂缝在储层中的真实展布状态，建立了裂缝性页岩气储层水力压裂复杂裂缝扩展的 FEM-DFN 数值模型，研究了储层初始水平应力差、天然裂缝面摩擦系数、排量、黏度、簇数、簇间距等对页岩气老井压裂复杂裂缝扩展形态的影响，揭示了页岩气老井压裂复杂裂缝的相交、排斥、分岔竞争扩展机理，并根据分析结果提出了优化方案，为页岩气储层压裂工艺参数优选提供理论依据。

3) 页岩气加密井储层四维动态地应力模拟方法

基于地质-工程一体化理念，根据页岩气储层的渗流及地质力学特性，提出了包含地质建模、天然裂缝分析、复杂裂缝网络建模、渗流建模、地质力学建模以及渗流-地质力学耦合分析在内的多场四维动态地应力建模分析方法。根据页岩储层的渗流及地质力学特性，建立了三维有限差分渗流模型和有限元地质力学模型，提出了三维有限差分渗流-有限元地质力学模型耦合算法，编制了渗流模型-地质力学模型交叉迭代耦合计算程序。

4) 长期开采过程中页岩气储层四维地应力演化机理

针对四川盆地涪陵页岩气田 S1-3H 加密井平台与 FL2 平台、山西沁水盆地寿阳煤层气 A2 区块、陕西鄂尔多斯盆地致密油元 284 区块，综合考虑储层天然裂缝与地质力学参数在三维空间内的非均质性和各向异性、老井压裂裂缝、现场生产动态数据，建立了气藏模拟-地质力学交叉耦合的储层四维地应力演化模型，揭示了长期开采过程中储层复杂裂缝、储层非均质性和各向异性、储层地质力学特征等对储层四维地应力、渗透率的动态演化规律和井间动态干扰机理，为加密井钻井、压裂和开发设计提供了准确地应力参数。

5) 页岩气藏加密井复杂裂缝扩展机理及参数优化

综合考虑页岩气储层地质力学参数、天然裂缝等的非均质性和各向异性，提出基于储层四维地应力演化的页岩气藏加密井水力压裂复杂裂缝扩展、加密井压裂时机优化模拟方法，建立了气藏渗流-地质力学耦合的加密井压裂复杂裂缝交错扩展模型，并通过现场试井数据、压裂施工参数、微地震监测数据等进行验证。以四川盆地涪陵页岩气田 S1-3H 加密井井组为例，开展了页岩气储层长期开采过程中加密井复杂裂缝扩展形态、加密井压裂时机优化数值模拟研究，首次提出了微地震事件屏障效应的工程概念，优化了加密井压裂施工参数与压裂时机，为页岩气藏加密井布井及压裂提供了理论与技术支撑。

第 2 章

复杂裂缝相交与分岔扩展模型及其数值实现

本章针对裂缝性页岩气储层水力压裂裂缝扩展问题，开展基于有限元-离散裂缝网络(FEM-DFN)的复杂裂缝扩展数值模拟理论研究。首先通过在基质单元间嵌入零厚度黏弹塑性损伤裂缝单元，提出了页岩多裂缝起裂与交错扩展的数值模拟方法，解决了此前模型难以考虑水力压裂复杂裂缝的相交与分叉难题。然后通过研究裂缝扩展力学行为模型、岩石基质变形及基于显式时间积分的求解方法，建立了天然裂缝发育储层裂缝扩展的渗流-应力-损伤耦合模型，编制了对应的数值计算程序，并通过解析解和室内水力压裂实验结果对模型的准确性和适应性进行了验证。

2.1 页岩多裂缝交错扩展的 FEM-DFN 数值模拟方法

有限元-离散裂缝网络(FEM-DFN)，是一类考虑地层天然裂缝网络的有限元方法。本书提出的页岩多裂缝交错扩展 FEM-DFN 方法假设裂缝沿着网格边界扩展，采用有限单元对模型进行离散，并在所有块体单元之间插入表征节理的裂缝单元，从而实现对复杂裂缝网络任意扩展的模拟。上述步骤中，最为重要的是如何实现对岩体破裂过程的数值描述。断裂力学中通常认为，在岩体损伤破裂过程中，其裂缝区域(图 2-1)从未损伤到完全损伤可大致分为：①完整岩体区，即岩体完好无损；②弹性损伤区，即上下岩体间受到一定的作用力形成了破裂面，但如果该互作用力减弱或消失，破裂面也随时减弱或消失，与岩石受压过程中的线弹性区类似；③损伤演化区，即岩体已经开始破裂，但破裂面间仍有一定的互作用力；④应力释放区，即岩体完全损伤，此时无论裂缝宽度如果变化，裂缝上下表面间将无任何相互作用的力(Labuz et al., 1987)。

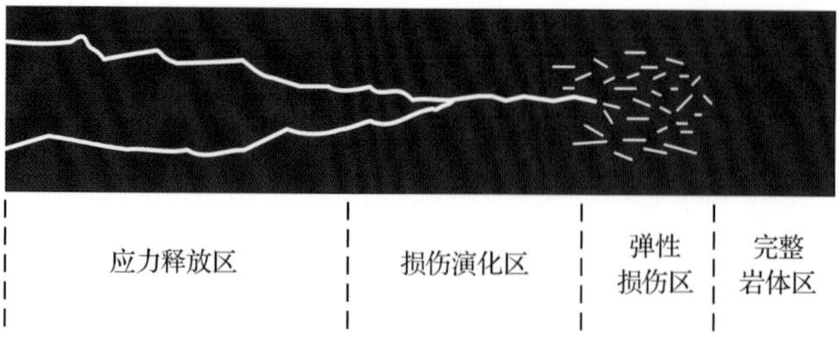

图 2-1　岩体损伤破裂理想化模型(Labuz et al., 1987)

传统线弹性断裂力学通常认为当表征裂缝尖端奇异性的应力强度因子(stress intensity

factor，SIF）达到材料的断裂韧性即向前扩展（Irwin, 1957）。但非常规油气页岩储层的非均质性、各向异性和非线性等特征，以及复杂缝网的分岔、交叉、合并等物理现象，导致线弹性断裂力学难以适用。因此，本研究采用了近年来材料断裂力学领域发展较为迅速的内聚力模型来表征水力裂缝的扩展行为。图 2-2 所示为内聚力物理模型示意图，根据 Hillerborg 等（1976）所述，裂缝扩展区域称之为破裂过程区（fracture process zone，FPZ），可以划分为应力释放区和非线性损伤区（将均处于破裂过程中的损伤演化区和弹性损伤区进行整合），非线性损伤区的损伤应力称为内聚力（cohesion）。

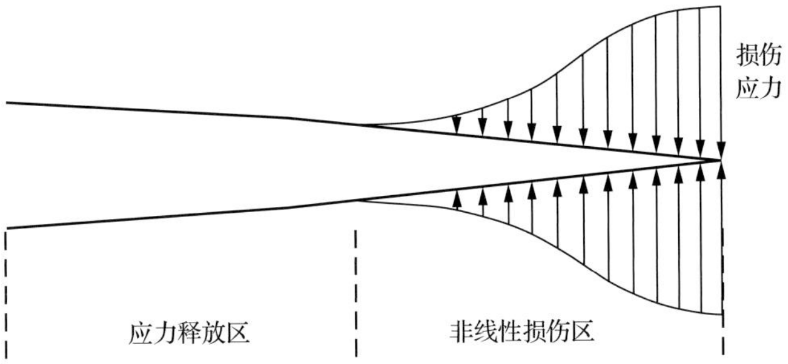

图 2-2　FPZ 内聚力物理模型示意图

在块体单元之间插入内聚力单元，如图 2-3 所示，利用 FEM-DFN 模拟裂缝扩展是将所有表征岩石的块体（solid）单元离散，然后在两块体单元之间插入表征裂缝的黏聚力（cohesive）单元；同时在黏聚力单元上下边（面）中间插入一层连续的节点，用于表征流体（压裂液）在裂缝内的流动。与图 2-2 所示 FPZ 区域对应，黏聚力单元分为完整未损伤单元（未受到裂缝扩展影响）、损伤单元（裂缝正在破裂）、完全失效单元（上下岩体已经完全断脱，裂缝面之间无相互作用力）。对于脆性较强的页岩，其水力压裂裂缝扩展过程包括

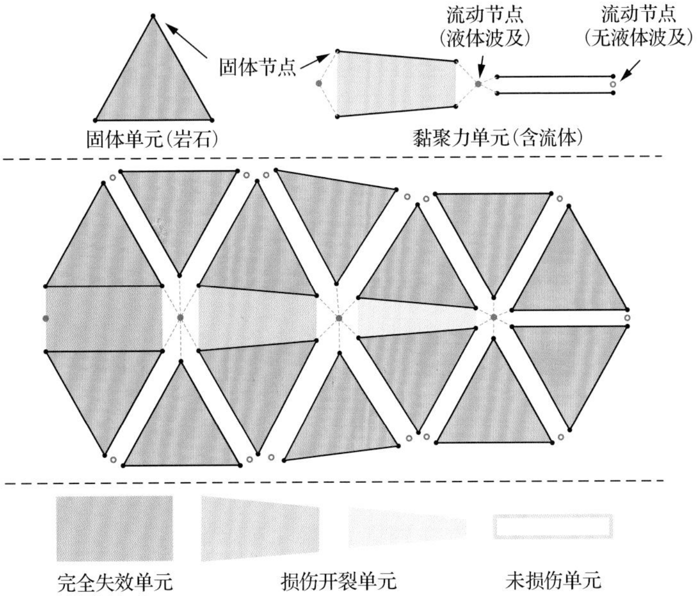

图 2-3　基于 FEM-DFN 的网格离散与水力裂缝扩展过程

三个连续且互相耦合的过程：①流体(压裂液)在波及某一未损伤黏聚力单元时，由于裂缝内流体压力的连续性，该波及单元中必然至少有一个流动节点压力不为零，随着液体的不断流入，被波及单元的流动节点压力不断上升；②节点压力作用在对应单元的上下边(面)上，使得裂缝起裂并扩展；③与该黏聚力单元相邻的两岩石固体单元受到施加在裂缝面上的流体压力以及裂缝扩展过程中产生的黏聚力作用，产生(弹性)应变；④随着裂缝宽度的增大，黏聚力单元上下边(面)之间的黏聚力逐渐丧失，当宽度达到某一临界值，裂缝面之间的黏聚力完全消失，裂缝完全损伤。随着压裂液的不断注入和流动，致使受到压裂液波及进而发生扩展的单元增加，裂缝向前扩展。图 2-4 给出了该水力裂缝扩展模型详细的计算流程图。

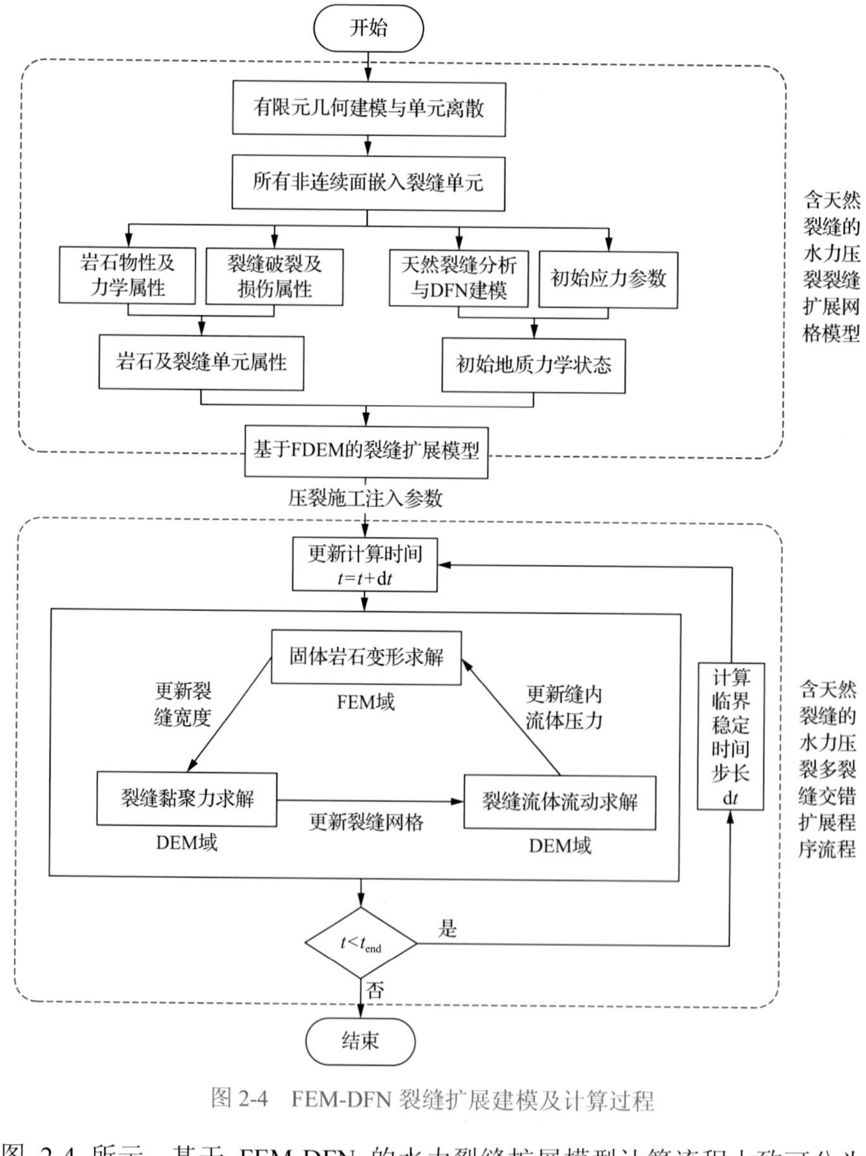

图 2-4　FEM-DFN 裂缝扩展建模及计算过程

如图 2-4 所示，基于 FEM-DFN 的水力裂缝扩展模型计算流程大致可分为①基于

FEM-DFN 的裂缝扩展模型建立；②基于 FEM-DFN 的渗流-应力-损伤耦合求解。其具体步骤可描述为：

1) 页岩双重介质多裂缝交错扩展的 FEM-DFN 数值模型建立

(1) 首先根据分析需求，确定出模型的几何尺寸，基于有限元软件建立几何模型，同时根据岩体特征生成有限元网格(一般情况下，二维模型选择三角形或四边形，三维模型选择四面体或六面体)，然后将所有有限元块体单元两两离散，使得任何单元的节点只用于组成当前单元，不与相邻单元共享。

(2) 在离散后的所有相邻有限元块体单元之间，以块体单元的相邻两边(面)为表征裂缝的黏聚力单元的物理顶底边(面)，从而实现嵌入裂缝单元。同时，复制顶底面坐标，并在顶底面间插入一层流动层，然后将相邻流动层相同坐标节点合并，使所有流动层相连。

(3) 根据地质、测井、实验等数据，分析得到包括岩石密度、杨氏模量、泊松比、内摩擦角、黏聚力等岩石物性及力学参数，以及裂缝的断裂能、断裂韧性等断裂力学参数。

(4) 根据天然裂缝分析结果，得到包括天然裂缝密度、倾角、走向、长/宽/高、初始缝宽、裂缝面摩擦系数等参数，并建立 DFN 模型；同时根据地质、测井、实验等数据，对模型施加初始地应力载荷及边界载荷。

(5) 确定出井筒及射孔位置，以水力压裂注入参数(包括注入压力、排量、压裂液黏度等)为初始计算条件，形成基于 FEM-DFN 网格的裂缝扩展模型。

2) 基于 FEM-DFN 的渗流-应力-损伤耦合求解

(1) 在有限元域内开展岩石本体的应力应变求解，得到岩石的位移及变形；

(2) 将岩石位移及变形传递到离散元域内进行裂缝扩展求解，得到裂缝不同位置处的黏聚力，并判断裂缝单元的失效情况，如果当前裂尖单元开始损伤，则更新整体裂缝网格；

(3) 仍然在离散元域内以更新得到的裂缝网格和各网格对应的缝宽更新不同位置处的流体饱和度，计算流体质量及流体压力；

(4) 将流体压力传递回有限元域内，施加于岩石单元表面，即完成一次时间增量步求解。

在所有计算结束后，将计算得到的岩石应力应变结果、注入点压力/流量变化情况、压裂过程中受到损伤的裂缝单元及对应的缝宽与压力、激活的天然裂缝数量等参数汇总，即可分析出裂缝动态扩展全过程。

2.2　复杂裂缝相交与分岔扩展的 FEM-DFN 模型

针对裂缝性页岩气储层水力压裂裂缝扩展问题，本节主要开展复杂裂缝扩展的 FEM-DFN 数值模型研究，分别就岩石固体单元离散与裂缝单元构建及嵌入、接触力计算、模型总体控制方程及其求解等关键问题展开详细介绍。

2.2.1 岩石介质离散与裂缝单元嵌入

我国页岩气储层天然裂缝发育，且裂缝的走向和倾角均按照一定的分布规律在空间内变化。如果将岩石块体单元以四边形网格划分，则无法准确描述天然裂缝变化多样的走向和倾角，因此，本书以三角形网格作为岩石基质单元的基本几何形状。图 2-5(a)为以三角形为几何形态的两相邻岩石基质单元，节点以逆时针方向构成节点(N1-Na-N2、N1-N2-Nb)，两单元共享了由节点 N1、N2 组成的边 N1-N2。首先将节点 N1、N2 的坐标进行复制，并生成新的坐标 N3、N4；然后由 N1、N2 和岩石基质单元 1 的 Na 节点共同组成新的岩石基质单元 1，由 N3、N4 和岩石基质单元 2 的 Nb 节点共同组成新的岩石基质单元 2，从而完成岩石基质单元 1 和岩石基质单元 2 的离散，如图 2-5(b)所示。

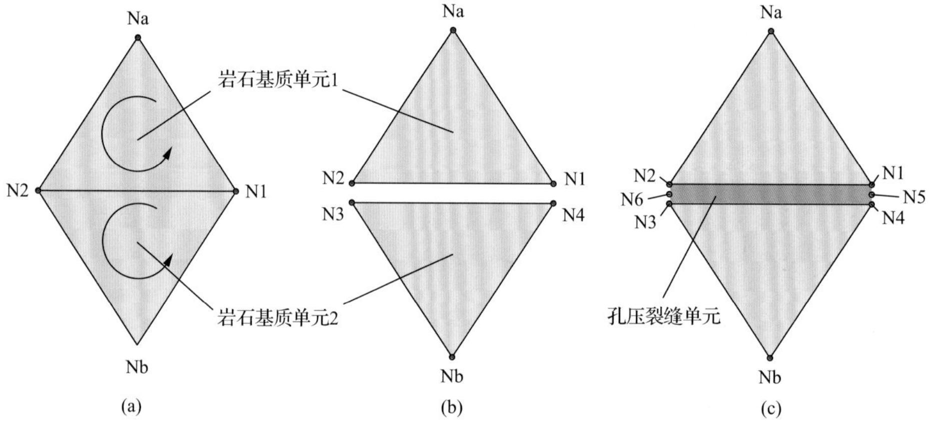

图 2-5 岩石基质单元离散与孔隙压力裂缝单元构建/嵌入(唐煊赫, 2020)

如图 2-5(c)所示，以离散后两岩石基质单元的两相邻边(即边 N1-N2 和边 N3-N4)为几何结构的顶边和底边，构成并嵌入裂缝单元；同时以节点 N1、N2 的坐标与节点 N3、N4 的对应坐标平均数生成新的坐标 N5、N6，由节点 N1、N2、N3、N4、N5、N6 共同组成孔隙压力裂缝单元，其中 N5、N6 的坐标在初始状态下为与 N1、N2 和 N3、N4 对应相同，且在计算过程中始终为顶、底边坐标的平均值；同时，节点 N1、N2、N3、N4 只参与裂缝扩展计算，节点 N5、N6 只参与压裂液流动计算，裂缝单元节点同样遵循逆时针方向排序，即 N1-N2-N3-N4-N5-N6。自此，任意两个岩石基质单元划分与裂缝单元插入即完成。

2.2.2 水力裂缝单元扩展模型

1) 基于 T-S 准则的裂缝单元起裂及扩展力学行为

由于本章采用内聚力模型作为裂缝扩展分析的方法，因此需要对描述 FPZ 区域断裂行为的牵引-分离准则进行探讨，以便研究能够准确描述页岩断裂过程的模型。

T-S 准则目前已发展出多种模型，大致可分为一维有效位移模型(one-dimensional effective displacement-based models)、总体势能模型(general potential-based models)两大类，以及总体势能模型衍生出的基于总体势能的多项式模型(general potential-based models with polynomials)、基于总体势能的均一束缚能模型(general potential-based models with universal binding energy)、PPR 模型等(Park et al., 2011)。一维有效位移模型将裂缝黏聚力看作整体有效位移的函数，其主要问题在于未将裂缝面在法向和切向的应力应变行为进行区分，而这两种力学行为本质上存在差异，其局限性较大。总体势能模型则认为裂缝的黏聚力与断裂过程中产生的势能有关，而断裂势能则由裂缝在法向和切向发生位移而产生。总体势能模型从物质本身能量的角度，将断裂过程中产生的位移与黏聚力进行了关联，使得位移与黏聚力的关系描述更为合理，因此，本章在总体势能模型的基础上，力求探索一种模型系数可控、模型变量较易准确获取且适合于页岩的 T-S 准则，用于描述页岩水力裂缝扩展过程中的裂缝力学行为。

根据 T-S 准则的一般规律，认为断裂过程可分为三个阶段，即，①弹性可恢复阶段，即裂缝面互作用力随着裂缝面的张开而逐渐增大，当互作用力小于给定强度时，卸载后裂缝面变形可恢复；②损伤软化阶段，当裂缝面互作用力超过给定强度后，开始形成不可恢复的损伤，该阶段裂缝面互作用力随着裂缝面的张开而逐渐减小；③完全失效，当位移增长到一定数值后，黏聚力为 0，此时上下裂缝面完全断裂，裂缝失效，即无论裂缝宽度如何变化，上下裂缝面之间将不会有任何黏聚力。Park 等(2011)通过对比分析多种常见的模型发现，岩石裂缝起裂硬化阶段较多服从线弹性变化；Zheng 等(2020)专门针对页岩的 T-S 准则进行讨论，认为页岩裂缝损伤演化阶段服从非线性软化。Taleghani 等(2018)通过分析认为页岩的起裂硬化和损伤软化阶段分别服从线性和非线性关系。因此，本章将采用线性关系描述起裂硬化阶段，采用非线性关系描述断裂损伤演化阶段。

对于Ⅰ型裂缝(拉伸或压缩)，如图 2-6 和式(2-1)所示，其起裂硬化阶段采用 Hillerborg 等(1976)的线性 CZM 模型描述其法向黏聚力与应变的关系，当法向应力到达页岩的抗拉强度时，此时的起裂法向位移为 δ_n^0，裂缝完成起裂，并开始扩展；法向黏聚力随即开展损伤软化阶段；损伤软化采用 Munjiza 模型(Munjiza, 2004)进行描述，认为当法向应

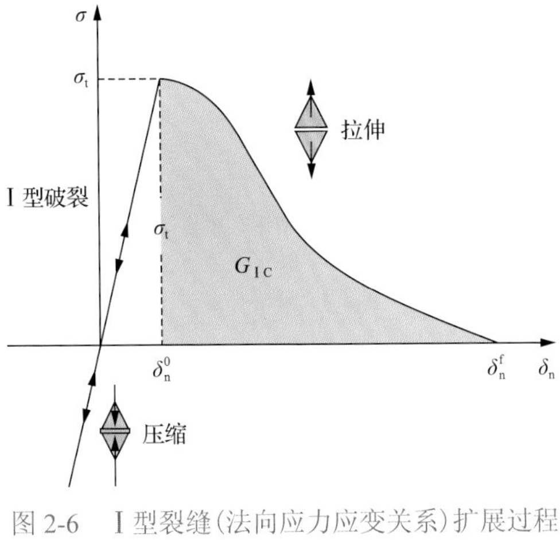

图 2-6 Ⅰ型裂缝(法向应力应变关系)扩展过程

变到达某一临界值(δ_n^f)时，裂缝则完全失效，法向黏聚力消失。

Ⅰ型裂缝 T-S 准则：

$$\sigma=\begin{cases}\dfrac{\delta_n}{\delta_n^0}\sigma_t, & \delta_n<\delta_n^0\\ \left[\dfrac{2\delta_n}{\delta_n^0}-\left(\dfrac{\delta_n}{\delta_n^0}\right)^2\right]\sigma_t, & \delta_n^0\leqslant\delta_n<\delta_n^f\\ 0, & \delta_n\geqslant\delta_n^f\end{cases} \tag{2-1}$$

式中，δ_n为法向位移；δ_n^0为起裂法向位移；σ_t为岩石抗拉强度；δ_n^f为裂缝失效临界法向位移。

对于Ⅱ型裂缝(剪切)，则基于 Ida 滑移-弱化模型(Ida, 1972)对裂缝的剪切力学行为进行描述，如图 2-7 和式(2-2)所示。首先，在起裂硬化阶段，与Ⅰ型裂缝模型类似，切向黏聚力随着切向应变线性增加，当达到裂缝剪切强度 τ_s时，则裂缝完成起裂；切向黏聚力随即开展损伤软化阶段，在这过程中，切向黏聚力始终等于剪切强度 τ_s，但本章中 τ_s是一个随着切向位移动态变化的量。岩石裂缝剪切强度遵循 Mohr-Coulomb 准则，如式(2-3)所示，引入了法向应力变化对剪切强度的影响；同时，由于天然裂缝本质上就是不连续介质，因此其剪切强度应该遵循库仑摩擦定律(Coulomb friction law)(Snozzi et al., 2013)。最后，当切向应变到达某一临界值(δ_s^f)时，裂缝完全失效，裂缝切向力只等于裂缝的摩擦阻力，如式(2-4)所示。

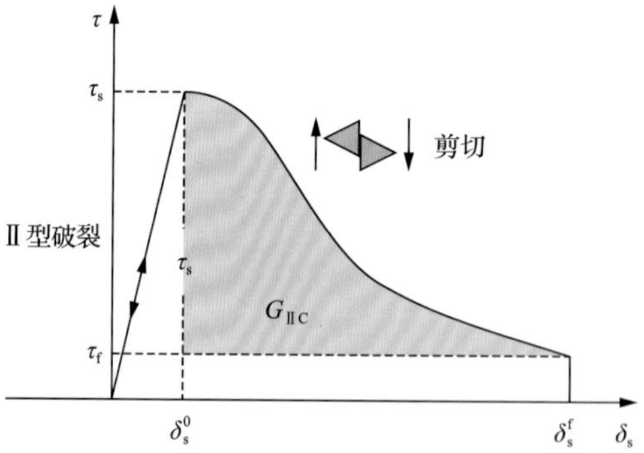

图 2-7　Ⅱ型裂缝(切向应力应变关系)扩展过程

Ⅱ型裂缝：

$$\tau=\begin{cases}\dfrac{\sigma_s}{\delta_s^0}\tau_s, & \delta_s<\delta_s^0\\ \tau_s, & \delta_s^0\leqslant\delta_s<\delta_s^f\\ \tau_f, & \delta_s\geqslant\delta_s^f\end{cases} \tag{2-2}$$

式中，δ_s 为切向位移；δ_s^0 为起裂切向位移；τ_s 为剪切强度；δ_s^f 为裂缝失效临界法向位移；τ_f 为裂缝切向失效后的摩擦阻力。

其中，剪切强度 τ_s 为

$$\tau_s = \begin{cases} c + \sigma_n \cdot \tan\phi_i, & \sigma_n < \sigma_t \\ c + \sigma_t \cdot \tan\phi_i, & \sigma_n \geqslant \sigma_t \\ -\mu_f \sigma_n, & \text{天然裂缝} \end{cases} \tag{2-3}$$

式中，c 为岩石的内聚力；ϕ_i 为岩石的内摩擦角；σ_n 为裂缝面所受正应力；σ_t 为岩石抗拉强度；μ_f 为天然裂缝面的摩擦系数。

而摩擦阻力 τ_f 则应为

$$\tau_f = \sigma \cdot \tan\phi \tag{2-4}$$

由于需要同时描述Ⅰ型和Ⅱ型裂缝的黏聚力单元起裂判断，本章采用二次名义应力法则的修正式，即在二次名义应力基础上，将状态下第一切向应力和第二切向应力求取矢量和，保证裂缝的切向方向：

$$\left(\frac{\langle\sigma\rangle}{\sigma_t}\right)^2 + \left(\frac{\tau}{\tau_s}\right)^2 = 1 \tag{2-5}$$

式中，$\langle\ \rangle$ 表示参数始终非负：

$$\langle\sigma\rangle = \begin{cases} \sigma_n, & \sigma_n \geqslant 0 \\ 0, & \sigma_n < 0 \end{cases} \tag{2-6}$$

Mahabadi 等(2012)通过抗拉强度测试和单轴抗压强度测试实验与数值对比研究发现，岩石的裂缝扩展除需要考虑为Ⅰ型裂缝或Ⅱ型裂缝外，还涉及Ⅰ-Ⅱ型混合裂缝模式，且损伤演化阶段更倾向于非线性软化，混合模式判断准则如图 2-8 所示。

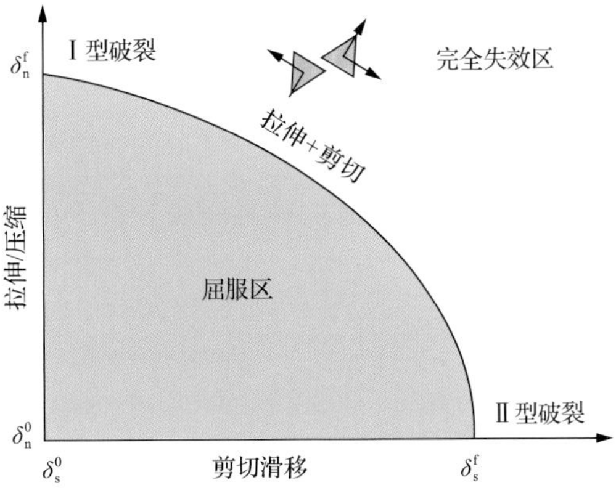

图 2-8 混合模型裂缝耦合应变准则

由于Ⅱ型裂缝模式的剪切强度计算与法向应力相关，本章中混合裂缝模式通过考虑将法向位移和切向位移进行耦合分析，如式(2-7)所示：

$$\left(\frac{\delta_t-\delta_t^0}{\delta_t^f-\delta_t^0}\right)^2+\left(\frac{\delta_s-\delta_s^0}{\delta_s^f-\delta_s^0}\right)^2=1 \tag{2-7}$$

为了准确约束住法向/切向软化损伤过程中位移和黏聚力的关系，使得图 2-6 和图 2-7 在任何情况下都是稳定的曲线，必须要确定出完全失效临界法向/切向位移，本章引入断裂能来表征裂缝的完全失效，即当断裂能达到临界程度时，对应的法向/切向位移即为完全失效临界法向/切向位移，断裂能计算公式如式(2-8)所示：

$$\begin{cases} G_{\mathrm{I}}=\int_{\delta_t^0}^{\delta_t^f}\sigma(\delta_t)\mathrm{d}\delta_t \\ G_{\mathrm{II}}=\int_{\delta_s^0}^{\delta_s^f}\left[\sigma(\delta_s)-\tau_f\right]\mathrm{d}\delta_s \end{cases} \tag{2-8}$$

式中，G_{I} 和 G_{II} 分别为张性应变能和剪切应变能。

张性应变能和剪切应变能各自随着裂缝法向位移和切向位移的增大而增大，因此，本章针对混合裂缝模式，引入二次能量准则(Hutchinson and Suo, 1991)来约束应变能的增加，作为混合模式裂缝完全失效的判断准则，如式(2-9)所示：

$$D=\sqrt{\left(\frac{G_{\mathrm{I}}}{G_{\mathrm{IC}}}\right)^2+\left(\frac{G_{\mathrm{II}}}{G_{\mathrm{IIC}}}\right)^2} \tag{2-9}$$

式中，D 为裂缝损伤指数，其取值范围 0(岩石完整)～1(完全失效)；G_{IC} 和 G_{IIC} 为临界张性能和临界剪切能。一旦裂缝损伤指数 D 增大到 1，法向和切向黏聚力均归为 0。其中，断裂能 G_{IC} 和 G_{IIC} 可通过岩石弹性参数和断裂韧性计算得到，即

$$\begin{cases} G_{\mathrm{IC}}=\dfrac{1-\nu}{E}K_{\mathrm{IC}}^2 \\ G_{\mathrm{IIC}}=\dfrac{1-\nu}{E}K_{\mathrm{IIC}}^2 \end{cases} \tag{2-10}$$

式中，K_{IC} 和 K_{IIC} 为Ⅰ型裂缝断裂韧性和Ⅱ型裂缝断裂韧性；E 为岩石弹性模量；ν 为岩石泊松比。

2) 裂缝单元内的流体流动

在当前黏聚力单元完全损伤失效后，即允许流体(压裂液)进入该单元，压裂液波及裂缝长度增加，流体内压力通过施加到裂缝壁面，进而迫使岩石发生进一步形变，如图 2-9 所示，同样以图 2-5 示例单元为例，在当前裂缝单元扩展过程中，顶、底面节点的对应坐标差自然形成缝宽，并且对应节点压力。计算过程中，通过节点之间形成的压差，判

断出当前节点对应流体流入还是流出。

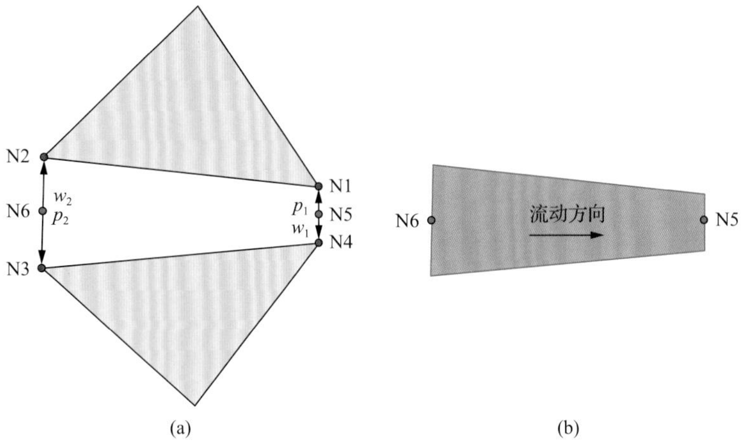

图 2-9　水力裂缝内流体流动

本章假设裂缝内流体为不可压缩牛顿流体，其缝内压裂液流量可采用立方定律描述，如式(2-11)所示：

$$q(s,t)=-\frac{w^2(s,t)}{12\mu}\nabla p \tag{2-11}$$

式中，q 为流体流量；w 为缝宽；t 为计算时间；s 为沿裂缝扩展方向相对距离；μ 为压裂液黏度；∇p 为沿着裂缝扩展方向形成的压差。

考虑裂缝内流体的质量平衡，通过润滑方程来描述流体流动：

$$\frac{\partial w(s,t)}{\partial t}+\nabla\cdot q=\begin{cases}0, & \text{非注入点}\\ Q, & \text{注入点}\end{cases} \tag{2-12}$$

式中，Q 为总的注入液量。

通过给定初始注入参数和边界条件，即可联立求解式(2-11)和式(2-12)。其中，压裂液流动边界为裂缝起裂位置(注入点)和裂缝尖端，因而边界条件可表示为

$$q_{\text{crack}}(t)=q_0(t) \tag{2-13}$$

$$w_{\text{tip}}(t)=0,\quad q_{\text{tip}}(t)=0 \tag{2-14}$$

式中，q_{crack} 为注入点位置处的流量；w_{tip} 为裂缝尖端缝宽(与图 2-9 中 w_1、w_2 对应)；q_{tip} 为裂缝尖端的流量。

2.2.3　岩石基质单元变形

在裂缝扩展过程中，岩石除了受到原有地应力的作用外，其外表面(也即裂缝面)同时还受到裂缝扩展过程中产生的黏聚力和流体施加的压力，因而将发生相应的变形。

假设岩石在裂缝扩展过程中为各向同性弹性变形，根据胡克定律，其应力应变关系应表示为

$$\sigma = De(u) \tag{2-15}$$

式中，σ 为总(主)应力；$e(u)$ 为线性应变；u 为节点位移；D 为弹性参数矩阵。

同时，其应力平衡方程应满足：

$$-\nabla \cdot \sigma = 0 \tag{2-16}$$

模型初始状态下无剪切应变，因此，其初始应力状态应为

$$\begin{cases} \sigma|_{=0} = \sigma_0 \\ e_{ij}(u=0) = 0 \end{cases} \tag{2-17}$$

式中，σ_0 为初始地应力；e_{ij} (ij=xy, yz, zx) 为切向应变。本章所述模型外边界条件为位移边界，即

$$u_x = 0|_{x=x_{\text{side}}},\quad u_y = 0|_{y=y_{\text{side}}},\quad u_z = 0|_{z=z_{\text{side}}} \tag{2-18}$$

式中，x_{side} 为模型在 x 方向上的几何边界；y_{side} 为模型在 y 方向上的几何边界；z_{side} 为模型在 z 方向上的几何边界。

2.2.4 FEM-DFN 控制方程及其数值实现

1) 黏聚力单元有限元求解

对于孔隙压力黏聚力单元，如图 2-9 所示，包含了 6 个节点，其中节点 N1～N4 包含 x、y 两个方向的位移自由度，而节点 N5、N6 为孔隙压力节点，仅有一个压力自由度。裂缝内的流体压力和流量需要在节点 N5、N6 上进行离散。裂缝宽度则通过顶边 N1-N2 和底边 N3-N4 对应节点位移之差得到。因此，可以通过线性插值得到单元任意位置处的裂缝单元的分离量(即单元应变)和流体压力。

首先对每个单元进行坐标转换，将单元节点的全局空间坐标系转换到以裂缝面为 X-Y 平面的局部平面坐标系下，而全局坐标系和局部坐标系之间的关系可表示为

$$\boldsymbol{x} = \boldsymbol{RX} \tag{2-19}$$

式中，$\boldsymbol{x}$ 为局部坐标；$\boldsymbol{X}$ 为全局坐标；$\boldsymbol{R}$ 为坐标转换矩阵。

同时，还需要将全局坐标系下单元的位移转换到局部坐标系下，其关系式为

$$\boldsymbol{u} = \boldsymbol{TU} \tag{2-20}$$

式中，$\boldsymbol{u}$ 为局部坐标系下的位移；$\boldsymbol{U}$ 为全局坐标系下的位移；$\boldsymbol{T}$ 为位移矩阵，其表达式为

$$\boldsymbol{T} = [\boldsymbol{R}]_{6\times 6} \tag{2-21}$$

因此，局部坐标系下的节点分离量(即裂缝单元节点应变)即可表示为

$$\boldsymbol{\delta} = \boldsymbol{L}\boldsymbol{u} \tag{2-22}$$

式中，$\boldsymbol{\delta}$ 为局部坐标系下的节点分离量(应变)；$\boldsymbol{L}$ 为应变矩阵，其表达式为

$$\boldsymbol{L} = [-\boldsymbol{N}_L \quad \boldsymbol{N}_L], \quad \boldsymbol{N}_L = \boldsymbol{I}_9 \tag{2-23}$$

式中，$\boldsymbol{I}_9$ 为单位矩阵。

进而可以得到整体坐标系下的节点应变$\varDelta$和局部坐标系下的节点应变$\boldsymbol{\delta}$之间的关系：

$$\boldsymbol{\delta} = \boldsymbol{N}_{\mathrm{w}}\varDelta \tag{2-24}$$

式中，$\boldsymbol{N}_{\mathrm{w}}$ 为雅可比矩阵。

联立式(2-22)～式(2-24)，即可得到局部坐标系下的应变与全局坐标系下的位移之间的关系：

$$\boldsymbol{\delta} = \boldsymbol{B}_{\mathrm{c}}\boldsymbol{U} \tag{2-25}$$

式中，$\boldsymbol{B}_{\mathrm{c}}$ 为全局坐标系下的应变矩阵，$\boldsymbol{B}_{\mathrm{c}}=\boldsymbol{N}_{\mathrm{w}}^{\mathrm{T}}\boldsymbol{L}\boldsymbol{N}_{\mathrm{w}}$。

同时，缝宽与应变之间的关系应为

$$\boldsymbol{w}(\boldsymbol{x}) = \boldsymbol{N}_1^{\mathrm{T}}\boldsymbol{\delta}(\boldsymbol{x}) \tag{2-26}$$

联立式(2-25)和式(2-26)，即可通过全局坐标系下的坐标变化求得裂缝当前缝宽。

不仅如此，由于流体压力是控制裂缝变形的主要外因，还需要将流体压力转换到局部坐标系下：

$$\boldsymbol{p}(\boldsymbol{x}) = \boldsymbol{N}_{\mathrm{p}}^{\mathrm{T}}\boldsymbol{p} \tag{2-27}$$

式中，$\boldsymbol{N}_{\mathrm{p}}$ 为单元插值函数矩阵。

2) 渗流-应力-损伤耦合有限元方程

在任意内嵌水力裂缝的岩体区域内，该区域必然包含岩体受到外载荷的外边界，同时又会有水力裂缝在岩体内部形成弱面，流体压力施加在区域内部裂缝表面形成内载荷的内边界。同时，由于流体压力和流量均为与时间有关的变量，因而，在不考虑模型所受体力的情况下，从动力学角度建立整体有限元方程：

$$\boldsymbol{M}\frac{\partial^2\boldsymbol{U}}{\partial t^2} + \boldsymbol{C}\frac{\partial\boldsymbol{U}}{\partial t} + \boldsymbol{K}\boldsymbol{U} = \boldsymbol{F}_{\mathrm{ext}}(\boldsymbol{U}) + \boldsymbol{F}_{\mathrm{c}}(\boldsymbol{U}) - \boldsymbol{F}_{\mathrm{int}}(\boldsymbol{U}) \tag{2-28}$$

式中，$\boldsymbol{M}$ 为集中质量矩阵；$\boldsymbol{K}$ 为刚度矩阵；$\boldsymbol{C}$ 为阻尼矩阵($\boldsymbol{C}=\alpha\boldsymbol{M}+\beta\boldsymbol{K}$)；$\boldsymbol{U}$ 为全局节点位移；$\boldsymbol{F}_{\mathrm{ext}}$ 为区域所受外载荷；$\boldsymbol{F}_{\mathrm{int}}$ 为区域内部裂缝表面所受载荷；$\boldsymbol{F}_{\mathrm{c}}$ 为裂缝扩展过程中的黏聚力。

有限元区域和离散元区域分别通过三角形固体单元和无厚度的黏聚力平面单元进行离散，因此可以将式(2-28)离散为岩体变形方程和裂缝扩展方程：

$$\boldsymbol{M}\frac{\partial^2\boldsymbol{U}}{\partial t^2}+\boldsymbol{C}\frac{\partial\boldsymbol{U}}{\partial t}+\boldsymbol{KU}=\boldsymbol{F}_{\text{ext}}(\boldsymbol{U}) \tag{2-29}$$

$$\boldsymbol{H}\frac{\partial\boldsymbol{p}}{\partial t}+\boldsymbol{I}_{\text{int}}=\boldsymbol{I}_{\text{ext}} \tag{2-30}$$

式中，$\boldsymbol{H}$ 为集中容积矩阵；$\boldsymbol{p}$ 为节点压力向量；$\boldsymbol{I}_{\text{int}}$ 和 $\boldsymbol{I}_{\text{ext}}$ 为区域内部和外部流量载荷。

2.2.5 显式求解算法

1) 求解算法

由于集中质量矩阵 $\boldsymbol{M}$ 和集中容积矩阵 $\boldsymbol{H}$ 均为对角矩阵，其逆矩阵存在且容易求解。同时，FEM-DFN 处理裂缝扩展过程中涉及大量的接触、交叉和分岔等问题，属于高度非线性和非连续问题，隐式求解算法往往难以收敛。因此，本研究采用显式向前时间差分策略对式(2-29)和式(2-30)进行快速求解，如式(2-31)和式(2-32)所示：

$$\begin{cases}\dfrac{\partial^2\boldsymbol{U}}{\partial t^2}=\boldsymbol{M}^{-1}(\boldsymbol{F}_{\text{ext}}-\boldsymbol{F}_{\text{int}})\\[2mm]\dfrac{\partial\boldsymbol{U}_{t+1}}{\partial t}=\dfrac{\partial\boldsymbol{U}_t}{\partial t}+\dfrac{\partial^2\boldsymbol{U}_t}{\partial t^2}\Delta t\\[2mm]\boldsymbol{U}_{t+1}=\boldsymbol{U}_t+\dfrac{\partial\boldsymbol{U}_{t+1}}{\partial t}\Delta t\end{cases} \tag{2-31}$$

$$\begin{cases}\dfrac{\partial\boldsymbol{p}}{\partial t}=\boldsymbol{H}^{-1}(\boldsymbol{I}_{\text{ext}}-\boldsymbol{I}_{\text{int}})\\[2mm]\boldsymbol{p}_{t+1}=\boldsymbol{p}_t+\dfrac{\partial\boldsymbol{p}}{\partial t}\Delta t\end{cases} \tag{2-32}$$

式中，t 为当前时间点；t+1 为下一时间点；Δt 为时间增量步。

从上式可知，一旦确定出时间增量步，即可求解得到相应变量。

对于显式时间积分算法，其求解收敛的前提是需要准确地计算出最小稳定时间步长。本章所述方法涉及岩石基质单元应力应变、裂缝扩展和裂缝内流体流动，一共 3 个计算域，也就对应了 3 个稳定时间步长。

对于岩石基质单元，其临界稳定时间步长为

$$\Delta t_{\text{s}}=\frac{l}{c_{\text{s}}} \tag{2-33}$$

式中，l 为岩石基质单元最小边长，同时也是黏聚力单元的最小长度；c_{s} 为岩石中声波的传播速度，$c_{\text{s}}=\{E(1-\nu)/[\rho_{\text{s}}(1+\nu)(1-2\nu)]\}^{1/2}$。

对于黏聚力裂缝单元的应力应变部分，其临界稳定时间步长为

$$\Delta t_c = \min\left(\sqrt{\frac{\rho_c}{K_n}}\right) \tag{2-34}$$

式中，ρ_c 为黏聚力单元线密度；K_n 为黏聚力单元法向刚度。

对于黏聚力裂缝单元的流体流动部分，其临界稳定时间步长为

$$\Delta t_f = \min\left[6\frac{\mu}{K_f}\left(\frac{l}{a}\right)\right] \tag{2-35}$$

式中，K_f 为压裂液的体积模量。

为了保证岩石基质应力应变、裂缝黏聚力演化以及缝内流体流动同时收敛，必须选取 3 个稳定时间步长中的最小值作为模型计算过程中的临界稳定时间步长：

$$\Delta t = \min(\Delta t_s, \Delta t_c, \Delta t_f) \tag{2-36}$$

2) 求解过程

基于 2.2.2～2.2.5 小节中建立的 FEM-DFN 复杂裂缝模型及其求解算法，对图 2-4 中的渗流-应力-损伤耦合求解计算过程进行详细描述，如图 2-10 所示。在单一时间增量步内：

(1) 岩石基质单元求解：首先以上一时间步求解得到的最大稳定时间步长 Δt 作为当前时间步下对应的时间步长，并和上一时间步中求解得到的裂缝单元总应力一起，传递给岩石基质单元。根据式(2-1)～式(2-10)、式(2-30)和式(2-32)，更新基质单元的应力状态，并开展岩石基质的应力应变求解，得到岩石的位移及变形，并求出各单元节点的位移、速度和单元应变。

(2) 裂缝单元求解：将基质单元的位移及变形信息传递给裂缝单元进行裂缝扩展求解[式(2-19)～式(2-29)、式(2-30)和式(2-32)]，根据裂缝单元上下表面的变形情况，结合 T-S 准则[式(2-15)～式(2-18)]，计算得到各裂缝单元(裂缝不同位置处)的黏聚力，并判断裂缝单元的失效情况，如果当前裂尖单元开始损伤，则更新整体裂缝网格。然后，将当前步求解得到的黏聚力和上一时间步计算得到的流体压力在裂缝表面的作用力相加，共同组成裂缝单元总应力，并用于传递给下一时间步的岩石基质求解。

(3) 流体单元求解：根据裂缝节点的位移情况和裂缝单元数量的更新情况，根据式(2-11)～式(2-14)、式(2-30)和式(2-32)，重新计算各流体节点(容积)及其对应的质量流量，并相应计算节点容积压力、各容积域内的单元压力、单元质量流量、临界流体时间增量。其中，计算得到流动单元压力用于下一时间步的裂缝单元表面流动压力，而流动单元的质量流量则用于下一时间步的容积大小计算。

(4) 最大稳定时间步长求解：根据式(2-33)～式(2-36)求解各计算域内的稳定时间步长和整个模型计算稳定时间步长。

在所有计算结束后，将计算得到的岩石应力应变结果、注入点压力/流量变化情况、压裂过程中受到损伤的裂缝单元及对应的缝宽与压力、激活的天然裂缝数量等参数汇总，

即可分析出裂缝动态扩展全过程。

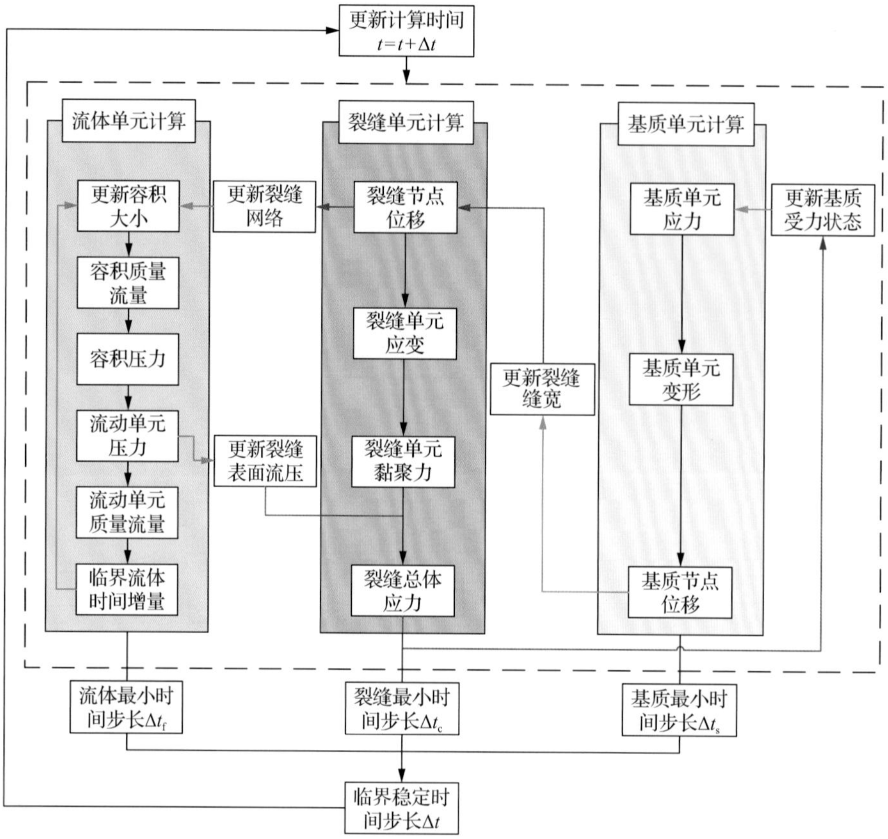

图 2-10　基质-裂缝-流动耦合求解过程

2.3　复杂裂缝扩展的 FEM-DFN 模型测试与验证

针对本章发展出新的牵引-分离准则和 FEM-DFN 算法，需要通过建立验证模型对该理论及方法的准确性进行验证。首先，验证模型的准确性需要将基于本章方法所建立的数值模型计算结果与广泛认可的理论模型计算结果进行对比，其次，为了进一步验证本章理论及数值模型的准确性，同时测试模型的适用性，引入现有公开文献中的页岩室内水力压裂大型物理模拟实验数据，建立相同几何及力学参数的 FEM-DFN 模型，模拟实验载荷及注入条件下的裂缝扩展情况，并对比室内实验结果。

2.3.1　解析模型验证

一般认为，水力裂缝扩展过程中能量消耗方式分为黏性占优和韧性占优，而在深部油气储层地质力学条件下，即使是使用黏度低至 1mPa·s 的滑溜水压裂液体系，也通常表现为黏性占优。同时，由于 PKN 模型假设中裂缝形态与抗拉强度无关，而本章所建立的模型需要考虑抗拉强度对裂缝面在断裂过程的影响。因此，在验证模型计算准确性时，本节选用了单裂缝受恒定内压张开、黏性占优的 KGD 型水力裂缝扩展问题，并与其解析解进行了对比。

如图 2-11 所示为 KGD 模型示意图，以一定排量作为注入液量，忽略裂缝壁面渗透，且仅考虑岩石的弹性变形。根据黏性占优下 KGD 型水力裂缝解析模型所述，其裂缝半长、缝宽和缝内流体压力以及黏性占优情况下的处理方式参考相关文献(Detournay et al., 2003；Detournay, 2016)，本节不再作重复性论述。

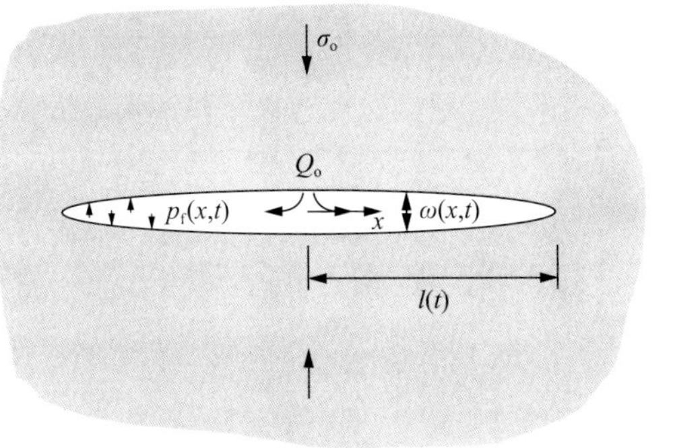

图 2-11　不可渗透弹性介质 KGD 模型示意图(Detournay, 2004)

在裂缝扩展过程中，会挤压岩石导致地层应力发生改变，因此需要边界远离裂缝，尽可能避免边界效应的影响。由于 KGD 裂缝形态为双翼裂缝，模型几何参考 Guo(2014)的模型，尺寸选择为 120mm×120mm 左右对称模型，同时，为保证左右两侧裂缝扩展条件完全一样，将注入点设置在模型几何中心，设置网格尺寸为 10mm，并保证模型为中心对称，如图 2-12 所示。

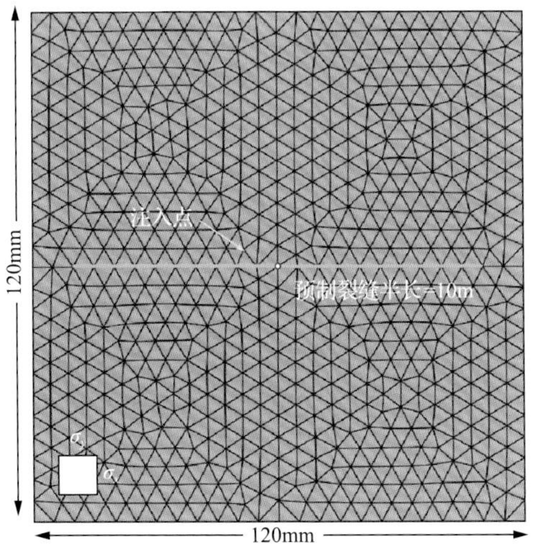

图 2-12　验证模型网格及加载

同时，岩石力学参数典型岩石的参数(Lama and Vutukuri, 1978；Zoback, 2010)如表 2-1 所示。

表 2-1 解析验证模型计算参数

参数类型	数值	参数类型	数值
岩石基质单元		断裂参数	
杨氏模量/GPa	26	法向刚度/(GPa/m)	200
泊松比	0.2	抗拉强度/MPa	3
压裂液参数		拉伸断裂能/(J/m^2)	30
注入速率/(m^3/s)	0.001	切向刚度/(GPa/m)	200
压裂液黏度/(mPa·s)	1	剪切强度/MPa	3
体积模量/GPa	2.2	剪切断裂能/(J/m^2)	30
密度/(kg/m^3)	1000	黏聚力/MPa	15
应力状态/MPa		内摩擦角/(°)	30
σ_x	2	摩擦系数	0.6
σ_y	1		

设置预制半长为 10mm 的双翼裂缝，在保持 0.001m^3/s 的注入速率 10s 后，裂缝达到预定半长，裂缝形态、裂缝附近 y 方向应力场和位移场如图 2-13 所示，图中变形放大 100 倍。可以看出变形和应力都集中在裂缝附近，对边界处影响较小，表明模型的尺寸设置较为合理。

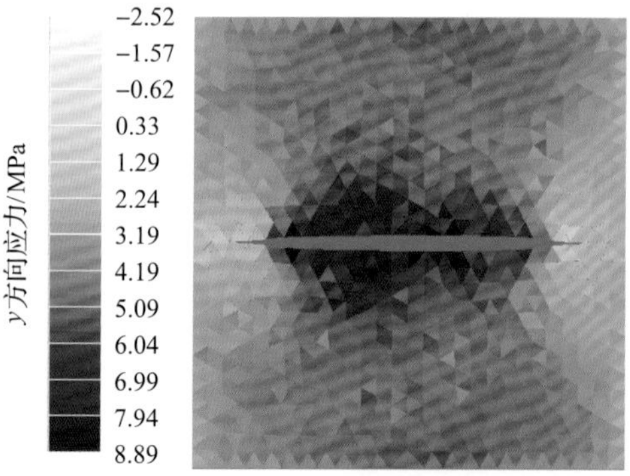

(a) y方向主应力云图

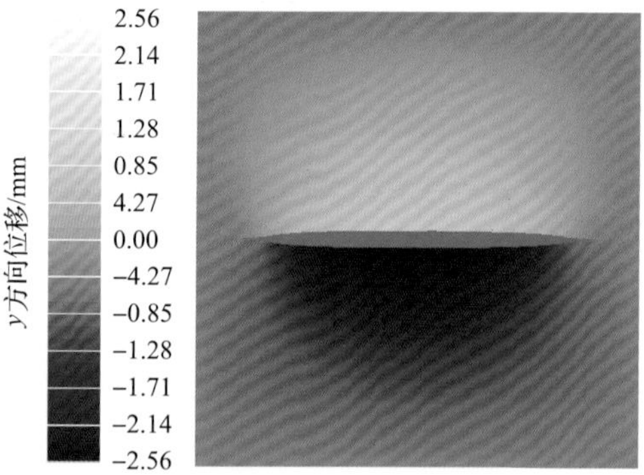

(b) y方向位移云图

图 2-13 用于对比 KGD 模型的 FEM-DFN 数值模拟裂缝扩展结果

如图 2-14 所示，为缝口净压力和缝口宽度随注入时间变化关系，图中对基于 FEM-DFN 的数值模型计算结果和 KGD 模型解析解进行了对比，用以验证模型的准确性。从图 2-14 可以看出，不论是缝口净压力还是缝宽随时间的变化关系，数值解和解析解均能高度吻合。当注入时间达到 2s 以后，数值解出现轻微波动，这是由于模型为双翼对称模型，在单一增量内，左右两翼对称位置的裂缝单元在计算过程中存在先后顺序。

如图 2-15 所示，为裂缝扩展至预定半缝长后，缝口净压力和缝宽沿着右侧半缝长方的分布情况，同样可以看到基于 FEM-DFN 的数值解和 KGD 模型得到的解析解高度吻合，表明本章所建立的模型能够准确描述裂缝扩展的应力应变行为和流体压力变化。

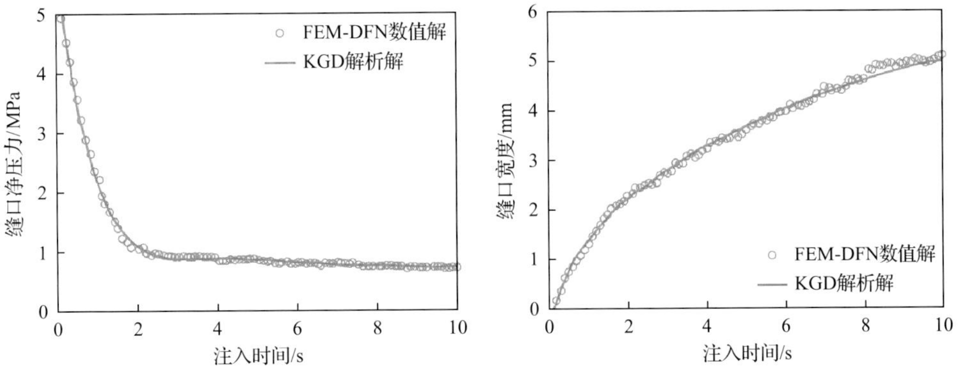

(a) 缝口净压力随时间变化关系　　(b) 缝口宽度随时间变化关系

图 2-14　裂缝参数随时间变化关系对比

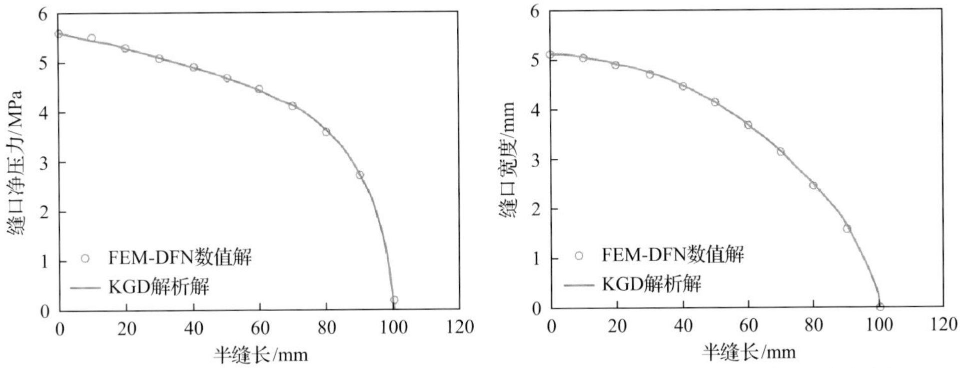

(a) 缝口净压力在右半缝长方向的分布　　(b) 缝口宽度在右半缝长方向的分布

图 2-15　裂缝参数沿裂缝方向分布对比

2.3.2　室内水力压裂实验结果对比验证

1) 层理性页岩变流量压裂

首先对变注入流量下的模型进行测试及验证，这里引入中科院武汉岩土力学研究所的层理性页岩测试实验及结果(Heng et al., 2020)，其实验设备为真三轴室内水力压裂模拟装置，该装置最大输出压力为 30MPa，最大注液压力为 100MPa，最小注液速率为 0.01mL/s。如图 2-16 所示，该实验岩样尺寸为 300mm×300mm×300mm，垂直于最小水平主应力方向安装注液管，模拟水平井筒。实验过程中，通过外部载荷模拟三向主应力。同时，本节选取了该文献中变流量注入实验组 W-6 进行测试与验证，如图 2-17 所示，实验前对岩样的力学性质进行测试，得到抗压强度 103.4MPa、杨氏模量 13.72GPa、泊松比 0.18。同时，对岩样进行切割加工，在垂直于垂向主应力平面上，分别切割出穿过井筒、井筒下部一定距离的 3 条贯穿水平裂缝，然后使用黏合剂对各切割块进行黏合，模拟胶结的页岩水平层理。

实验参数如表 2-2 所示，其中对于 W-6 岩样采取的变流量阶梯式注入参数为：在起始注入流量 0.05mL/s 的条件下，每隔一定时间，在上一注入流量基础上增加 0.05mL/s，直到加载到 0.30mL/s，同时注入液体黏度 3mPa·s。

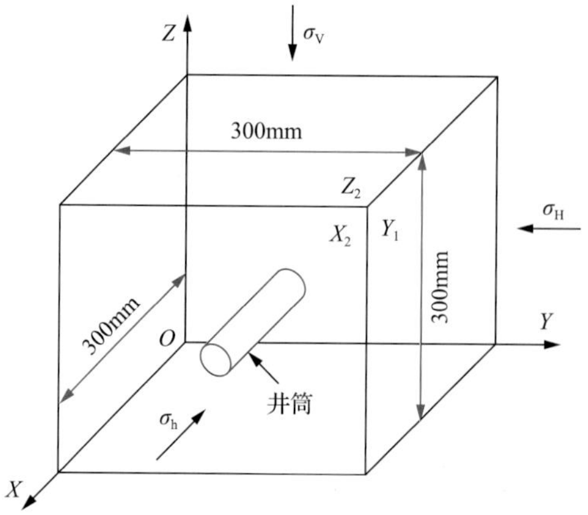

图 2-16　中科院武汉岩土力学研究所室内压裂物理模拟实验参数(Heng et al., 2020)

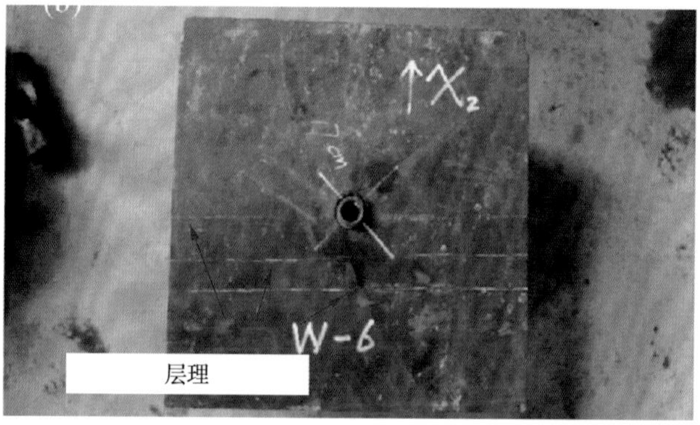

图 2-17　对比实验岩样 W-6(Heng et al., 2020)

表 2-2　W-6 实验加载及注入参数

岩样编号	σ_V/MPa	σ_H/MPa	σ_h/MPa	注入方式	注入速率/(mL/s)
W-6	30	25	20	阶梯式变流量注入	0.05(*n*+1)

注：*n* 为改变注入速率次数。

根据实验及观测结果，基于图 2-16 和图 2-17，以及表 2-2 中的数据，分别从垂直于井筒切面，建立 FEM-DFN 水力压裂裂缝扩展模型，如图 2-18 所示，在切面上建立裂缝扩展几何模型，通过几何反演得到岩样的层理分布，并嵌入模型中。模型的岩石力学基于该文献基础岩石力学参数，其余参数基于常见层理性页岩断裂力学参数测试结果。

如图 2-19 所示，为数值模型和实验结果的注入曲线。在数值模型中液量变化方式与实验完全一致的情况下，对比图 2-19(a) 和(b) 在注入时间 0～250s 范围内的泵压曲线可知，注入点压力不断升高，且单位时间内的压力变化幅度逐渐增大，均在约 250s 达到峰值，即破裂压力；然后迅速跌落至 20MPa 闭合压力，与最小水平主应力一致。通过对比数值和室内实验结果的注入曲线可以认为，本模型能够较为准确地预测裂缝扩展过程中的压力变化曲线，且能够适用于变注入流量的工艺场景。

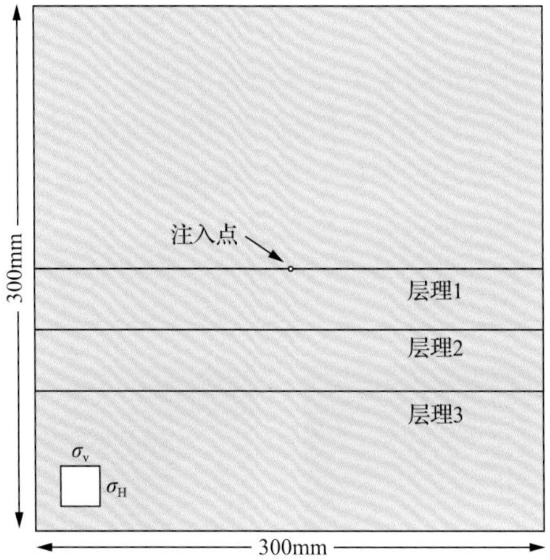

图 2-18　基于 FEM-DFN 的几何模型

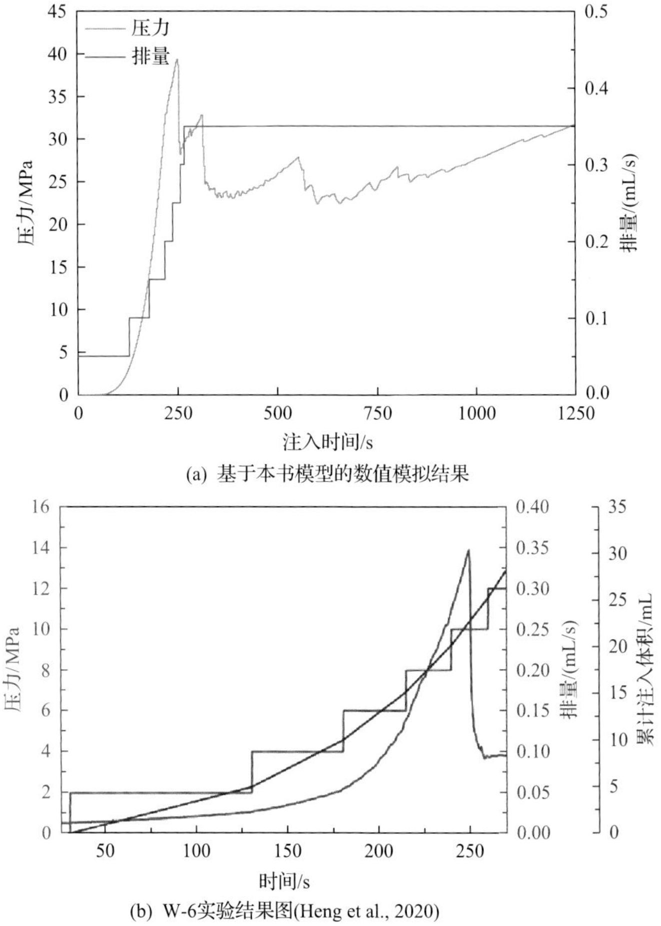

图 2-19　W-6 注入参数曲线对比

图2-20所示为针对W-6层理性页岩岩样开展的数值模拟与室内实验结果的裂缝扩展

情况对比。如图 2-20(a)所示，根据数值模拟结果，水力裂缝直接穿透层理 2 和层理 3 向前扩展，同时裂缝过程中产生的应力扰动将激活层理 2 和层理 3，并使其发生剪切，与图 2-20(b)中模拟井筒下方两条层理破裂情况相似。但值得注意的是，与井筒相交的层理 1 并没有如实验结果图中显示的那样，在注液过程中发生破裂。同时，该实验文献中同步实施声发射监测或对井筒起裂后的压裂曲线进行对应分析，本书有理由怀疑实验文献 W-6 岩样中层理 1 的破裂并非由注液过程导致，因此，可以初步认为模拟结果与实验结果在裂缝扩展形态上相匹配。

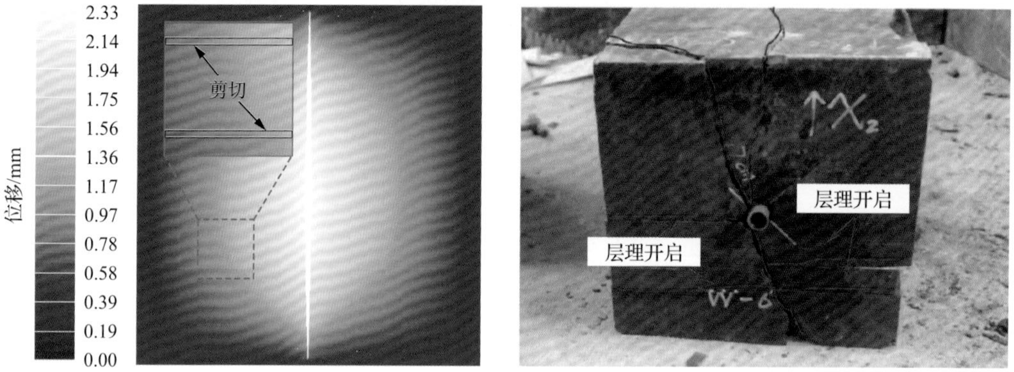

(a) 基于本书模型的数值模拟结果　　(b) W-6实验结果图(Heng et al., 2020)

图 2-20　W-6 裂缝结果对比

为了进一步验证在主裂缝扩展过程中层理发生的是剪切还是拉张破裂，图 2-21 为实验后沿着裂缝和层理方向剖分开岩体，从压后缝内液体波及情况可以看出，实验过程中压裂液并没有进入页岩层理面，而仅仅是由于主裂缝扩展过程中产生的诱发应力迫使层理进行了一定程度的剪切。

图 2-21　实验后缝内液体波及情况(Heng et al., 2020)

2)裂缝性页岩压裂

对含天然裂缝和弱胶结层理的页岩在高黏压裂液作用下的裂缝扩展情况进行测试及

验证，这里引入中国石油大学(北京)的含天然裂缝层理性页岩测试实验及结果(Zou et al., 2016)。该文献内测试实验所用设备为真三轴室内水力压裂模拟装置，如图 2-22 所示，该实验岩样尺寸为 300mm×300mm×300mm，垂直于最小水平主应力方向安装注液管，模拟水平井筒。实验过程中，通过外部载荷模拟三向主应力。同时，本节选取了该文献中变流量注入实验组#14 进行测试与验证，如图 2-23 所示。实验结束后分别在平行于层理方向和垂直于层理方向对岩样进行 CT 扫描切片观测，CT 扫描空间解析率和密度解析率分别为 2lp/mm 和 0.4%。该文献同时测定了平行于层理和垂直于层理方向的弹性参数，在平行于层理方向上，弹性模量 17.2GPa、泊松比 0.183、抗拉强度 1.35MPa、内聚力 6.15MPa；而垂直于层理方向上，弹性模量 17.3GPa、泊松比 0.183、抗拉强度 3.85MPa、内聚力 11.41MPa。建模所需其余参数基于常见层理性页岩断裂力学参数测试结果。

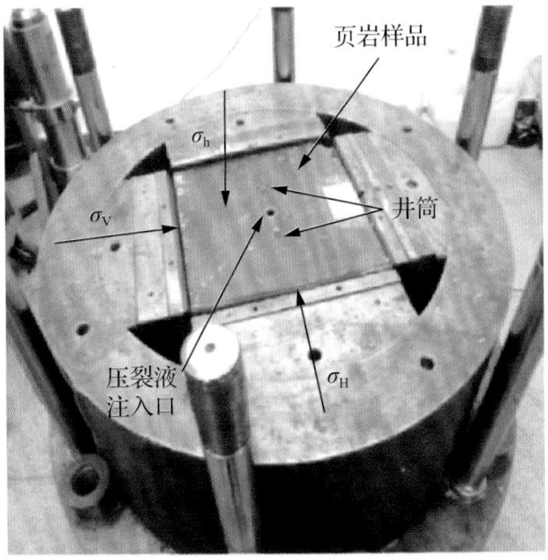

图 2-22 中国石油大学(北京)张士诚课题组室内压裂物理模拟实验参数(Zou et al., 2016)

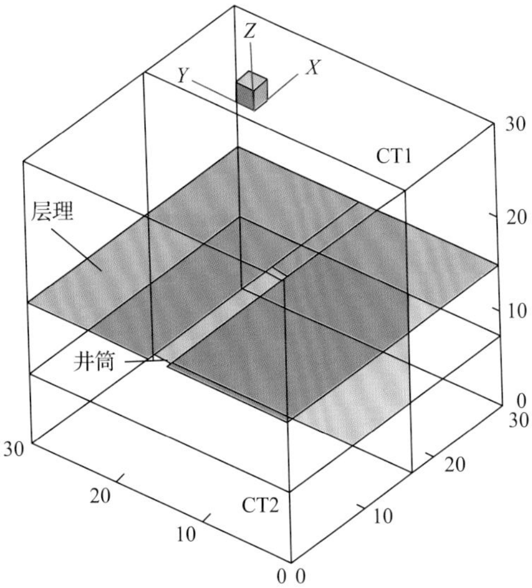

图 2-23 #14 岩样实验后切面观测面示意图(单位：mm)(Zou et al., 2016)

实验参数如表 2-3 所示，其中对于#14 岩样采取的注入参数为：注入流量 50cm^3/min、注入液体黏度 65.0mPa·s。

表 2-3　#14 岩样实验加载及注入参数

岩样编号	σ_V/MPa	σ_H/MPa	σ_h/MPa	注入方式	注入速率/(mL/s)
#14	25	15	12	阶梯式变流量注入	0.05(n+1)

根据实验及观测结果，基于图 2-22～图 2-23，以及表 2-3 中的数据，分别从 CT1 切面和 CT2 切面，建立 FEM-DFN 水力压裂裂缝扩展模型，在 CT1 切面上建立裂缝扩展几何模型，通过几何反演得到岩样的层理分布，并嵌入模型中。其中，天然裂缝无胶结，层理为无胶结或弱胶结(图 2-24、图 2-25)。

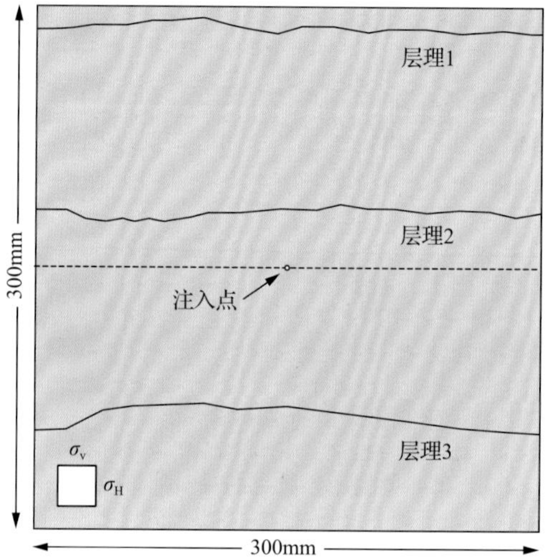

图 2-24　基于 FEM-DFN 的 CT1 切面几何模型

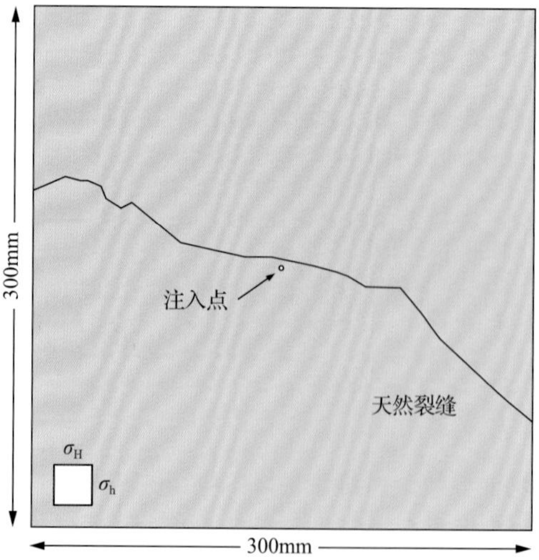

图 2-25　基于 FEM-DFN 的 CT2 切面几何模型

如图 2-26 为#14 岩样在 CT1 切面视角和 CT2 切面视角的室内实验结果和数值结果对比情况，其中，(a)、(c)、(e)分别为 CT1 视角的岩心 CT 扫描、数值模拟岩石变形和数值模拟裂缝形态；(b)、(d)、(f)则分别为 CT2 视角的岩心 CT 扫描、数值模拟岩石变形和数值模拟裂缝形态。

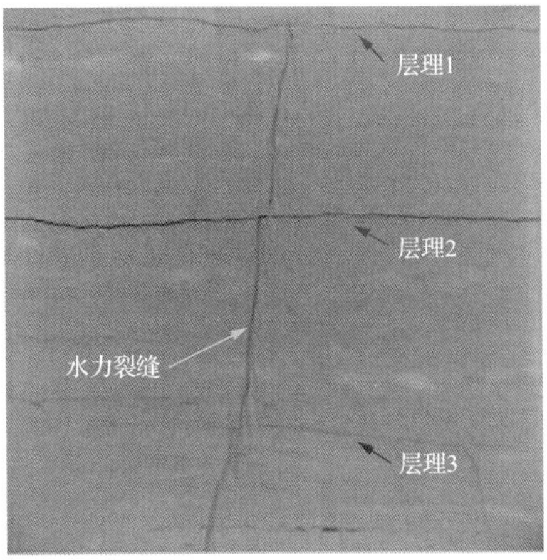

(a) CT1视角室内实验结果CT扫描(Zou et al., 2016)

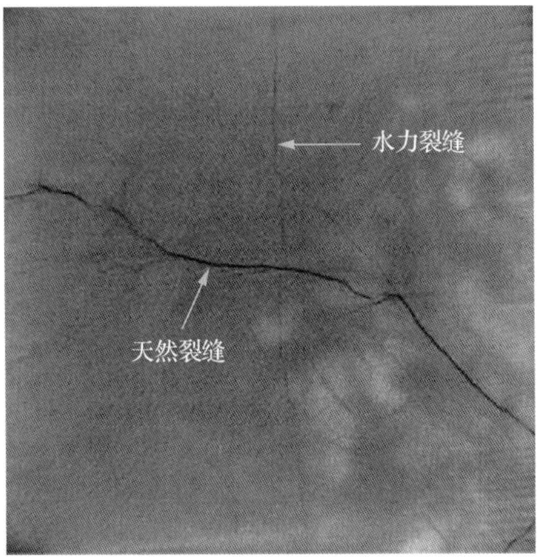

(b) CT2视角室内实验结果CT扫描(Zou et al., 2016)

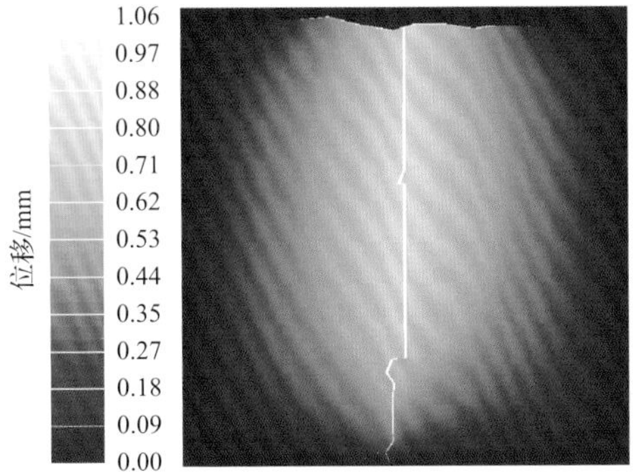

(c) CT1视角数值模拟结果-岩石变形

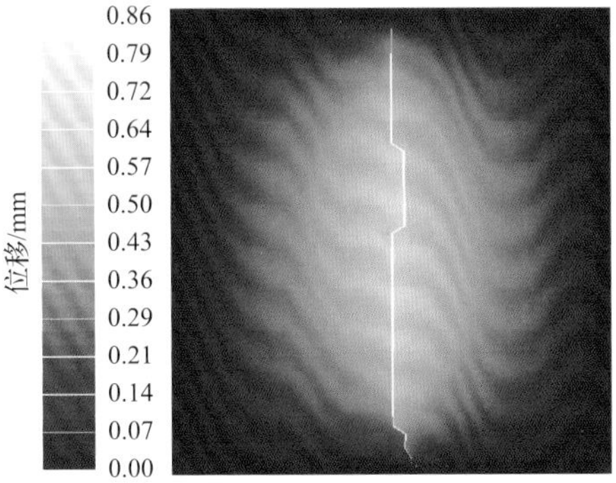

(d) CT2视角数值模拟结果-岩石变形

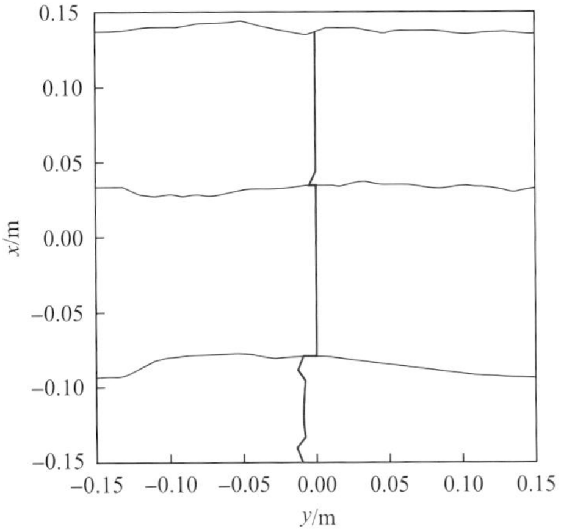

(e) CT1视角数值模拟结果-裂缝形态

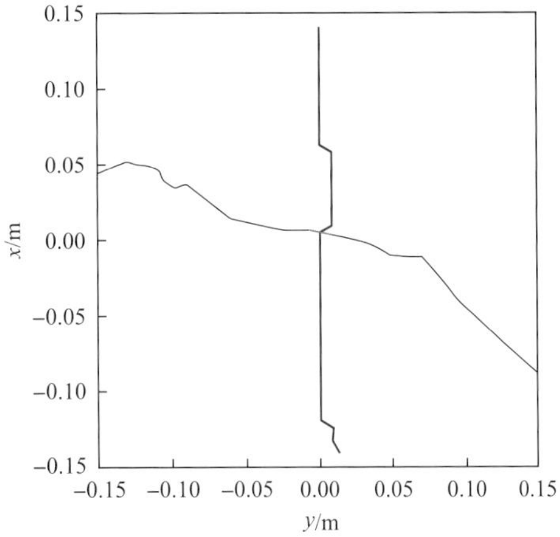

(f) CT2视角数值模拟结果-裂缝形态

图 2-26 #14 岩样水力压裂实验与数值结果对比

从图 2-26(a)可知，实验过程中，水力裂缝在与第一层理相遇后，在第一层理内扩展了一小段后继续沿着最大主应力(本模型中为垂向应力)方向向前扩展；然后在第二层理相遇后，裂缝进入第二层理，并沿着第二层理扩展。特别是，由于高黏压裂液的作用，水力裂缝在扩展过程中仅对非胶结层理进行滑移后就直接穿透层理，仅有非常少量的液体向层理中漏失。对比图 2-26 中的(c)和(e)可知，本节所建数值模型计算结果基本遵循实验结果的扩展规律，且水力裂缝仅微弱剪切层理后继续向前扩展，且在剪切层理附近未显示出有其他层理被剪切或拉伸，即无液体漏失。本节所见数值模拟结果与该实验结果相同。需要注意的是，与实验中裂缝并非绝对平行于最大主应力方向扩展不同，数值裂缝在与层理互作用之外的扩展过程中，裂缝扩展始终在最大主应力扩展方向上，这一差异是岩样本身的弱非均质性导致的，这一现象不影响本模型的验证。

对比图 2-26 中的(b)、(d)、(f)可以看出，对比文献的实验结果，水力裂缝在扩展过程中基本上沿着最大(水平)主应力方向扩展，在与无胶结的天然裂缝相遇时，仅仅诱发了天然裂缝发生剪切滑移，然后就直接穿透裂缝。

2.4 小　结

通过在基质单元间嵌入零厚度黏弹塑性损伤裂缝单元，提出了页岩双重介质多裂缝起裂与交错扩展的数值模拟方法，解决了此前模型难以考虑水力压裂复杂裂缝的相交与分叉难题；建立了天然裂缝发育储层裂缝扩展的渗流-应力-损伤耦合模型，并通过编制程序形成数值实现。

(1)针对含天然裂缝或层理等弱面的页岩气藏中水力压裂裂缝扩展问题，基于FEM-DFN 方法建立了模拟裂缝性储层中复杂裂缝网络扩展的数值理论及实现方法，并利用显式时间积分对模型进行求解；推导建立了新的牵引-分离准则用于描述裂缝尖端扩展应力-应变行为，并利用牵引-分离准则与黏聚力模型相结合，在数值模型中描述岩石和天然裂缝的断裂行为，无须特殊的判断准则就能够准确刻画水力裂缝和天然裂缝的相交行为；

(2)采用该方法对 KGD 问题进行了模拟，计算结果显示数值解与理论解高度吻合；同时，利用该方法分别对含弱胶结层理和含天然裂缝的页岩岩样室内大型物理实验进行了模拟，验证了本方法在变流量压裂页岩方面的适应性和准确性；

(3)利用离散裂缝网络法建立井组尺度的水力压裂复杂裂缝扩展机理，能够在嵌入大量天然裂缝的情况下，基于临界应力分析理论，高效模拟非均质各向异性储层中多井或多井组的水力裂缝扩展及其与天然裂缝的交错，并拟合计算缝内流体压力和注入量。

第3章

页岩气老井压裂复杂裂缝交错扩展机理

本章基于复杂水力裂缝扩展的 FEM-DFN 数值建模方法，以涪陵页岩气典型区块为例，开展裂缝性页岩气储层复杂裂缝扩展规律研究。首先，基于单井数据进行天然裂缝分析并优选裂缝形状及尺寸；在此基础上，建立井筒附近裂缝扩展 FEM-DFN 模型，探究天然裂缝与水力裂缝的互作用机理；其次，开展裂缝性页岩气储层全尺寸数值建模分析，研究单簇、多簇射孔条件下，水力压裂复杂裂缝扩展机理。

3.1　涪陵页岩气储层天然裂缝参数分析

3.1.1　天然裂缝产状分析

涪陵区块页岩气储层裂缝类型主要包含微观裂缝和宏观裂缝两大类。微观裂缝包含矿物或有机质内部裂缝以及矿物或有机质颗粒边缘缝等，宽度 5～200nm。宏观裂缝除普遍发育层理外，还发育垂直缝和少量层间节理，裂缝宽度 0.1～6mm，多为方解石、黄铁矿充填。图 3-1 为该区块探井(直井)S41-5T 的 FMI 成像测井识别结果。

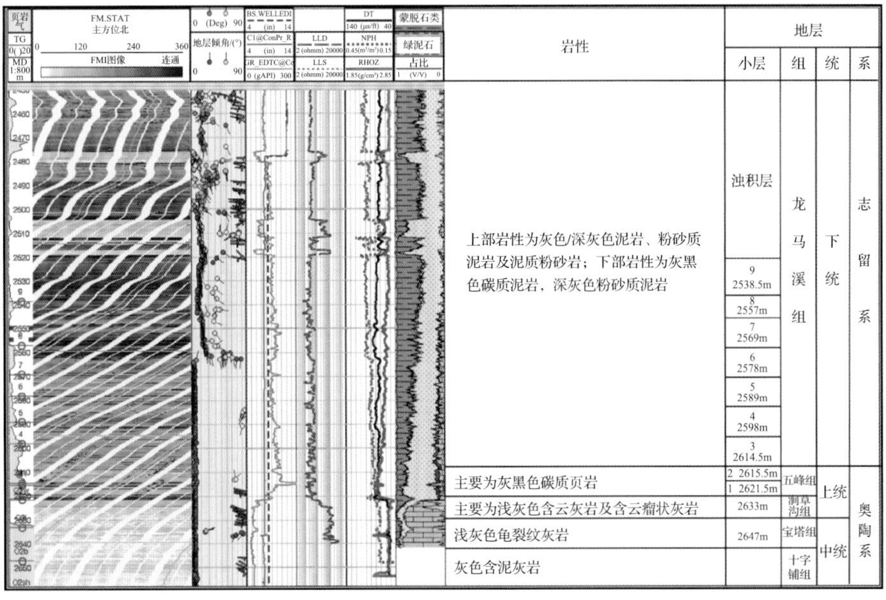

图 3-1　S41-5T 井 2450～2658m 段页岩气储层段层理纵向发育特征图

从图 3-1 中可以看出层理特征为：页岩气储层段层理整体较为发育，平均裂缝密度为 1.31 条/m、平均裂缝倾角 4.8°、平均裂缝倾向为 193°。段中第 5、6 段最为发育，其次为 2、7、8、9 段，最后为 1、3、4 段(图 3-1)。五峰组—龙马溪组主力含气页岩段内部层理整体发育，但相对而言，中部储层裂缝最为发育，倾角最小，其次为上部储层，倾角最大，下部储层层理发育相对较差。

从表 3-1 中可以看出构造裂缝特征为：五峰组—龙马溪组页岩气储层段构造裂缝整体欠发育，自上而下，构造裂缝发育程度依次减弱，倾角逐渐增大。其中高阻缝占比较大，其为方解石半充填-全充填，高导缝为未充填裂缝，从观察结果来看，只有 7 号层有少数发育(表 3-2)。

表 3-1　S41-5T 井五峰组—龙马溪组层理发育程度统计表

小层分段	顶深/m	底深/m	厚度/m	层理发育情况	裂缝密度/(条/m)	倾角/(°)
9	2520	2538.5	8.5	发育段	1.09	7.7
8	2538.5	2557	8.5	发育段	1.71	1.0
7	2557	2569	12	发育段	1.07	3.8
6	2569	2578	9	极发育段	1.33	3.7
5	2578	2589	11	极发育段	2.18	3.8
4	2589	2598	9	较发育段	1.06	5.3
3	2598	2614.5	6.5	较发育段	1.05	5.9
2	2614.5	2615.5	1	发育段	1.00	6.5
1	2615.5	2621.5	6	较发育段	1.30	5.8

表 3-2　S41-5T 井五峰组—龙马溪组 FMI 成像测井裂缝发育程度统计表

小层分段	顶深/m	底深/m	厚度/m	构造缝发育情况	高阻缝			高导缝		
					裂缝密度/(条/m)	倾角/(°)	走向/(°)	裂缝密度/(条/m)	倾角/(°)	走向/(°)
9	2520	2538.5	8.5	发育	0.47	76	135			
8	2538.5	2557	8.5	发育	0.38	79	157			
7	2557	2569	12	发育	0.75	88	167	0.17	45.5	167.5
6	2569	2578	9	极发育						
5	2578	2589	11	极发育	0.36	76	202			
4	2589	2598	9	较发育	0.11	83	200			
3	2598	2614.5	6.5	较发育	0.12	89.5	195			
2	2614.5	2615.5	1	发育						
1	2615.5	2621.5	6	较发育						

结合五峰组—龙马溪组 FMI 成像测井资料，总结分析研究区域天然裂缝产状特征，绘制了全井段裂缝产状分布图。根据上述分析结果，按照产状的不同，将构造裂缝分为两组，如图 3-2 和图 3-3 中红色圆圈所示。层理产状较为均一，可按一组处理。因此，

本次将该井天然裂缝分为三组。根据 2.3 节中的方法，分别计算各组裂缝产状分布规律及空间裂缝密度，计算结果如表 3-3 所示。

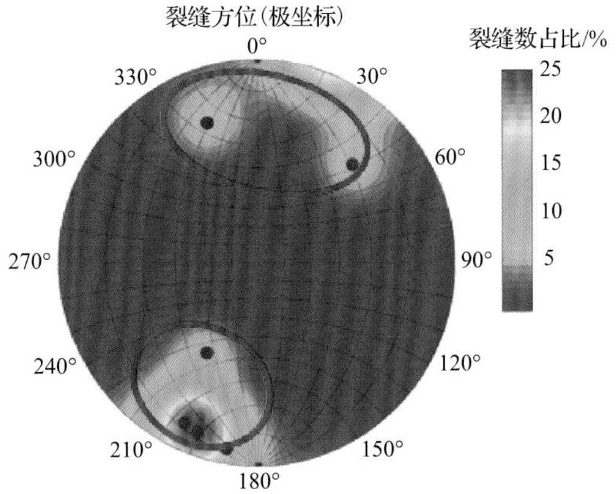

图 3-2　构造缝(法向)产状分布

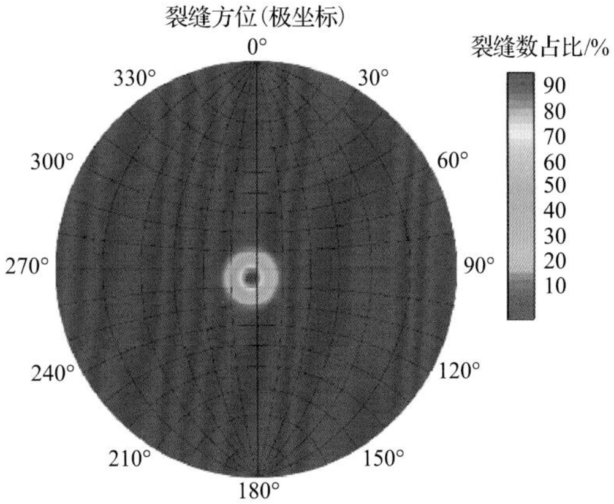

图 3-3　层理(法向)产状分布

表 3-3　研究区域目标储层裂缝集优选结果

裂缝集	起始深度/m	终止深度/m	裂缝面轴		裂缝面		线密度/(条/m)	体密度/(条/m^3)
			倾向/(°)	倾角/(°)	倾向/(°)	倾角/(°)		
高阻缝	2584.0	2614.0	199.6	6.7	289.6	83.3	0.2	0.048
高导缝	2584.0	2614.0	354.5	10.7	84.5	79.3	0.033	0.008
层理	2589.0	2621.5	214	87.3	304	2.7	1.45	1.26

3.1.2　裂缝形状尺寸优选

由于天然裂缝尺寸差异较大，参考统计资料也有所差异，一般来说，小尺度裂缝分布数据来源于井筒岩心观察资料，中等尺度裂缝分布数据来源于露头地层观察资料，而大尺寸裂缝分布则需通过地震数据综合分析得出。由于当前目标区域资料中只有井筒裂缝观察数据，难以有效判断区域内裂缝的分布情况。根据 1996 年 Cladouhos 和 Marrett 对各矿场露头裂缝数据的统计结果可以看出，矿场实际裂缝分布情况服从一定的分布规律，可以用特定的随机分布函数描述，如图 3-4 所示。通常情况下，地层裂缝尺寸分布与裂缝累计数量服从幂函数或对数正态分布关系。本章假设裂缝的几何尺寸服从对数正态分布。

1)构造缝

对于构造缝大小优选，基本设计思路为：以空间密度为主要参考，将其空间分布正比于水平应力差(认为应力越大的地区裂缝分布密度越大)。

天然裂缝假定为四边形，通过比较，认为较大的天然裂缝尺寸符合常识，从而得到裂缝参数分布方式如表 3-4 所示。

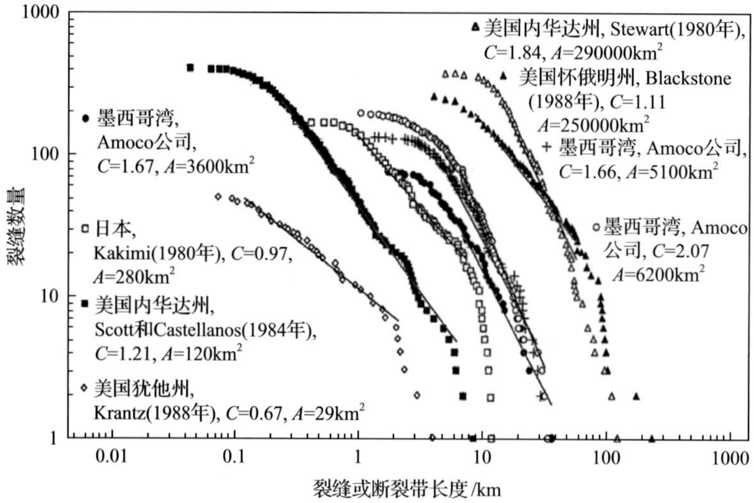

图 3-4 矿场露头岩石裂缝尺寸与裂缝数量关系数据(Cladouhos and Marrett, 1996)

表 3-4 构造裂缝尺寸参数分布状态

长度/m					高度/m				
分布方式	平均值	方差	最大值	最小值	分布方式	平均值	方差	最大值	最小值
对数正态	15	8	50	5	对数正态	40	8	80	30

2) 层理

由于页岩层理为页岩气储层的层状展布地质特征，与储层层状发育相关，可认为是均匀发育，因此假设其服从均匀分布。理论上来说，层理大小接近于稳定发育的储层面积，即其大小可认为至少是 1～10km 级别，而形状则不规则。

为了便于模拟，此处依然假定层理形状为四边形。由于裂缝存在非均质性，因此在模拟时将层理分割成若干个小面积裂缝面，而其具体大小，则通过对比多组裂缝分布与水力裂缝的拟合情况，进而最终确定层理尺寸，如表 3-5 所示。

表 3-5 层理等效裂缝尺寸参数分布状态

长度/m					高度/m				
分布方式	平均值	方差	最大值	最小值	分布方式	平均值	方差	最大值	最小值
对数正态	40	20	100	0	对数正态	25	10	40	0

3) 裂缝宽度

根据江汉油田涪陵分公司提供的区块内探井(直井) S41-5T 井岩心观察资料，该区域天然裂缝的宽度为 0.2～1.0mm，主要集中在 0.5mm。在不考虑层理宽度的情况下(层理为强结交，且其真实尺寸接近稳定发育的储层面积，因此可认为层理仅影响渗流和岩石力学参数)，本章优选正态分布模式，裂缝宽度如图 3-5 所示。

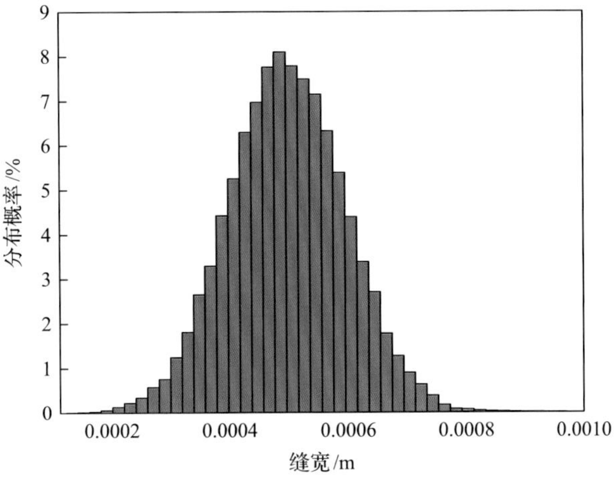

图 3-5　裂缝集裂缝宽度分布

3.2　天然裂缝对老井压裂裂缝扩展的影响机理

基于第 2 章的 FEM-DFN 复杂裂缝扩展理论及数值方法，并结合 3.1 节中分析得到的以涪陵页岩气储层为代表的典型页岩气储层天然裂缝属性参数，本节将开展裂缝性页岩气储层水力裂缝扩展机理研究。

3.2.1　基准算例数值模型

为了研究页岩水力压裂裂缝在裂缝性储层中的扩展机理，必须首先明确在该类地层条件下，水力裂缝与天然裂缝的互作用机理。

由 3.1 节中天然裂缝分析可知，该典型页岩气储层的天然裂缝主要以高角度裂缝和水平层理为主，而层理主要为充填裂缝，因此，水力裂缝在扩展过程中主要与高角度非胶结天然裂缝互相沟通形成复杂裂缝网络。

本节主要针对水力裂缝在水平扩展过程中与高角度(裂缝倾角视作 90°)天然裂缝的互作用机理，如图 3-6 所示，将天然裂缝走向为 215°(与最大水平主应力方向夹角 55°，为该地层天然裂缝走向分布的峰值)的天然裂缝嵌入到尺寸为 60m×60m 的几何中建立水力裂缝与单条天然裂缝互作用数值模型。由前期钻完井资料可知，该区块储层的最大水平主应力方向大约为东-西向，最小水平主应力方向大约为南-北向，水平井筒沿着最小水平主应力方向分布，因此，设置模型的 x 方向为最大水平主应力方向，y 方向为最小水平主应力方向，水平井筒沿着模型 y 轴分布，射孔点(压裂液注入点)处于井筒中央，模型几何边界为不可渗透边界。

同时，根据前期地质力学资料，该区块岩石及裂缝的地质力学参数如表 3-6 所示。

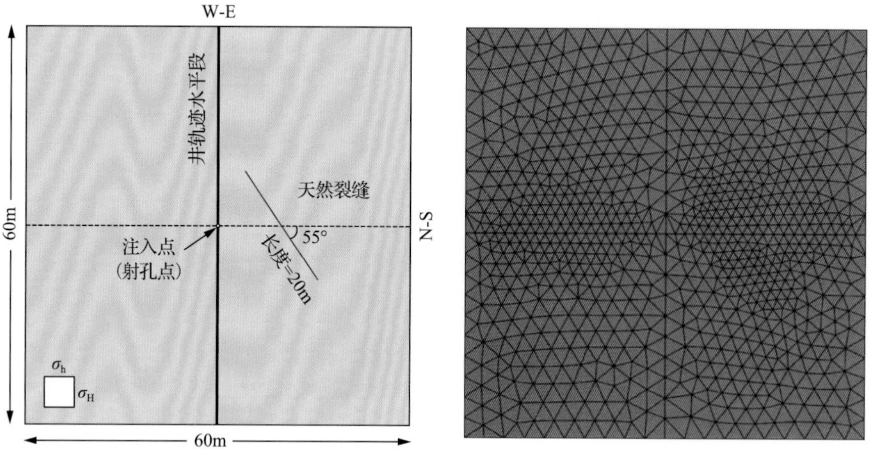

(a) 模型几何　　(b) 模型网格

图 3-6　水力裂缝与单条天然裂缝互作用数值模型

表 3-6　模型的地质力学参数

岩石弹性与应力参数		
参数	数值	单位
杨氏模量	20	GPa
泊松比	0.26	
密度	2600	kg/m^3
最大水平主应力(σ_H)	56	MPa
最小水平主应力(σ_h)	50	MPa
岩石破裂参数		
法向刚度	300	GPa/m
抗拉强度	15	MPa
剪切刚度	3000	GPa/m
黏聚力	16	MPa
内摩擦角	36	(°)
天然裂缝参数		
法向刚度	300	GPa/m
抗拉强度	3	MPa
剪切刚度	3000	GPa/m
界面摩擦系数	0.4	—
压裂液参数		
注入排量	12	m^3/min
黏度	5	mPa·s
体积模量	2.2	GPa
密度	1000	kg/m^3

3.2.2 天然裂缝与水力裂缝互作用机理

模型计算结果如图 3-7～图 3-10 所示，包括水力裂缝扩展过程及其岩石变形，以及注入压力随时间变化的时程曲线。水力裂缝在含有天然裂缝的地层中扩展大致可以描述为如下几个过程：

(1) 水力裂缝扩展过程中，缝内压力随着压裂液的注入而不断增大[式(2-11)～式(2-13)]，并通过施加在裂缝表面[式(2-27)]使得裂缝两侧地层受到挤压而发生变形[式(2-15)～式(2-16)]，同时波及前方岩石使其发生断裂[式(2-1)～式(2-10)]向前扩展。

(2) 当水力裂缝与天然裂缝交汇时，如图 3-7 所示，天然裂缝开始起裂，且水力裂缝进入天然裂缝南侧分支裂缝使其优先开裂，且天然裂缝北侧分支发生一定程度的剪切。天然裂缝北侧分支发生剪切的原因在于：水力裂缝导致地层受挤压，与水力裂缝夹角小于 90°(55°) 的北侧分支的左侧岩体受挤压向上运动，而右侧岩体的压应力减弱，使其相对于左侧岩体呈现相对向下运动状态，裂缝左右两侧岩石的相对措施导致了天然裂缝北侧分支发生剪切；南侧分支优先开裂的原因在于：水力裂缝扩展过程中，裂尖形成低应力区域，且南侧分支与水力裂缝夹角大于 90°(125°)，分支两侧应力状态相近，两侧岩石受挤压程度相近，当满足式(2-1)的失效条件时，天然裂缝发生拉伸破坏。同时，由于南侧分支相比北侧分支受到更大的正应力，水力裂缝进入天然裂缝南侧分支裂缝使其优先开裂。

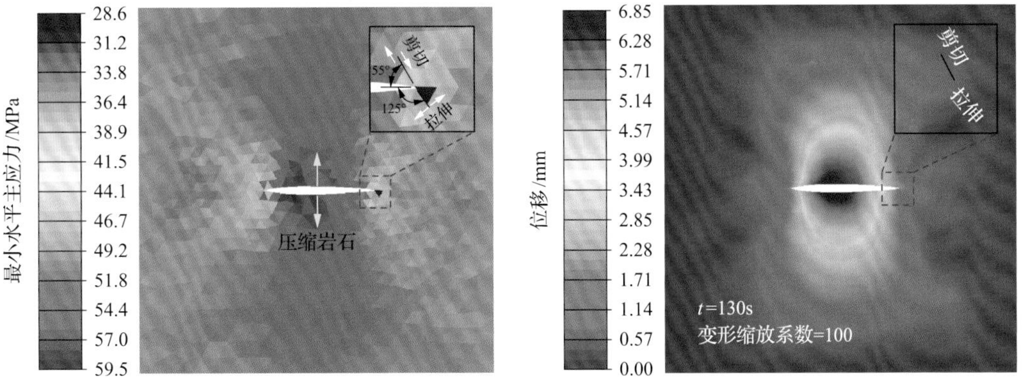

(a) 最小水平主应力云图　　(b) 位移云图

图 3-7 水力裂缝与天然裂缝相遇

(3) 水力裂缝沿着天然裂缝南侧分支不断扩展，且由于水力裂缝内压力主要用于使得天然裂缝向前扩展，因而水力主裂缝的东侧分支暂停向前扩展；在天然裂缝内扩展时，南侧分支两侧的岩体所受压应力存在差异：一方面，在靠近注入点一侧的岩体同时受到原水力主裂缝扩展时对其的挤压和天然裂缝扩展时对其的挤压；另一方面，在靠近模型边界一侧的岩体仅受到天然裂缝扩展对其的挤压，且由于裂尖的低应力区叠加左右，使得该侧的应力远小于靠近模型边界一侧。在扩展到其南侧分支结束后，由于天然裂缝两侧的应力差，以及最大水平主应力的作用，迫使其重新转向最大水平主应力方向扩展，如图 3-8 所示。

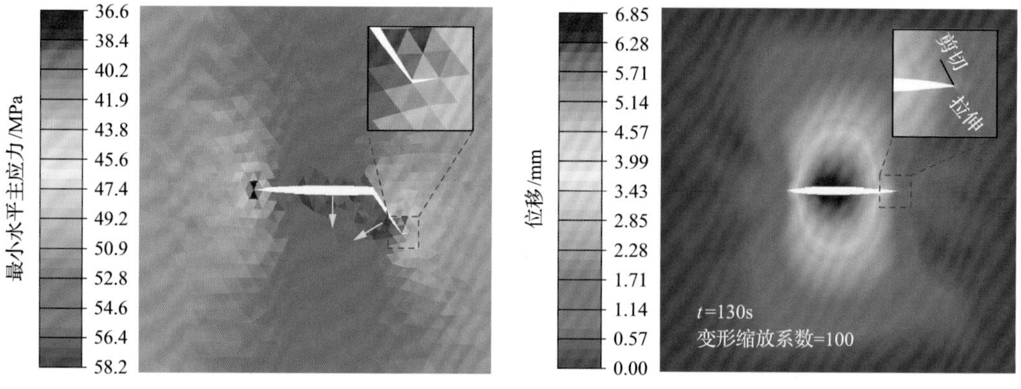

(a) 最小水平主应力云图　　(b) 位移云图

图 3-8　裂缝重新转向

(4)裂缝两侧所受应力状态相近时，缝内压力迫使两侧裂缝均匀向前扩展。当裂缝扩展至模型的不渗透边界，缝内净压力升高，导致天然裂缝北侧分支的破裂行为从剪切变为拉伸，如图 3-9 所示。

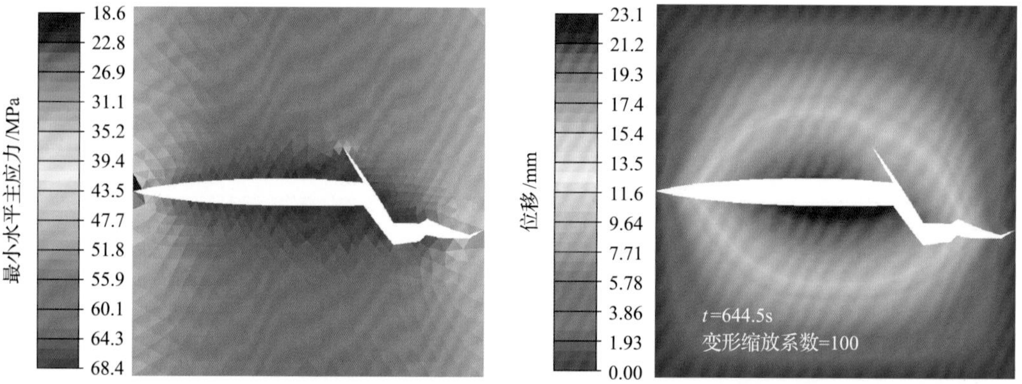

(a) 最小水平主应力云图　　(b) 位移云图

图 3-9　水力扩展至模型边界

图 3-10 为注入压力随时间变化的时程曲线，从时程曲线的变化可以将该模型的裂缝扩展过程大致分为 4 个阶段：①与四川盆地页岩气藏多数压裂案例相似，注入压力随着液体的注入不断升高，直到在注入时间 71s 时达到破裂压力(约 68MPa)开始起裂，并迅速降低至闭合压力(56MPa)；②与图 3-7(a)相对应，在注入时间为 130s 时，天然裂缝起裂，对应压力时程曲线中出现的压力突降；③与图 3-7(b)相对应，当水力裂缝结束在天然裂缝中的扩展重新转向时，需要克服更大的应力，注入压力逐渐上升；④当右侧水力裂缝扩展至模型的不可渗透边界时，注入压力仅用于扩展左侧水力裂缝的张性破裂，因此会经历一段稳定压力阶段，直到左侧裂缝也扩展到不可渗透边界，液体不断注入导致已扩展裂缝内的净压力不断上升。

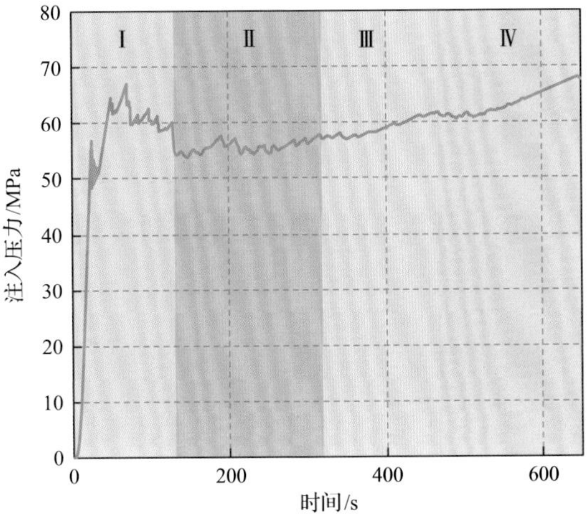

图 3-10 水力压裂时程曲线

3.2.3 不同地质力学及工程因素的影响机理

对于页岩水力压裂来说，地质力学条件和压裂施工参数都会影响其裂缝扩展，而其主要影响的因素一般包括：压裂液注入排量、压裂液黏度、水平应力差、天然裂缝面摩擦系数以及水力-天然裂缝夹角。因此，需要基于现场施工实际情况，开展不同施工参数和地质力学参数条件下裂缝扩展数值模拟，以及探究不同条件下天然裂缝对水力裂缝的影响机理。表 3-7 为需要讨论的不同施工注入参数和地质力学参数。

表 3-7 注入参数与地质力学参数

影响因素	数值
注入排量/(m^3/min)	12, 18, 24, 26, 28, 30, 36
压裂液黏度/(mPa·s)	0.2, 0.5, 1.0, 2.0, 5.0, 10.0, 20.0
水平应力差/MPa	0（56–56）, 6（56–50）, 8（54–46）, 10（52–42）, 12（50–38）, 14（48–34）, 18（44–26）
裂缝面摩擦系数	0.4, 0.6, 0.8, 1.0
水力-天然裂缝夹角/(°)	19, 55, 90 以及 30, 45, 60, 75

通过对不同的影响因素进行模拟计算，发现在页岩水力裂缝扩展过程中，其与天然裂缝的交错机制主要为沿着天然裂缝扩展到其末端再进行转向[图 3-11(a)]，和直接穿透天然裂缝[图 3-11(b)]。

因此，针对不同地质力学或注入参数等因素下天然裂缝对水力裂缝扩展影响机理的关注重点应该着眼于：随着影响因素的增大或减小，水力-天然裂缝交错机制在何时发生转变，即沿天然裂缝扩展和穿透天然裂缝之间的阈值。

1) 注入排量/黏度/水平应力差/裂缝面摩擦系数的影响

如图 3-12 所示，对不同影响因素下的数值模拟结果进行统计，分别绘制注入压力随注入排量、压裂液黏度、水平应力差和裂缝面摩擦系数的变化情况，并结合对应参数下模拟得到的水力-天然裂缝互作用情况进行讨论。

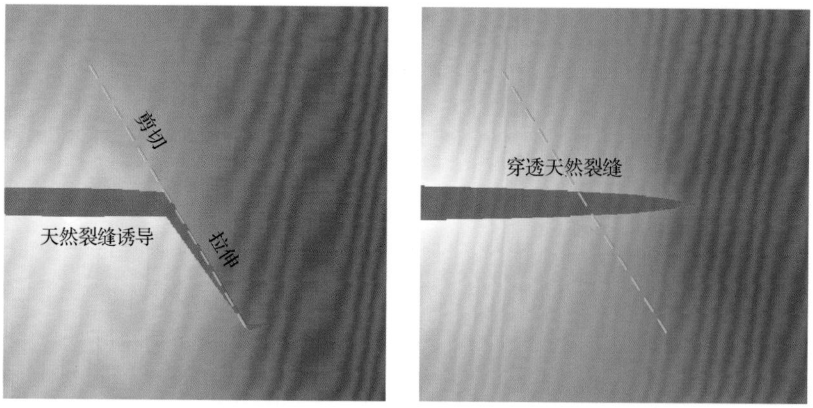

(a) 沿天然裂缝扩展　　(b) 穿透天然裂缝

图 3-11　页岩气储层水力裂缝与天然裂缝相交机制

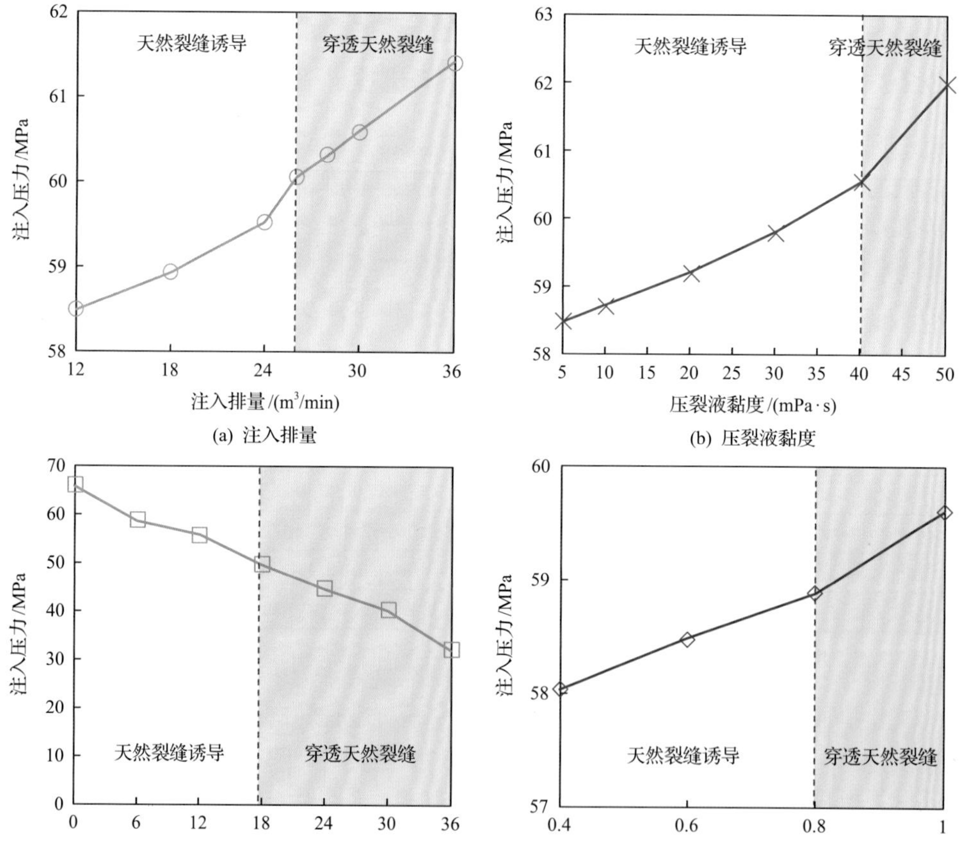

(a) 注入排量　　(b) 压裂液黏度

(c) 水平应力差　　(d) 裂缝面摩擦系数

图 3-12　不同影响因素对注入压力和水力-天然裂缝交错机制的影响

如图 3-12(a)所示，在较低注入排量的情况下，水力裂缝在与天然裂缝相遇时的交错机制为沿着天然裂缝扩展后转向。随着注入排量的不断增大，注入压力不断上升；在排量达到 $26m^3/min$ 时，水力裂缝将直接穿透天然裂缝，且此时注入压力出现了陡增现象，这是由于天然裂缝为无胶结裂缝，且天然裂缝黏聚力单元的破裂力学参数小于岩石(非天然裂缝黏聚力单元)的破裂参数，因此在与天然裂缝相遇时，穿透天然裂缝所需要克服的阻力大于压开天然裂缝的阻力。

如图 3-12(b)所示，在较低压裂液黏度的情况下，水力裂缝在与天然裂缝相遇时的交错机制为沿着天然裂缝扩展后转向。随着压裂液黏度的不断增大，注入压力不断上升；且在黏度达到 40mPa·s 时，水力裂缝将直接穿透天然裂缝，此时注入压力出现了陡增现象，这是由于较大的压裂液黏度将使得剪切应力增大。

如图 3-12(c)所示，当水平应力差较低时，水力裂缝被诱导沿着天然裂缝扩展。随着水平应力差的不断增大，注入压力不断下降。在水平应力差达到 18MPa 时，水力裂缝将直接穿透天然裂缝，且此时注入压力下降速度增大，这是由于水平应力差越大，水力裂缝在扩展过程中其裂缝壁面受到的相对阻力越小，越有利于向前扩展，且模型中是通过降低最小水平主应力来增大应力差，也有利于裂缝向前扩展。也就是说，水平应力差越小，越有利于水力裂缝沟通天然裂缝，形成复杂裂缝网络。

如图 3-12(d)所示，在较低天然裂缝面摩擦系数的情况下，水力裂缝在与天然裂缝相遇时的交错机制为沿着天然裂缝扩展后转向。随着摩擦系数的增大，注入压力随之上升。在摩擦系数达到 0.8 时，水力裂缝将直接穿透天然裂缝，此时注入压力上升速度增大，这是由于摩擦系数越大，水力裂缝在与天然裂缝相遇时，虽然容易受其诱导扩展，但是较大的摩擦系数增大了其剪切一侧裂缝的难度，此时裂尖的压力不断上升，直接将裂缝前方的黏聚力单元撕开。因此，准确测量天然裂缝面的摩擦系数对评价裂缝性储层压裂裂缝复杂度至关重要。

2) 天然裂缝走向的影响

从天然裂缝分析结果可知，其裂缝走向大约是 215°(与 x 正向夹角 55°)～289°(与 x 正向夹角 19°)和 289°(与 x 正向夹角 19°)～360°(与 x 正向夹角 90°)，因此，首先基于天然裂缝走向范围的上下限开展数值模拟。

如图 3-13 所示，为天然裂缝与最大水平主应力夹角 19°时的裂缝扩展情况。从图中

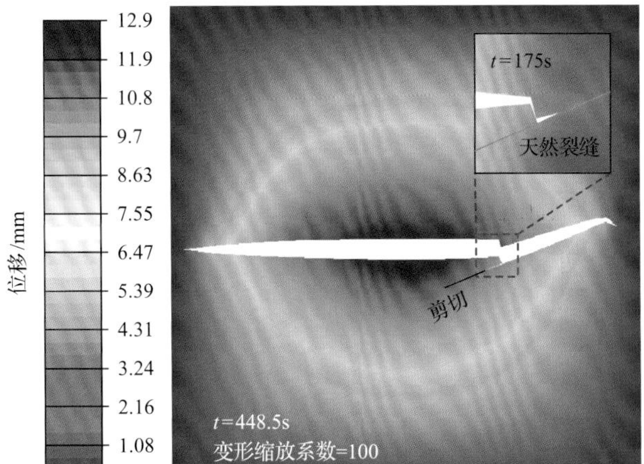

图 3-13　天然裂缝与最大水平主应力夹角 19°时的裂缝扩展情况

可以看出，在注入时间为175s的时候，水力裂缝扩展进入天然裂缝，但与最大水平主应力夹角 55°时不同，水力裂缝不是在与天然裂缝交汇处进入天然裂缝，而是受到天然裂缝的诱导，提前转向汇入天然裂缝；在与天然裂缝交错后，跟与最大水平主应力夹角 55°时类似，水力裂缝进入天然裂缝一侧分支裂缝使其优先开裂，而由于岩石错动，导致天然裂缝另一侧分支发生一定程度的剪切；最后，水力裂缝沿着天然裂缝一侧分支不断扩展，并在最后受迫使其重新转向最大水平主应力方向扩展。

如图 3-14 所示，为天然裂缝与最大水平主应力夹角 90°时的裂缝扩展情况。从图中可以看出，在注入时间为125s的时候，水力裂缝扩展进入天然裂缝，但跟与最大水平主应力夹角为19°或55°时不同，水力裂缝在与天然裂缝交汇后沿着天然裂缝两侧分支均发生剪切作用，这是由于此种情况下最大水平主应力垂直于裂缝面，裂缝面受到最大程度的挤压，裂缝无法拉伸断裂；但是当左侧裂缝扩展至不可渗透边界时，缝内净压力随着液体的泵入不断上升，使得水力裂缝与天然裂缝交汇处压力能够克服最大水平主应力，迫使原本为剪切状态的天然裂缝发生拉伸断裂，从而继续扩展；最后，水力裂缝逐渐重新转向最大水平主应力方向扩展。

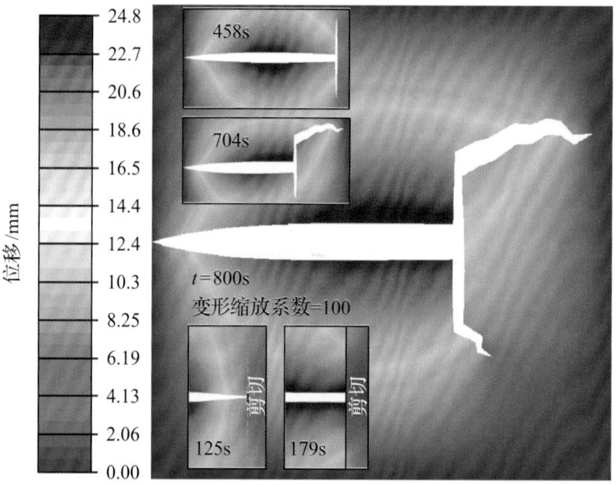

图 3-14　天然裂缝与最大水平主应力夹角 90°时的裂缝扩展情况

同时，将不同走向下注入压力随着时间的变化关系曲线绘制在一起，进一步分析裂缝走向的影响。如图 3-15 所示，对比三条曲线可以看出，当走向为 289°(与 x 正向夹角 19°)，表征水力裂缝进入天然裂缝的突然压降会比其余两种情况更晚到来。这是因为 289°走向(与 x 正向夹角 19°)情况下，水力裂缝提前诱导转向扩展时，裂缝壁面需要克服来自最大水平主应力方向的压应力才能最终扩展至天然裂缝。而对于走向为 360°(与 x 正向夹角 90°)的情况，当裂缝扩展至天然裂缝处出现的突然压降后，压力会迅速上升，这是因为水力裂缝与天然裂缝仅发生了剪切。

根据上述研究，可以看出，不同天然裂缝对水力裂缝的诱导及扩展机理并不相同，在整体上为沿裂缝扩展和穿透裂缝两种交错机制的情况下，沿着裂缝扩展这一机制下还可以进一步分为：①夹角较小时对水力裂缝有提前诱导进入的作用(与 x 正向夹角 19°)；

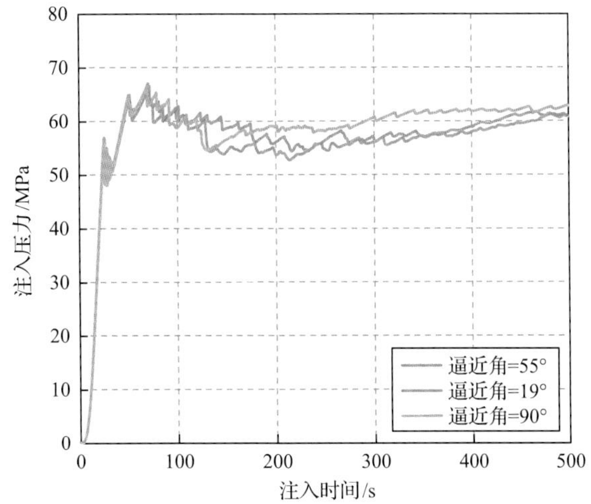

图 3-15　不同天然裂缝走向下的注入压力时程曲线

②与天然裂缝交汇后，天然裂缝一侧拉伸破裂另一侧剪切破裂(与 x 正向夹角 55°)；③与天然裂缝交汇后，仅剪切天然裂缝(与 x 正向夹角 90°)。而上述三种细分机制在夹角为多少时发生转换尚不清楚，因此，本章继续模拟了夹角分别为 30°、45°、60°、75°时的裂缝扩展情况，如图 3-16 所示。

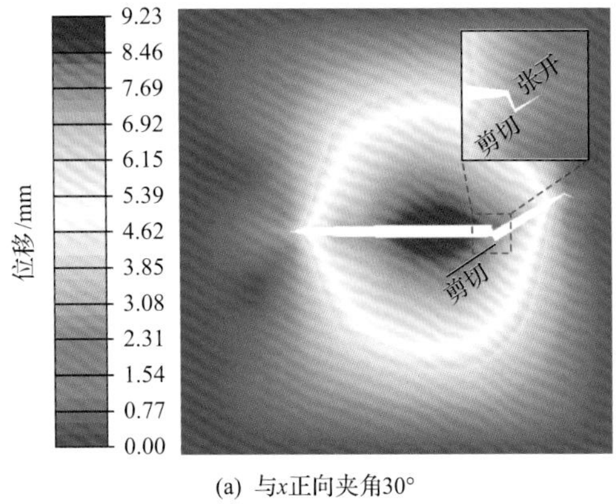

(a) 与x正向夹角30°

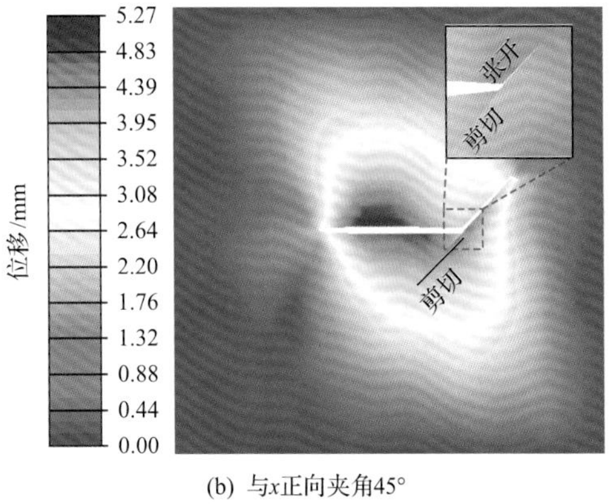

(b) 与x正向夹角45°

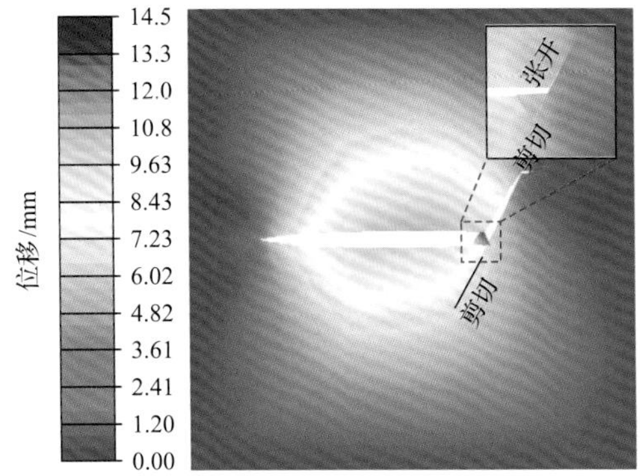

(c) 与x正向夹角60°

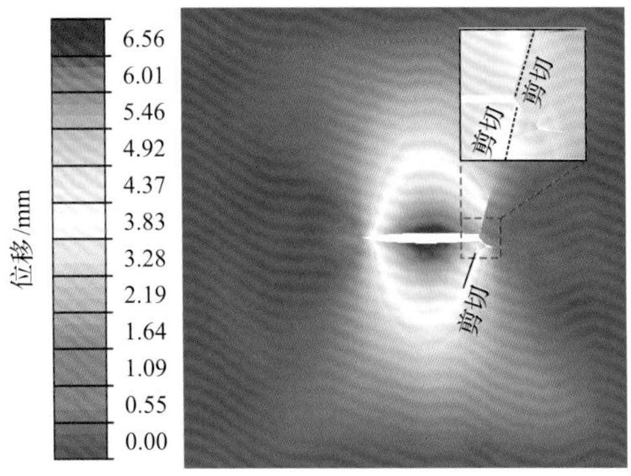

(d) 与x正向夹角75°

图 3-16　不同天然裂缝走向下的裂缝扩展情况

对比图 3-16(a)～(d)以及图 3-13～图 3-14 可知，在天然裂缝走向与 x 轴正向夹角从 19°到 90°逐渐增大过程中，水力裂缝在沿着天然裂缝扩展时，其扩展机制从提前诱导进入天然裂缝并使其一侧为拉伸破裂一侧为剪切破裂，逐渐转变为直接与天然裂缝在几何交汇点相遇并对其两侧进行剪切。而三种状态的转换角度分别为约 35°和约 70°，即在天然裂缝走向与 x 轴正向约 35°夹角时，水力裂缝与天然裂缝交错机制从提前诱导转变为在几何交汇点交错；继续增大天然裂缝走向与 x 轴正向的夹角至约 70°时，水力裂缝与天然裂缝的交错机制从使得天然裂缝一侧拉伸一侧剪切转变为天然裂缝两侧剪切。

不仅如此，在对比刚刚相遇交错时的缝宽和完成在天然裂缝内部扩展并转向时的缝宽，可以看出，天然裂缝走向与 x 轴正向的夹角越大，对应的缝宽就越小。其原因在于，随着该角度增大，裂缝面受到来自最大水平主应力的阻力越大，也就意味着天然裂缝越难以扩展。因此，对于裂缝性页岩气储层，天然裂缝走向可以作为评价裂缝复杂度的重要指标。

3) 水力-天然裂缝交错机制图版

引入程万等(2014)基于理论和实验提出的判断准则(黄色虚线)，如图 3-17 所示，图中黄色虚线为程万等的解析模型判断准则，实形符号(红色圆点和蓝色方块)为该文献室内水力压裂测试实验结果。在相同的岩石力学及注入参数下，基于本章 FEM-DFN 模型建立数值模型，并模拟不同天然-水力裂缝夹角对应不同水平应力差下的水力裂缝与天然裂缝交错机制，并与程万等的结论进行比较，可以看出，本章所建立的 FEM-DFN 模型模拟结果与该判断准则相匹配，说明该模型能够准确模拟水力-天然裂缝交错机制。

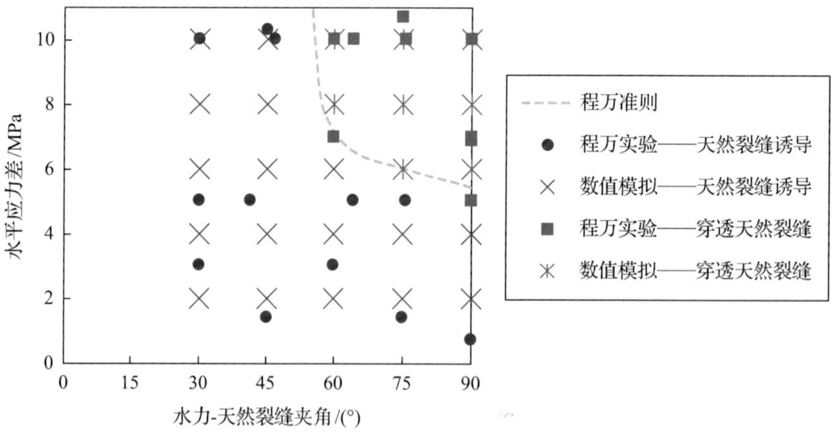

图 3-17 水力-天然裂缝夹角对扩展行为的影响对比

在图 3-13、图 3-16 和图 3-17 的基础上，开展了大量不同天然裂缝走向所对应的不同地质力学及工程参数(水平应力差、天然裂缝面摩擦系数、注入排量、压裂液黏度)的水力裂缝扩展数值模拟，分别绘制不同天然-水力裂缝夹角下，水力裂缝穿透天然裂缝所对应的水平应力差、天然裂缝面摩擦系数、注入排量、压裂液黏度，并计算涪陵页岩目标区块地质力学条件下的程万数值解阈值曲线，最终得到了不同天然裂缝走向所对应的不同地质力学及工程参数在水力-天然裂缝交错机制转变上的阈值图版，如图 3-18 所示，如果对应状态在阈值线(threshold)以上则表示穿透裂缝，否则沿着天然裂缝扩展。

在该准则模型中，天然裂缝与水力裂缝夹角(即天然裂缝走向)和水平应力差是显性相关因子，改变天然裂缝走向和水平应力差即可得到该准则下的穿透阈值曲线，如图 3-18(a)、(b)所示；而注入排量和压裂液黏度为隐性相关因子，由前面分析可知，排量和黏度可以通过改变裂尖附近的应力场进而影响裂尖的最大/最小主应力及其差值，间接影响水力-天然裂缝交错机制转变的阈值。因此，针对注入排量和压裂液黏度下裂缝交错机制阈值随天然裂缝角度的变化关系，需要首先利用数值模型，计算得到水力裂缝扩展至刚好与天然裂缝相遇时的最大/最小主应力，并通过改变注入排量或压裂液黏度，进而绘制出不同注入排量和压裂液黏度下水力-天然裂缝交错机制转变的阈值曲线，如图 3-18(c)、(d)所示。

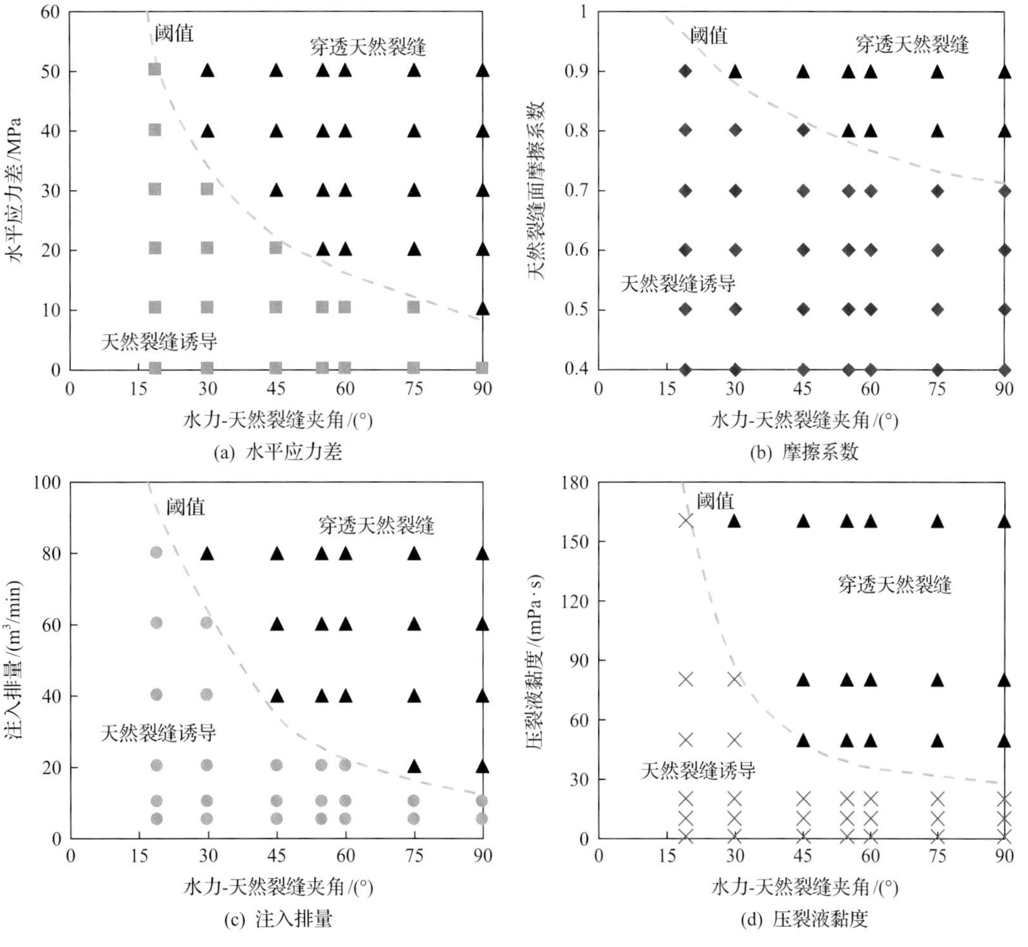

图 3-18　不同因素影响裂缝交错机制阈值随天然裂缝角度的变化关系

从图 3-18 中可知，本章数值模拟得到的裂缝交错机制阈值和判断准则对应的阈值曲线高度匹配。对于走向与水力主裂缝扩展方向夹角越小的天然裂缝，其在压裂过程中被天然裂缝穿透的可能性越低，且在较低的夹角情况下，水力裂缝穿透天然裂缝的难度非常大。考虑页岩气储层的真实地质力学状态和压裂施工参数的合理范围，水力裂缝不可能穿透低夹角的天然裂缝；而在水平应力差/天然裂缝面摩擦系数/注入排量/压裂液黏度足够大的情况下，水力裂缝能够穿透天然裂缝。因此，该图版可以用于初步预测前期可压裂性评价(裂缝复杂度评价)和复杂裂缝扩展分析。

3.3 页岩气老井压裂复杂裂缝的扩展机理

由 3.1 节可知，以涪陵页岩为代表的裂缝性页岩气储层中含有大量天然裂缝，且天然裂缝及其几何参数按照一定的规律分布。在 3.2 节中天然裂缝与水力裂缝的互作用机理基础上，建立包含随机天然裂缝的复杂裂缝扩展模型，探究裂缝性页岩气储层复杂裂缝扩展机理。

3.3.1 现场压裂设计及施工基本概况

本章研究区域前期压裂井为 S1H、S1-2H、S10-1H 及 S10-2H 四口井，这些井主要目标层位五峰组—龙马溪组下部 1～4 号储层，采用套管完井、射孔+可钻桥塞水平井分段压裂工艺，分段压裂工具选用球笼式可钻式复合压裂桥塞。

这些井压裂方案是以水平段地层岩性特征、岩石矿物组成、油气显示、电性特征为基础，结合岩石力学参数、固井质量、穿行轨迹，对这些井水平段进行划分；综合考虑各单因素压裂分段设计结果，重点参考层段物性、岩性、电性特征及固井质量四项因素进行综合压裂分段设计，水平段采用簇式均匀射孔，避开高密度位置、接箍位置，优选甜点位置射孔，一般每段为 2～3 簇，每簇 1.0～1.5m。压裂液采用预处理酸液+减阻水+胶液体系，主要用于压裂前缝口改造，降低破裂压力。减阻水为 JC-J10 减阻水体系，前期优选后的压裂液黏度范围为 2～5mPa·s。

本章对四口井施工数据进行整理分析，结果如表 3-8 所示。从统计结果来看，前期

表 3-8 研究区域目标井压裂施工参数统计

井号	S1H	S1-2H	S10-1H	S10-2H
压裂分段	18	19	17	24
射孔层段	49	52	49	71
射孔簇长/m	1～1.5	1～1.5	1～1.5	1～1.5
簇间距/m	29.7 或 12	28.0 或 12	29.5 或 12	27.0 或 12
总压裂液量/m^3	30963.20	36157.45	32654.83	45876.98
实际泵压/MPa	53～65	47～75	54～71	55～73
实际排量/(m^3/min)	12～14	13～14	10～12	12～14
总砂量/m^3	778.3	1023.57	863.21	1401.5
每段压裂液用量/m^3	1720.2	1903.0	1920.9	1911.5
每段支撑剂用量/m^3	43.2	53.9	50.8	58.4

生产井施工段数多，簇间距小，施工排量大，施工压力高。平均每段施工液量在 1900m^3 左右，支撑剂用量在 50m^3 左右。与设计要求相比，实际加砂较困难，特别是 S1H、S1-2H 及 S10-1H 多层段加砂完成率不到 50%，反映段内裂缝复杂度较高，分支裂缝密集，主裂缝不明显，裂缝宽度不足，导致加砂较困难。

3.3.2　基准算例数值模型

1) 基准算例数值模型

由 3.1 节中天然裂缝分析可知，该区块裂缝走向分布范围为 215°(与 x 正向夹角 55°)～289°(与 x 正向夹角 19°)和 289°(与 x 正向夹角 19°)～360°(与 x 正向夹角 90°)；分布较为集中的角度主要为 215°(与 x 正向夹角 55°)、289°(与 x 正向夹角 19°)和 340°(与 x 正向夹角 70°)。因此，在建立裂缝性储层天然裂缝随机分布时，可以作出适当简化，仅仅布置上述 3 种走向的天然裂缝。如图 3-19 所示，将上述 3 种走向的天然裂缝以满足平均面密度和对数正态分布的方式，嵌入尺寸为 100m×320m 的几何中建立裂缝性页岩气储层水力裂缝扩展数值模型。模型的井筒、应力方向、几何边界等的设置均参考 3.2 节中的基础模型。而模型的地质力学参数则参考表 3-7。需要注意的是，由于该储层压裂时，单段设计簇数以 3 簇为主，如果排量为 12m^3/min，在不考虑簇间竞争分流的情况下，单簇注入液量为 4m^3/min。接下来均以单簇液量为 4m^3/min 开展分析。

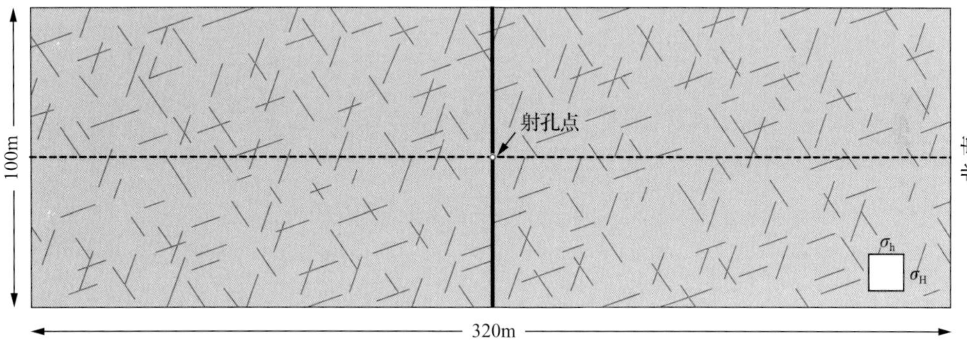

图 3-19　裂缝性页岩气储层基准算例几何模型

2) 网格尺寸敏感性讨论

由于本节所建模型为单段压裂施工全尺寸模型，为了平衡计算准确性和计算效率，需要对网格尺寸的敏感性进行探讨。基于图 3-19 的几何模型，逐次建立平均网格尺寸为 1～10m 的模型，计算其裂缝扩展至边界处的用时，如图 3-20 所示，可以看出，在平均网格尺寸为 10m 时，模型计算用时仅为 1.64×10^{4}s，随着平均网格尺寸逐渐减小，时间逐渐增加，从网格尺寸为 4m 时开始计算用时陡增，在网格尺寸为 2m 时已经超过了 50×10^{4}s，而在 1m 时则达到了约 150×10^{4}s，这样的计算效应已经完全无法满足高效分析的要求，否则就需要提高对计算机处理器的要求，降低了计算经济性。

与此同时，通过前期天然裂缝分析可知，宏观天然裂缝的尺寸主要分布在 5～20m

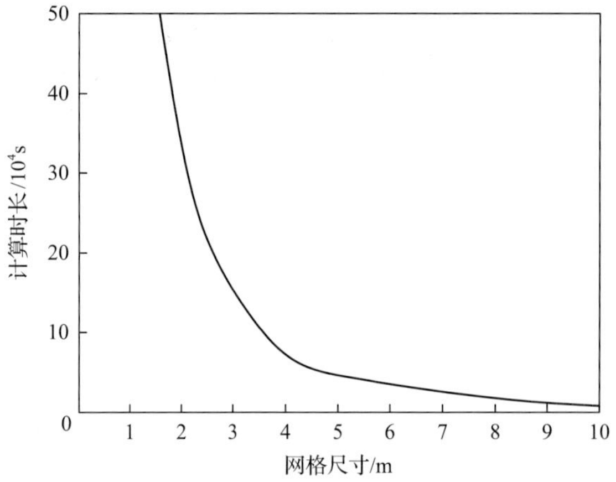

图 3-20　不同网格尺寸模型的计算用时

范围内，并且水力裂缝与天然裂缝交错形式主要为两种。因此，在不影响水力裂缝与天然裂缝的交错前提下，应尽可能选择尺寸较大的网格。从图 3-20 中可以看出，当网格尺寸小于 4m 时，计算用时的增加速率迅速增大。综上所述，本节建立基于全尺寸模型的平均网格尺寸选择为 4m，如图 3-21 所示。

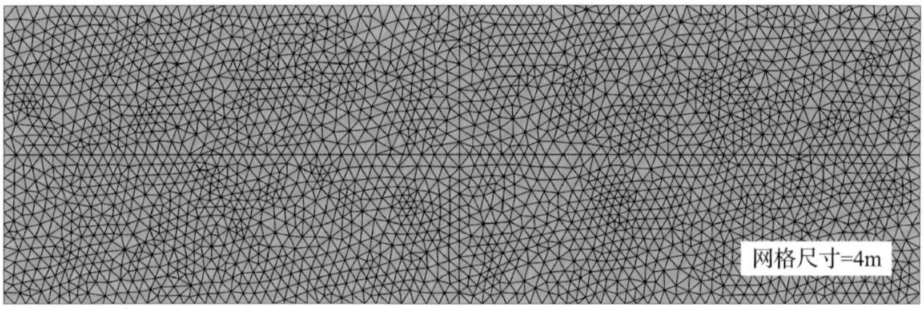

图 3-21　裂缝性页岩气储层基准算例网格划分

3) 裂缝扩展基本形态

计算结果如图 3-22～图 3-25 所示，分别为不同注入时间下的岩石变形、最小水平主应力及其方向的演变情况。如图 3-22(a)可知，在注入时间为 100s 时，双翼裂缝同步扩展；随着注入时间的增加，由于右翼水力裂缝附近的天然裂缝更早遭遇，右侧水力裂缝优先与天然裂缝交错进入弱面扩展，左翼水力裂缝扩展速度相对较慢，如图 3-22(b)所示；当注入时间为 1000s 时，右翼水力裂缝仍然优势扩展，如图 3-22(c)所示；但是当右翼裂缝扩展进入天然裂缝相对密度较高的区域，向右扩展阻力增大，缝内压力逐渐上升，迫使左翼水力裂缝加速向前扩展，如图 3-22(d)所示；在注入时间为 2000s 时，双翼水力裂缝扩展范围逐渐接近；然后继续同步向前扩展，直到大约 4370s 时，扩展至压裂设计改造范围，即模型几何边界，如图 3-22(e)所示。

从图 3-23 的裂缝扩展应力云图可以看出，随着水力裂缝的不断扩展，越来越多的天然裂缝被激活；但不论天然裂缝是被拉伸还是剪切破裂，应力集中主要存在于水力主裂缝扩展尖端，即水力裂缝扩展过程中的主要净压力都用于形成水力主裂缝。

(a) 100s

(b) 200s

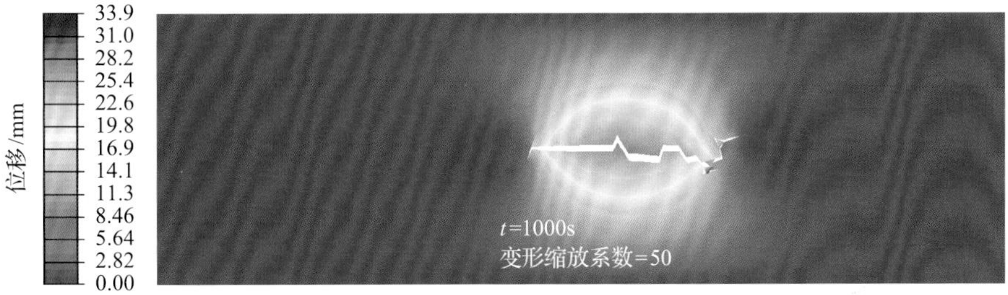

(c) 1000s

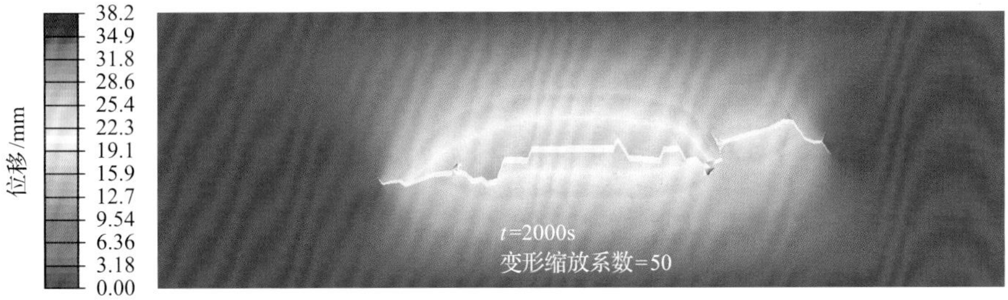

(d) 2000s

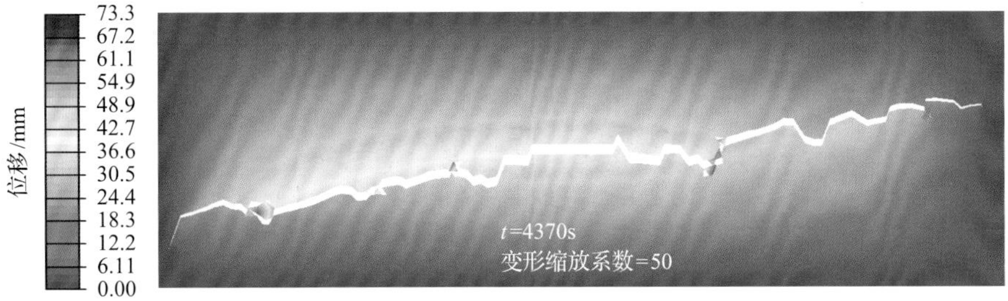

(e) 4370s

图 3-22 不同注入时间下的岩石变形

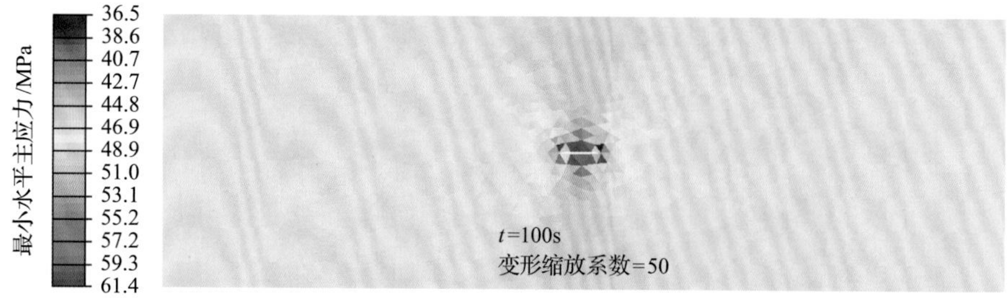

(a) 100s

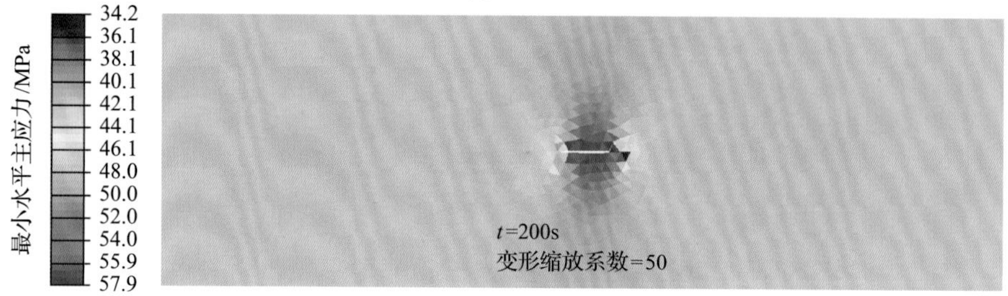

(b) 200s

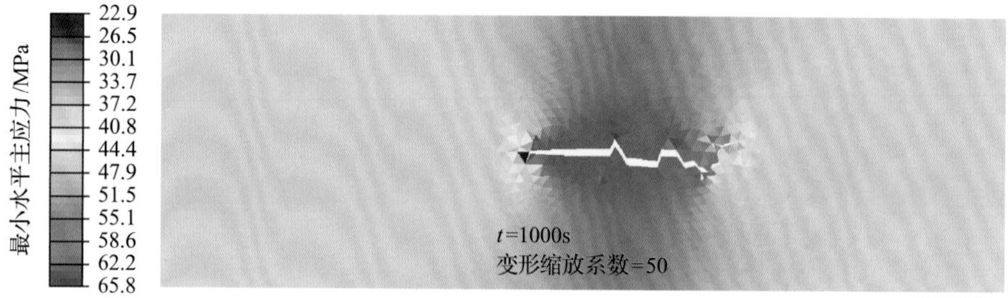

(c) 1000s

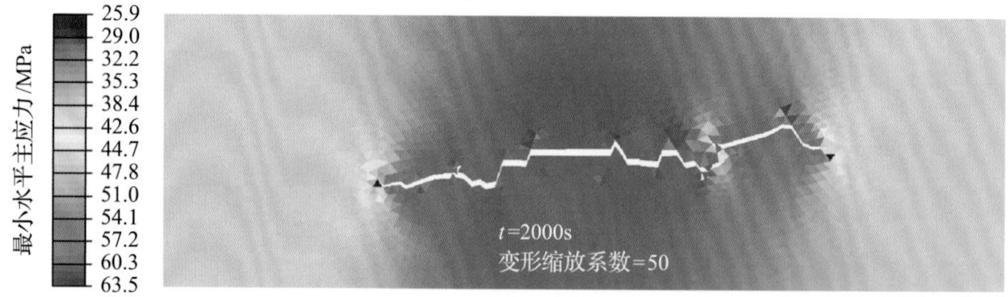

(d) 2000s

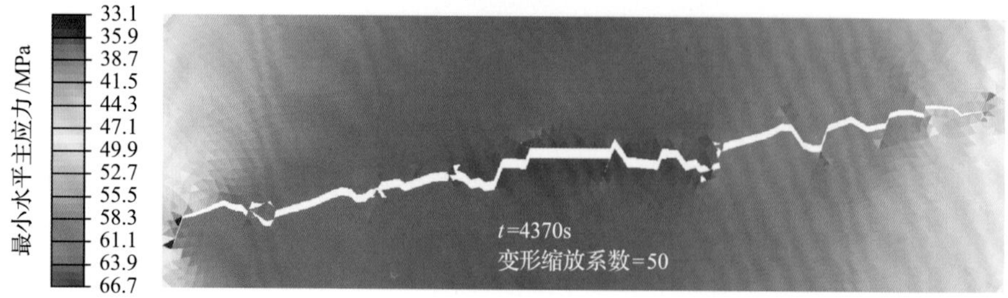

(e) 4370s

图 3-23　不同注入时间下的最小水平主应力云图

同时，对裂缝扩展过程中的最小水平主应力方向进行讨论，如图 3-24 所示，随着水

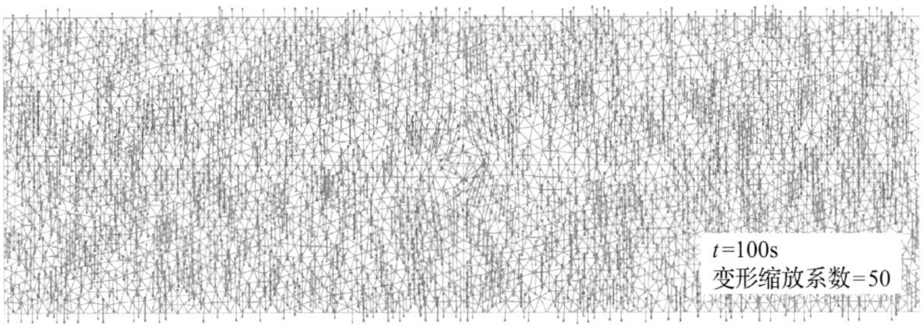

(a) 100s

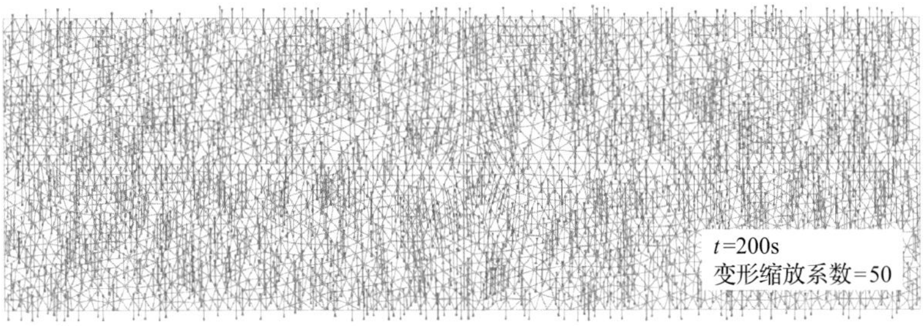

(b) 200s

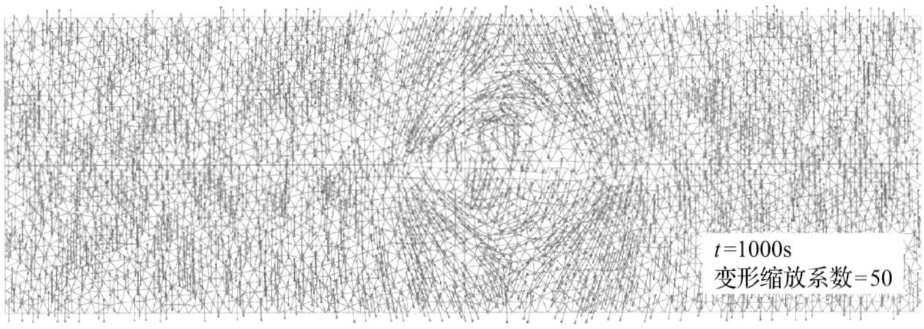

(c) 1000s

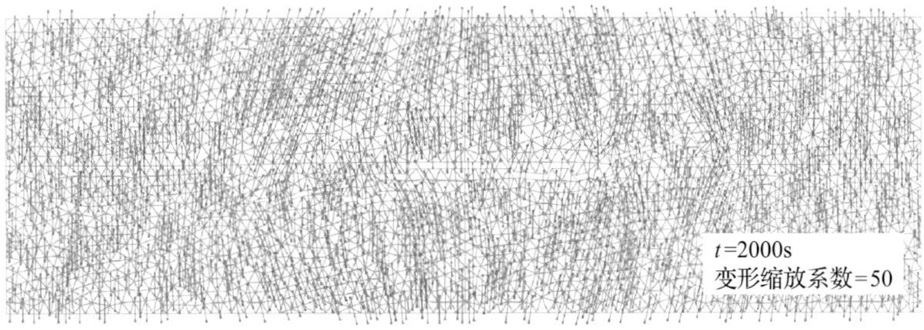

(d) 2000s

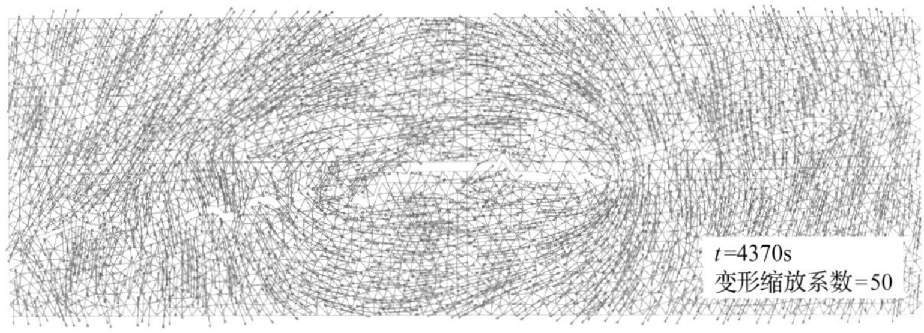

(e) 4370s

图 3-24　不同注入时间下的最小水平主应力方向

力裂缝的不断扩展，裂缝两侧的应力干扰逐渐增大，并在扩展到边界时发生了显著的应力偏转，在井筒附近的最小水平主应力偏转角度接近90°；对比注入时间1000s和2000s的应力方向可以看出，由于1000s时，右翼裂缝扩展阻力较大，且左翼裂缝尚未扩展，注液过程导致近井筒附近的水力主裂缝缝宽不断增大；再结合图3-22中的缝宽情况，可以进一步分析得出，应力变化及偏转与缝宽变化相关，即当缝宽相对较大时，裂缝两侧岩石受挤压作用更明显，裂缝扩展导致的应力阴影更为显著。

图3-25为裂缝扩展到边界(压裂设计改造范围)时的最终形态，蓝色表示拉张裂缝，红色表示剪切裂缝，灰色表示天然裂缝分布状态，拉张裂缝相对缝宽可以用图中裂缝粗细表示。从图中可以清晰地看出该模型扩展过程中，水力主裂缝以最大水平主应力方向为主要方向进行扩展，但受到天然裂缝的诱导作用，其扩展方向并非与最大水平主应力方向重合，从而形成了不规则的复杂裂缝。水力裂缝总长度(L_f)达到612.7m，相比简单的双翼主裂缝总长度仅为300m，提高了近一倍；其中主要以拉张裂缝(L_t)为主，其长度达到462.0m；同时，水力裂缝扩展过程中也使得其两侧部分天然裂缝发生剪切，剪切裂缝(L_s)总长度达到150.7m。

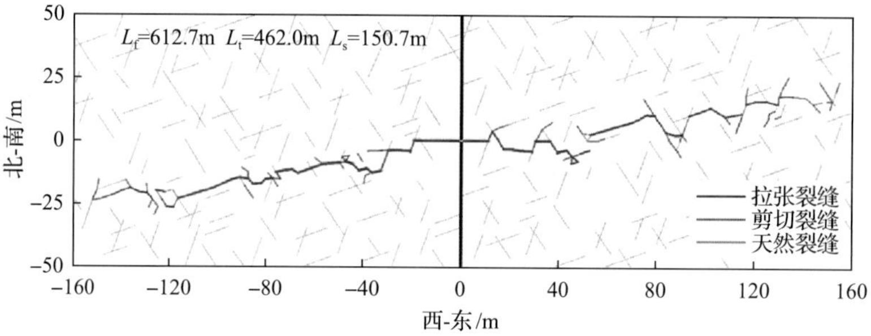

图3-25　裂缝扩展到边界(压裂设计改造范围)时的最终形态

3.3.3　单簇裂缝扩展影响因素分析及优化

在3.2.3节针对单裂缝对水力裂缝扩展机理的讨论基础上，基于3.3.1节所建立的模型开展包括水平应力差、天然裂缝界面摩擦系数、注入排量、压裂液黏度对单簇复杂裂缝扩展情况的研究。

1)水平应力差

初始地应力状态对水力裂缝的影响主要在于裂缝扩展过程中裂尖和裂缝壁面所受应力及应力差对裂缝扩展方向的选择，进而影响其最终裂缝形态。从3.2.3节中得到的结论可以看出，水平应力差是决定天然裂缝与水力裂缝交错机理的决定性因素之一，应力差越小，水力裂缝在遭遇天然裂缝时越容易产生剪切滑移；应力差越大，水力裂缝越容易直接穿透天然裂缝。通常情况下，最大水平主应力(σ_H)与最小水平主应力(σ_h)之比在1～2之间，因此，在基准算例基础上，开展包括σ_H=60MPa/σ_h=30MPa、σ_H=60MPa/σ_h=50MPa(涪陵典型井地层条件)、σ_H=60MPa/σ_h=60MPa下的水力裂缝扩展分析。

图3-26分别对应上述地应力差条件下的水力压裂复杂裂缝扩展结果。对比图3-26(a)

和(b)可知，当最大水平主应力两倍于最小水平主应力时，水力裂缝倾向于直接穿透天然裂缝向前扩展，且相比涪陵典型井的原始应力状态，其水力裂缝扩展过程中激活的天然裂缝数量更少，即当水平应力差较大时，不利于形成复杂裂缝网络。

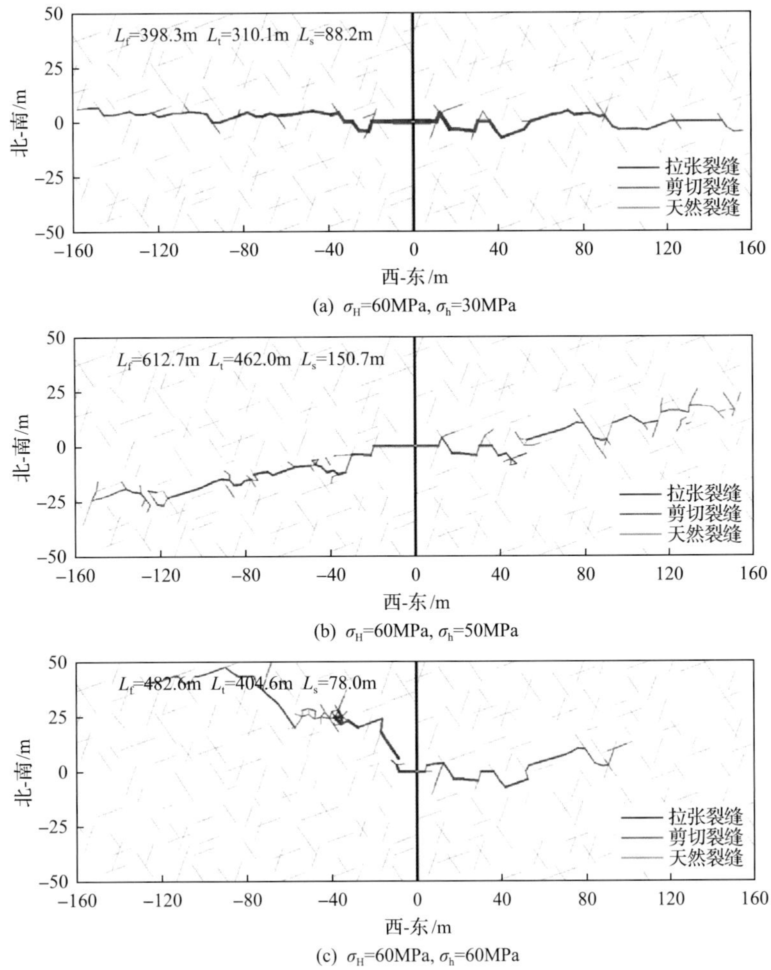

(a) σ_H=60MPa, σ_h=30MPa

(b) σ_H=60MPa, σ_h=50MPa

(c) σ_H=60MPa, σ_h=60MPa

图 3-26 水平应力差对单簇复杂裂缝扩展形态的影响

从图 3-26(c)可以看出，当两向水平应力差相等时，水力裂缝在遭遇天然裂缝后，容易被天然裂缝诱导扩展，且在天然裂缝扩展完成后，并非按照最大水平主应力方向重新转向扩展。

需要注意的是，在图 3-26(c)中，水力裂缝在扩展到设计改造范围之前，就已经扩展到模型边界，考虑到水平井分段压裂时各段之间距离有限，因此，两向水平应力差相等的情况下，不仅难以使得井筒两侧裂缝扩展到设计改造范围，还可能会导致段间干扰，影响其他压裂段施工。

2)天然裂缝界面摩擦系数

在 3.2.3 节的地质力学条件下，当夹角为 55°的天然裂缝面摩擦系数达到 0.8 时，水力裂缝才穿透天然裂缝。而在真实储层状态下，除了天然裂缝按照不同夹角随机分布外，多裂缝的干扰也可能影响压裂裂缝形态。因此需要开展不同天然裂缝界面摩擦系数下的裂缝扩展规律分析，一般情况下，裂缝面作为岩石表面，其摩擦系数需要在岩石材料的合理范围内，因此，除了基准模型 0.4 的裂缝面摩擦系数外，再讨论摩擦系数为 0.6 和 0.8 情况下的裂缝扩展情况。

如图 3-27 所示，可以看出，随着摩擦系数的增大，裂缝总长度和剪切裂缝长度均相应减小，这是由于随着摩擦系数增大，天然裂缝上的摩擦力相应增加，其抵抗剪切应力作用的能力相应增大，水力裂缝在扩展到天然裂缝时，更加倾向于直接将裂缝前方撕开。

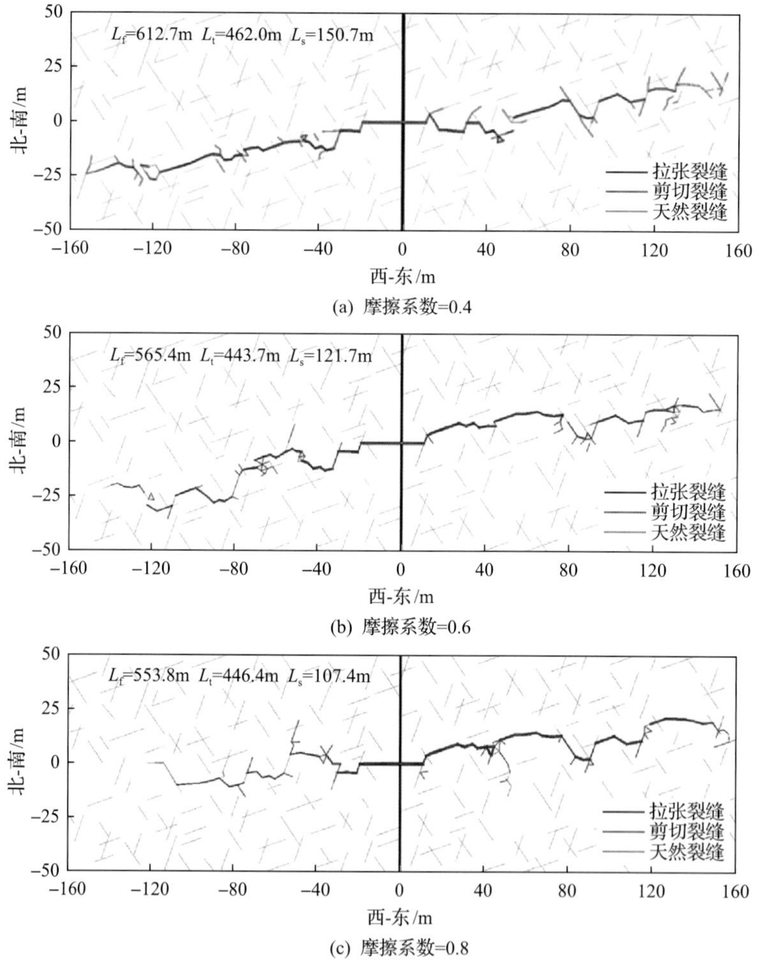

(a) 摩擦系数=0.4

(b) 摩擦系数=0.6

(c) 摩擦系数=0.8

图 3-27 天然裂缝界面摩擦系数对单簇复杂裂缝扩展形态的影响

3) 注入排量

考虑压裂液注入排量分别为 1m^3/min、2m^3/min、8m^3/min 的情况(基准算例中注入排量为 4m^3/min)。图 3-28 所示，分别给出了以上 4 种注入排量情况下最终时刻裂缝的形态，可以看出不同注入排量情况下水力主裂缝均沿着天然裂缝转向并继续扩展，4 种排量情况下的最终水力主裂缝形态相差不大，裂缝总长度和剪切天然裂缝数量随注入排量的增大而增大。

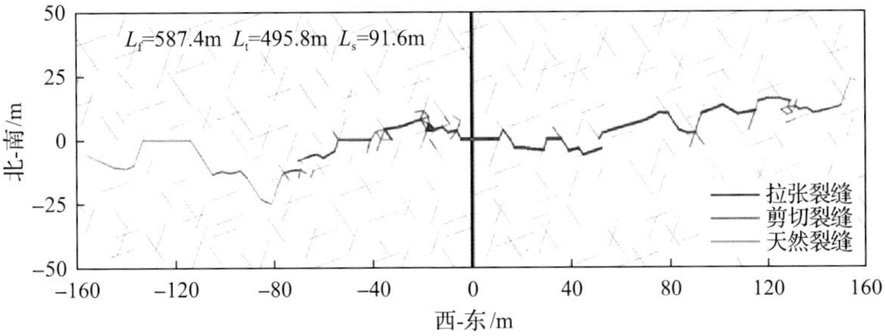

(a) 注入排量=1m^3/min

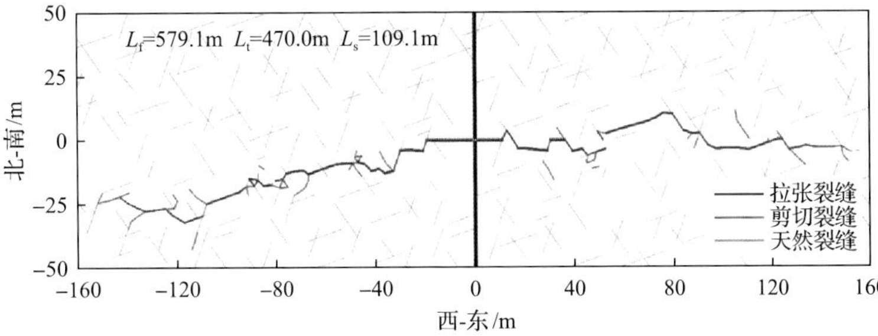

(b) 注入排量=2m^3/min

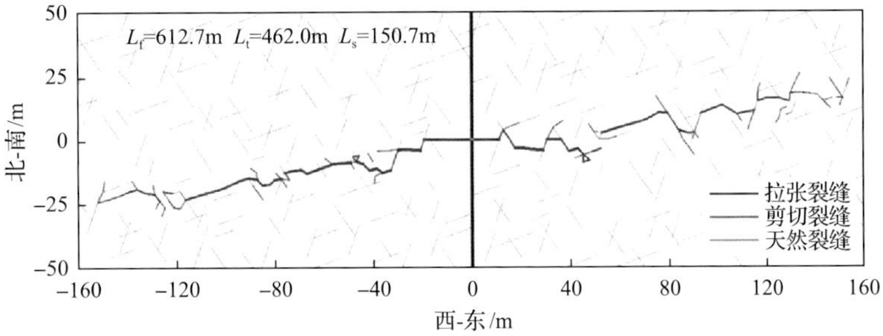

(c) 注入排量=4m^3/min

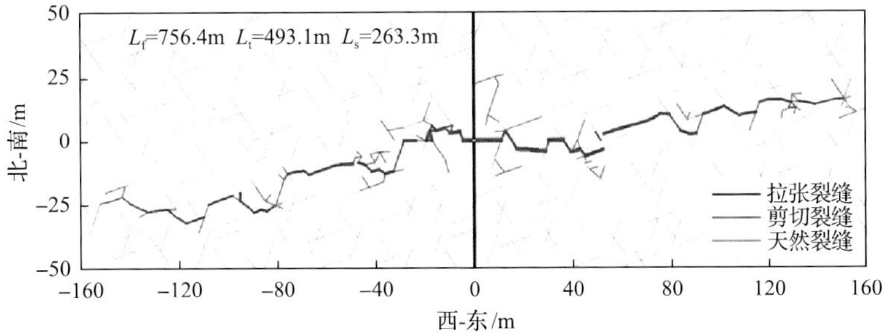

(d) 注入排量=8m^3/min

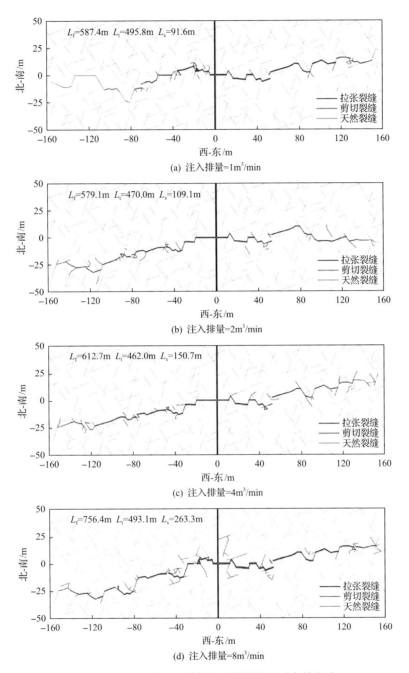

图 3-28　注入排量对单簇复杂裂缝扩展形态的影响

同时，由于在基准算例条件下，上述 4 类排量均不足以促使水力-天然裂缝的交错机制发生变化，因此，随着注入排量增大，水力裂缝在遭遇天然裂缝时，主要以拉伸破裂天然裂缝一侧分支为主；由于注入排量更大，使得缝内压力抵抗地应力的作用越强，缝宽越大，而水力裂缝在遭遇天然裂缝时，更大的缝宽(天然裂缝靠近水力裂缝一侧的地层)造成的剪切作用越大，使得剪切裂缝数量增加。

4) 压裂液黏度

在深部油气储层地质力学条件下，即使是使用黏度低至 1mPa·s 的滑溜水压裂液体系，也通常表现为黏性占优，因此，探讨压裂液黏度对裂缝扩展的影响是优化压裂施工参数的必要条件。如图 3-29 所示，在黏度较低时，水力裂缝在遭遇天然裂缝后，容易转向并

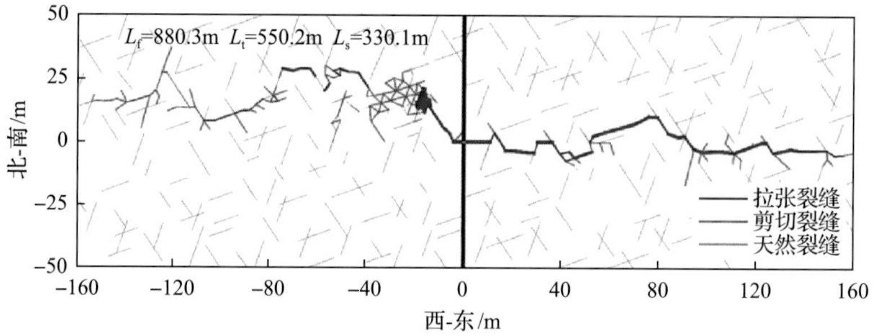

(a) 压裂液黏度=1mPa · s

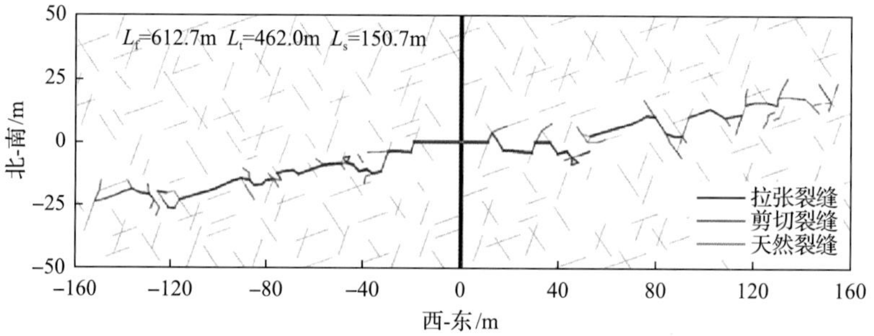

(b) 压裂液黏度=2mPa · s

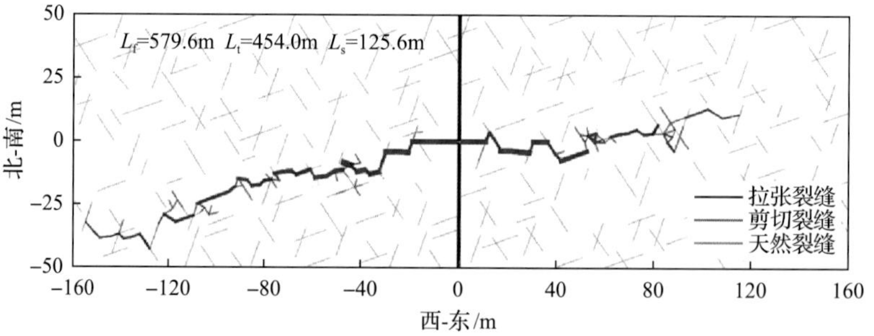

(c) 压裂液黏度=5mPa · s

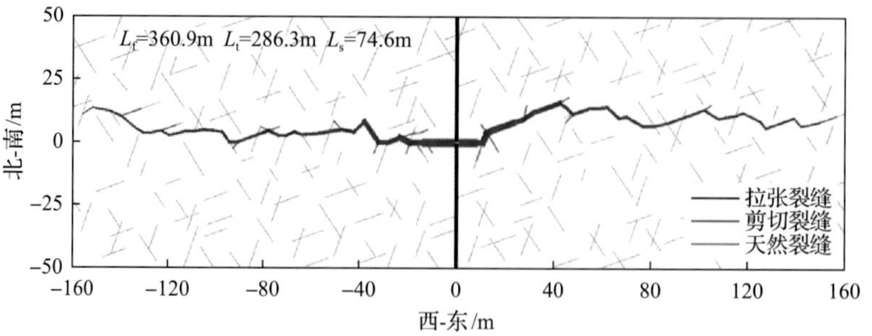

(d) 压裂液黏度=40mPa · s

图 3-29　压裂液黏度对单簇复杂裂缝扩展形态的影响

沿着天然裂缝扩展，使得裂缝的最终形态相较简单的双翼裂缝更复杂；而随着黏度的不断增大，裂缝总长度和天然裂缝长度均不断减小。

在压裂液黏度增大到 40mPa·s 后，压裂液向天然裂缝滤失减少，天然裂缝内流体压力增加变慢，发生剪切滑移的阻力增大，使得水力裂缝在遭遇天然裂缝时，更容易直接穿过天然裂缝，并且使得剪切天然裂缝数量减少。此外，与 3.2.3 节中的结论一致，天然裂缝角度越高，其穿透对应的压裂液黏度阈值越低，当在黏度为 40mPa·s，水力裂缝仍然会被低角度天然裂缝诱导，发生一定程度的转向。同时，从缝宽的角度来看，随着黏度的增大，缝内净压力增大，使得裂缝壁面抵抗外部应力的能力增强，缝宽相应增大。但总的来说，从极低渗透性的页岩气储层开采角度看来，尽可能地沟通天然裂缝，增大储层渗透性是提高储层改造效果的首要目标。因而，对于本章分析的目标储层，应将压裂液黏度控制在 1～2mPa·s。

3.3.4　多簇裂缝扩展影响因素分析及优化

1）簇间距

该典型区域的初期优化设计簇间距缩短到 30m 左右，但通过对比长宁页岩气前期现场生产实践发现，通过“密切割”形式进一步减小簇间距，虽然会使施工段数增多，但单井产量也无疑会大大提高，且目前的分段射孔隙压力裂施工工艺与工具也能满足要求。在此前提下，本节通过缩短簇间距，将簇间距缩短至 18m、12m 和 6m，分析多簇射孔水力压裂过程中的裂缝扩展情况。

如图 3-30 所示，不同簇间距裂缝扩展过程中，由于近井地带天然裂缝发生剪切，各簇均相互吸引形成优势主裂缝；同时，随着簇间距由小到大，各簇水力主裂缝相互吸引的时间相应延迟，即簇间距越大，各簇裂缝独自扩展的时间越长，这就使得总水力裂缝长度越长。

当簇间距增大到 18m 时，优势主裂缝形成后，井筒两侧裂缝扩展逐渐不同步，当右侧裂缝扩展至设计改造范围时，左侧裂缝仅扩展到 50%设计改造范围；当簇间距继续增大到 30m 时，中间簇裂缝和下簇裂缝由于天然裂缝的诱导作用，右侧分支在向东扩展范围达到 35m 时发生了交汇成一条优势主裂缝，并向前扩展；而中间簇裂缝左侧分支在天然裂缝诱导作用下向东南方向扩展，但下簇裂缝同样受到天然裂缝诱导向东南方向扩展，并在向西范围约 70m 时扩展至几何边界。另一方面，对于上簇裂缝，其扩展未与其余两簇发生交汇，其两翼裂缝相对均匀向前扩展。

同时，对比不同簇间距模型计算得到的剪切裂缝情况，可以看出，剪切裂缝与形成优势主裂缝的时机密切相关，即，井筒附近密集的剪切裂缝主要分布在各簇水力主裂缝独自扩展附近。结合 3.2 节中单簇注入排量越少，则天然裂缝剪切数量越少的结论可知，由于多簇压裂对压裂总排量的分流作用，使得各簇独自扩展时缝内流量小于形成优势主裂缝后的流量，因而，在形成优势主裂缝之前，各簇水力裂缝比较容易与天然裂缝发生剪切。

与此同时，从图 3-30（a）～（d）中各簇间距对应的剪切裂缝数量可以看出，簇间距为 12m 时的天然裂缝数量最多，这是由于虽然较大的簇间距有利于各簇裂缝单独扩展过程

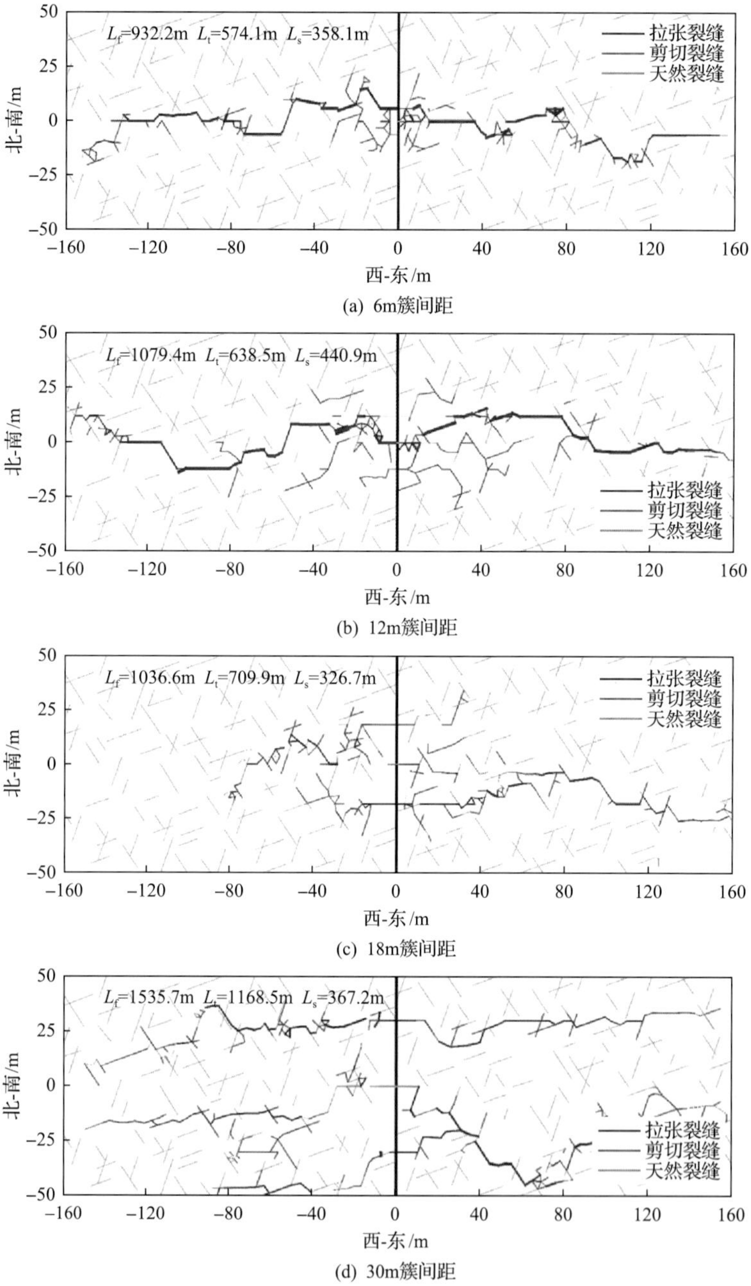

(a) 6m簇间距

(b) 12m簇间距

(c) 18m簇间距

(d) 30m簇间距

图 3-30 不同簇间距下多簇复杂裂缝扩展形态

中形成剪切裂缝，但同时，多簇裂缝扩展过程中的应力干扰将进一步加剧井筒附近的剪切作用，簇间距越小，各簇间的应力干扰越强烈。

因而，如果裂缝间距过大，虽然有利于延长各簇独自扩展形成剪切裂缝的时间，但是各簇间应力干扰就越弱，进而使得剪切裂缝主要依靠各簇裂缝的扩展；而如果裂缝间距过小，虽然有利于应力干扰增加裂缝剪切，但各簇水力主裂缝却越容易相互吸引，限制了各簇间裂缝独自扩展形成剪切裂缝的时间。

综上所述，从本节计算结果来看，如果以尽可能沟通天然裂缝，提高近井地带渗透性为目标，应该优选簇间距为 12m，不仅能够在近井地带形成高度连通的剪切裂缝网络，有利于渗流过程，同时还能够保证两侧裂缝均匀扩展到设计改造范围；如果以增大有效改造范围为目标，应该优选簇间距为 30m，不仅能够尽可能保证各簇水力裂缝均匀扩展，沟通更大范围的远端地层，同时还能降低段数，提高压裂施工效率，控制压裂施工成本。

2) 簇数

根据对涪陵、长宁、威远国内三大页岩气主产区的压裂设计及施工资料进行分析发现，我国页岩气单级(段)簇数选择包括：2 簇、3 簇、4 簇、6 簇、8 簇，其中最主要的单段簇数为 2 簇、3 簇和 4 簇。因此，本节以 12m 的簇间距为基础，分别开展簇数为 2 簇、3 簇和 4 簇的多簇压裂裂缝扩展数值模拟分析。

如图 3-31 所示，随着簇数从 2 簇逐渐增加到 4 簇，密集剪切裂缝的范围和数量均相应增加。结合 3.2.3 节得到的结论，单条缝内的流量大小是影响天然裂缝滑移的主要因素，

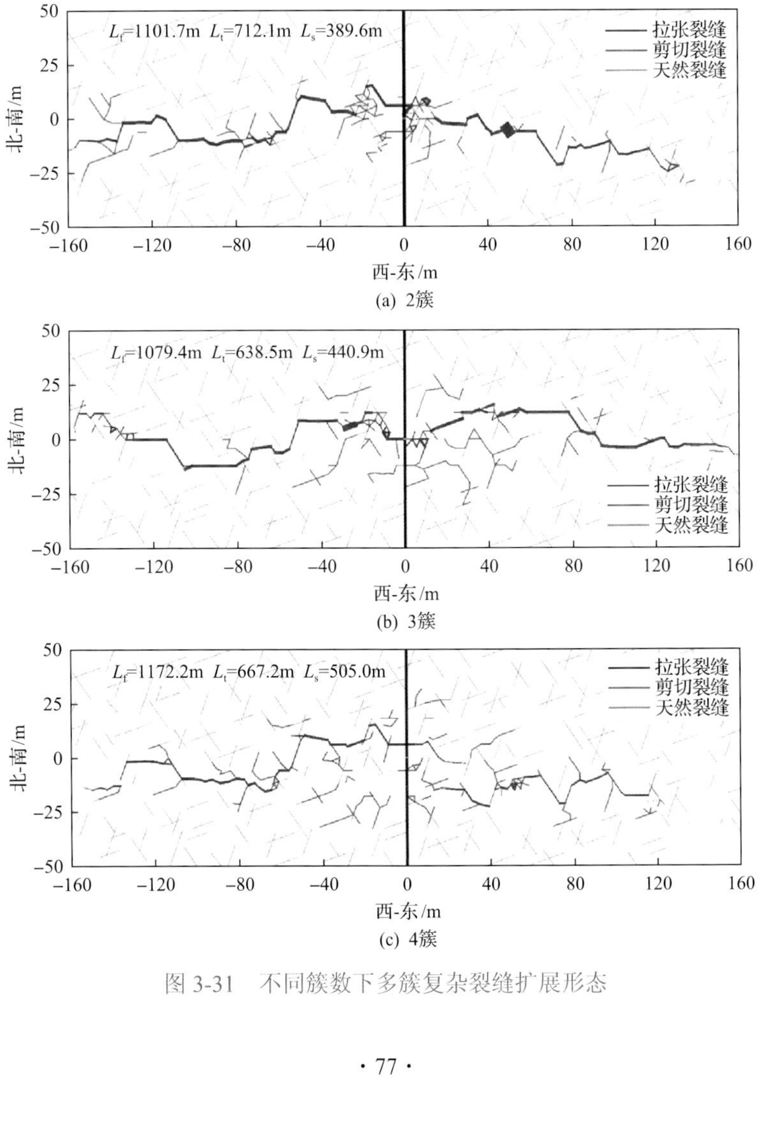

图 3-31　不同簇数下多簇复杂裂缝扩展形态

相较 3 簇模型和 4 簇模型，2 簇模型中水力主裂缝更早地互相吸引并迅速合并为一条优势主裂缝，使得优势主裂缝内的流量较大。4 簇模型中各簇水力主裂缝扩展距离相对较远，直到其中两条水力主裂缝在进入天然裂缝较为密集区域扩展阻力增大后，由于竞争分流作用，使得另外两条主裂缝向前扩展，并通过剪切滑移与其他裂缝汇聚，最终在井筒两侧各形成一条优势主裂缝。

因此，可以看出，在单段压裂总排量一定的情况下，簇数越多，越有利于水力裂缝对天然裂缝产生剪切作用，诱导产生更多天然裂缝。但是同时需要注意的是，由于各簇对总排量的分流作用，簇数越多，在各簇独自扩展时缝内流量相对越少，从图 3-31 中三个模型的计算用时来看，4 簇模型计算用时相较 2 簇显著上升，这反应的现场施工过程中将会使施工时间大大增加。因此，现场应该从经济开采角度，综合勘探成本和预计产能，优化设计单段簇数。

3.4 小　　结

本章基于第 2 章建立的 FEM-DFN 复杂裂缝扩展数值方法，结合涪陵页岩气储层地质力学特征，建立了裂缝性页岩气储层复杂裂缝扩展模型，探究了水力裂缝与天然裂缝的互作用机理以及不同因素的影响，裂缝性页岩气储层在单簇、多簇及井组压裂情况下的裂缝扩展及不同因素的影响，研究发现：

(1) 页岩气储层水力裂缝与天然裂缝交错机制为沿着天然裂缝扩展后重新转向和直接穿透天然裂缝。不同的影响因素对交错机制转变的阈值分别是：排量较小时，水力裂缝沿着天然裂缝扩展，当排量达到并超过 $26m^3/min$ 时，水力裂缝将直接穿透天然裂缝；压裂液黏度较小时，水力裂缝沿着天然裂缝扩展，当黏度达到并超过 40mPa·s 时，水力裂缝将直接穿透天然裂缝；应力差较小时，水力裂缝沿着天然裂缝扩展，当应力差达到并超过 18MPa 时，水力裂缝将直接穿透天然裂缝；裂缝面摩擦系数较小时，水力裂缝沿着天然裂缝扩展，当裂缝面摩擦系数达到并超过 0.8 时，水力裂缝将直接穿透天然裂缝。

(2) 沿着天然裂缝扩展的机制还可以根据天然裂缝走向(与最大水平主应力夹角)分为：在几何交汇点前提前诱导进入天然裂缝并使得天然裂缝一侧拉伸一侧剪切、在几何交汇点处诱导进入天然裂缝并使得天然裂缝一侧拉伸一侧剪切，以及使得天然裂缝两侧均发生剪切。

(3) 对于单簇裂缝扩展，该典型页岩气储层地质力学及工艺条件下，水力压裂复杂裂缝以张性裂缝为主，并剪切激活水力主裂缝附近的部分天然裂缝。地质力学和压裂施工参数对单簇裂缝扩展的影响机理主要表现为：地应力差越大，裂缝越倾向于在最大水平主应力方向扩展，裂缝横向改造范围越低；天然裂缝面摩擦系数越大，裂缝面抗剪切能力越强，水力主裂缝扩展过程中激活的天然裂缝数量越少；压裂液排量越大，裂缝扩展速度越快，激活的天然裂缝数量越少，但总体影响较小；压裂液黏度越大，水力裂缝缝宽越大，但扩展过程越容易直接穿透天然裂缝。

(4)对于多簇裂缝扩展，簇间距越小，越容易导致各簇间水力裂缝相互吸引，从而更早地形成优势扩展裂缝；裂缝簇数越多，各簇间对压裂液排量的竞争分流作用越明显，进而导致在各簇交汇之前的扩展效率越低，各簇近井地带扩展越不均匀。

第 4 章

页岩气加密井储层四维动态地应力模拟方法

页岩气藏在开采过程中，基质和裂缝内的页岩气不断向井筒内流动，使得孔隙压力下降，根据孔弹性理论，岩石受到的有效应力增大，使得岩石发生变形，影响储层孔缝的形态，进而影响气藏渗流基础物性条件。因此，页岩气藏的开采过程实际上是一个多孔介质渗流与岩石变形的耦合过程。

为了准确分析页岩气开采过程中的地应力演化规律，就需要开展渗流-应力耦合分析，以真实的储层物性及地质力学状态为基础，依托合理的渗流力学和地质力学(也称为储层岩石力学)的基本原理，建立储层渗流-应力耦合理论及数值模型，并结合现场实际的钻完井及生产参数，分析得到储层在开采过程中的地应力变化。而考虑到页岩储层在构造和地质力学参数的非均质性和各向异性特征，需要从三维空间维度进行分析，同时页岩气开采经历了较长的时间跨度，还需要考虑生产过程的影响，就需要从时间维度来分析。因此，本章首先基于页岩气藏的物性及地质力学特性，分别建立了页岩气藏渗流数值理论模型和地质力学数值理论模型，并根据数值模型的特征，发展了渗流-应力交叉迭代耦合方法；然后从地质-工程一体化的角度出发，提出了从地质模型—复杂裂缝模型—渗流模型—地质力学模型—耦合求解全过程的四维动态地应力建模方法；针对复杂裂缝和真实储层状态的地质力学特征，提出了相应的数值建模实现方法。

4.1　基于渗流-应力耦合的动态地应力模型

本节将从页岩储层的物性及地质力学特征出发，利用有限差分数值方法建立页岩气藏渗流模型，利用有限元数值方法建立页岩气藏地质力学模型，然后根据两个模型的数值特征，提出渗流-应力耦合算法。

4.1.1　有限差分渗流模型

与常规天然气不同，页岩气无论是在储集方式，还是渗流特征方面都有一定的独特性。因此，建立渗流模型需要首先明确页岩气的储集与运移渗流特性，再结合页岩开采过程中的流动特征，建立页岩气开采物理模型。最后结合其流动机理，建立其页岩气开采渗流模型。

1）物理模型

（1）储集特性。

含气页岩一般作为典型的双重介质，其内部流体（主要是甲烷）在储层中主要以游离气和吸附气形式存在。作为与常规天然气最大的差异之一，页岩中的吸附气主要存在于页岩有机质、干酪根以及孔喉表面。页岩中的吸附状态通过采用 Langmuir（朗缪尔）方程表示：

$$V = \frac{V_L p_g}{p_L + p_g} \tag{4-1}$$

式中，V 为等温吸附量；V_L 为 Langmuir 体积；p_g 为气体压力；p_L 为 Langmuir 压力。

对于页岩中的游离气，其主要来自于储层在生成天然气过程中，吸附气达到状态平衡后多余的气体，以游离态赋存于孔隙或裂缝中，其地下体积表达式与常规天然气相同：

$$V = \frac{nZRT}{p_g} \tag{4-2}$$

式中，R 为普适气体常数，8.314J/(mol·K)；T 为温度；Z 为气体偏差因子；n 为气体摩尔数，$n=m_g/M_g$，m_g 为气体质量，M_g 为气体分子质量。

（2）运移渗流特性。

作为双重介质储层，页岩开采过程中的运气流动特性主要表现为：当地层被打开形成压差后，孔喉和裂缝中的游离气最先流入井筒，并伴随地层压力下降；当地层压力下降到解吸压力时，吸附在基质表面的吸附气开始解析，成为游离气。解吸过程同样遵循 Langmuir 方程［式（4-1）］，而为了计算开采过程中的解析量，需要知道单位岩石体积吸附的气体质量。单位岩石体积吸附体积通过式（4-1）即可得到，再结合页岩气密度，因而单位岩石体积吸附气体质量为

$$V = \frac{V_L p_g}{p_L + p_g}\rho_{bi}\rho_{gsc} \tag{4-3}$$

式中，ρ_{bi} 为地层压力下岩石密度；ρ_{gsc} 为标准状态下气体密度。

同时，国内外学者多数认为页岩孔隙中，气体流动存在滑脱效应（Klinkenberg effect）（Li et al., 2001），其数学表达式为

$$k_g = k_\infty\left(1 + \frac{b}{\bar{p}}\right) \tag{4-4}$$

式中，k_g 为考虑滑脱效应的视渗透率；k_∞为等效液体渗透率；$\bar{p}$ 为储层平均孔隙压力；b 为 Klinkenberg 常数。该常数取决于气体性质和孔隙结构，当 b=0 时，滑脱效应不存在，但对于页岩气，一般需要考虑气体流动过程中的滑脱效应。

对于解析后的气体，由于基质对裂缝形成了甲烷浓度差，因此解吸后的气体从基质

向裂缝流动，并最终流入井筒。因此，还需要考虑由于浓度差引起到甲烷扩散。一般通过 Knudsen（克努森）数（Li et al., 2014）来表示扩散类型及扩展能力：

$$Kn = \frac{\lambda}{d} \tag{4-5}$$

式中，Kn 为 Knudsen 数；λ 为平均压力下气体分子平均自由程；d 为孔隙平均直径。当 $Kn \geqslant 10$ 时，扩散类型为 Knudsen 扩散，即扩展主要由气体分子与孔喉表面碰撞引起；当 $Kn \leqslant 0.1$ 时，则为 Fick 扩散，即扩展主要由气体分子之间碰撞引起。页岩气运气过程中一般为 Knudsen 扩散，其气体质量流量 J_D 通过密度梯度 $\nabla \rho_g$ 表示：

$$J_D = D_k \nabla \rho_g \tag{4-6}$$

式中，ρ_g 为气体密度；D_k 为 Knudsen 扩散常数，D_k 的表达式为

$$D_k = \frac{d}{3}\sqrt{\frac{8RT}{\pi M_g}} \tag{4-7}$$

综合考虑滑脱效应和 Knudsen 扩散，Javadpour 等（2015）提出用视渗透率来表示页岩气流动的真实渗透率，即将两种效应的质量流量相加，结合达西公式即可得到最终的视渗透率：

$$k_{app} = k\left(1+\frac{b}{\bar{p}}\right)+D_k c_g \mu_g \tag{4-8}$$

式中，k_{app} 为考虑滑脱和扩散效应的视渗透率；k 为流动通道的渗透率；μ_g 为气体黏度；c_g 为气体压缩系数。

（3）物理模型。

对于裂缝性页岩储层，气体渗流的主要通道为页岩基质和分布在基质周围的天然裂缝。原始地层条件下，页岩基质渗透率极低，只能依靠裂缝提供流动通道，天然裂缝不仅渗透率较小且相对孤立，无法形成快速有效的渗透率通道。在实施水平井多簇射孔水力压裂之后，水力裂缝在井筒周围沟通天然裂缝，形成了井筒-水力裂缝-天然裂缝-基质的渗流通道，极大程度上提高了渗流条件。因此，建立页岩气藏体积压裂水平井渗流物理模型如图 4-1 所示。

因此，该物理模型的特征或假设应描述为：①页岩气藏为封闭边界气藏；②不同孔隙介质中的渗流均为一维非稳态渗流；③模型为双渗透介质模型，流体仅能在裂缝内流动，且所有气体先由基质流向天然裂缝，再通过天然裂缝流入水力主裂缝，最后汇入井筒；④储层流体在地层中的流动为等温渗流，并忽略毛管力的影响；⑤考虑气体滑脱效应和 Knudsen 扩散；⑥考虑渗透率各向异性，包含 x、y、z 三个方向，因此在后续的讨论中均采用矢量表示渗透率；⑦地层水的压缩系数为常数；⑧水平井定产压开采。

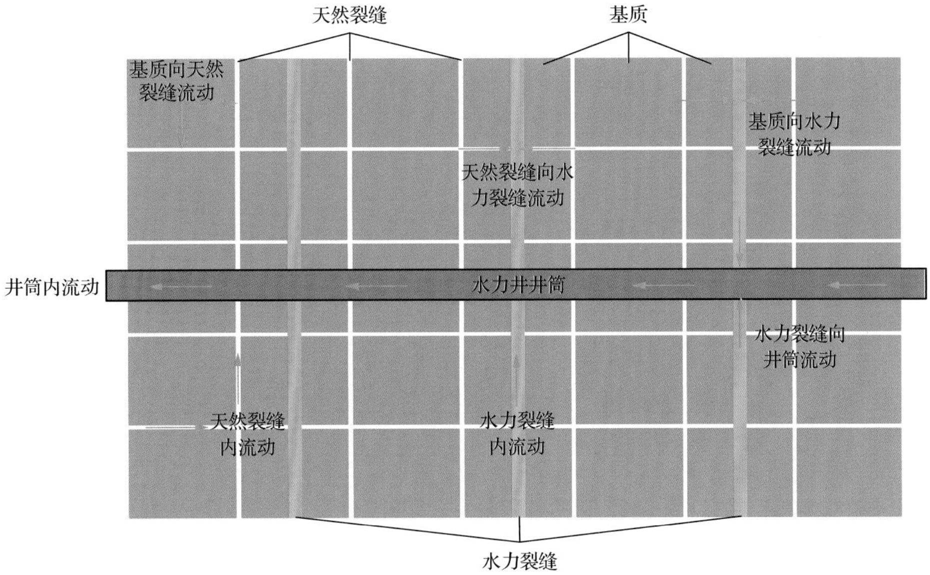

图 4-1　基质-天然裂缝-水力裂缝-井筒渗流系统

2) 控制方程

(1) 状态方程。

页岩气状态方程可用真实气体状态方程表示：

$$p_{\mathrm{g}}=\frac{nZRT}{M_{\mathrm{g}}}\rho_{\mathrm{g}} \tag{4-9}$$

(2) 连续性方程。

根据质量守恒原理，且页岩气主要以甲烷为主，因此可以用单相渗流连续性方程表示：

$$\frac{\partial(\rho_{\mathrm{g}}\phi)}{\partial t}+\nabla\cdot(\rho_{\mathrm{g}}\boldsymbol{v})=0 \tag{4-10}$$

式中，ϕ 为孔隙度；t 为时间；$\boldsymbol{v}$ 为渗流速度。

(3) 运动方程。

页岩作为基质-裂缝渗流系统，其气体运动方程分别从基质和裂缝进行描述。

对于页岩气在基质内的渗流，需要同时考虑滑脱效应和扩散效应，因此，基质中气体渗流速度为：

$$\boldsymbol{v}_{\mathrm{m}}=\boldsymbol{v}_{\mathrm{s}}+\boldsymbol{v}_{\mathrm{km}} \tag{4-11}$$

式中，$\boldsymbol{v}_{\mathrm{m}}$ 为气体在基质中的渗流速度；$\boldsymbol{v}_{\mathrm{s}}$ 为滑脱速度；$\boldsymbol{v}_{\mathrm{km}}$ 为扩散速度。其中，滑脱速度 $\boldsymbol{v}_{\mathrm{s}}$ 由滑脱效应公式可知，应为

$$\boldsymbol{v}_{\mathrm{s}}=\frac{\boldsymbol{k}_{\mathrm{m}}}{\mu_{\mathrm{g}}}\left(1+\frac{b}{p_{\mathrm{m}}}\right) \tag{4-12}$$

式中，$\boldsymbol{k}_{\mathrm{m}}$ 为基质渗透率(数值上等于考虑滑脱和扩散效应的视渗透率 k_{app})；p_{m} 为基质中的孔隙压力。

而页岩气扩散遵循 Knudsen 扩散，因此其扩散速度 $\boldsymbol{v}_{\mathrm{km}}$ 应为

$$\boldsymbol{v}_{\mathrm{km}} = D_{\mathrm{k}} \nabla \rho \tag{4-13}$$

另一方面，对于页岩气在天然裂缝和水力主裂缝中的流动，则可以采用达西定律描述：

$$\boldsymbol{v}_{\mathrm{f}} = \frac{\boldsymbol{k}_{\mathrm{f}}}{\mu_{\mathrm{g}}} \nabla p_{\mathrm{f}} \tag{4-14}$$

$$\boldsymbol{v}_{\mathrm{F}} = \frac{\boldsymbol{k}_{\mathrm{F}}}{\mu_{\mathrm{g}}} \nabla p_{\mathrm{F}} \tag{4-15}$$

式中，$\boldsymbol{v}_{\mathrm{f}}$ 和 $\boldsymbol{v}_{\mathrm{F}}$ 为气体在天然裂缝和水力主裂缝中的流动速度；$\boldsymbol{k}_{\mathrm{f}}$ 和 $\boldsymbol{k}_{\mathrm{F}}$ 为天然裂缝和水力主裂缝渗透率；p_{f} 和 p_{F} 为天然裂缝和水力主裂缝内的压力。

(4) 流体物质平衡方程。

与运动方程相对应，且根据页岩渗流顺序特征，流体物质平衡方程同样需要分别建立基质渗流物质平衡方程以及裂缝(包括沟通天然裂缝和水力主裂缝)渗流物质平衡方程。

对于页岩气在基质中的渗流，需要同时考虑滑脱和扩散效应，因此将基质渗流速度公式(4-11)～式(4-13)代入连续性方程，再考虑基质中气体质量流量，即可得到物质平衡方程：

$$\nabla\left[\rho_{\mathrm{g}} \frac{\boldsymbol{k}_{\mathrm{m}}}{\mu_{\mathrm{g}}}\left(1+\frac{b}{p_{\mathrm{m}}}\right)+\rho_{\mathrm{g}} D_{\mathrm{k}} \nabla \rho\right]-q_{\mathrm{mtc}}=\frac{\partial}{\partial t}\left(\rho_{\mathrm{g}} \phi_{\mathrm{m}}\right) \tag{4-16}$$

式中，ϕ_{m} 为基质孔隙度；q_{mtc} 为基质中气体的质量流量，根据运移方程(4-3)可知其表达式为

$$q_{\mathrm{mtc}}=\frac{\partial}{\partial t}\left(\frac{V_{\mathrm{L}} p_{\mathrm{m}}}{p_{\mathrm{L}}+p_{\mathrm{m}}} \frac{\rho_{\mathrm{g}}}{B_{\mathrm{g}}}\right) \tag{4-17}$$

虽然页岩气孔隙中大部分是有机质气体，但仍然赋存有少量水。因此，对于天然裂缝中的渗流，需要同时考虑页岩气和水的流动以及重力作用；同时，天然裂缝中的气体物质平衡还需要考虑基质的质量流量，因此天然裂缝中的物质平衡方程应为

$$\left\{\begin{array}{l}
\nabla\left[\rho_{\mathrm{g}} \dfrac{\boldsymbol{k}_{\mathrm{f}} \cdot \boldsymbol{k}_{\mathrm{rgf}}}{\mu_{\mathrm{g}}}\left(\nabla p_{\mathrm{gf}}-\rho_{\mathrm{g}} g \nabla D_{\mathrm{depth}}-G_{\mathrm{g}}\right)\right]+q_{\mathrm{mtc}}-q_{\mathrm{g}}=\dfrac{\partial}{\partial t}\left(\rho_{\mathrm{g}} \phi_{\mathrm{f}} S_{\mathrm{gf}}\right) \\
\nabla\left[\rho_{\mathrm{w}} \dfrac{\boldsymbol{k}_{\mathrm{f}} \cdot \boldsymbol{k}_{\mathrm{rwf}}}{\mu_{\mathrm{w}}}\left(\nabla p_{\mathrm{wf}}-\rho_{\mathrm{w}} g \nabla D_{\mathrm{depth}}-G_{\mathrm{w}}\right)\right]-q_{\mathrm{w}}=\dfrac{\partial}{\partial t}\left(\rho_{\mathrm{w}} \phi_{\mathrm{f}} S_{\mathrm{wf}}\right)
\end{array}\right. \tag{4-18}$$

式中，$\boldsymbol{k}_{\mathrm{rgf}}$ 为气体在裂缝中的相对渗透率；$\boldsymbol{k}_{\mathrm{rwf}}$ 为水在裂缝中的相对渗透率；p_{gf} 为裂缝中的气体压力；p_{wf} 为裂缝中水的压力；q_{g} 为气体流量；q_{w} 为水的流量；ϕ_{f} 为天然裂缝孔

隙度；D_{depth} 为相对标高；G_{g} 为气体重力；G_{w} 为水的重力；S_{gf} 为天然裂缝中气体的饱和度；S_{wf} 为天然裂缝中水的饱和度，其中，$S_{\mathrm{gf}}+S_{\mathrm{wf}}=1$。

此外，对于气体在水力主裂缝中的流动，其质量平衡方程为

$$\Delta p_{\mathrm{F}}+\frac{2\boldsymbol{k}_{\mathrm{f}}}{\boldsymbol{k}_{\mathrm{f}} w_{\mathrm{F}}}\nabla p_{\mathrm{f}}\bigg|_{x=w_{\mathrm{F}}/2}=\frac{\partial p}{\partial t}\left(\frac{\phi_{\mathrm{F}}}{\boldsymbol{k}_{\mathrm{F}}}\right) \tag{4-19}$$

式中，p_{F} 为水力主裂缝内的压力，等于天然裂缝内的压力，即 $p_{\mathrm{F}}=p_{\mathrm{gf}}+p_{\mathrm{wf}}$；$w_{\mathrm{F}}$ 为水力主裂缝的缝宽；ϕ_{F} 为水力主裂缝的孔隙度；p_{f} 为天然裂缝内的压力。

(5) 初始条件。

渗流模型的初始状态应为初始压力分布和初始饱和度分布：

$$p_{\mathrm{gm}}\big|_{t=0}=p_{\mathrm{gm}}^{0},\quad p_{\mathrm{gf}}\big|_{t=0}=p_{\mathrm{gf}}^{0},\quad p_{\mathrm{wf}}\big|_{t=0}=p_{\mathrm{wf}}^{0} \tag{4-20}$$

$$S_{\mathrm{g}}\big|_{t=0}=S_{\mathrm{gi}},\quad S_{\mathrm{w}}\big|_{t=0}=S_{\mathrm{wc}} \tag{4-21}$$

式中，S_{gi} 为初始页岩气饱和度；S_{wc} 为残余水饱和度。同时，在初始条件下，天然裂缝与水力主裂缝内的压力相等，即 $p_{\mathrm{wF}}=p_{\mathrm{wf}}$ 且 $p_{\mathrm{gF}}=p_{\mathrm{gf}}$。

(6) 边界条件。

由于页岩气属于衰竭开采，开采过程属于非定压、非定流量，因而模型的内边界条件应为井筒流量和井底压力(如果未进行井底压力监测，则结合井深和井筒摩阻相应换算为井口压力)。因而内边界条件应表示为

$$\begin{cases} q_{\mathrm{g}}=q_{\mathrm{wg}},\quad q_{\mathrm{w}}=q_{\mathrm{ww}} \\ p_{\mathrm{F}}=p_{\mathrm{wfg}},\quad p_{\mathrm{w}}=p_{\mathrm{wfw}} \end{cases} \tag{4-22}$$

式中，q_{wg} 为单井产量气量；q_{ww} 为单井产水量；p_{wfg} 为井底气体压力；p_{wfw} 为井底液体压力。其中，产气量和产水量计算公式分别为

$$\begin{cases} q_{\mathrm{g}}=\dfrac{2\pi hkk_{\mathrm{rg}}\rho_{\mathrm{g}}}{\mu_{\mathrm{g}}\left[\ln\left(\dfrac{r_{\mathrm{e}}}{r_{\mathrm{w}}}\right)+s\right]}\left(p_{\mathrm{g}}-p_{\mathrm{wfg}}\right) \\ q_{\mathrm{w}}=\dfrac{2\pi hkk_{\mathrm{rw}}\rho_{\mathrm{w}}}{\mu_{\mathrm{g}}\left[\ln\left(\dfrac{r_{\mathrm{e}}}{r_{\mathrm{w}}}\right)+s\right]}\left(p_{\mathrm{w}}-p_{\mathrm{wfw}}\right) \end{cases} \tag{4-23}$$

式中，h 为储层厚度；r_{e}、r_{w} 为排泄半径和井筒半径；s 为表皮系数，其计算公式为

$$s=-\ln\left(\frac{l_{\mathrm{f}}}{2r_{\mathrm{w}}}\right) \tag{4-24}$$

其中，l_f 为裂缝半长。

本模型假设页岩气藏为封闭边界气藏，因而模型外边界条件应设置压力和流量均为0，即

$$\begin{cases} \nabla \boldsymbol{p}\big|_L = 0 \\ \boldsymbol{p}\big|_L = 0 \end{cases} \tag{4-25}$$

式中，L 为模型固定外边界。

3) 差分方程

使用有限差分法对网格进行时间和空间离散，在渗流数学模型基础上建立页层气渗流的数值方程，同时，对边界条件进行数值处理。

A. 等号右端差分。

a. 基质系统。

首先对式(4-16)等号右端项展开：

$$\frac{\partial}{\partial t}(\rho_g \phi_m) = \phi_f \frac{\partial \rho_g}{\partial t} + \rho_g \frac{\partial \phi_m}{\partial t} \tag{4-26}$$

分别将展开式的每一微分项进一步展开，引入岩石的孔隙压缩系数 C_p 和气体压缩系数 C_g，根据两类压缩系数的表达式，并假设在单一时间步长内，饱和度为常数，即毛管压力为常数。此时上式变为

$$\frac{\partial}{\partial t}(\rho_g \phi_m) = \rho_g \phi_m (C_p + C_g) \frac{\partial p_g}{\partial t} \tag{4-27}$$

此时，可以对单位时间压力进行向前差分，即可得到任意单元基质渗流方程右端项的差分形式：

$$\frac{\partial}{\partial t}(\rho_g \phi_m) = \left[\rho_g \phi_m (C_p + C_g)\right]_i \frac{p_{gmi}^{n+1} - p_{gmi}^n}{\Delta t} \tag{4-28}$$

b. 裂缝系统。

首先对式(4-18)等号右端项展开：

$$\begin{cases} \dfrac{\partial}{\partial t}(\rho_g \phi_f S_{gf}) = \phi_f S_{gf} \dfrac{\partial \rho_g}{\partial t} + \rho_g S_{gf} \dfrac{\partial \phi_f}{\partial t} + \rho_g \phi_f \dfrac{\partial S_{gf}}{\partial t} \\ \dfrac{\partial}{\partial t}(\rho_w \phi_f S_{wf}) = \phi_f S_{wf} \dfrac{\partial \rho_w}{\partial t} + \rho_w S_{wf} \dfrac{\partial \phi_f}{\partial t} + \rho_w \phi_f \dfrac{\partial S_{wf}}{\partial t} \end{cases} \tag{4-29}$$

分别将展开式的每一微分项进一步展开，引入岩石的孔隙压缩系数 C_p 和流体压缩系数 C_g 和 C_w，此时上式变为

$$\begin{cases}\dfrac{\partial}{\partial t}(\rho_{\mathrm{g}}\phi_{\mathrm{f}}S_{\mathrm{gf}})=\rho_{\mathrm{g}}\phi_{\mathrm{f}}S_{\mathrm{gf}}(C_{\mathrm{p}}+C_{\mathrm{g}})\dfrac{\partial p_{\mathrm{g}}}{\partial t}+\rho_{\mathrm{g}}\phi_{\mathrm{f}}\dfrac{\partial S_{\mathrm{gf}}}{\partial t}\\ \dfrac{\partial}{\partial t}(\rho_{\mathrm{w}}\phi_{\mathrm{f}}S_{\mathrm{wf}})=\rho_{\mathrm{w}}\phi_{\mathrm{f}}S_{\mathrm{wf}}(C_{\mathrm{p}}+C_{\mathrm{w}})\dfrac{\partial p_{\mathrm{w}}}{\partial t}+\rho_{w}\phi_{\mathrm{f}}\dfrac{\partial S_{\mathrm{wf}}}{\partial t}\end{cases} \tag{4-30}$$

此时，可以对单位时间压力和单位时间饱和度进行向前差分，即可得到任意单元裂缝渗流方程右端项的差分形式：

$$\begin{cases}\dfrac{\partial}{\partial t}(\rho_{\mathrm{g}}\phi_{\mathrm{f}}S_{\mathrm{gf}})=\left[\rho_{\mathrm{g}}\phi_{\mathrm{f}}S_{\mathrm{gf}}(C_{\mathrm{p}}+C_{\mathrm{g}})\right]_i\dfrac{p_{\mathrm{gf}i}^{n+1}-p_{\mathrm{gf}i}^{n}}{\Delta t}+(\rho_{\mathrm{g}}\phi_{\mathrm{f}})_i\dfrac{S_{\mathrm{gf}i}^{n+1}-S_{\mathrm{gf}i}^{n}}{\Delta t}\\ \dfrac{\partial}{\partial t}(\rho_{\mathrm{w}}\phi_{\mathrm{f}}S_{\mathrm{wf}})=\left[\rho_{\mathrm{w}}\phi_{\mathrm{f}}S_{\mathrm{wf}}(C_{\mathrm{p}}+C_{\mathrm{w}})\right]_i\dfrac{p_{\mathrm{w}i}^{n+1}-p_{\mathrm{w}i}^{n}}{\Delta t}+(\rho_{\mathrm{w}}\phi_{\mathrm{f}})_i\dfrac{S_{\mathrm{w}i}^{n+1}-S_{\mathrm{w}i}^{n}}{\Delta t}\end{cases} \tag{4-31}$$

B. 等号左端差分。

a. 基质系统。

对单位时间压力进行差分，即可得到任意单元渗流方程左端项的差分形式：

$$\begin{aligned}&\nabla\left[\rho_{\mathrm{g}}\frac{\boldsymbol{k}_{\mathrm{m}}}{\mu_{\mathrm{g}}}\left(1+\frac{b}{p_{\mathrm{m}}}\right)+\rho_{\mathrm{g}}D_{\mathrm{k}}\nabla\rho\right]-q_{\mathrm{mtc}}\\ &=\sum_{\substack{x\\ i}}^{\substack{x,y,z\\ i,j,k}}\left\{\left[\lambda_{\mathrm{gm}(i+1/2)}\frac{p_{\mathrm{gm}(i+1)}^{n+1}-p_{\mathrm{gm}i}^{n}}{0.5(\Delta x_i+\Delta x_{i+1})}-\lambda_{\mathrm{gm}(i-1/2)}\frac{p_{\mathrm{gm}i}^{n+1}-p_{\mathrm{gm}(i-1)}^{n}}{0.5(\Delta x_i+\Delta x_{i-1})}\right]\Big/\Delta x_i-q_{\mathrm{mtc}i}\right\}\end{aligned} \tag{4-32}$$

式中，x 为 x、y、z；i 为 i、j、k，结合气体状态方程，中间变量 λ_{gm} 为

$$\lambda_{\mathrm{gm}}=D_{\mathrm{k}}\frac{M_{\mathrm{g}}}{ZRT}+\rho_{\mathrm{g}}\frac{\boldsymbol{k}_{\mathrm{m}}}{\mu_{\mathrm{g}}}\left(1+\frac{b}{p_{\mathrm{m}}}\right) \tag{4-33}$$

b. 裂缝系统。

同理，可对单位时间压力进行差分，即可得到任意单元渗流方程左端项的差分形式：

$$\begin{cases}\nabla\left[\rho_{\mathrm{g}}\dfrac{\boldsymbol{k}_{\mathrm{f}}\cdot\boldsymbol{k}_{\mathrm{rgf}}}{\mu_{\mathrm{g}}}(\nabla p_{\mathrm{gf}}-\rho_{\mathrm{g}}g\nabla\boldsymbol{D}-G_{\mathrm{g}})\right]+q_{\mathrm{mtc}}-q_{\mathrm{g}}\\ =\displaystyle\sum_{\substack{x\\ i}}^{\substack{x,y,z\\ i,j,k}}\left\{\left[\lambda_{\mathrm{gf}(i+1/2)}\frac{p_{\mathrm{gf}(i+1)}^{n+1}-p_{\mathrm{gf}i}^{n}}{0.5(\Delta x_i+\Delta x_{i+1})}-\lambda_{\mathrm{gf}(i-1/2)}\frac{p_{\mathrm{gf}i}^{n+1}-p_{\mathrm{gf}(i-1)}^{n}}{0.5(\Delta x_i+\Delta x_{i-1})}\right]\Big/\Delta x_i+q_{\mathrm{mtc}i}-q_{\mathrm{g}i}\right\}\\ \nabla\left[\rho_{\mathrm{w}}\dfrac{\boldsymbol{k}_{\mathrm{f}}\cdot\boldsymbol{k}_{\mathrm{rwf}}}{\mu_{\mathrm{w}}}(\nabla p_{\mathrm{wf}}-\rho_{\mathrm{w}}g\nabla\boldsymbol{D}-G_{\mathrm{w}})\right]-q_{\mathrm{w}}\\ =\displaystyle\sum_{\substack{x\\ i}}^{\substack{x,y,z\\ i,j,k}}\left\{\left[\lambda_{\mathrm{w}(i+1/2)}\frac{p_{\mathrm{w}(i+1)}^{n+1}-p_{\mathrm{w}i}^{n}}{0.5(\Delta x_i+\Delta x_{i+1})}-\lambda_{\mathrm{w}(i-1/2)}\frac{p_{\mathrm{w}i}^{n+1}-p_{\mathrm{w}(i-1)}^{n}}{0.5(\Delta x_i+\Delta x_{i-1})}\right]\Big/\Delta x_i-q_{\mathrm{w}i}\right\}\end{cases} \tag{4-34}$$

中间变量 λ_{gf} 和 λ_{w} 分别为

$$\begin{cases}\lambda_{\mathrm{gf}}=\rho_{\mathrm{g}}\dfrac{\boldsymbol{k}_{\mathrm{f}}\cdot\boldsymbol{k}_{\mathrm{rgf}}}{\mu_{\mathrm{g}}}\\ \lambda_{\mathrm{w}}=\rho_{\mathrm{w}}\dfrac{\boldsymbol{k}_{\mathrm{f}}\cdot\boldsymbol{k}_{\mathrm{rwf}}}{\mu_{\mathrm{w}}}\end{cases} \tag{4-35}$$

选取有限差分网格为六面体网格，因而每个网格的体积即是 $\Delta x_i\Delta y_j\Delta z_k$，进而可以分别计算出每个网格的流量和孔隙体积：

$$\begin{cases}Q_{\mathrm{g}i,j,k}=q_{\mathrm{g}i}\cdot\Delta x_i\Delta y_j\Delta z_k\\ Q_{\mathrm{w}i,j,k}=q_{\mathrm{w}i}\cdot\Delta x_i\Delta y_j\Delta z_k\end{cases} \tag{4-36}$$

$$V_{\mathrm{p}i,j,k}=\phi_{i,j,k}\cdot\Delta x_i\Delta y_j\Delta z_k \tag{4-37}$$

可得到气和水的传导系数：

$$\begin{cases}T_{\mathrm{g}i\pm1/2}=\dfrac{\lambda_{\mathrm{g}i\pm1/2}\cdot\Delta y_j\Delta z_k}{0.5(\Delta x_i\pm\Delta x_{i+1})}\\ T_{\mathrm{g}j\pm1/2}=\dfrac{\lambda_{\mathrm{g}j\pm1/2}\cdot\Delta x_i\Delta z_k}{0.5(\Delta y_i\pm\Delta y_{i+1})}\\ T_{\mathrm{g}k\pm1/2}=\dfrac{\lambda_{\mathrm{g}k\pm1/2}\cdot\Delta x_i\Delta y_j}{0.5(\Delta z_i\pm\Delta z_{i+1})}\end{cases} \tag{4-38}$$

$$\begin{cases}T_{\mathrm{w}i\pm1/2}=\dfrac{\lambda_{\mathrm{w}i\pm1/2}\cdot\Delta y_j\Delta z_k}{0.5(\Delta x_i\pm\Delta x_{i+1})}\\ T_{\mathrm{w}j\pm1/2}=\dfrac{\lambda_{\mathrm{w}j\pm1/2}\cdot\Delta x_i\Delta z_k}{0.5(\Delta y_i\pm\Delta y_{i+1})}\\ T_{\mathrm{w}k\pm1/2}=\dfrac{\lambda_{\mathrm{w}k\pm1/2}\cdot\Delta x_i\Delta y_j}{0.5(\Delta z_i\pm\Delta z_{i+1})}\end{cases} \tag{4-39}$$

代入式(4-32)和式(4-34)即可得到差分方程的最终形式。

由于本章的研究目的是进行渗流-应力耦合求解，因此，上述方程的求解将在地质力学模型建立后，与地质力学模型一起进行耦合求解。

4.1.2 有限元地质力学模型

针对页岩气开采过程中的地应力演化，本节将通过建立线弹性模型及其有限元方程，并基于 Biot 三维固结理论模拟孔弹性页岩介质应力应变情况。

1. 控制方程

1) 模型假设

根据 Biot 有效应力定律和牛顿第二定律，所建孔弹性介质模型基于如下假设：

(1) 由于页岩储层在开采时间维度上压降幅度较小，因此不考虑地层岩石大变形，因而采用 Lagrange 法对应变矩阵进行表征，采用 Cauchy 矩阵；

(2) 由于岩石变形速率远小于页岩气开采渗流速率，因此将岩石变形看作为应力平衡准静态过程；

(3) 由于不考虑岩石大变形，因而岩石变形为线弹性，即采用杨氏模量和泊松比来表征刚度矩阵；

(4) 忽略页岩开采过程中地层温度变化和化学变化。

2) 应力平衡方程

对于页岩固体介质，其应力平衡方程应表示为固体内力和外力平衡：

$$-\nabla\cdot\boldsymbol{\sigma}=\boldsymbol{f} \tag{4-40}$$

式中，$\boldsymbol{\sigma}$ 为单位岩石内力，即主应力；$\boldsymbol{f}$ 为单位岩石所受外力。

而线性孔弹性页岩的有效应力与主应力的关系应为

$$\boldsymbol{\sigma}'=\boldsymbol{\sigma}-\alpha p\boldsymbol{I} \tag{4-41}$$

式中，$\boldsymbol{\sigma}'$为有效应力；α 为 Biot 系数；p 为当前孔隙压力；$\boldsymbol{I}$ 为单位向量。

其中，Biot 系数 α 的表达式为（Detournay et al., 1993）

$$\alpha=1-\frac{K_\mathrm{s}}{K_\mathrm{m}} \tag{4-42}$$

式中，K_s为岩石骨架的体积模量，其表达式为 $K_\mathrm{s}=(3\lambda+2G)/3$，$G$ 为表观剪切模量；K_m为岩石基质的体积模量。

3) 应力应变关系

根据胡克定律，主应力 $\boldsymbol{\sigma}$ 的表达式为：

$$\boldsymbol{\sigma}=\frac{E_i}{(1+\nu_i)(1-2\nu_i)}(\nabla\boldsymbol{u})\boldsymbol{I}+\frac{E_i}{1+\nu_i}e(\boldsymbol{u}) \tag{4-43}$$

式中，$\boldsymbol{u}$ 为位移；$\nabla\boldsymbol{u}$ 为正应变；$e(\boldsymbol{u})$为切应变；E_i为杨氏模量；ν_i为泊松比；i 为应力或应变方向。

4) 初始条件

初始状态下地层不受到切应力的作用，同时初始应力状态应仅受正应力：

$$\begin{cases}\boldsymbol{\sigma}|_{=0}=\boldsymbol{\sigma}_0\\ e_{ij}(\boldsymbol{u}=0)=0\end{cases} \tag{4-44}$$

式中，$\boldsymbol{\sigma}_0$为初始主应力；e_{ij}为切向应变；ij为xy、yz、xz。

5）边界条件

对于开采过程中的地质力学模型，应将孔隙压力看作为模型的内边界条件；同时，假设模型外无限大，因而设置外边界条件为位移边界：

$$\boldsymbol{p}|_{\Gamma_t}=\boldsymbol{p}_m+\boldsymbol{p}_f+\boldsymbol{p}_F \tag{4-45}$$

$$\boldsymbol{u}=0|_{\Gamma_u},\quad \boldsymbol{\sigma n}=\boldsymbol{\tau}|_{\Gamma_t} \tag{4-46}$$

式中，Γ_u为几何边界；Γ_t为计算时间边界。

2. 有限元方程

1）伽辽金弱形式

根据虚功原理，对平衡方程式(4-40)在计算域内Ω进行任意向量$\boldsymbol{a}$积分可得

$$-\int_{\Omega}\boldsymbol{a}\cdot(\nabla\cdot\boldsymbol{\sigma})\mathrm{d}\Omega=\int_{\Omega}\boldsymbol{f}\cdot\boldsymbol{a}\mathrm{d}\Omega \tag{4-47}$$

式中，$\boldsymbol{a}$为虚位移。

由于应力矩阵为对称矩阵，结合散度定理对上述进行变换可得

$$\int_{\Omega}\nabla\boldsymbol{a}:\boldsymbol{\sigma}\mathrm{d}\Omega=\int_{\Omega}\boldsymbol{f}\cdot\boldsymbol{a}\mathrm{d}\Omega+\int_{\Gamma_t}\boldsymbol{a}\cdot\boldsymbol{\tau}\mathrm{d}\Gamma \tag{4-48}$$

由于外边界条件为第二类边界条件，即诺伊曼边界条件(Neumann boundary condition)，因此在几何边界上$\boldsymbol{a}$=0。上式可进一步改写为

$$\int_{\Omega}\nabla\boldsymbol{a}:\boldsymbol{\sigma}(\boldsymbol{u})\,\mathrm{d}\Omega=\int_{\Omega}\frac{1}{2}\left[\nabla\boldsymbol{a}+(\nabla\boldsymbol{a})^{\mathrm{T}}\right]:\boldsymbol{\sigma}(\boldsymbol{u})\,\mathrm{d}\Omega=\int_{\Omega}\boldsymbol{\varepsilon}(\boldsymbol{a}):\boldsymbol{\sigma}(\boldsymbol{u})\,\mathrm{d}\Omega \tag{4-49}$$

因此，平衡方程的伽辽金弱形式即为

$$\int_{\Omega}\boldsymbol{\varepsilon}(\boldsymbol{a}):\boldsymbol{\sigma}(\boldsymbol{u})\,\mathrm{d}\Omega=\int_{\Omega}\boldsymbol{f}\cdot\boldsymbol{a}\mathrm{d}\Omega+\int_{\Gamma_t}\boldsymbol{a}\cdot\boldsymbol{\tau}\mathrm{d}\Gamma \tag{4-50}$$

式中，$\boldsymbol{\varepsilon}(\boldsymbol{a})$为虚应变。

2）伽辽金逼近式

为了对上式进行数值逼近求解，需要定义有限区域并求近似解。令T_e为计算域Ω的一个有限元区域，伽辽金弱形式即可改写为在区域内的伽辽金逼近式：

$$\int_{T_e} \varepsilon(\boldsymbol{a}_e):\boldsymbol{\sigma}(\boldsymbol{u}_e)\mathrm{d}T_e = \int_{T_e} \boldsymbol{f}\cdot\boldsymbol{a}_e\mathrm{d}T_e + \int_{\Gamma_t} \boldsymbol{a}_e\cdot\boldsymbol{\tau}_e\mathrm{d}\Gamma \tag{4-51}$$

式中，T_e为单个有限区域维度；$\boldsymbol{u}_e$为试函数计算域U_e内的近似解；$\boldsymbol{a}_e$为有限元空间(检验函数计算域)V_e内的检验函数。

3) 有限元积分

对于有限维度的试函数(节点应变)计算域U_e和检验函数(虚应变)计算域V_e:

$$\boldsymbol{u}_e = \sum \boldsymbol{u}_i + \sum \boldsymbol{u}_d \tag{4-52}$$

式中，$\boldsymbol{u}_e$为计算域内的节点应变；$\boldsymbol{u}_d$为Dirichlet边界(即几何固定边界)。

对于任意单元，位移和虚位移向量应分别表示为

$$\boldsymbol{u}_e = (N_1\boldsymbol{I} \quad \cdots \quad N_i\boldsymbol{I})(\boldsymbol{u}_1 \quad \cdots \quad \boldsymbol{u}_i) = \boldsymbol{N}\boldsymbol{u} \tag{4-53}$$

$$\boldsymbol{a}_e = (N_1\boldsymbol{I} \quad \cdots \quad N_i\boldsymbol{I})(\boldsymbol{a}_1 \quad \cdots \quad \boldsymbol{a}_i) = \boldsymbol{N}\boldsymbol{a} \tag{4-54}$$

式中，i为单元节点数；$\boldsymbol{N}$为单元插值形函数，与单元类型(主要采用一阶四面体和一阶六面体单元)有关；$\boldsymbol{u}$为节点位移；$\boldsymbol{a}$为节点虚位移。

结合位移表达式、应变-位移方程、应力-应变方程，单元应变和应力的有限元表达式为

$$\varepsilon(\boldsymbol{x}) = \boldsymbol{B}(\boldsymbol{x})\boldsymbol{u} \tag{4-55}$$

$$\boldsymbol{\sigma}(\boldsymbol{x}) = \boldsymbol{D}\varepsilon(\boldsymbol{x}) = \boldsymbol{D}\boldsymbol{B}(\boldsymbol{x})\boldsymbol{u} \tag{4-56}$$

式中，$\boldsymbol{\varepsilon}$为单元应变向量；$\boldsymbol{B}$为单元应变矩阵；$\boldsymbol{x}$为单元位移向量；$\boldsymbol{D}$为单元弹性矩阵。

然后代入式(4-41)可得

$$\boldsymbol{\sigma}(\boldsymbol{x}) = \boldsymbol{\sigma} + \boldsymbol{D}\boldsymbol{B}(\boldsymbol{x})\boldsymbol{u} - \alpha p\boldsymbol{I} \tag{4-57}$$

进一步可得到线弹性方程为

$$\boldsymbol{K}\boldsymbol{u} = \boldsymbol{F} \tag{4-58}$$

式中，$\boldsymbol{K}$为单元刚度矩阵；$\boldsymbol{u}$为单元位移矩阵；$\boldsymbol{F}$为单元载荷矩阵。

4.1.3 渗流-应力耦合求解

1) 耦合形式-交叉迭代耦合

针对三维数值模型的渗流-应力耦合计算，Chin等(2002)和Dean等(2006)讨论了不同耦合方法(包括单向耦合、交叉迭代耦合、全耦合)对计算效率(收敛性强弱)和计算结果精度的影响，认为交叉迭代耦合在兼顾计算效率和计算精度方面是目前最适合应用于尺度较大的现场实际模型分析的耦合方法。因此，本方法对渗流场和应力场的耦合采用

交叉迭代耦合的形式。

对于交叉迭代耦合，耦合过程可描述为：在单一时间步中，渗流模型和地质力学模型需要独立计算，然后在两个模型之间进行耦合参数互映射，完成后再进行下一时间步的计算。两个模型之间的耦合参数主要包括：由于地层岩石发生应变而变化的孔隙度、渗透率、饱和度等参数，以及由于开采过程导致的压力变化。如图 4-2 所示，以时间为 t_i 时为例，①首先在有限差分油藏模拟器中基于当前的孔隙度 ϕ_i、渗透率 k_i、饱和度 S_i 等参数进行渗流计算，同时，求解得到孔隙压力的变化情况 p_i 和 Δp_i；②然后将计算得到的孔隙压力 p_i 按照网格差异转换并传递到地质力学模型中；③以变化的孔隙压力 p_i 为边界载荷条件，在有限元地质力学模拟器中完成应力-应变计算，得到当前时间步应力 σ_i 和应变 ε_i 结果；④根据应力 σ_i 和应变 ε_i 结果计算下一时间步的孔隙度 ϕ_{i+1}、渗透率 k_{i+1}、饱和度 S_{i+1} 等孔渗参数；⑤最后将孔/渗/饱的计算结果传递回渗流模型中进行下一时间步 t_{i+1} 的计算(图 4-2)。

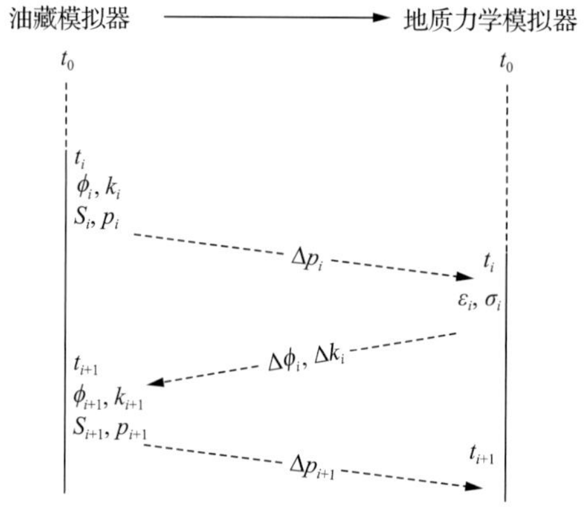

图 4-2 交叉迭代耦合参数传递及计算流程

本方法以渗流模型的初始时间步为初始计算点，通过导入生产动态参数进行渗流多场耦合计算。在渗流模型求解部分，前文建立了水、气相的差分方程，对每一个网格节点，可分别写出相应的差分方程，并将网格进行排序，即可得到对角矩阵方程组。对于渗流模型，采用 IMPES 方法，对压力采用隐式差分求解，对饱和度进行显式差分求解；在求解线性方程组时，选取高效、稳定的数值算法，对于求解的正确性和稳定性非常关键。由于计算模拟划分的网格数量不大，因此，根据数值计算方法，选择相对简单稳定的 L-U 分解法，对上述数学模型差分离散后形成的线性代数方程组进行求解。

对于有限元地质力学模型的求解，由于基于高斯消去法的直接解法在求解大型或超大型模型时需要占用大量的算力和存储空间来处理系数矩阵中的非零元素，计算效率低下，因此，采用隐式积分进行迭代求解。同时，由于模型中不考虑页岩长期开采过程中的非线性变形，因此可以直接利用雅可比迭代法进行求解，每个迭代步只需要计算求解系数矩阵阶数相等的向量乘法，并分别存放在迭代步 k 和 $k+1$ 中即可。

2) 耦合算法

对于交叉迭代耦合，其耦合算法主要有四类(Kim et al., 2011a，2011b)，分别为：排水质量分割法(drained splits)、不排水质量分割法(undrained splits)、固定应力分割法(fixed-stress splits)和固定应变分割法(fixed-strain splits)。Mikeli 等(2013)对上述四类方法进行了对比分析，认为收敛性较好的是不排水质量分割法、固定应力分割法，其中又以固定应力分割法的收敛时间步最为稳定。因此，采用固定应力分割法作为交叉迭代耦合的算法，其计算过程如图 4-3 所示。图中，n_{iter} 表示迭代步，N 表示时间步。在任意时间步下，首先进行渗流模型计算，将得到的孔隙压力传递给地质力学模型进行应力应变求解，并基于应力应变求解结果，判断当前迭代步是否收敛，如果收敛，则直接进行下一时间步的求解；如果不收敛，则增加迭代次数，重新在当前时间步下进行一次耦合迭代循环。

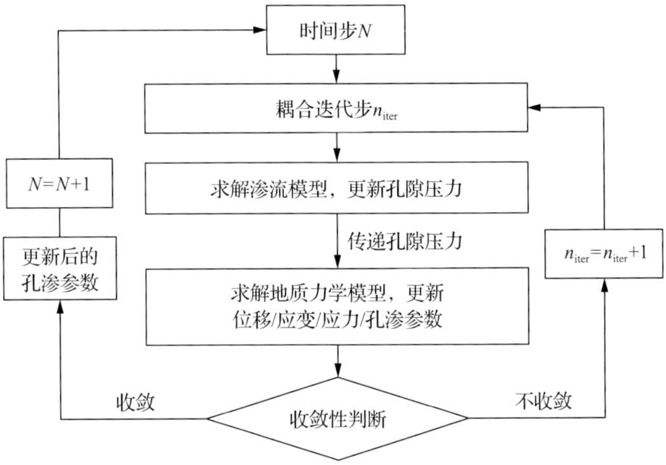

图 4-3　固定应力分割法迭代过程

在固定应力分割法求解渗流-应力耦合时，该算法的基本假设是将当前迭代步和下一迭代步之间的平均应力固定为当前迭代步的应力(Minkoff et al., 2003)，即令

$$\boldsymbol{\sigma}^{(n+1)/2}=\boldsymbol{\sigma}^{n} \tag{4-59}$$

式中，$\boldsymbol{\sigma}^{(n+1)/2}$ 为两个迭代步(n 和 n+1)之间的平均总应力；$\boldsymbol{\sigma}^{n}$ 为当前迭代步的总应力。因此，两个迭代步的平均位移为

$$\nabla \boldsymbol{u}^{(n+1)/2}=\nabla \boldsymbol{u}^{n}+\frac{\alpha}{K_{\mathrm{s}}}\left(p^{(n+1)/2}-p^{n}\right) \tag{4-60}$$

式中，$\boldsymbol{u}^{(n+1)/2}$ 为两个迭代步的平均位移；$\boldsymbol{u}^{n}$ 为当前迭代步的位移；K_{s} 为体积模量；p^{n} 为当前迭代步的孔隙压力；$p^{(n+1)/2}$ 为两个迭代步的平均孔隙压力。

由于渗流模型已经计算得到了下一迭代步的平均孔隙压力 p^{n+1}，因此，$p^{(n+1)/2}$ 为已知项，上式代入有效应力公式中即可求解 $\boldsymbol{u}^{(n+1)/2}$，并根据 $\boldsymbol{u}^{(n+1)/2}=(\boldsymbol{u}^{(n+1)}+\boldsymbol{u}^{n})/2$ 得到试算的 $\boldsymbol{u}^{n+1}$。

然后将下一迭代步的 $\boldsymbol{u}^{\mathrm{n}+1}$ 和 p^{n+1} 代入应力应变关系式和平衡方程中，即可求解下一迭代步的总应力 $\boldsymbol{\sigma}^{n+1}$。

为了保证网格求解域迭代收敛，引入增量步约束因子 d_f，通过孔隙压力与位移的变化量对位移变化进行约束：

$$d_{\mathrm{f}}(i,i-1)=\frac{k}{\mu}\frac{\alpha^2}{\dfrac{1}{M}+\beta}\max_{0\leqslant t\leqslant T}\left(\left|\nabla p\right|\right)+\frac{2EK_{\mathrm{df}}}{(1+\nu)}e\left(\frac{\partial \boldsymbol{u}}{\partial t}\right)+\frac{\partial}{\partial t}(-\alpha p+K_{\mathrm{df}}\nabla \boldsymbol{u}) \tag{4-61}$$

式中，i 为任意迭代步；α 为 Biot 系数；M 为 Biot 模量；$0\leqslant t\leqslant T$ 在有限元计算中表示取单个网格计算域内所有积分点压差的最大值；Biot 模量 M、中间参数 β 和 K_{df} 的表达式分别为(Wang et al., 2018)

$$M=\frac{K_{\mathrm{f}}}{\phi+(\alpha-\phi)(1-\alpha)\left(\dfrac{K_{\mathrm{f}}}{K}\right)} \tag{4-62}$$

$$\beta=\frac{\alpha^2}{K_{\mathrm{df}}} \tag{4-63}$$

$$K_{\mathrm{df}}=\frac{2E\nu}{(1+\nu)(1-2\nu)} \tag{4-64}$$

式中，K 为岩石体积模量；K_{f} 为岩石内部流体体积模量。

Minkoff 等(2003)引入收缩因子 r_{f} 作为收敛判断条件，当 d_{f} 满足下式的时候，即认为当前迭代收敛。

$$d_{\mathrm{f}}(i+1,i)\leqslant r_{\mathrm{f}}d_{\mathrm{f}}(i,i-1) \tag{4-65}$$

式中，收缩因子 r_{f} 为

$$r_{\mathrm{f}}=\frac{\alpha^2 M}{\alpha^2 M+K_{\mathrm{df}}} \tag{4-66}$$

4.2 多场耦合四维动态地应力建模方法

为了更好地将所述方法与现场实际情况相结合，下面将详细阐述如何在三维动态渗流-应力耦合模型基础上，将地质模型、室内实验、现场测试和水力压裂数值模拟结果相结合，建立起真实地层尺度的裂缝性页岩储层三维渗流模型、三维地质力学模型以及渗流-应力耦合下的四维动态地应力演化。

如图 4-4 所示，四维动态地应力建模流程总共包含 3 大步骤，分别是：①地质、室内、现场资料准备：包括建立包含物性及地质力学参数的三维属性地质力学模型，开展包括物性及地质力学参数测试的室内岩心实验及分析，对包括测井、压裂、生产等的现场资料进行系统性分析；②天然/水力裂缝 DFN 建模，主要包括基于岩心、测井、地层

数据进行天然裂缝分析并建立天然裂缝 DFN 模型，基于水力压裂数值模拟结果建立水力裂缝 DFN 模型；③渗流-地质力学建模及耦合，在三维动态渗流-应力耦合模型基础上，将地质模型、前期资料和天然、水力裂缝 DFN 模型，建立起真实地层尺度的裂缝性页岩储层三维渗流模型、三维地质力学模型，并执行渗流-地质力学交叉迭代耦合计算。最后根据计算结果分析包括地应力在内的地质力学参数演变情况，为该区块的后续开发提供基础数据支撑。

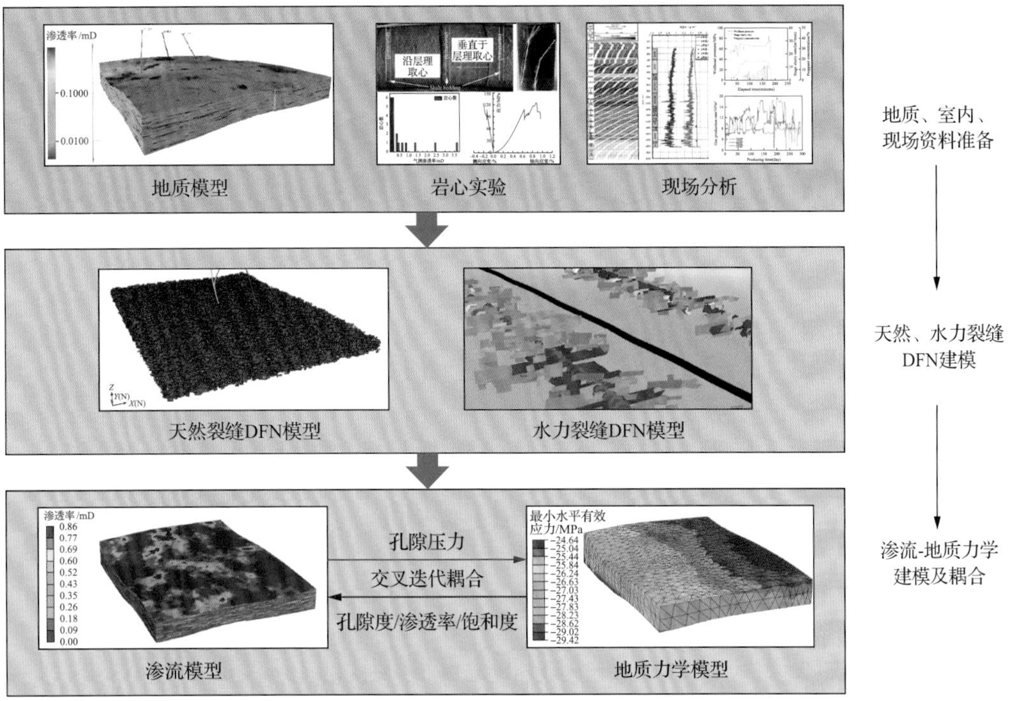

图 4-4　四维动态地应力建模流程

1) 物性及地质力学属性分析

为了准确评价或预测页岩开采过程中渗流-应力耦合条件下的地应力演化情况，首先需要准确认识开采前整个储层物性及地质力学状态，需要尽可能充分地获取包括室内岩心实验和现场资料在内的数据并进行准确分析。所述方法和模型中应至少涉及如下资料获取及分析：

(1) 孔隙度、渗透率和饱和度室内岩心测试结果。渗流模型中的关键控制参数包括孔隙度、渗透率和饱和度，而地震数据和测井数据往往需要通过室内实验测试数据对其进行校正，以便最终获得较为准确的三维孔隙度、渗透率和饱和度数据，同时，页岩储层一般属于层理性地层，具有一定的各向异性，因此在渗透率测试时需要从不同取心角度进行。

(2) 岩石单/三轴力学性能测试结果。地质力学模型中刚度矩阵包括杨氏模量、泊松比等岩石力学参数，因此需要通过单/三轴实验进行测量，并校准单井岩石力学参数剖面。作为油气储层主要岩石类型的沉积岩，主要包括砂岩、碳酸盐岩、致密砂岩、页岩等，在地层压力降低或上升过程中，地层的岩石力学特征稳定，一般表现为弹性变形。但需要注意的是，有的储层岩石力学性质特殊，如存在盐膏层或煤层等容易或可能发生岩石流变行为的岩体；或者是在开发过程中向地层注入了大量额外能量，如化学/超临界态驱替、稠油热采、低温流体注入高温岩体等施工工艺。如果存在上述情况，那么就需要考虑岩石特殊性质或应力条件或温度条件或化学条件变化对地层岩石的影响，通过开展室内测试试验，模拟对应的环境，测量地层岩石力学参数的变化规律。

(3) Kaiser 地应力测试结果。要认识地应力演化就必须首先确定出初始地应力状态，并校准单井地应力剖面，通过岩心 Kaiser 声发射实验，测量得到目标储层某一层位的地应力大小，为单井地应力剖面校正提供依据。如果该储层存在较强的层间差异(如在测井解释结果上表现出明显的层间应力差)，则需要对存在差异的每个层位开展 Kaiser 地应力测试。

(4) 天然裂缝观测数据。对于页岩储层，天然裂缝的存在是水力压裂形成缝网的基本条件之一，因此，需要对天然裂缝进行分析，而准确分析天然裂缝的基础应该至少开展包括 SEM 微观裂缝形态及密度、FMI 成像测井井周裂缝形态分析，以及岩心和区域露头裂缝状态观察与统计分析。

(5) 物性及地质力学单井参数剖面。通过测井资料，选择合理的解释模型，分析得到包括储层孔隙度、渗透率、含水饱和度、岩性等物性参数，和杨氏模量、泊松比、孔隙压力、地应力等地质力学参数。

(6) 小型压裂测试或邻井水力压裂结果。通过压裂测试数据与 Kaiser 地应力测试数据相结合，准确判断出不同井深位置的初始地应力。

(7) 各目标井的测试或生产动态数据。应至少包括井口流量和压力，如有条件，还应该包括井下流量和压力。

2) 地质建模

合理的三维地质模型是建立渗流模型和地质力学模型的基础，因此，必须尽可能充分利用已有数据，建立精度足够高的地质力学模型。所述地质建模步骤与常规三维地质建模步骤类似，即：①利用平面构造图、三维地震数据、单井测量数据等建立起基于真实地层几何构造的地层层面模型；②然后根据单井层间非均质性强弱(层间非均质性越强，则网格数量越多)和模型尺度(为保证计算效率，尺度越大，平面网格尺寸越大)确定出网格尺寸；③根据测井资料建立单井属性模型；④针对页岩沉积特征，结合地震数据约束、井间/层间各属性的分布函数构造、单井 Voronoi 控制区域构造(Isaaks et al., 1990)、自然邻近插值(Sibson, 1981)等手段，并通过试算选取合理的插值算法，建立三维属性模型。需要注意的是，单井和三维属性至少应包括如下物性及地质力学参数：岩石密度、孔隙度、渗透率、饱和度、杨氏模量、泊松比、初始孔隙压力、三向主应力等。

3) 天然裂缝分析与 DFN 建模

对于裂缝性页岩储层，其天然裂缝参数及其分布状态不仅决定了水力压裂是否形成有效缝网，更加决定了页岩气开采过程中的渗流效率。因此，必须要对储层天然裂缝进行分析，通过宏、微观天然裂缝岩心观察识别、井周天然裂缝 FMI 成像测井分析等手段，得到包括天然裂缝密度、倾角、走向、几何参数以及这些参数的空间分布函数。然后基于天然裂缝分析结果，在地质网格模型中生成 DFN 模型。

4) 水力裂缝 DFN 建模

水力裂缝 DFN 建模是指，在地质力学参数和天然裂缝分析结果的基础上，根据储层岩石的断裂特征，结合实际压裂施工参数，模拟裂缝性地层水力压裂裂缝。然后再基于水力压裂裂缝结果，对水力裂缝的密度、倾角、走向、几何参数以及这些参数的空间分布函数进行分析，再在天然裂缝 DFN 模型中，生成包含天然裂缝和水力裂缝的复杂裂缝 DFN 模型。然后，将复杂裂缝 DFN 模型映射到气藏渗流数值模型网格系统中，为页岩气藏渗流提供高渗透带。

5) 气藏渗流建模

本方法中的耦合类型为交叉迭代耦合，即在一次完整的耦合计算中应通过下列方式来实现交叉迭代耦合，采用商业油藏模拟器 Eclipse 建立页岩气藏渗流模型。Eclipse 是一款成熟且全面的油藏模拟器，其专门针对页岩、煤岩等基质-裂缝型储层开放了渗流分析模块，能够考虑基质吸附-解吸、滑脱效应等页岩渗流特征，并且其计算结果文件读取方便，是开展真实地层环境下页岩气藏渗流分析的上佳选择。由于设定在一个时间步内，首先进行渗流模型求解迭代，因此，需要提前建立页岩气藏的渗流模型，方法如下：①首先将储层模型类型设置为基质-裂缝模型，考虑流体的吸附-解吸过程，设置流体性质、生产类型等；②通过地质参数和不确定性分析获取渗流模式；③基于地质网格模型建立三维页岩渗流有限差分网格模型；④将地质参数模型、岩心分析结果、单井测井资料和测试资料导入模型中；⑤导入历史/预测的生产/注入参数。由于交叉迭代耦合需要依赖于地质力学模型和接口程序，因此不能直接进行渗流计算，而需要待完成地质力学建模后，同时开展渗流-地质力学交叉迭代耦合计算。详细建模流程为通用的页岩气藏渗流建模流程，在此不再赘述。值得注意的是，由于复杂裂缝网格的影响，模型需要两类耦合网格系统：普遍基质-裂缝网格系统、复杂裂缝网格系统。同时，在考虑渗透率时，需要同时考虑 x、y、z 三个方向的渗透率。

6) 地质力学建模

页岩气藏开采过程中的地应力演化是基于地质力学模型中应力应变的求解，而为了得到准确的地应力演化结果，需要基于 4.1 节所述有限元地质力学数学模型，结合地质模型、室内岩心和现场资料分析，建立基于真实地层构造及属性分布的有限元地质力学数值模型。本方法的建模采用基于连续介质力学的大型商业有限元模拟器-ABAQUS，并通过编制子程序实现对页岩在应力敏感性、非均质性等方面的特性表征。

7) 渗流-应力耦合分析

在建立起有限差分渗流模型和有限元地质力学模型后，由于两者在不同的模拟器中建立与求解，因此，需要通过接口程序，解决两个模型在数值方法、网格特征等方面的差异，实现 4.1.3 节中的耦合求解。然后再根据耦合求解得到的结果，对包括地应力、孔隙压力等在内的地质力学参数进行开采过程动态分析。

通过上述 7 个步骤，就能完成多场耦合四维动态地应力建模及分析，其中多场包括了水力压裂复杂裂缝扩展过程中渗流-应力-损伤三场，也包括了页岩气开采过程中的渗流-应力场。

在上述步骤中，物性及地质力学属性分析、地质建模、气藏建模均有大量深入针对页岩气藏的研究，不作深入讨论。针对页岩储层的复杂裂缝建模、地质力学建模以及渗流-应力耦合实现方法还需要开展深入研究，这是研究的重点。其中，天然/水力裂缝的 DFN 建模理论与网格映射方法、基于真实地层状态的有限元地质力学模型建立方法、数值模型耦合与接口程序的编制实现方法将在本章中进行详细讨论。

4.3 天然/水力裂缝离散网络

水力压裂形成复杂裂缝网络是页岩气藏渗流达到经济开采的必要条件，渗流模型需考虑宏观裂缝在渗流中的作用，而裂缝在数值模型中一般表征为对渗透率的影响，因此，准确认识复杂裂缝网络的几何形态及分布规律，是准确描述裂缝渗流参数的基础。裂缝性页岩储层中含有大量宏观天然裂缝，压裂施工过程中，水力裂缝沟通天然裂缝，形成复杂裂缝网络。复杂裂缝扩展模拟，以及渗流模型中裂缝参数渗透率的等效处理，都需要首先基于对天然裂缝的正确认识；同时，还需要对水力压裂裂缝扩展结果进行处理，才能合理地将含有天然裂缝和水力裂缝的复杂裂缝网络映射为渗流模型的网格等效渗透率。

4.3.1 天然裂缝识别

1) 露头/岩心观察识别宏/微观天然裂缝

露头/岩心观察是裂缝研究最直接和最为可靠的方法。可以得到以下裂缝参数：裂缝纵向切深、裂缝类型、裂缝两端的终止情况、裂缝面的性质和粗糙程度，以及裂缝分布与深度的关系。在斜/水平取心井的岩心上，可以获得裂缝间距等参数。定向取心井则可以直接得到裂缝走向、倾斜方位角、倾角等。岩心裂缝观察应在区分天然裂缝和人工诱导裂缝后，对岩心裂缝观察统计，其主要内容有：

(1) 裂缝分布与深度的关系：描述裂缝发育位置，以及与深度的关系。

(2) 裂缝的产状：裂缝的产状包括走向、倾向和倾角(本质上是裂缝面与笛卡尔大地坐标系的夹角)。将岩心的裂缝面与 FMI 成像测井结果相结合，确定裂缝面走向，以大地坐标系正北方向为 0°，逆时针方向旋转 360°，裂缝面的水平切线在大地平面上的投影即为走向；测量裂缝与岩心中轴线垂面的夹角和岩心正截面的夹角，视为裂缝的倾角与倾向。

(3) 裂缝的纵向切深：描述裂缝在岩心上的纵向切深，并观察裂缝两端终止情况及穿层现象，即某种岩性中发育的裂缝是层内终止还是穿越岩性界面。

(4) 裂面的形态：主要观察与描述破裂面的粗糙、光滑、平整程度等特征。

(5) 裂缝的密度：包括岩心宏/微观裂缝线密度和面密度，常规的方法是统计单位岩心上的裂缝条数，再分别除以岩心长度和观察面积。

(6) 裂缝的力学性质：描述裂缝面的擦痕、阶步、镜面发育情况。并初步判断裂缝的力学性质(张裂缝、剪裂缝、复合型裂缝)。

(7) 裂面的充填性：描述充填物的成分(矿物、泥质、沥青类等)、形态、厚度充填程度(完全充填、部分充填)、充填方式、充填期次等。

2) 测井资料识别天然裂缝

井壁成像测井(FMI、EMI、STAR-Ⅱ)可提供高分辨率的井壁地层图像，从图像上可直观地识别出裂缝、孔洞等储层特征，目前已广泛应用于碳酸盐岩、火山岩等缝洞性复杂储层的识别与评价中。近年来国内外一些油田在裂缝识别和定量评价(主要是有效裂缝)以及相关应用上做了一些创造性工作，取得的成果已广泛应用于生产。通过对研究区域岩心的详细观察，对研究区域内的裂缝、溶洞的类型和特征进行分析，识别构造缝和溶蚀缝、充填裂缝和张开缝(半充填和未充填缝)。经过深度归位，对比分析成像测井资料和常规测井资料，总结古裂缝成像测井和常规测井响应特征，在此基础上对研究区域的成像测井资料进行处理，整理分析出该区域不同层位、不同类型充填裂缝的纵、横向规律，结合区域地质规律和地层演化历史，对充填裂缝和溶洞的期次进行划分，并总结提出不同期次裂缝的测井响应特征，用以识别宏观天然裂缝。

通过露头/岩心观测与测井资料识别相结合的方式，获取裂缝的各项参数，其中最为重要的是裂缝位置与方位参数及其分布状态、几何形态、缝宽范围及其分布状态。因此，需要通过对上述资料进行总结，利用合理的数学模型得到天然裂缝各个参数在一定范围三维空间内的分布情况。

4.3.2　DFN 建模

不论是天然裂缝还是水力裂缝，均具有对应的位置及方位和几何尺寸参数，如果能够将裂缝在三维空间内的展布情况表征出来，就能为渗流模拟中描述裂缝特征提供基础。而 DFN 建模就是在这基础上提出来的一种数值表征方法(Dershowitz et al., 1996；于青春等, 2007)。DFN 建模的一般方法为：①建立地质构造模型；②统计分析裂缝信息；③建立裂缝参数离散模型；④在地震等井间数据的约束下生产随机裂缝。

原则上，对于三维 DFN 模型，需要在天然裂缝观察识别或水力裂缝数值模拟结果的基础上，进一步对裂缝位置、产状、几何形态与尺寸及分布状态等参数建立合理空间计算模型，将观测或数值计算结果扩展到空间尺度，并在地质几何模型约束的三维空间内生成数条离散裂缝。本研究将天然裂缝的几何形状考虑为空间多边形平面。

1) 裂缝位置分布

裂缝位置一般由裂缝面的几何中心位置来确定，而在三维空间内，该点由空间泊松点确定(Baecher et al., 1977)，在任意三维空间 V 内，泊松点数为 k_P 的概率密度是区域体积和点密度的表达式，其表达式为

$$P\left[N(V)=k_P\right]=\frac{e_V^{-|V|}\left[|V|\right]^{k_P}}{k!} \tag{4-67}$$

式中，P 为区域 V 内的分布概率；$N(V)$ 为区域 V 内的泊松点数；e_V 为区域 V 的体积的平均点密度；$|V|$为区域 V 的体积。

为了对裂缝的分布进行约束，避免裂缝中心点过于集中分布：①将区域划分为多个离散区域，在每个离散域内，同样服从统计得到的裂缝密度。在每个离散域内，使用公式进行计算，得到该离散域内的裂缝中心点。②然后再在该离散域内进一步缩小区域范围，划分出多个下一级离散域，在下一级离散域内用统计裂缝密度对当前域内的裂缝密度进行检查，如果统计密度与计算密度差异较大，则重新执行公式(4-67)，如果统计密度与计算密度在误差范围内，则继续划分出下一级离散域。③重复步骤②，直到划分到统计空间范围，即完成裂缝位置分布。

假设天然裂缝为多边形平面，采用基于增强 Baecher 模型的离散裂缝建模方法，结合储层地质层位模型，得到储层天然裂缝的三维离散模型。

2) 裂缝的产状分布

描述产状分布的方法较多，主要包括：均匀分布(constant distribution)、Fisher 分布(一元/二元/椭圆)、二次正态分布、Bingham 分布等。但各学者针对各种分布方式进行讨论与验证，发现 Fisher 分布能够较好地体现实际裂缝产状分布状态。因此，采用 Fisher 分布对产状分布进行描述。密度函数 f 表示为

$$f(\varphi,\theta)=\frac{k_p\sin\varphi e^{k_p\sin\theta}}{2\pi\left(e^{k_p}-1\right)} \tag{4-68}$$

式中，k_p 为参数分布峰值；φ 为裂缝倾角；θ 为裂缝方位。

3) 几何形态分布

由于天然裂缝尺寸差异较大，其参考统计资料也有所差异，一般来说，小尺度裂缝分布数据来源于井筒岩心观察资料，中等尺度裂缝分布数据来源于露头地层观察资料，而大尺寸裂缝分布则需通过地震数据综合分析得出。

以露头数据为例，为了比较不同尺寸的露头的裂缝数目，必须做规格化处理，即用裂缝数目除以露头面积。实现规格化处理的方法之一就是计算大于或等于给定尺寸的裂缝数目。根据对现有各主要页岩产区的统计数据汇总可知，一般用幂函数分布来描述整个区域裂缝尺寸，幂函数的概率密度函数为

$$f(x)=\frac{(b-1)x_{\min}^{b-1}}{x^b},\quad x\geqslant x_{\min}>0,b>1 \tag{4-69}$$

式中，$x_{\min}$ 指的是考虑范围内的最小裂缝尺寸或裂痕长度，小于此尺寸的裂缝都被忽略。该分布模式的互补累积分布函数为

$$F_c(x) = 1 - \int_{x_{\min}}^{\infty} f(x)\mathrm{d}x = \frac{x_{\min}^{b-1}}{x^{b-1}} \tag{4-70}$$

因此，在双对数坐标中，累积分布函数与裂缝长度之间呈线性关系。

4.3.3　裂缝等效渗透率映射

天然裂缝模型是基于离散非网格模型所建立，而地质网格模型是一种连续网格模型，将天然裂缝模型中天然裂缝属性转化至地质网格模型中，一般采用 Oda 方法。该方法主要用于将三维空间中各方向上的裂缝渗透率及水力传导率张量赋值于各个给定的网格上。该方法是通过将裂缝各向同性渗透率投影到裂缝平面上，然后按裂缝体积(从孔隙度分析)和模拟网格单元的体积之间的比率对其进行缩放。用一个 3×3 矩阵张量，描述了每个裂缝中的各方向渗透率。其中天然裂缝所产生的各向渗透率可按照式(4-71)和式(4-72)计算：

$$F_{ij} = \frac{1}{V_{\text{grid}}} \sum_{k=1}^{N_{\text{grid}}} A_k T_k n_{ik} n_{jk} \tag{4-71}$$

$$k_{ij} = \frac{1}{12}(F_{kk}\delta_{ij} - F_{ij}) \tag{4-72}$$

式中，F_{ij} 为裂缝张量；V_{grid} 为网格体积；N_{grid} 为网格中裂缝数量；A_k 为裂缝 k 的面积；T_k 为裂缝 k 的传导率；n_{ik}、n_{jk} 为裂缝 k 的法向单位分量；k_{ij} 为渗透率张量；δ_{ij} 为 Kroenecker's 参数。

4.4　基于真实储层特性的地质力学建模方法

在岩土工程领域，以 DASSAULT-SIMULIA 的 ABAQUS，Itasca 的 Flac、UDEC/3DEC，ANSYS 的 Ansys 等为代表的商业平台已经提供了大量丰富的计算案例，应用广泛。但是上述三类软件各有优劣势。其中，Itasca 的 Flac、UDEC/3DEC 作为岩土工程领域的专业平台，能够基于连续或离散方法提供各类岩土材料的应力-应变求解，同时也展示出了与 TOUGH 等渗流平台进行耦合的良好算例。但是 Itasca 旗下的各类求解器在前处理部分功能较弱，无法对具有复杂构造特征的大尺度模型进行准确分析；Ansys 可以直接对复杂构造几何模型进行网格划分与建模，并且具有强大的并行计算技术，但在处理孔弹性介质材料方面以及与渗流模拟器的搭接耦合方面有所缺乏；而 ABAQUS 在大尺度孔弹性介质地质力学计算方面同时兼顾了 Flac 等和 Ansys 的优势，不仅自带了全面的岩土类材料模型，也能够直接利用复杂构造几何进行大型建模求解；同时，ABAQUS 提供的基于 Python 的脚本二次开发和基于 Fortran 的计算内核子程序接口也为与 Eclipse 提供耦合搭接渠道、页岩特征属性(非均质性、各向异性、应力敏感性等)的专业描述提供了可能。

因此，本方法优选 ABAQUS 作为地质力学建模求解器。

4.4.1 有限元地质力学建模流程

本研究采用渗流-应力交叉迭代耦合算法，即需要先分别独立建立有限差分渗流模型和有限元地质力学模型，因此，在完成页岩气藏渗流模型建立后，再围绕 ABAQUS 建立地质力学模型。其建立方法如图 4-5 所示，分为如下几个步骤：

(1)几何建模：通过三维绘图软件(如 Pro-E 等)将地质模型或渗流模型中的几何形态进行还原，并导入到 ABAQUS 中建立有限元模型。如果模型中存在大量断层、裂缝等，还可利用地震数据在有限元模型中进行描述。

(2)各向同性地质力学建模：然后利用综合测井曲线、现场数据和室内岩心实验得到校正后的单井地质力学参数(密度、杨氏模量、泊松比、抗压强度、初始孔隙压力、地应力等)剖面，在 ABAQUS 有限元模型中插值形成地质力学参数模型。本研究提供了两种插值方式，其一是利用地质模型，将单井地质力学参数插入到地质模型网格中，形成三维属性模型；其二是编制 ABAQUS 子程序，将单井地质力学参数直接插值到有限元网格中。

(3)模型校正：在各向同性地质力学模型的基础上，还需要根据页岩特殊的岩石力学特性对模型进行校正，主要包括页岩层理导致的岩石力学参数各向异性，以及渗透率的应力敏感性。

本节中详细阐述了建模过程中包括有限元网格划分处理、地质力学参数模型建立和页岩储层特征描述在内的详细方法(图 4-5)。

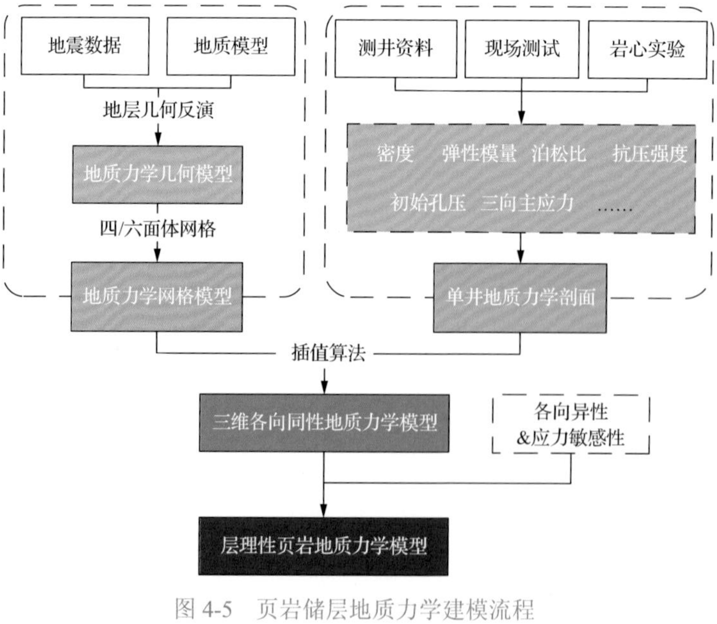

图 4-5　页岩储层地质力学建模流程

4.4.2　地质力学几何与网格模型

为了建立地质力学几何模型，根据适应性的差异提出了两种建模方法，如图 4-6 所示，分别表示的是：①覆盖储层及其上覆和下伏岩层建模的全地层建模方法；②仅考虑储层的建模方法。对于方法①，在几何构建时，模型一般考虑为从地面到下伏岩层任意位置处的标准六面体，在六面体内，可以将模型分为三个部分，从上至下分别是：所有上覆岩层、储层、下伏岩层；对于方法②，仅需要对地质模型中各小层的构造特征进行反演，并建立储层部分几何即可。

两者的差异在于：对于全地层建模法中的载荷，除孔隙压力为人为施加外，储层垂向地应力通过上覆岩层的下压力、储层重力和下伏岩层的支撑力来形成，给定合理的侧向应力系数，再通过地质力学参数剖面校正；而对于储层建模法，其初始载荷仅需要直接施加孔隙压力和三向地应力，并利用地质力学参数剖面校正即可。因此，可以看出，两者的优缺点分别为：全地层建模法可以模拟构造作用产生地应力的过程，结合全井段钻测录资料，比较全面地展示整个区块地层的岩石力学及构造特征，但其缺点也相对明显，因为考虑了更多的地层，对资料的全面性、准确性都有很高的要求，而其中非储层段的资料由于不是研究重点，往往比较缺乏或者准确度较低，一旦地质力学参数认识存在一定偏差，必然会导致计算结果准确度低，甚至是初始应力无法平衡；而储层建模法，虽然仅能考虑储层部分的地质力学特征，但是由于只需要储层部分的基础数据，其建模难度和分析准确性大为提高。不仅如此，由于几何模型仅包含储层段，在保证计算效率的前提下，其网格宽容度更高，而更小的网格可以获得精度更高的计算结果。

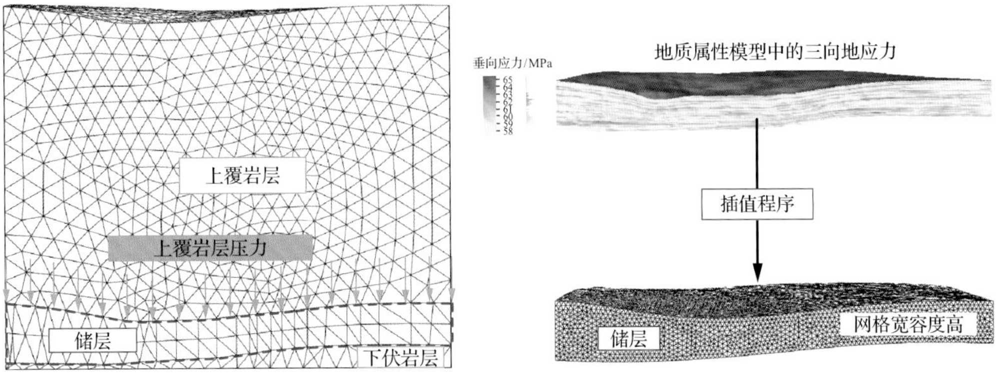

(a) 包含上覆及下伏岩层的几何建模　　(b) 仅储层段的几何建模

图 4-6　全地层建模与储层建模

所建立的有限差分渗流模型采用笛卡尔坐标系，一般采用正六面体网格对储层几何模型进行网格划分，正六面体网格直接导入到 ABAQUS 中建立有限元网格的方法已经被证实可行。然而，有限差分网格中对天然裂缝、断层或岩性尖灭等地质特征的处理往往会导致计算收敛性很差的问题。如图 4-7(a)所示，由于有限差分网格并不要求几何节点必须被两侧网格共享，因此有限差分网格在处理断层时，断层处的单元并不连续且两侧网格之间无联系；而如图 4-7(b)所示，有限差分网格在处理岩性尖灭时采用不断缩小网格的方法以不断接近尖灭的真实几何形态。如果使用上述两种处理方法处理有限元网格，这种不连续会造成计算不收敛的情况。如果使用六面体网格，如果网格数量太少，则无法准确描述非连续面的结构特征，影响计算精度；通过不断增加更小六面体网格的方式虽然可以提高计算精度，但却会使得计算量大大增加。

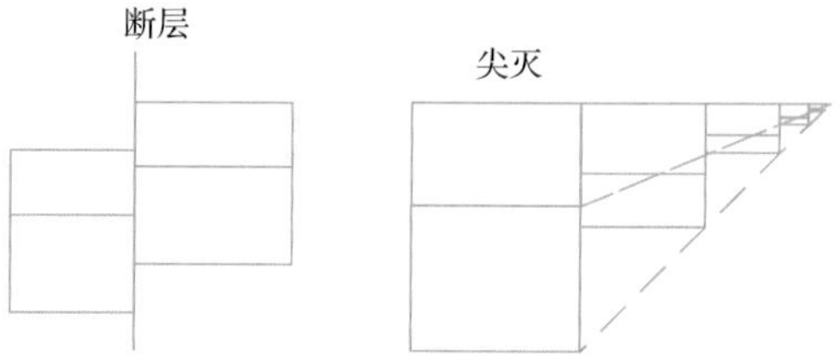

(a) 断层处网格　　(b) 岩性尖灭处网格

图 4-7　有限差分网格对断层和岩性尖灭的处理示意图

相反，如果使用四面体网格则可很好地解决上述问题。通过面-面扫略的方式，在几何建模软件中生成四面体网格。如图 4-8(a)所示，此时断层附近的所有网格均通过节点连接，而图 4-8(b)中显示出了仅用少量的四面体网格即可解决好岩性尖灭处的网格划分难题。此外，结合井眼轨迹离散数据，可以对井筒附近的网格进行局部加密以实现针对性的高效计算，如图 4-9 所示，为满足不同位置处的井壁稳定和套管变形精确分析的需求，需要沿着井眼轨迹进行风格加密。

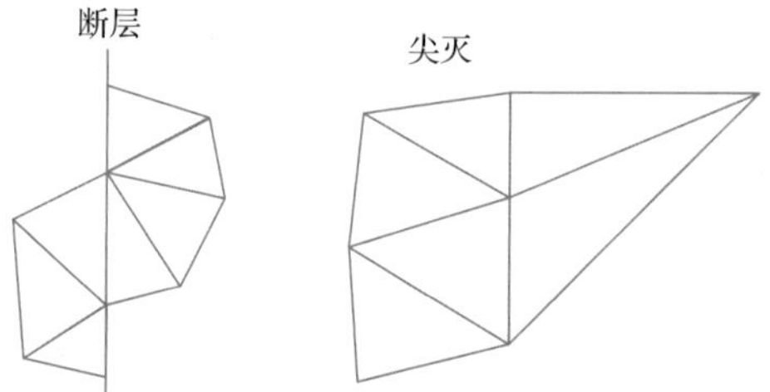

(a) 断层处网格　　(b) 岩性尖灭处网格

图 4-8　有限元网格对断层和岩性尖灭的处理示意图

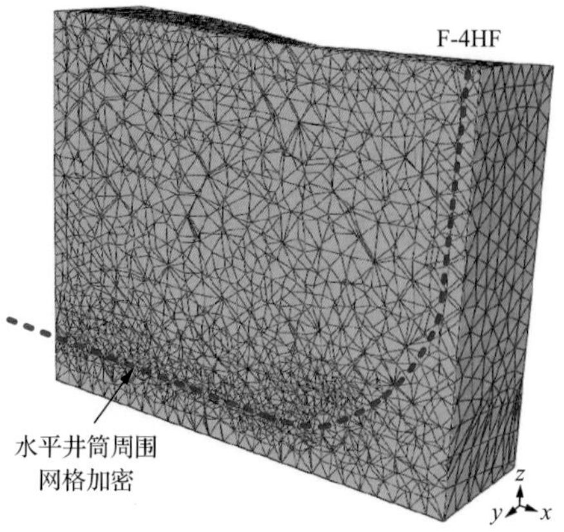

图 4-9　井眼轨迹附近储层网格加密

将地质几何模型导入到 ABAQUS 中，根据储层的构造特征划分网格，如果存在不可忽略的尖灭、断层或大裂缝等不连续面，则网格类型采用四面体网格，如果仅仅有地层构造起伏，但主力储层中小层特征划分明显，则采用六面体网格；对应的单元则基于 4.1 节中建立的有限元地质力学模型编制自定义单元子程序(UEL)。至此，地质力学有限元网格模型建立完成。

4.4.3 地质力学属性模型

地质力学属性建模一般包括如下步骤：

(1) 地质模型中的地质力学属性：将地质模型中的地质力学参数按照一定的算法传递到有限元地质力学模型的网格中，传递方法在后续进行详细介绍；

(2) 基于测井及岩石力学实验结果的校正：由于地质模型中的地质力学参数的准确性一般较差，因此，需要综合利用室内岩心实验、单井测井分析和现场测试资料来对地质模型中的三维地质力学参数进行校正。

在室内岩心实验方面，利用岩心单/三轴实验和纵横波测试，可以获取到储层岩石静、动态力学参数，包括杨氏模量、泊松比、抗压强度、抗拉强度等描述页岩岩石力学性质的基础参数，并拟合成动-静态关系式。上述参数及关系式即可用来对测井解释结果进行校正以获得准确的单井静态岩石力学参数剖面。

不仅如此，通过 Eaton 法等方法对测井资料进行处理，即可得到单井孔隙压力剖面；通过密度积分得到上覆岩层压力(垂向应力)剖面；利用地破试验(DFIT)或扩展漏失试验(XLOT)资料计算得到最小水平主应力剖面；利用破裂压力、应力多边形和井壁破裂分析可以得到最小水平主应力剖面。

然后利用 FORTRAN 编制插值程序(主要由 USDFLD 子程序和 UFIELD 子程序组成)将单井岩石力学及地应力剖面插值到三维地质力学网格模型中。

(3) 边界条件：分为内边界和外边界，内边界为初始孔隙压力，施加到每个单元中；外边界施加为模型的几何边界，仅施加在几何边界的节点上。

(4) 初始地应力测试：通过岩石固结计算对初始地应力平衡进行测试，如果测试计算得到的最大单元变形(最大节点位移)不超过 10^{-6} 数量级，也就是岩石变形最高在 1μm 范围以内，则认为平衡测试应变量可以忽略，也就说明地质力学参数和初始地应力施加合理，达到平衡状态。如图 4-10 所示为达到平衡状态后的地应力分布。至此，三维各向同性基础地质力学模型已经建立。

需要特别注意的是，本方法中无论模型是单井/井组尺度还是整个区块尺度，均对模型的底面和四周进行全约束。如果断层滑移不可忽略，那么需要对断层进行单独的网格划分，并给予准确的断层滑移相关参数。

上述属性建模过程中，包括测井资料分析与地质力学剖面建立方法，在页岩方面已有广泛深入的研究论述，且该部分不作为研究重点，因此不在此对地质力学参数分析方法进行重复性描述。

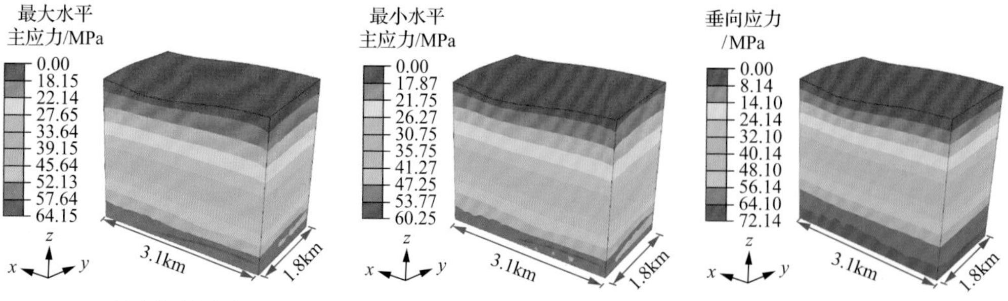

(a) 最大水平主应力 (b) 最小水平主应力 (c) 垂向应力

图 4-10 涪陵页岩气藏 37 平台区域地应力初始化结果

4.4.4 非均质性和各向异性表征

1) 储层的各向异性

将页岩地层仅仅看作是各向同性无法准确地反应页岩的特性。一般情况下，页岩可视作横观各向同性材料。通过在室内开展不同方向上的实验(声发射、单/三轴等，如图 4-11 所示)，获取不同方向的岩石力学参数。以各向异性实验结果为基础，利用各向异性张量矩阵，对页岩的横观各向同性进行描述，再通过场变量赋值到整个地质力学模型中。

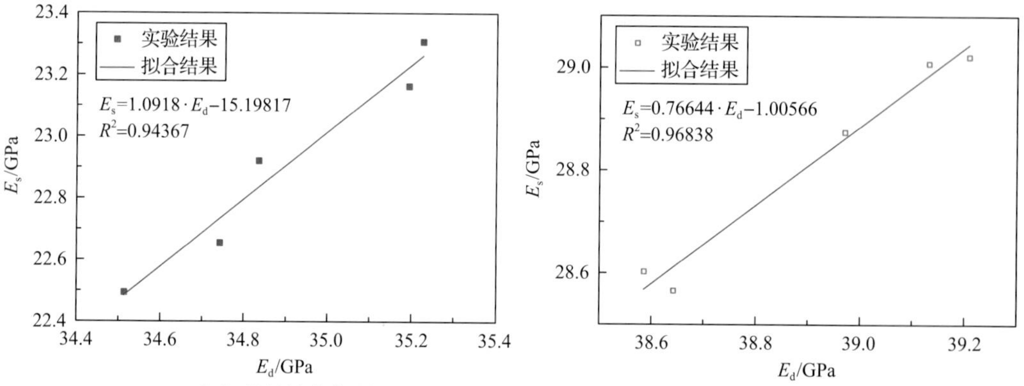

(a) 垂直于层理方向实验结果 (b) 平行于层理方向实验结果

图 4-11 不同方向的岩石力学参数测试实验

2) 孔渗应力敏感性

单向耦合方法中一般无法基于真实的地质力学变化在渗流模型中考虑孔隙度、渗透率的应力敏感性，为了解决这一问题，通过编制 FORTRAN 子程序，在 ABAQUS 地质力学模型中计算孔隙度和渗透率随着有效应力的变化情况，子程序的实现过程如下：

(1) 明确应力敏感性模型关键参数，确定传入子程序的参数，如果渗透率是孔隙或岩石变形的表达式，则传入岩石的应变；如果渗透率是应力和(或)孔隙压力的表达式，则传入应力和(或)孔隙压力；

(2) 写入应力敏感性模型的表达式；

(3) 将渗透率作为变量，传回到主程序中。

4.4.5　渗流-应力耦合与程序实现

1) 耦合实现的关键

有限差分渗流模型一般采用六面体网格，其几何和网格特征参数可以直接使用地质模型的几何和网格，对于一个井组区域模型，其网格数量往往可以达到上百万；而对于有限元地质力学模型，在井组区域尺度下，如果网格数量过多，其内存占用量将超出一般计算机甚至普遍商用工作站的承受范围，网格不能直接套用地质模型网格。同时，常规的六面体网格在处理非整合面处的收敛性和精度往往不能兼顾，这种情况下六面体网格将无法适应。因此，有限元地质力学模型的网格系统将和有限差分渗流模型的网格系统有所差异。而这一差异将直接影响耦合参数的单一计算步内的传递准确性。

为了实现参数在渗流模型和地质力学模型中的参数互传递，本方法需要解决以下三个网格问题：

(1) 渗流模型和地质力学模型中单元的根本差异。如图 4-12(a) 所示，渗流特征参数一般在渗流模型有限差分中心点实现存储和计算，而在 ABAQUS 有限元网格中，地质力学特征参数则存储在节点，并积分点上完成计算。这一差异使得不能直接在渗流模型和

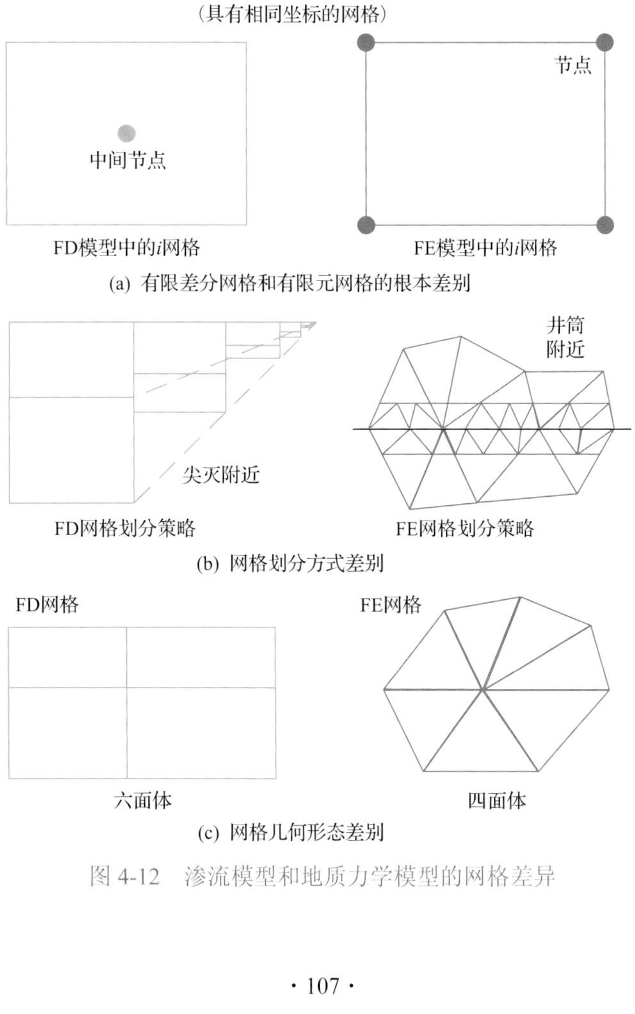

图 4-12　渗流模型和地质力学模型的网格差异

地质力学模型中进行参数传递，即使是采用统一类型网格；

(2)有限差分网格和有限元网格的划分方式差异。如图 4-12(b)所示，两个模型在断层和岩性尖灭处的网格数量和分布不一致，或是井筒附近的网格加密要求不一致；

(3)有限差分渗流模型采用六面体网格，而有限元地质力学模型采用四面体网格，如图 4-12(c)所示。

为了解决上述问题，本方法通过编制 Python 接口程序来实现相关参数在渗流模型有限差分网格和地质力学模型有限元网格之间的准确传递，进而实现交叉迭代耦合，如图 4-13 所示。

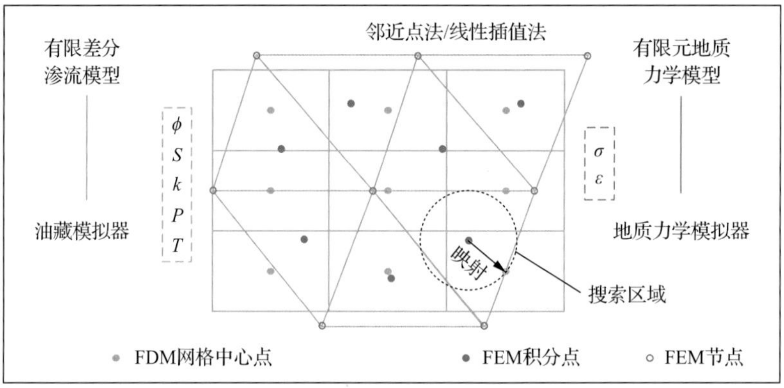

图 4-13　参数在渗流模型有限差分网格和地质力学有限元网格中的互映射过程

(1)首先以当前时间步下尚未计算模型中的点为中心，建立一个自适应球形搜索区域或 *k*-d 树(*k*-dimensional 树的简称)，并搜索已经计算模型中最近的点；

(2)然后根据两个模型之间的网格疏密程度选择临近点法或线性插值法完成参数的映射；

(3)遍历尚未计算模型中所有的点，并完成插值。

由图 4-13 可知，所建立的基于真实储层的地质力学建模方法不仅可以适用于渗流-应力耦合，还可以在渗流模型中考虑动态温度场对流动参数的影响和在地质力学模型中考虑热应力对应力-应变及孔渗敏感性的影响，进而形成渗流-应力-热力三场耦合。

2)搜索算法

在搜索算法上，程序根据网格数量的多少，选择自适应球形搜索算法或 *k*-d 树算法，下面对所选取的两种算法进行简要介绍：

A. 自适应球形搜索算法。

建立一个遍历所有未计算模型节点的循环，每个循环内只处理一个节点。如图 4-14 所示，在对于任一未计算模型的节点，构造一个球形的区域，不断增大该区域的半径，当找到第一个已计算模型的节点时，记录并读取该节点的参数，然后继续扩大半径寻找新的已计算模型的节点，直到满足插值精度要求，即停止该循环，并跳入到下一未计算模型的节点，并重复上述操作。

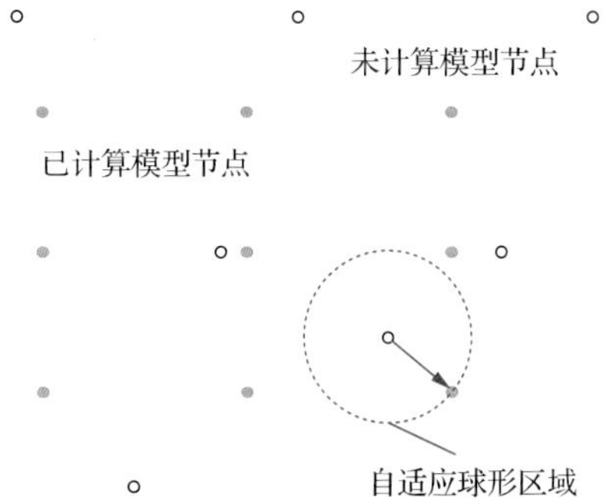

图 4-14　自适应球形搜索算法

B. *k*-d 树

k-d 树是一种对 *k* 维空间中的实例点进行存储以便对其进行快速检索的树形数据结构。主要应用于多维空间关键数据的搜索(如：范围搜索和最近邻搜索)。*k*-d 树是二进制空间分割树的特殊的情况(图 4-15)(李航，2019)。

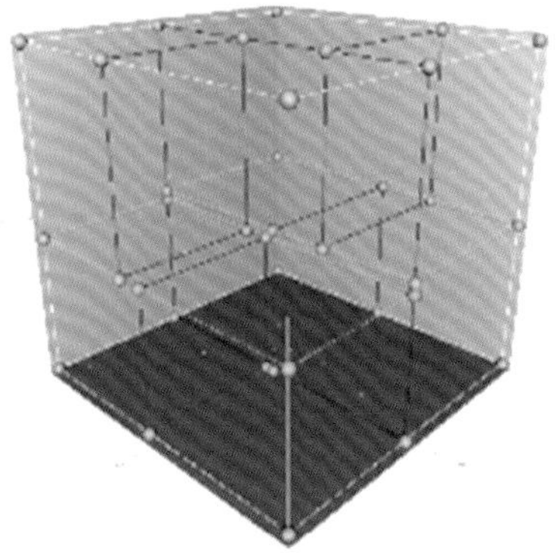

图 4-15　*k*-d 树示意图(de Berg et al., 2008)

有很多种方法可以选择轴垂直分割面(axis-aligned splitting planes)，所以有很多种创建 *k*-d 树的方法。采用最典型的方法：随着树的深度轮流选择轴当作分割面(例如：在三维空间中根节点是 x 轴垂直分割面，其子节点皆为 y 轴垂直分割面，其孙节点皆为 z 轴垂直分割面，其曾孙节点则皆为 x 轴垂直分割面，依此类推)。点由垂直分割面之轴坐标的中位数区分并放入子树。该方法产生一个平衡的 *k*-d 树。每个叶节点的高度都十分接近。

然后，最邻近搜索用来找出在树中与输入点最接近的点。*k*-d 树最邻近搜索的过程如下：①从根节点开始，递归往下移。往左还是往右的决定方法与插入元素的方法一样(如果输入点在分区面的左边则进入左子节点，在右边则进入右子节点)；②一旦移动到叶节点，将该节点当作“目前最佳点”；③解开递归，并对每个经过的节点运行下列步骤，即如果目前所在点比目前最佳点更靠近输入点，则将其变为目前最佳点；④检查另一边子树有没有更近的点，如果有则从该节点往下找，当根节点搜索完毕后完成最邻近搜索。

3) 插值算法

由于模型网格数量较多，且渗流模型和地质力学模型分属两套存在密度差异的网格系统，因此采用邻近点法和线性插值法混用的简单插值算法，其执行过程如图4-16所示。如果已经计算模型的网格密度大于尚未计算模型或者尚未计算模型的节点附近存在一个已经计算模型的节点，那么就采用邻近点法将对应的属性插值到该点上；如果已经计算模型的网格密度小于尚未计算模型或者尚未计算模型的节点附近存在多个已经计算模型的节点，那么就采用线性插值法将对应的属性插值到该点上。

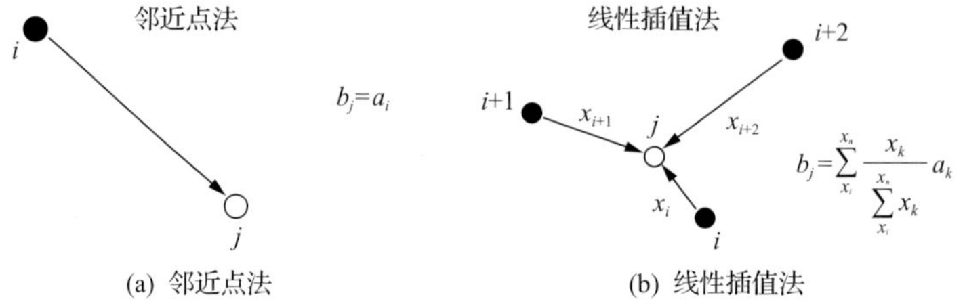

图4-16 简单插值算法

4) 程序实现

这里以Eclipse作为建立气藏渗流模型的油藏模拟器和ABAQUS作为地质力学模拟器为例，介绍程序执行耦合实现的过程。程序依托Python程序语言自动执行，其实现的重要条件为：①Eclipse建模文件可以以关键字文件形式，可以直接访问修改。同时其计算结果可以分别输出为网格文件和计算结果文件，两个文件均包含节点信息，同样可以直接访问；②ABAQUS的程序脚本由Python编写，因此其提供了访问其脚本文件的接口，可以通过在受到ABAQUS规则约束的Python库和语法下访问其建模文件和计算结果文件，并读取数据。同时，ABAQUS建模过程会产生关键字文件，文件中包含了计算所需要的全部信息，也便于利用Python进行访问和修改。

计算之前需要提前划分时间步长，根据研究对象的生产时间，一般划分为日/周/月，如果划分时间步长过长(如，季度或年)，则耦合计算结果将由于渗流参数更新速率较慢而降低准确性；如果划分时间步长过短(如，小时)，则会大大降低运算效应，从而丧失了实用性。此外，由于储层地质力学参数为非均质参数，且生产过程中各个单元的压力变化幅度不相等，因此在关键字文件中对孔隙压力文件需要以调用外部文本文件的形式进行修改。

如图4-17所示，以任意时间步 t_i 为例，对程序的实现过程进行描述：

(1) 模型首先在油藏模拟器Eclipse中执行气藏渗流拟合计算；

(2) 在计算完成后，分别导出表示差分网格的文件和表示孔隙压力拟合结果文件，并利用节点信息，将两个文件合并，处理为包含渗流模型节点编号-坐标-孔隙压力的新文件；

(3) 执行参数的映射与插值，写入到当前时间步对应含有地质力学模型节点-坐标-孔隙压力的文件中；

(4) 提交ABAQUS执行多孔介质应力-应变计算；

(5) 在计算完成后，读取计算结果文件中更新后的渗流参数，并形成含有地质力学模型节点-坐标-渗流参数的文件；

(6) 执行参数的映射与插值，写入到当前时间步对应含有渗流模型节点-坐标-渗流参数的文件中，并写入到模型关键字文件中；

(7) 最后提交 Eclipse，开始下一时间步的计算，直到完成所有时间步。

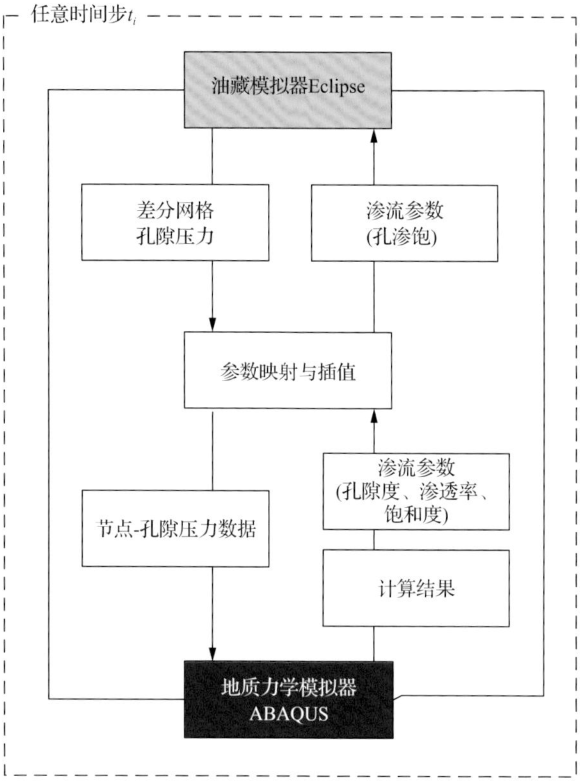

图 4-17　耦合实现流程图

4.5 小　结

(1) 基于页岩气藏的物性及地质力学特性，分别建立了页岩气藏渗流数值理论模型和地质力学数值理论模型，并根据数值模型的特征，发展了渗流-应力交叉迭代耦合方法。

(2) 围绕页岩气藏开采过程中的渗流-应力耦合过程，从地质-工程一体化的角度出发，提出了从地质模型-复杂裂缝模型-渗流模型-地质力学模型-耦合求解全过程的四维动态地应力综合分析方法，并给出了详细的建模流程。

(3) 针对综合分析方法中与动态地质力学参数密切相关的天然裂缝及压裂施工得到的复杂水力裂缝，提出了复杂裂缝离散网络建模方法及对其在渗流模型网格中等效化处理。

(4) 建立了基于真实储层特性的地质力学数值模型，形成了一套从地质模型、几何反演、网格处理、属性插值、特征参数表征和渗流-应力耦合的详细全流程实现方法。

第 5 章

长期开采过程中页岩气储层四维地应力演化机理

本章分别针对四川盆地涪陵页岩气田 S1-3H 加密井平台与 FL2 平台、山西沁水盆地寿阳煤层气 A2 区块、陕西鄂尔多斯盆地致密油元 284 区块，综合考虑储层天然裂缝与地质力学参数的非均质性和各向异性，建立了气藏模拟-地质力学交叉耦合的储层四维地应力预测模型，揭示了长期开采过程中储层四维地应力、渗透率的动态演化规律和井间动态干扰机理。

5.1 涪陵页岩气 S1-3H 加密井平台四维地应力演化规律

页岩气开采过程中老井周围储层孔隙压力和地应力的非均匀变化，会诱导新压裂井水力裂缝向老井改造区域扩展，影响水力裂缝的最终形态。本节针对涪陵页岩气田 S1-3H 平台，综合考虑储层天然裂缝与地质力学参数的非均质性和各向异性，建立了气藏模拟-地质力学交叉耦合的页岩储层四维地应力预测模型，揭示了页岩气开采过程中储层四维地应力的动态演化规律，为新井压裂设计提供了准确地应力参数。

5.1.1 S1-3H 加密井储层概况及地质模型

涪陵区块页岩气田位于重庆涪陵，属川东高陡褶皱带万县复向斜焦石坝构造带，其主要目的产层五峰组—龙马溪组页岩具有富有机质页岩厚度大、有机质丰度高、有机质热演化程度高、脆性矿物含量高、地层压力系数高、单井产量高、裂缝发育等特点。因此，选择涪陵页岩气田作为研究对象，不仅能够较好地探究页岩气藏在压裂后生成过程中的地应力演化机理，同时也有利于将本书研究成果与现场生产实践更好地结合。图 5-1 所示为涪陵页岩气焦石坝 S1 和 S10 两个平台所在区域，覆盖了包括 S1H、S1-2H、S10-1H、S10-2H 在内的 4 口水平井，并实施了大规模分段水力压裂，其中 S1-2H、S10-1H、S10-2H 的井眼轨迹沿着最小水平主应力方向(南-北向)。该区域目前已投产 1623 天(约 54 个月)，根据中期开发方案，将在该区内布置 1 口加密新井，以提高该区域的储量动用程度。

5.1.1.1 储层概况

1. 五峰组—龙马溪组页岩段层组划分

下志留统龙马溪组下部－上奥陶统五峰组是焦石坝地区海相页岩气主要目的层系，

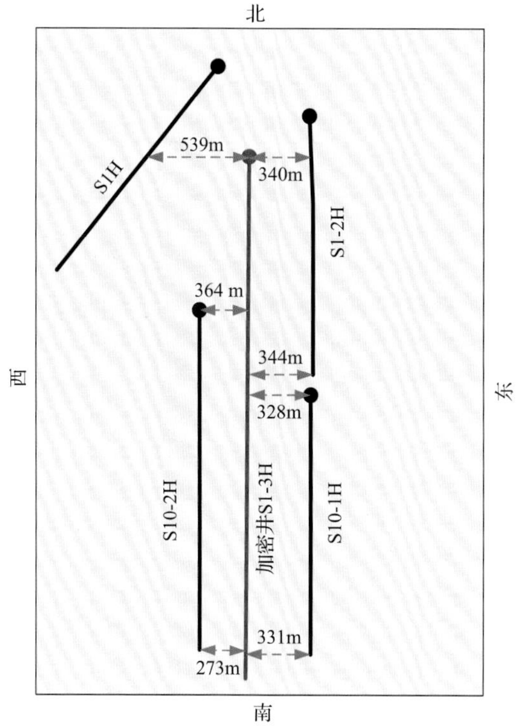

图 5-1　目标区域各井分布情况

综合岩性、电性、物性、地化、含气性等特征将五峰组—龙马溪组含气页岩段纵向上划分出 3 段、5 个亚段、9 个小层，地层分段对比性强，横向展布较稳定。对应该区域探井(直井)S41-5T 下志留统龙马溪组下部—上奥陶统五峰组 2626.5～2415.5m 含气泥页岩层段为本区主要目的层段，将其细分为 9 个岩性、电性小层，其中下部的 38m 优质气层段可划分为 5 小层(图 5-2)，岩性以黑色、灰黑色含碳质、硅质页岩夹粉砂质页岩为主，5 小层具体特征对比情况如表 5-1 所示。

总体上看，从探井(直井)S41-5T 井划分九小层统计结果分析，自上至下，测井显示伽马、声波整体上呈递增趋势，密度整体上呈递减趋势；其中第①、③、④、⑤小层表现为高伽马、低密度，为页岩气水平井穿行的有利层段。

2. 五峰组—龙马溪组页岩气储层物性参数

1) 储层孔隙度

从探井(直井)S41-5T 井实测孔隙度统计结果分析(表 5-2)，储集性能整体体现出两高夹一低的三分性特征，即上、下层段高，中间层段低的特点。89m 页岩气储层段孔隙度主要介于 3%～6%区间范围内，最小值 1.17%，最大值为 7.98%，平均值为 4.61%。第 3 段(2326.5～2353.5m，厚 27m)中高孔隙度段，第 2 段(2353.5～2377.5m，厚 24m)中低孔隙度段，第 1 段(2377.5～2415.5m，厚 38m)中高孔隙度段。进一步从小层统计结果来看，除第②小层无实测数据外，第⑦小层孔隙度低于 4%外，其余小层均高于 4%。

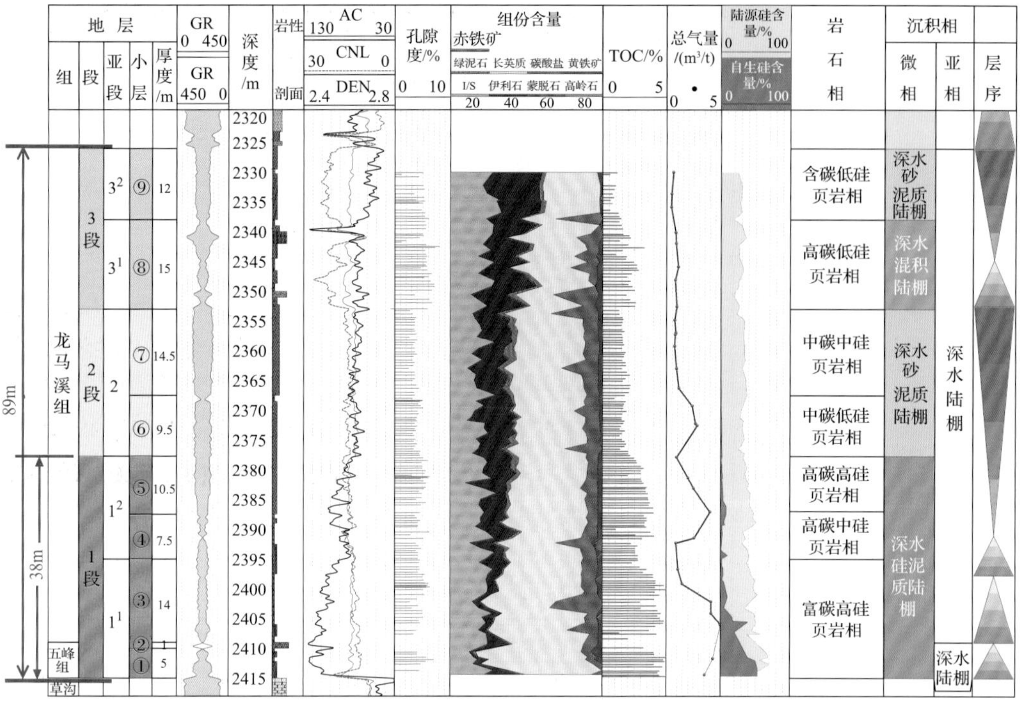

图 5-2 探井(直井)S41-5T 井下志留统龙马溪组下部—上奥陶统五峰组综合柱状图

表 5-1 探井(直井)S41-5T 井五峰组—龙马溪组 38m 储层各小层岩性及测井显示特征对比

井段	岩性	测井显示
第①层(五峰组) 2410.5～2415.5m/5.0m	黑色硅质、碳质页岩为主，夹有薄层砂质页岩	高伽马、低电阻
第②层 2409.5～2410.5m/1.0m	灰黑色凝灰岩，岩性较为单一	高伽马、低电阻，低密度
第③层(龙马溪组) 2395.5～2409.5/14.0m	深灰色-灰黑色碳质页岩，夹薄层的砂质页岩	高伽马、相对低电阻、低密度
第④层(龙马溪组) 2387.5～2395.5m/8m	灰色-深灰色碳质泥页岩与粉砂质泥岩互层	高伽马、高密度
第⑤层(龙马溪组) 2377.5～2387.5m/10m	灰黑色含碳质粉砂质泥岩	自然伽马相对低值， 电阻率为相对高值

表 5-2 探井(直井)S41-5T 井五峰组—龙马溪组实测孔隙度地质分段统计表

段	亚段	小层	顶深/m	底深/m	厚度/m	实测孔隙度/%	
3	32	⑨	2326.5	2338.5	12.0	4.67	5.3
	31	⑧	2338.5	2353.5	15.0	5.61	
2	2	⑦	2353.5	2368	14.5	3.5	3.77
		⑥	2368	2377.5	9.5	4.05	

续表

段	亚段	小层	顶深/m	底深/m	厚度/m	实测孔隙度/%	
1	12	⑤	2377.5	2387.5	10	5.08	4.81
		④	2387.5	2395.5	8	4.37	
	11	③	2395.5	2409.5	14.0	4.83	
		②	2409.5	2410.5	1.0	—	
		①	2410.5	2415.5	5.0	5.10	

按照中石化初步推行页岩气储层评价标准：Ⅰ类储层-孔隙度≥6%、Ⅱ类储层-孔隙度 4%～6%、Ⅲ类储层-孔隙度＜4%。可划分出两类储层，①～⑥小层均为Ⅱ类储层，⑦小层为Ⅲ类储层，⑧～⑨小层为Ⅱ类储层。

包括储层物性参数、地层分层、天然裂缝展布、井眼轨迹及方位、压裂设计、压裂施工遇到的问题。

2) 储层渗透率

从探井(直井)S41-5T 井五峰组—龙马溪组页岩气储层稳态法测定水平渗透率统计结果来看，全段水平渗透率主要介于 0.001～355mD，平均值为 21.939mD。其中基质渗透率普遍低于 1mD，主要介于 0.0015～5.71mD，平均值为 0.25mD，而层理发育的样品稳态法测定渗透率显著增高，普遍高于 1mD，最高可达 355.2mD，显示了页理对地层水平渗流能力显著的贡献作用。从纵向上来看，水平渗透率具备 3 段式分段特征，1 段和 3 段水平渗透率略高于第 2 段水平渗透率。从全直径分析垂直渗透率数据来看，垂直渗透率远远低于水平渗透率，垂直渗透率普遍低于 0.001mD，平均值为 0.0032mD，对应相同深度的水平渗透率普遍高于 0.01mD，平均值为 1.33mD(图 5-3)。

依据探井(直井)S41-5T 井五峰组—龙马溪组 89m 页岩气储层段渗透率发育特征，将大于 0.01mD 作为Ⅰ类储层，将基质水平渗透率小于 0.01mD 作为Ⅱ类储层，划分 1 段(①～⑤小层)和 3 段(⑧～⑨小层)为Ⅰ类储层，2 段(⑥～⑦小层)为Ⅱ类储层。

3. 五峰组—龙马溪组页岩气储层地质力学参数

1) 弹性参数

根据目标区块所在区域的测量数据显示：弹性模量变化范围为 15～27GPa，其中 8、9 号层弹性模量相对较低，平均为 16.7GPa，4、7 号层弹性模量较大，平均为 24.3GPa。泊松比变化范围在 0.20～0.35，但各层规律不明显。

2) 地应力参数

中国科学院武汉岩土力学研究所针对探井(直井)S41-5T 井涧草沟组、五峰组—龙马溪组 11 个层位的页岩，采用美国产 MTS815 Flex Test GT 程控伺服岩石力学试验系统和美国物理声学公司产 PAC PCI-2 12 通道声发射测试仪，开展了页岩声发射地应力测试。在其实验结果的基础上，进行统计分析，测试结果见表 5-3 所示，水平地应力差异为 3～

6MPa，差异较小，体积压裂有助于复杂裂缝的形成。

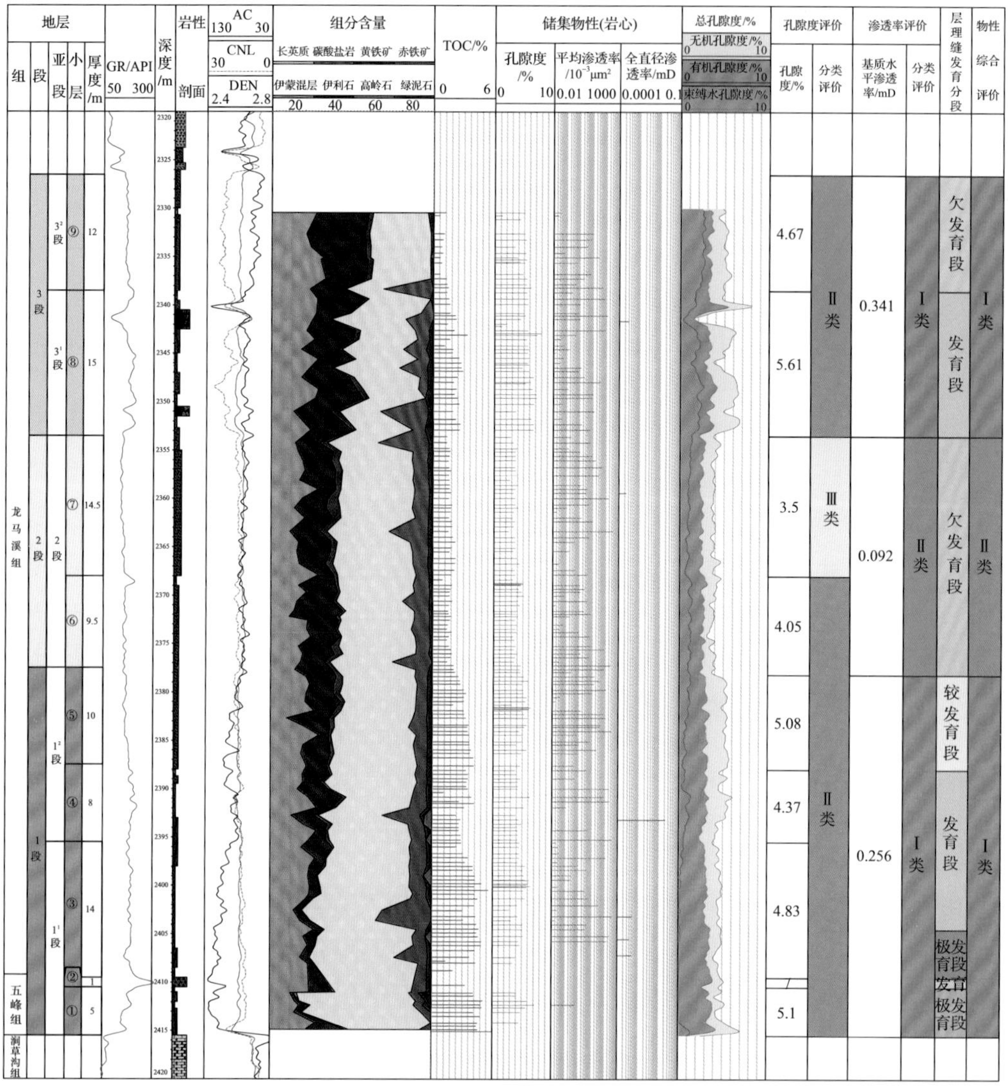

图 5-3 探井(直井)S41-5T 井五峰组—龙马溪组物性综合柱状图

表 5-3 探井(直井)S41-5T 井声发射 Kaiser 水平地应力测试数据(第一批，10MPa 围压)

编号	划线号	最大水平主应力/MPa	最小水平主应力/MPa
1	18#	50.34	47.62
4	244#	48.11	42.23
7	375#	49.07	46.99

中国石油大学(北京)岩石力学实验室针对探井(直井)S41-5T 井五峰组—龙马溪组 8 组岩心采用 MTS286 岩石测试系统和 SAMOSTM 声发射检测系统，进行了声发射地应力测试实验。实验测量结果如表 5-4 所示，本次实验围压为 20MPa，测量数据包括最大水

平主应力、最小水平主应力及垂向应力。从测试结果来看，最大水平主应力为 52.2～55.5MPa，最小水平主应力为 48.6～49.9MPa，垂向主应力为 50.2～54.6MPa，两向水平主应差为 2.6～5.6MPa。各岩样间应力大小差异不大，同时，岩样各应力之间差异也不大，但整体应力大小关系满足：$\sigma_H > \sigma_V > \sigma_h$，即，最大水平主应力为最大，其次为垂向应力(与最大水平主应力接近)，最小水平主应力最小，属于走滑断层向正断层过渡机制。

表 5-4　探井(直井)S41-5T 井声发射凯塞尔水平地应力测试数据(第二批，20MPa 围压)

岩心号	围压/MPa	最大水平地应力/MPa	最小水平地应力/MPa	垂向应力/MPa
1	20	53.4	48.7	50.2
2	20	54.3	48.7	53.7
6	20	52.2	49.2	49.2
7	20	54.0	49.3	51.7
10	20	55.2	48.7	50.2
11	20	53.4	49.9	50.2
12	20	55.5	48.6	53.7
18	20	55.5	48.6	54.6

两次测试结果虽有差异，最大水平主应力相差 4～5MPa，最小水平主应力相差 2～6MPa，但差异不大，均可作为地区应力模型参考数值。

如图 5-4 所示，探井(直井)S41-5T 井 FMI 成像测井结果及双井径测井结果显示，该井现今最小水平主应力的方向为南-北向；部分层段在图像上可以看到清晰的井壁崩落特征，井壁崩落方位为南-北向。本井钻井诱导缝在一些层段发育，钻井诱导缝走向为东-西向。综合以上信息判断本井井周现今最大水平主应力的方向为东-西向。

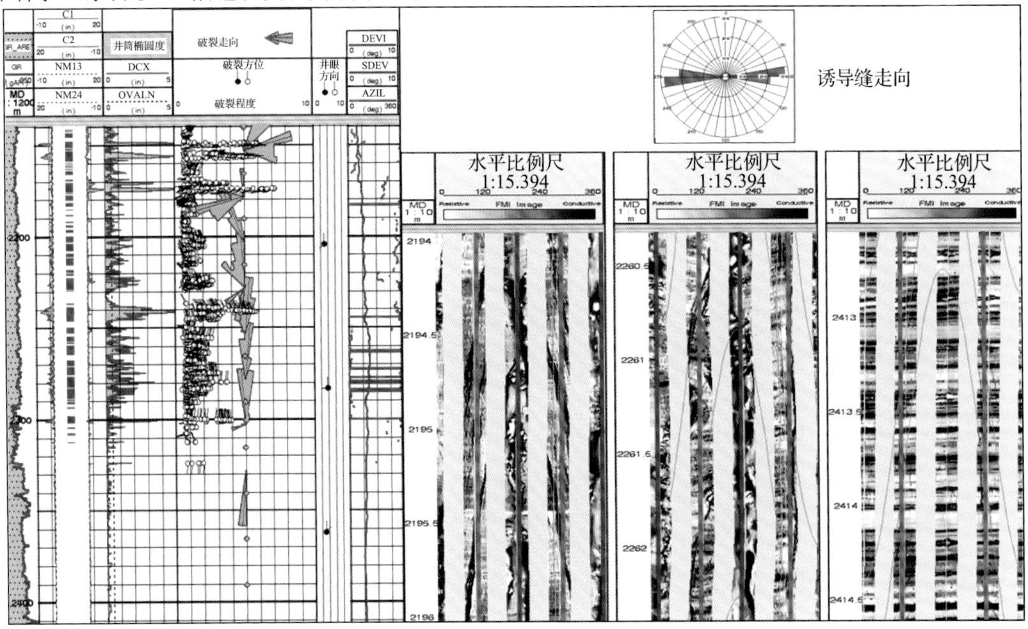

图 5-4　探井(直井)S41-5T 井地应力分析图

5.1.1.2 综合地质模型

1) 页岩地质力学参数的纵向剖面

根据研究区域 S1H、S1-2H、S10-1H、S10-2H 井三向地应力剖面，该剖面为动态地应力测试结果，与静态实验数据相比存在以下问题：①动态地应力剖面中三向地应力大小关系为 $\sigma_V>\sigma_H>\sigma_h$，属于正断层机制，如图所示，与实验结果不符；②动态地应力剖面中部分井层数据变化奇异，呈现出地应力反转现象，即，下部岩层地应力明显小于上部岩层应力，由于研究区域构造运动相对平缓，强烈地应力变化概率不高，且实验室测试结果也未出现该情况。因此，经过对各井、各层动态地应力数据逐个检查，并与实验数据拟合对比，修正研究区域岩石力学参数剖面，修正后垂向应力约为 54～60MPa，最大水平主应力约为 54～57MPa，最小水平主应力约为 48～52MPa，动态地应力剖面及修正后地应力剖面结果如图 5-5 所示。

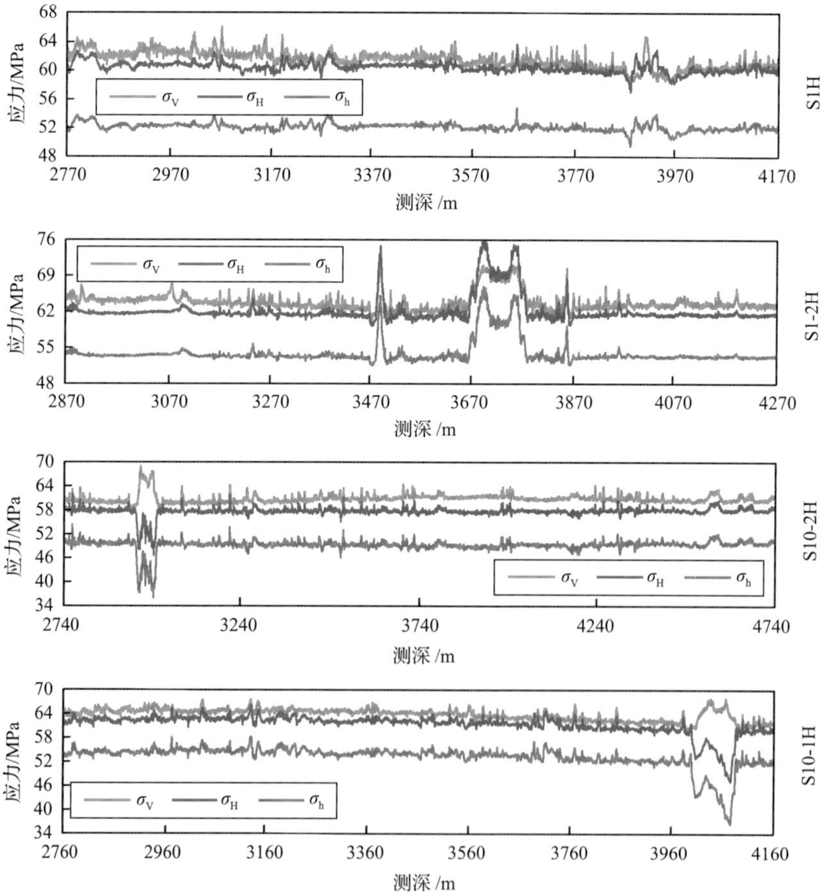

图 5-5 研究区域 S1H、S1-2H、S10-1H、S10-2H 井三向地应力及修正结果剖面

2) 涪陵区块 S1-3H 平台储层地质模型建立

整理涪陵页岩气 S1-3H 研究区域涉及的 JY2、S1H、S1-2H、S10-1H、S10-2H 及探

井(直井)S41-5T 井位、井眼轨迹、层位等井层数据(图 5-6)，绘制并修正涧草沟组—五峰组—龙马溪组共计 10 层的地层层面数据(图 5-7、图 5-8)，划分研究区域范围。

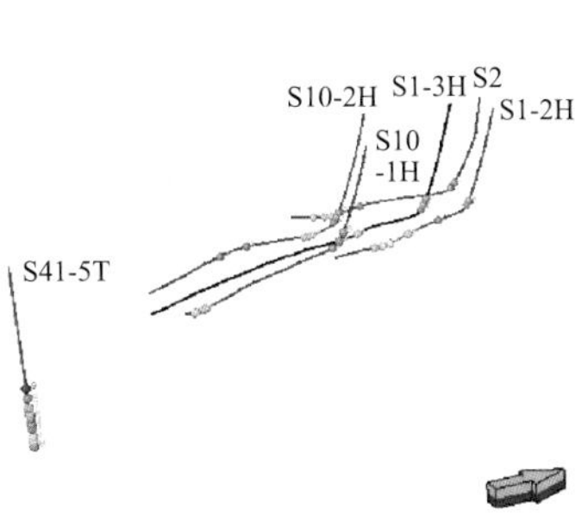

图 5-6　井层数据整理

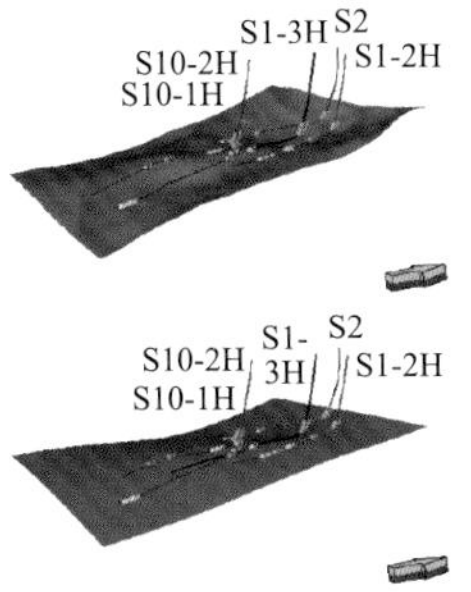

图 5-7　层面数据修正

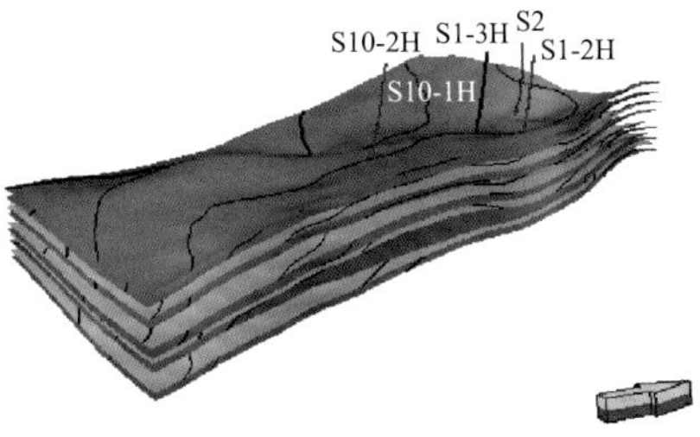

图 5-8　各层层面模型绘制

根据水力压裂裂缝扩展模拟及数值模拟精度要求及运行条件，选定网格平面尺寸为 15m×15m，如图 5-9 所示。垂向上，根据参考井临近井小层数据(表 5-5)，选定地质网格高度约为 5m，并以此对各小层进行切分，如图 5-10 所示。由于研究区域内无断层分布，依次不考虑断层对地质模型影响，最后完成地质网格模型建立，如图 5-11 所示。

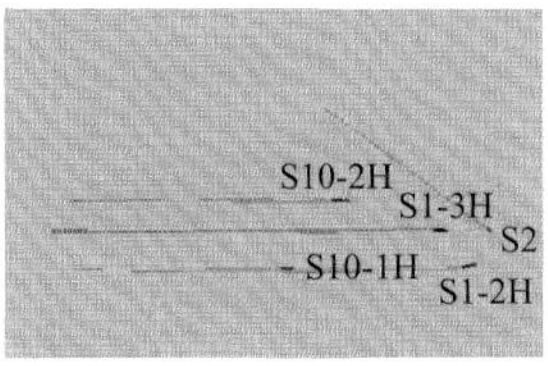

图 5-9　平面网格划分

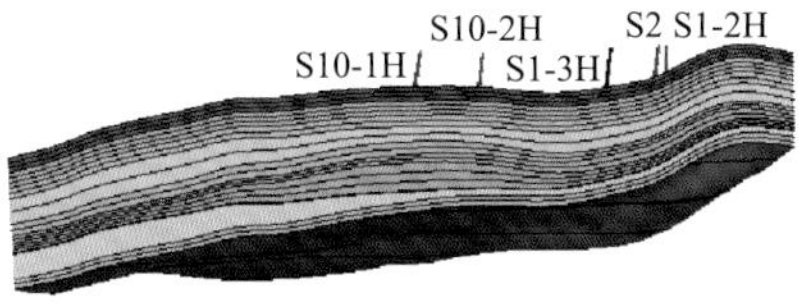

图 5-10　垂向层位划分

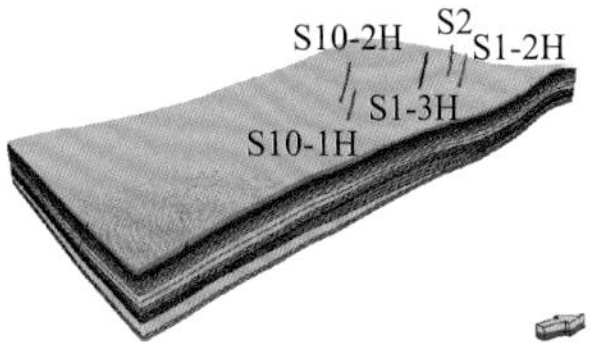

图 5-11　地质网格模型建立

表 5-5　研究区域参考井小层数据

层位	小层号	顶深/m	底深/m	层厚/m	设定小层数
L	9	2520.0	2538.5	8.5	3
	8	2538.5	2557.0	8.5	3
	7	2557.0	2569.0	2.0	2
	6	2569.0	2578.0	9.0	2
	5	2578.0	2589.0	11.0	2
	4	2589.0	2598.0	9.0	2
	3	2598.0	2614.5	6.5	3
W	2	2614.5	2615.5	1.0	1
	1	2615.5	2621.5	6.0	1
J		2621.5	2633.0	1.5	2

地质网格模型建立后，对研究区域参考井物性参数数据及岩石力学参数数据粗化处理，将其赋值到井轨迹所在网格上。采用插值算法将单井网格上参数插值到目标区域地质网格上，但不同的属性可能需要不同的插值方法。此处，我们优选两种插值方法，高斯随机函数模拟(Gaussian random function simulation)及克里金空间插值法(Kriging spatial interposition)，两种方法插值效果如图 5-12 和图 5-13 所示。前者属于随机性方法，其特

点在于：①该方法是基于基值的随机插值方法；②该方法可结合次要参数至综合计算；③该方法主要因岩性等引起的属性变化。后者属于确定性方法，其特点在于：①该方法是基于基值的趋势插值方法；②该方法可结合次要参数值综合计算；③该方法主要描述大规模稳定平滑的变化。由于储层物性参数随着储层岩性变化而变化，小范围内可能会发生储层物性较大的变化。而地应力参数在地质构造运动较为平缓的地区一般不会发生较大的变化。因此，高斯随机函数模拟方法适合于储层物性参数的插值计算，克里金插值方法适合于地应力插值计算。

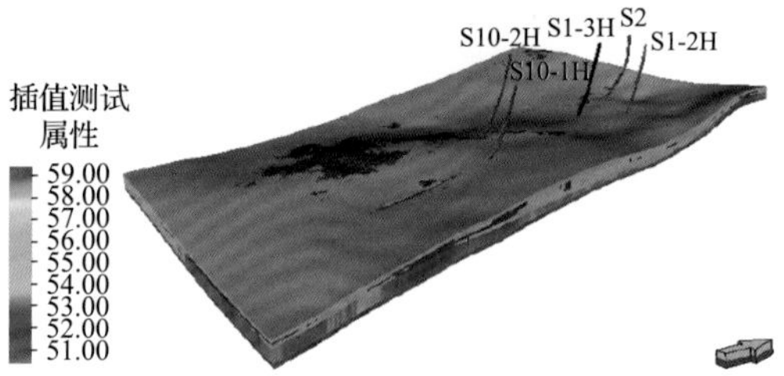

图 5-12　高斯随机函数模拟插值效果图

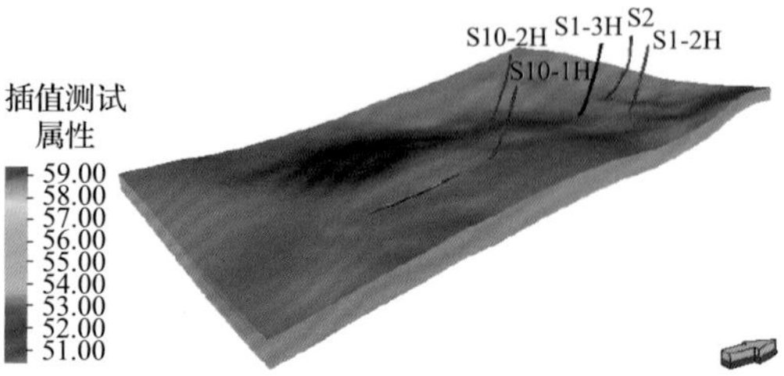

图 5-13　克里金空间插值法插值效果图

运用上述插值方法对储层物性参数及岩石力学参数进行插值计算，完成研究区域地质网格属性模型建立。所得地质属性模型如图 5-14 所示。

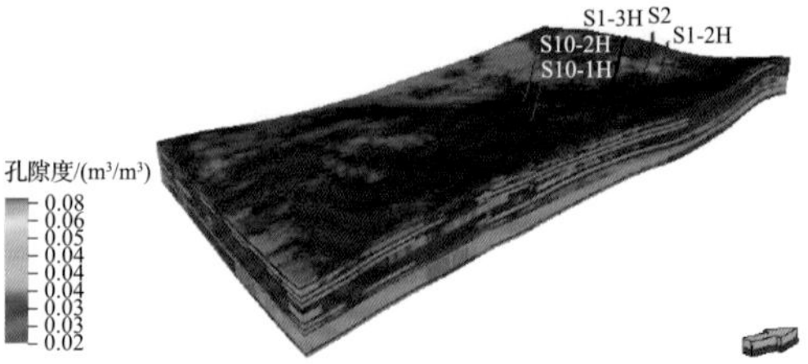

(a) 孔隙度

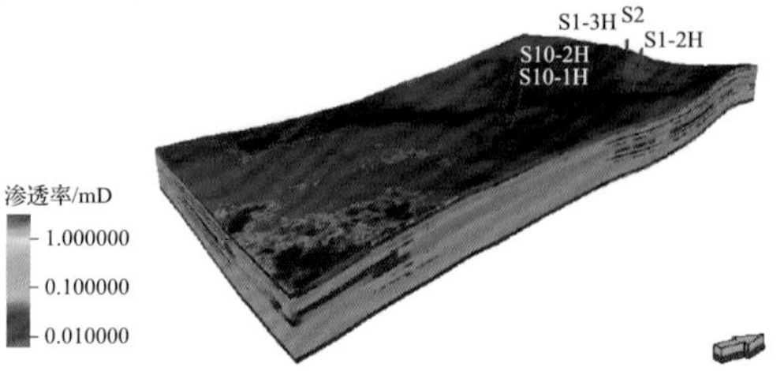

(b) 渗透率

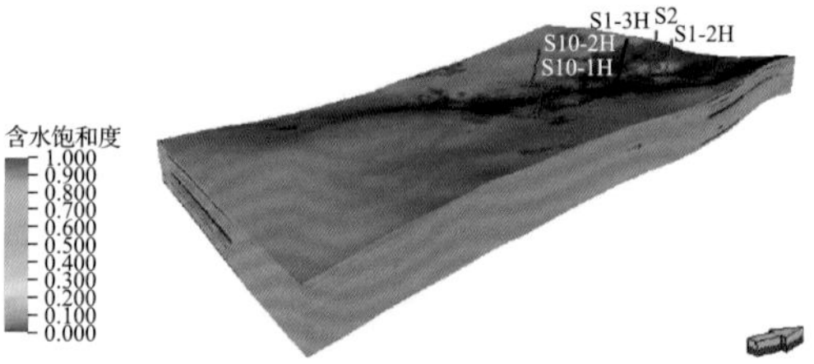

(c) 含水饱和度

(d) 密度

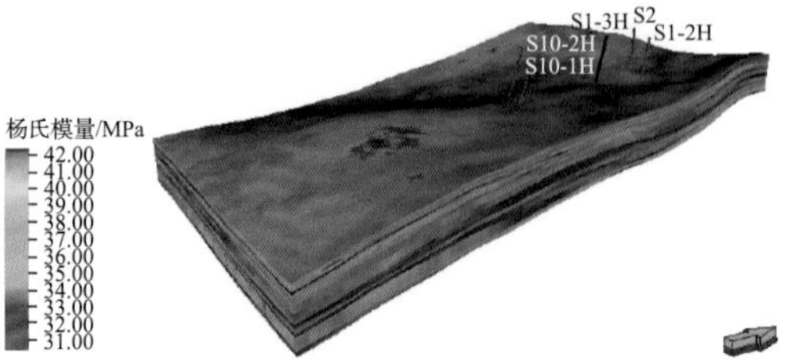

(e) 杨氏模量

(f) 泊松比

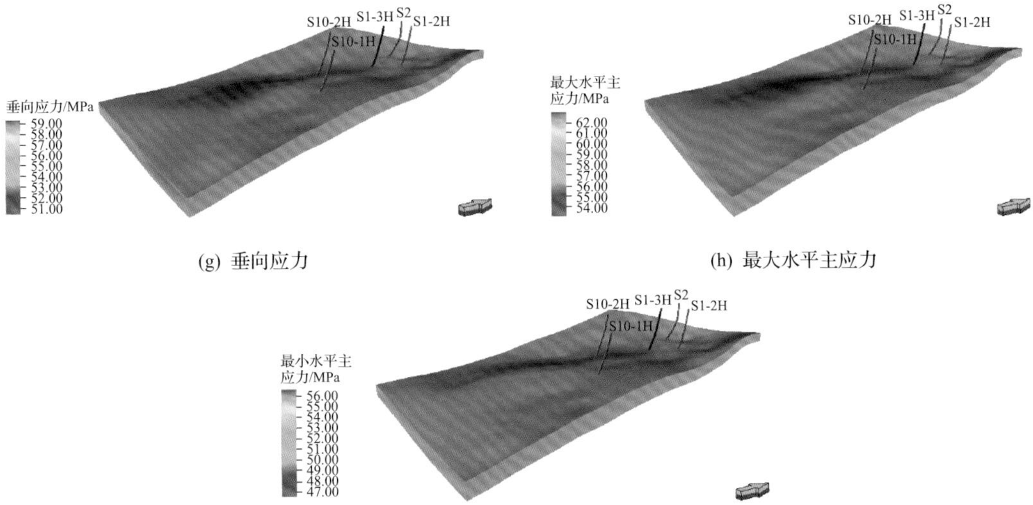

(g) 垂向应力　　(h) 最大水平主应力

(i) 最小水平主应力

图 5-14　物性及地质力学参数三维分布状态

5.1.2　复杂裂缝 DFN 模型

5.1.2.1　S1-3H 平台储层离散裂缝模型建立

根据上述裂缝分析结果及天然裂缝参数优选结果，结合地质网格模型，生成研究区域离散天然裂缝模型，如图 5-15 所示。

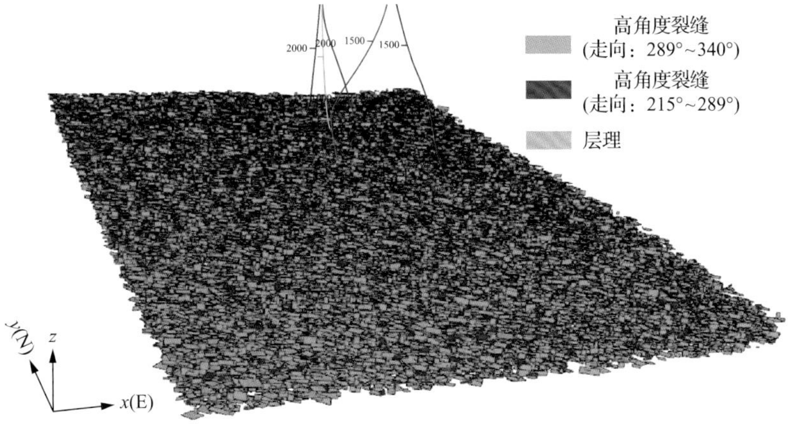

图 5-15　天然裂缝 DFN 建模结果

同时，为了将第 4 章水力压裂复杂裂缝扩展结果映射到三维模型中，还需要对二维结果的适应性进行讨论，由 5.1 节中的储层概况可知，该区块储层平均厚度小于 50m，明显小于裂缝在水平方向扩展距离(设计半缝长约为 150m)；与此同时，该区块天然裂缝主要以高角度构造缝为主，裂缝倾角在 90°左右，则认为水力压裂在垂深方向上扩展形态基本保持竖直。因此，可以初步认为水力裂缝在垂深方向上将在水平方向扩展至设计范围之前以垂直形态扩展至顶底面。

为了进一步验证该判断，分别模拟水力裂缝在不同方向上的扩展时间，其中，考虑到层理造成的垂向弹性参数大于水平方向弹性参数，模型几何尺寸为60m×60m，并在模型中随机生成倾角为85°～95°范围内的裂缝，分别模拟基准模型参数、注入排量为 8m³/min、压裂液黏度为 20mPa·s、水平应力差 30MPa、裂缝面摩擦系数 0.8 共 5 种情况下扩展到顶底面的计算用时（分别编号为：V-orgin、V-8m³/min、V-20mPa·s、V-30MPa、V-0.8），同时将对应参数下的计算用时引入对比（分别编号为：H-orgin、H-8m³/min、H-20mPa·s、H-30MPa、H-0.8），如图 5-16 可知，裂缝在水平方向的扩展用时显著大于在垂深方向扩展的用时。

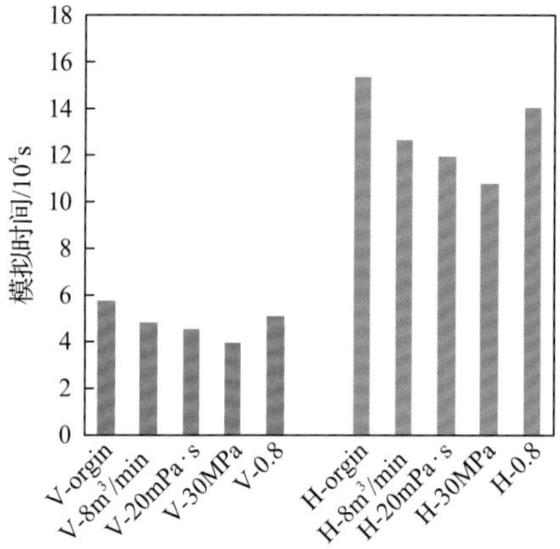

图 5-16　裂缝垂向扩展时间和水平方向扩展时间对比

综上可知，可以在第 4 章的水力压裂扩展结果基础上，结合现场压裂施工曲线（通过控制注入压力），进一步模拟出该井区四口井各压裂段的水力压裂裂缝扩展情况。然后将裂缝在垂深方向拉伸至储层顶底面，形成拟三维裂缝。然后将拟三维裂缝与图 5-15 中的天然裂缝 DFN 模型相结合，模拟生成水力-天然裂缝的复杂裂缝 DFN 模型，如图 5-17 所示。

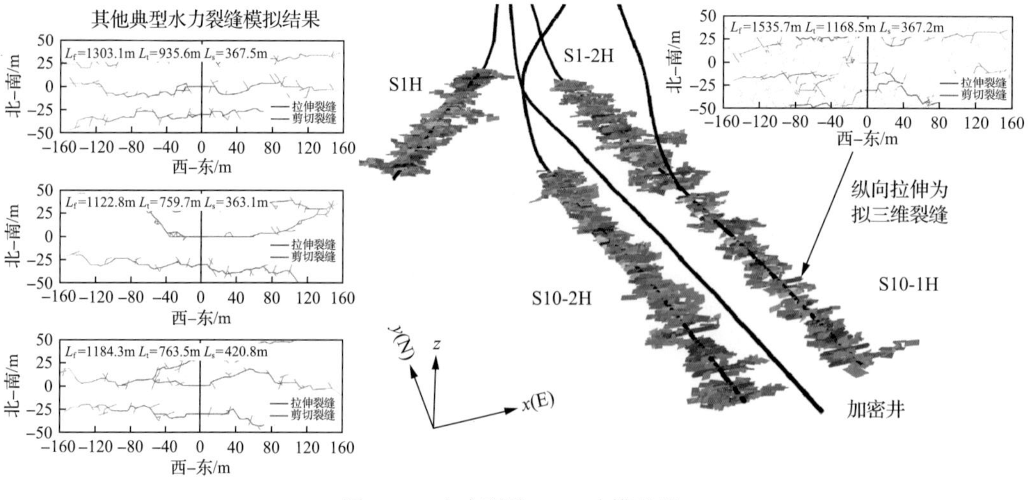

图 5-17　水力裂缝 DFN 建模结果

5.1.2.2　S1-3H 平台储层地质网格裂缝属性计算

根据 4.3.3 节中提出的等效映射方法，计算天然裂缝所产生的各向渗透率及孔隙度，并映射到建立的三维渗流模型中，渗透率在不同方向上的展布结果如图 5-18 所示。天然裂缝造成的网格模型 x 方向渗透率为 0.001～0.004mD，y 方向渗透率为 0.001～0.004mD，z 方向渗透率为 0.00002～0.00007mD，水平向渗透率明显大于垂向渗透率；裂缝孔隙度为 0.05%～0.1%。

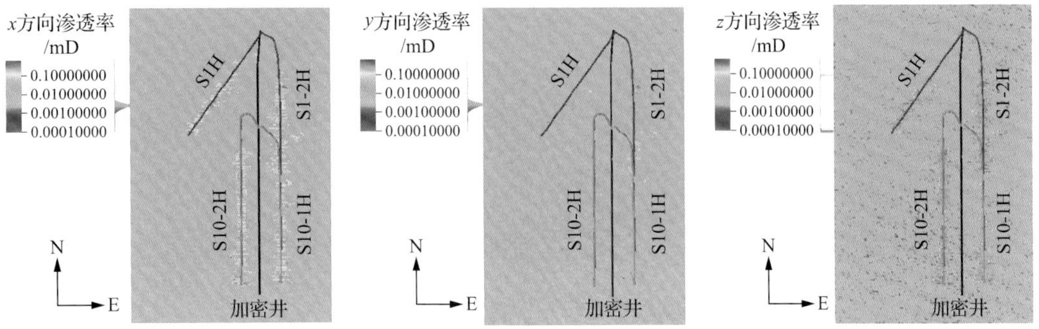

(a) x方向渗透率　(b) y方向渗透率　(c) z方向渗透率

图 5-18　裂缝网格属性计算后的三向渗透率分布俯视图

5.1.3　S1-3H 平台四维动态地应力建模

5.1.3.1　地质力学模型几何与网格

根据前面章节建立地质网格模型、天然裂缝模型、水力压裂模型及气藏数值模拟模型，结合研究区块地质、力学、压裂施工、生产等资料数据，计算模拟得到有限元地应力计算模型所需数据，建立涪陵页岩气藏目标区块地质力学模型。首先，根据研究区域涧草沟组底面和龙马溪组顶面构建有限元地应力模拟模型顶底界面(图 5-19、图 5-20)，调用 ABAQUS 软件建立有限元实体几何模型。该研究区域地质储层顶面和底面高低起伏明显，顶底面几何非均质性差异较大，是非均质性有限元地应力模型的主要受控因素。

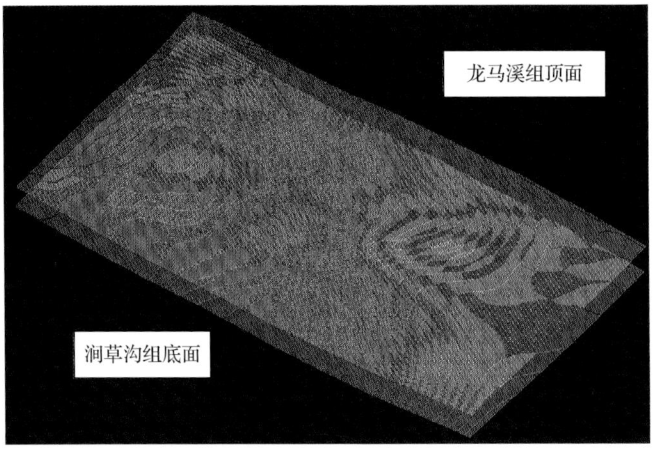

图 5-19　S1-3H 平台地层顶底面节点三维分布

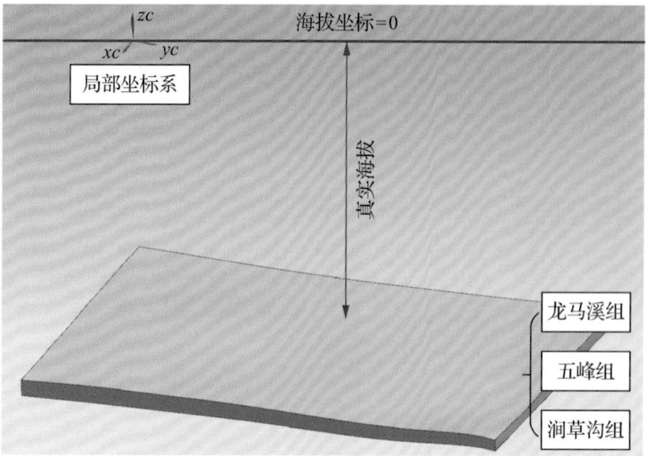

图 5-20　S1-3H 平台储层几何实体模型

有限元模型选用六面体网格单元，在纵向(垂深方向)上根据小层平均厚度进行布种，能较好地表征研究区域产层涧草沟组—五峰组—龙马溪组共 10 小层储层特征。根据模型特点及运算条件，本次将模型划分为 156551 个网格单元、175032 个节点，如图 5-21 所示。

图 5-21　S1-3H 平台地质力学有限元网格模型

5.1.3.2　地质力学参数校正

1. 岩石力学各向异性修正

目标区块页岩为胶结层理性页岩，而页岩的层理特征将导致其岩石力学参数表现出一种特殊的各向异性，即在平行于层理面内任意方向的岩石力学参数一致，而垂直于层理面方向上的岩石力学参数与平行于层理面方向上的岩石力学参数存在差异。该各向异性被称作为横观各向同性(transversely isotropic material)。为了测试该区域的岩石力学横观同性特征，对该区域所在储层的临近区域探井进行取心，并开展室内动静态三轴岩石力学实验。

1) 实验设备(系统)

室内三轴力学实验是利用课题组自主研制的 TAW-2000 高温蠕变三轴伺服岩石力学测试系统(Liu et al., 2018)，如图 5-22 和图 5-23 所示。全套装置分为四大部分，分别为：高温高压三轴室、轴向加压系统、围压加压系统、渗流系统、声发射系统、温度系统以及数据自动采集控制系统。该设备可用来测试抗压强度、杨氏模量、泊松比、内聚力、内摩擦角等岩石力学参数。该套设备实验时轴向限压为 2000kN，围压为 100MPa，孔隙压力为 60MPa，控制精度为 0.01MPa，温度范围-30～180℃。液体体积控制精度为 $0.01g/cm^3$，变形控制精度为 0.001mm。利用该设备的三轴系统(三轴室、轴向加压系统、围压加压系统)、声发射系统以及数据自动采集控制系统可以开展页岩岩心的动静态岩石力学参数测试实验。

图 5-22　TAW-2000 高温蠕变三轴伺服岩石力学测试系统

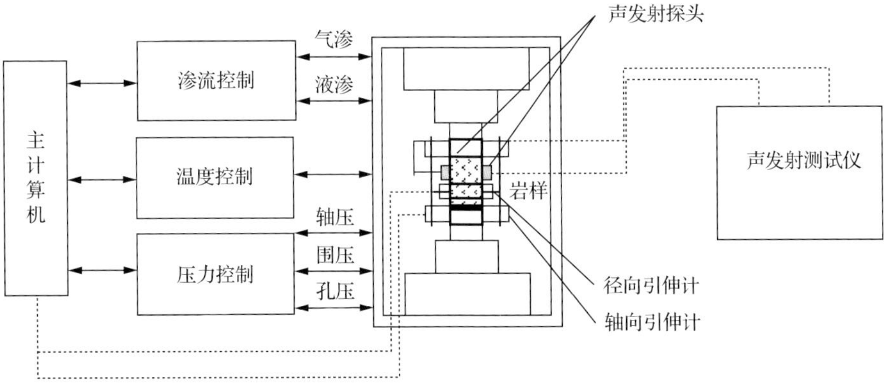

图 5-23　TAW-2000 高温蠕变三轴伺服岩石力学测试系统实验装置流程图

2) 实验岩心

如图 5-24 所示，选取该探井(直井)S41-5T 井垂深 3013.2m 附近取出的岩心。前期地质概况表明，目标区域的层理倾角在 0°左右，也意味着层理与垂向应力基本垂直。对岩样进行加工，分别从垂直于层理面方向和平行于层理面方向进行标准岩心(高度 50mm，截面直径 25mm）取样各 5 块，共计岩心 10 块。首先在围压 50MPa 的条件下，通过声发射系统测量岩石的纵横波速，并计算验证的动态杨氏模量 E_d 和动态泊松比 v_d。然后开展三轴压缩实验，测量绘制岩石的应力应变曲线，进而得到岩石的静态杨氏模量 E_s 和静态泊松比 v_s。

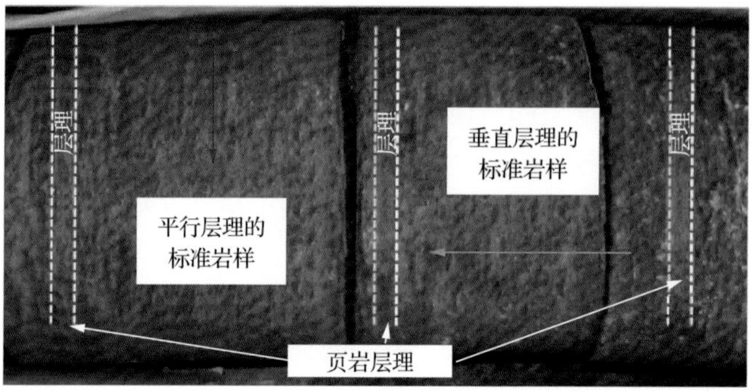

图 5-24　页岩井下取心岩心柱和标准岩心钻取方式

3）实验结果

动静态岩石力学实验的结果如表 5-6 所示。

表 5-6　涪陵页岩岩心动静态岩石力学测试参数

岩心分组	取样方向	杨氏模量/GPa		泊松比	
		E_s	E_d	v_s	v_d
1	垂直于层理	22.92	34.835	0.251	0.275
2		23.163	35.192	0.249	0.274
3		22.654	34.742	0.246	0.269
4		23.307	35.226	0.252	0.277
5		22.493	34.513	0.252	0.276
平均值		22.9074	34.9016	0.25	0.2742
6	平行于层理	28.565	38.642	0.306	0.311
7		29.008	39.13	0.307	0.312
8		28.874	38.969	0.302	0.308
9		28.602	38.585	0.301	0.306
10		29.021	39.207	0.304	0.308
平均值		28.814	38.9066	0.304	0.309

首先绘制动静态弹性参数结果的关系，如图 5-25 所示。

利用图 5-25 和图 5-26，即可得出动静态岩石力学参数关系，其中，垂直于层理方向的动静态弹性参数关系为

$$E_s = 1.0918 \cdot E_d - 15.19817 \tag{5-1}$$

$$v_s = 0.79897 \cdot v_d + 0.03092 \tag{5-2}$$

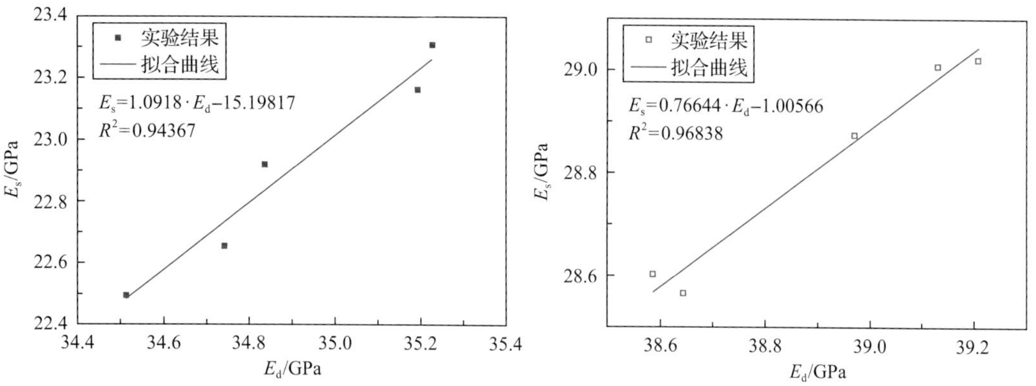

(a) 垂直于层理　　(b) 平行于层理

图 5-25　动静态杨氏模量的关系

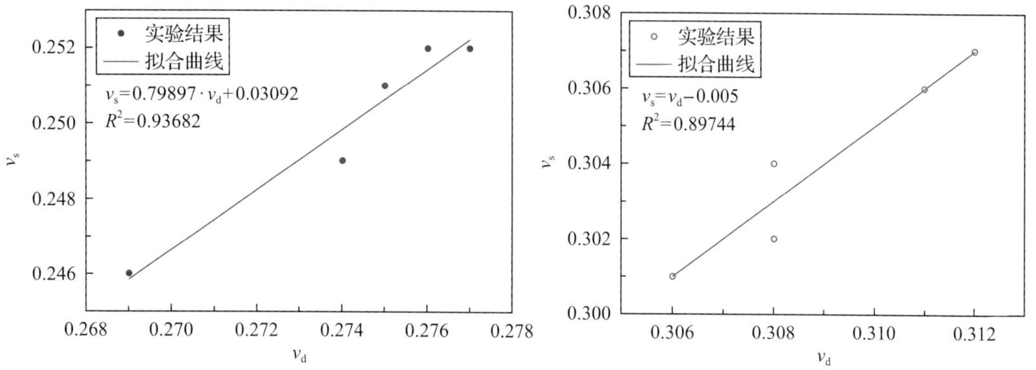

(a) 垂直于层理　　(b) 平行于层理

图 5-26　动静态泊松比的关系

而平行于层理方向的动静态弹性参数关系为

$$E_s = 0.76664 \cdot E_d - 1.00566 \tag{5-3}$$

$$v_s = v_d - 0.005 \tag{5-4}$$

利用上述公式，对单井岩石力学剖面进行动静态校正，同时绘制出垂直于层理和平行于层理的两套弹性参数剖面。

对于横观各向同性材料，其弹性刚度可以表示为

$$\boldsymbol{D}'^{-1} = \begin{bmatrix} 1/E_i & -v_i/E_i & -v_o/E_o & 0 & 0 & 0 \\ -v_i/E_i & 1/E_i & -v_o/E_o & 0 & 0 & 0 \\ -v_o/E_o & -v_o/E_o & 1/E_o & 0 & 0 & 0 \\ 0 & 0 & 0 & 1/G_i & 0 & 0 \\ 0 & 0 & 0 & 0 & 1/G_o & 0 \\ 0 & 0 & 0 & 0 & 0 & 1/G_o \end{bmatrix} \tag{5-5}$$

式中，$G=E/2(1+v)$。

为了对横观各向同性特征进行量化标准，定义横观各向同性系数。杨氏模量横观各向同性系数和泊松比横观各向同性系数的表达式为

$$r_E = \left|1 - \frac{E_o}{E_i}\right|, r_v = \left|1 - \frac{V_o}{V_i}\right| \tag{5-6}$$

式中，0<r_E，r_v<1。

根据上式可知，横观各向同性系数越大，岩石的非均质性越强。结合表 5-6，可以计算得到该储层的动态杨氏模量和动态泊松比的横观各向同性系数分别为 0.10 和 0.11，而静态杨氏模量和静态泊松比的横观各向同性系数分别为 0.21 和 0.18。

2. 渗透率应力敏感性描述

除岩石力学各向异性外，页岩作为一种多孔介质，在长时间开采过程中，由于岩石基质发生变形，将导致其渗透率发生变化，也就是说，在页岩渗流过程中的基质渗透率不能视为常量。而本章中的生产过程四维动态地应力演化过程基于渗流-应力交叉迭代耦合，这就意味着，在每一时间步内，都可以更新页岩的渗透率，使得每一时间步的渗流模型计算更接近页岩实际情况。页岩渗透率应力敏感性的主要机理可表述为：由于页岩受力变形改变了岩体的微观结构，进而导致岩土孔隙特性改变。为了方便在有限元求解器中进行描述，这里引入孔隙比(即：岩石孔隙与骨架之比)。从孔隙比的定义可以看出，孔隙比的变化是由于岩石骨架的变形引起的，可以表示为

$$\Delta e = \Delta\left(\frac{V_p}{V_s}\right) \tag{5-7}$$

式中，V_p为孔隙体积；V_s为固相体积。

假设岩石颗粒是不可压缩的，故岩石体积的变化为$\Delta V = \Delta V_p$，根据体积应变的定义$\varepsilon_V = \varepsilon_x + \varepsilon_y + \varepsilon_z$可知：

$$\varepsilon_V = \frac{\Delta V}{V_0} = \frac{\Delta V_p}{V_0} = \frac{V_s \Delta e}{V_s(1+e_0)} = \frac{\Delta e}{1+e_0} = \frac{e-e_0}{1+e_0} \tag{5-8}$$

式中，V_0为初始体积；e_0为初始孔隙比。

由上式可导出孔隙度与体积应变之间的关系为

$$\phi = 1 - \frac{1-\phi_0}{\varepsilon_V} \tag{5-9}$$

式中，ϕ_0为初始孔隙度。

由式(5-9)可知，孔隙度越小，变形对孔隙度的影响越明显。

同时引入渗透系数，方便在有限元求解器中进行渗透率描述。渗透系数与孔隙度之间的关系为

$$k = \frac{\rho g}{\mu} \frac{d^2}{180} \frac{\phi^3}{(1-\phi)^2} \tag{5-10}$$

式中，μ 为流体的动力黏度；d 为固体颗粒的平均直径。

将式(5-9)代入式(5-10)可得

$$\frac{k}{k_0} = \left[\left(\frac{1}{n_0} \right)(1+\varepsilon_V)^3 - \left(\frac{1-n_0}{n_0} \right)(1+\varepsilon_V)^{-1/3} \right]^3 \tag{5-11}$$

根据渗透率各向异性和应力敏感性的分析，在有限元求解器中进行描述，将渗透率修改为正交各向异性，并设置三个自定义量用于给子程序中传递变量；同时通过初始化给子程序中的量预留场变量空间。最后通过编写 USDFLD 子程序，并在计算中调用即可结合实验结果进行准确描述。

5.1.3.3　初始三维地应力场反演

根据上述有限元地应力模型构建方法及建立的地质网格属性模型，进行模型应力初始化，即地层初始地应力平衡优化，使地质模型中地应力属性差值结果符合应力理论计算平衡结果，如图 5-27 所示，为通过固结计算得到的岩石变形情况。从图中可以看到，即使是位移最为明显的区域，其位移量也为在 10^{-6}m 量级，即岩石变形量在微米级别。可以据此认为，地质建模插值和地质力学参数校正后得到的综合岩石力学参数分布合理。

图 5-27　S1-3H 平台地质力学模型应力平衡测试

如图 5-28 所示为目标区块的应力初始化结果，可以看出，该初始化结果与图 5-11 中地质模型插值结果的分布状态基本一致。

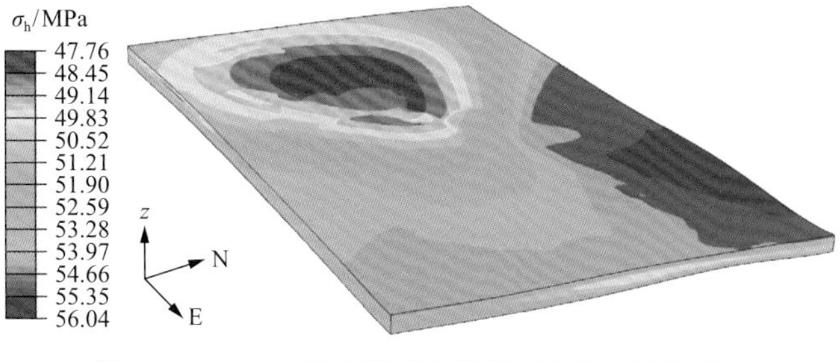

图 5-28　S1-3H 平台地质力学模型应力初始化结果

5.1.4 地应力演化结果验证

5.1.4.1 现场水力压裂测试地应力

现场水力压裂试验法测定地应力是根据试验测得的地层破裂压力、瞬时停泵压力及裂缝重张压力反算地应力(Zoback et al.，2010)。当以稳定的排量注入钻井液时，井筒内压力随时间线性增加，若井漏实验在压力曲线没有呈现偏离现象就结束了，则该井漏试验被称为受限的井漏实验，或者称为地层完整性实验(LT 或 FIT)。FIT 不能准确估算最小水平主应力的大小，因为它比实际最小水平主应力的值偏低。但当井筒压力达到某一压力值，在井壁会产生微小的水力张性裂缝，相应的压力曲线将偏离线性趋势线，此偏离点处的压力值称漏失压力(LOP)。通常此压力值大致与最小水平主应力相近。扩展井漏实验能够获取瞬时关闭压力和裂缝闭合压力，比较准确估算最小水平主应力的大小。最小主应力理论区间的上限为瞬时关闭压力(ISIP)，下限为裂缝闭合压力(FCP)。

通过对区块中任意井实施水力压裂，能够得到水力压裂曲线。典型的水力压裂试验曲线如图 5-29 所示。从图中可以确定以下压力值：①地层破裂压力 p_f，为井眼所能承受的最大内压力，是地层破裂造成泥浆漏失时的井内液体压力。②瞬时停泵压力 p_s，瞬时停泵，裂缝不再向前扩展，但仍保持开启，此时 p_s 应与垂直裂缝的最小地应力值相平衡，即有 $p_s=\sigma_h$。③裂缝重张压力 p_r，瞬时停泵后启动注入泵，从而使闭合的裂缝重新张开。由于张开闭合裂缝所需的压力 p_r 与破裂压力 p_f 相比，不需要克服岩石的抗拉强度 S_t，因此可以近似地认为破裂层的拉伸强度等于这两个压力的差值，即：$S_t=p_s-p_f$。

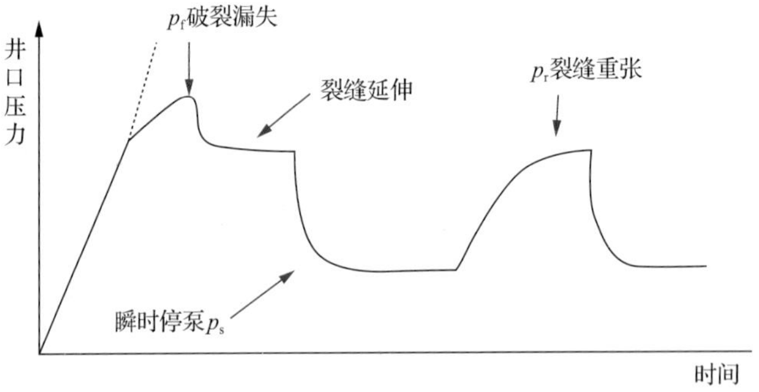

图 5-29 典型水力压裂测试曲线(Walser et al., 2016)

利用上述三个压力值，根据多孔弹性介质理论可以得到反算地应力的公式为

$$
\begin{cases}
\sigma_h = p_s \\
\sigma_H = 3\sigma_h - p_f - \alpha p_p + S_t \\
S_t = p_f - p_r
\end{cases}
\tag{5-12}
$$

式中，S_t 为地层抗拉强度；p_r 为裂缝重张压力；p_f 为地层破裂压力；p_s 为瞬时停泵压力。

5.1.4.2　目标区块新井水力压裂测试验证

目标区块在开采 5 年后，单井产量锐减，需要对当前区块通过钻加密新井的方式提高储量动用程度，提高整体采收率。当前生产井 S10-1H 和 S10-2H 的水平井距约 600m，而上述两井在前期水力压裂施工后的高渗透区域(即半缝长)约 150m，两井间尚有东西向 300m 范围内的储层还处于低渗透状态。且通过前面的计算发现，中间区域的储层压力仍然保持高位。本章基础数据提供方江汉油田决定在两口井中间位置钻加密井，并实施水力压裂。因此，可以利用新钻加密井的水力压裂施工曲线，如图 5-30 所示，然后结合式(5-12)分析得到当前的地应力，进而验证数值计算结果。

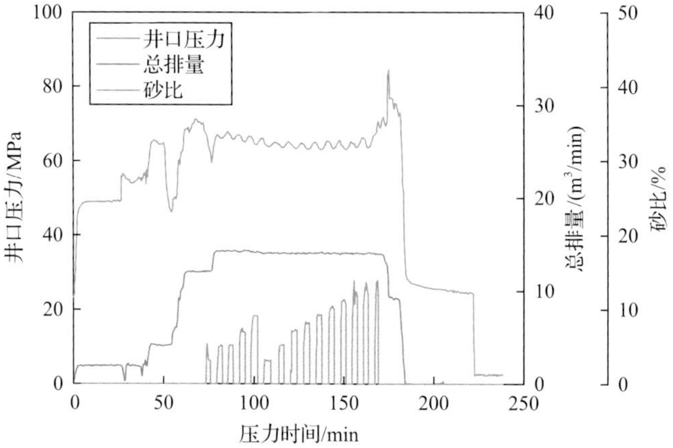

图 5-30　加密新井第二压裂段初次压裂注入施工曲线

如图 5-31 所示，为本节模型计算得到的第二压裂段最小水平主应力变化曲线。将图 5-30 反算得到的最小水平主应力与当前同一位置处的地应力进行对比，然后结合式(5-12)分析得到当前的地应力，进而验证数值计算结果。由图 5-30 可知，瞬时停泵压力约为 24MPa，而第二压裂段的垂深约 2580m，压裂液施工滑溜水密度 0.96～1.08g/cm^3(1.00g/cm^3)，因此，

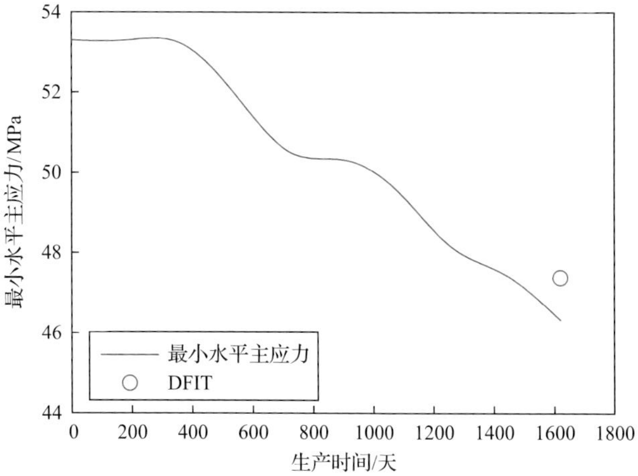

图 5-31　加密新井第二压裂段最小水平主应力变化曲线及其与地应力测试结果对比

可以计算得到闭合压力约为 47MPa。而基于四维动态地应力得到的最小水平主应力约为 46MPa。现场测试结果与数值计算结果误差仅为 2.2%，两者高度吻合，可以据此认为四维动态地应力演化的计算结果与实际开采过程后的地应力相协调(图 5-31)。

5.1.5 四维动态地应力演化机理

本节选取了研究区域 S1 和 S10 两个平台 S1H、S1-2H、S10-1H、S10-2H 四口水平井从 2013 年 12 月至 2018 年 6 月共计约 54 个月(1623 天)的生产动态数据(图 5-32)，并将生产动态数据以周进行离散，作为每一时间步的初始条件，执行有限差分渗流模型-有限元地质力学模型耦合计算。

5.1.5.1 孔隙压力演化及储层压实

1)孔隙压力演化

在渗流-应力耦合过程中，孔隙压力的变化由有限差分渗流模型计算得到，如图 5-33

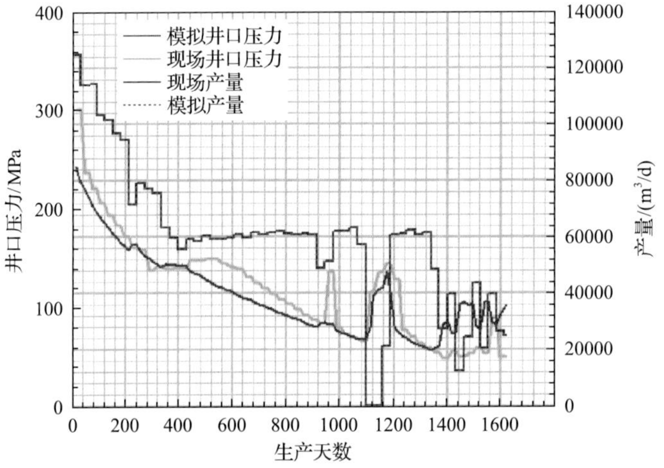

(a) S1H

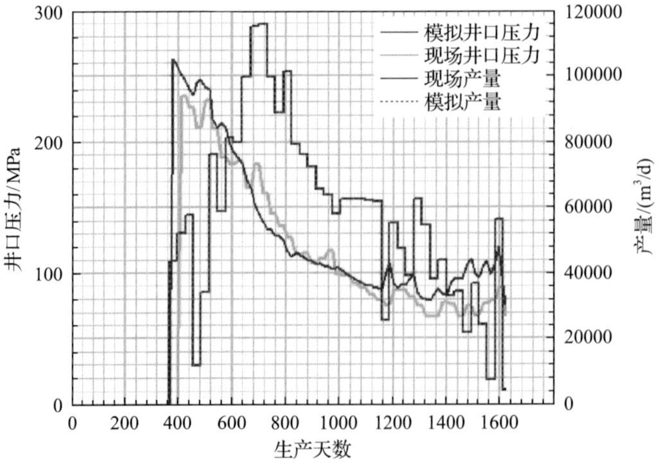

(b) S1-2H

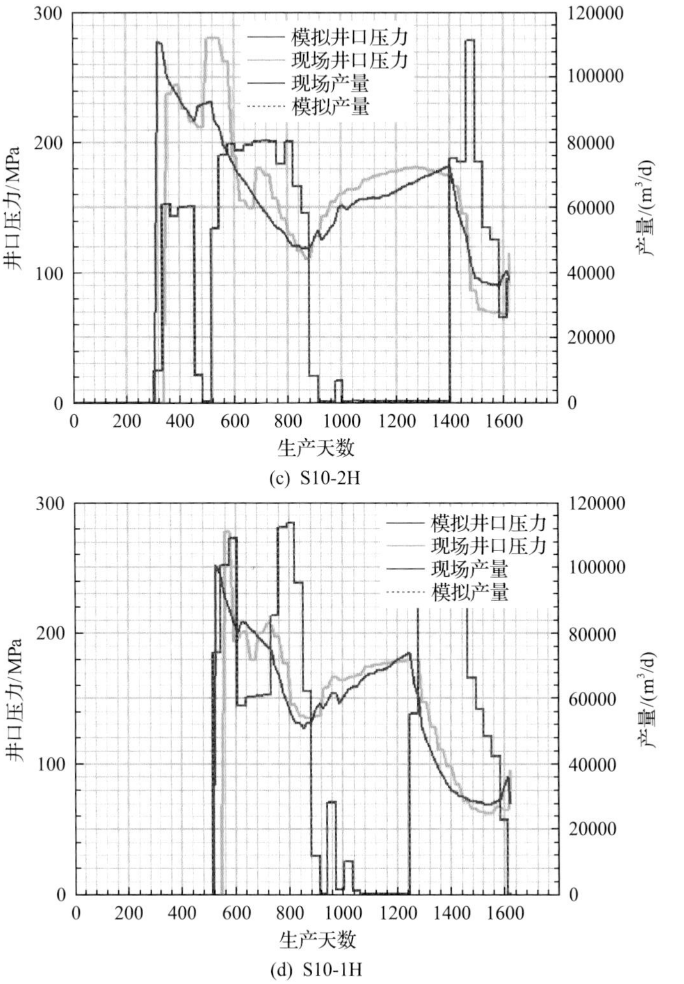

(c) S10-2H

(d) S10-1H

图 5-32　老井生产动态数据

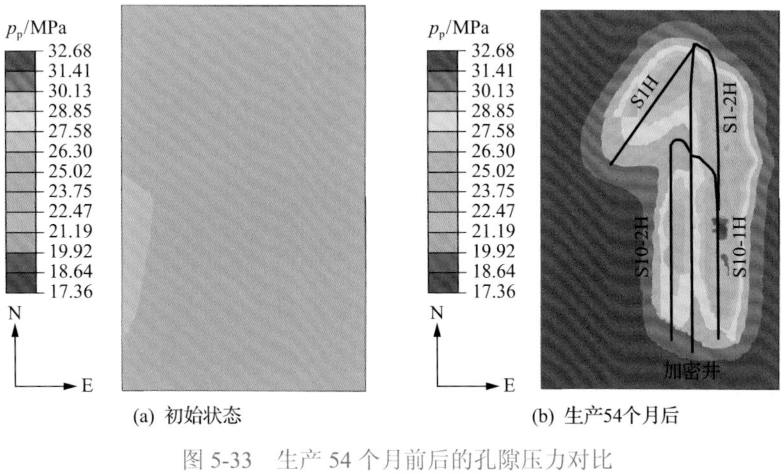

(a) 初始状态　　(b) 生产54个月后

图 5-33　生产 54 个月前后的孔隙压力对比

所示，为了可视化对比效果，在三维计算结果中选取大部分水平段井筒在其中延伸的第3小层(垂深约2575～2600m)进行水平横向切面(本章中所有结果对比云图均采用该水平切面)，并绘制生产54个月前后水平井轨迹所在主力层位的孔隙压力分布情况。

对比图5-33(a)和(b)可知，孔隙压力变化集中分布在各生产井轨迹周围，同时受到压裂裂缝的影响，该区域孔隙压力整体下降18～20MPa左右，加密井处孔隙压力下降5～7MPa。最大孔隙压力变化在2HF井，第16级裂缝附近，孔隙压力下降了22.39MPa。

为了进一步分析前期水力压裂复杂裂缝网络对孔隙压力的影响，选取S10-1H和S10-2H两井，针对其前期水力压裂模拟得到储层改造体积(SRV)最大的压裂段第8级(S10-1H)和第19级(S10-2H)进行分析，如图5-34所示，沿着两井水平段轨迹方向出现的最大孔隙压力均对应上述最大SRV压裂段。由此可知，对于特低渗透孔隙特性的涪陵页岩气储层，水力压裂裂缝的改造效果是控制储层孔隙压力变化的关键因素，压裂改造效果的好坏，直接决定了单井产能的高低。

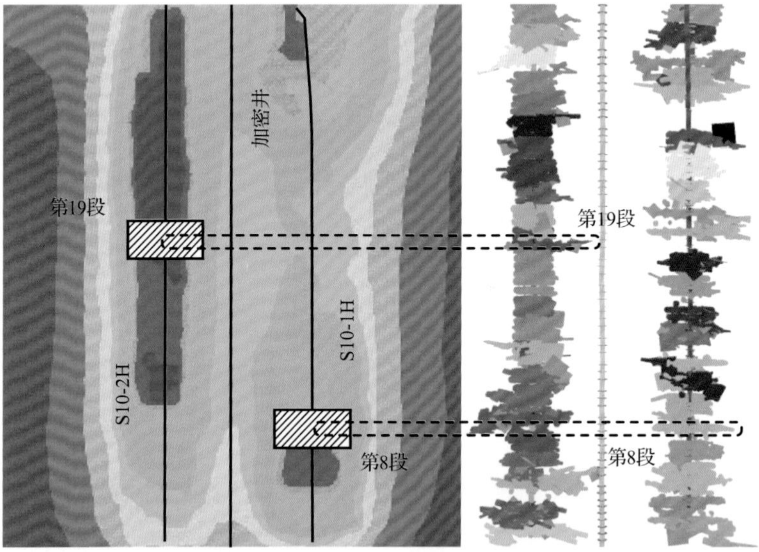

图5-34　水力压裂改造效果对孔隙压力的影响

2)储层压实

在储层开采过程中，由于岩石内流体的排出，孔隙压力下降，多孔介质对外部岩体，特别是上覆岩层挤压的抵抗作用逐渐降低，进而储层岩石发生变形。而这种变形在垂深方向上一般被称为压实。图5-35为目标区块4口井开采54个月后储层的压实情况，从图中可知，储层压实集中分布在各生产井轨迹周围，同时受到压裂裂缝的影响，该区域压实量为4～6mm，加密井S1-3H处压实量为2～5mm。最大压实量在29-4HF井，第19级压裂段附近，压实量为7.04mm，与图5-34中得到的该位置孔隙压力变化相对应。

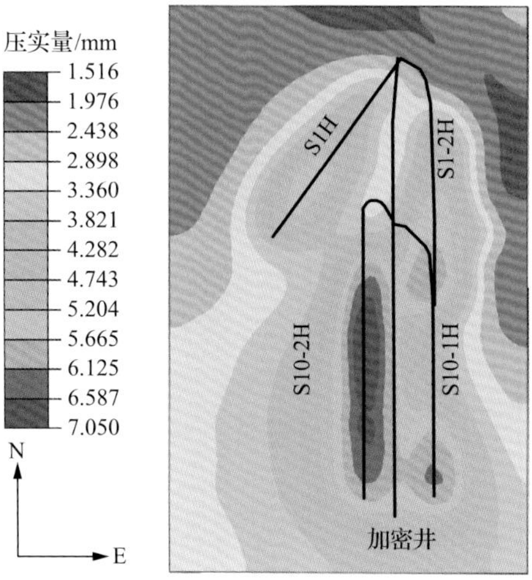

图 5-35　储层压实情况

5.1.5.2　两向水平地应力演化

1) 最大水平主应力

图 5-36 为其区域储层初始最大水平主应力和动态计算后得到的生产 54 个月后主力小层最大水平主应力分布及方向变化情况。从模拟结果可以看出，最大水平主应力(σ_H)在开采过程中不断降低，降低集中分布在各生产井轨迹周围。该区域最大水平主应力下降为 5～8MPa，加密井 S1-3H 处最大水平主应力下降为 2～4MPa。由于各井压裂段施工效果、生产过程中各压裂段渗流状态及产量贡献的不同，在平面分布上，各井、各压裂段施工段处最大主应力变化情况不同，目标层最大水平主应力最大降低量在 S10-1H 井第 19 级压裂段附近，降低了约 10.11MPa。

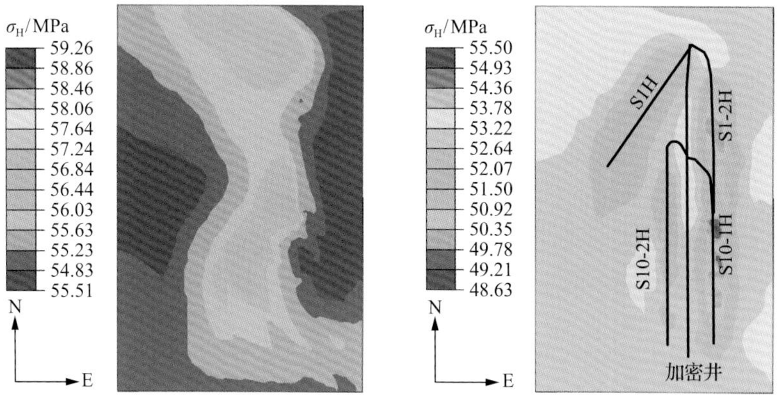

(a) 初始状态　　(b) 生产54个月后

图 5-36　生产 54 个月前后的最大水平主应力对比

为了进一步分析地应力变化情况，沿着 AA′方向做切面，如图 5-37 所示。

在AA′切面上绘制出开采前后最大水平主应力曲线，如图5-37所示，可以看出，最大水平主应力的变化主要受到井筒和水力压裂改造范围控制，并与储层改造范围相对应，即在生产老井S10-2H和S10-1H的储层改造范围内，最大水平主应力随着远离井筒快速下降，而在储层改造范围以外的区域，下降则不明显。

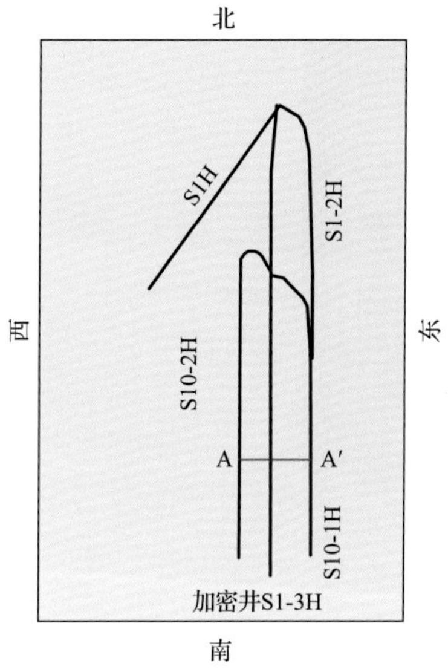

图5-37 沿最大水平主应力方向取AA′切面

最大水平主应力方向变化情况如图5-38所示，整体来看，生产过程中应力方向变化不明显。将模拟结果转化为主应力方向倾角和走向如图5-39、图5-40所示。由于初始条件下，最大水平主应力走向为90°，即东西走向，倾角为0°。从模拟结果来看，最大水平主应力走向在各生产井处变化较大，水平地应力走向向南向偏转1°～2°，S1-3H处走向略向北方向偏转。倾角变化规律与走向相似，水平地应力倾角向上偏转3°～5°，S1-3H井处倾角略向上偏转。应力方向变化情况主要受大小影响，应力大小变化越大的区域，方向变化也越大。

2）最小水平主应力

图5-41为其区域储层初始最小水平主应力和动态计算后得到的生产54个月后最小水平主应力分布情况，沿AA′做应力剖面，如图5-42所示。

从模拟结果可以看出，与最大水平主应力变化规律相似，最小水平主应力（σ_h）在开采过程中不断降低，降低集中分布在各生产井轨迹周围，同时受到压裂裂缝的影响。该

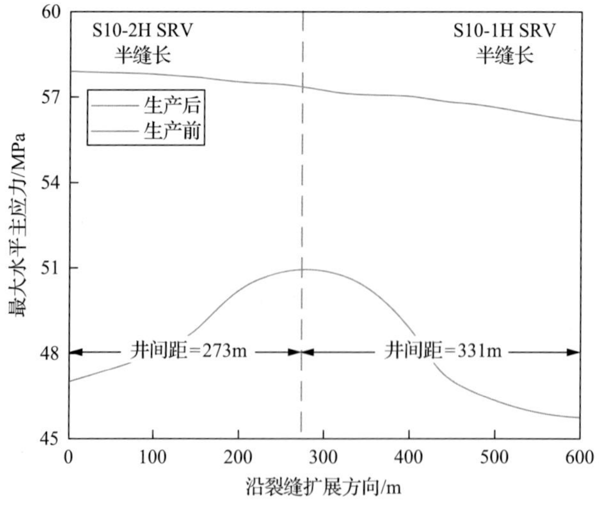

图5-38 开采前后目标区域沿剖面AA′最大水平主应力分布

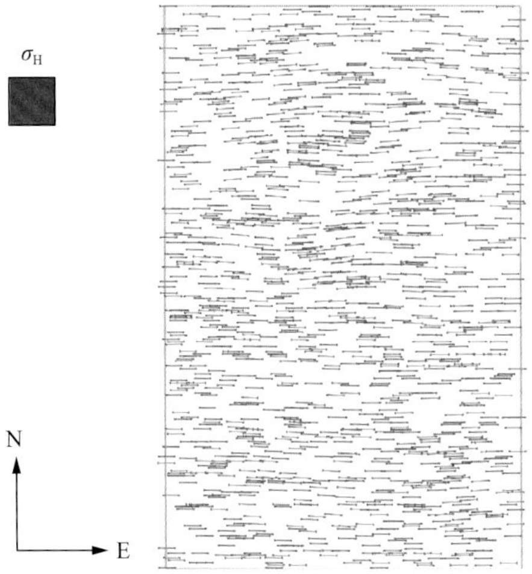

图 5-39　生产 54 个月后的最大水平主应力方向分布矢量

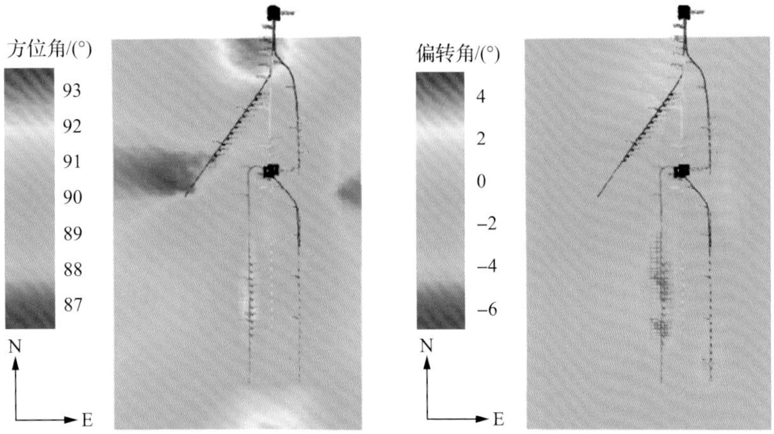

(a) 方位角　　(b) 偏转角

图 5-40　生产 54 个月后的最大水平主应力方向分布数值

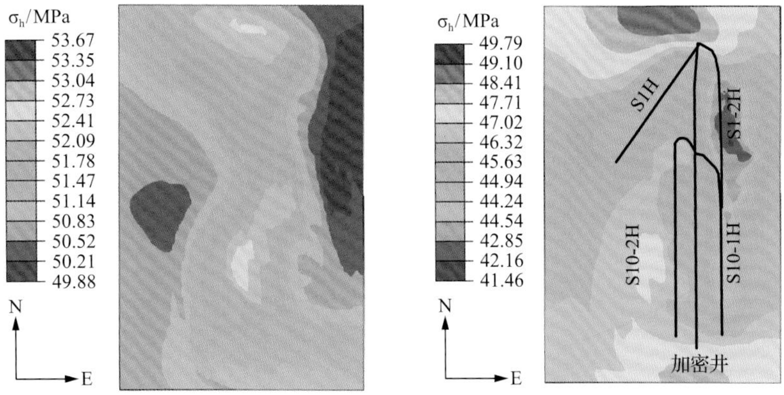

(a) 初始状态　　(b) 生产54个月后

图 5-41　生产初期与生产 54 个月后最小水平主应力大小分布

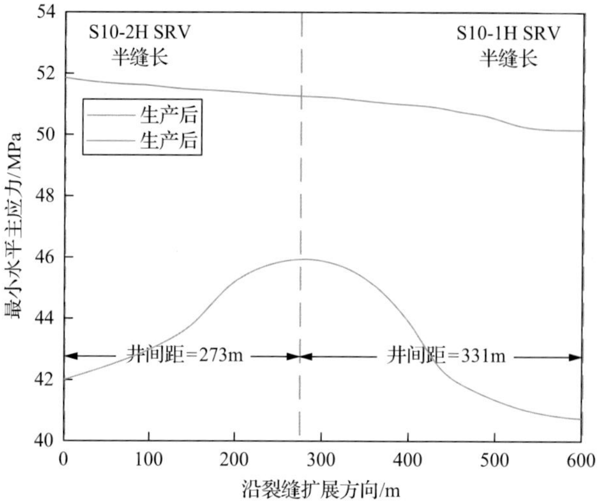

图 5-42 开采前后目标区域沿剖面 AA'最小水平主应力分布

区域最大水平主应力下降为 8～10MPa，区域中心最小水平主应力下降为 3～5MPa。在平面分布上，目标层最小水平主应力最大降低量在 S1-2H 井第 5 级压裂段附近，降低了约 13.27MPa。

该压裂段的孔隙压力下降幅度并非该区内最大(S1H 第 16 级压裂段孔隙压力下降幅度最大)；同时最大水平主应力的最大下降幅度所在位置也不与上述两者相同。因此，结合最大水平主应力和最小水平主应力的变化情况，可以判断出，虽然孔隙压力的变化幅度是地应力变化的决定因素，但储层地质力学的非均质性同样对地应力演变的精确性产生影响。

最小水平主应力方向变化情况如图 5-43 所示，变化趋势与最大水平主应力相似，而从图 5-44 和图 5-45 的角度可知，最小水平主应力与最大水平主应力依然保持正交关系。

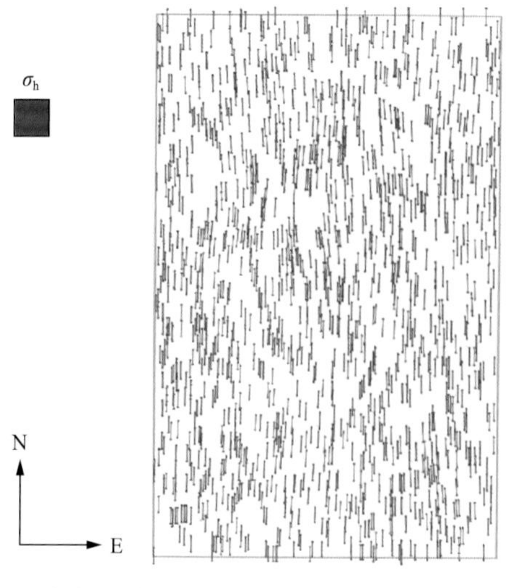

图 5-43 生产 54 个月后的最小水平主应力方向分布矢量

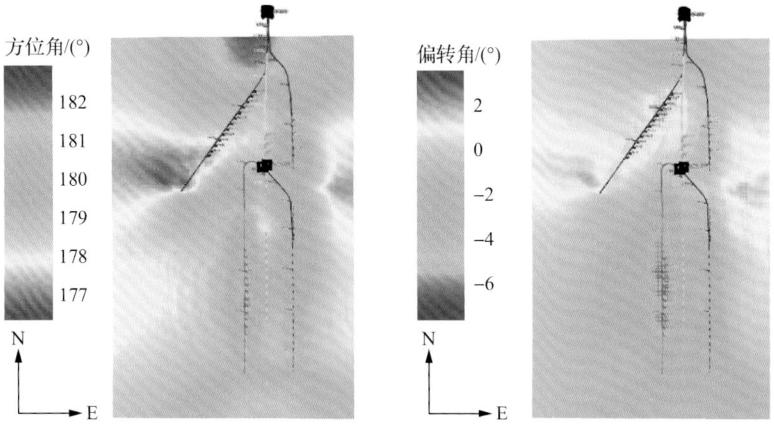

(a) 方位角　　(b) 偏转角

图 5-44　生产 54 个月后的最小水平主应力方向分布数值

5.1.5.3　地应力状态分析

1) 水平应力差变化

在体积压裂中，两向应力差对压裂改造裂缝展布情况具有重要的影响。图 5-45 为其区域储层初始最小水平主应力和动态计算后得到的生产 54 个月前后两向水平应力差分布及方向变化情况。

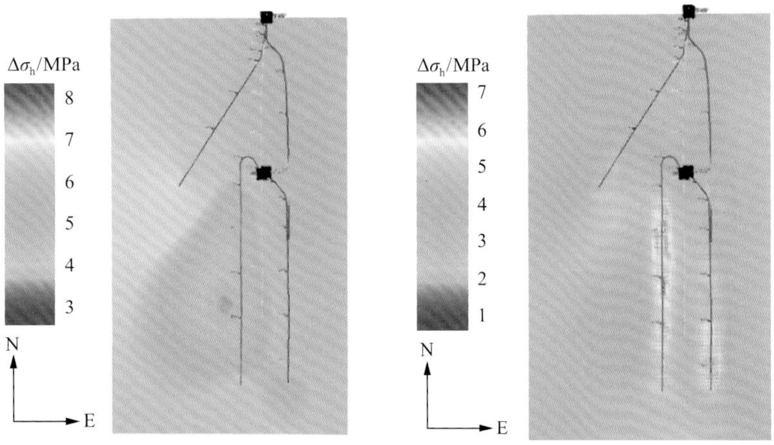

(a) 初始状态　　(b) 生产54个月后

图 5-45　生产 54 个月前后的水平应力差对比

对比模拟结果，我们可以发现：

(1) 随着气井生产，储层最大、最小水平主应力均降低，但最小水平主应力降低幅度更大。

(2) 目标区域气井生产前储层原始两向水平主应力差整体应力差为 4～6MPa，开采后生产井附近储层两向水平主应力差为 7～9MPa，加密井 S1-3H 井处储层两向水平应力差为 3～4MPa。

(3) 与初始两向应力差相比，生产后生产井附近水平应力差升高 3～4MPa，S1-3H 井处水平应力差增长量小于 1MPa。

因此，在目前施工规模下，前期开发井周围储层两向水平应力差均有较大程度的升高，但井间，即加密井位置处应力差变化不大。对于加密井体积压裂施工，这种应力状态对前期压裂施工裂缝展布影响较小，但后期影响较大，即，加密井附近复杂裂缝网络分布可能会较好，但远端，靠近前期施工井改造区域，裂缝展布可能会比较单一。

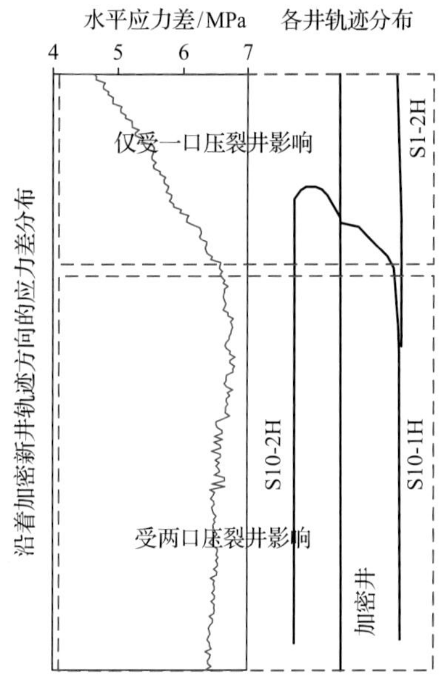

图 5-46　生产 54 个月后沿加密井井筒位置处水平应力差分布情况

此外，由于 S1H 的井筒与加密新井相距较远，从前面的分析来看，S1H 对新井所在位置处的地应力影响较小。因此，可以将加密井布井区域，即 S10-2H 和 S10-1H 之间的区域分为两部分，北边的上半部分可以视作仅受到一口压裂井的影响(S1-2H)，而南边的下半部分则同时受到 S10-2H 和 S10-1H 的影响。图 5-46 所示为生产 54 个月后沿加密井井筒位置处水平应力差分布情况。从图中可以看出，在仅受到 S1-2H 一口井影响的区域内，水平应力差较小。在靠近受到 S10-2H 和 S10-1H 两口井影响的区域时，水平应力差不断增大，且受到两口压裂井影响的区域水平应力差明显高于仅受到一口井的区域。因此，在加密井钻井和压裂过程中，需要考虑水平应力差对破岩效率、井壁稳定和压裂改造效果的影响。

2) 应力机制变化

通过目标区块前期压裂施工井生产过程中地应力变化的模拟计算，分析储层横切剖面上(图 5-37 中 AA′剖面)地应力变化情况，其中初始地应力剖面如图 5-47 所示，生产 54 个月后地应力剖面如图 5-48 所示。

从地应力对比结果可以看出：

(1) 与初始地应力情况相比，生产 54 个月后，储层三向地应力均有不同程度的降低。

(2) 生产之后，储层最小水平主应力下降幅度最大，其次是最大水平主应力，垂向主应力变化较小，特别是在加密井附近的垂向应力下降了不到 1MPa；受储层孔隙压力变化影响，三向地应力变化主要集中在生产井压裂改造渗流区域内。

(3) 原始三向地应力大小关系为：$\sigma_H>\sigma_V>\sigma_h$，为走滑断层机制，最大水平主应力与垂向应力接近，仅相差 1～2MPa，与最小水平主应力相差 4～6MPa；生产 54 个月之后，生产井周围三向地应力大小关系变为：$\sigma_V>\sigma_H>\sigma_h$，其中两个生产井压裂改造区域垂向主应力比最大水平主应力高 5～7MPa，最大水平主应力比最小水平主应力高 6～8MPa，加密井位置处垂向主应力与最大水平主应力相差 4～5MPa，最大水平主应力与最小水平主应力相差 6～7MPa。

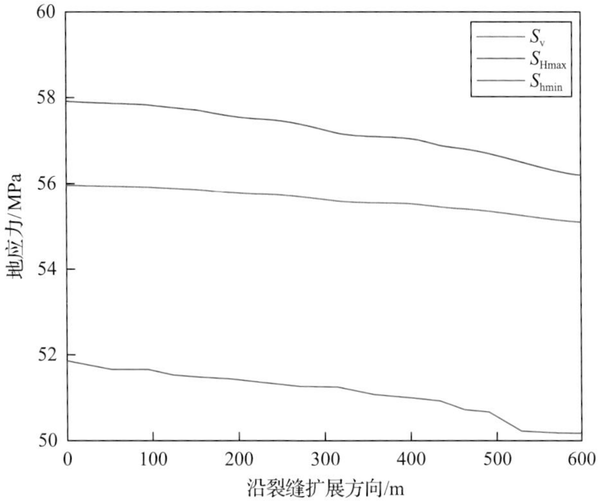

图 5-47　初始三向地应力关系剖面

S_v 为垂向应力；S_{Hmax} 为最大水平主应力；S_{hmin} 为最小水平主应力

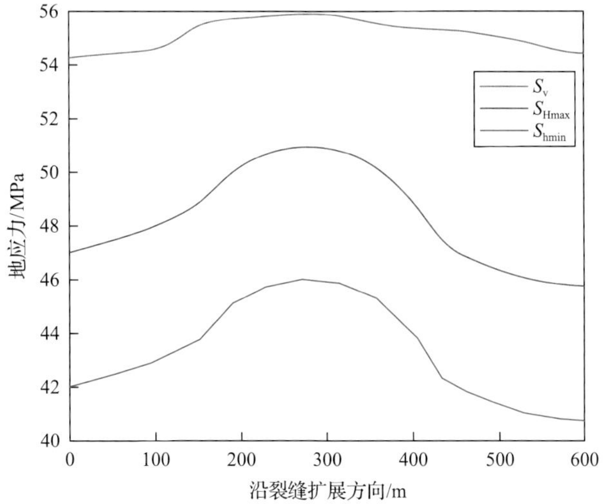

图 5-48　生产 54 个月后三向地应力关系剖面

5.2　涪陵页岩气 FL2 平台四维地应力演化机理

5.2.1　FL2 平台储层概况

四川盆地涪陵页岩气一期 FL2 平台下包括 4 口水平井，分别为 FL2-1HF、FL2-2HF、FL2-3HF 和 FL2-4HF。目标储层为涵盖下志留系龙马溪-上奥陶系五峰组的层理性页岩。该区域宏观天然裂缝不发育，地应力状态属于走滑断层机制。储层垂深 1641.14～

2045.54m，厚度约 160m。根据前期地质资料和地震资料，考虑储层参数在纵向和横向的非均质性分布，建立了该平台储层段的地质模型，其部分物性及地质力学参数分布如图 5-49 和表 5-7 所示。同时，基于 FL2 平台 4 口井在测试和试采阶段的生产动态数据，包括页岩气单井产量、水产量、井口套压，对 2015 年 1 月到 2020 年 1 月共 60 个月的产能进行预测(Tang et al.，2022)。

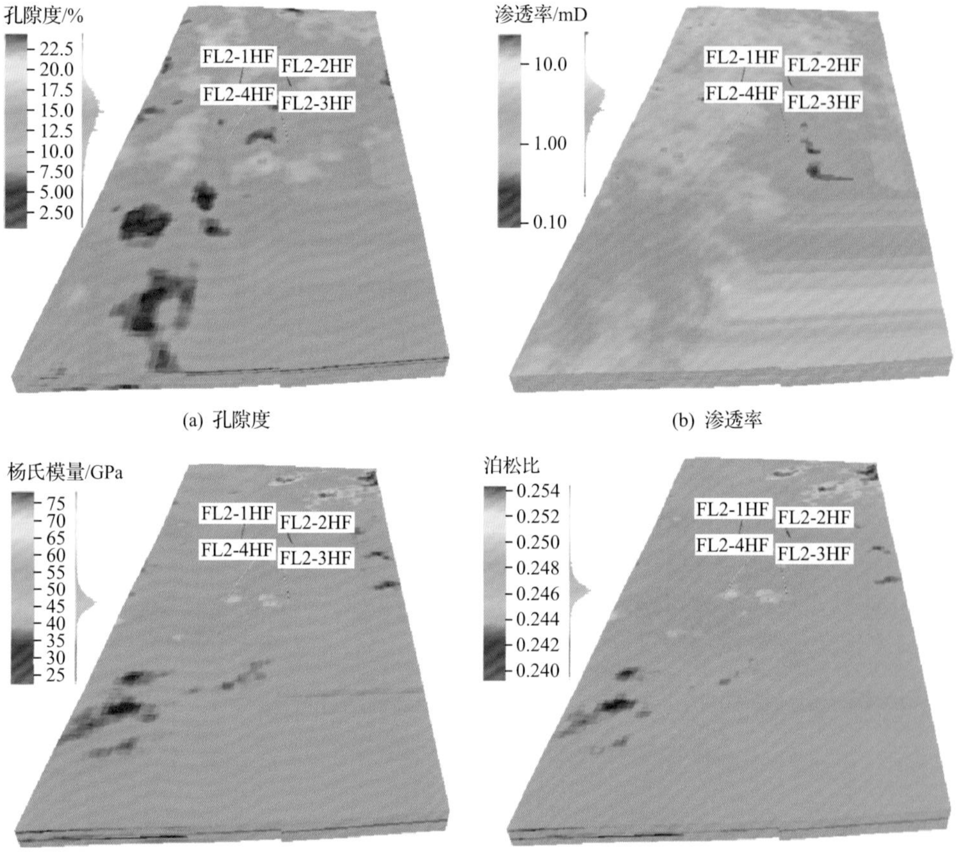

(a) 孔隙度　(b) 渗透率　(c) 杨氏模量　(d) 泊松比

图 5-49　FL2 平台部分物性及地质力学参数三维展布

表 5-7　数值建模用储层参数

参数	数值或范围	单位
储层埋深 H	2985.31～3184.06	m
甲烷压缩系数 C_g	3.84×10^{-10}	Pa^{-1}
甲烷黏度 μ_g	1.84×10^{-5}	Pa·s
地层水黏度 μ_w	1.03×10^{-3}	Pa·s
初始基质孔隙度 ϕ_{m0}	0.02%～0.23%	
初始裂缝孔隙度 ϕ_{f0}	0.51%～7.96%	

续表

参数	数值或范围	单位
初始基质渗透率 k_{m0}	0.0007～0.0018	mD
初始裂缝渗透率 k_{f0}	0.19～4.61	mD
初始页岩气饱和度 S_{ig}	0.20	
初始残余地层水饱和度 S_{rw}	0.00	
杨氏模量 E	27.15～33.48	GPa
泊松比 v	0.252～0.356	
Biot 系数 a	0.78	
岩石密度 ρ	2416～2613	kg/m^3

由于图 5-49 所示地质模型基于地震和地质参数反演得到，即便是考虑单井剖面的校正作用，其属性模型也仅包括物性及岩石力学参数。而建立四维动态地应力模型，还需要初始地应力参数，如图 5-50 所示，为 4 口井校正后的储层段单井三向地应力剖面。

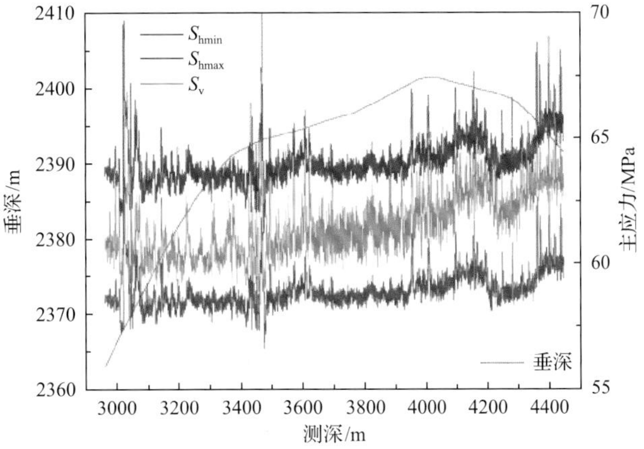

(a) FL2-1

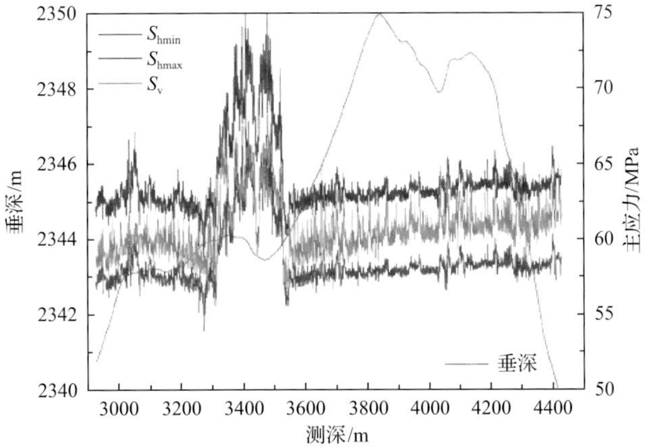

(b) FL2-2

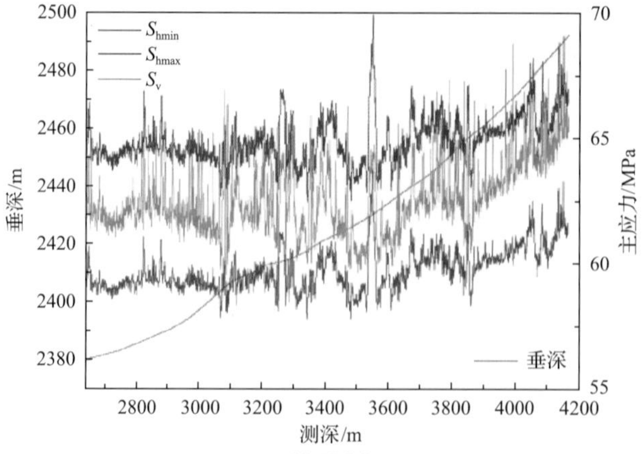

(c) FL2-3

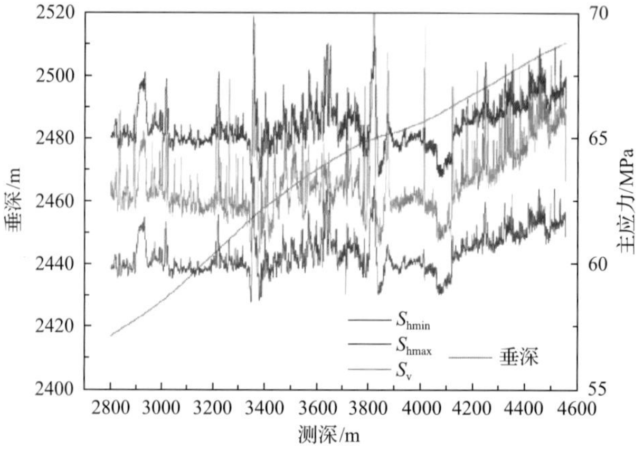

(d) FL2-4

图 5-50 实验校正后的 FL2 平台各井单井地应力剖面

在地震沉积数据约束下，将图 5-50 的单井地应力剖面在地质模型中进行横向插值，生成初始三维地应力分析模型，如图5-51所示。其中，最小水平主应力60.29～62.46MPa，最大水平主应力 64.45～66.07MPa，垂向应力 62.13～64.28MPa。

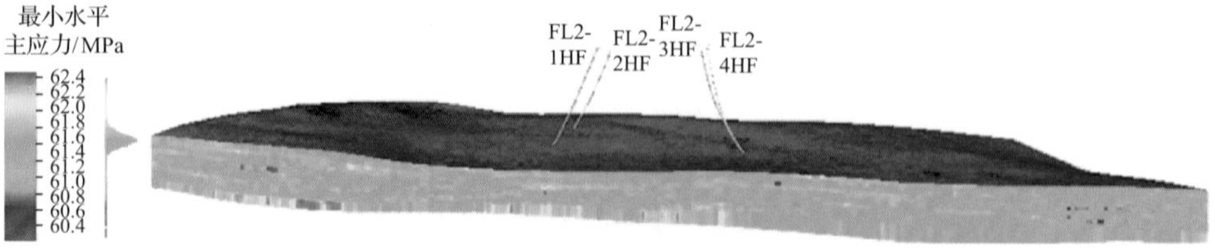

(a) 最小水平主应力

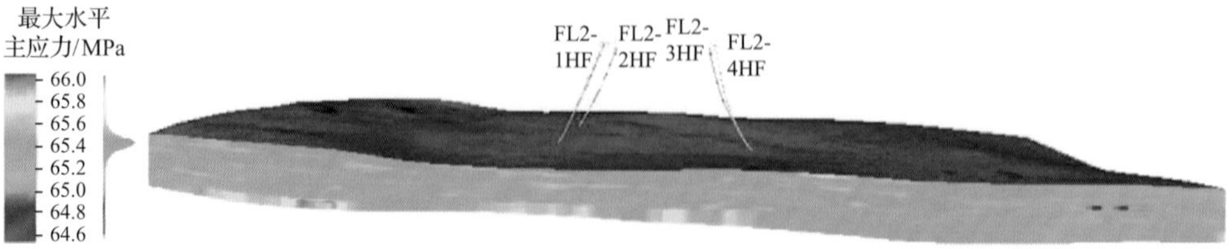

(b) 最大水平主应力

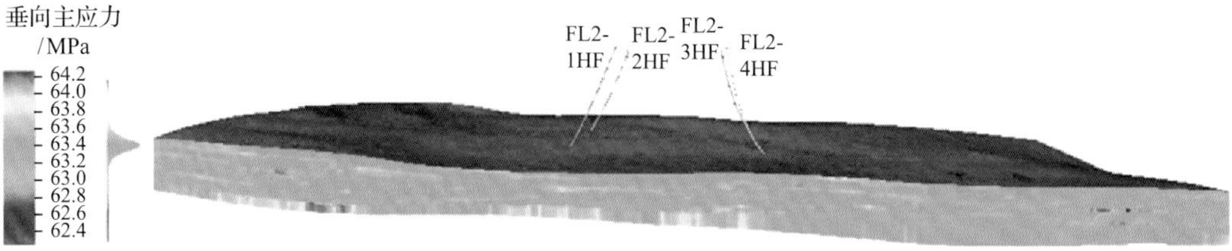

(c) 垂向应力

图 5-51　校正后的 FL2 平台初始地应力三维分布

5.2.2　FL2 平台四维动态地应力建模

5.2.2.1　考虑水力压裂裂缝的有限差分渗流模型

基于单井剖面校正后的地质模型和渗流参数，在 Eclipse 中建立起 FL2 平台区域的页岩气储层渗流模型，模型中考虑页岩为基质-裂缝系统双渗介质，同时考虑渗透率在平面和纵向的各向异性。此外，由于 FL2 平台各井均实施了水力压裂施工，因此需要将水力压裂裂缝对储层渗流的影响考虑到模型之中。本案例中采用微地震监测反演法，即，将微地震监测得到的事件点(图 5-52)反演为连续的水力压裂裂缝，然后将水力裂缝插值到地质模型中，再根据裂缝与网格的空间位置关系，将裂缝处理为等效渗透率，进而对渗流模型中对应位置处裂缝渗流系统的渗透率进行修正，如图 5-53 所示，为水力裂缝等效后渗流模型中的三向渗透率分布。

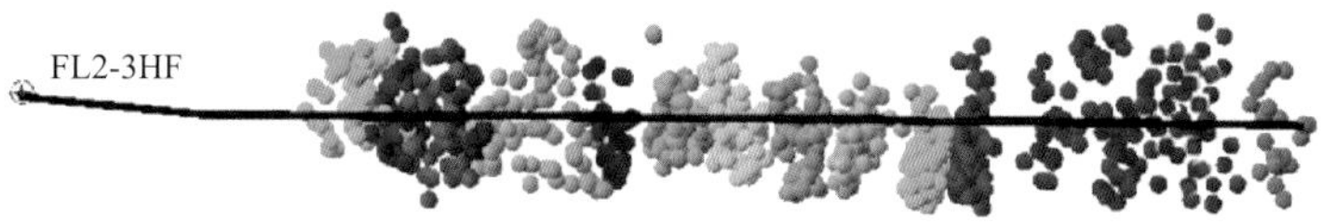

图 5-52　FL2-3HF 水力压裂过程中的微地震监测事件点

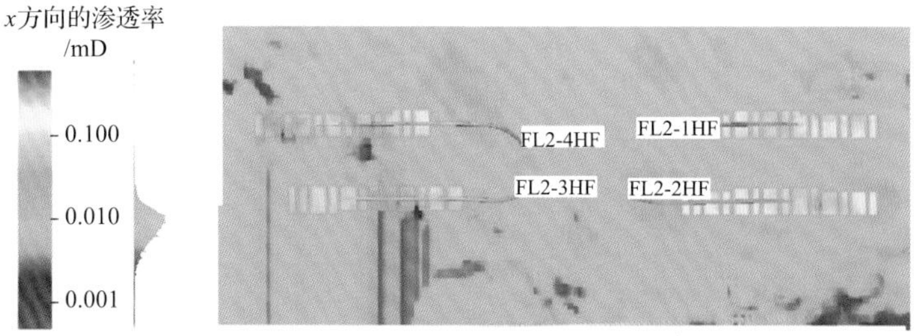

(a) x(东西)方向的渗透率

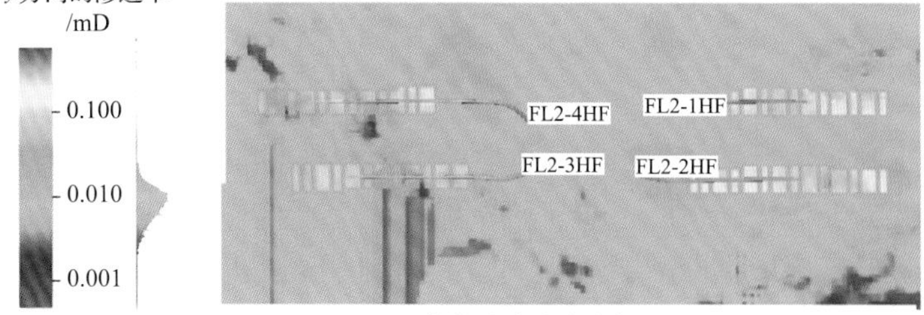

(b) y(南北)方向的渗透率

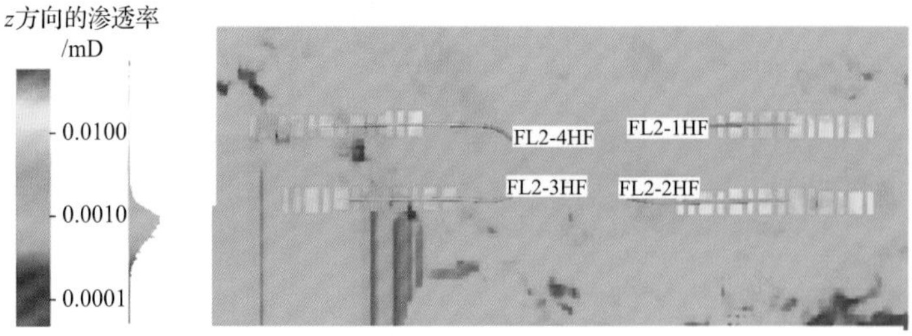

(c) z(垂深)方向的渗透率

图 5-53 FL2 平台水力裂缝及其等效渗透率

5.2.2.2 非均质性有限元地质力学模型

在三维地质模型基础上，即可建立起 FL2 平台的三维地质力学模型。首先利用地质模型生成地质力学几何模型，模型东西向长 5616m，南北向长 2355m，储层垂向跨度 402m。

由于该区域储层不含有大型非连续面，因此选择六面体网格，在 ABAQUS 中生成地质力学网格模型。然后再利用作者编制的插值映射程序，将地质模型中的三维地质力学属性，插值到地质力学网格中，并通过单井地质力学模型对属性进行进一步校正。最后，通过固结计算对插值后的初始地应力进行平衡测试，如图 5-54 所示。

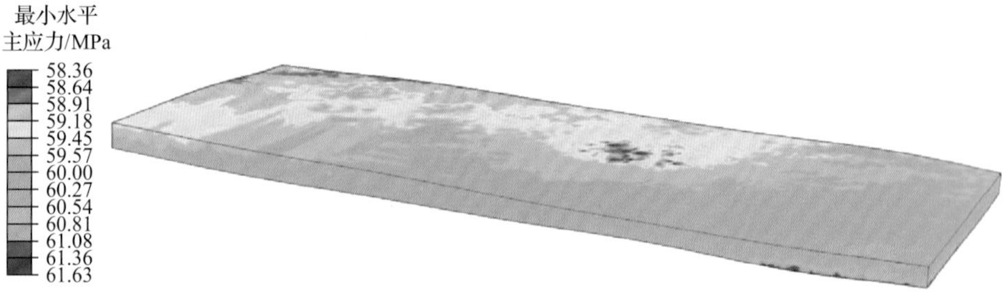

图 5-54 FL2 平台初始地应力(最小水平有效应力)分布

由于该区块储层为层理性页岩，因此，还需要考虑页岩的各向异性，即横观各向同性。在本案例中，横观各向异性表征通过刚度矩阵实现：

$$\boldsymbol{D}'^{-1}=\begin{bmatrix} 1/E_{\mathrm{i}} & -v_{\mathrm{i}}/E_{\mathrm{i}} & -v_{\mathrm{o}}/E_{\mathrm{o}} & 0 & 0 & 0 \\ -v_{\mathrm{i}}/E_{\mathrm{i}} & 1/E_{\mathrm{i}} & -v_{\mathrm{o}}/E_{\mathrm{o}} & 0 & 0 & 0 \\ -v_{\mathrm{o}}/E_{\mathrm{o}} & -v_{\mathrm{o}}/E_{\mathrm{o}} & 1/E_{\mathrm{o}} & 0 & 0 & 0 \\ 0 & 0 & 0 & 1/G_{\mathrm{i}} & 0 & 0 \\ 0 & 0 & 0 & 0 & 1/G_{\mathrm{o}} & 0 \\ 0 & 0 & 0 & 0 & 0 & 1/G_{\mathrm{o}} \end{bmatrix} \tag{5-13}$$

式中，E_{i}、v_{i} 和 G_{i} 为平行于层理方向的弹性模量、泊松比和剪切模量；E_{o}、v_{o} 和 G_{o} 为垂直于层理方向的弹性模量、泊松比和剪切模量，剪切模量 $G=E/2(1+v)$。

为了表征横观各向同性程度，r_{E} 和 r_v 定义为弹性模量和泊松比的横观各向同性系数，其表达式为：

$$r_{\mathrm{E}}=\left|1-\frac{E_{\mathrm{o}}}{E_{\mathrm{i}}}\right|, r_{v}=\left|1-\frac{V_{\mathrm{o}}}{V_{\mathrm{i}}}\right| \tag{5-14}$$

式中，$0<r_{\mathrm{E}}$；$r_v<1$。

除岩石力学各向异性外，页岩作为一种多孔介质，在长时间开采过程中，由于岩石基质发生变形，将导致其渗透率发生变化，也就是说，在页岩渗流过程中的基质渗透率不能视为常量。而本章中的生产过程四维动态地应力演化过程基于渗流-应力交叉迭代耦合，这就意味着，在每一时间步内，都可以更新页岩的渗透率，使得每一时间步的渗流模型计算更接近页岩实际情况。页岩渗透率应力敏感性的主要机理可表述为：由于页岩受力变形改变了岩体的微观结构，进而导致岩土孔隙特性改变。为了方便在 ABAQUS 进行描述，这里引入孔隙比(即：岩石孔隙与骨架之比)。从孔隙比的定义可以看出，孔隙比的变化是由于岩石骨架的变形而引起的，可以表示为

$$\Delta e=\Delta\left(\frac{V_{\mathrm{p}}}{V_{\mathrm{s}}}\right) \tag{5-15}$$

式中，V_{p}为孔隙体积；V_{s}为固相体积。假设岩石颗粒是不可压缩的，故岩石体积的变化为$\Delta V=\Delta V_{\mathrm{p}}$，根据体积应变的定义$\varepsilon_v=\varepsilon_x+\varepsilon_y+\varepsilon_z$可知：

$$\varepsilon_v=\frac{\Delta V}{V_0}=\frac{\Delta V_{\mathrm{p}}}{V_0}=\frac{V_{\mathrm{s}}\Delta e}{V_{\mathrm{s}}(1+e_0)}=\frac{\Delta e}{1+e_0}=\frac{e-e_0}{1+e_0} \tag{5-16}$$

式中，V_0为初始体积；e_0为初始孔隙比。

由上式可导出孔隙度与体积应变之间的关系为

$$\phi=1-\frac{1-\phi_0}{\varepsilon_v} \tag{5-17}$$

式中，ϕ_0为初始孔隙度。

由式(5-17)可知，孔隙度越小，变形对孔隙度的影响越明显。

同时引入渗透系数，方便在有限元求解器中进行渗透率描述。渗透系数与孔隙度之间的关系为

$$k=\frac{\rho g}{\mu}\frac{d^2}{180}\frac{\phi^3}{(1-\phi)^2} \tag{5-18}$$

式中，μ为流体的动力黏度；d为固体颗粒的平均直径。

将式(5-17)代入式(5-18)可得

$$\frac{k}{k_0}=\left[\frac{1}{n_0}(1+\varepsilon_v)^3-\frac{1-n_0}{n_0}(1+\varepsilon_v)^{-1/3}\right]^3 \tag{5-19}$$

5.2.3 模型验证

本案例通过历史拟合来验证所建渗流-应力耦合模型计算结果是否正确。图 5-55 所示为关于井口压力和单井产量的现场监测和数值模拟的对比。由于将单井产量作为渗流-应力耦合的边界条件，仅需要对比现场监测和数值模拟的井口压力。由图 5-55 可知，现场监测的井口压力和数值模拟结果误差不超过 5%，说明渗流-应力耦合数值计算过程中的井口压力变化与现场实际匹配，证明了模型的准确性。

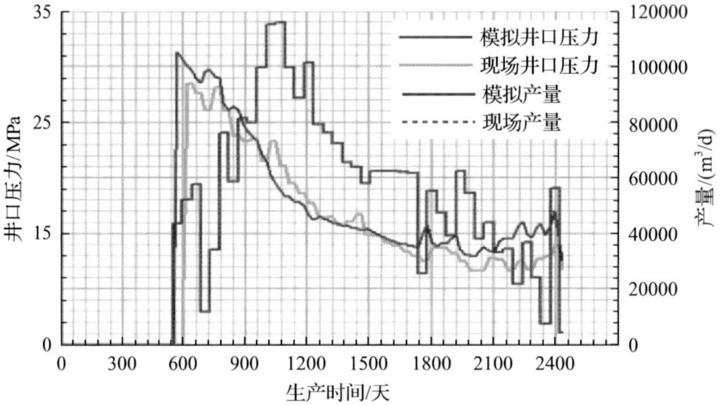

图 5-55　基于 FL2 平台生产动态参数的模型验证

另一方面，由于产量递减过快，该平台在 2020 年 2 月实施了加密井钻井，新钻井 FL2-5HF 和 FL2-6HF。同时，FL2-6HF 井实施了 DFITs 测试[图 5-56(a)]，因而可以利用 DFITs 测试获取当前的最小水平主应力。图 5-56(b)所示为沿裂缝扩展方向的最小水平主应力剖面，对比模拟得到的 2020 年 1 月 DFIT 处最小水平主应力和实测结果，发现两者高度吻合，进一步验证了模型的准确性。

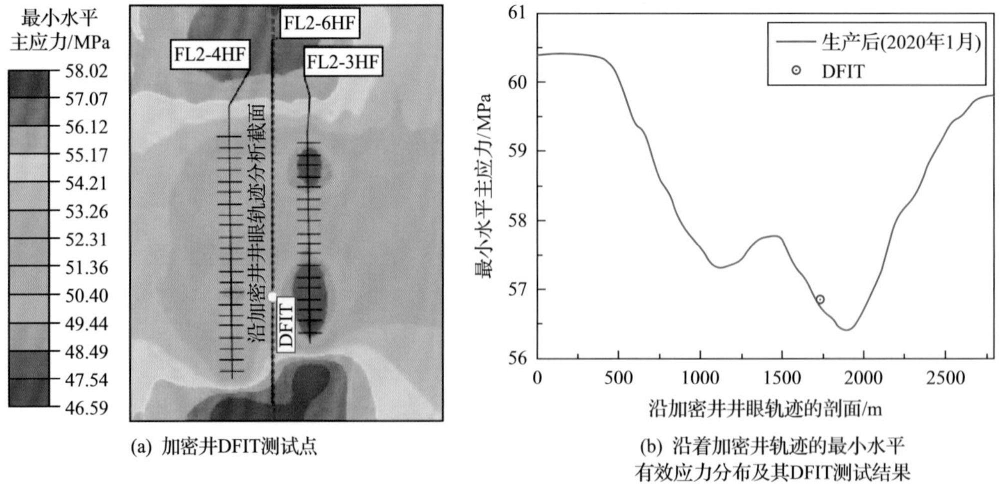

图 5-56　基于 FL2 平台加密井 DFIT 测试的模型验证

5.2.4　结果与讨论

5.2.4.1　生产前后储层地质力学展布

图 5-57 所示为生产 60 个月前后，井轨迹储层段的孔隙压力平面展布。从图 5-57(a)可知，初始状态下，孔隙压力分布由西南向东北逐渐降低，基本与储层构造垂直分布相符，非均质性显著。在生产了 60 个月以后，各井井周均出现了压降漏斗，且显著地降低均分布在压裂改造区域附近，如图 5-57(b)所示，证明水力裂缝对提高单井产能作用显著。此外，在压降漏斗区域以外，孔隙压力的非均质性减弱，进一步说明了对于该区块储层，非均质性对孔隙压力变化的影响大大弱于水力压力裂缝。其中，出现最大压降处为 FL2-3HF 井的第 2 压裂段。

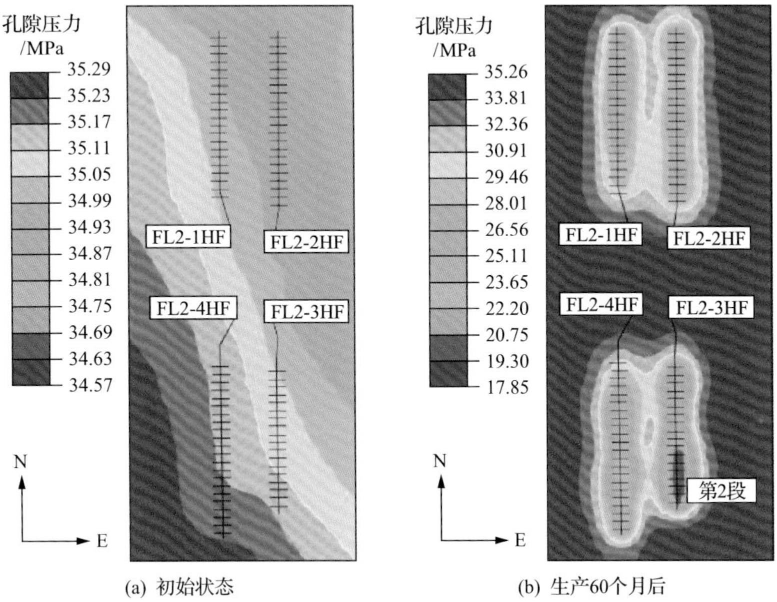

图 5-57　FL2 平台生产 60 个月前后的孔隙压力

图 5-58 和图 5-59 所示为生产 60 个月前后，最小/最大水平有效应力的展布情况。如图 5-58(a)和图 5-59(a)所示，初始最小/最大水平有效应力分布状态与孔隙压力类似，呈现由东北向西南方向逐步降低。在开采了 60 个月后，沿着井周同样出现了有效应力的压降漏斗，且范围基本与孔隙压力相协调。此外，从图 5-58(c)和图 5-59(c)的应力矢量图可知，在井筒附近出现了显著的应力偏转，且应力偏转与孔隙压力相协调。

5.2.4.2　沿水力裂缝扩展方向的应力分布

1) 沿着裂缝扩展方向的应力分布

由于图 5-56～图 5-59 中显示最大水平主应力在 FL2-3HF 井的第 2 压裂段处，为了充分展示对比差异，以该压裂段处为基准点，并沿着水平主应力扩展方向确定一条横截面，如图 5-60 所示，接下来的讨论均在该横截面上进行。

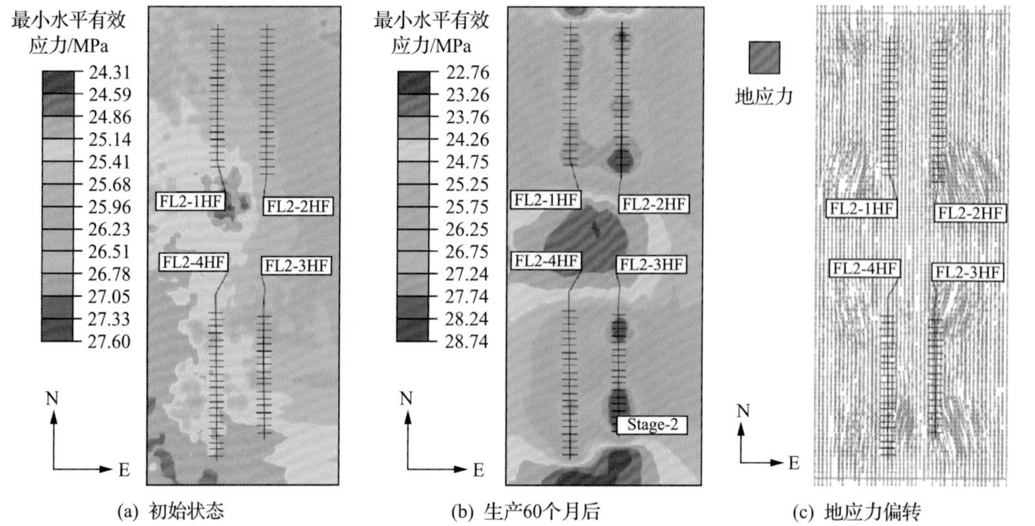

图 5-58　FL2 平台生产 60 个月前后的最小水平有效应力

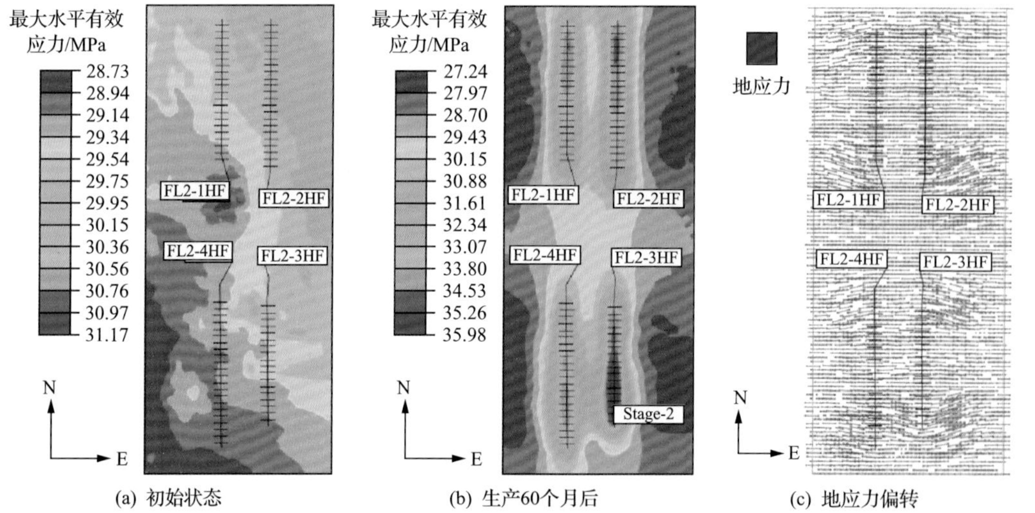

图 5-59　FL2 平台生产 60 个月前后的最大水平有效应力

图 5-61 显示了沿着 FL2-3HF 第 2 压裂段横截面生产前后的孔隙压力分布，从图中可以看出，随着开采的进行，孔隙压力的下降幅度逐步降低，沿着裂缝扩展方向的压力波解决模型的边缘。在生产 60 个月以后，射孔处的孔隙压力从 35.15MPa 降低到了 19.06MPa。对于多孔介质，孔隙压力下降往往伴随着储层压实效应，如图 5-62 所示，储层压实程度与孔隙压力下降幅度相匹配。但是，最大压实点出现在 4HF 井的压裂段附近，在 2020 年 1 月达到了 20.48mm，由此可知，储层的岩石力学非均质性对渗流-应力耦合过程有着明显的影响。图 5-63 和图 5-64 所示为该界面水平两向有效应力在生产前后的分布状态，从图中可以看出，水平有效应力在生产后的分布状态不仅受到孔隙压力变化的影响，还与初始地应力的分布状态密切相关。

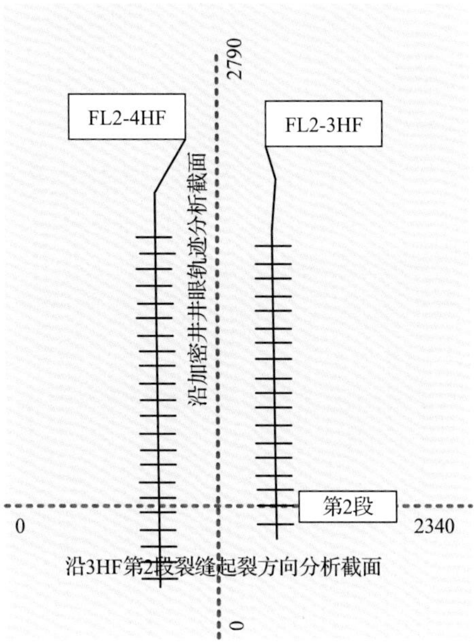

图 5-60　沿着 FL2-3HF 井第 2 段裂缝扩展方向的分析截面

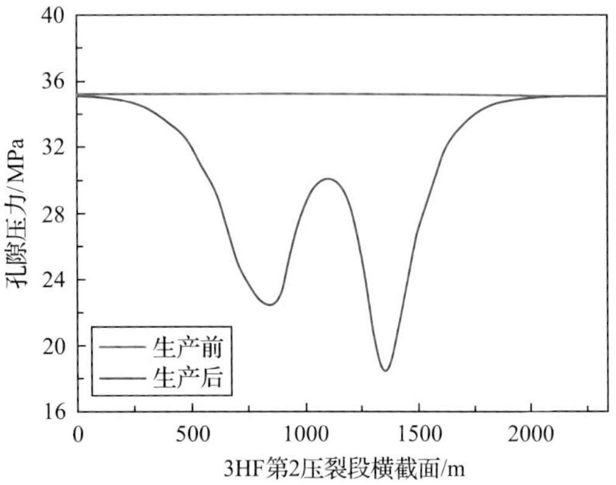

图 5-61　裂缝扩展方向孔隙压力分布

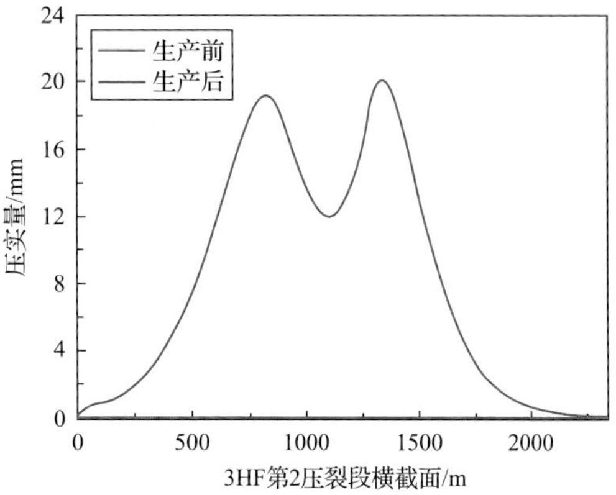

图 5-62　裂缝扩展方向储层压实分布

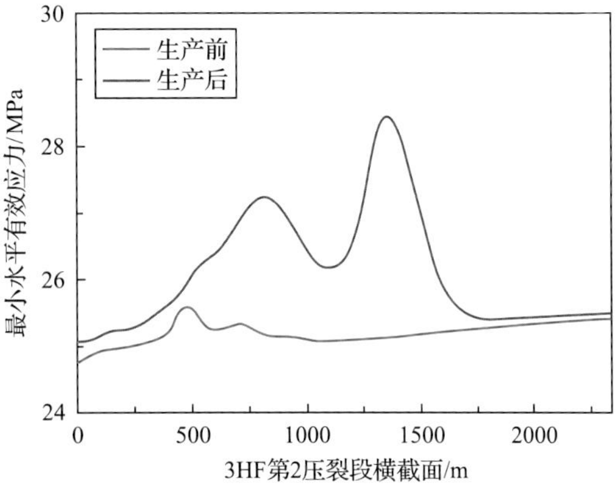

图 5-63　裂缝扩展方向最小水平有效应力分布

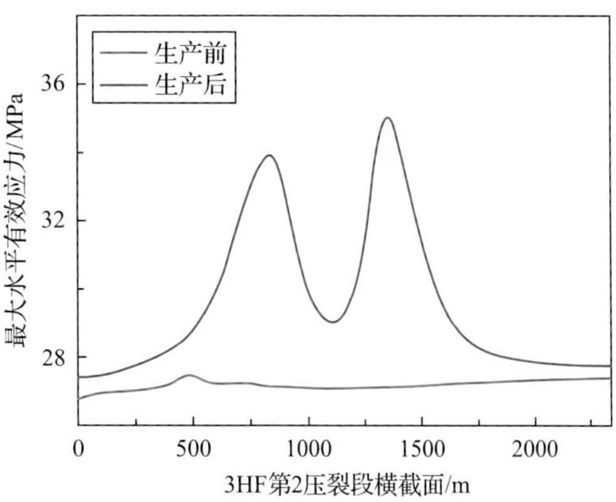

图 5-64　裂缝扩展方向最大水平有效应力分布

2) 开采对加密井处地应力的影响

由于有效应力和储层压实均随着孔隙压力的下降而增大，而加密井的钻完井施工与前期开采后的地质力学状态密切相关，因此，沿着 FL2-3HF 和 FL2-4HF 井之间的加密井 FL2-6HF 水平井轨迹画一条横截面开展相关分析。图 5-65 所示为沿着 FL2-6HF 水平井轨迹的孔隙压力分布，在 60 个月开采之后，孔隙压力压降呈现出非均匀的特性，其中最大孔隙压力为 4.97MPa；图 5-66 所示为沿着 FL2-6HF 水平井轨迹的压实分布，最大处达到了 6.18MPa。图 5-67 和图 5-68 展示了沿着 FL2-6HF 水平井轨迹的最小/最大水平有效应力分布，对比图 5-65～图 5-68 可以看出，储层有效应力变化并不与孔隙压力变化相协调，进一步印证了地质力学变化不仅受到压裂裂缝的影响，还与初始地质力学状态和储层非均质性密切相关。

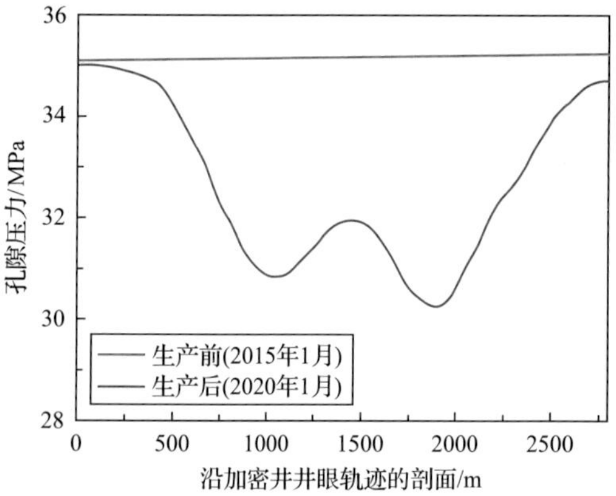

图 5-65 沿着加密井轨迹的孔隙压力展布

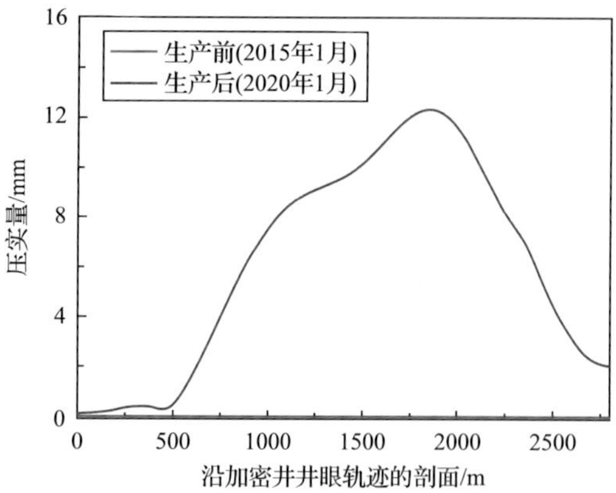

图 5-66 沿着加密井轨迹的储层压实展布

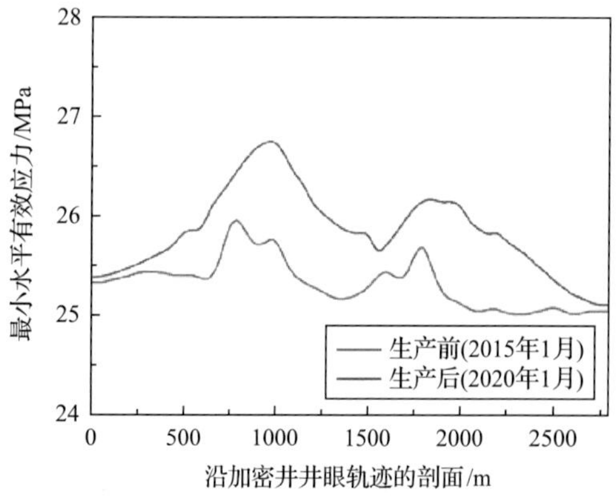

图 5-67 沿加密井轨迹的最小水平有效应力展布

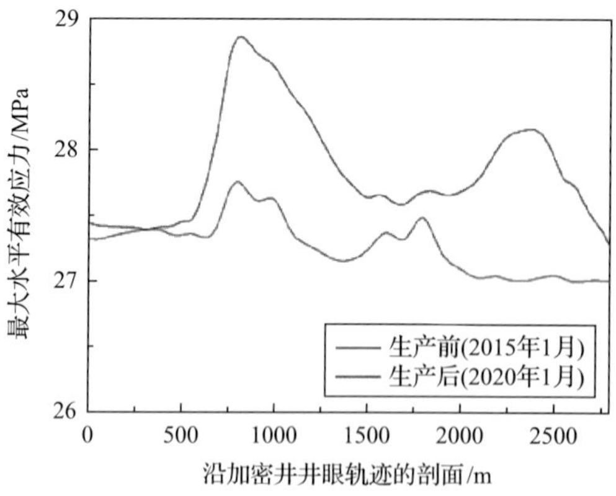

图 5-68 沿加密井轨迹的最大水平有效应力展布

5.2.4.3 开采过程中的储层动态演化规律

1) 地应力的动态演化

由于 FL2 平台储层是层理性页岩，因此需要进一步分析页岩岩石力学参数横观各向同性特征对动态地应力的影响，在 5.2.2 节中模型的基础上分别开展各向同性和横观各向同性岩石力学参数下的储层渗流-应力耦合计算。为了进行控制变量分析，在耦合方式选择上，选择单向顺序迭代，即不考虑地质力学演化对渗流的影响。图 5-69 所示为 FL-2HF 井附近最小和最大水平有效应力随着孔隙压力下降的动态变化过程，随着开采的进行，孔隙压力从 35.15MPa 逐步降低到 19.06MPa，而最小/最大水平有效应力随着孔隙压力逐渐增大，其中最小水平有效应力在横观各向同性模型中从 25.36MPa 增大到 28.08MPa，而在各向同性模型中仅增大到 27.57MPa；最大水平有效应力在横观各向同性模型中从 29.15MPa 增大到 35.76MPa，而在各向同性模型中仅增大到 34.88MPa，对于横观各向同性材料表征的模型，最小和最大水平有效应力分别增大了 11%和 23%；而对于各向同性材料表征的模型，最小和最大水平有效应力分别增大了 9%和 20%。由于平行于层理方向的弹性模量大于垂直于层理方向的弹性模量，平行于层理方向的 Biot 系数大于垂直于层理方向，因此平行于层理面方向的岩石抵抗变形的作用更为明显，进而使得横观各向同性材料表征的模型中有效应力变化幅度大于各向同性材料表征的模型。同时，由最小水平有效应力的增长幅度大于最大水平有效应力的增长幅度，说明地应力方向发生了一定程度的偏转。

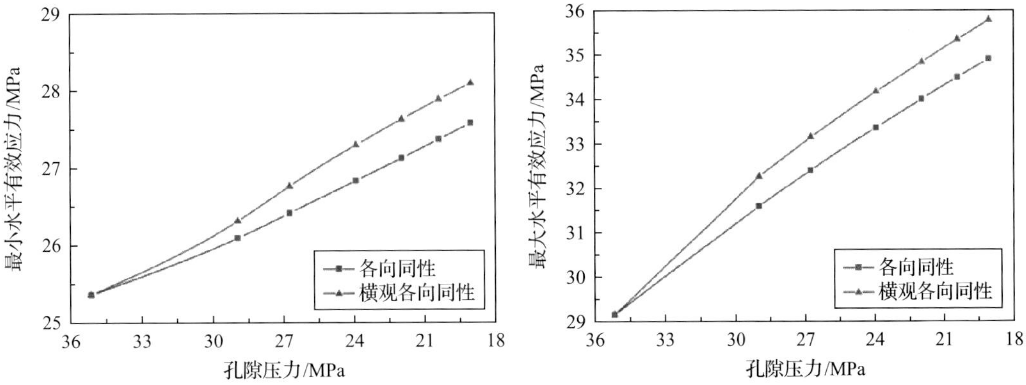

(a) 最小水平有效应力与孔隙压力的关系　(b) 最大水平有效应力与孔隙压力的关系

图 5-69　FL2 平台 3HF 井第 2 段裂缝处岩石力学各向异性的影响

由于横观各向同性弹性参数能够更为准确地表征层理性页岩的力学特征，因此，接下来在讨论水力裂缝和多井生产对地质力学演化的影响时，均基于横观各向同性岩石表征的地质力学模型。图 5-70 为水力压裂主裂缝在 FL2-3HF 和 FL2-4HF 井中的改造长度意图，讨论主要基于两翼裂缝 FL2-3HF 第 2 压裂段进行。为了分析压裂改造范围对地质力学变化的影响，同时避免其他生产井的干扰效应，取井筒附近和东侧裂缝尖端进行对比分析，如图 5-71(a)所示，孔隙压力在井筒附近下降了 16.10MPa，而在东侧裂缝尖端仅下降了 13.48MPa；与之对应的最小水平有效应力在井筒附近下降了 2.72MPa，而在东侧裂缝尖端仅下降了 2.47MPa。最小水平主应力在孔隙压力不断增大的过程中，裂缝尖端的孔隙压力和最小水平主应力变化量均小于井筒附近，说明沿着裂缝扩展方向存在一定的孔隙压力和地应力梯度。

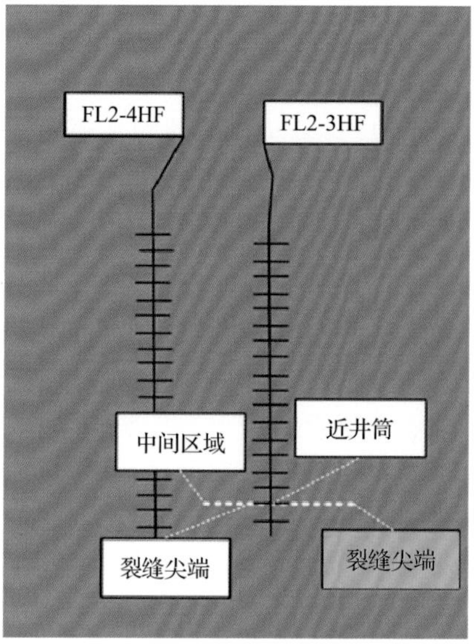

图 5-70　用于讨论地质力学演化的四个不同区域

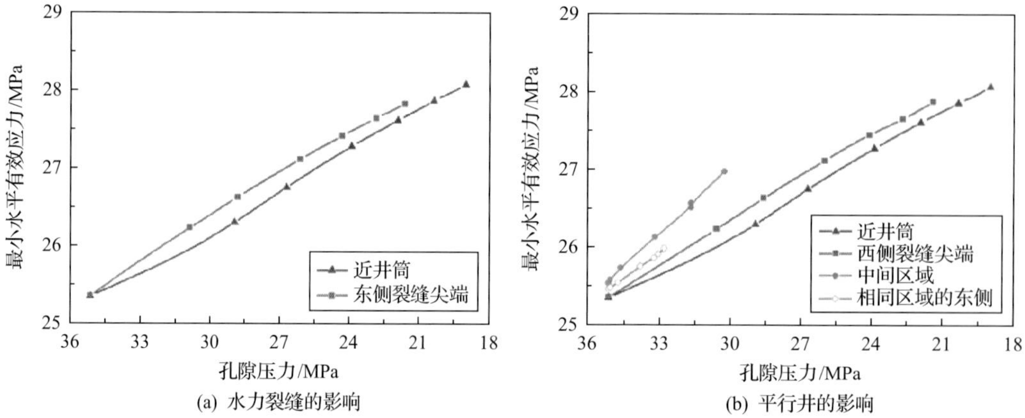

图 5-71　FL2 平台不同区域地应力演化对比

另一方面，为了分析多井生产的干扰效应(在本例中为FL2-4HF对FL2-3HF的干扰)，在图 5-71(a)的基础上，另外选取 FL2-3HF 第 2 压裂段西侧裂缝尖端和 FL2-4HF 和 FL2-3HF 之间的加密井井筒处，绘制最小水平有效应力随着孔隙压力的变化，对比 4 个不同位置处的地质力学演化情况。如图 5-71(b)所示，对比两侧裂缝尖端，孔隙压力在西侧裂缝尖端下降了 13.71MPa，相比东侧裂隙尖端多下降了 0.23MPa，与之对应的是最小水平主应力在西侧裂缝尖端上升了 2.53MPa，相比东侧裂隙尖端多上升了 0.19MPa；进一步，再对比 FL2-4HF 和 FL2-3HF 之间加密井井筒处(FL2-3HF 西侧)与 FL2-3HF 相同距离东侧，同样可以看出，FL2-3HF 西侧比 FL2-3HF 相同距离东侧的地质力学变化幅度更大，说明了平行生产井对储层地应力演化有着显著的影响。

2)开采过程中的渗透率演化

与图 5-71 相对应，图 5-72 显示了不同位置处无因次渗透率与最小水平有效应力的关系。如图 5-72(a)所示，无因次渗透率在井筒附近下降到了 0.502，而在东侧裂缝尖端仅下降到了 0.630；如图 5-72(b)所示，无因次渗透率在西侧裂缝尖端下降到了 0.601，在 FL2-4HF 和 FL2-3HF 之间加密井井筒处(FL2-3HF 西侧)下降到了 0.799。说明在最小水平主应力随着孔隙压力不断增大的过程中，沿着裂缝扩展方向存在一定的渗透率梯度，并且平行生产井对储层渗透率的动态分布具有明显的影响。

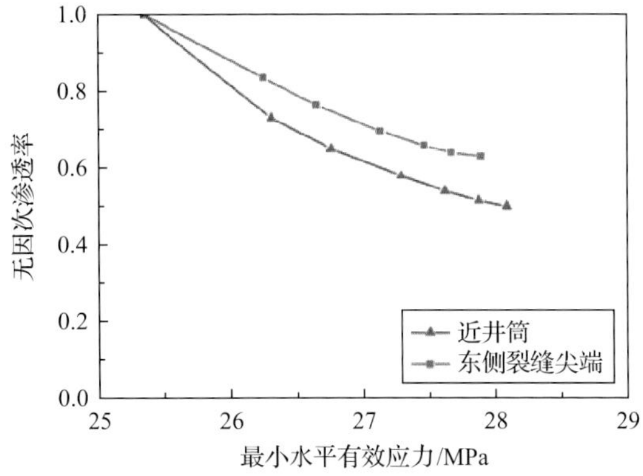

(a) 水力裂缝的影响

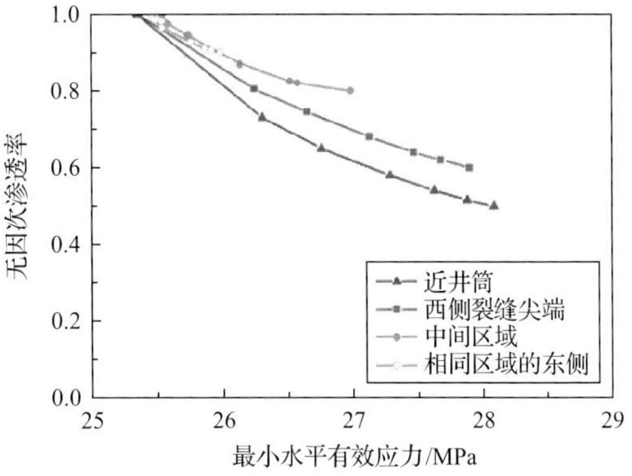

(b) 平行井的影响

图 5-72　FL2 平台不同位置处无因次渗透率随有效应力的变化

5.3　四维动态地应力在山西沁水盆地寿阳煤层气排采中的应用

5.3.1　南燕竹 A2 区块储层及布井概况

寿阳地区南燕竹区块位于山西省中部，沁水盆地北部，海拔高度在 980.0～1342.1m。该区块海拔整体呈现出西北向东南方向逐步降低(图 5-73)，地质构造平缓，地层倾角小于 5°，无断层。前期勘探及测试结果显示 3#煤层、9#煤层、15#煤层为煤层气主力产层。其中，3#煤层位于下二叠统山西组(P_{1s})，9#煤层和 15#煤层位于上石炭统太原组(C_{3t})。15#煤层为重点开发层位，储量丰度和含气面积均为各储层最佳，符合经济开采条件。

15#煤层位于太原组的下部，K2 下灰岩为直接顶板充水含水层。顶板为石灰岩，底板以泥岩、砂质泥岩为主，局部为细砂岩和炭质泥岩。南燕竹 A2 区共钻井 165 口/压裂 127 口，目前在排 47 口/产气井 23 口，如图 5-74 所示。然而，前期各生产井在压裂施工后产量仍普遍迅速降低至不足 500 m^3/d。截至本研究开始，仅有 23 口井在产气，同时有 47 口井开始大量产水。

从 23 口产气井的分布可知，大多数均分布在南燕竹 A2 区域的中南部。由于 3#和 9#煤层产量极低，因此仅对 15#煤层进行分析。基于生产动态数据，将生产井划分为 3 类，分别是：①稳定高产气、低产水井，包括 SYNY-136、SYNY-161、SYNY-173、SYNY-185、SYNY-187；②水气同产井，包括 SYNY-109、SYNY-125、SYNY-126、SYNY-138、SYNY-151、SYNY-152、SYNY-190；③其余各井均为低产气、高产水井。

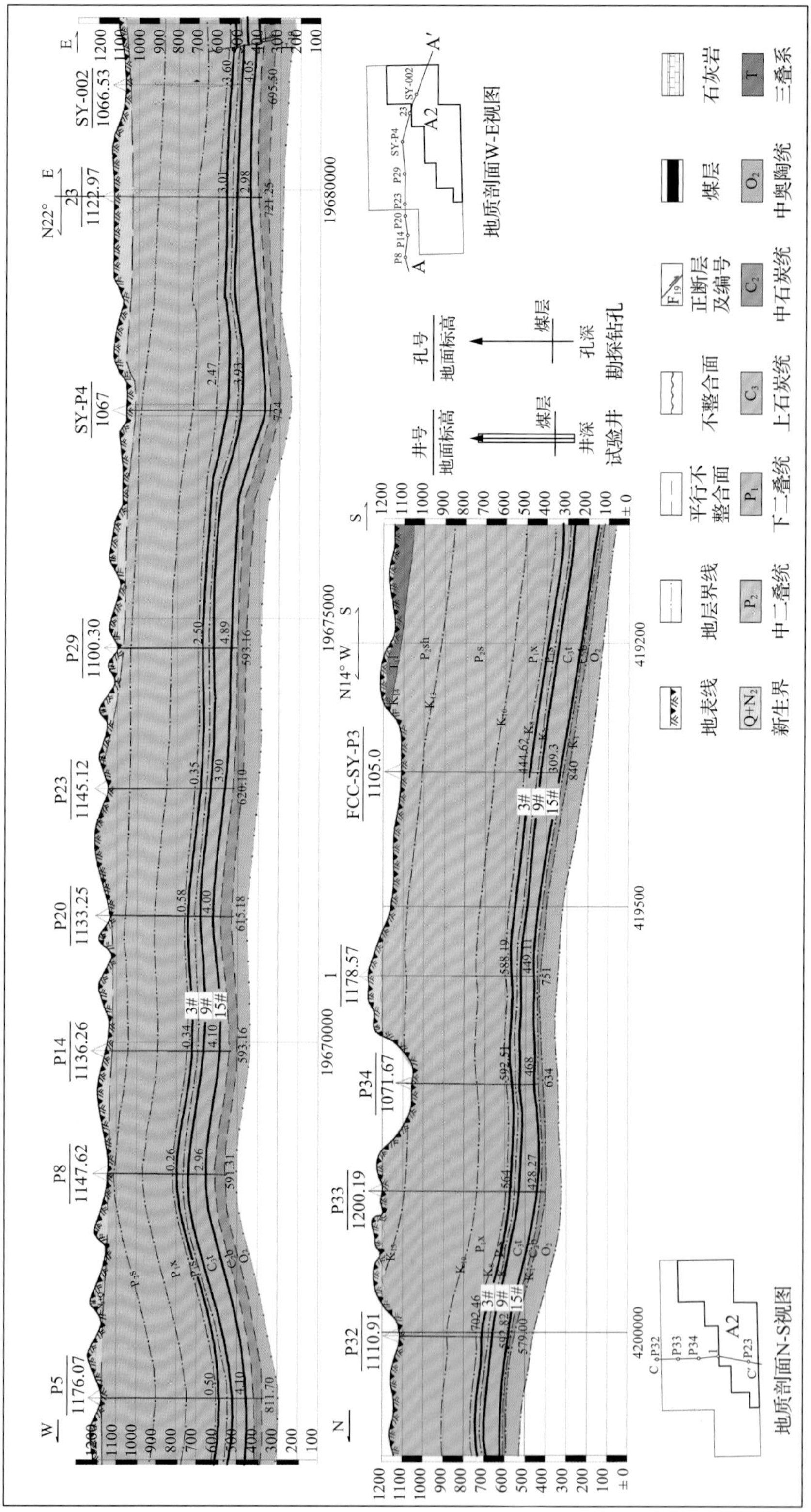

图5-73 寿阳南燕竹区域地质剖面

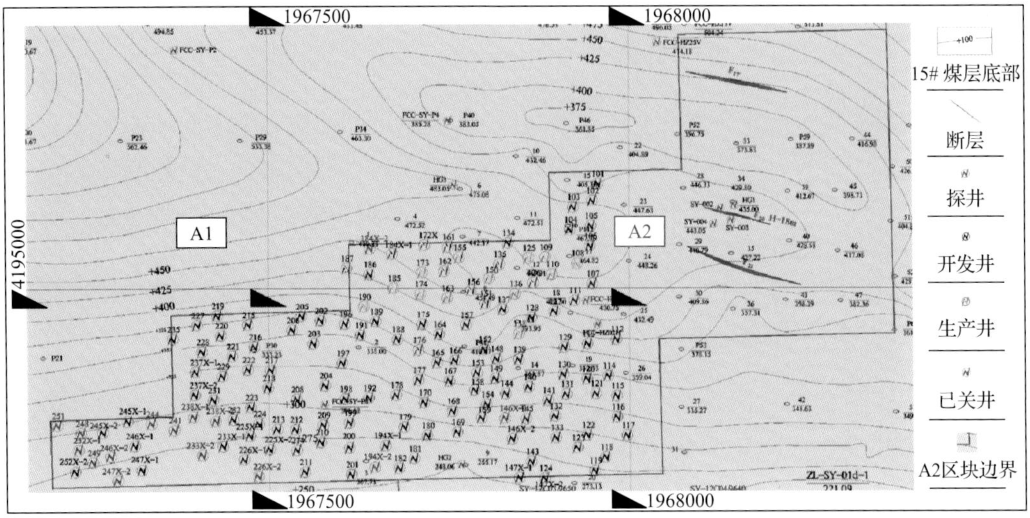

图 5-74　寿阳南燕竹区域 15#煤层底部构造等值线及井位分布

5.3.2　A2 区块四维动态地应力建模

5.3.2.1　储层地质几何模型

图 5-75 为南燕竹 A2 区块几何模型，该模型东西向 11.50km，南北向 5.80km，垂深 802.19～1247.03m。其中 15#煤层厚度 1.50～6.08m，煤层上覆灰岩顶板，厚度 20～33m，下伏为泥岩底板，厚度 1.13～5.29m。在地质几何模型基础上建立地质力学网格模型，由于该区块构造相对平缓，且无断层等大型非连续面，为了保证煤层部分的网格质量，选择 8 节点六面体网格。

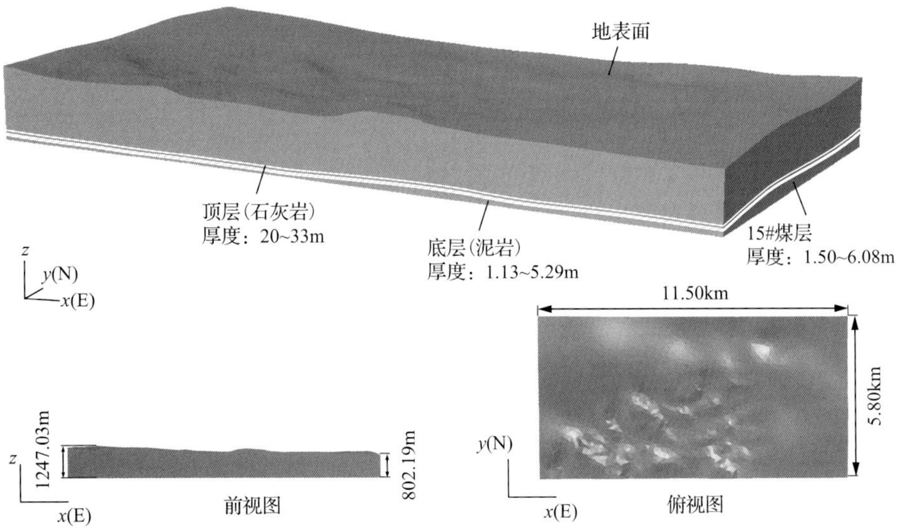

图 5-75　南燕竹 A2 区块几何模型

5.3.2.2 煤层地质力学特征

基于地质模型对地质力学模型的参数映射，并利用单井地质力学剖面插值校正之后，还需要对煤岩的岩石力学各向异性进行表征。煤岩的各向异性受到其层理和割理的影响，其岩石力学参数表现为正交各向异性，考虑到该层理倾角平缓，因此模型中的正交各向异性设置为 x、y、z 三个方向相异。利用正交各向异性强度系数进行表征，r_{Ex} 和 r_{vx} 分别为 x 方向的弹性模量和泊松比正交各向异性强度系数；r_{Ey} 和 r_{vy} 分别为 y 方向的弹性模量和泊松比正交各向异性强度系数，其表达式为

$$r_{Ex}=\left|1-\frac{E_z}{E_x}\right|, r_{Ey}=\left|1-\frac{E_z}{E_y}\right| \tag{5-20}$$

$$r_{vx}=\left|1-\frac{v_z}{v_x}\right|, r_{vy}=\left|1-\frac{v_z}{v_y}\right| \tag{5-21}$$

式中，$0<r_E, r_v<1$。

基于15#煤层的各向异性岩石力学测试实验，即可换算得到该煤岩的各向异性强度系数，进而对前面建立的各向同性地质力学模型进行修正。渗流及地质力学参数如表 5-8 所示。

表 5-8 煤层动态建模数值建模参数

模型参数	数值	单位
储层垂深 H	435.15～926.66	m
储层厚度 h	1.50～6.08	m
初始孔隙度 ϕ_0	3.10%～9.60%	
初始渗透率 k_0	0.02～0.42	md
初始含气饱和度 S_{ig}	0.2	
残余含水饱和度 S_{rw}	0	
煤岩密度 ρ	1469～1521	kg/m^3
弹性模量 E	3.11～7.75	GPa
泊松比 v	0.120～0.232	
Biot 系数 α	0.87	
x 方向弹性模量强度系数 r_{Ex}	0.09364	
y 方向弹性模量强度系数 r_{Ey}	0.19239	
x 方向泊松比强度系数 r_{vx}	0.174	
y 方向泊松比强度系数 r_{vy}	0.17566	
初始孔隙压力梯度 G_p	0.42～0.91	MPa/100m
单轴抗压强度 C_p	25.39	MPa

续表

模型参数	数值	单位
甲烷压缩系数 C_g	3.84×10^{-10}	Pa^{-1}
气体黏度 μ_g	1.84×10^{-2}	mPa·s
地层水黏度 μ_w	1.03	mPa·s
Langmuir 压力 P_L	1.77～3.09	MPa
Langmuir 体积 V_L	5.56～36.50	cm^3/g
甲烷 Langmuir 体积应变常数 ε_L	0.01	
储层温度 T	20～40	℃
比热容 c	1256	J/(kg·℃)
热传导系数 K	1.59	W/(m·℃)
热扩散系数 a_L	10.5	10^{-5}/℃

5.3.2.3　煤岩渗透率应力敏感性

与页岩类似，煤岩也属于基质-裂缝储集介质，并且其最为显著的构造特征在于其裂缝系统由割理(包括面割理和端割理)和层理组成，如图 5-76 所示，在甲烷渗流过程中，煤岩基质主要作为储集空间，当压差产生时，基质内的甲烷首先向裂缝中流动；而割理和层理则为甲烷及地层水提供主要流动通道。

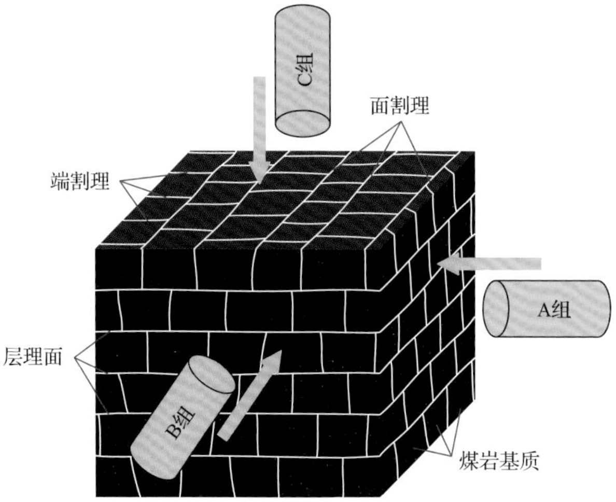

图 5-76　煤层基本构造与岩样取心分组示意图

在煤层气排采过程中，煤岩基质的变形特征不可忽略，其孔隙的微观结构将受到应力的影响进而发生收缩(Zhu et al., 2015a)，导致其孔隙度和渗透率随之发生改变。一般来说，煤层气排采有两个阶段：①甲烷解吸导致煤岩基质发生变形；②微裂缝系统随着有效应力的增大而被压缩。为了分析应力与渗透率之间的关系，在考虑 Langmuir 等温吸附的情况下(Gregg et al., 1982)，其本构方程可表述为

$$\sigma'_{ij} = 2G_c\varepsilon_{cij} + \lambda\varepsilon_c\delta_{ij} + \left(\lambda + \frac{2}{3}G_c\right)\varepsilon_s\delta_{ij} \tag{5-22}$$

式中，σ'_{ij} 为不同方向上的有效应力；ε_{cij}为不同方向上的应变；ε_c为煤岩整体的体积应变；ε_s为吸附-解吸体积应变；δ_{ij}为Kronecker符号。

煤岩剪切模量表达式为：$G_c=E_c/2(1+v_c)$，煤岩拉梅常数表达式为：$\lambda=E_cv_c/(1+v_c)(1-2v_c)$。而有效应力的表达式则满足有效应力定律：

$$\sigma'_{ij} = \sigma_{ij} - \alpha p\delta_{ij} \tag{5-23}$$

式中，σ_{ij} 为不同方向上的主应力；α 为有效应力系数；p 为孔隙压力。

由公式(5-22)可知，煤岩体积应变为

$$\varepsilon_c = \frac{dV_c}{V_c} = \frac{1}{K_c}(d\sigma - \alpha dp) + d\varepsilon_m \tag{5-24}$$

式中，ε_m 为基质体积应变，体积模量表达式为 $K_c=E_c/3(1-2v_c)$。
其中，孔隙-裂缝系统的体积应变为

$$\varepsilon_p = \frac{dV_p}{V_p} = \frac{1}{K_p}d\sigma - \left(\frac{1}{K_p} - \frac{1}{K_m}\right)dp + d\varepsilon_m \tag{5-25}$$

而煤岩的体积模量 K_c 和基质的体积模量 K_m 之间的换算关系满足 $\alpha=1-K_c/K_m$。考虑到煤岩应变和孔隙应变之差与基质膨胀/收缩量相等，结合式(5-24)和式(5-25)可知孔隙度的变化量为

$$d\phi = \phi(\varepsilon_p - \varepsilon_c) \tag{5-26}$$

式中，ϕ 为煤岩孔隙度；ε_p 为孔隙的体积应变；ε_c 为煤岩的体积应变。

由 Betti-Maxwell 互易定理可知，孔隙-裂缝系统的体积模量 K_p 与煤岩的体积模量 K_c 之间的关系可表示为(Detournay et al., 1993)：

$$K_p = \frac{\phi}{\alpha}K_c \tag{5-27}$$

结合式(5-27)和式(5-23)，式(5-26)变形可得

$$d\phi = \frac{1}{K_c}\left(\frac{\alpha}{\phi} - 1\right)\left[d\sigma' + (\alpha - 1)dp\right] \tag{5-28}$$

因此，煤岩孔隙度表达式为

$$\phi = \alpha + (\phi_0 - \alpha)e^{-\frac{1}{K_c}\left[(\sigma'-\sigma'_0)+(\alpha-1)(p-p_0)\right]} \tag{5-29}$$

式中，ϕ_0 为煤岩初始孔隙度。

由于甲烷赋存的煤岩孔隙度普遍低于 8%，因此孔隙度和渗透率之间的关系可由 Reiss 理论进行简化(Shi et al., 2004；Reiss, 1981)：

$$k / k_0 = \left(\frac{\phi}{\phi_0}\right)^3 \tag{5-30}$$

式中，k 为煤岩渗透率；k_0 为煤岩初始渗透率。

由于业界对滑脱效应在地下渗流过程中是否真实存在尚存在争议，在不考虑气体滑脱效应的情况下，煤岩的无因次渗透率可表示为

$$k / k_0 = \left[\frac{\alpha}{\phi_0} + \frac{(\phi_0 - \alpha)}{\phi_0} e^{-\frac{1}{K_c}\left[(\sigma' - \sigma'_0) + (\alpha - 1)(p - p_0)\right]}\right]^3 \tag{5-31}$$

为了表征煤层气开采过程中的渗透率演化，将本节建立的煤岩渗透率模型嵌入到地质力学模型中，用于在渗流-地质力学耦合计算中表征孔隙度和渗透率的演化。另一方面，为了验证本书所建煤岩渗透率应力敏感性模型的准确性，引入了三类得到广泛验证的经典渗透率应力敏感性模型，即 P&M 模型(Palmer and Mansoori, 1998)、C&B 模型(Cui and Bustin, 2005)，以及 S&D 模型(Shi and Durucan, 2005)。

P&M 模型表达式为

$$\phi = \phi_0 + \frac{\alpha}{K_c} \Delta\sigma'_m \tag{5-32}$$

$$k / k_0 = \left(1 + \frac{\alpha}{K_c \phi_0} e \Delta\sigma'_m\right)^3 \tag{5-33}$$

C&B 模型表达式为

$$\phi = \phi_0 e^{(\sigma'_m - \sigma'_{m0})/K_p} \tag{5-34}$$

$$k / k_0 = e^{3(\sigma'_m - \sigma'_{m0})/K_p} \tag{5-35}$$

式中，σ'_m 为平均有效应力，其表达式为 $\sigma'_m = \left(\sigma'_x + \sigma'_y + \sigma'_z\right)/3$。

S&D 模型表达式为

$$\phi = \phi_0 e^{(\sigma'_h - \sigma'_{h0})/K_p} \tag{5-36}$$

$$k / k_0 = e^{3(\sigma'_h - \sigma'_{h0})/K_p} \tag{5-37}$$

式中，σ'_h 为水平有效应力 σ'_x 或 σ'_y。

5.3.2.4 初始条件

在初始地质力学参数插值到地质力学模型中之后，对模型施加位移边界，并且进行初始地应力平衡测试，如图5-77所示，为南燕竹区域应力平衡测试后的最小水平主应力，该区块15#煤层处于正断层应力机制（$S_v>S_{hmax}>S_{hmin}$）。

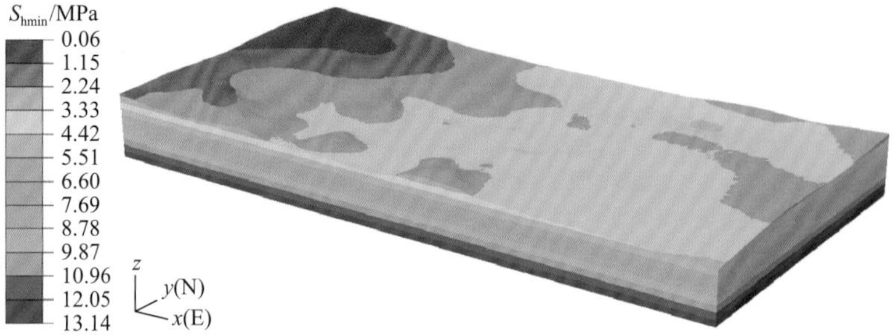

图5-77　应力平衡测试后的南燕竹区域最小水平主应力

5.3.3 15#煤层渗透率应力敏感性测试实验

为了进一步验证本书作者所建渗透率应力敏感性模型的准确性，本书作者还开展了渗透率应力敏感性测试实验。如图5-78所示，从SYNY-136井附近的井下煤矿中取出完整15#煤岩，并分别从垂直于面割理、垂直于端割理和垂直于层理方向切割长度约50mm、直径为25mm且两端光滑的小岩心柱，每个方向5块为1组，并且令垂直于面割理的岩心为A组、垂直于端割理的岩心为B组、垂直于层理的岩心为C组。

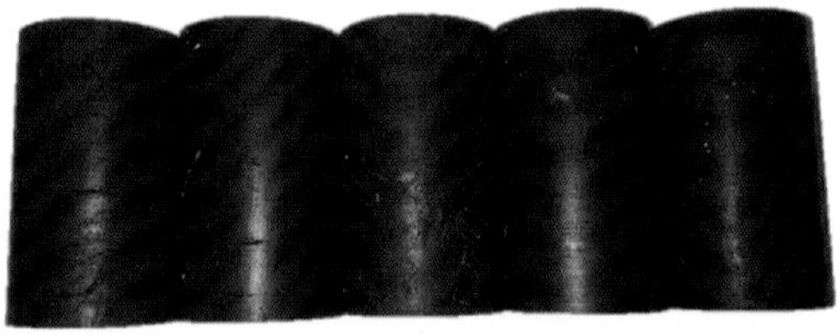

(a) 垂直于面割理方向取心结果(A组)

(b) 垂直于端割理方向取心结果(B组)

(c) 垂直于层理方向取心结果(C组)

图5-78　三个不同取心方向岩心钻取结果及分组

利用中国石油大学（北京）的TAW-1000三轴系统进行了气测渗透率实验（图5-79），该实验系统主要由围压加载装置、轴向加载装置、孔隙压力加载装置组成。虽然煤层气

中的渗流介质为 CH_4，但是考虑到 CH_4 属于易燃易爆气体，从实验稳定性的角度，选取分子极性和物质质量与 CH_4 接近但性质稳定的 CO_2 作为实验过流介质。对岩心施加围压以及气压，围压、气压以及 CO_2 流量都可以通过数据采集系统实时采集和记录，实验过程中，在 20ºC（储层温度）下，先以每次 0.2MPa 的增量逐次增大围压，并且以 0.04mm/min 的速率进行轴向加载，当围压稳定后，测量有效应力和 CO_2 流量，并利用达西定律计算岩心的气测渗透率。

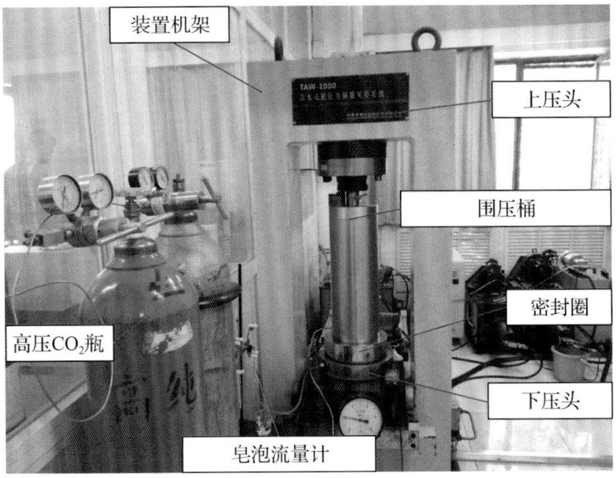

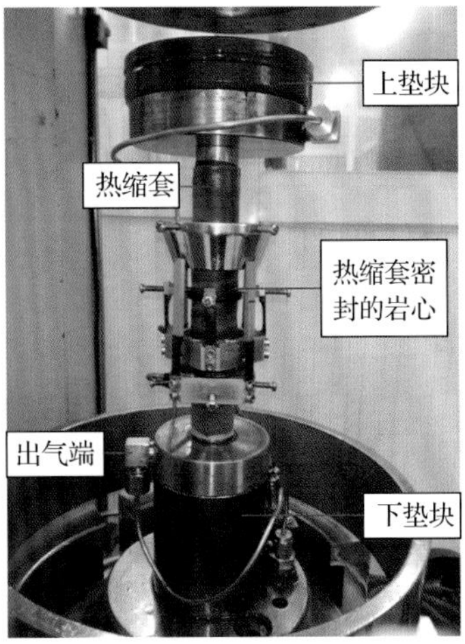

图 5-79 渗透率测试实验装备及岩样安装

为了更为直观地描述应力敏感性对煤岩渗透率的影响，并且消除煤岩渗透率强非均质性的干扰，定义无因次渗透率为气测渗透率与岩心初始渗透率之比。图 5-80～图 5-82 所示为不同取心方向煤岩的无因次渗透率随着有效应力变化的情况，三个方向的无因次渗透率均随着有效应力的增大而降低。

图 5-83 所示为不同方向无因次渗透率实验结果及其拟合曲线对比，从图中可以看出不同方向的煤岩岩心渗透率变化规律存在差异，即煤岩的各向异性对渗透率的演化有着明显的影响。从图中拟合曲线的下降速率来看，B 组（垂直于端割理）的渗透率应力敏感

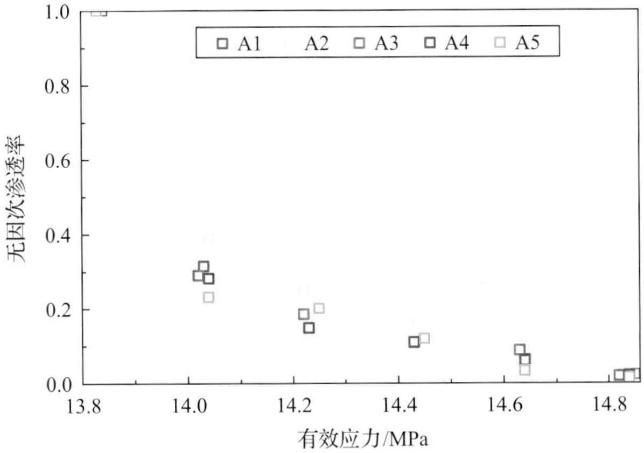

图 5-80 垂直于面割理方向的渗透率实验测试结果（A 组）

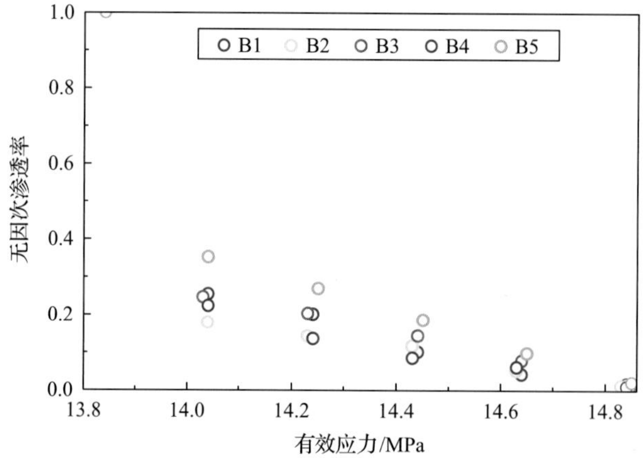

图 5-81 垂直于端割理方向的渗透率实验测试结果(B 组)

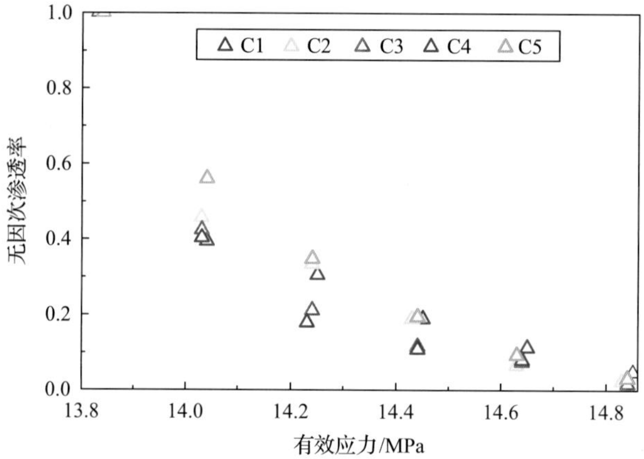

图 5-82 垂直于层理方向的渗透率实验测试结果(C 组)

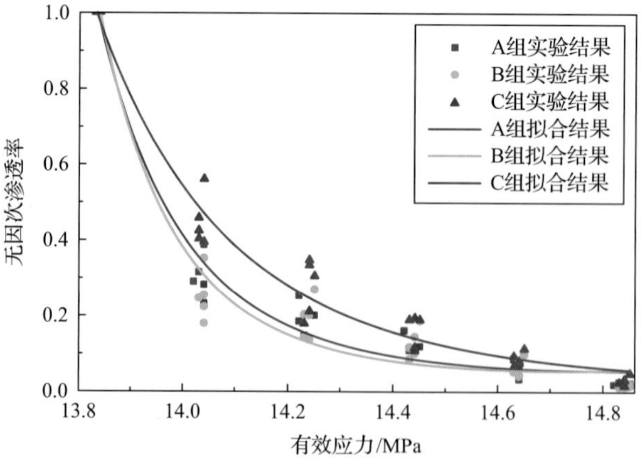

图 5-83 不同方向无因次渗透率实验结果及其拟合曲线

性最强，A 组(垂直于面割理)次之，C 组(垂直于层理)的渗透率应力敏感性最弱。对于 B 组(垂直于端割理)的岩心，其面割理和层理均平行于岩心钻取方向，考虑到面割理和层理的连续性特征，上述两种裂缝尺寸与岩心长度相等，即贯穿整个岩心，而围压则是垂直于面割理和层理。在测试过程中，随着围压的逐渐增大，面割理和层理的裂缝面均受到切向作用力，使得两种贯穿裂缝发生挤压变形；与之相对比的是 A 组(垂直于面割理)仅有层理裂缝面一种观察裂缝发生挤压变形。而 B 组和 A 组平行于加载和过流方向的裂缝变形情况差异，即是 B 组渗透率应力敏感性强于 A 组的内在机理。对于 C 组，由于其在平行于加载和过流方向没有贯穿式的天然裂缝，因此 C 组的渗透率应力敏感性最弱。

5.3.4　动态地质力学演化机理

四维动态地应力模型一共模拟了南燕竹 A2 区域共 230 天的排采过程，该区域大部分生产井分布在中偏北部分，属于A2区块孔渗条件和含气量最佳区域。其中SYNY-136、SYNY-161、SYNY-173、SYNY-185、SYNY-187 共 5 口井在该区域各井中属于高产气、低产水的在产井，从经济开采的角度，可以作为重复压裂的潜在优选井。因此，需要基于渗流-地质力学耦合过程，针对这 5 口井在排采过程中的应力和渗透率应力敏感性进行分析。

5.3.4.1　基于实验和数值结果的渗流率应力敏感性对比

利用 FORTRAN 子程序将 P&M 模型、C&B 模型、S&D 模型和本书作者建立的模型先后嵌入到地质力学模型，开展动态耦合模拟。整个渗流-地质力学耦合过程均在等温条件下进行，在下述分析中，主要围绕 SYNY-136 井在生产过程中的平均有效应力［$\sigma'_m=(\sigma'_x+\sigma'_y+\sigma'_z)/3$］变化对渗透率演化的影响进行讨论。图 5-84～图 5-86 所示为不同渗透率应力敏感性模型下的不同方向渗透率随着平均有效应力的变化关系。

不论是垂直于面割理、垂直于端割理还是垂直于层理，SYNY-136 井的渗透率演化在 4 个渗透率模型中均存在明显差异，主要表现为：C&B 模型应力敏感性最弱，渗透率下降最慢，本书作者所建模型的应力敏感性次之，稍弱于 S&D 模型，而 P&M 模型渗透率应力敏感性最强，无因次渗透率随着有效应力下降最快。此外，通过将实验测试结果引入进行对比可以看出，本书作者所建模型和 S&D 模型与实验测试结果更为匹配。值得

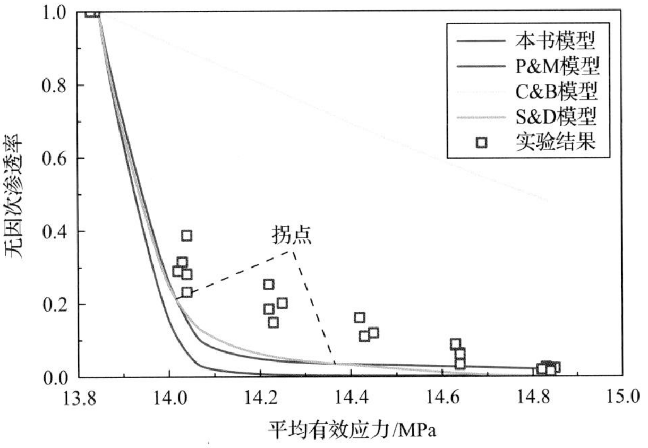

图 5-84　不同渗透率模型下垂直于面割理的无因次渗透率演化及结果对比

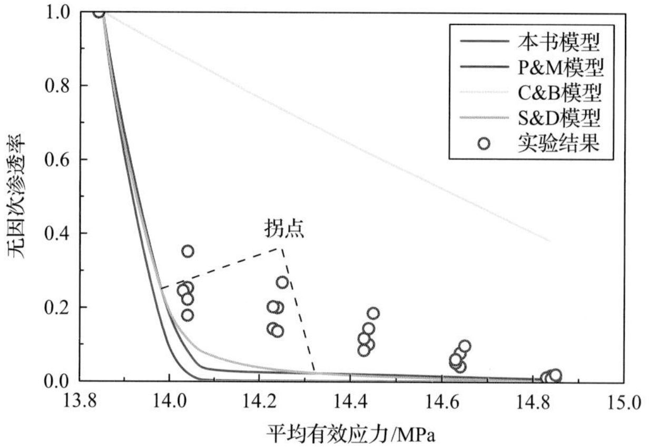

图 5-85　不同渗透率模型下垂直于端割理的无因次渗透率演化及结果对比

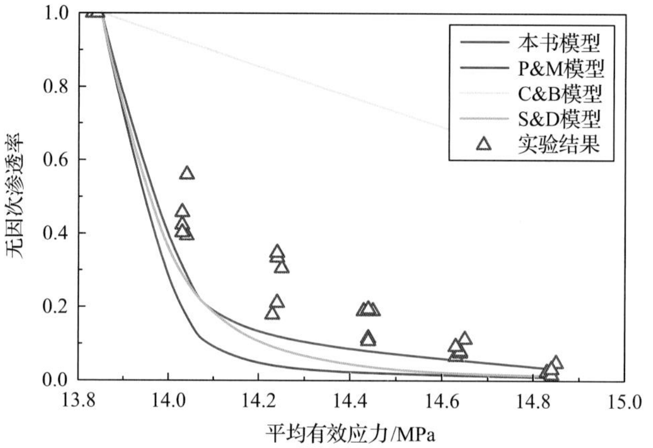

图 5-86　不同渗透率模型下垂直于层理的无因次渗透率演化及结果对比

注意的是，无论是本书作者所建模型还是 S&D 模型，无因次渗透率随着有效应力下降过程中均存在两个拐点，其一是当垂直于面割理的有效应力达到 14.04MPa 或当垂直于端割理的有效应力达到 13.96MPa 时；其二是在当垂直于面割理的有效应力达到 14.36MPa 或当垂直于端割理的有效应力达到 14.32MPa 时。除了两个拐点之间的部分外(此时有效应力仅变化 0.36MPa)，从其余部分的计算结果来看，与 S&D 模型相比，本书作者所建模型与实验结果更加接近。因此，本书作者所建模型在描述该区块储层渗透率动态演化时具有更好的适应性。

5.3.4.2　储层有效应力演化

煤岩的层理和割理构造特征往往对其岩石力学参数的各向异性有着显著的影响，进而影响了渗流-地质力学耦合动态过程。为了讨论各向异性的影响，在原有模型基础上不考虑岩石力学的各向异性(在 x 和 y 方向的各向异性系数设置为 0)并进行数值计算。由于井筒附近的应力状态对后期加密井井壁稳定性和产井重复压裂有着决定性的影响，因此需要针对井筒附近的地应力演化进行分析。同样选取 SYNY-136 井来讨论各向异性对三向有效应力(S'_{hmin}、S'_{hmax}、S'_v)在排采过程中的变化情况进行讨论(图 5-87～图 5-89)。

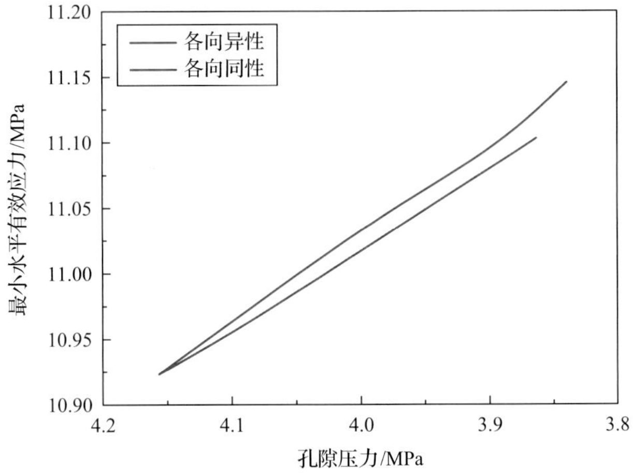

图 5-87　岩石力学各向异性对 SYNY-136 井最小水平有效应力 S'_{hmin} 演化的影响

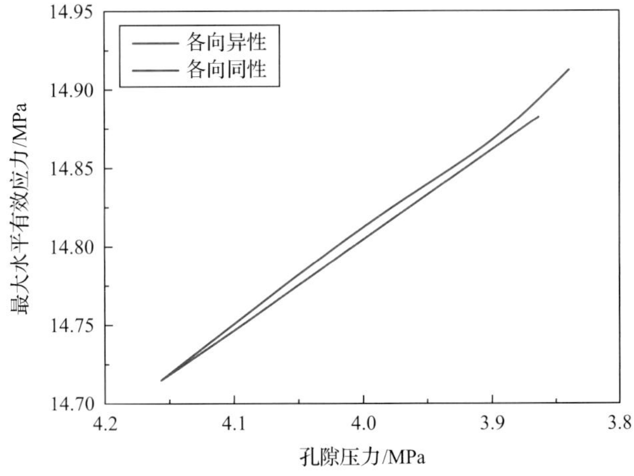

图 5-88　岩石力学各向异性对 SYNY-136 井最大水平有效应力 S'_{hmax} 演化的影响

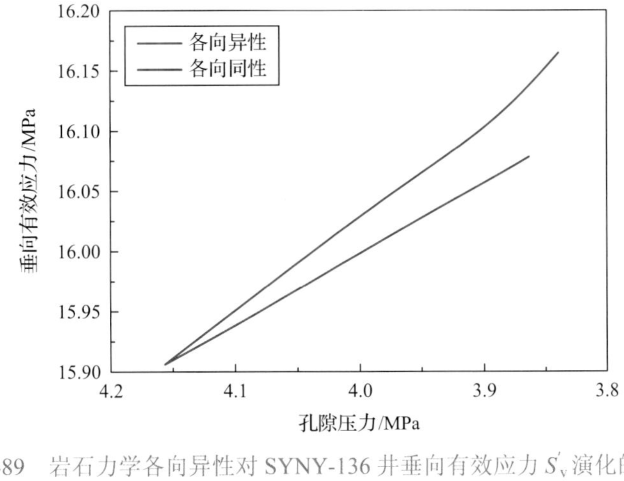

图 5-89　岩石力学各向异性对 SYNY-136 井垂向有效应力 S'_v 演化的影响

如图 5-87～图 5-89 所示，在 230 天的排采过程中，SYNY-136 井井筒附近的孔隙压力在正交各向异性中从 4.16MPa 降低到 3.83MPa，在各向同性模型中下降到 3.86MPa。随着孔隙压力的下降，最小水平有效应力在正交各向异性中从 10.92MPa 增长到 11.14MPa，在各向同性模型中增长到 11.10MPa；最大水平有效应力在正交各向异性中从 14.71MPa 增长到 14.91MPa，在各向同性模型中增长到 14.88MPa；垂向有效应力在正交各向异性中从 15.91MPa 增长到 16.16MPa，在各向同性模型中增长到 16.08MPa。可以看出，有效应力在正交各向异性煤岩和各向同性煤岩中的变化差异是不可忽略的，因此，在针对现场实际施工分析时，必须要考虑煤岩岩石力学正交各向异性的影响。虽然在 230 天内的单井产量很低，有效应力变化幅度很小，但是由于最小水平有效应力的变化率(2.04%)大于最大水平有效应力的变化率(1.34%)，因此地应力程序出了一定的偏转。

为了分析煤岩岩石力学各向异性的影响，选取 5 口典型高产井(除 SYNY-136 井外，还有 SYNY-161、SYNY-173、SYNY-185、SYNY-187)，图 5-90 和图 5-91 对比分析了 5 口井井筒附近储层在 230 天生产时间内的最小水平有效应力 S'_{hmin} 和最大水平有效应力 S'_{hmax}

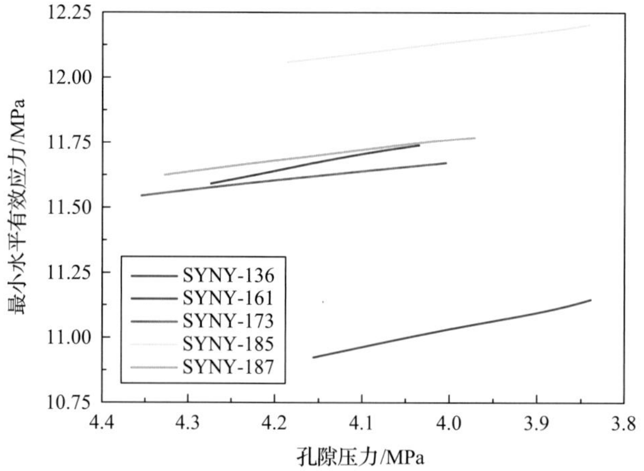

图 5-90　典型高产井井筒附近最小水平有效应力

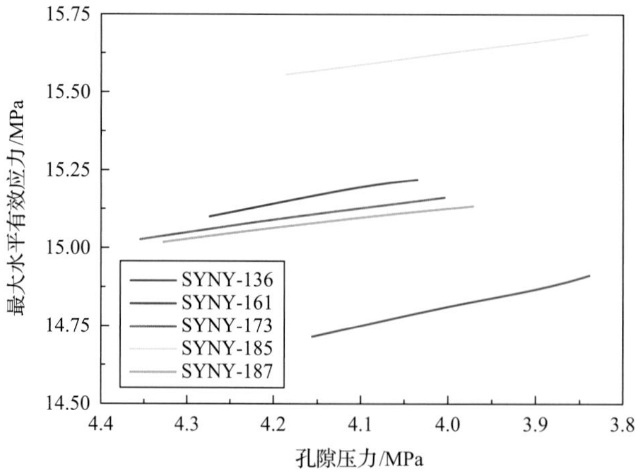

图 5-91　典型高产井井筒附近最大水平有效应力

的变化情况。从图中可知，孔隙压力压降在不同井之间的变化范围为 0.24～0.36MPa，最小/最大水平有效应力均随着孔隙压力的降低而增大。从各井之间地应力变化的差异可知，该煤层气藏的非均质性不仅决定了初始地应力，也对各井地应力的演化起着关键作用。

5.3.4.3　非均质性储层渗透率演化

1) 排采过程中的无因次渗透率动态展布

为了进一步讨论渗透率的演化情况，选取南燕竹 A2 区内在排井最为集中的一个平面正方形区域(图 5-92)，该区域面积约 5.015km^2。为了方便对区域内各个位置处的相对距离和方位关系进行表征，选取 SYNY-136 井井位处作为该区域局部坐标系下的平面坐标原点。图 5-93 所示为在 230 天排采期内 4 个时间节点下的三向无因次渗透率的动态展布情况。由于产气井主要分布在 SYNY-136 井附近，井间干扰作用显著，渗透率在下降

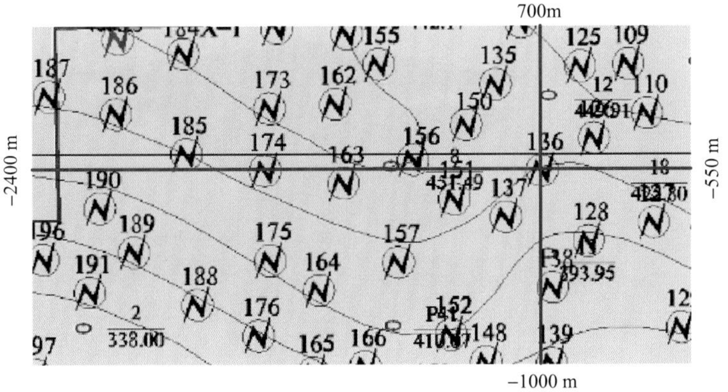

图 5-92　主要产气区域各井分布情况

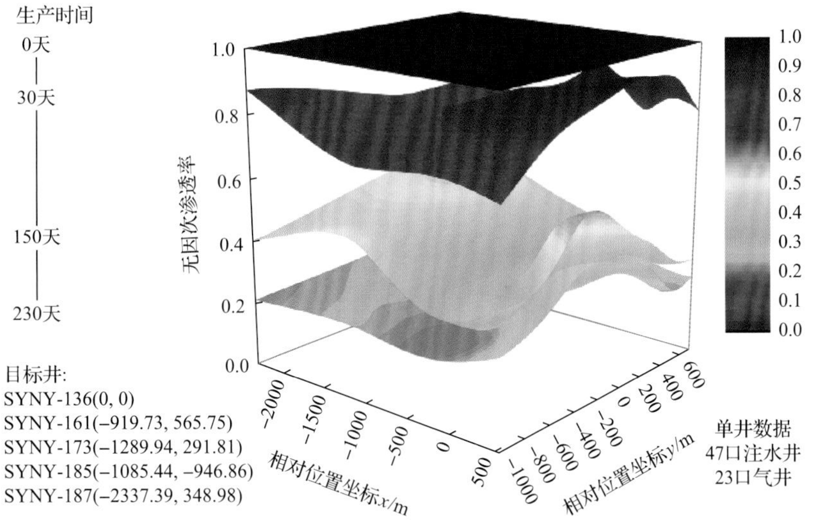

(a) 垂直于面割理方向的无因次渗透率

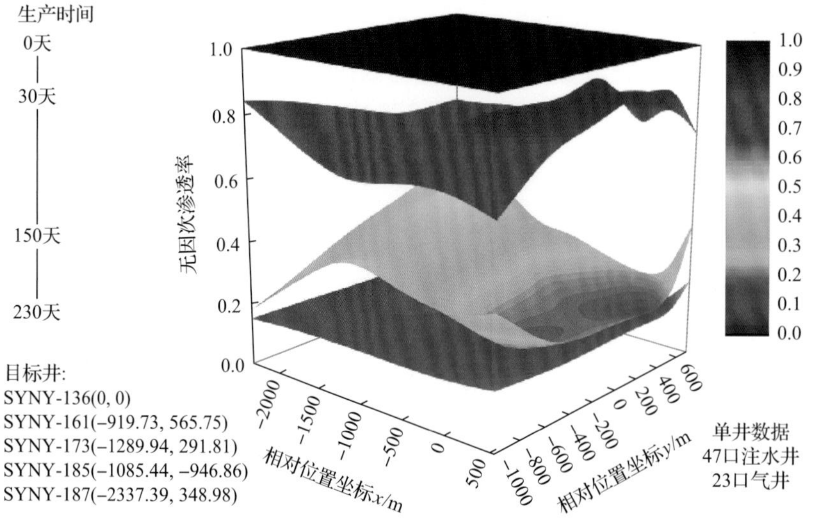

(b) 垂直于端割理方向的无因次渗透率

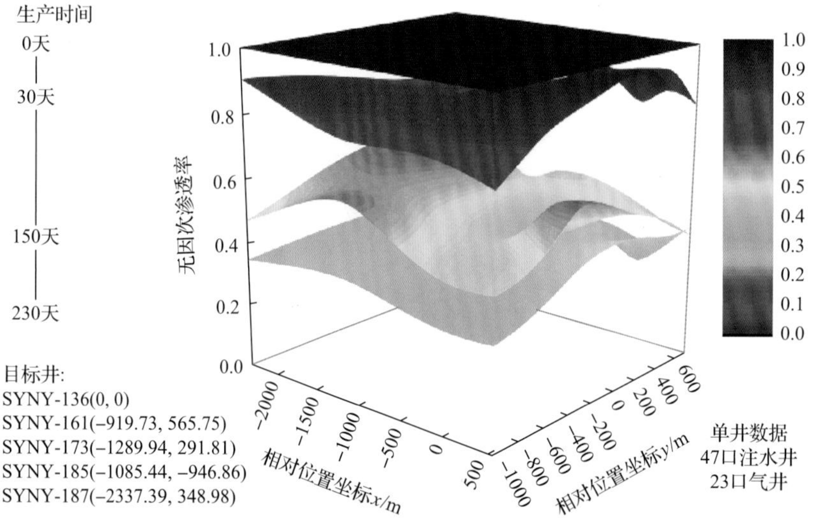

(c) 垂直于层理方向的无因次渗透率

图 5-93　无因次渗透率演化云图

过程中出现了明显的漏斗效应，特别是对于垂直于面割理方向的无因次渗透率[图5-93(a)]和垂直于层理方向的无因次渗透率[图5-93(c)]。从图中可以看出，无因次渗透率随着排采过程下降得非常迅速，但三向渗透率随着时间变化的展布方式存在明显差异，说明除了各井排采对渗透率演化起主要作用外，煤岩的地质力学非均质性对渗透率的动态分布也有着重要影响。

2）渗透率演化与平均有效应力的关系

煤岩的渗透率应力敏感性本质是由于煤岩的受力状态发生改变，致使其岩体产生体积应变，使得作为多孔介质煤岩的孔喉和裂缝发生变形，体现在具体的宏观参数上就是孔隙度和渗透率发生改变。因此，探讨渗透率与体积应变之间的关系，以及渗透率和有效应力之间的关系，有助于揭示排采过程中渗透率应力敏感性的内在力学机理。

图 5-94 和图 5-95 所示为煤岩各向异性和非均质性对渗透率演化的影响。在煤层气排采过程中，SYNY-136 井附近的煤岩受到有效应力的增大而被压缩，当平均有效应力增加了 0.230MPa 时，其体积应变为 0.055%。与之对应是，三向无因次渗透率分别降低至 0.086(平行于面割理)、0.029(平行于端割理)和 0.202(平行于层理)，不论是哪个方向的渗透率，考虑到有效应力增加量很小的情况下，模型计算结果均表现出了很强的应力敏感性。

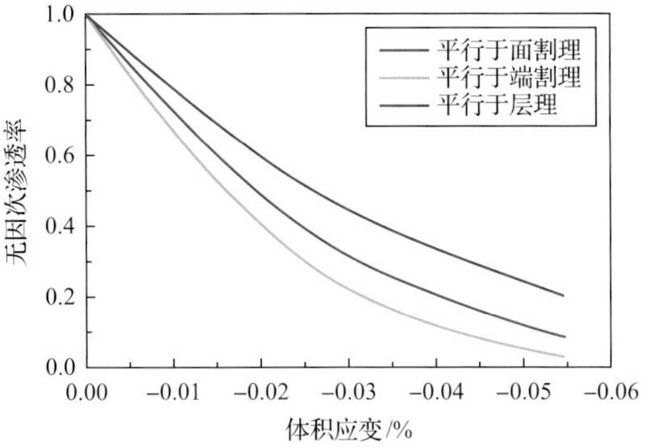

图 5-94　SYNY-136 井无因次渗透率随体积应变的变化

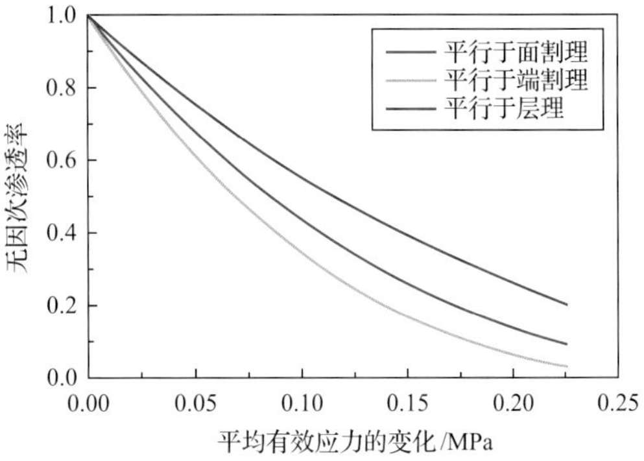

图 5-95　SYNY-136 井无因次渗透率随平均有效应力变化

进一步，引入另外 4 口主要在产井(SYNY-161、SYNY-173、SYNY-185、SYNY-187)，讨论各井井筒附近的无因次渗透率随平均有效应力的变化关系，如图 5-96～图 5-99 所示。虽然 5 口井井位分布、储层垂深均有一定差异，但各井的无因次渗透率在排采过程中均迅速递减，表现出了近似的强非均质性。说明不论储层非均质性差异强弱，对于该区块煤层气排采过程来说，其煤岩均表现出较强的渗透率应力敏感性。

表 5-9 所示为 5 口井排采后平均有效应力变化量与无因次渗透率之间的关系。从表中可以看出，虽然 5 口井甲烷和地层水的单井产能比较接近，但是由于包括这 5 口井在内的大部分高产井均集中在 SYNY-136 井附近区域，因此各井间的生产干扰作用显著，

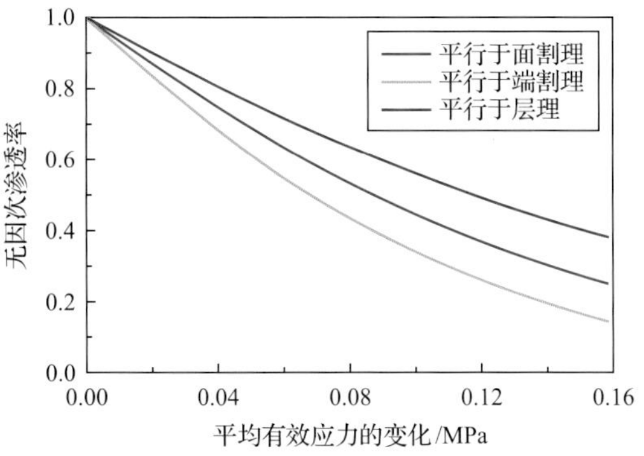

图 5-96　SYNY-161 井无因次渗透率随平均有效应力的变化

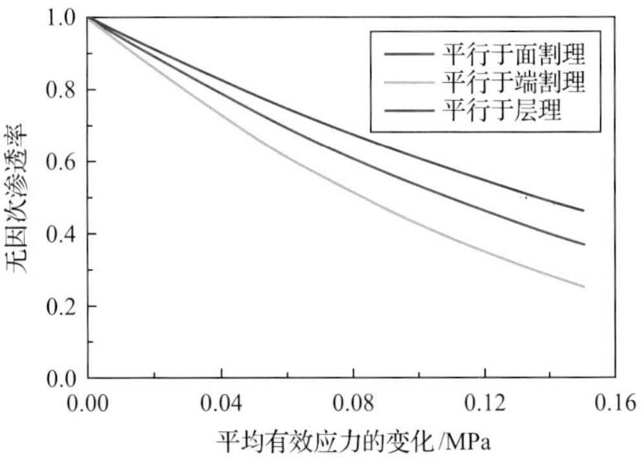

图 5-97　SYNY-173 井无因次渗透率随平均有效应力的变化

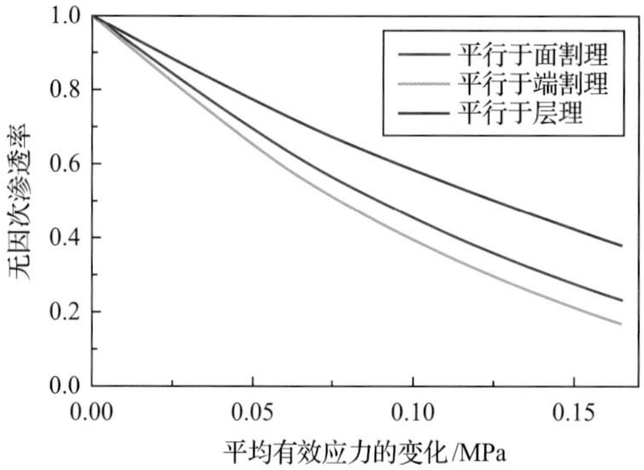

图 5-98 SYNY-185 井无因次渗透率随平均有效应力的变化

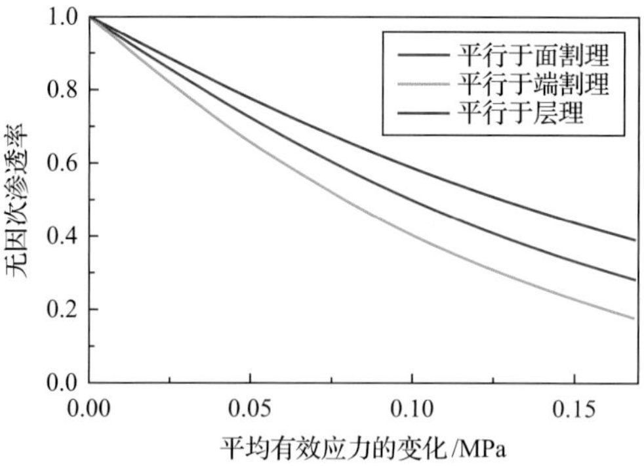

图 5-99 SYNY-187 井无因次渗透率随平均有效应力的变化

表 5-9 典型高产井的平均有效应力 $\Delta\sigma'_m$ 与三向无因次渗透率 k/k_0 的关系

井号	平均有效应力/MPa	垂直于面割理方向上的无因次渗透率	垂直于端割理方向上的无因次渗透率	垂直于层理方向上的无因次渗透率
SYNY-136	0.226	0.086	0.029	0.202
SYNY-161	0.159	0.250	0.144	0.380
SYNY-173	0.151	0.387	0.251	0.461
SYNY-185	0.165	0.230	0.168	0.379
SYNY-187	0.169	0.283	0.179	0.389

特别是处于中心地带的 SYNY-136 井呈现出的有效应力增长明显强于其他 4 口井，因而 SYNY-136 井呈现出更加显著的渗透率减小。

此外，从图 5-98、图 5-99 和表 5-9 中还可以看到，SYNY-185 和 SYNY-187 这两口井的平均有效应力系数和无因次渗透率呈现出相近的变化趋势，其原因主要在于这两口井相距最为邻近，其储层埋深、气水产量、地质力学条件均十分接近，从地质和工程两个角度均可视作相似井。

无因次渗透率在端割理方向呈现出最强的渗透率应力敏感性，在面割理方向次之，而在层理方向的渗透率应力敏感性最弱，也就是说煤岩割理对渗透率变化的影响明显要强于层理。

5.4 四维动态地应力在陕西鄂尔多斯盆地致密油注采中的应用

5.4.1 模型建立与验证

5.4.1.1 元 284 区块的精细地质及力学模型建立

本节以元 284 区块重复压裂注采先导试验区为例，该区域位于鄂尔多斯盆地伊陕斜坡西南部，区块构造简单，总体为西倾单斜，在单斜背景下，局部形成近东西向的鼻状隆起。单斜坡度一般 0.5°左右，平均坡降 2～3m/km。以延长组长 6 层为主要产层，包含长 6_3^{11}～长 6_3^{33} 共计 9 小层，其中主力层长 6_3^1 顶界埋深为 2092～2134m(海拔深度-640～-682m)，如图 5-100 所示，长 6_3 储层厚度 55～90m，平均约 70m。

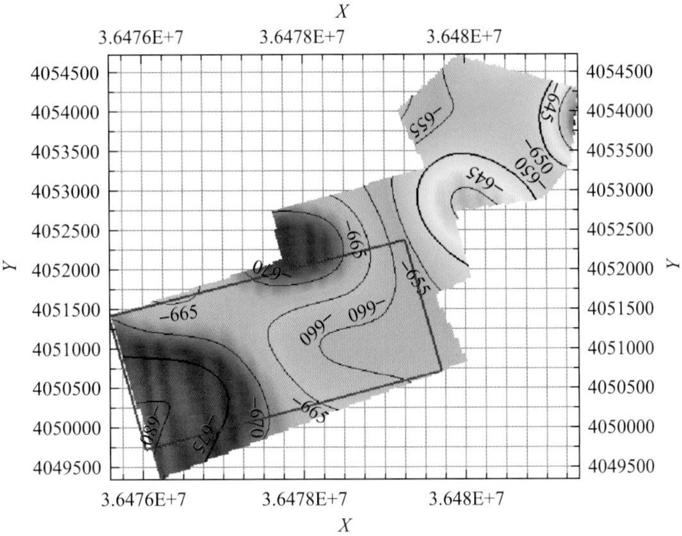

图 5-100　元 284 区块某先导试验区长 6_3^{11} 顶面构造

该地区储层物性普遍较差，属于低孔特低渗油藏。孔隙度主要集中在 10%～15%，平均为 12.4%，渗透率主要集中在 0.2～0.5mD，平均为 0.37mD，但由于部分区域发育天然裂缝，局部地层渗透率大于 1mD。受沉积环境影响，储层具有较强的层内非均质性和层间非均质性。孔隙类型以微孔和溶孔-粒间孔为主，孔喉组合为中、小孔-细喉型，致使该地区普遍存在注水压力高的特点。另外，该地区束缚水饱和度较高，油水两相渗流范围较窄，且随着含水饱和度的增大，注水驱替效果降低，开发难度较大。

区域内单井 FMI 成像测井结果表明，长 6_3 储层具有明显的各向异性特征，快横波方位角较为稳定，约 75°，反映地层最大水平主应力方向为 N75°E。室内岩石力学实验结果显示，上覆地应力梯度为 2.48～2.57MPa/100m，最大水平地应力梯度约为 1.96～2.04MPa/100m，最小水平地应力梯度为 1.65～1.72MPa/100m。三向应力大小关系为 $\sigma_v>\sigma_H>\sigma_h$，符合正断层机制。储层垂向应力与最大水平主应力差值 12～14MPa，而两向水平主应力差为 7～8MPa。弹性模量范围为 16.9～34.7GPa，泊松比范围为 0.247～0.367，相近位置的泥岩弹性模量明显大于砂岩，而泊松比两者较为接近。

根据注采井分布特征和模拟计算需求，本节中选取水平井注采区进行地应力演化模拟。该区范围为 3800m×1740m，面积为 6.612km²，其中包含 5 口水平井，11 口定向井。该区采用水平井采油、定向井注水的排状注采井网，水平井井距平均为 720m，注水井排距平均为 650m。其中生产井采用常规瓜胶压裂后投产，而注水井则采用燃爆压裂后进行近平衡注水驱替，即：注水压力接近地层最小水平主应力。由于裂缝效果无法准确预测，本节中暂不进行注水井裂缝参数计算，但可根据生产历史拟合，预测由于注水快速增压及井周应力场变化引起的天然裂缝开启而导致的储层渗透率改善效果。考虑模型运算精度及计算效率，渗流模型中网格平面尺寸为 20m×15m，垂向网格尺寸根据各层位厚度进行划分，平均网格高度为 2m，应力模型中网格平面尺寸为 10m×10m，网格高度平均为 5m。本节基于该区域的实际地质条件、水力压裂和生产数据，开展特定井网条件下的长期注采过程中储层四维地应力演化规律研究(朱海燕等，2022)。

5.4.1.2 生产井初次水力压裂裂缝模拟

鉴于区块地层特征、常规瓜胶压裂裂缝扩展规律及微地震监测结果，生产井初次压裂以单一裂缝扩展为主。本节结合生产井水力压裂施工储层物性、岩石力学参数、地应力数据、实际压裂施工数据及微地震监测结果，通过净压力拟合的方式，反演得到区块内各水力压裂井段裂缝几何参数及其导流能力。以 PH2 井为例，采用压裂模拟软件拟合水力裂缝扩展形态，各段施工参数及模拟结果如表 5-10 所示。可以看出：PH2 井裂缝长度为 200～220m，裂缝高度为 35～38m，导流能力为 180～220mD·m。研究区域生产井水力裂缝扩展分布结果如图 5-101 所示，为了降低水淹风险，水平井执行纺锤状布缝设计，靠近注水井处裂缝较短，远离注水井处裂缝较长，各井水力压裂裂缝长度主要集中在 170～250m，导流能力主要集中在 130～280mD·m。将各井水力裂缝计算结果导入渗流模型，参与渗流-应力耦合模拟计算。

表 5-10 PH2 井水力压裂施工参数及水力裂缝模拟结果

喷点位置/m	压裂液用量/m^3	支撑剂用量/m^3	排量/(m^3/min)	平均施工压力/MPa	裂缝长度/m	裂缝高度/m	裂缝导流能力/(mD·m)
2960、2970	162	25	2.4	49.4	217.6	37.2	183.7
2910、2900	166.3	30	2.6	49	213.2	36.9	210.8
2840、2850	158.5	30	2.6	43.7	212.6	36.7	203.5
2750、2760	未压开						
2686、2696	114.6	15	2.2	38.5	202	35.4	192.2
2454、2464	116.1	15	2.2	44.6	203.2	35.5	193.3
2372、2382	149.7	25	2.4	32.3	214.6	36.9	190.2
2310、2320	157.8	30	2.6	43.5	210.6	36.6	219.1
2244、2254	124.6	20	2.4	41	200.6	35.5	210.9

5.4.1.3 油藏渗流-地质力学耦合的四维地应力演化模型建立

为了研究水平井注采井网结构下，储层长期注采过程中地应力动态演化规律及其对重复压裂裂缝扩展的影响，本章利用 Eclipse 油藏模拟软件建立油藏数单孔单渗模拟模型，利用 Abaqus 有限元软件平台建立储层力学模型，以孔隙压力为边界条件，结合应力敏感性理论模型，以该区各井初次压裂至重复压裂前(2011 年 12 月至 2016 年 12 月)实际生产数据为基础，进行渗流-应力耦合模拟，模型参数如表 5-11 所示。

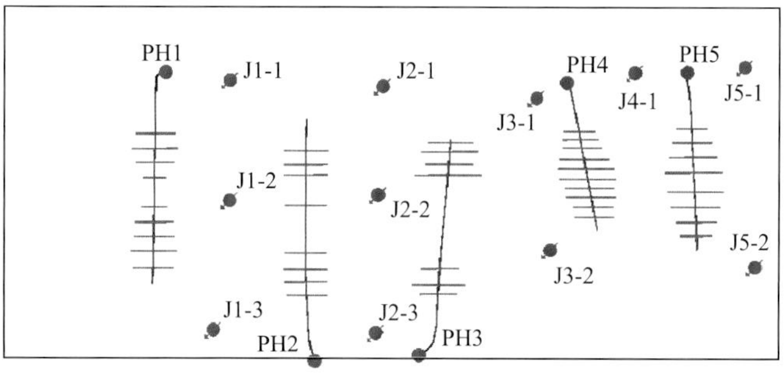

图 5-101　研究区域水力裂缝扩展分布情况

表 5-11　目标区域模型主要参数

目标区域模型参数	取值	单位
初始地层压力，P_0	15.8	MPa
初始地层温度，T_0	69.7	℃
油相压缩系数，C_o	1.383×10^{-3}	MPa^{-1}
水相压缩系数，C_w	1.000×10^{-3}	MPa^{-1}
油相黏度，μ_w	0.97×10^{-2}	Pa·s
水相黏度，μ_w	1.03×10^{-3}	Pa·s
标况下油相密度，ρ_{gsc}	720	kg/m^3
标况下水相密度，ρ_{wsc}	1000	kg/m^3
油相饱和压力，P_{so}	9.86	MPa
油相体积系数，B_o	1.34	
水相体积系数，B_w	1.00	
Biot 系，α	0.78	

5.4.1.4　模型验证

1) 渗流历史拟合

本节渗流-应力耦合模拟采用定产量，拟合井底压力的方式，图 5-102 为 PH1 井(生产井)和 J2-1 井(注入井)渗流模型历史拟合结果。可以看出，注入井日注水量较为稳定，生产井稳产效果较好，后期产量约为 3.0t/d，井底压力约为 5MPa。与实际井底压力相比，模拟结果误差在 8%以内，吻合程度较好。

2) 渗流-应力耦合结果

模型区域内注采井自 2011 年 12 月开始相继投产，2016 年 12 月之后开始进行重复压裂改造，在此期间注水井平均累计注水量约为 21880m^3，平均日注水量 13.98m^3/d，生产井平均累计产液量约为 7580m^3，平均日产液量 5.08m^3/d，平均累计产油量 5172t，平均日产油量 3.46t/d。图 5-103 为渗流-应力耦合模拟孔隙压力变化情况，受生产注入影响，注水井处孔隙压力逐渐升高，生产井处逐渐降低，地层初始孔隙压力为 15.5～

16.2MPa，截至 2016 年 12 月(注采开发 60 个月)，注水井处孔隙压力为 30～38MPa，生产井处 7～10MPa。

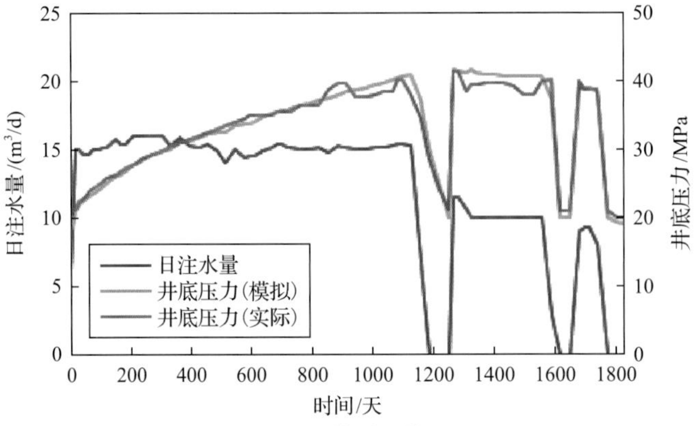

(a) J1-2井(注入井)

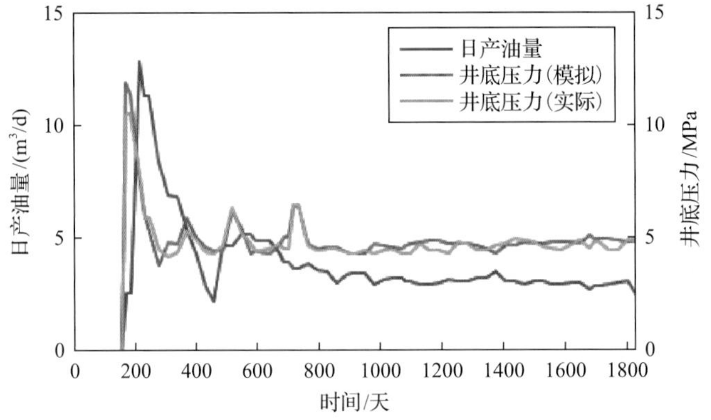

(b) PH1井(生产井)

图 5-102　注采井生产历史拟合结果对比

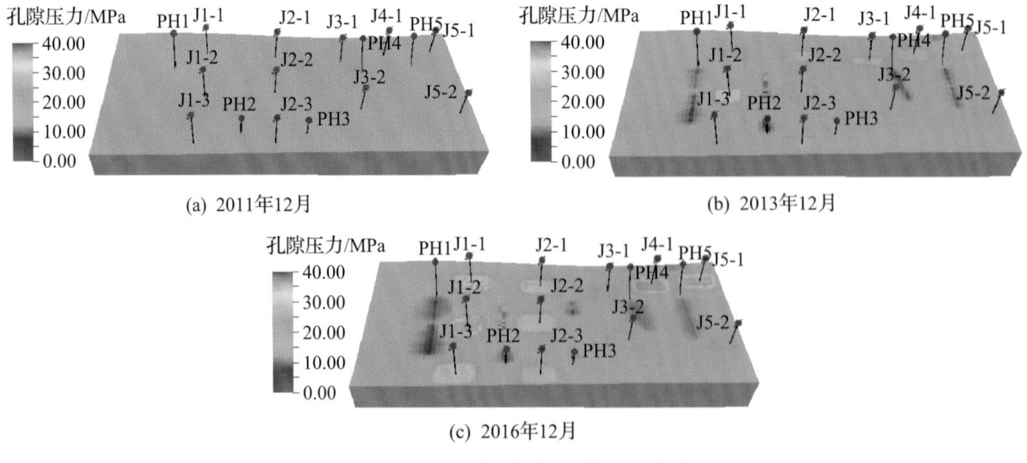

(a) 2011年12月

(b) 2013年12月

(c) 2016年12月

图 5-103　注采过程中孔隙压力变化

该区域储层初始垂向主应力为 55～58MPa，初始最大水平主应力为 41～43MPa，初始最小水平主应力为 33～35.5MPa。受孔隙压力变化影响，三向应力随孔隙压力增大而增大，但由于应力叠加作用影响，最大水平主应力在生产井部分井段会随生产而升高，截至 2016 年 12 月，垂向应力在注水井处 60～68MPa，生产井处 51～54MPa。最大水平主应力在注水井处 48～52MPa，生产井处 39～45MPa，最小水平主应力在注水井处 40～43MPa，生产井处 29～32MPa，如图 5-104 所示。

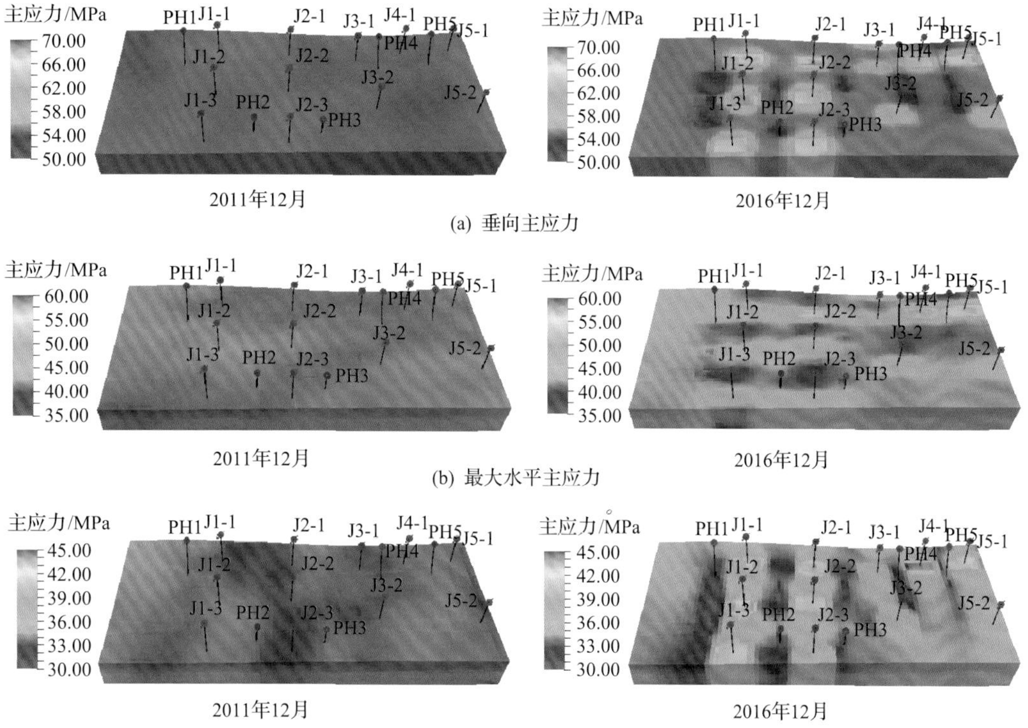

图 5-104　注采过程中三向主应力变化

图 5-105 和图 5-106 分别是注采过程中注水井 J1-2 射孔位置和生产井 PH1 第 5 压裂段处储层孔隙压力和地应力与初始值差值变化情况。注水井处孔隙压力变化量随注入量

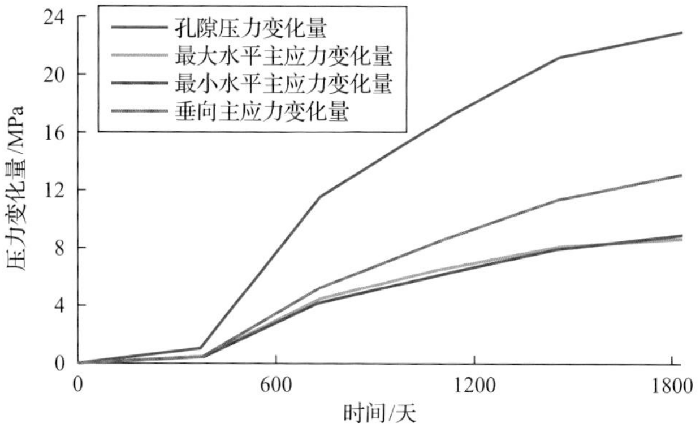

图 5-105　注采过程中注水井 J1-2 位置储层孔隙压力与地应力变化

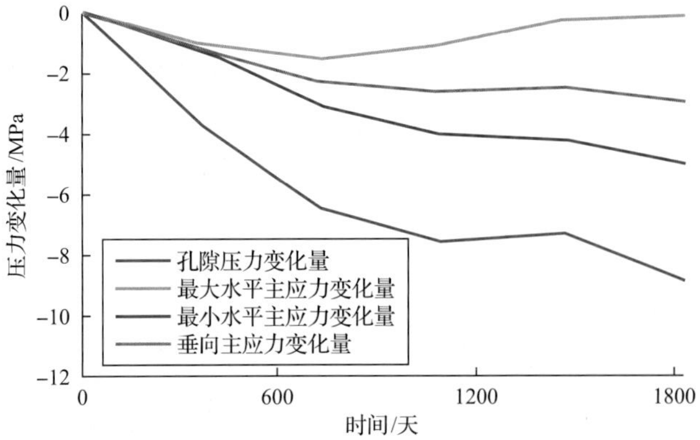

图 5-106　注采过程中生产井 PH1 第 5 压裂位置储层孔隙压力与地应力

的增加而增大，三向主应力变化趋势与孔隙压力相同，但变化量小于孔隙压力，其中最小水平主应力变化量与最大水平主应力相同。截至 2016 年 12 月，该位置处孔隙压力增大 22.8MPa，垂向主应力、最大水平主应力和最小水平主应力分别增大 13.0MPa、8.6MPa 和 8.8MPa。而生产井处，最小水平主应力及垂向主应力变化量与孔隙压力变化量趋势相同，但最大水平主应力则受注水井影响，先减小后增加。截至 2016 年 12 月，该位置处孔隙压力减小 8.8MPa，垂向应力、最大水平主应力和最小水平主应力分别减小 2.9MPa、0.1MPa 和 5.0MPa。

3) 最小主应力模拟结果验证

重复压裂井水力压裂闭合压力一定程度上反映储层最小主应力大小。图 5-107 为重复压裂井各施工段裂缝闭合压力与模拟结果对比图。可以看出：受注水作用和各段产量贡献差异影响，PH2 井腰部、PH3 井趾端位置最小水平主应力较低，PH4 及 PH5 井全段最小水平主应力较为稳定，最小水平主应力计算结果与重复压裂井裂缝闭合压力对比误差范围为 0.2%～13.2%，平均误差为 7.6%，验证了模型的正确性。

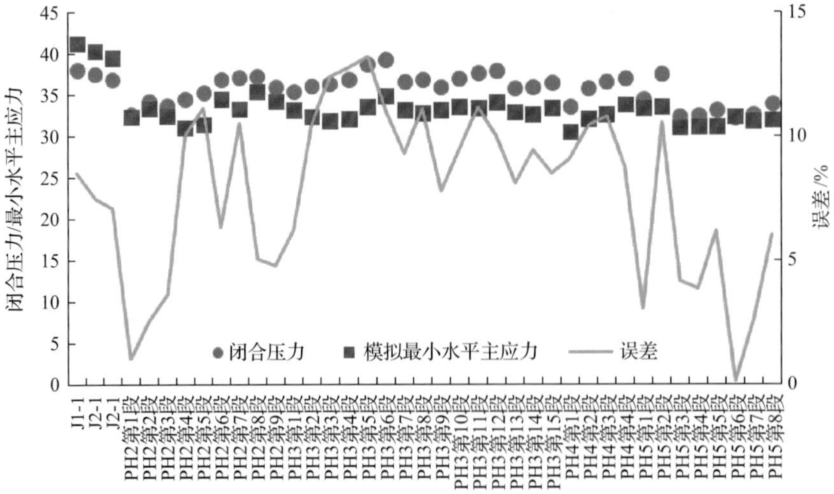

图 5-107　重复压裂井压裂裂缝闭合压力与最小水平主应力模拟结果对比

5.4.2 长期注采过程中的动态地质力学演化规律

为了更加清晰地分析渗流-应力模拟结果，本节针对主力开发层位长6_1^3小层，分析地层应力平面分布特征，并划分AA′(PH2井水平井筒方向)、BB′(J1-1、J1-2和J1-3注水井所在纵向井排)和CC′(J1-2所在横向井排)三个剖面，分析注采过程中地应力随时间变化情况，如图5-108所示。

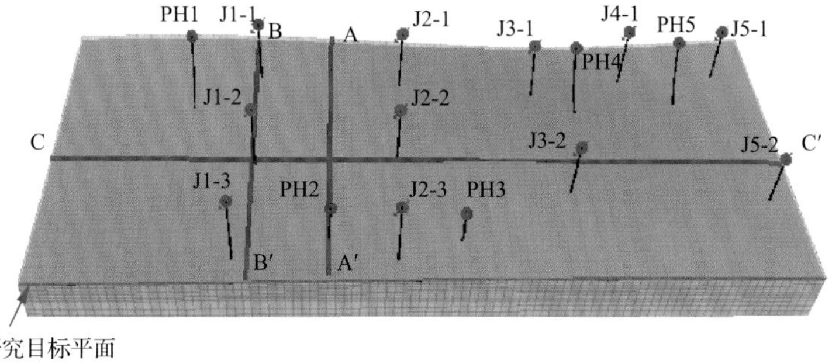

图5-108 模型研究平面及截面分布

5.4.2.1 孔隙压力变化规律

受生产/注入影响，注入井井周及裂缝附近孔隙压力明显增大，生产井处则减小。水平井PH2生产过程中筒处(AA′剖面)孔隙压力变化情况[图5-109(a)]表明：由于水平井各段储层物性参数、水力裂缝位置及扩展情况不同，生产过程中各段渗流条件及产量贡献存在差异。图5-109(b)为注水井排(BB′剖面)孔隙压力变化情况，注水井处受注水增压效应影响，使近井区域储层天然裂缝开启和连通，裂缝网络波及范围内孔隙压力上升明显，但由于注水井间距过大，井间仍存在较大范围的压力未波及区。图5-109(c)为注采驱替有利方向上(CC′剖面)孔隙压力变化情况，由于储层较为致密，基质渗透率低，水力裂缝扩展范围内，孔隙压力变化较为明显，裂缝波及范围之外的储层压降较小。

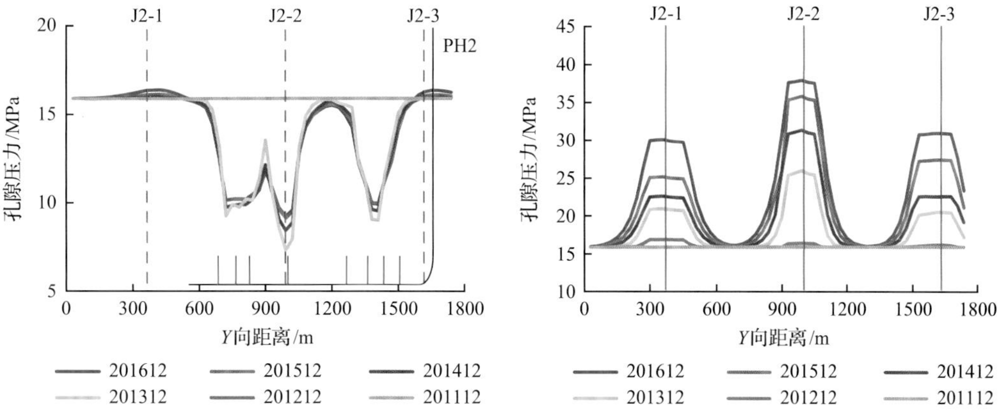

(a) AA′剖面　(b) BB′剖面

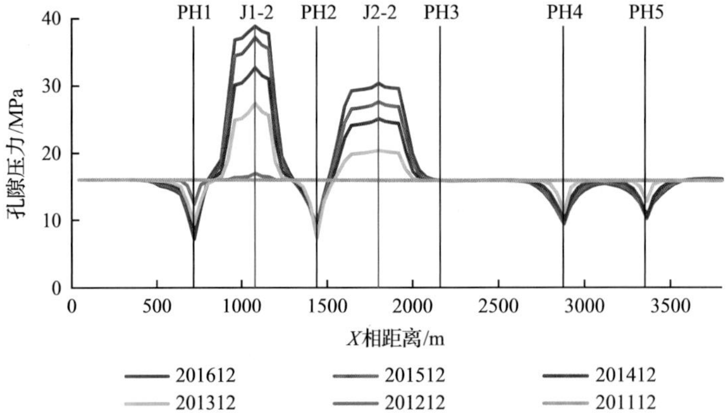

(c) CC′剖面

图 5-109　注采过程中孔隙压力变化

5.4.2.2　垂向应力演化规律

图 5-110(a)～(c)分别为 AA′、BB′及 CC′截面垂向主应力变化情况。可以看出：垂向

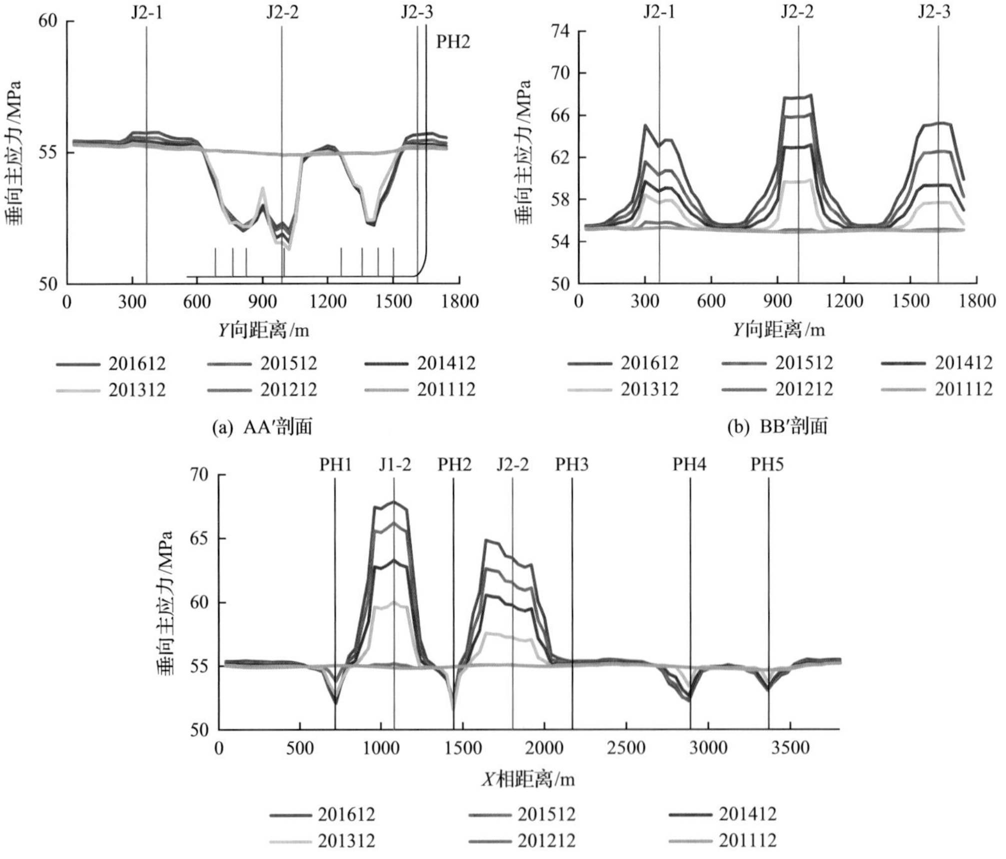

(a) AA′剖面

(b) BB′剖面

(c) CC′剖面

图 5-110　注采过程中垂向主应力变化

应力变化集中分布在各井井筒及裂缝波及范围内，变化规律与孔隙压力相同。垂向应力主要受压实作用影响，孔隙压力变化引起储层多孔介质有效应力变化，其他各向应力变化对垂向应力影响较小。

5.4.2.3　水平主应力演化规律

在井筒和裂缝波及范围内，两向水平应力与孔隙压力变化规律相同。但值得注意的是，孔隙压力变化会引起有效应力变化，使储层多孔介质产生形变，同时两向水平应力会受应力叠加作用影响，使未受孔隙压力影响的位置产生两向水平应力变化，或在部分位置孔隙压力变化与两向应力变化规律出现明显差异(Roussel et al. , 2013)。因此，由于该区域采用排状注水井网，使最大水平主应力和最小水平主应力分别沿各自应力方向上呈现条带状变化。

对比PH2井筒方向上(AA′剖面)两向水平应力变化情况[图5-111(a)与图5-112(a)]，最小水平主应力在3口注水井对应位置并无明显变化，但最大水平主应力则逐年增大。在该位置注水作用会削弱开采引起的最大主应力降低，甚至会使其超过初始值。

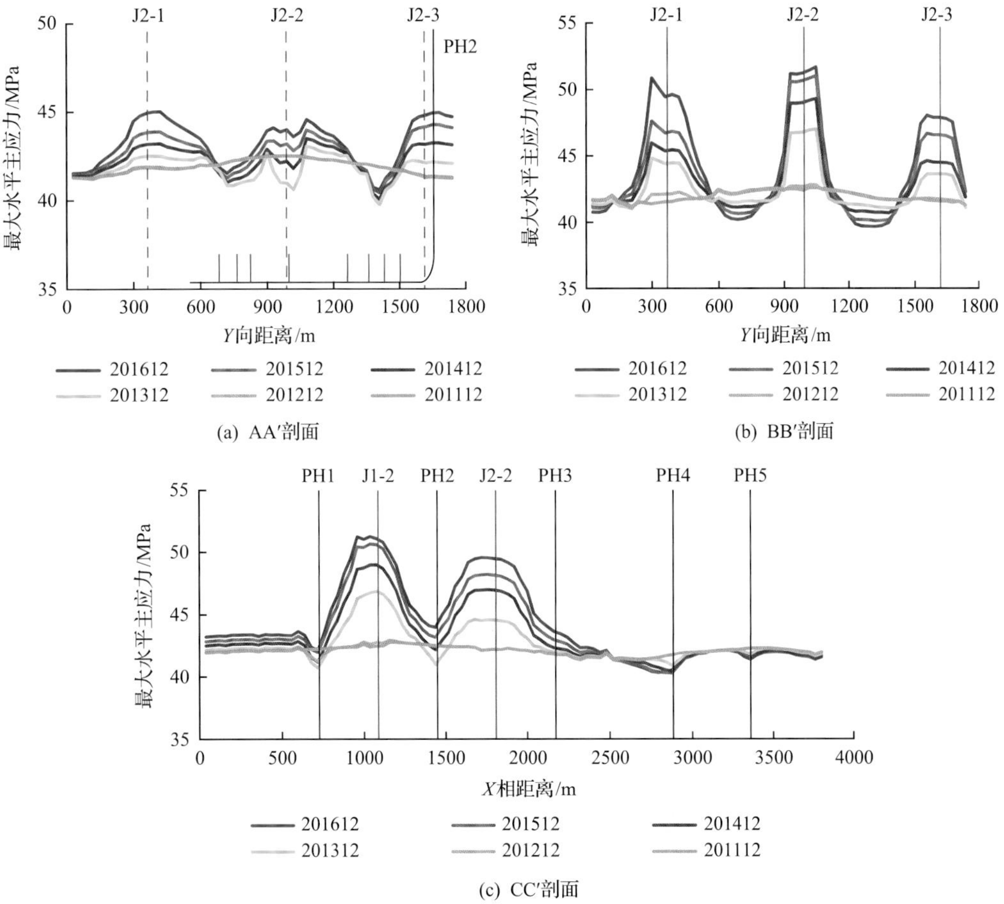

(a) AA′剖面

(b) BB′剖面

(c) CC′剖面

图5-111　注采过程中最大水平主应力变化

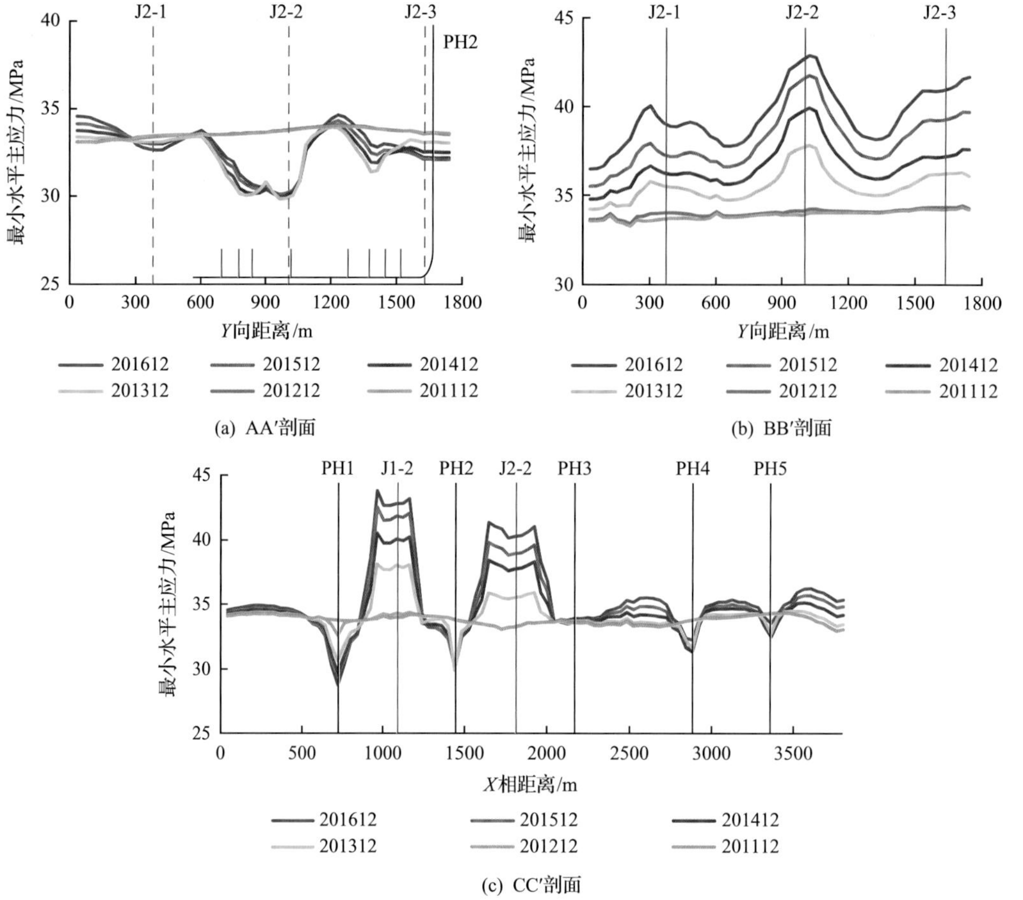

图 5-112　注采过程中最小水平主应力变化

对比注水排方向上(BB′剖面)两向水平应力变化[图 5-111(b)与图 5-112(b)]，在注水井之间的孔隙压力未波及区域，最大水平主应力逐年减小，而最小水平主应力明显高于初始值，且逐年增大。

对比 CC′剖面两向水平应力变化[图 5-111(c)与图 5-112(c)]，生产井水力裂缝波及范围内最小水平主应力随孔隙压力的降低而降低，而最大水平主应力受应力叠加效应，自 2013 年之后明显上升。

两向水平地应力变化或者转向主要受孔隙压力梯度影响，孔隙压力梯度越大，应力变化越明显，并可能发生应力反转(Roussel et al., 2013)。本章中，受水力裂缝对基质渗透率的改善作用，在生产井处未出现足够大的孔隙压力梯度变化，在生产井处未出现应力反转现象(Roussel et al., 2013)。

图 5-113(a)和(b)分别为储层注采开发 60 个月后最大水平主应力和最小水平主应力方向分布情况。该区域初始条件下最大主应力走向为 75°，即 NNE-SWW。至 2016 年 12 月，井区最大水平主应力方向发生 0～30°偏转，注水井处尤为明显。在注采开发过程中，地层应力变化主要受孔弹性、热弹性及压裂裂缝张开引起的位移作用影响。对于多孔介质，孔隙压力增大使地层有效应力减小，岩石发生膨胀变形，使其正应力和切向应力减

小，应力方向受挤压位置偏转，同时孔隙压力变化越剧烈，孔隙压力梯度越大，应力变化越明显，方向偏转越明显，该结果也在其他文献中得到证实(Gupta et al.，2012；Roussel et al.，2013；Gao et al.，2018；Liu et al.，2008)。

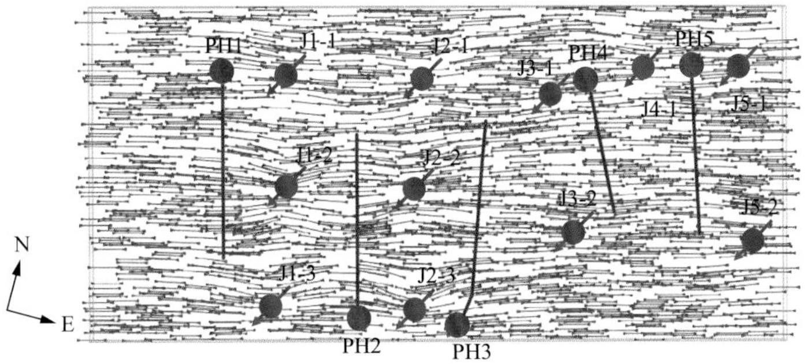

(a) 最大水平主应力方向

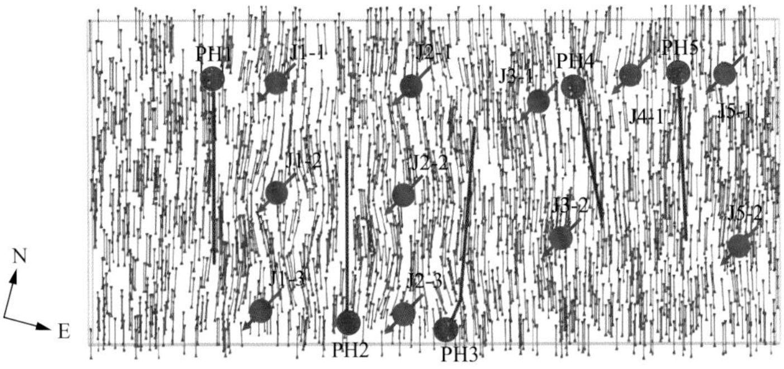

(b) 最小水平主应力方向

图 5-113　2016 年 12 月储层两向水平应力方向平面分布

5.4.2.4　水平主应力差动态变化规律

图 5-114 为注采开发 60 个月后储层两向水平应力差分布情况。图 5-115(a)～(c)分别为 AA′、BB′及 CC′截面两向水平应力分布变化情况。初始两向水平应力差为 7～8MPa，受两向水平主应力变化规律影响，与注水井对应的水平井段两向水平应力差上升幅度最大，截至 2016 年 12 月，该位置两向水平应力差为 12.4～13.8MPa，升高了 14.7%～52.7%，

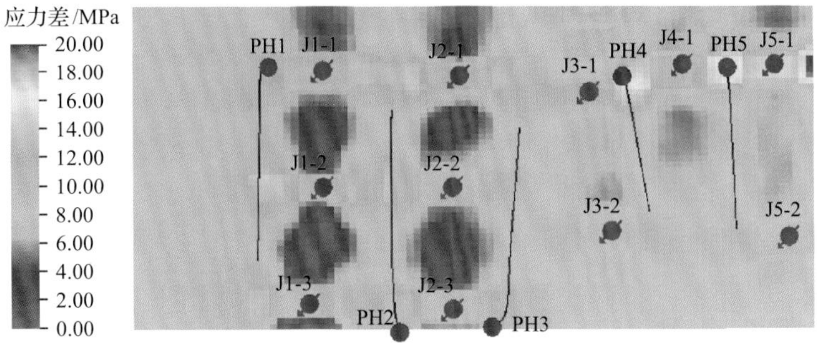

图 5-114　2016 年 12 月储层两向水平应力差大小平面分布

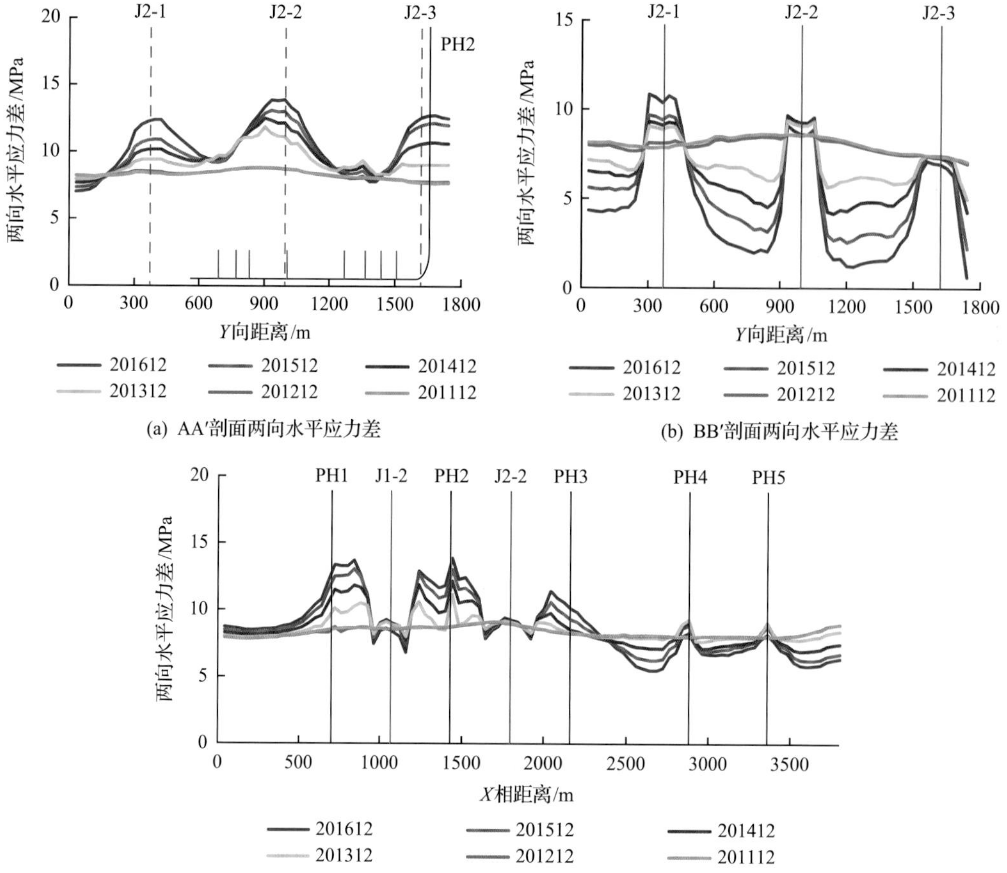

(a) AA′剖面两向水平应力差

(b) BB′剖面两向水平应力差

(c) CC′剖面两向水平应力差

图 5-115 注采过程中两向水平应力差变化

而其余水平井段处则变化较小。注水井之间的孔隙压力未波及区两向水平应力差下降幅度最大，截至 2016 年 12 月，该位置两向水平应力差约为 1.2～3.8MPa，下降了 46.5%～84.6%，为可能发生应力转向的最佳区域，而注水井处应力差变化不明显。

5.4.3 现场应用与评价

5.4.3.1 水平井排状注采开发方案调整

为了弥补致密砂岩储层长期注采开发过程中产量递减损失，保证油田产量，老井重复压裂成为有效增产措施之一。注采开发过程中应力场变化对重复压裂具有重要意义，最大水平主应力方向决定水力裂缝扩展方向，而最小水平主应力大小直接影响水力压裂施工压力大小，同时其在井筒两侧分布不均时还会产生“frac-hit”(压裂-冲击)效应，使得裂缝发生非对称扩展(Roussel and Sharma, 2012；Yadav and Motealleh, 2017)。另外，本区地层应力属于正断层机制，最小水平主应力及两向水平应力差对压裂裂缝的扩展及裂缝网络复杂性具有重要影响。

该区注水井注水压力越高，注水量越大，最小水平主应力越高；生产井产出程度越高，井底压力越低，最小水平主应力越小。在注采开发过程中，两向水平应力差在水平井筒处增大，而注水井间区域却减小，并存在发生水平应力反转的可能。因此，为了压裂裂缝有效扩展，提高压裂改造效果，需要根据注采过程中地应力变化情况，合理选择改造时机和改造工艺。

目前该区水平井初次压裂改造规模较小，在注水井之间区域存在大面积未动用区，且该区域两向水平应力差较小，是压裂改造有利区域。因此，可对水平井进行重复压裂改造，优先充分改造注水井井间区域，增大对应层段改造规模，力求水力压裂过程中在该区域产生复杂分支裂缝，如图 5-116(a)。对驱替效果不明显或发生“水窜”的注水井可采用体积压裂后转采，调整注采关系和应力分布。由于注水井所对应的水平井处两向水平应力差较大，因此需控制改造规模，防止裂缝扩展到高应力差区域时与水平井沟通，如图 5-116(b)所示。另外，对于两侧存在严重注水不平衡的水平井，可先对两侧注水井进行增注或减注、停注，调整应力分布，保证水平井两侧裂缝均衡扩展。

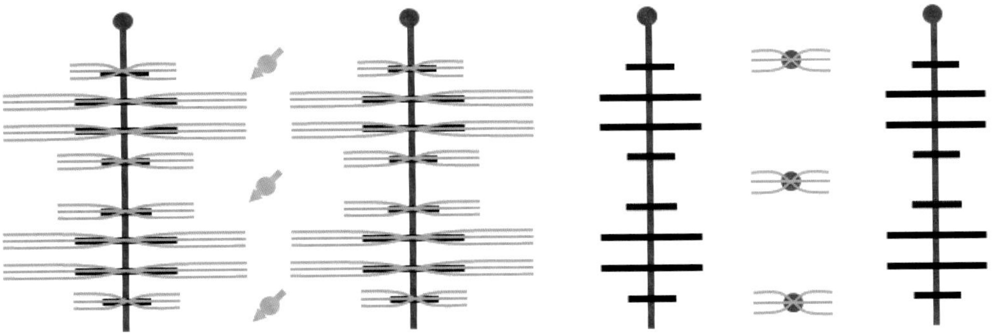
(a) 水平井重复压裂　　(b) 注水井重复压裂转采

图 5-116　开发方案调整示意图

同时，长期注采开发使地应力方向发生变化，最大主应力方向会向注水井处发生偏转，这会影响靠近注水井的部分水平井段重复压裂裂缝扩展方向，使压裂裂缝发生转向，向注水井位置延伸(图 5-117)，这一现象已经通过实验和数值模拟结果证实(Bruno and Nakagawa, 1991；Gao et al., 2018)。

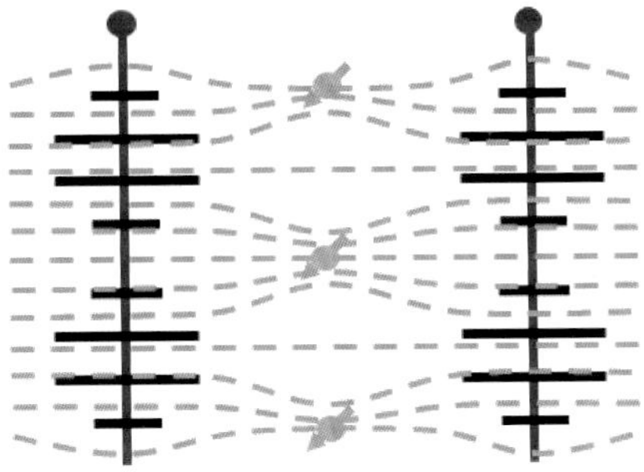

图 5-117　注采开发后最大水平主应力方向分布

5.4.3.2 水平井排状注采井网重复压裂优化设计

该区水平井从 2016 年 12 月开始相继进行了重复体积压裂，由于地应力场的变化，水力裂缝形态发生较为明显的变化。以 PH5 井为例，该井于 2017 年 4 月 20 日至 2017 年 5 月 13 日进行重复水力压裂，压裂施工 10 段，其中第 3 段和第 5 段施工失败，各压裂段施工参数及微地震监测结果如表 5-12 所示，水力压裂微地震事件点分布如图 5-118 所示。第 1 段到第 6 段西侧裂缝扩展长度明显大于东侧，而第 7 段到第 10 段两侧裂缝基本呈对称分布。另外，井区最大水平主应力初始方向约为 NE75°，与之相比，第 1、2 段裂缝顺时针偏转 10°～20°，第 7～10 段逆时针偏转 8°～10°。

表 5-12 PH5 井重复压裂施工参数及微地震监测结果

压裂序号	施工总液量/m^3	施工支撑剂用量/m^3	长度/m		宽度/m		高度/m	方位(°)	微地震事件点/个	
			西	东	西	东			西	东
1	717.8	40	161	105	50	45	50-80	NE93	70	63
2	862.3	60	150	112	40	40	50-70	NE83	55	44
3	管外窜，放弃									
4	768	50	245	122	90	70	43	NE75	45	19
5	压不开，放弃									
6	1045.3	60	230	140	70	55	50	NE72	17	12
7	913	60	275	285	65	65	50	NE62	30	27
8	789.1	50	270	270	50	65	27	NE64	18	25
9	784.7	50	200	180	30	30	29	NE66	18	15
10	592.2	40	225	212	30	30	30	NE63	22	16

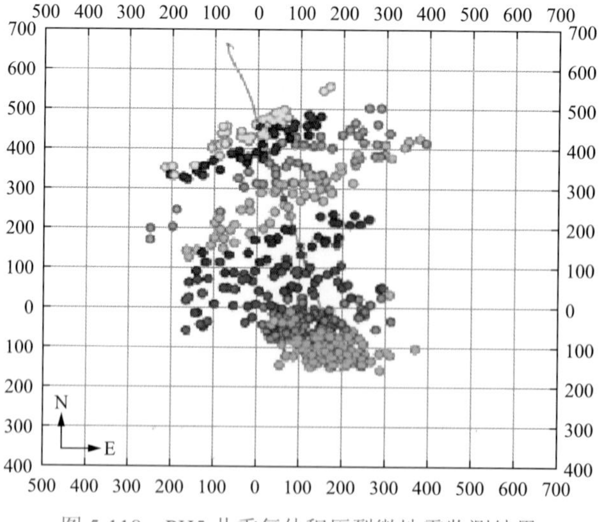

图 5-118 PH5 井重复体积压裂微地震监测结果

对比该井井筒两侧(距井筒 120m)最小水平主应力(图 5-119)，PH5 井趾端井筒东侧要明显大于西侧，相差约 2MPa，跟端东西两侧大小相近，相差 0.3MPa。因此，趾端裂缝则向井筒西侧呈明显非对称扩展，跟端裂缝呈两翼扩展。相比两向水平应力差(图 5-120)，PH5 井筒两侧差异较小，但跟端和趾端明显大于腰部，导致该井腰部压裂微地震点分布宽度较大，而跟端和趾端则较小。另外，受注水井影响，趾端水力裂缝明显向其西侧注水井位置偏转。

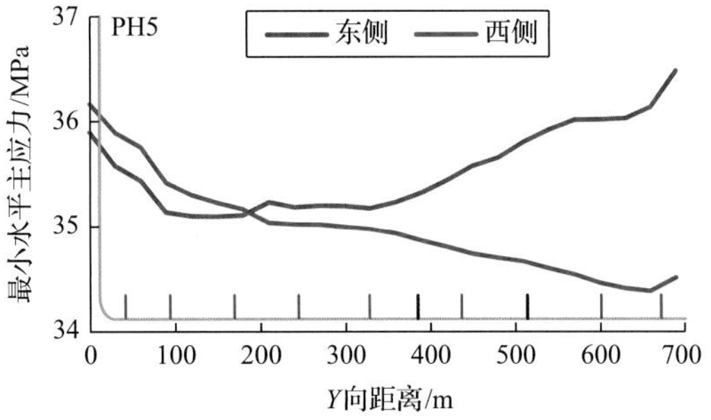

图 5-119　PH5 井两侧最小水平主应力对比

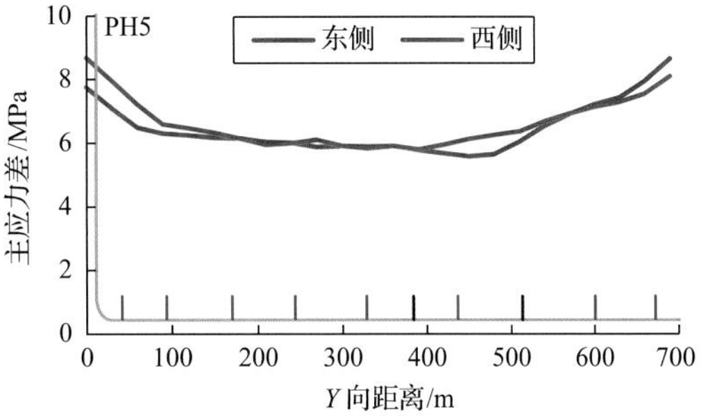

图 5-120　PH5 井两侧两向水平应力差对比

5.4.3.3　开发效果对比

对比模型区域内生产井重复压裂日产油量变化[图 5-121(a)]，各水平井重复压裂

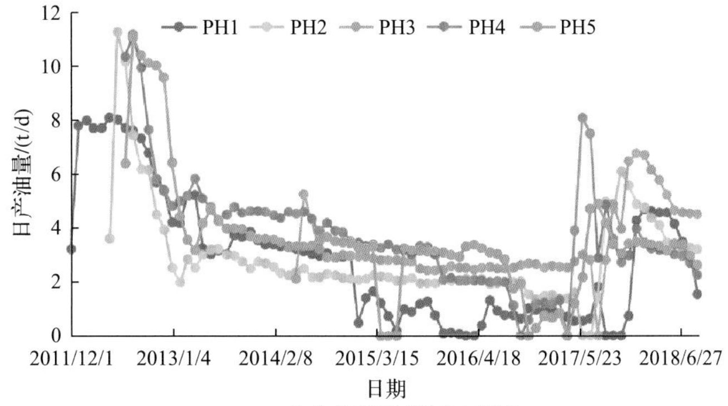

(a) 生产井重复压裂日产油量

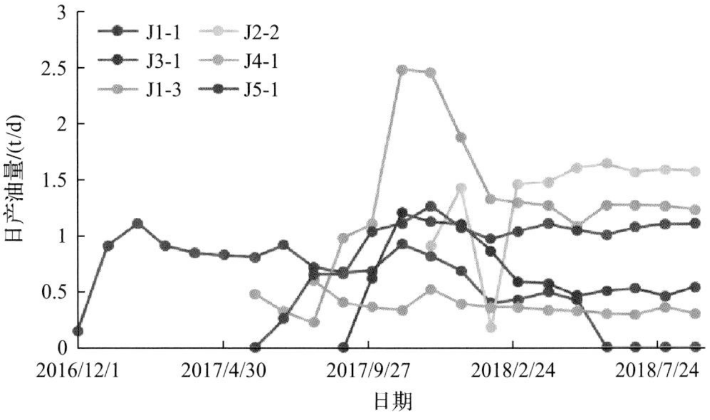

(b) 注水井压裂转采日产油量

图 5-121　生产井重复压裂及注水井压裂转采效果对比

后初期产量约为初次压裂后的45%～135%，平均约60%，取得了较好的效果，有效地缓解了初次压裂后油井产量递减趋势。对比该区注水井压裂转采后日产油量变化[图5-121(b)]，注水井转采后，平均日产油量1.07t/d，与相邻区块定向生产井产量相当。生产井重复压裂和注水井转采不仅有效提高区块产量，同时缓解了水平井重复压裂后水窜风险，该实验方案整体效果较好。

5.5 小　结

(1)涪陵页岩气 FL2 平台受开采过程中的孔隙压力下降影响，井筒周围的水平有效应力明显增加，并呈现一定程度的偏转效应；除孔隙压力变化外，初始地应力的非均质性分布对地应力变化后的分布状态也有明显的影响；页岩的横观各向同性对开采过程中的地质力学演化具有显著的影响，在页岩的动态地质力学建模中不可忽略；储层孔隙压力和地应力在水力压裂改造区域内的变化明显大于非改造区域，且从井筒向裂缝尖端呈现出渐变梯度，水力压裂是单井产能及有效控制区域的决定性因素；井周的储层地质力学变化受到邻近生产井开采效应的叠加作用。

(2)涪陵页岩气 S1-3H 加密井平台在仅受到一口井影响的区域内，水平应力差较小。在靠近两口井影响的区域时，水平应力差不断增大，且受到两口压裂井影响的区域水平应力差明显高于仅受到一口井的区域。在水力压裂改造区域内，生产后两向水平应力差较原始两向水平地应力差有所增加，且三向地应力关系发生变化：由走滑断层向正断层过渡，转变为正断层应力机制。

(3)沁水盆地煤层气藏丰度较低、储层物性较差，致使单井排采产气量较低，孔隙压力和地应力变化较小；即使在较小的孔隙压力和地应力变化幅度下，煤岩储层的各向异性和非均质性对甲烷排采过程中的地应力和渗透率演化及其展布有着显著影响；寿阳区块15#低渗煤层的渗透率应力敏感性在不同方向上差异显著，通过与室内测试实验和三类经典模型对比可知，本书作者所建立的模型更加能够适用于表征寿阳区块南燕竹 A2 区块的渗透率演化。

(4)鄂尔多斯盆地致密油藏受注采关系影响，注水井处和生产井处三向应力与孔隙压力变化趋势相同，注入井井周及裂缝附近孔隙压力明显增大，生产井处则减小，变化范围主要受到压裂改造范围控制；由于该区域采用排状井网，两向水平应力沿各自应力方向呈明显的条带状分布，在注水井处最大水平主应力方向呈径向发散状；两向水平地应力变化或者转向主要受孔隙压力梯度影响，孔隙压力梯度越大，应力变化越明显，并可能发生应力反转。本算例中，受水力裂缝对基质渗透率的改善作用，在生产井处未出现足够大的孔隙压力梯度变化，在生产井处未出现应力反转现象。

第 6 章

页岩气藏加密井复杂裂缝扩展机理及参数优化

综合考虑页岩气储层地质力学参数、天然裂缝等的非均质性和各向异性，本章提出了一套基于储层四维地应力演化的页岩气藏加密井水力压裂复杂裂缝扩展模拟方法，建立了气藏渗流-地质力学耦合的水力压裂复杂裂缝交错扩展模型，并通过现场试井数据、压裂施工参数、微地震监测数据等进行验证。基于涪陵页岩气 S1-3H 加密井平台四维地应力演化数据，开展了页岩气储层加密井复杂裂缝扩展形态及压裂时机优化研究，为页岩气加密井压裂设计及气藏开发提供理论指导。

6.1 基于四维地应力演化的加密井复杂裂缝扩展模型

6.1.1 基于四维地应力演化的加密井复杂裂缝扩展模拟方法

页岩气开采过程中老井周围储层孔隙压力和地应力的非均匀变化会诱导加密井水力裂缝向老井改造区域扩展，影响加密井水力裂缝的最终形态。因此，准确预测加密井井组储层的四维地应力演化是加密井水力裂缝扩展模拟的前提。

页岩气加密井多场耦合的裂缝扩展数值模拟方法(图 6-1)，是一种地质工程一体化的裂缝扩展模拟新方法，包含：储层三维地质建模、老井水力压裂缝网扩展模拟、储层四维地应力动态演化模拟、加密井水力压裂裂缝扩展模拟共四个步骤。首先，通过成像测井、岩心描述和露头裂缝描述，建立页岩气储层天然裂缝的离散裂缝模型，结合井层数据、测井数据、岩石力学、地应力、孔渗参数等，建立考虑储层非均质的天然裂缝、岩石力学参数、地应力、物性参数等的地质模型，在此基础上，根据老井水力压裂施工数据和微地震监测数据，开展老井的水力压裂数值模拟，得到老井水力压裂的复杂裂缝形态及参数；然后，基于地质模型、老井水力压裂复杂裂缝和气藏生产数据，开展页岩气藏四维地应力动态演化的流固耦合模拟研究，得到页岩气藏加密井附近的四维地应力演化结果；最后，根据储层地质模型、加密井附近四维地应力场，建立页岩气加密井水力压裂复杂裂缝扩展模型，揭示加密井复杂裂缝扩展规律，优化加密井改造方案。本模型中，老井水力压裂模拟、老井气藏模拟、四维地应力动态演化预测和加密井水力压裂模拟等，均考虑了储层地质特征(天然裂缝)、岩石力学特征参数(弹性模型、泊松比、黏聚力、内摩擦角等)、物性参数(渗透率、孔隙度、饱和度)、地应力等的非均质性和各向异性，更符合实际页岩气储层双重介质特点。

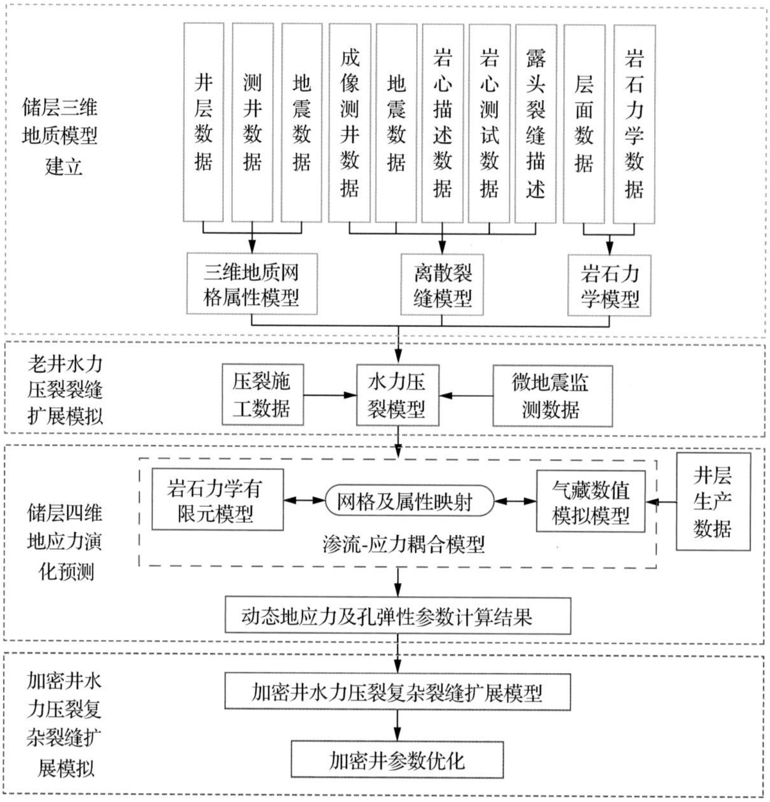

图 6-1　页岩气藏加密井水力压裂复杂裂缝模拟方法(朱海燕等，2021)

6.1.2　加密井复杂裂缝扩展理论

基于 DFN 的复杂裂缝扩展模型，顾名思义，就是在静态 DFN 建模基础上，通过建立网格系统并基于连续性方程和裂缝网络的计算获得压裂裂缝的几何形态。DFN 模型是目前模拟页岩气体积压裂复杂缝网的成熟模型之一，能够考虑裂缝干扰问题和滤失现象，可以准确地描述压裂裂缝的形态和分布范围，能够计算压裂液在裂缝中的流动。本节所述 DFN 水力裂缝扩展模型主要基于如下假设：①储层受力状态服从 Biot 有效应力定律，即储层有效应力=储层主应力-储层孔隙压力；②考虑岩石力学的非均质性和各向异性；③在模型中嵌入天然裂缝的 DFN 模型。

6.1.2.1　岩石与天然裂缝破裂

页岩储层高度发育着天然裂缝，这些裂缝存在于岩体内部的结构弱面。在对储层进行改造时，向地层注入的大量液体携带能量，改变了地应力和孔隙压力的分布，在一定条件下，裂缝发生破坏。

本节中水力压裂模型是基于离散网络模型建立，是以临界应力分析理论为基础，求解随机裂隙网络域上材料质量的本构关系。水力裂缝沿最小主应力方向延伸。对天然裂缝进行检测，依据裂缝激活准则，监测相互连通的天然裂缝，并允许压裂液进入并激活相应的裂缝。而裂缝激活准则是指满足缝内孔隙压力大于裂缝法向应力。该模拟方法需保持压裂液体积与水力扩张裂缝及激活的天然裂缝体积平衡，从而实现水力压裂裂缝扩展模拟。裂隙扩张体积的大小与岩石的弹性性质、应力状态和内部裂缝孔隙压力有关，并通过本构方程对裂缝进行分时求解。模型中同时考虑Ⅰ型裂缝(拉伸破裂)和Ⅱ型裂缝(剪切破裂)两种破裂模式。

1)裂缝拉伸破裂

随着压裂液的不断泵入，井底压力逐渐升高，使得裂缝壁面所受初始正应力不断增大，直至裂缝壁面所受正应力大于岩石的抗拉强度时，张性裂缝随即沿着最大水平主应力方向扩展(Dershowitz et al., 2010)，其起裂准备可表示为

$$\sigma_{\mathrm{N}} > \sigma_{\mathrm{t}} \tag{6-1}$$

式中，σ_{t}为岩石的抗拉强度；σ_{N}为射孔孔眼处/裂缝壁面所受正应力，其表达式为

$$\sigma_{\mathrm{N}} = \sigma'_{\mathrm{N0}} + P_0 \tag{6-2}$$

其中，P_0为初始孔隙压力；σ'_{N0}为裂缝面所受初始有效正应力。当裂缝开始破裂时，压裂液进入裂缝，此时裂缝壁面所受正应力为

$$\sigma_{\mathrm{N}} = \sigma'_{\mathrm{N}} + P_{\mathrm{fn}} \tag{6-3}$$

式中，σ'_{N}为裂缝起裂后壁面所受有效正应力；P_{fn}为缝内净压力。

2)裂缝剪切破裂

该模型同时考虑裂缝剪切破坏，并依据 Mohr-Coulomb(莫尔-库仑)强度准则判断裂缝剪切破坏，如图 6-2 所示。考虑了正应力或平均应力作用的最大剪应力或单一剪应力的屈服理论，即，当剪切面上的剪应力与正应力之比达到最大时，材料发生屈服破坏，当裂缝剪切强度满足式(6-4)时，裂缝将会发生剪切破坏。

$$|\tau| \geqslant f(\sigma) \tag{6-4}$$

式中，$f(\sigma)$为裂缝的剪切破坏包络线，是关于正应力的函数，也称为临界切压力τ_{f}，一般来说，$f(\sigma) = c + \sigma\tan\phi$，$c$为岩石内聚力，$\phi$为内摩擦角。

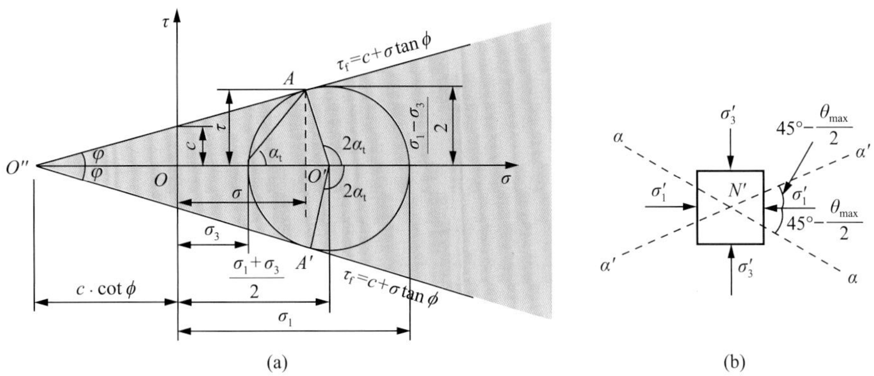

图 6-2　莫尔-库仑强度理论示意图

莫尔-库仑强度理论中切应力 τ 和正应力 σ 计算如式(6-5)、式(6-6)所示。若计算所得(σ，τ)点位于图中黄色区域，则裂缝发生剪切破坏，若位于蓝色区域，则裂缝不发生剪切破坏。

$$\tau = \frac{1}{2}(\sigma_1 - \sigma_3)\cos\phi \tag{6-5}$$

$$\sigma = \frac{1}{2}(\sigma_1 + \sigma_3) + \frac{1}{2}(\sigma_1 - \sigma_3)\sin\phi \tag{6-6}$$

式中，σ_1 为储层最大主应力与孔隙压力之差；σ_3 为最小主应力与孔隙压力之差；ϕ 为内摩擦角。

由于天然裂缝的存在，使得水力裂缝在扩展至天然裂缝处时，存在与天然裂缝交错扩展的可能，在本书所述 DFN 方法中，天然裂缝与水力裂缝的交错机制主要受到天然裂缝受力状态及其与水力裂缝夹角的影响：若天然裂缝与水力裂缝在同一平面内，天然裂缝将成拉伸破裂。与水力裂缝起裂相同，当天然裂缝面所受正应力超过其抗拉强度时，天然裂缝发生张性破裂。

实际压裂过程中，由于储层压裂液滤失或裂缝连通影响，天然裂缝的缝内压力升高，从而影响天然裂缝面的法向和切向应力状态，天然裂缝缝内压力越大，则该天然裂缝的应力状态在莫尔-库仑应力坐标轴上的点(σ，τ)就会向左移动，导致当缝内压力到达一定数值时，该点将会处于坐标轴黄色区域中，天然裂缝将发生剪切破坏，具体表现为：

若天然裂缝与水力裂缝呈一定夹角，天然裂缝的破裂形态同时受到裂缝壁面所受正应力和切应力影响，即当天然裂缝面所受正应力满足公式(6-3)时，天然裂缝发生张性破裂；而当切应力大小满足公式(6-4)时，天然裂缝发生剪切破裂，如图 6-3 所示。

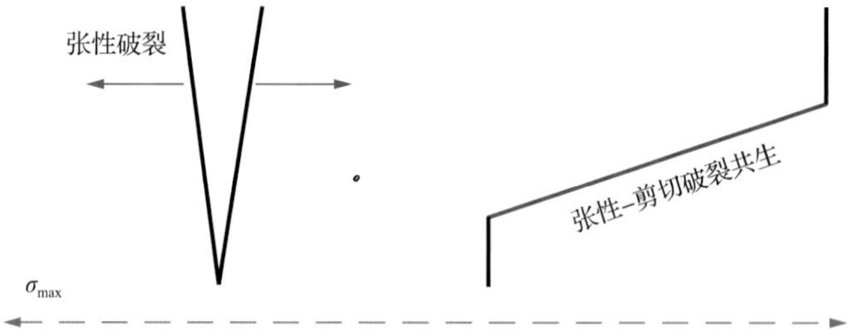

图 6-3　天然裂缝的张性扩展

6.1.2.2　裂缝扩展

裂缝扩展主要依据 Secor 和 Pollard 的方法，如图 6-4 所示，裂缝宽度由式(6-7)计算所得，根据质量守恒定律，结合缝内液体体积可计算得到裂缝扩展距离(d)，通过迭代计算水力主裂缝和分支扩张裂缝扩展形态。计算所得裂缝缝宽形态如图 6-4 所示。

$$e = \frac{4(1-\nu^2)}{E}(P_{\rm fn} - \sigma_{\rm N})d_{\max}\sqrt{1-\left(\frac{d}{d_{\max}}\right)^2} \tag{6-7}$$

式中，e 为裂缝宽度；v 为泊松比；E 为弹性模量；P_{fn} 为裂缝缝内净压力；σ_N 为裂缝法向应力；d_{max} 为裂缝总长度；d 为裂缝长度。

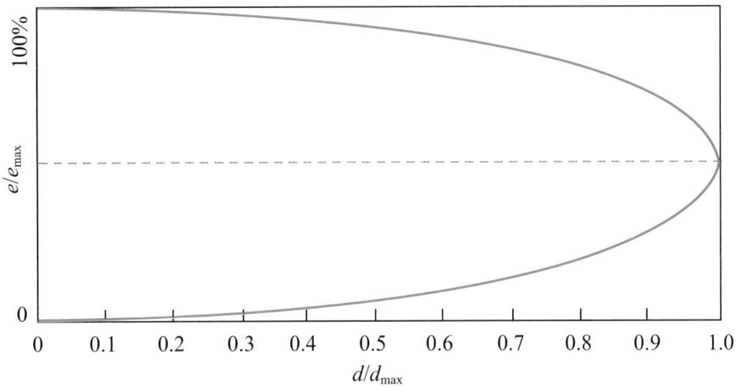

图 6-4　Secor 和 Pollard 模型扩张裂缝剖面

6.1.2.3　缝内流体压力与注入量

本章建立 DFN 模型的目的在于模拟多井甚至是多平台下的水力压裂复杂裂缝扩展，对于长水平段多段压裂的页岩气井来说，单一模型下的压裂簇数量一般处于 10^2 数量级甚至更多。因此，为了高效地计算各井复杂裂缝扩展情况，在处理压裂液与裂缝的互作用时，仅考虑压裂液在裂缝中的流体压力分布变化，而忽略压裂液的实际流动过程。

1) 缝内压力

本章通过压裂液在裂缝中的分布距离来估算已经连通的水力-天然裂缝系统在不同位置处的流体压力，即，越靠近射孔孔眼，缝内流压越高；越远离射孔孔眼或越靠近裂缝尖端，缝内流压越低。在考虑裂缝内任意位置垂深与射孔点垂深之差的前提下，其表达式为

$$P_{frac} = \left(P_{pump} - \sigma_N\right)\left(1 - S\frac{d}{d_{max}}\right) + \sigma_N + \frac{\rho_w g H_f}{10^6} \tag{6-8}$$

式中，P_{pump} 为压裂施工井底压力，MPa；ρ_w 为压裂液密度，kg/m^3；g 为重力加速度，m/s^2；H_f 为裂缝内某点与井筒处裂缝起裂点之间高度差，m；d 为当前簇裂缝内任意位置处与射孔孔眼的实际距离；d_{max} 为当前簇最远端裂尖与射孔孔眼的实际距离；S 为考虑压裂液摩阻及裂缝壁面滤失的经验系数，其取值范围 0～1，如图 6-5 所示。

2) 压裂液体积

除缝内流体压力外，还需要计算泵入缝内的压裂液体积，本方法中采用质量平衡原则估算注入地层的压裂液，即，压裂液的注入量等于已连通水力-天然裂缝系统容积与综合滤失量(裂缝壁面滤失和天然裂缝滤失)之和，其表达式为

$$V_i = V_f + V_L \tag{6-9}$$

式中，V_i 为压裂液泵入总体积；V_f 为已连通水力-天然裂缝容积；V_L 为综合滤失量。

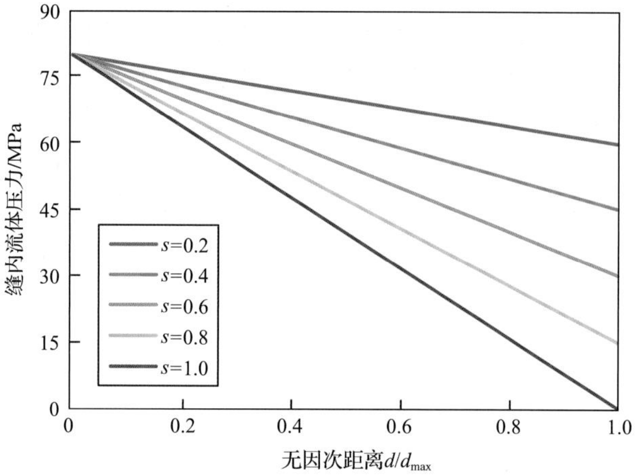

图 6-5　裂缝内流体压力与注入点距离的关系

其中水力-天然裂缝容积可以通过各连通的离散裂缝缝长、缝高、缝宽三者乘积累加得到，即

$$V_{\mathrm{F}} = \Sigma V_{\mathrm{f}}^{i} = \Sigma\left(L_{\mathrm{f}} \cdot H_{\mathrm{f}} \cdot e_{\mathrm{f}}\right)^{i} \tag{6-10}$$

式中，L_{f}为缝高；H_{f}为缝宽；e_{f}为平均缝宽。

在计算过程中，首先综合滤失量估算出一个最大裂缝长度，然后将一个缝宽为 0 的离散水力裂缝插入到 DFN 模型中，并逐步增加新插入水力裂缝的缝宽，并估计水力裂缝的总体积和综合滤失量。不断重复，直到水力裂缝的总体积加上滤失量与注入压裂液的总体积相匹配。

其中，当水力裂缝沿着主应力方向向前扩展，其综合滤失量为裂缝壁面滤失量；当水力裂缝与天然裂缝交错时，其综合滤失量为压裂液向天然裂缝中漏失体积和天然裂缝滤失量之和。

3) 天然裂缝流量分配

当同一网格中存在超过一条已开启的天然裂缝时，水力裂缝中的压裂液存在向不同天然裂缝中进行流量分配的问题。本节引入流量分配优先算法，通过计算与裂缝无因次传导率(渗透系数)、水力-天然裂缝夹角、裂缝长度等相关的流量分配系数来解决这一问题。

$$\text{priority} = \frac{\text{transmisivity}^{M} \times \text{orientation}^{N}}{\text{connection\_level}^{L}} \tag{6-11}$$

$$\begin{aligned} &\text{transmisivity} = \frac{\log(T_{\text{element}})}{\log(T_{\max}) - \log(T_{\min})} \\ &\text{orientation} = \cos\theta \\ &\text{connection\_level} = d/d_{\max} \end{aligned} \tag{6-12}$$

式中，priority 为注入优先度(流量分配系数)；transmisivity 为无因次裂缝传导率；orientation 为水力扩张裂缝与天然裂缝走向夹角余弦；connection_level 为无因次裂缝与射孔孔眼的距离；M 为传导率系数，取值范围 0～1，其值由不同裂缝的传导率大小对比关系决定；N 为裂缝夹角系数，取值范围 0～1，其值由天然裂缝与水力裂缝夹角对比关系决定；L 为连通等级系数，取值范围 0～1，其值由同一单元中天然裂缝与射孔孔眼的距离决定。

其中，传导率 T 可根据立方定律计算得到，即

$$T_{\text{element}} = ke = \frac{e^3}{12} \tag{6-13}$$

式中，k 为裂缝渗透率；e 为单元内裂缝平均缝宽。

6.1.3 加密井水力压裂裂缝复杂扩展数值模拟

S1-3H 加密井于 2018 年 5 月进行水力压裂施工，该井共施工 27 段，每段平均施工排量 13.0～14.5m^3/min，平均砂比 7.84%，平均施工压力 60～75MPa。共计 100 射孔簇，平均每簇压裂液用量为 588m^3，每簇支撑剂用量为 19.2m^3。在气藏渗流-地质力学耦合模拟、离散天然裂缝模型及老井压裂裂缝模拟的基础上，建立 S1-3H 加密井水力压裂复杂裂缝的扩展模型，开展加密井水力压裂复杂裂缝的扩展模拟，图 6-6 中(a)和(b)分别为加密井分支扩张裂缝和剪切自支撑裂缝形态，(c)为加密井压裂微地震事件现场监测结果。

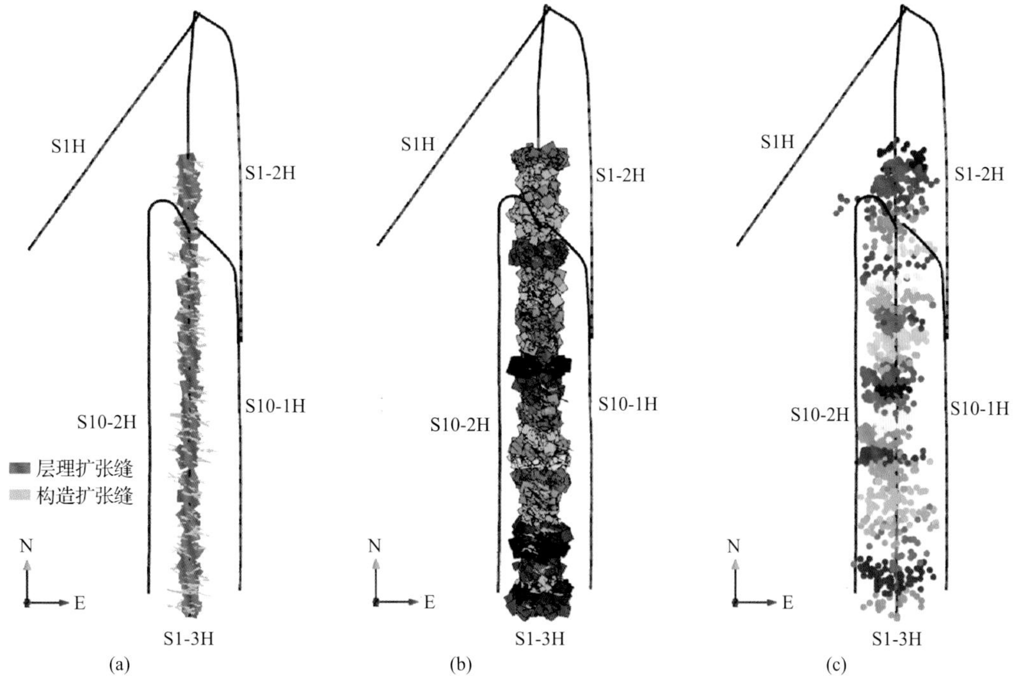

图 6-6　S1-3H 加密井复杂裂缝扩展形态与实测微地震事件对比

表6-1为S1-3H加密井裂缝扩展模拟及现场微地震监测结果，与老井水力压裂相比，加密井各段施工液量与老井相近，但水力主裂缝、分支扩张裂缝、剪切自支撑裂缝尺寸均小于老井裂缝。且加密井层理扩张缝主要集中在近井筒地带，而老井层理扩张缝分布较为均匀。同时，加密井压裂数值模拟与现场微地震监测结果吻合度较好，进一步验证了加密井复杂裂缝扩展模拟的可靠性。

表 6-1　S1-3H 井压裂模拟裂缝与实际微地震对比

裂缝类型	长度/m	高度/m	宽度/m
水力主裂缝	130～270	28～30	
分支扩张裂缝	170～350	75～100	80～140
剪切自支撑裂缝	315～450	80～110	120～200
实际微地震	280～500	57～88	79～299

6.1.4　加密井水力压裂复杂裂缝扩展模拟的验证

表 6-2 为 S1-3H 井压裂裂缝扩展模拟与实际微地震监测统计结果。可以看出，与老井相比，加密井水力主裂缝、分支扩张裂缝、剪切自支撑裂缝尺寸均小于老井裂缝，其中水力主裂缝缝长与老井相比减小 20～30m，分支扩张裂缝长度减小 40～50m，剪切自支撑裂缝长度减小 10～25m；同时，加密井分支扩张缝主要集中在近井筒地带，特别是层理扩张裂缝，而老井分支扩张缝分布较为均匀。加密井压裂模拟裂缝扩展形态及扩展范围与现场微地震监测结果较为吻合，进一步验证了加密井复杂裂缝扩展模拟的可靠性。

表 6-2　S1-3H 井压裂裂缝扩展模拟与实际微地震监测统计结果

裂缝类型	改造区域长度/m	改造区域高度/m	改造区域宽度/m
水力主裂缝	130～270	28～30	
分支扩张裂缝	170～350	75～100	80～140
剪切自支撑裂缝	315～430	80～110	120～200
实际微地震	280～500	57～88	79～299

6.2　加密井压裂复杂裂缝扩展机理

6.2.1　加密井压裂复杂裂缝扩展形态

图 6-7 为加密井分支扩张裂缝形态与老井对比图，对比加密井压裂施工微地震监测结果，S1-3H 井水力裂缝在井筒两侧基本呈对称分布，有少量裂缝与老井水力裂缝扩展区域重合，但未与其沟通。这主要是由于加密井压裂施工前，其两侧孔隙压力及最小主应力的大小及分布基本对称。

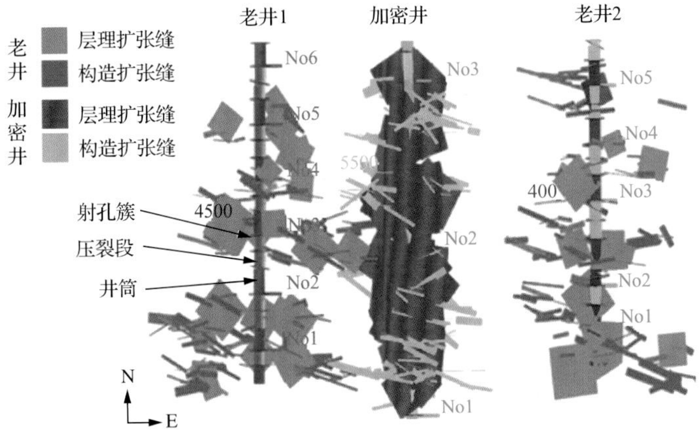

图 6-7 加密井分支扩张裂缝形态与老井对比图

表 6-3 为老井与加密井分支裂缝模拟统计结果，S1-3H 井分支扩展裂缝数量与相邻S10-1H、S10-2H 井相近，但裂缝主要集中在井筒周围，特别是层理缝扩张形成的分支扩张裂缝；越靠近老井，加密井裂缝数量越少，且主要为构造缝扩张形成的分支裂缝，层理缝难以开启。然而，老井裂缝形态与加密井明显不同，其层理缝与构造缝扩张形成的分支裂缝分布较为均匀，裂缝远端与井筒附近差别较小。对于页岩储层，天然裂缝及两向应力差对水力压裂裂缝扩展有较大影响。随着老井持续开采，地应力状态发生明显变化，主力层 AA′截面两向主应力差分布如图 6-8 所示。与初始地应力差相比，生产 54 个月后，老井井筒区域储层水平两向主应力差升高 2～2.5MPa，加密井处则升高 0.5MPa，

表 6-3 老井与加密井分支裂缝模拟统计结果

井号	高角度扩张分支缝/条		层理扩张分支缝/条		裂缝总数/条
	井筒附近	主缝尖端附近	井筒附近	主缝尖端附近	
S10-1H	20	15	4	2	40
S10-2H	22	15	6	3	46
S1-3H	29	6	8	0	43

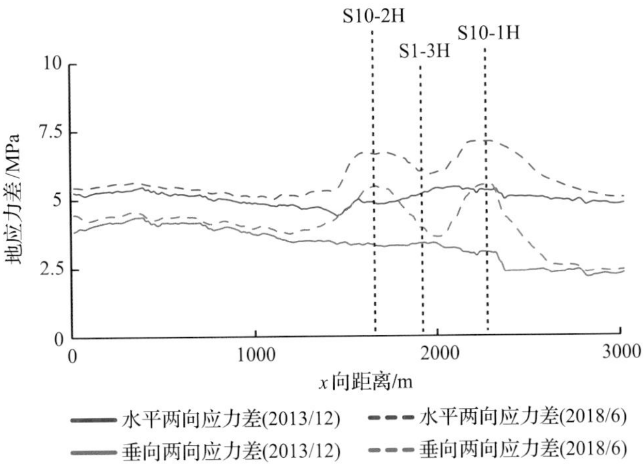

图 6-8 AA′截面储层生产前后主应力差

而垂向应力差(垂向应力与最小水平主应力之差)在老井处上升 2.5～3MPa，加密井处上升约 0.3MPa。较大的两向应力差不利于天然裂缝的激活与扩展，降低裂缝网络的复杂程度。因此，对于加密井水力压裂，靠近井筒处裂缝网络较为复杂，微地震事件点较多，而靠近老井处分支裂缝逐渐减少。

对比 S1-3H 井(加密井)第 11 段与相邻平台 X3-4H 井(老井)第 11 段不同压裂注入液量微地震分布情况(图 6-9)。可以看出，当注入液量小于 1200m^3 时，S10-1H 井微地震事件点分布范围随液量增加均匀扩大，当其大于 1200m^3 后，微地震事件点主要在原范围内逐步加密；而 S1-3H 井在注入液量达到 800m^3 时，微地震分布范围与最终值基本相同。同时，老井微地震事件在井筒和裂缝前端分布宽度基本相同，但加密井井筒处微地震事件宽度明显大于裂缝前端，表明老井水力裂缝扩展较为均匀，裂缝网络复杂度较高，而加密井近井筒处裂缝较为复杂，远端裂缝复杂度明显降低。另外，加密井裂缝扩展过程中，微地震事件点分布方向未出现明显的转向，与老井相同，这些与模拟结果相吻合。

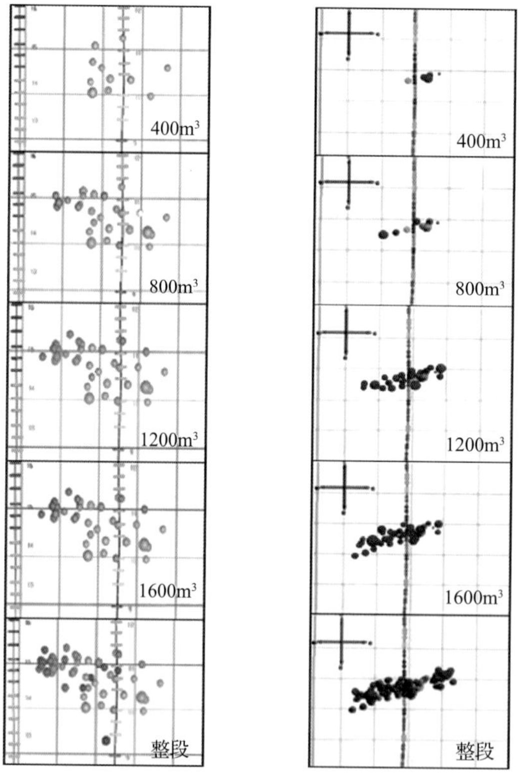

(a) S1-3H第11段　　(b) X3-4H第11段

图 6-9　老井与加密井不同压裂注入液量微地震分布情况

6.2.2　地质力学参数对加密井复杂裂缝形态的影响

1)储层非均质性

对比模拟结果(图 6-10、图 6-11 和表 6-4)可以看出，岩石力学参数不均一时，水力裂缝、剪切缝的尺寸和数量都会减小，同时降低裂缝网络的复杂程度。但由于该地区力学参数波动不大，因此变化程度较小。

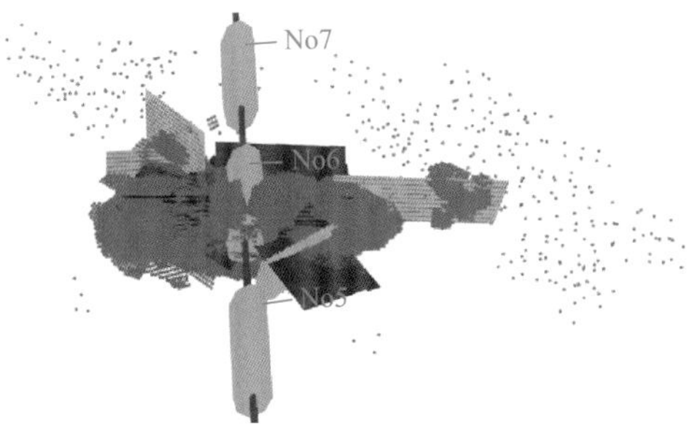

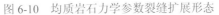

图 6-10　均质岩石力学参数裂缝扩展形态

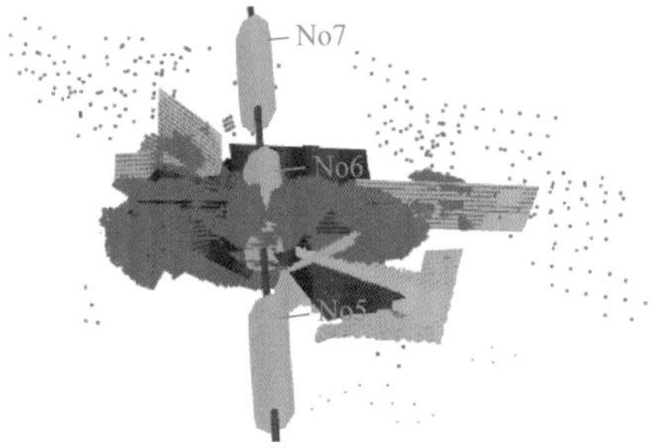

图 6-11　实际岩石力学参数裂缝扩展形态

表 6-4　裂缝模拟参数对比表(储层非均质性)

杨氏模量/GPa	泊松比	主缝尺寸(长×高)/m×m	张性裂缝数量		扩张缝尺寸(长×宽×高)/m×m×m	剪切缝数量	微地震区尺寸(长×宽×高)/m×m×m
			高角度裂缝	层理缝			
45	0.25	142×26	5	6	222×148×67	229	332×228×43
37～45(实际)	0.25～0.27(实际)	148×26	5	6	222×148×67	244	383×230×45

2) 地应力

对比模拟结果(图 6-12～图 6-14 和表 6-5)可以看出，地应力不均一时，会减小水力裂缝的尺寸，但会极大程度增加裂缝的复杂程度，增加天然裂缝的扩张，有助于剪切缝的形成。另外，较小的水平应力差，有助于高角度天然裂缝的扩张。

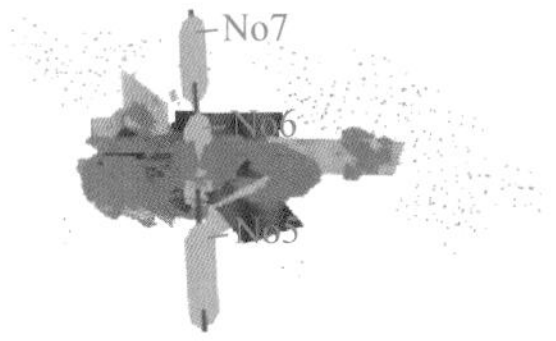

图 6-12　实际地应力条件下裂缝扩展形态

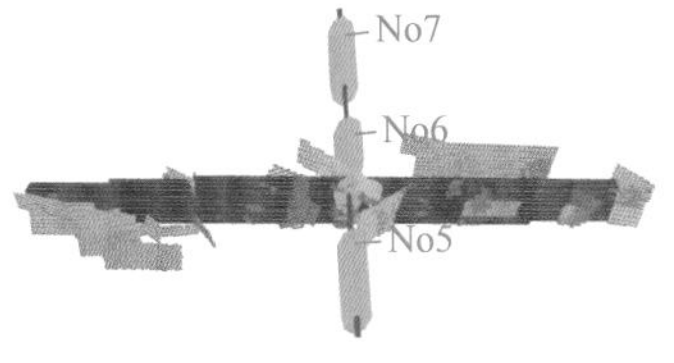

图 6-13　最大水平主应力 60MPa 下裂缝扩展形态下

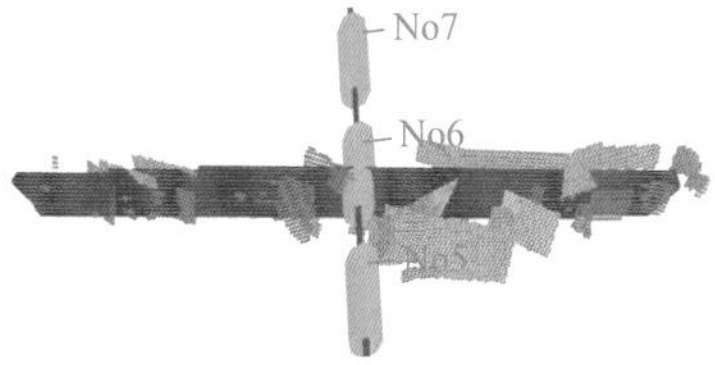

图 6-14　最大水平主应力 55MPa 裂缝扩展形态

表 6-5　裂缝模拟参数对比表（地应力）

最大水平主应力/MPa	最小水平主应力/MPa	垂直应力/MPa	主缝尺寸(长×高)/m×m	扩张缝数量		扩张缝尺寸(长×宽×高)/m×m×m	剪切缝数量	微地震区尺寸(长×宽×高)/m×m×m
				高角度裂缝	层理缝			
58～62(实际)	50～54(实际)	59～64(实际)	142×26	5	6	222×148×67	229	332×228×43
60	52	62	428×26	15	0	356×78×74	68	443×68×41
55	52	62	428×26	22	0	430×70×72	75	434×65×46

6.2.3 加密井压裂裂缝扩展的"微地震屏障效应"

1)加密井压裂的微地震屏障效应

在S1-3H井压裂施工过程中，组织进行了地面微地震监测，用于监测S1-3H加密井压裂施工过程中裂缝展布情况，本井压裂施工过程中，除第2～3段施工过程中进行了段内投球转向压裂外，其余各段均为正常压裂施工。从监测所得微地震事件点分布情况可以看出，除第7段、第9段外，对于大部分层段，压裂施工微地震事件主要集中在井筒附近，而在靠近两侧前期压裂施工井附近时，微地震事件点明显减少，反映了在加密井压裂施工过程中，加密井井筒附近地层发生破裂比较多，而在老井附近裂缝破裂相对较少。如图6-15所示，通过对比现有生产井前期压裂施工微地震事件平面图与加密新井微地震事件图可以看出，在相同施工规模条件下，新井的微地震事件数量和改造区前端范围明显小于生产老井。

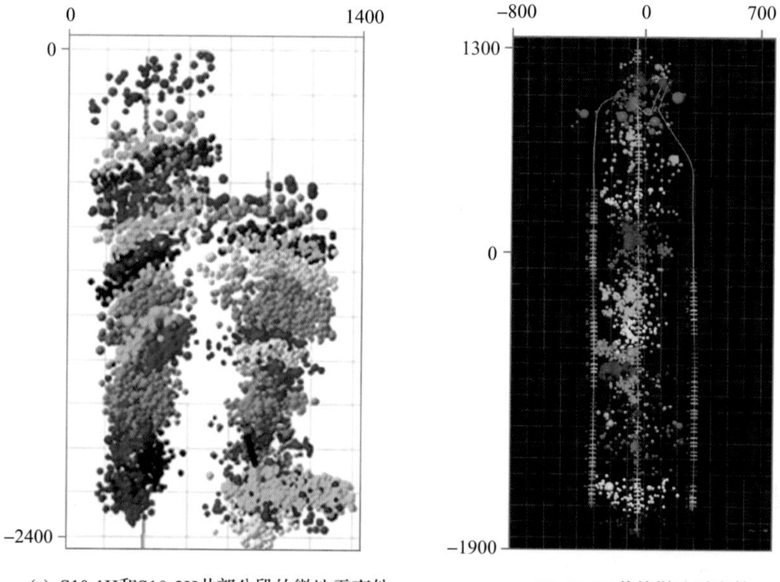

(a) S10-1H和S10-2H井部分段的微地震事件　(b) S1-3H井的微地震事件

图6-15　生产井和加密新井水力压裂微地震监测事件对比

基于此，本书首次将该现象定义为微地震事件"屏障效应"，如图6-16所示，微地震事件在加密井井周附近分布情况与老井压裂施工类似，但在靠近前期生产井附近微地震事件震级和数量将发生明显的减弱，甚至未检测到微地震事件，在靠近前期生产井改造区域未形成复杂裂缝，在该区域上存在类似一道"屏障"将微地震事件阻挡在外，将这一现象称之为微地震事件"屏障效应"。与微地震事件"屏障效应"相对应，在靠近前期生产井的区域称之为微地震事件"屏障区"。

不仅如此，北美Eagle Ford和Bakken页岩气区块的现场压裂施工微地震反演结果中观测到了类似的现象，如图6-17所示(Walser et al., 2016)为一开采了14年的某页岩井组

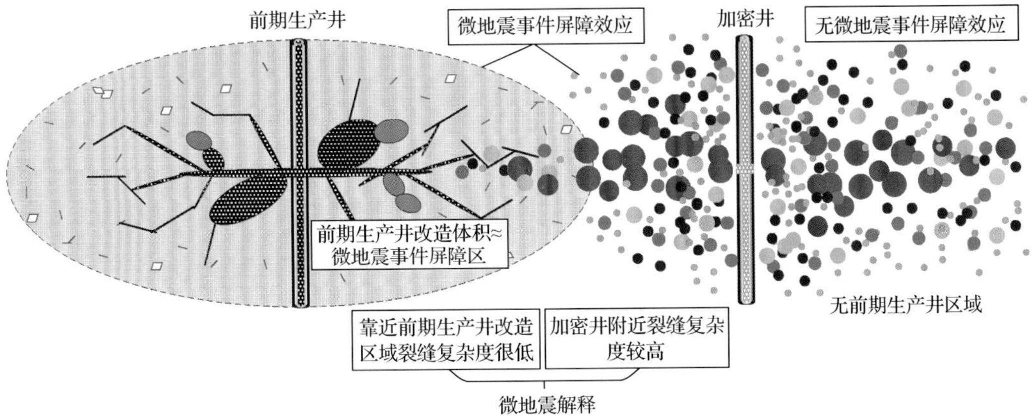

图 6-16 微地震事件“屏障效应”示意图

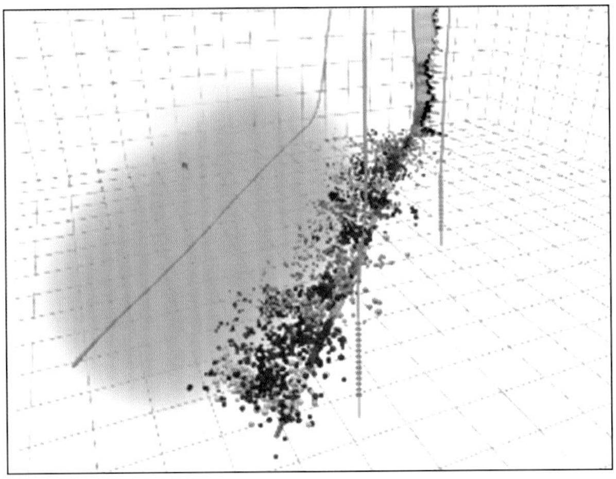

图 6-17 其他压裂现场观测到的微地震事件屏障效应(Walser et al.，2016)

加密井压裂微地震事件反演结果，该井组所在区块储层厚度 20～60m，渗透率 1×10^{-4}～5×10^{-4}mD，孔隙度 6%～8%，含水饱和度 0.3%，初始两向水平主应力分别为 56MPa 和 55MPa，初始孔隙压力 48MPa，岩石弹性模量 15GPa，且天然裂缝发育，在物性及地质力学特性方面与涪陵页岩气藏具有一定的相似性。在旁边仅有一口老井压裂并生产的情况下，实施加密井压裂。从压裂后的微地震事件点分布状态可以看出，微地震事件点从加密井井筒向老井逐渐靠近，当到达老井生产压降区(压裂改造区)时，微地震事件点数量突然急剧减少，与涪陵发现的现象相似。同时，由于老井生产区域内地应力整体下降，水力裂缝更容易在该区域内扩展，从而导致加密井裂缝非对称现象，该现象恰是本研究所提出的“加密井微地震屏障效应”的一种特殊表现形式。

2) 微地震屏障效应内在力学机理

影响水力压裂裂缝扩展行为的因素主要包括施工条件和地质力学状态。对于生产老井和加密新井的施工条件差异，如表 6-6 所示，老井与新井几乎采用同一套压裂施工参数，因此，基本可以排除是由于压裂施工参数导致微地震事件屏障效应的可能。

表 6-6　生产老井和加密新井的压裂施工参数对比

井号	S10-2H(生产老井)	S1-3H(加密新井)	S10-1H(生产老井)
泵压/MPa	54～71	55～73	53～69
施工排量/(m^3/min)	12～13	12～14	12～14
平均每段施工液量/m^3	1920.9	1911.5	1898.0
平均每段施工砂量/m^3	53.8	58.4	61.8

另一方面，对于地质力学状态来说，在老井生产了一段时间后，地层孔隙压力下降导致储层应力差增大，图 6-18 为在水力主裂缝延伸方向上绘制生产后的水平应力差剖面。

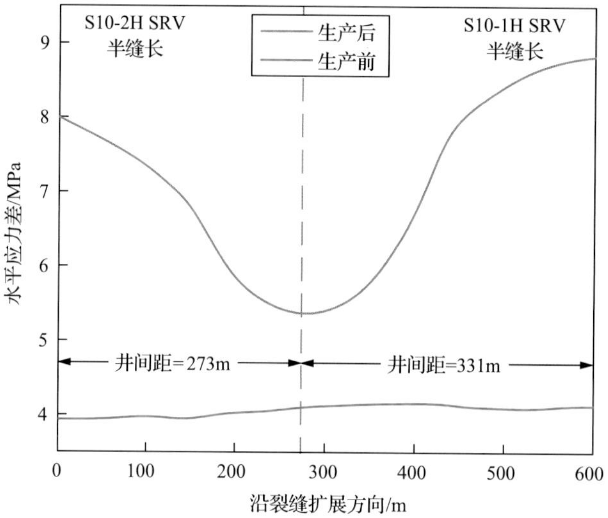

图 6-18　水力主裂缝延伸方向的水平应力差剖面

可以看出，在老井生产了 1623 天后，剖面上的水平应力差整体上升：在老井井筒附近，水平应力差增大了超过 4.0MPa；而随着远离老井，应力差增量逐渐减小，当超过老井压裂半缝长后，水平应力差增量显著减少；在加密井井筒附近的水平应力差，相较老井生产前，仅增大了 1.5MPa。水平应力差是制约裂缝复杂度的核心因素，即：水平应力差越大，裂缝越倾向于穿透天然裂缝，沿着最大水平主应力方向扩展；水平应力差越小，压裂施工则越容易沟通天然裂缝，形成复杂裂缝网络。水力压裂过程中激活天然裂缝，使其发生剪切是微地震监测的核心原理。

结合上述讨论，基本可以认为：由于老井生产导致的应力差增大表现为老井附近显著增大，远离老井的新井附近增长不明显。也就是说，在新井附近，水平应力差较小，有利于水力压裂裂缝沟通天然裂缝，进而反应出较多的微地震事件点；当水力裂缝扩展至老井压裂区附近时，由于应力差增大，导致水力裂缝更容易贯穿天然裂缝，进而微地震事件点显著减少，该现象也可解释为“Kaiser”效应，老井压裂微地震事件区域，储层天然裂缝内能量得以释放，再次压裂时能量难以达到储层原始 Kaiser 效应激发点。因此，现场压裂施工过程中发现的微地震屏障效应的主要内在机理为：前期生产导致的老井压裂区域水平应力差增大，形成了一个不利于水力裂缝沟通天然裂缝的区域，当水力裂缝扩展进入该区域时，微地震事件点数量迅速减少，就像是有一个屏障将大多数微地震事件挡在了该区域的外面。

现场在发现微地震事件屏障效应的同时，还发现加密新井在压裂施工完成后，包括目标井区在内的部分生产老井的井筒液面有短暂的显著上升，意味着加密井压裂施工形成了压窜效应，其中，部分被压窜的老井甚至出现了单井产量的小幅增加。结合前述研究得到的结论，可以提出如下建议：①在加密井压裂参数设计和施工中，需要考虑老井生产导致的四维地应力变化的影响，使得加密井压裂能够在尽可能扩大改造范围的同时，控制压裂施工成本(压裂液和支撑剂用量规模)；②加密井的布井时机同样需要考虑生产导致的地应力变化，基本来说，加密井布井时机越早，微地震屏障效应越小，加密井压裂也就可以采取更大的施工规模。

6.3　页岩气藏加密井压裂施工参数优化

水平井压裂过程中，改造效果影响因素很多，但通常射孔簇间距和施工液量对裂缝扩展形态及储层产能发挥影响最为明显(Koutsabeloulis et al., 1998；Kumar et al., 2017)。为保证加密井压裂时机优选可靠性，减小因施工参数选取不当对加密时机优选带来的不利影响，本节将以目标区域已有加密井 S1-3H 为例，在该井实际压裂施工时(井组生产 54 个月)的地层应力及孔隙压力基础上，对加密井射孔簇间距和施工液量进行优选。

6.3.1　射孔簇间距优化

根据实际施工效果，本节提出 5 种射孔簇间距方案：10m、15m、20m、25m、30m，设计液量为每簇 650m^3(表 6-7)，施工排量 14.0m^3/min，平均砂比 8%，施工压力 70MPa。结合井组生产 54 个月时地层应力和孔隙压力，假设每个射孔簇处水力主裂缝均匀开启，加密井水力压裂分支扩张裂缝形态模拟结果如图 6-19 所示。表 6-8 为加密井水力压裂裂缝模拟统计结果，可以看出，各射孔簇间距下水力主裂缝尺寸相同，分支扩张裂缝和剪切自支撑裂缝扩展范围相近；当射孔簇间距减小时，水力压裂改造体积和裂缝密度增加，地层改造更加充分；但当射孔簇间距小于 15m 后，裂缝密度增加速率明显降低。

表 6-7　加密井不同射孔簇间距模拟参数对比

序号	簇间距/m	每簇液量/m^3	改造段长度/m	射孔簇数
方案 1	10	650	2991.5	261
方案 2	15	650	2988.0	182
方案 3	20	650	2990.0	140
方案 4	25	650	2996.0	114
方案 5	30	650	2994.0	96

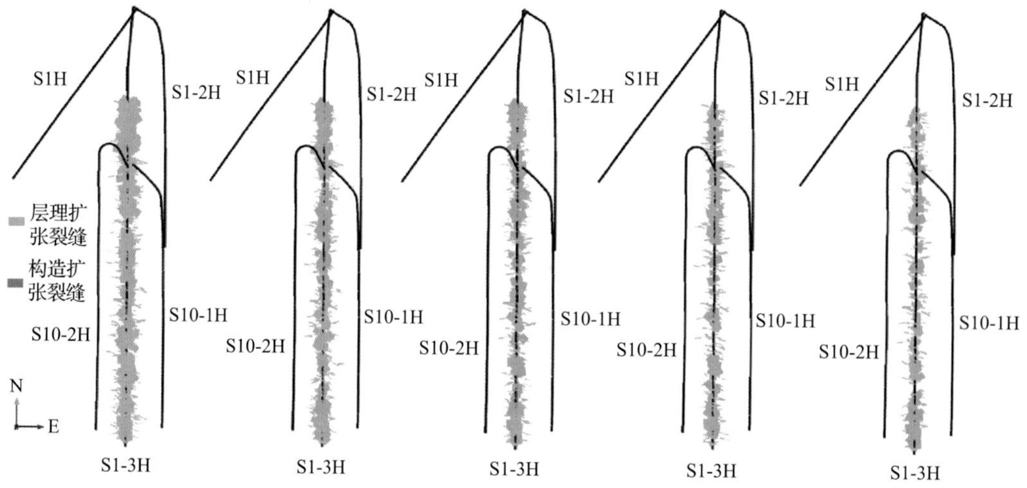

图 6-19 不同簇间距下加密井分支扩张裂缝展布形态

表 6-8 不同簇间距下加密井水力压裂裂缝扩展范围统计结果

序号	簇间距/m	水力主裂缝长度/m	分支扩张裂缝长度/m	剪切自支撑缝长度/m	储层改造体积/10^4m^3	压裂裂缝密度/(m^2/m^3)
方案 1	10	131～165	250～330	370～420	10510	0.0274
方案 2	15	131～165	230～320	360～420	10073	0.0263
方案 3	20	131～165	220～300	340～390	8614	0.0244
方案 4	25	131～165	200～310	300～400	8547	0.0186
方案 5	30	131～165	220～280	300～400	7393	0.0187

采用气藏渗流模型预测加密井投产后 3 年产量变化，模型采用定井底压力 5MPa 生产，对比不同射孔簇间距条件下加密井水力压裂改造效果。图 6-20～图 6-22 分别为不同射孔簇间距条件下加密井日产气量、加密井累计产气量及井组累产气量对比结果。可以看出，加密井初期产量较高，但由于页岩渗透率极低，产量递减较快，后期低产下稳定期较长(焦方正，2019)；生产 500 天以后，各射孔簇间距条件下加密井日产量基本相同；当簇间距减小时，加密井初期日产气量和累计产气量增大，压裂改造效果提高；但射孔

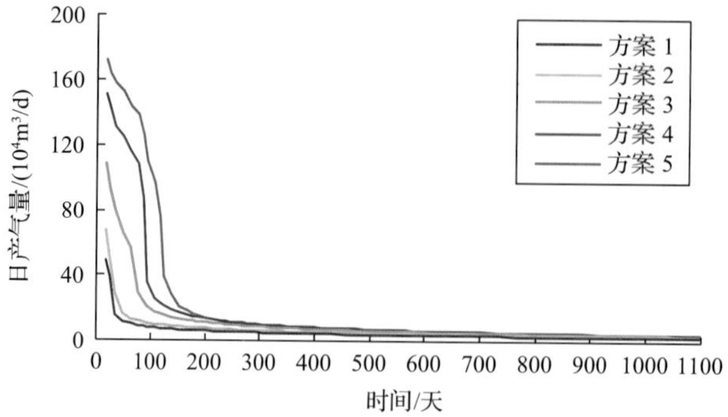

图 6-20 不同射孔簇间距下加密井日产气量对比

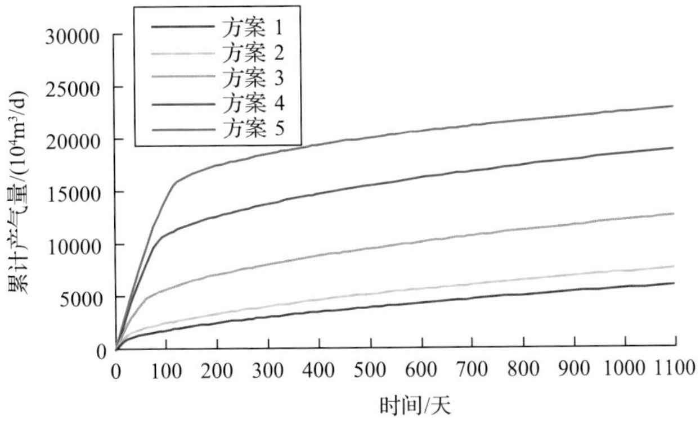

图 6-21　不同射孔簇间距下加密井累计产气量对比

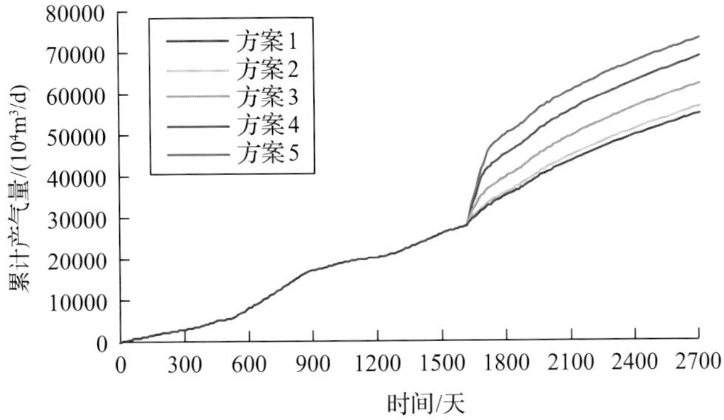

图 6-22　不同射孔簇间距下井组累计产气量对比

簇间距较小时，由于分支裂缝重叠及串通，使裂缝密度增加量减小，影响压裂改造效果。图 6-22 中由于目前井间距较大，现有加密井改造规模对邻井影响相对较小，井组累计产量变化规律与加密井相同。因此，较小簇间距有助于提高压后产量，但同时增加了施工成本。为了优选最为经济有效的施工参数，本节对比了每个射孔簇 3 年累计产气量(图 6-23)，可以看出当射孔簇间距为 15m 时，每个射孔簇累计产气量最高，压裂改造经济性最优，因此，本节优选 15m 为最佳射孔簇间距方案。

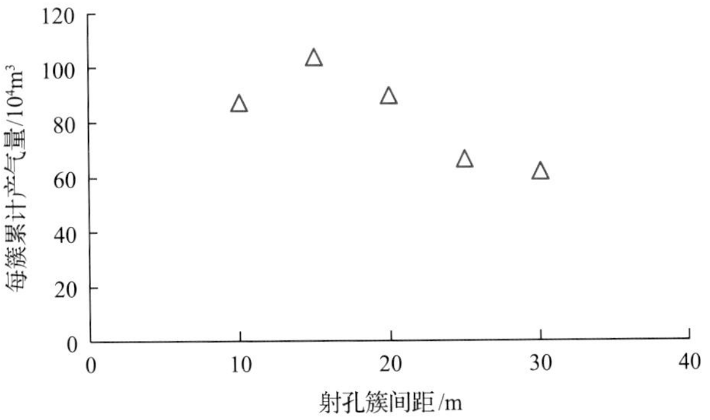

图 6-23　不同射孔簇间距下加密井每簇累计产气量对比

6.3.2 每簇压裂施工液量优化

在优选的15m射孔簇间距基础上，研究不同施工液量对压裂效果的影响。本节提出5种每簇施工液量方案：200m^3、350m^3、500m^3、650m^{3}和800m^3(表6-9)，模拟条件与上文中射孔簇间距优选模型相同。加密井水力压裂分支裂缝扩展模拟结果如图6-24所示，表6-10为加密井水力压裂裂缝扩展范围模拟统计结果。可以看出，随着施工液量的增加，水力裂缝压裂裂缝扩展范围、压裂改造体积和裂缝密度均增加；但当每簇施工液量过大时，裂缝范围、压裂改造体积及裂缝密度增加量逐渐减小。

表6-9 加密井不同施工液量模拟参数对比

序号	簇间距/m	每簇液量/m^3	射孔簇数	总施工液量/m^3
方案6	15	200	182	36400
方案7	15	350	182	63700
方案8	15	500	182	91000
方案9	15	650	182	118300
方案10	15	800	182	145600

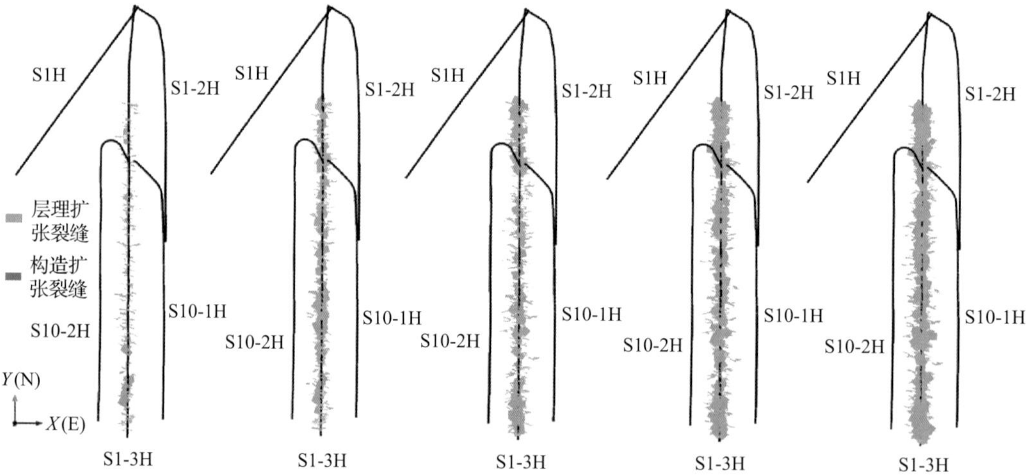

图6-24 不同每簇液量下加密井分支扩张裂缝展布形态

表6-10 不同每簇施工液量下加密井水力压裂裂缝扩展范围统计结果

序号	每簇液量/m^3	水力主裂缝长度/m	分支扩张裂缝长度/m	剪切自支撑缝长度/m	储层改造体积/10^{4}m^3	压裂裂缝面密度/(m^2/m^3)
方案6	200	72～90	150～250	270～350	6094	0.0129
方案7	350	105～130	180～270	300～380	7974	0.0230
方案8	500	130～140	230～300	330～400	9189	0.0241
方案9	650	131～165	230～320	360～420	10073	0.0263
方案10	800	140～175	250～350	350～450	10087	0.0269

对比不同每簇施工液量条件下水力压裂改造效果，模拟条件与上文中射孔簇间距优选气藏渗流模型相同。图 6-25～图 6-27 分别为加密井日产气量、加密井累计产气量及井组累计产气量对比结果。随着施工液量的增大，加密井和井组产量增加，但施工液量过大时，裂缝密度增加量减小，压裂液效率降低。考虑压裂施工经济有效性，本节对比了加密井每方压裂液 3 年累计增气量(图 6-28)，当每簇施工液量 $350m^3$ 时，每方压裂液累计增气量最高，增产效果最优。因此，本节优选 $350m^3$ 为最佳每簇压裂液量方案。

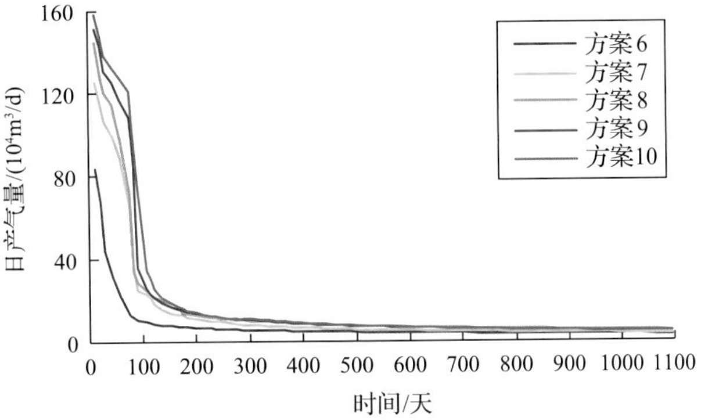

图 6-25　不同每簇施工液量条件下加密井日产气量对比

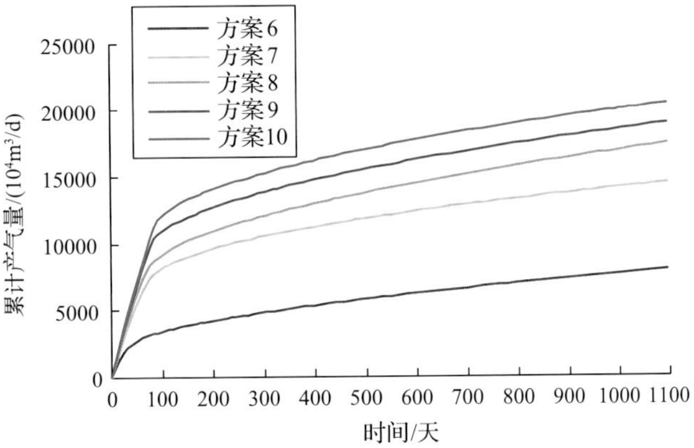

图 6-26　不同每簇施工液量条件下加密井累计产气量对比

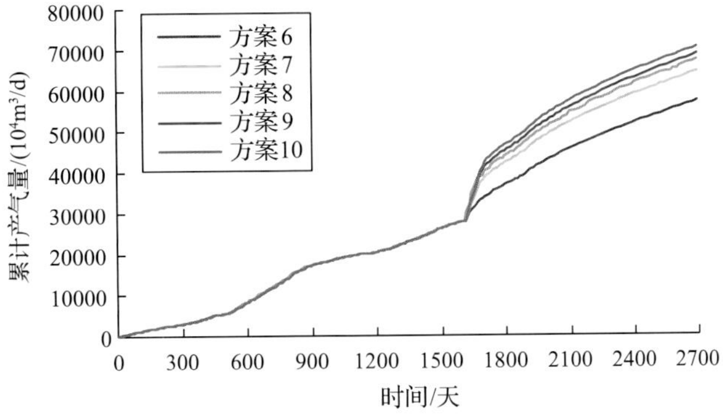

图 6-27　不同每簇施工液量条件下井组累计产气量对比

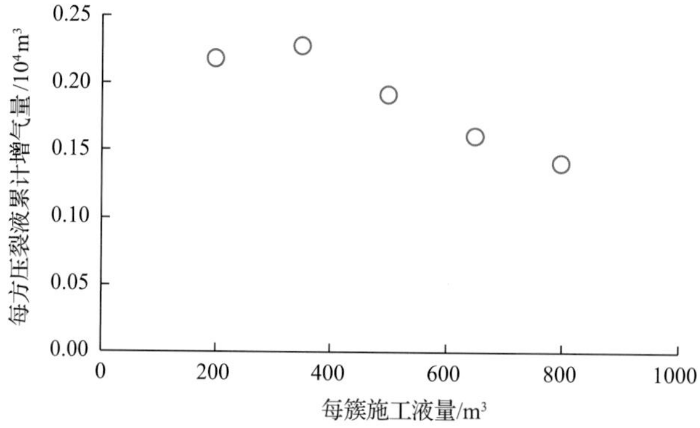

图 6-28　不同每簇施工液量条件下加密井每方压裂液累计增气量对比

6.3.3　施工工艺组合优化

根据目前区块采用的施工工艺参数，本节对比 6 组施工工艺参数组合，如表 6-11 所示。计算结果显示(图 6-29、表 6-12)施工液量、射孔簇数相同时，簇间距增大，分支裂缝数量和改造体积会增加；射孔簇数、簇间距相同时，施工液量增大，分支裂缝数量和改造体积会增加。

表 6-11　施工工艺参数对比

簇间距/m	每段簇数	段数	井段总长/m	段内液量/m^3	平均每簇液量/m^3
25	3	4	260	1850	617
20	3	5	280	1850	617
10	6	4	260	2350	392
15	6	3	265	2350	392
10	9	3	280	3400	378
15	9	2	260	3400	378

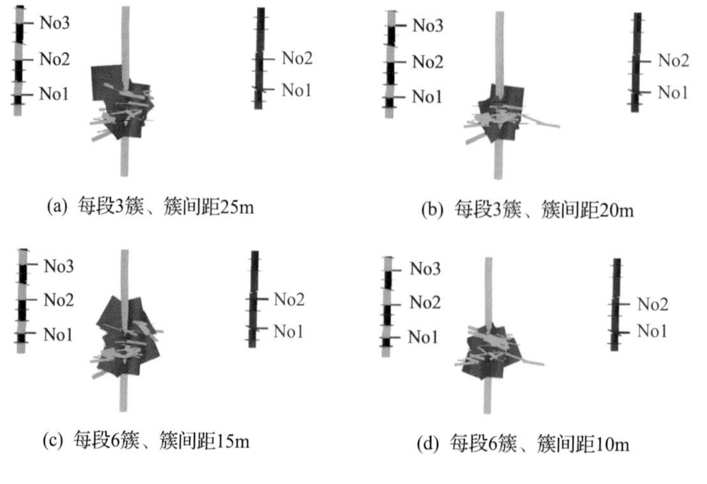

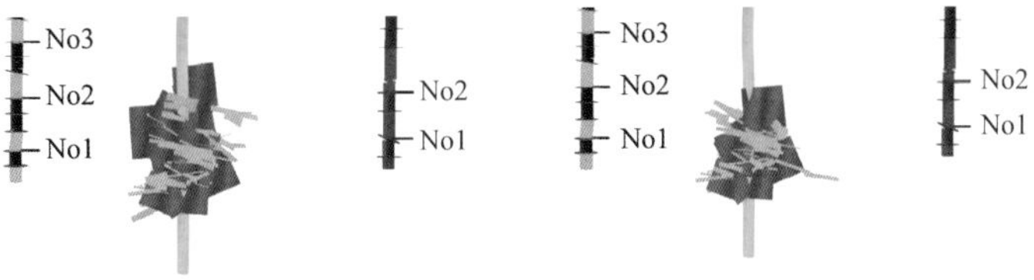

(e) 每段9簇、簇间距15m　　　　(f) 每段9簇、簇间距10m

图 6-29　不同簇数、簇间距下的加密井压裂裂缝展布情况

表 6-12　不同簇间距条件下加密井水力裂缝模拟数据统计(总液量 6000m^3)

簇间距/m	每段液量/m^3	平均每簇液量/m^3	每段簇数	水力裂缝			扩展缝				剪切缝				储层改造体积/10^{4}m^3
				长/m	高/m	条数	长/m	宽/m	高/m	总数	长/m	宽/m	高/m	总数	
20	1850	617	3	162	30	3	237	153	116	47	318	265	76	340	178.1
25	1850	617	3	162	30	3	164	193	91	77	332	265	85	359	194.4
10	2350	392	6	128	30	6	237	151	121	72	314	265	130	317	192.8
15	2350	392	6	128	30	6	195	215	117	90	296	284	98	371	205.3
10	3400	378	9	123	30	9	238	196	131	90	296	284	130	409	219.3
15	3400	378	9	123	30	9	211	259	128	118	296	338	132	515	217.0

针对以上相同簇间距、簇数、液量情况，不同加密时间下所形成的裂缝网络进行了 5 年产量模拟，该模型采用定压生产，生产压力为 4MPa，产量数据统计结果如图 6-30、表 6-13 所示。

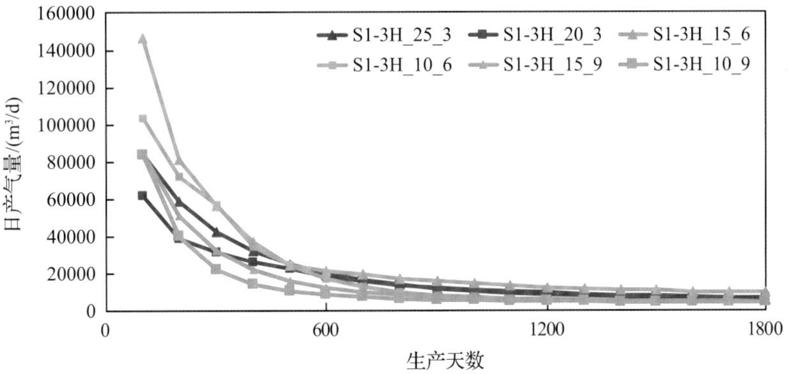

图 6-30　不同施工工艺参数下加密井压裂裂缝网络 5 年产量模拟结果

表 6-13　不同施工工艺参数下加密井压裂裂缝网络 5 年产量模拟统计

簇间距/m	每段簇数	段数	井段总长/m	每段液量/m^3	累计产量/10^{4}m^3
25	3	4	260	1850	3707.6
20	3	5	280	1850	3160.6
10	6	4	260	2350	3876.0
15	6	3	265	2350	5220.2
10	9	3	280	3400	2380.5
15	9	2	260	3400	2872.3

从产量模拟结果可以看出：

(1)相似井段长度下，不同簇间距、簇数、施工液量条件下，改造效果最优的并非段间距最小、段数最多、液量最大工艺，而是存在最优参数组合。

(2)在压裂施工参数优选时，需要根据实际情况优选合理的工艺参数组合。

6.4 页岩气藏加密井压裂时机优化

在最优的加密井射孔簇间距和水力压裂施工液量基础上，优选加密井压裂时机。由于不同时间气藏开发程度不同，导致地层孔隙压力和应力条件发生变化，影响水力压裂裂缝扩展形态以及加密井和邻井产能发挥。因此，加密井压裂时机的选择应同时考虑水力裂缝扩展、加密井压裂改造效果及井组产能影响(Zhu et al.，2022)。

6.4.1 页岩加密井压裂时机优化模拟方法

综合考虑页岩气井生产过程中地层条件变化及其对水力压裂裂缝扩展和气井产能的影响，提出了一套页岩气藏加密井压裂时机优化模拟方法。该方法主要包含：储层综合三维地质建模、老井水力压裂裂缝扩展模拟、储层四维地应力动态演化模拟、加密井水力压裂裂缝扩展模拟及加密井压裂方案优选共五部分(图 6-31)。该方法通过成像测井、岩心描述和露头裂缝描述等建立页岩气储层天然裂缝的离散裂缝模型，结合井层数据、测井数据、岩石力学、孔渗参数等，建立考虑储层天然裂缝、岩石力学参数和物性参数等的三维地质模型；在此基础上，根据老井水力压裂施工数据和微地震监测数据，开展老井水力压裂数值模拟，得到老井水力压裂的复杂裂缝形态及参数；基于地质模型、老井水力压裂复杂裂缝模拟结果和实际生产数据，开展页岩气藏渗流-地质力学耦合模拟研

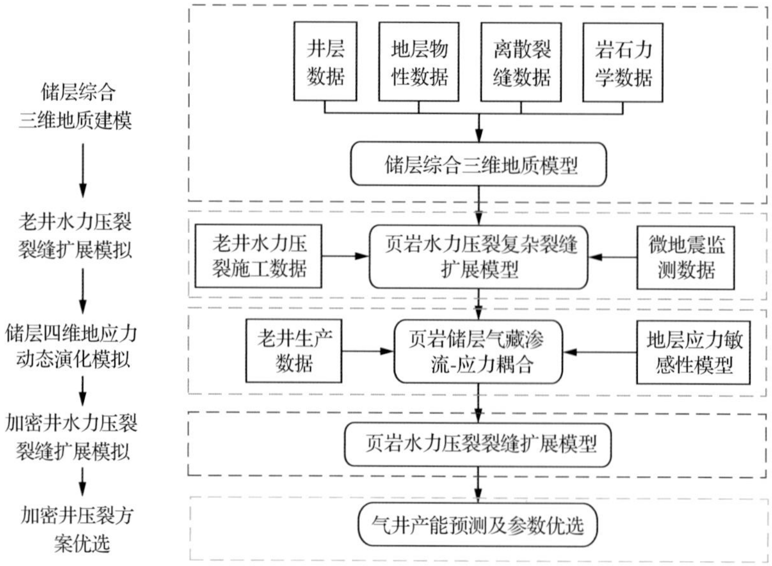

图 6-31　页岩气加密井压裂时机优化模拟方法

究，得到页岩气藏孔隙压力及地应力演化结果；结合耦合模拟结果，建立页岩气加密井水力压裂复杂裂缝扩展模型，揭示加密井复杂裂缝扩展规律，优化加密井改造方案和参数；对比加密井不同压裂时间裂缝扩展形态，预测气井产量变化，优选最佳加密井压裂时机。该方法可系统地优化加密井压裂施工参数，优选压裂时间窗口，为我国页岩气加密井开发提供有效的理论依据和方法指导。

根据加密井水力压裂裂缝扩展模拟结果，采用 Oda 法计算加密井水力裂缝等效裂缝孔隙度和渗透率属性，并将其导入气藏模型中，拟合该井投产后 9 个月的生产数据，拟合结果如图 6-32 所示。与老井相比，加密井产量较高，但井口压力下降较为明显。与实际井口压力相比，该井模拟井口压力平均误差为 5.88%，拟合效果较好。

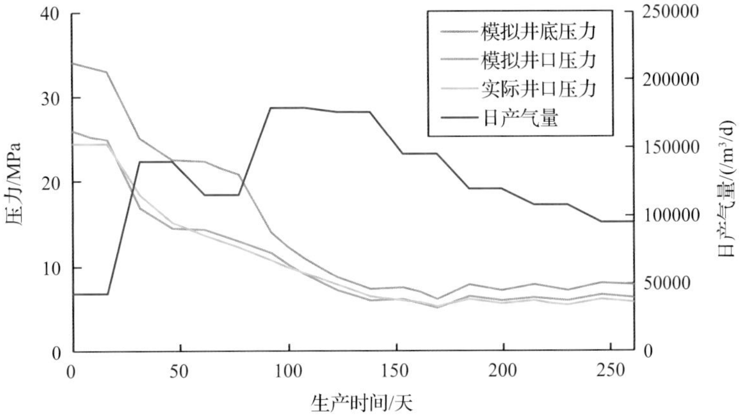

图 6-32　加密井生产历史拟合结果

6.4.2　不同时机加密井复杂裂缝形态

本案例中采用 15m 射孔簇间距和每簇 350m^3 压裂液量的施工方案，对比该井组生产 12 个月、24 个月、36 个月和 54 个月时加密井压裂裂缝扩展形态(图 6-33)。结果表明，生产 12 个月时，加密井压裂分支扩张裂缝分布较为均匀，且主要以高角度构造裂缝形成的分支扩张裂缝为主；随着压裂时机的推迟，裂缝网络前端(靠近老井处)分支裂缝逐渐减少，加密井井筒周围分支裂缝则逐渐增加，特别是低角度层理缝形成的分支扩张裂缝。

表 6-14 为各压裂时间下加密井水力压裂裂缝模拟统计结果。可以看出，压裂时间越晚，水力压裂裂缝扩展范围和压裂改造体积越小，裂缝密度越大。随着压裂时间的推迟，分支裂缝逐渐集中在加密井井筒附近，增加了井筒附近裂缝复杂度，但限制了裂缝长度方向延伸，使得改造体积减小，裂缝密度增加。

页岩地层水力压裂过程中，天然裂缝产状和地应力条件对裂缝扩展有至关重要的作用。该地区主要发育高角度构造裂缝和低角度层理缝，在压裂施工过程中，两向水平应力差越小，越有利于构造缝开启，而垂向应力差(垂向应力与最小水平主应力之差)越小，越有利于层理缝开启(马新仿等, 2017；Zhou et al. , 2019)。在生产过程中，老井水力裂缝控制范围内的地层孔隙压力降低，导致该区域两向水平应力差和垂向应力差增大，不利于天然裂缝的开启。

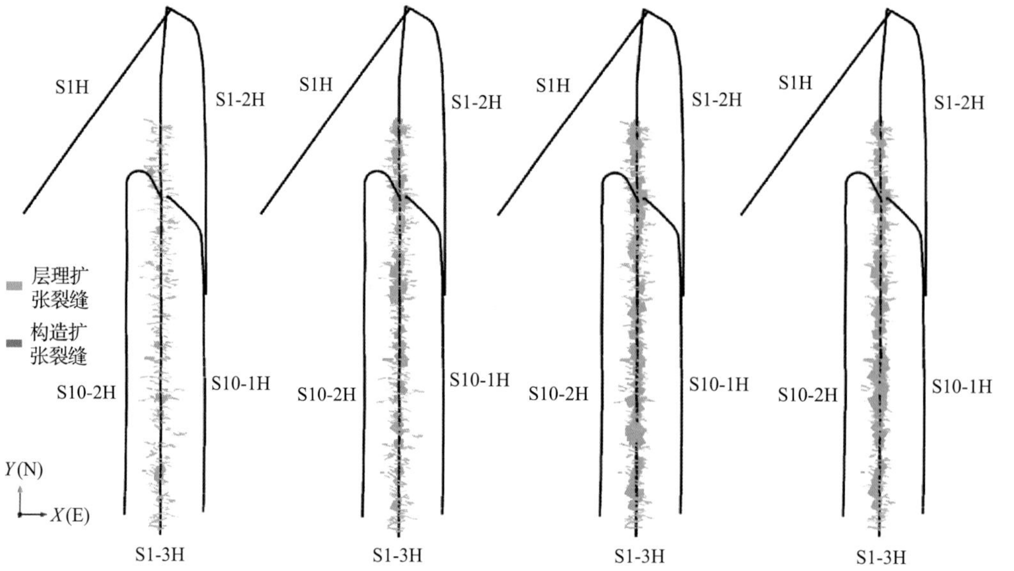

图 6-33　不同压裂时机加密井分支扩张裂缝展布形态

表 6-14　不同压裂时机加密井水力压裂裂缝扩展范围统计结果

加密时机/月	水力主裂缝长度/m	分支扩张裂缝长度/m	剪切自支撑缝长度/m	储层改造体积/10^4 m^3	压裂裂缝面密度/(m^2/m^3)
12	130～140	190～340	320～420	9926	0.0131
24	120～135	180～320	300～400	9044	0.0173
36	105～135	180～290	300～390	8033	0.0213
54	105～130	180～270	300～380	6974	0.0230

图 6-34 为加密井压裂时各邻井天然气采出情况，过加密井 S1-3H 井第 70 簇做 S10-1H 和 S10-2H 井之间 WF1 储层截面的应力差剖面，如图 6-35 所示。可以看出，当邻井天然气采出程度提高时，两向应力差非线性增加。生产 12 个月时，由于只有 S1H 井生产，其余井筒处地层应力基本保持原地应力状态；生产 24 个月至 54 个月时，老井 S10-1H 和

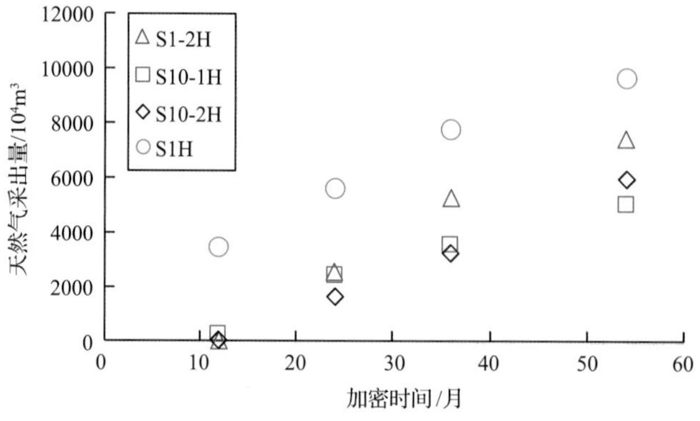

图 6-34　不同生产时间老井天然气采出量

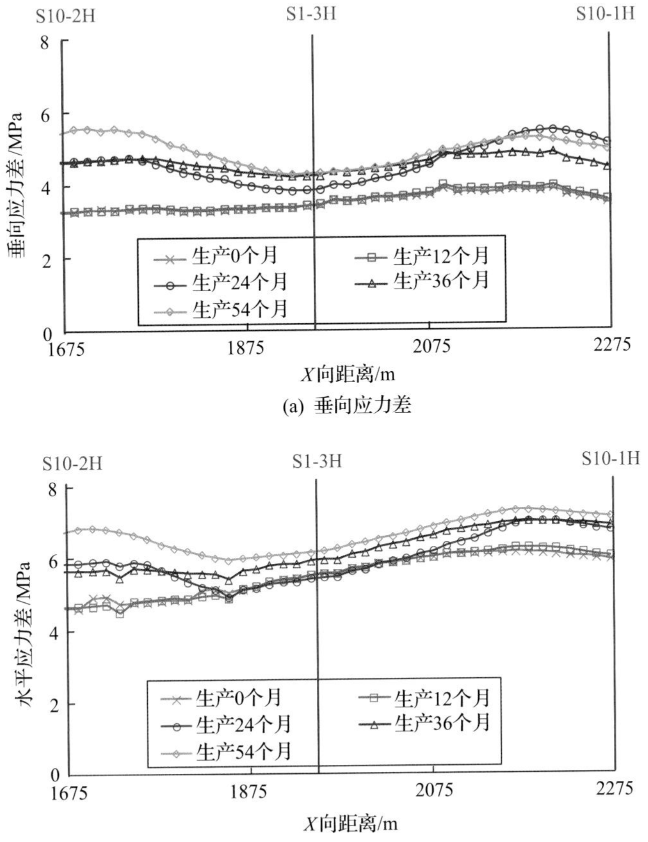

(a) 垂向应力差

(b) 水平应力差

图 6-35　不同生产时间应力差剖面

S10-2H 井筒处垂向应力差和水平应力差明显大于加密井 S1-3H 井筒处。随着生产时间的增加，老井水力裂缝扩展区域内垂向应力差和水平应力差逐渐增大，而加密井处变化不大，从而导致加密井压裂时间越晚，井筒处分支扩张裂缝逐渐增多，水力裂缝网络前端的分支裂缝逐渐减少。

6.4.3　不同压裂时机加密井压后产能对比

对比不同压裂时机加密井改造效果，本章模拟 2013 年 12 月至 2021 年 6 月各井产量变化。为了减低老井生产制度变化对井组整体产量的影响，气藏模拟中 4 口老井在有生产数据的时间内(2013 年 6 月至 2019 年 2 月)，采用定产量生产，之后采用定井底压力生产，而加密井从投产时即采用定井底压力生产，井底压力为 5MPa。图 6-36～图 6-38 分别为不同时间加密井压裂改造后日产气量、累计产气量及井组累计产气量变化情况。可以看出，加密井压裂时间越早，其初始产量越高；井组生产 12 个月部署加密井时，其压裂后初期累计产量较高。从井组累计产气量变化(图 6-38)可以看出，井组生产 36 个月部署加密井时，井组后期累计产气量最高。

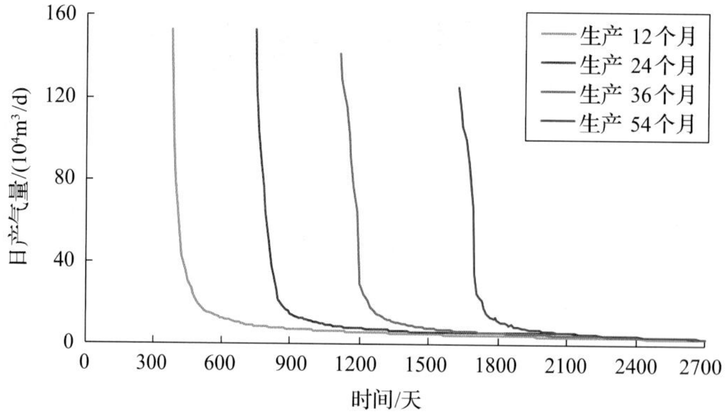

图 6-36　不同加密时机加密井日产气量对比

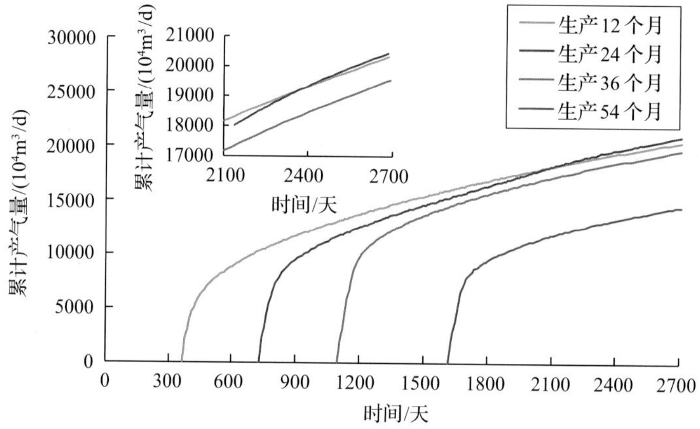

图 6-37　不同加密时机加密井累计产气量对比

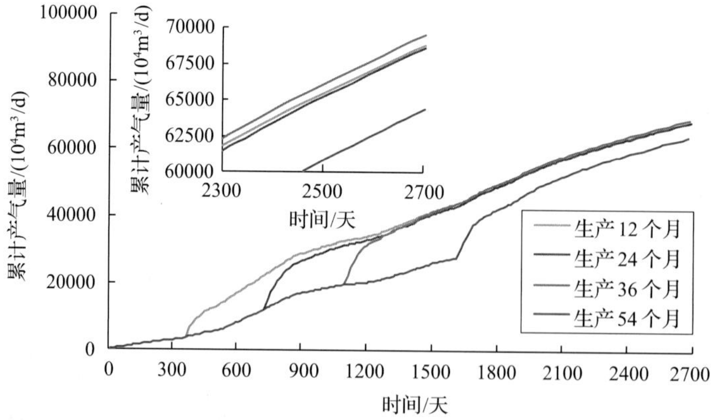

图 6-38　不同加密时机井组累计产气量对比

页岩气储层压力、水力压裂改造范围和改造裂缝密度是页岩气加密井开发效果的重要影响因素。由于页岩气储层渗透率极低，储层压力变化与井间距离、裂缝控制范围及老井生产状况有关。通常加密时机越早，地层采出程度越低，地层能量衰减越小，垂向应力差及水平应力差变化程度越小。对于本章目标区域，井组生产时间小于 24 个月加密时，加密井区域地层能量受老井生产影响较小，初期产量变化不大，水力压裂分支扩张裂缝扩展范围相对较大，但裂缝密度相对较低，稳产效果不理想，导致加密井产量递减较快，开发效果不佳。生产36个月加密时，水力压裂改造范围减小，但分支裂缝数量增加，裂缝密度增大，能够充分发挥未动用区域产能，同时对邻井产能影响较小，从而使井组整体开发效果较好。生产54个月加密时，老井井间未动用区域缩小，地层压力衰减较大，加密井后期产量难以保障。因此，对于该井组，生产36个月进行加密井压裂时产量效果最佳。

对于不同页岩气储层，由于储层物性、老井井间距离、改造规模、压裂裂缝密度及生产制度不同，加密时机难以统一划定，但可以通过各井区地层参数、地层压力变化等，结合本章页岩气藏加密井压裂时机优化方法，优选最佳加密井压裂时机。

6.5　小　　结

(1)综合考虑页岩气储层地质力学参数、天然裂缝等的非均质性和各向异性，本章提出了一套基于储层四维地应力演化的页岩气藏加密井水力压裂复杂裂缝扩展、加密井压裂时机优化模拟方法，建立了气藏渗流-地质力学耦合的水力压裂复杂裂缝交错扩展模型，揭示了加密井复杂裂缝扩展机理，发现了加密井压裂的“微地震屏障效应”，优选了加密井压裂参数及压裂时机，开展了页岩气储层加密井复杂裂缝扩展形态及压裂时机优化研究，为页岩气加密井压裂设计及气藏开发提供理论指导。

(2)当加密井射孔簇间距减小、每簇施工液量增大时，水力压裂改造体积、裂缝密度增大，压后产量提高；但簇间距过小、每簇施工液量过大时，会导致分支裂缝串通和重叠，降低压裂液效率，影响压后产能。对于本章目标区域，当射孔簇间距为15m、每簇施工液量为350m^{3}时，压裂施工最为经济有效。

(3)针对涪陵页岩气田开发现状及井网加密需求，系统考虑储层物性和力学参数的非均质性和各向异性、天然裂缝发育特征，提出了页岩气藏加密井压裂时机优化方法，该方法通过模拟老井长期生产过程中地层孔隙压力及地应力状态变化，在此基础上研究加密井压裂复杂裂缝扩展，预测压后产量变化，优选加密井压裂参数及压裂时机，有效指导加密井部署与压裂施工。

(4)在优选的射孔簇间距和施工液量基础上，加密时机越晚，受地层地应力变化影响，加密井分支裂缝逐渐集中在井筒附近，导致压裂改造范围减小，裂缝密度增加；结合地层孔隙压力影响，加密时机越晚，加密井初期产量越低；但由于加密井裂缝扩展、地层压力变化及井间干扰等因素的综合影响，目标井组生产36个月部署加密井时，井组累计产气量最高，加密井压裂改造综合效果最优。

第 7 章

结　　论

本书针对页岩气储层四维动态地应力演化及加密井复杂裂缝扩展问题，提出了页岩双重介质多裂缝起裂与交错扩展的FEM-DFN数值模拟方法、基于地质-工程一体化的四维地应力多物理场建模方法、基于页岩储层四维地应力动态演化的加密井压裂复杂裂缝扩展模拟方法，分别构建了页岩气老井初次压裂复杂裂缝相交与分岔扩展、页岩气长期开采过程中储层四维地应力演化、加密井复杂裂缝扩展等数值模型；针对涪陵页岩气一期产建区，开展了页岩气老井初次压裂复杂裂缝扩展、长期开采过程中储层四维地应力演化和加密井复杂裂缝扩展数值模拟研究，首次发现了涪陵页岩气储层加密井压裂的微地震事件"屏障效应"，形成了基于地质-工程一体化理念的页岩气储层四维地应力演化及复杂裂缝扩展预测技术，为我国页岩气的长效开发提供了理论与技术支撑。

(1)通过在基质单元间嵌入零厚度黏弹塑性损伤裂缝单元，提出了页岩双重介质多裂缝起裂与交错扩展的数值模拟方法，解决了此前模型难以考虑水力压裂复杂裂缝的相交与分叉难题；建立了天然裂缝发育储层裂缝扩展的渗流-应力-损伤耦合模型，并通过编制程序形成数值实现，揭示了页岩气储层水力压裂复杂裂缝的相交与分岔竞争扩展机理。

(2)针对页岩开采过程中的地质力学演化问题，建立了三维有限差分渗流模型和三维有限元地质力学模型，并利用交叉迭代算法实现渗流-应力耦合。围绕渗流-应力耦合动态地应力模型，基于地质-工程一体化思想，提出了从地质模型-复杂裂缝模型-渗流模型-地质力学模型-耦合求解全过程的四维动态地应力分析综合建模方法及其详细建模流程。建立了基于真实储层特性的地质力学数值模型，研究了一套从地质模型、几何反演、网格处理、属性插值、特征参数表征和渗流-应力耦合实现的详细全流程实现方法。

(3)系统提出了页岩气藏加密井压裂复杂裂缝扩展及压裂时机优化数值模拟方法，该方法能系统考虑页岩气储层物性、天然裂缝及储层地应力等地质因素的非均质性和各向异性，可有效指导页岩气加密井部署及压裂优化设计。在本书算例参数下，取得了以下3个认识：

①老井水力压裂裂缝在井筒两侧较均匀，且井筒附近裂缝复杂度与裂缝端部变化不大。但受地层应力状态变化影响，加密井水力裂缝在井筒附近裂缝复杂程度较高，分支扩张裂缝较多，特别是层理缝扩张形成的分支扩张裂缝；靠近老井处裂缝相对简单，且主要为构造缝扩张形成的分支裂缝，层理缝难以开启。

②井区内加密新井压裂过程中发现的微地震事件"屏障"效应的内在地质力学机理：一是老井改造区域内，地层能量在初次压裂时已释放；二是页岩气开采导致生产老井压

裂区域内的水平应力差增大，使得加密新井水力裂缝在扩展至老井压裂区域附近时，更倾向于直接穿透天然裂缝，进而使得天然裂缝的激活数量大大减少。

③压裂时机越晚，加密井井筒附近分支裂缝越密集，但改造体积越小，初期产量越低；当目标井组生产36个月时进行加密井压裂，井组累计产量最高，开发效果最优。

参考文献

陈军斌, 魏波, 谢青, 等. 2016. 基于扩展有限元的页岩水平井多裂缝模拟研究[J]. 应用数学和力学, 37(1): 73-83.
陈卫忠, 马永尚, 于洪丹, 等. 2018. 泥岩核废料处置库温度-渗流-应力耦合参数敏感性分析[J]. 岩土力学, 39(2): 407-416.
程万, 金衍, 陈勉, 等. 2014. 三维空间中水力裂缝穿透天然裂缝的判别准则[J]. 石油勘探与开发, 41(3): 336-340.
龚迪光, 曲占庆, 李建雄. 等, 2016. 基于 ABAQUS 平台的水力裂缝扩展有限元模拟研究[J]. 岩土力学, 37(5): 1512-1520.
郭印同, 杨春和, 贾长贵. 等, 2014. 页岩水力压裂物理模拟与裂缝表征方法研究[J]. 岩石力学与工程学报, 33(1): 52-59.
侯振坤, 杨春和, 王磊, 等. 2016. 大尺寸真三轴页岩水平井水力压裂物理模拟试验与裂缝延伸规律分析[J]. 岩土力学, 37(2): 407-414.
贾爱林, 位云生, 金亦秋. 2016. 中国海相页岩气开发评价关键技术进展[J]. 石油勘探与开发, 43(6): 949-955.
焦方正. 2019. 页岩气“体积开发”理论认识、核心技术与实践[J]. 天然气工业, 39(5): 1-14.
鞠杨, 杨永明, 陈佳亮, 等. 2016. 低渗透非均质砂砾岩的三维重构与水压致裂模拟[J]. 科学通报, 61(1): 82-93.
李凡华, 董凯, 付盼, 等. 2019. 页岩气水平井大型体积压裂套损预测和控制方法[J]. 天然气工业, 39(4): 69-75.
李航. 2019. 统计学习方法(第 2 版)[M]. 北京: 清华大学出版社.
李明, 郭培军, 李鑫, 等. 2016. 基于水平集法的非均质岩石建模及水力压裂传播特性研究[J]. 岩土力学, 37(12): 3591-3597, 3607.
刘合, 张广明, 张劲, 等. 2010. 油井水力压裂摩阻计算和井口压力预测[J]. 岩石力学与工程学报, 29(S1): 2833-2839.
马新仿, 李宁, 尹丛彬, 等. 2017. 页岩水力裂缝扩展形态与声发射解释——以四川盆地志留系龙马溪组页岩为例[J]. 石油勘探与开发, 44(6): 974-981.
潘林华, 张士诚, 程礼军, 等. 2014. 水平井“多段分簇”压裂簇间干扰的数值模拟[J]. 天然气工业, 34(1): 74-79.
孙可明, 张树翠, 李天舒. 2016. 横观各向同性油气藏水力压裂裂纹扩展规律研究[J]. 计算力学学报, 33(5): 767-772.
唐世斌, 唐春安, 朱万成, 等. 2006. 热应力作用下的岩石破裂过程分析[J]. 岩石力学与工程学报, (10): 2071-2078.
唐煊赫. 2020. 页岩气藏多场耦合四维动态地应力演化机理研究[D]. 成都: 西南石油大学.
王涛, 高岳, 柳占立, 等. 2014. 基于扩展有限元法的水力压裂大物模实验的数值模拟[J]. 清华大学学报(自然科学版), 54(10): 1304-1309.
王知深. 2019. 岩石水压致裂的机理研究及非连续变形分析计算[D]. 济南: 山东大学.
位云生, 贾爱林, 何东博, 等. 2017. 中国页岩气与致密气开发特征与开发技术异同[J]. 天然气工业, 37(11): 43-52.
位云生, 王军磊, 齐亚东, 等. 2018. 页岩气井网井距优化[J]. 天然气工业, 38(4): 129-137.
吴奇, 胥云, 王晓泉, 等. 2012. 非常规油气藏体积改造技术——内涵、优化设计与实现[J]. 石油勘探与开发, 39(3): 352-358.
胥云, 雷群, 陈铭, 等. 2018. 体积改造技术理论研究进展与发展方向[J]. 石油勘探与开发, 45(5): 874-887.
严成增, 孙冠华, 郑宏, 等. 2014. 三维 FEM/DEM 中摩擦力的实施及验证[J]. 岩石力学与工程学报, 33(6): 1248-1256.
杨天鸿, 唐春安, 朱万成, 等. 2001. 岩石破裂过程渗流与应力耦合分析[J]. 岩土工程学报, (4): 489-493.
杨天鸿, 陈仕阔, 朱万成, 等. 2010. 煤层瓦斯卸压抽放动态过程的气-固耦合模型研究[J]. 岩土力学, 31(7): 2247-2252.
姚飞, 陈勉, 吴晓东, 等. 2008. 天然裂缝性地层水力裂缝延伸物理模拟研究[J]. 石油钻采工艺, (3): 83-86.
于青春, 血果夫, 陈德基. 2007. 裂隙岩体一般块体理论[M]. 北京: 中国水利水电出版社.
曾青冬, 姚军. 2015. 水平井多裂缝同步扩展数值模拟[J]. 石油学报, 36(12): 1571-1579.
张东晓, 杨婷云, 吴天昊, 等. 2016. 页岩气开发机理和关键问题[J]. 科学通报, (1): 62-71.
赵群, 王红岩, 孙钦平, 等. 2020. 考虑页岩气储层及开发特征影响的逻辑增长模型[J]. 天然气工业, 40(4): 77-84.
赵阳升, 杨栋, 冯增朝, 等. 2008. 多孔介质多场耦合作用理论及其在资源与能源工程中的应用[J]. 岩石力学与工程学报, (7): 1321-1328.
周健, 陈勉, 金衍, 等. 2007. 裂缝性储层水力裂缝扩展机理试验研究[J]. 石油学报, (5): 109-113.
朱海燕, 宋宇家, 唐煊赫. 2021. 页岩气储层四维地应力演化及加密井复杂裂缝扩展研究进展[J]. 石油科学通报, 6(3): 396-416.

朱海燕，宋宇家，唐煊赫，等. 2021. 页岩气藏加密井压裂时机优化——以四川盆地涪陵页岩气田 X1 井组为例[J]. 天然气工业, 41(1): 154-168.

朱海燕，宋宇家，胥云，等. 2021. 页岩气储层四维地应力演化及加密井复杂裂缝扩展规律[J]. 石油学报, 42(9): 1224-1236.

朱海燕，宋宇家，雷征东，等. 2022. 致密油水平井注采储集层四维地应力演化规律——以鄂尔多斯盆地元 284 区块为例[J]. 石油勘探与开发, 49(1): 136-147.

邹才能，董大忠，王玉满，等. 2016. 中国页岩气特征、挑战及前景(二)[J]. 石油勘探与开发, 43(2): 166-178.

邹才能，赵群，丛连铸，等. 2021. 中国页岩气开发进展、潜力及前景[J]. 天然气工业, 41(1): 1-14.

Adachi J, Siebrits E, Peirce A, et al. 2007. Computer simulation of hydraulic fractures[J]. International Journal of Rock Mechanics and Mining Sciences, 44(5): 739-757.

Baecher G B, Lanney N A, Einstein H H. 1977. Statistical description of rock properties and sampling[C]. Golden: The 18th U.S. Symposium on Rock Mechanics (USRMS).

Ben Y X, Xue J, Miao Q H, et al. 2012. Coupling Fluid Flow with Discontinuous Deformation Analysis[M]. London: CRC Press.

Birkholzer J T, Bond A E, Hudson J A, et al. 2018. DECOVALEX-2015: An international collaboration for advancing the understanding and modeling of coupled thermo-hydro-mechanical-chemical (THMC) processes in geological systems[J]. Environmental Earth Sciences, 77(14): 539.

Bower K M, Zyvoloski G A. 1997. A numerical model for thermo-hydro-mechanical coupling in fractured rock[J]. International Journal of Rock Mechanics and Mining Sciences, 34(8): 1201-1211.

Bruno M S, Nakagawa F M. 1991. Pore pressure influence on tensile fracture propagation in sedimentary rock[J]. International Journal of Rock Mechanics and Mining Sciences & Geomechanics Abstracts, 28(4): 261-273.

Bunger A, Jeffrey R G, Zhang X. 2014. Constraints on simultaneous growth of hydraulic fractures from multiple perforation clusters in horizontal wells[J]. SPE Journal, 19(4): 608-620.

Bunger A P, Jeffrey R G. 2009. Cohesive zone finite element-based modeling of hydraulic fractures[J]. Acta Mechanica Solida Sinica, (5): 443-452.

Carrier B, Granet S. 2012. Numerical modeling of hydraulic fracture problem in permeable medium using cohesive zone model[J]. Engineering Fracture Mechanics, 79: 312-328.

Cheng C, Bunger A P. 2016. Rapid simulation of multiple radially growing hydraulic fractures using an energy-based approach[J]. International Journal for Numerical and Analytical Methods in Geomechanics, 40(7): 1007-1022.

Cheng W, Wang R, Jiang G, et al. 2017. Modelling hydraulic fracturing in a complex-fracture-network reservoir with the DDM and graph theory[J]. Journal of Natural Gas Science and Engineering, 47: 73-82.

Chen Z, Jeffrey R G, Zhang X, et al. 2017. Finite-element simulation of a hydraulic fracture interacting with a natural fracture[J]. SPE Journal, 22(1): 219-234.

Chen Z R, Bunger A P, Zhang X, et al. 2009. Cohesive zone finite element-based modeling of hydraulic fractures[J]. Acta Mechanica Solida Sinica, 22(5): 377-509.

Chin L Y, Thomas L K, Sylte J E, et al. 2002. Iterative coupled analysis of geomechanics and fluid flow for rock compaction in reservoir simulation[J]. Oil & Gas Science and Technology, 57(5): 485-497.

Choo L Q, Zhao Z, Chen H, et al. 2016. Hydraulic fracturing modeling using the discontinuous deformation analysis (DDA) method[J]. Computers and Geotechnics, 76(jun): 12-22.

Chuprakov D A, Akulich A V, Siebrits E, et al. 2011. Hydraulic-fracture propagation in a naturally fractured reservoir[J]. SPE Production & Operations, 26(1): 88-97.

Cipolla C L, Motiee M, Kechemir A. 2018. Integrating microseismic, geomechanics, hydraulic fracture modeling, and reservoir simulation to characterize parent well depletion and infill well performance in the bakken[C]. Houston: SPE/AAPG/SEG Unconventional Resources Technology Conference.

Cipolla C L, Wood M C. 1996. A statistical approach to infill-drilling studies: Case history of the ozona canyon sands[J]. SPE Reservoir Engineering, 11(3): 196-202.

Cladouhos T T， Marrett R. 1996. Are fault growth and linkage models consistent with power-law distributions of fault lengths [J]. Journal of Structural Geology, 18: 281-293.

Clifton R J, Abou-Sayed A S. 1979. On the computation of the three-dimensional geometry of hydraulic fractures[C]. Denver: Symposium on Low Permeability Gas Reservoirs.

Cui X, Bustin R M. 2005. Volumetric strain associated with methane desorption and its impact on coalbed gas production from deep coal seams[J]. AAPG Bulletin, 89(89): 1181-1202.

Cuisiat F, Gutierrez M, Lewis R W, et al. 1998. Petroleum reservoir simulation coupling flow and deformation[C]. Hague: European Petroleum Conference.

Cuisiat F, Gutierrez M, Lewis R W, et al. 1998. Petroleum reservoir simulation coupling flow and deformation[C]. The Hague: European Petroleum Conference.

Cundall P A, Strack O D L. 1979. A discrete numerical model for granular assemblies[J]. Géotechnique, 29(1): 47-65.

Damjanac B, Gil I, Pierce M, et al. 2010. A new approach to hydraulic fracturing modeling in naturally fractured reservoirs. 44th U.S. Rock Mechanics Symposium and 5th U.S.-Canada Rock Mechanics Symposium, Salt Lake City.

Daneshy A A. 1973. On the design of vertical hydraulic fractures[J]. Journal of Petroleum Technology, 25(1): 83-97.

Daux C, Moës N, Dolbow J, et al. 2000. Arbitrary branched and intersecting cracks with the extended nite element method[J]. International Journal for Numerical Methods in Engineering, 48(12): 1741-1760.

David T, Antonin S, Long N. 2002. New iterative coupling between a reservoir simulator and a geomechanics module[C]. Irving: SPE/ISRM Rock Mechanics Conference.

Dean R H, Gai X, Stone C M, et al. 2006. A comparison of techniques for coupling porous flow and geomechanics[J]. SPE Journal, 11(1): 132-140.

De Berg M, Cheong O, Van Kreveld M, et al. 2008. Computational Geometry: Algorithms and Applications[M]. Berlin: Springer.

Desroches J, Detournay E, Lenoach B, et al. 1994. The crack tip region in hydraulic fracturing[C]. Proceedings of the Royal Society of London A: Mathematical, Physical and Engineering Sciences.

Dershowitz W, Busse R, Geier J, et al. 1996. A stochastic approach for fracture set definition[C]. Montereal: 2nd North American Rock Mechanics Symposium.

Dershowitz W S, Cottrell M G, Lim D H, et al. 2010. A discrete fracture network approach for evaluation of hydraulic fracture stimulation of naturally fractured reservoirs[C]. Slat lake City: 44th U.S. Rock Mechanics Symposium and 5th U.S.-Canada Rock Mechanics Symposium.

Detournay E. 2004. Propagation regimes of fluid-driven fractures in impermeable rocks[J]. International Journal of Geomechanics, 4(1): 35-45.

Detournay E. 2016. Mechanics of hydraulic fractures[J]. Annual Review of Fluid Mechanics, 48(1): 311-339.

Detournay E, Cheng A H D. 1993. Fundamentals of Poroelasticity[M]. Oxford: Pergamon Press,

Detournay E, Garagash D I. 2003. The near-tip region of a fluid-driven fracture propagating in a permeable elastic solid[J]. Journal of Fluid Mechanics, 494: 1-32.

Dohmen T, Zhang J, Barker L, et al. 2017. Microseismic magnitudes and b-values for delineating hydraulic fracturing and depletion[J]. SPE Journal, 22(5): 1624-1634.

Dontsov E V, Peirce A P. 2016. Implementing a universal tip asymptotic solution into an implicit level set algorithm (ILSA) for multiple parallel hydraulic fractures[C]. Houston: 50th US Rock Mechanics Symposium.

Dontsov E V, Peirce A P. 2017. A multiscale implicit level set algorithm (ILSA) to model hydraulic fracture propagation incorporating combined viscous, toughness, and leak-off asymptotics[J]. Computer Methods in Applied Mechanics and Engineering, 313(1): 53-84.

Dverstorp B, Andersson J. 1989. Application of the discrete fracture network concept with field data[J]. Water Resources Research, 25(3): 540-550.

Espinoza C E. 1983. A new formulation for numerical simulation of compaction, sensitivity studies for steam injection[C]. San Francisco: SPE Reservoir Simulation Symposium.

Fatahi H, Hossain M M, Sarmadivaleh M. 2017. Numerical and experimental investigation of the interaction of natural and propagated hydraulic fracture[J]. Journal of Natural Gas Science and Engineering, 37: 409-424.

Fei W B, Li Q, Wei X C, et al. 2015. Interaction analysis for CO_2 geological storage and underground coal mining in Ordos Basin, China[J]. Engineering Geology, 196: 194-209.

Fjær E, Holt R M, Horsrud P, et al. 2008. Chapter 11 mechanics of hydraulic fracturing[J]. Developments in Petroleum Science, 53: 369-390.

Fung L, Buchanan L, Wan R. 1994. Coupled geomechanical-thermal simulation for deforming heavy-oil reservoirs[J]. Journal of Canadian Petroleum Technology, 33(4): 22-28.

Fung R L, Vilayakumar S, Cormack D E. 1987. Calculation of vertical fracture containment in layered formations[J]. SPE Formation Evaluation, 2(4): 518-522.

Fu P, Johnson S M, Carrigan C R. 2013. An explicitly coupled hydro-geomechanical model for simulating hydraulic fracturing in arbitrary discrete fracture networks[J]. International Journal for Numerical and Analytical Methods in Geomechanics, 37(14): 2278-2300.

Gao Q, Cheng Y, Han S, et al. 2018. Numerical modeling of hydraulic fracture propagation behaviors influenced by pre-existing injection and production wells[J]. Journal of Petroleum Science and Engineering, 172: 976-987.

Geertsma J. 1956. The effect of fluid pressure decline on volumetric changes of porous rocks[C]. Los Angeles: Fall Meeting of the Petroleum Branch of AIME.

Geertsma J, De Klerk F. 1969. A rapid method of predicting width and extent of hydraulically induced fractures[J]. Journal of Petroleum Technology, 21(12): 1571-1581.

Ghaderi A, Taheri-Shakib J, Sharif N M A. 2018. The distinct element method (DEM) and the extended finite element method (XFEM) application for analysis of interaction between hydraulic and natural fractures[J]. Journal of Petroleum Science and Engineering, 171: 422-430.

Gordeliy E, Peirce A. 2013. Coupling schemes for modeling hydraulic fracture propagation using the XFEM[J]. Computer Methods in Applied Mechanics and Engineering, 253(1): 305-322.

Gordeliy E, Peirce A. 2015. Enrichment strategies and convergence properties of the XFEM for hydraulic fracture problems[J]. Computer Methods in Applied Mechanics and Engineering, 283: 474-502.

Gregg S, Sing K. 1982. Adsorption, Surface Area and Porosity[M]. New York: Academic Press.

Guan L, McVay D A, Jensen J L, et al. 2002. Evaluation of a statistical infill candidate selection technique[C]. Calgary: SPE Gas Technology Symposium.

Guo J, Lu Q, Zhu H, et al. 2015. Perforating cluster space optimization method of horizontal well multi-stage fracturing in extremely thick unconventional gas reservoir[J]. Journal of Natural Gas Science and Engineering, 26: 1648-1662.

Guo L W. 2014. Development of a three-dimensional fracture model for the combined finite-discrete element method[D]. London: Imperial College London.

Guo T, Zhang S, Qu Z, et al, 2014. Experimental study of hydraulic fracturing for shale by stimulated reservoir volume[J]. Fuel Guildford, 128: 373-380.

Guo X, Wu K, An C, et al. 2019. Numerical investigation of effects of subsequent parent-well injection on interwell fracturing interference using reservoir-geomechanics-fracturing modeling[J]. SPE Journal, 24(4): 1-19.

Gupta V, Zielonka M, Albert R A, et al. 2012. Integrated methodology for optimizing development of unconventional gas resources[C]. Woodlands SPE Hydraulic Fracturing Technology Conference.

Gupta V, Duarte C A, Babuška I, et al. 2015. Stable GFEM (SGFEM): Improved conditioning and accuracy of GFEM/XFEM for three-dimensional fracture mechanics[J]. Computer Methods in Applied Mechanics and Engineering, 289: 355-386.

Gutierrez R, Sanchez C M, Roehl D, et al. 2019. Xfem modeling of stress shadowing in multiple hydraulic fractures in multi-layered formations[J]. Journal of Natural Gas Science and Engineering, 70: 102950.

Gutierrez M. 1994. Fully coupled analysis of reservoir compaction and subsidence[C]. London: European Petroleum Conference.

Gutierrez M, Makurat A. 1997. Coupled HTM modelling of cold water injection in fractured hydrocarbon reservoirs[J]. International Journal of Rock Mechanics and Mining Sciences, 34(3-4): 113.

Hagoort J, Weatherill B D, Settari A. 1980. Modeling the propagation of waterflood-induced hydraulic fractures[J]. Society of Petroleum Engineers Journal, 20(4): 293-303.

Han L, Fei Y, Yang S, et al. 2019. Coupled seepage-mechanical modeling to evaluate formation deformation and casing failure in waterflooding oilfields[J]. Journal of Petroleum Science and Engineering, 180: 124-129.

Harstad H, Teufel L W, Lorenz J C. 1998. Potential for infill drilling in a naturally fractured tight gas sandstone reservoir[C]. Denver: SPE Rocky Mountain Regional/Low-Permeabiliy Reservoirs Symposium and Exhibition.

Heffer K J, Koutsabeloulis N C, Wong S K. 1994. Coupled geomechanical, thermal and fluid flow modelling as an aid to improving waterflood sweep efficiency[C]. Delft: Rock Mechanics in Petroleum Engineering.

Heng S, Li X, Liu X, et al. 2020. Experimental study on the mechanical properties of bedding planes in shale[J]. Journal of Natural Gas Science and Engineering, 76: 103161.

Herwanger J, Koutsabeloulis N. 2011. Seismic Geomechanics: How to Build and Calibrate Geomechanical Models Using 3D and 4D Seismic Data[M]. Houten: European Association of Geoscientists & Engineers.

Hillerborg A, Modéer M, Petersson P E. 1976. Analysis of crack formation and crack growth in concrete by means of fracture mechanics and finite elements[J]. Cement and Concrete Research, 6(6): 773-781.

Huang J, Ma X, Safari R, et al. 2015. Hydraulic fracture design optimization for infill wells: An integrated geomechanics workflow[C]. San Francisco: 49th U.S. Rock Mechanics/Geomechanics Symposium.

Huang N, Liu R, Jiang Y, et al. 2019. Shear-flow coupling characteristics of a three-dimensional discrete fracture network-fault model considering stress-induced aperture variations[J]. Journal of Hydrology, 571: 416-424.

Hutchinson J W, Suo Z. 1991. Mixed mode cracking in layered materials[J]. Advances in Applied Mechanics, 29: 63-191.

Hwang J, Bryant E C, Sharma M M. 2015. Stress reorientation in waterflooded reservoirs[C]. Houston: SPE Reservoir Simulation Symposium.

Ida Y. 1972. Cohesive force across the tip of a longitudinal-shear crack and Griffith's specific surface energy[J]. Journal of Geophysical Research, 77(20): 3796-3805.

Irwin G R. 1957. Analysis of stresses and strains near the end of a crack traversing a plate[J]. Journal of Applied Mechanics-Transactions of the ASME, 24: 361-369.

Isaaks E H, Srivastava R M. 1990. An Introduction to Applied Geostatistics[M]. New York: Oxford University Press.

Javadpour F, Ettehadtavakkol A. 2015. Gas transport processes in shale[J]. Fundamentals of Gas Shale Reservoirs: 245-266.

Jiao Y, Zhang H, Zhang X, et al. 2015. A two-dimensional coupled hydromechanical discontinuum model for simulating rock hydraulic fracturing[J]. International Journal for Numerical and Analytical Methods in Geomechanics, 39(5): 457-481.

Ji L., Settari A T., Sullivan R B. 2009. A novel hydraulic fracturing model fully coupled with geomechanics and reservoir simulation[J]. SPE Journal, 14(3): 423-430.

Ji L, Settari A, Sullivan R B. 2007. A novel hydraulic fracturing model fully coupled with geomechanics and reservoir simulation[J]. SPE Journal, 14(3): 429-430.

Johnson J W, Nitao J J, Morris J P. 2004. Reactive transport modeling of cap rock integrity during natural and engineered CO_2 storage[J]. Carbon Dioxide Capture for Storage in Deep Geologic Formations, 2: 787-813.

Ju Y, Liu P, Chen J, et al. 2016. CDEM-based analysis of the 3D initiation and propagation of hydrofracturing cracks in heterogeneous glutenites[J]. Journal of Natural Gas Science and Engineering, 35: 614-623.

Khristianovic S A, Zheltov Y P. 1955. 3. Formation of vertical fractures by means of highly viscous liquid[C]. Rome: 4th World Petroleum Congress.

Kim J, Tchelepi H, Juanes R. 2011a. Stability and convergence of sequential methods for coupled flow and geomechanics: Drained and undrained splits[J]. Computer Methods in Applied Mechanics and Engineering, 200: 2094-2116.

Kim J, Tchelepi H A, Juanes R. 2011b. Stability and convergence of sequential methods for coupled flow and geomechanics: Fixed-stress and fixed-strain splits[J]. Computer Methods in Applied Mechanics and Engineering, 200(13): 1591-1606.

King G E, Rainbolt M F, Swanson C. 2017. Frac hit induced production losses: Evaluating root causes, damage location, possible prevention methods and success of remedial treatments[C]. San Antonio: SPE Annual Technical Conference and Exhibition.

Koutsabeloulis N C, Hope S A. 1998. "Coupled" stress/fluid/thermal multi-phase reservoir simulation studies incorporating rock mechanics[C]. Trondheim: SPE/ISRM Rock Mechanics in Petroleum Engineering.

Kresse O, Weng X, Gu H, et al. 2013. Numerical modeling of hydraulic fractures interaction in complex naturally fractured formations[J]. Rock Mechanics and Rock Engineering, 46(3): 555-568.

Kumar A, Shrivastava K, Elliott B, et al. 2020. Effect of parent well production on child well stimulation and productivity[C]. The Woodlands: SPE Hydraulic Fracturing Technology Conference and Exhibition.

Kumar D, Ghassemi A. 2017. 3D geomechanical analysis of refracturing of horizontal wells[C]. Austin: SPE/AAPG/SEG Unconventional Resources Technology Conference.

Labuz J F, Shah S P, Dowding C H. 1987. The fracture process zone in granite: Evidence and effect[J]. International Journal of Rock Mechanics and Mining Sciences & Geomechanics Abstracts, 24(4): 235-246.

Lama R D, Vutukuri V S. 1978. Handbook on Mechanical Properties of Rocks: Testing Techniques and Results[M]. Clausthal: Trans Tech Publications.

Lecampion B. 2009. An extended finite element method for hydraulic fracture problems[J]. Communications in Numerical Methods in Engineering, 25(2): 121-133.

Lecampion B, Desroches J. 2015. Simultaneous initiation and growth of multiple radial hydraulic fractures from a horizontal wellbore[J]. Journal of the Mechanics and Physics of Solids, 82: 235-258.

Lenoach B. 1995. The crack tip solution for hydraulic fracturing in a permeable solid[J]. Journal of the Mechanics and Physics of Solids, 43(7): 1025-1043.

Lewis R W, Ghafouri H R. 1997. A novel finite element double porosity model for multiphase flow through deformable fractured porous media[J]. International Journal for Numerical and Analytical Methods in Geomechanics, 21(11): 789-816.

Lewis R W, Sukirman Y. 1994. Finite element modelling for simulating the surface subsidence above a compacting hydrocarbon reservoir[J]. International Journal for Numerical and Analytical Methods in Geomechanics, 18(9): 619-639.

Li D, Xu C, Wang J Y, et al. 2014. Effect of Knudsen diffusion and Langmuir adsorption on pressure transient response in tight- and shale-gas reservoirs[J]. Journal of Petroleum Science and Engineering, 124: 146-154.

Li K, Horne R N. 2001. Gas slippage in two-phase flow and the effect of temperature[C]. Bakersfield: SPE Western Regional Meeting.

Li Q, Ito K, Wu Z, et al. 2010. COMSOL Multiphysics: A novel approach to ground water modeling[J]. Ground Water, 47(4): 480-487.

Li S, Li X, Zhang D. 2016. A fully coupled thermo-hydro-mechanical, three-dimensional model for hydraulic stimulation treatments[J]. Journal of Natural Gas Science and Engineering, 34: 64-84.

Li Y, Liu W, Deng J, et al. 2019. A 2D explicit numerical scheme-based pore pressure cohesive zone model for simulating hydraulic fracture propagation in naturally fractured formation[J]. Energy Science & Engineering, 7(5): 1527-1543.

Lindsay G, Miller G, Xu T, et al. 2018. Production performance of infill horizontal wells vs. Pre-existing wells in the major US unconventional basins[C]. The Woodlands: SPE Hydraulic Fracturing Technology Conference and Exhibition, 23-25. January.

Lisjak A, Grasselli G, Vietor T. 2014. Continuum-discontinuum analysis of failure mechanisms around unsupported circular excavations in anisotropic clay shales[J]. International Journal of Rock Mechanics and Mining Sciences, 65: 96-115.

Liu H, Lan Z, Zhang G, et al. 2008. Evaluation of refracture reorientation in both laboratory and field scales[C]. Lafayette: SPE International Symposium and Exhibition on Formation Damage Control.

Liu Q, Tao L, Zhu H, et al. 2018. Macroscale mechanical and microscale structural changes in chinese wufeng shale with supercritical carbon dioxide fracturing[J]. SPE Journal, 23(3): 691-703.

Mahabadi O K, Lisjak A, Munjiza A, et al. 2012. Y-Geo: New combined finite-discrete element numerical code for geomechanical applications[J]. International Journal of Geomechanics, 12(6): 676-688.

Maurice A B. 1941. General theory of three-dimensional consolidation[J]. Journal of Applied Physics, 12(2): 155-164.

Marongiu-Porcu M, Lee D, Shan D, et al. 2015. Advanced modeling of interwell fracturing interference: An Eagle Ford Shale oil study[C]. Houston: SPE Annual Technical Conference and Exhibition.

McClure M W, Babazadeh M, Shiozawa S, et al. 2016. Fully coupled hydromechanical simulation of hydraulic fracturing in 3D discrete-fracture networks[J]. SPE Journal, 21(4): 1-19.

Merle H A, Kentie C J P, van Opstal G H C, et al. 1976. The bachaquero study-a composite analysis of the behavior of a compaction drive/Solution gas drive reservoir[J]. Journal of Petroleum Technology, 28(9): 1107-1115.

Mikeli A, Wheeler M F. 2013. Convergence of iterative coupling for coupled flow and geomechanics[J]. Computational Geosciences, 17(3): 455-461.

Minkoff S E, Stone C M, Bryant S, et al. 2003. Coupled fluid flow and geomechanical deformation modeling[J]. Journal of Petroleum Science and Engineering, 38(1): 37-56.

Morales R H, Abou-Sayed A S. 1989. Microcomputer analysis of hydraulic fracture behavior with a pseudo-three-dimensional simulator[J]. SPE Production Engineering, 4(1): 69-74.

Morgan W E, Aral M M. 2015. An implicitly coupled hydro-geomechanical model for hydraulic fracture simulation with the discontinuous deformation analysis[J]. International Journal of Rock Mechanics and Mining Sciences, 73: 82-94.

Mousavi S E, Grinspun E, Sukumar N. 2010. Harmonic enrichment functions: A unified treatment of multiple, intersecting and branched cracks in the extended finite element method[J]. International Journal for Numerical Methods in Engineering, 85(10): 1306-1322.

Munjiza A. 2004. The Combined Finite-Discrete Element Method[M]. Chichester: Wiley.

Nagel N B, Sanchez-Nagel M A, Zhang F, et al. 2013. Coupled numerical evaluations of the geomechanical interactions between a hydraulic fracture stimulation and a natural fracture system in shale formations[J]. Rock Mechanics and Rock Engineering, 46(3): 581-609.

Nakaten B, Kempka T. 2014. Workflow for fast and efficient integration of Petrel-based fault models into coupled hydro-mechanical TOUGH2-MP-FLAC3D simulations of CO_2 storage[J]. Energy Procedia, 63: 3576-3581.

Nasehi M J, Mortazavi A. 2013. Effects of in-situ stress regime and intact rock strength parameters on the hydraulic fracturing[J]. Journal of Petroleum Science and Engineering, 108: 211-221.

Nguyen V P, Lian H, Rabczuk T, et al. 2017. Modelling hydraulic fractures in porous media using flow cohesive interface elements[J]. Engineering Geology, 225: 68-82.

Nordgren R P. 1972. Propagation of a vertical hydraulic fracture[J]. Society of Petroleum Engineers Journal, 12(4): 306-314.

Olden P, Pickup G, Jin M, et al. 2012. Use of rock mechanics laboratory data in geomechanical modelling to increase confidence in CO_2 geological storage[J]. International Journal of Greenhouse Gas Control, 11: 304-315.

Olivella S, Gens A, Carrera J, et al. 1995. Numerical formulation for a simulator（CODE_BRIGHT）for the coupled analysis of saline media[J]. Engineering Computations, 13(7): 87-112.

Olson J E, Taleghani A D. 2009. Modeling simultaneous growth of multiple hydraulic fractures and their interaction with natural fractures[C]. The Woodlands: SPE Hydraulic Fracturing Technology Conference.

Onaisi A, Fiore J, Rodriguez-Herrera A, et al. 2015. Matching stress-induced 4D seismic time-shifts with coupled geomechanical models[C]. San Francisco: 49th U.S. Rock Mechanics/Geomechanics Symposium.

Ostadhassan M, Zeng Z, Zamiran S. 2012. Geomechanical modeling of an anisotropic formation-Bakken case study[C]. Chicago: 46th U.S. Rock Mechanics/Geomechanics Symposium.

Palmer I, Mansoori J. 1998. How permeability depends on stress and pore pressure in coalbeds: A new model[J]. SPE Journal, 1 (6): 539-544.

Pan P, Wu Z, Feng X, et al. 2016. Geomechanical modeling of CO_2 geological storage: A review[J]. Journal of Rock Mechanics and Geotechnical Engineering, (6): 936-947.

Park K, Paulino G H. 2011. Cohesive zone models: A critical review of traction-separation relationships across fracture surfaces[J]. Applied Mechanics Reviews, 64 (6): 060802.

Peirce A. 2015. Modeling multi-scale processes in hydraulic fracture propagation using the implicit level set algorithm[J]. Computer Methods in Applied Mechanics and Engineering, 283: 881-908.

Peirce A, Bunger A. 2015. Interference fracturing: Nonuniform distributions of perforation clusters that promote simultaneous growth of multiple hydraulic fractures[J]. SPE Journal, 20 (2): 384-395.

Peirce A, Detournay E. 2008. An implicit level set method for modeling hydraulically driven fractures[J]. Computer Methods in Applied Mechanics and Engineering, 197 (33-40): 2858-2885.

Perkins T K, Kern L R. 1961. Widths of hydraulic fractures[J]. Journal of Petroleum Technology, 13 (9): 937-949.

Pichon S, Orihuela F G C, Lagarrigue E, et al. 2018. When, where, and how to drill and complete pads of multiple wells? four-dimensional considerations for field development in the vaca muerta shale[C]. Neuquen SPE Argentina Exploration and Production of Unconventional Resources Symposium.

Prevost J H. 1981. DYNAFLOW: A nonlinear transient finite element analysis program[D]. Princeton: Princeton University.

Profit M, Dutko M, Yu J, et al. 2016. Complementary hydro-mechanical coupled finite/discrete element and microseismic modelling to predict hydraulic fracture propagation in tight shale reservoirs[J]. Computational Particle Mechanics, 3 (2): 229-248.

Reiss L H. 1981. Reservoir Engineering Aspects of Fractured Formations[M]. Houston: Gulf Pub Co.

Rezaei A, Dindoruk B, Soliman M Y. 2019. On parameters affecting the propagation of hydraulic fractures from infill wells[J]. Journal of Petroleum Science and Engineering, 182: 106255.

Roussel N P, Florez H A, Rodriguez A A. 2013. Hydraulic fracture propagation from infill horizontal wells[C]. New Orleans: SPE Annual Technical Conference and Exhibition.

Roussel N P, Sharma M M. 2012. Role of stress reorientation in the success of refracture treatments in tight gas sands[J]. SPE Production & Operations, 27 (4): 346-355.

Rungamornrat J, Wheeler M F, Mear M E. 2005. A numerical technique for simulating nonplanar evolution of hydraulic fractures[C]. Dallas: SPE Annual Technical Conference and Exhibition.

Rutqvist J. 2011. Status of the TOUGH-FLAC simulator and recent applications related to coupled fluid flow and crustal deformations[J]. Computers & Geosciences, 37 (6): 739-750.

Saberhosseini S E, Ahangari K, Mohammadrezaei H. 2019. Optimization of the horizontal-well multiple hydraulic fracturing operation in a low-permeability carbonate reservoir using fully coupled XFEM model[J]. International Journal of Rock Mechanics and Mining Sciences, 114: 33-45.

Safari M R, Ghassemi A. 2011. 3D Analysis of huff and puff and injection tests in geothermal reservoirs[C]. Stanford: The 36th Workshop on Geothermal Reservoir Engineering.

Safari R, Lewis R, Ma X, et al. 2017. Infill-well fracturing optimization in tightly spaced horizontal wells[J]. SPE Journal, 22 (2): 582-595.

Salmachi A, Sayyafzadeh M, Haghighi M. 2013. Infill well placement optimization in coal bed methane reservoirs using genetic algorithm[J]. Fuel, 111: 248-258.

Samier P, Onaisi A, Fontaine G. 2006. Coupled analysis of geomechanics and fluid flow in reservoir simulation[J]. SPE Journal: 89-102.

Seth P, Manchanda R, Kumar A, et al. 2018. Estimating hydraulic fracture geometry by analyzing the pressure interference between fractured horizontal wells[C]. Dallas: SPE Annual Technical Conference and Exhibition.

Settari A. 1980. Simulation of hydraulic fracturing processes[J]. Society of Petroleum Engineers Journal, 20 (6): 487-500.

Settari A, Cleary M P. 1986. Development and testing of a pseudo-three-dimensional model of hydraulic fracture geometry[J]. SPE Production Engineering, 1(6): 449-466.

Settari A, Mourits F M. 1994. Coupling of geomechanics and reservoir simulation models[C]. Morgantown: 8th International Conference On Computer Methods and Advances in Geomechanics.

Settari A T, Walters D. 1999. Advances in coupled geomechanical and reservoir modeling with applications to reservoir compaction[C]. Houston: SPE Reservoir Simulation Symposium.

Settgast R R, Fu P, Walsh S D C, et al. 2017. A fully coupled method for massively parallel simulation of hydraulically driven fractures in 3-dimensions[J]. International Journal for Numerical and Analytical Methods in Geomechanics, 41(5): 627-653.

Shen B, Guo H, Ko T Y, et al. 2013. Coupling rock-fracture propagation with thermal stress and fluid flow[J]. International Journal of Geomechanics, 13(6): 794-808.

Shen B, Shi J. 2016. Fracturing-hydraulic coupling in transversely isotropic rocks and a case study on CO_2 sequestration[J]. International Journal of Rock Mechanics and Mining Sciences, 88: 206-220.

Shi F, Wang X, Liu C, et al. 2017. An XFEM-based method with reduction technique for modeling hydraulic fracture propagation in formations containing frictional natural fractures[J]. Engineering Fracture Mechanics, 173: 64-90.

Shi G H, Goodman R E. 1985. Two dimensional discontinuous deformation analysis[J]. International Journal for Numerical and Analytical Methods in Geomechanics, 9(6): 541-556.

Shi J, Durucan S. 2004. Drawdown induced changes in permeability of coalbeds: A new interpretation of the reservoir response to primary recovery[J]. Transport in Porous Media, 56(1): 1-16.

Shi J, Durucan S. 2005. A model for changes in coalbed permeability during primary and enhanced methane recovery[J]. SPE Journal, 8(4): 291-299.

Shin D H, Sharma M M. 2014. Factors controlling the simultaneous propagation of multiple competing fractures in a horizontal well[C]. The Woodlands: SPE Hydraulic Fracturing Technology Conference.

Sibson R. 1981. A brief description of natural neighbor interpolation[J]. Interpreting Multivariate Data: 21-36.

Siebrits E, Peirce A P. 2002. An efficient multi-layer planar 3D fracture growth algorithm using a fixed mesh approach[J]. International Journal for Numerical Methods in Engineering, 53(3): 691-717.

Simonson E R, Abou-Sayed A S, Clifton R J. 1978. Containment of massive hydraulic fractures[J]. Society of Petroleum Engineers Journal, 18(1): 27-32.

Snozzi L, Molinari J. 2013. A cohesive element model for mixed mode loading with frictional contact capability[J]. International Journal for Numerical Methods in Engineering, 93(5): 510-526.

Sun J, Gamboa E S, Schechter D, et al. 2016. An integrated workflow for characterization and simulation of complex fracture networks utilizing microseismic and horizontal core data[J]. Journal of Natural Gas Science and Engineering, 34: 1347-1360.

Taleghani A D, Chavez M G, Yu H, et al. 2018. Numerical simulation of hydraulic fracture propagation in naturally fractured formations using the cohesive zone model[J]. Journal of Petroleum Science and Engineering, 165: 42-57.

Taleghani A D, Olson J E. 2013. How natural fractures could affect hydraulic-fracture geometry[J]. SPE Journal, 19(1): 161-171.

Taleghani A D, Olson J E. 2011. Numerical modeling of multistranded-hydraulic-fracture propagation: Accounting for the interaction between induced and natural fractures[J]. SPE Journal, 16(3):575-581.

Tan P, Jin Y, Han K, et al. 2017. Analysis of hydraulic fracture initiation and vertical propagation behavior in laminated shale formation[J]. Fuel, 206(15): 482-493.

Tang H, Wang S, Zhang R, et al. 2019. Analysis of stress interference among multiple hydraulic fractures using a fully three-dimensional displacement discontinuity method[J]. Journal of Petroleum Science and Engineering, 179: 378-393.

Tang H, Winterfeld P H, Wu Y S, et al. 2016. Integrated simulation of multi-stage hydraulic fracturing in unconventional reservoirs[J]. Journal of Natural Gas Science and Engineering, 36: 875-892.

Tang X H, Zhu H Y, Liu Q Y, et al. 2019. A reservoir and geomechanical coupling simulation method: Case studies in shale gas and CBM reservoir[C]. Beijing: International Petroleum Technology Conference.

Tang X H, Zhu H X, Wang H B, et al. 2022. Geomechanics evolution integrated with hydraulic fractures, heterogeneity and anisotropy during shale gas depletion[J]. Geomechanics for Energy and the Environment, 100321: 1-16.

Taron J, Elsworth D, Min K. 2009. Numerical simulation of thermal-hydrologic-mechanical-chemical processes in deformable, fractured porous media[J]. International Journal of Rock Mechanics and Mining Sciences, 46(5): 842-854.

Teufel L W, Rhett D W. 1991. Geomechanical evidence for shear failure of chalk during production of the Ekofisk Field[C]. Dallas: SPE Annual Technical Conference and Exhibition.

Thararoop P, Karpyn Z, Gitman A, et al. 2008. Integration of seismic attributes and production data for infill drilling strategies-A virtual intelligence approach[J]. Journal of Petroleum Science and Engineering, 63(1-4): 43-52.

Tortike W S, Ali S, Farouq M. 1993. Reservoir simulation integrated with geomechanics[J]. Journal of Canadian Petroleum Technology, 32(5): 28-37.

Tran D, Nghiem L, Buchanan L. 2005. Improved iterative coupling of geomechanics with reservoir simulation[C]. The Woodlands: SPE Reservoir Simulation Symposium.

Vidal-Gilbert S, Nauroy J F, Brosse E. 2009. 3D geomechanical modelling for CO_2 geologic storage in the dogger carbonates of the paris basin[J]. International Journal of Greenhouse Gas Control, 3(3): 288-299.

Walser D, Siddiqui S. 2016. Quantifying and mitigating the impact of asymmetric induced hydraulic fracturing from horizontal development wellbores[C]. Dubai: SPE Annual Technical Conference and Exhibition.

Wang H, Marongiu-Porcu M, Economides MJ. 2016. Poroelastic and poroplastic modeling of hydraulic fracturing in brittle and ductile formations[J]. SPE Production & Operations, 31(1): 47-59.

Wang Y, Adhikary D. 2015. Hydraulic fracture simulation based on coupled discrete element method and lattice boltzmann method[C]. Melbourne: World Geothermal Congress.

Wang Y, Zhang M, Hu F, et al. 2018. A coupled one-dimensional numerical simulation of the land subsidence process in a multilayer aquifer system due to hydraulic head variation in the pumped layer[J]. Geofluids, 2018: 1-12.

Wang Y, Zhang Z. 2020. Fully hydromechanical coupled hydraulic fracture simulation considering state transition of natural fracture[J]. Journal of Petroleum Science and Engineering, 190: 107072.

Wang Y, Zhao M, Li S, et al. 2005. Stochastic structural model of rock and soil aggregates by continuum-based discrete element method[J]. Science in China Series E Engineering & Materials Science, 48(21): 95-106.

Weng X. 2015. Modeling of complex hydraulic fractures in naturally fractured formation[J]. Journal of Unconventional Oil and Gas Resources, 9: 114-135.

Weng X, Kresse O, Cohen C, et al. 2011. Modeling of hydraulic-fracture-network propagation in a naturally fractured formation[J]. SPE Production & Operations, 26(4): 368-380.

Wood T, Leonard R, Senters C, et al. 2018. Interwell communication study of UWC and MWC wells in the HFTS[C]. Houston: SPE/AAPG/SEG Unconventional Resources Technology Conference.

Wu C H, Soto R D, Valko P P, et al. 2000. Non-parametric regression and neural-network infill drilling recovery models for carbonate reservoirs[J]. Computers & Geosciences, 26(8): 975-987.

Wu K. 2014. Simultaneous multifracture treatments: Fully coupled fluid flow and fracture mechanics for horizontal wells[J]. SPE Journal, 20(2): 337-346.

Wu Z, Liang X, Liu Q. 2015. Numerical investigation of rock heterogeneity effect on rock dynamic strength and failure process using cohesive fracture model[J]. Engineering Geology, 197: 198-210.

Xiang J, Latham J P, Axelle V, et al. 2012. Coupled fluidity/y3D technology and simulation tools for numerical breakwater modelling[J]. Coastal Engineering Proceedings, 1(33): 66.

Xiang J, Munjiza A, Latham J P, et al. 2009. On the validation of DEM and FEM/DEM models in 2D and 3D[J]. Engineering Computations, 26(6): 673-687.

Xiong H, Wu W, Gao S. 2018. Optimizing well completion design and well spacing with integration of advanced multi-stage fracture modeling & reservoir simulation-a permian basin case study [C]. The Woodlands: SPE Hydraulic Fracturing Technology Conference and Exhibition.

Xu T, Lindsay G, Baihly J, et al. 2017. Unique multidisciplinary approach to model and optimize pad refracturing in the Haynesville Shale[C]. Austin: SPE/AAPG/SEG Unconventional Resources Technology Conference.

Xu T, Lindsay G, Zheng W, et al. 2018. Advanced modeling of production induced pressure depletion and well spacing impact on infill wells in spraberry, permian basin[C]. Dallas: SPE Annual Technical Conference and Exhibition.

Yadav H, Motealleh S. 2017. Improving quantitative analysis of frac-hits and refracs in unconventional plays using RTA[C]. The Woodlands: SPE Hydraulic Fracturing Technology Conference and Exhibition.

Zangeneh N, Eberhardt E, Bustin R M. 2012. Application of the distinct-element method to investigate the influence of natural fractures and in-situ stresses on hydrofrac propagation[C]. Chicago: 46th U.S. Rock Mechanics/Geomechanics Symposium.

Zhang F, Damjanac B, Maxwell S. 2019. Investigating hydraulic fracturing complexity in naturally fractured rock masses using fully coupled multiscale numerical modeling[J]. Rock Mechanics and Rock Engineering, 52(12): 5137-5160.

Zhang F, Dontsov E, Mack M. 2017. Fully coupled simulation of a hydraulic fracture interacting with natural fractures with a hybrid discrete-continuum method[J]. International Journal for Numerical and Analytical Methods in Geomechanics, 41(13): 1430-1452.

Zhang G M, Liu H, Zhang J, et al. 2010. Three-dimensional finite element simulation and parametric study for horizontal well hydraulic fracture[J]. Journal of Petroleum Science and Engineering, 72(3-4): 310-317.

Zhang X, Jeffrey R G. 2008. Reinitiation or termination of fluid-driven fractures at frictional bedding interfaces[J]. Journal of Geophysical Research: Solid Earth, 113: 1-16.

Zhang X, Jeffrey R G. 2016. Fluid-driven nucleation and propagation of splay fractures from a permeable fault[J]. Journal of Geophysical Research: Solid Earth, 121(7): 5257-5277.

Zhang X, Jeffrey R G, Thiercelin M. 2007. Deflection and propagation of fluid-driven fractures at frictional bedding interfaces: A numerical investigation[J]. Journal of Structural Geology, 29(3): 396-410.

Zhang Z, Wang D, Ge X. 2013. A novel triangular finite element partition method for fracture simulation without enrichment of interpolation[J]. International Journal of Computational Methods, 10(4): 1350015.

Zhao J, Chen X, Li Y, et al. 2016. Simulation of simultaneous propagation of multiple hydraulic fractures in horizontal wells[J]. Journal of Petroleum Science and Engineering, 147: 788-800.

Zheltov A K. 1955. Formation of vertical fractures by means of highly viscous liquid[C]. Rome: World Petroleum Congress.

Zheng H, Pu C, Xu E, et al. 2020. Numerical investigation on the effect of well interference on hydraulic fracture propagation in shale formation[J]. Engineering Fracture Mechanics, 228: 106932.

Zheng W, Xu L, Pankaj P, et al. 2018. Advanced modeling of production induced stress change impact on wellbore stability of infill well drilling in unconventional reservoirs[C]. Houston: SPE/AAPG/SEG Unconventional Resources Technology Conference.

Zhou D, Zheng P, Yang J, et al. 2019. Optimizing the construction parameters of modified zipper fracs in multiple horizontal wells[J]. Journal of Natural Gas Science and Engineering, 71: 102966.

Zhu H, Tang X, Wang X, et al. 2020. A coupled flow-stress-damage explicit integration numerical model of wellbore fracturing based on finite-discrete element method in natural fractured shale gas reservoir[C]. Online: 54th U.S. Rock Mechanics/Geomechanics Symposium.

Zhu H, Tang X, Liu Q, et al. 2018. 4D multi-physical stress modelling during shale gas production: A case study of Sichuan Basin shale gas reservoir, China[J]. Journal of Petroleum Science and Engineering, 167: 929-943.

Zhu H, Tang X, Liu Q, et al. 2018. Permeability stress-sensitivity in 4D flow-geomechanical coupling of Shouyang CBM reservoir, Qinshui Basin, China[J]. Fuel, 232(15): 817-832.

Zhu H, Tang X, Liu Q, et al. 2019. Complex fractures propagations of infill well based on reservoir stress evolution after long-time shale gas production[C]. New York: 53rd U.S. Rock Mechanics/Geomechanics Symposium.

Zhu H, Tang X, Song Y, et al. 2021. An infill well fracturing model and its microseismic events barrier effect: A case in fuling shale gas reservoir[J]. SPE Journal, 26(1): 113-134.

Zhu H Y, Deng J G, Tang X H. 2022. Optimization design method for volumetric fracturing construction parameters of infilled well of unconventional oil and gas reservoir: US16580936B2[P]. 2022-06-02.

Zhu H Y, Zhao Y P, Guo J C, et al. 2021. Method for determining favorable time window of infill well in unconventional oil and gas reservoir: US11009620B2[P]. 2021-05-18.

Zhu H, Zhang X, Guo J, et al. 2015a. Stress field interference of hydraulic fractures in layered formation[J]. Geomechanics and Engineering, 9(5): 645-667.

Zhu H, Zhao X, Guo J, et al. 2015b. Coupled flow-stress-damage simulation of deviated-wellbore fracturing in hard-rock[J]. Journal of Natural Gas Science and Engineering, 26: 711-724.

Zoback M D. 2010. Reservoir Geomechanics[M]. New York: Cambridge University Press.

Zou Y, Ma X, Zhou T, et al. 2017. Hydraulic fracture growth in a layered formation based on fracturing experiments and discrete element modeling[J]. Rock Mechanics and Rock Engineering, 50(9): 2381-2395.

Zou Y, Zhang S, Zhou T, et al. 2016. Experimental investigation into hydraulic fracture network propagation in gas shales using CT scanning technology[J]. Rock Mechanics and Rock Engineering, 49(1): 33-45.

Penguin
Random
House

图书在版编目（CIP）数据

植物王国 /（英）戴维 · 伯尼著；吕潇译 . -- 北京：科学普及出版社，2022.1（2023.8 重印）
（DK 探索百科）
书名原文：E.EXPLORE DK ONLINE : PLANT
ISBN 978-7-110-10348-7

Ⅰ. ①植… Ⅱ. ①戴… ②吕… Ⅲ. ①植物－青少年读物 Ⅳ. ① Q94-49

中国版本图书馆 CIP 数据核字（2021）第 202093 号

总 策 划：秦德继
策划编辑：王 菡 许 英
责任编辑：高立波
责任校对：张晓莉
责任印制：李晓霖
正文排版：中文天地
封面设计：书心瞬意

著作权合同登记号：01-2021-5819

www.dk.com

混合产品
纸张 | 支持负责任林业
FSC® C018179
FSC www.fsc.org

科学普及出版社出版
北京市海淀区中关村南大街 16 号
邮政编码：100081
电话：010-62173865 传真：010-62173081
http://www.cspbooks.com.cn
中国科学技术出版社有限公司发行部发行
北京华联印刷有限公司承印
开本：889 毫米 ×1194 毫米 1/16
印张：6 字数：200 千字
2022 年 1 月第 1 版 2023 年 8 月第 5 次印刷
定价：49.80 元
ISBN 978-7-110-10348-7/Q · 268

DK探索百科

植物王国

[英] 戴维·伯尼 / 著
吕潇 / 译
徐世新 / 审校

科学普及出版社
·北　京·

目录

植物界

地球上有超过 40 万种的植物，并且在它们之中包含了地球上最高、最重以及最古老的生物种类。这些植物在一起组成了植物界——生物中的五界之一。同动物一样的是，植物也需要能量来生存和生长，但是它们是通过吸收阳光来获得能量而非摄取食物。地球上的生命依靠着植物生存。所有的动物取食植物或是以植食动物为食。植物在生长过程中会释放一种副产品——氧气。氧气是所有动物呼吸所需要的气体。

◀绿色的行星

植物几乎生长在地球的所有角落，并且从太空中都能够观察得到。在靠近赤道的地方，生长条件对于植物来说几乎是完美的，因为那里全年阳光充足，气候温暖潮湿。那里主要为热带雨林，储备着世界上最为丰富的植物资源。在远离赤道的地方，生存条件十分恶劣，植物必须能够适应干旱或寒冷的生活环境。

季节与植物▶

在地球上，例如北欧的温带地区，植物随季节分步骤地生长着。在春季，它们开始生长，那时白天变长，土地开始升温；在夏季，它们继续生长；当秋季来临时，它们的生长便会停止，并且有许多树木都会掉落叶子；冬季是休眠的时节，因为白天变短，大地常常冰冻。在温暖地区是没有冬季的，但是一年也常被分为雨季和旱季。植物在雨季生长，在旱季停止生长。

植物的进化▶

这条时间链显示了重要的植物类群首次出现的时间。这是根据化石和分子钟（利用蛋白质和基因的变化来判定时间的方法）制作出来的。后面的植物并非是由前面的植物所进化而来的。例如，苔类植物是持续不断地生存在地球上的，没有什么变化，且已无再进化的可能。还有一些种类则是从已经灭绝的古老祖先种类进化而来的。

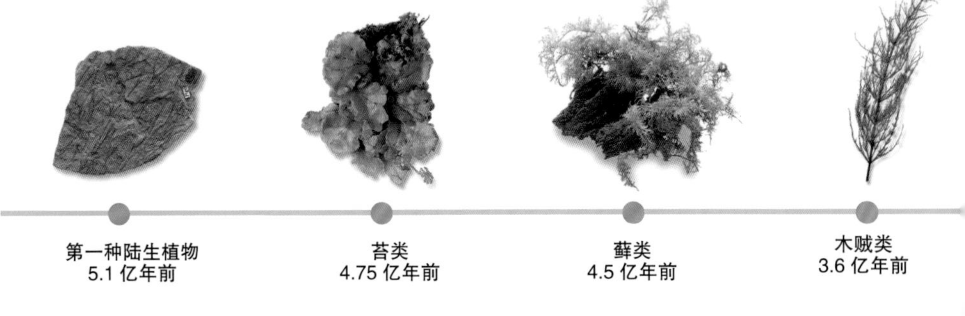

植物分类▶

所有植物物种都具有独有的、由两部分组成的科学命名。第一个词代表“属”genus）名，第二个词代表种”（species）名。例如：早期的紫罗兰就被命名为 Orchis mascula。第一个词 Orchis 为属名；第二个词 mascula 是种名。科学家对植物进行分类，可以显现出植物在进化中的关联。他们将植物界又分成了许多小类别，如目、科、属、种。

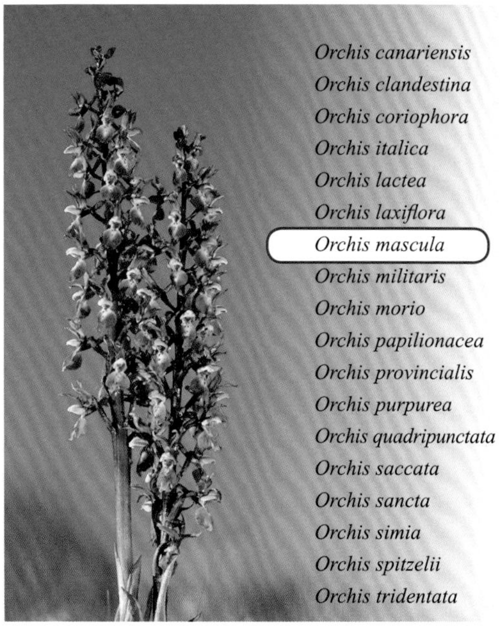

被子植物的主要分科

菊科（25 000 ~ 30 000 种）

世界上的被子植物有 300 多科，菊科是其中最大的科。凡属这个科的植物都具有复合花——即由许多小花或称小筒组成的头状花序。菊科包含了许多栽培植物，例如太阳花、金光菊，也包括了许多杂草种类。

兰科（25 000 种）

兰科植物有着世界上最吸引人、最精巧的花朵。它们具有微小的种子，并且种子依赖真菌帮助它们萌发和生长。许多兰科植物生长在土地上，但是在世界的温暖地区它们常常是附生的，也就是说它们附在其他植物上生长。许多兰科植物都在它们膨大的根中储存养分。

豆科（18 000 种）

豆科包含了多种类乔木和灌木，还有豌豆、豆形果实植物和其他作物。豆科植物的种子都生长在豆荚中，并且它们的根中包含有固氮菌，固氮菌有利于土壤的肥化。豆科中包含着许多观赏植物，如羽扇豆和金雀花。

禾本科（近 10 000 种）

禾本科植物是世界上分布最广泛的被子植物。它们具有管状的茎，细窄的叶子和羽状的风媒花。大多数禾本科植物为矮生，但是竹子却可以超过 40 米高。栽培禾本科植物中有可收获谷粒的谷类植物和能够产生糖的甘蔗。

大戟科（5000 种）

大戟科植物在全球范围内生长，但是它们中的大多数通常分布在热带和干旱地区。它们的花通常是绿色、杯形的，茎叶可能含有有毒的乳汁——一种白色汁液。大戟科植物——橡胶树上的乳状汁液可制作天然橡胶。

植物之最

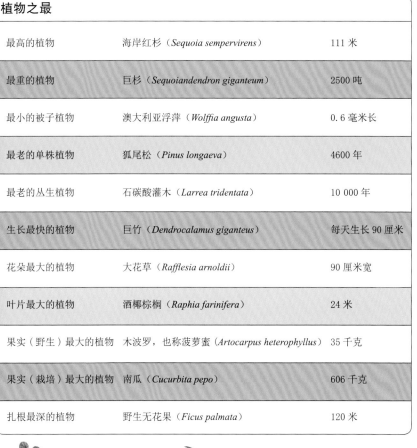

最高的植物	海岸红杉（*Sequoia sempervirens*）	111 米
最重的植物	巨杉（*Sequoiandendron giganteum*）	2500 吨
最小的被子植物	澳大利亚浮萍（*Wolffia angusta*）	0. 6 毫米长
最老的单株植物	狐尾松（*Pinus longaeva*）	4600 年
最老的丛生植物	石碳酸灌木（*Larrea tridentata*）	10 000 年
生长最快的植物	巨竹（*Dendrocalamus giganteus*）	每天生长 90 厘米
花朵最大的植物	大花草（*Rafflesia arnoldii*）	90 厘米宽
叶片最大的植物	酒椰棕榈（*Raphia farinifera*）	24 米
果实（野生）最大的植物	木波罗，也称菠萝蜜（*Artocarpus heterophyllus*）	35 千克
果实（栽培）最大的植物	南瓜（*Cucurbita pepo*）	606 千克
扎根最深的植物	野生无花果（*Ficus palmata*）	120 米

蕨类
3.6 亿年前

苏铁类
2.9 亿年前

银杏
2.9 亿年前

松柏类
2.9 亿年前

被子植物
1.45 亿年前

什么是植物

大多数人能够很容易地区分出植物和动物，因为动物是可以活动的，而植物却在地上扎根生长。但是，是什么使得植物称得上植物呢？同动物一样，植物也是由许多细胞组成的生命体；不同于动物的是，植物可通过光合作用——利用光能的过程，生产自身所需的养分。大多数植物具有根、茎、叶；并且大多数植物（虽然不是所有植物）是通过开花、结果进行繁殖的。藻类、真菌以及地衣具有一些植物特性，但是它们并不属于植物界。

植物细胞▶

植物是由微小的生命单元——细胞构建起来的。每一个植物细胞都具有坚韧的、由纤维素构成的细胞壁。细胞壁可以起到保持细胞形态的作用。细胞中包含承受着压力的细胞液，这些细胞液挤压着细胞壁，并且维持着细胞的坚固性。植物体中具有多种细胞。图中显示的这些细胞来自叶片，其中包含着被称为叶绿体的绿色结构；叶绿体是可以吸收光能并且能够进行光合作用的细胞器。

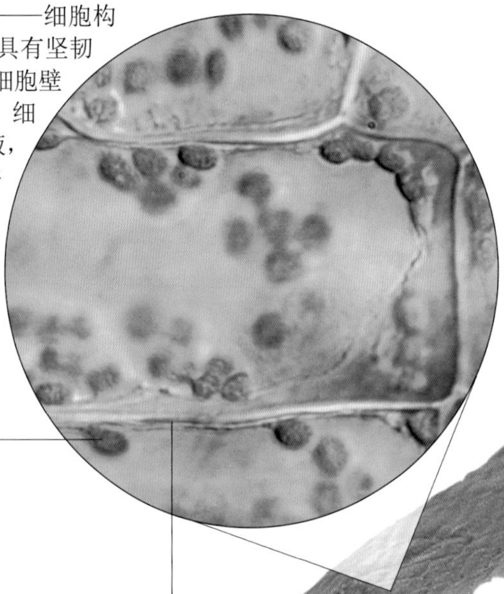
叶绿体截取那些穿过植物细胞的阳光
细胞壁是由搭叠着的纤维素纤维组成的

解剖植物▶

这株报春花是典型的开花植物。它由两部分组成：第一部分是用来固定植物，并且吸收土壤水分和养料作用的根轴系；第二部分是茎轴系统，这个系统包含了植物体地上所有的部分，包括茎部、叶片及花朵。根轴和茎轴通过一种平衡的方式进行生长，这样根部就能够为植物体传递植株所需的所有水分了。

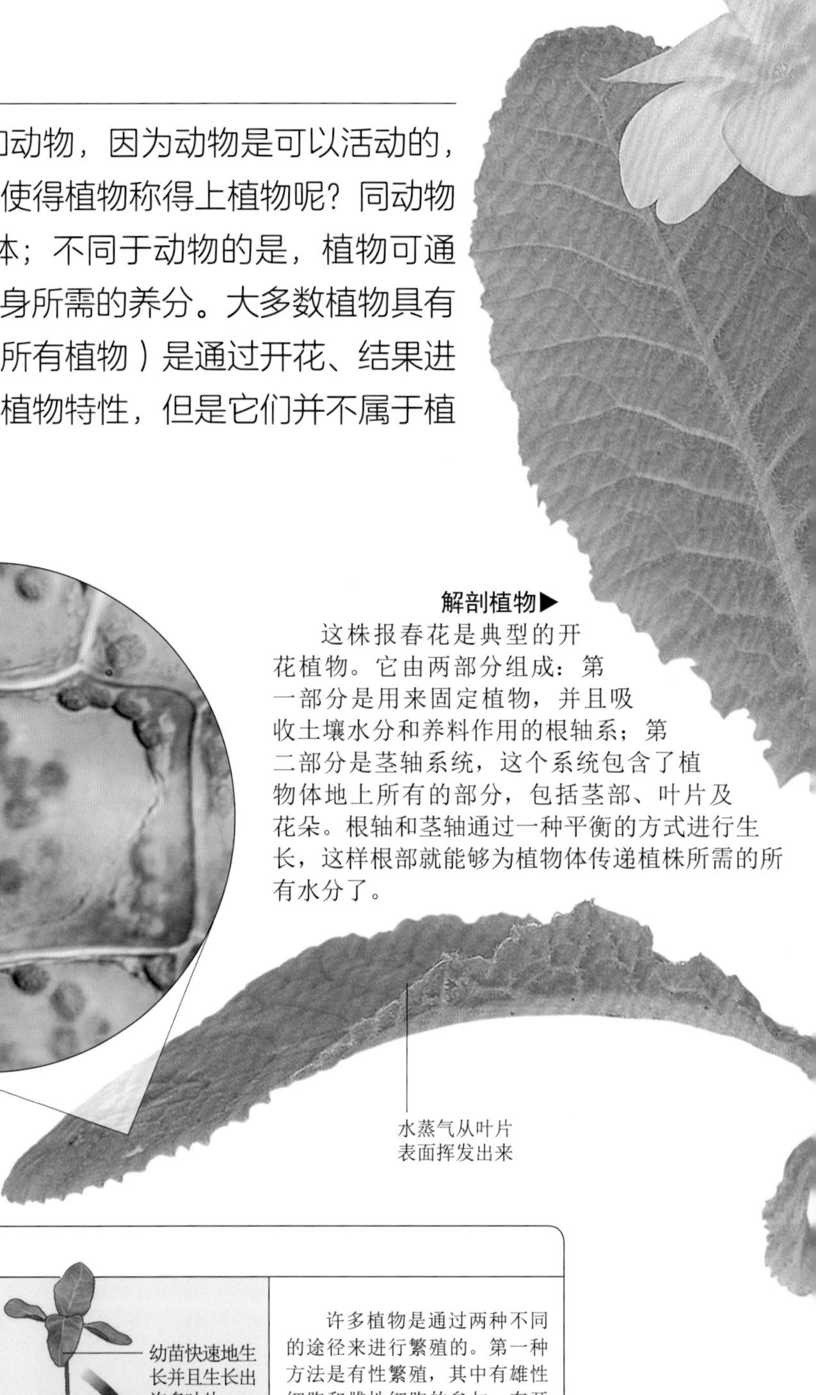
水蒸气从叶片表面挥发出来

植物的繁殖

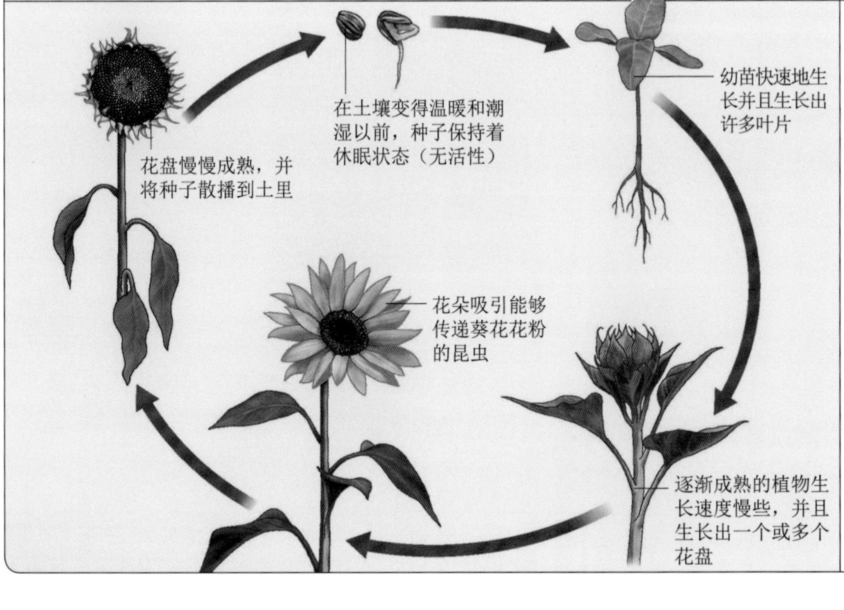
在土壤变得温暖和潮湿以前，种子保持着休眠状态（无活性）
幼苗快速地生长并且生长出许多叶片
花盘慢慢成熟，并将种子散播到土里
花朵吸引能够传递葵花花粉的昆虫
逐渐成熟的植物生长速度慢些，并且生长出一个或多个花盘

许多植物是通过两种不同的途径来进行繁殖的。第一种方法是有性繁殖，其中有雄性细胞和雌性细胞的参与。在开花植物中，如向日葵，雄性细胞就存在于花粉粒中，雌性细胞或者说是子房在经过花粉的授粉后发育产生种子。

当种子成熟后，它们便被母体植株散播出去；在条件合适的情况下，种子会生长、发芽。每一颗种子都会成长为一个能够产生种子的新植株，这样生命周期又重新开始。

植物还可以在不利用性细胞的情况下进行繁殖，称为无性繁殖。当植物生长出可以转变为新个体的特殊部分时，便会发生无性繁殖。

叶片从阳光
中收集能量
茎部支撑着花朵
或叶片，并且向
上传递着来自根
部的水分和养料
色彩鲜艳的花
朵吸引着传粉
动物
茎节是指叶片同
茎部的连接处
主根储存养分
并且固定着植
物体
侧根散开生长，吸
收水分和养分

简单植物▶

第一种陆生植物十分简单，它没有根、茎、叶片及花朵。从那时起植物界就已经发生了变化，但是简单植物却仍旧生存了下来。简单植物中最普遍的种类就是藓类植物和苔类植物了，如图中这些生长在溪流旁的植物。这些植物通过其外表面来吸收水分。大多数简单植物都生活在阴凉、潮湿的地方。

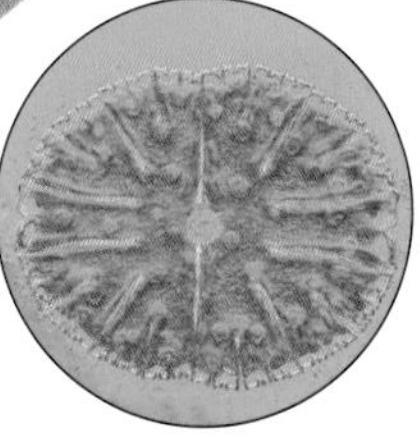

单细胞绿藻

藻类

真菌

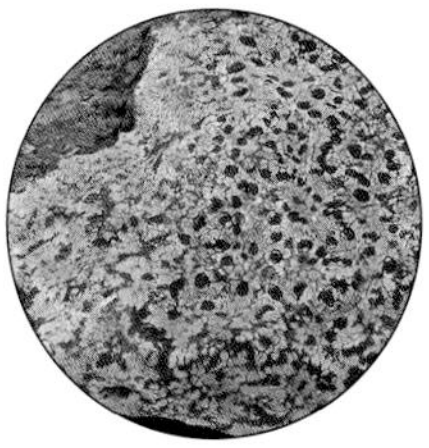

地衣

▲植物相像者

藻类是通过与植物十分相像的方式来营生的——细胞中含有能够从阳光中收集能量的叶绿体。藻类和植物拥有共同的祖先，但是它们属于不同的界别。真菌则构成另一个界，它们看上去很像植物，但是它们的细胞构建却与植物不大相同。它们不需要光照，并且通过消化生命物质或从死亡有机体中来获取能量。地衣也不是植物，它们是真菌和微型藻类之间稳定而又互利的共生联合体。

特化植物

旱生植物

适应在干旱地区生活的植物被称为旱生植物。这个棒球状植物——奥贝沙就属于旱生植物。它具有深扎的根部去寻找水分，它的肉质茎可以储存水分以保持其在干旱情况下能够生存。许多旱生植物缺少叶片，而是用它们的茎部来收集阳光以供它们生长所需。

盐土植物

石楠是一种广泛分布的盐土植物，或称耐盐植物。它生长在靠近海洋的地方，并且通过吸收咸的水分而生存。盐土植物也同样生长在内陆，如生长在盐碱滩或是靠近盐湖的地方。路边带是另一个盐土植物的生长地，这是因为那里有用于路面化冰而堆积的盐。

水生植物

像这朵莲花一样生长在水中的植物被称作水生植物。植物在淡水中十分常见，如在池塘或是河流中。一些水生植物的根部扎入水底，而另一些水生植物的根则漂浮在水中或水面上。很少有植物生活在海中，取而代之的是那些类似植物的海草或其他藻类。

茎和根

茎是根和叶之间起输导和支撑作用的植物体重要的营养器官。茎中包含着运输水分、无机盐及养分的微型导管束。有些植物的茎比铅笔还细，在微风中就会折断。而有些植物的茎直径可能超过 3 米。植物的根部要执行两项任务：固定植株和从土壤中吸收水分及无机盐。有些植物，尤其是那些生活在干旱地区的植物，它们的根会比植株所有的地上部分都长得多。

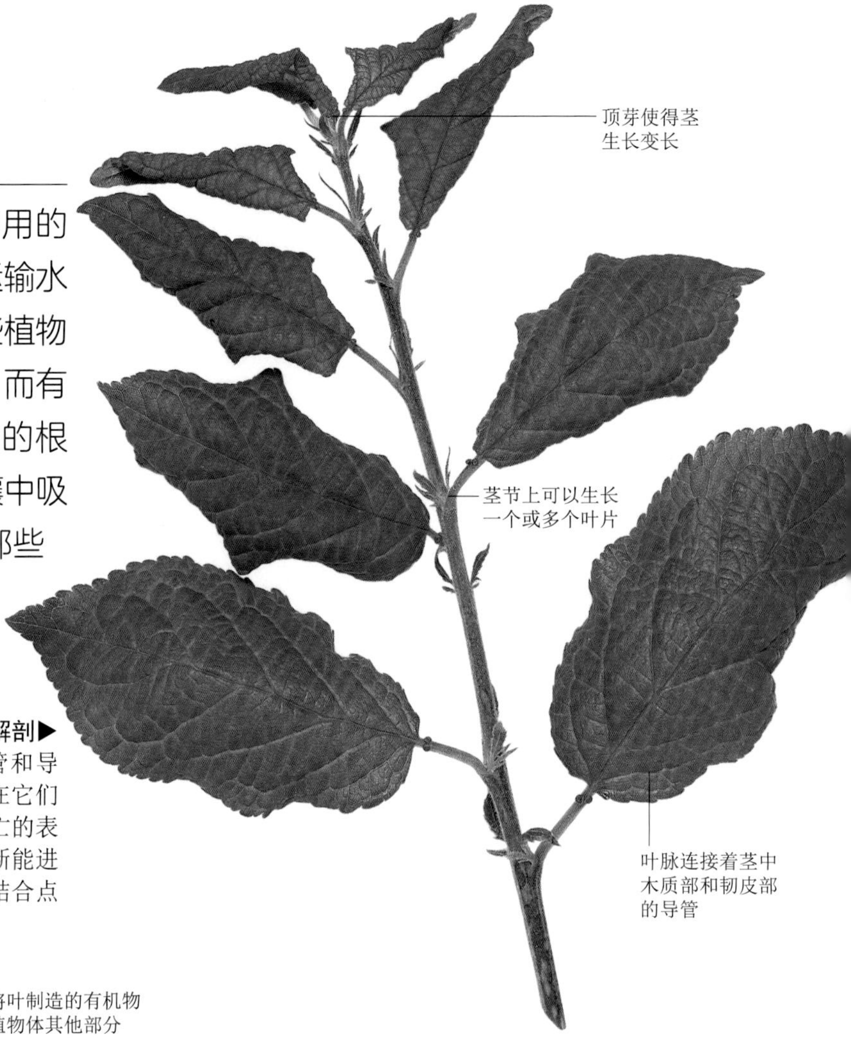

顶芽使得茎生长变长
茎节上可以生长一个或多个叶片
叶脉连接着茎中木质部和韧皮部的导管

茎部解剖▶

植物的茎具有存在于木质部和韧皮部中的筛管和导管——能够运输水分、无机盐及养分的输导组织。在它们的外面包裹着能够保护茎部不受伤害及防止茎部死亡的表皮细胞。靠近顶芽的茎部生长得更长，在那里有不断能进行分裂的细胞。在远离顶芽的茎下部，叶片与茎的结合点被称为结节。

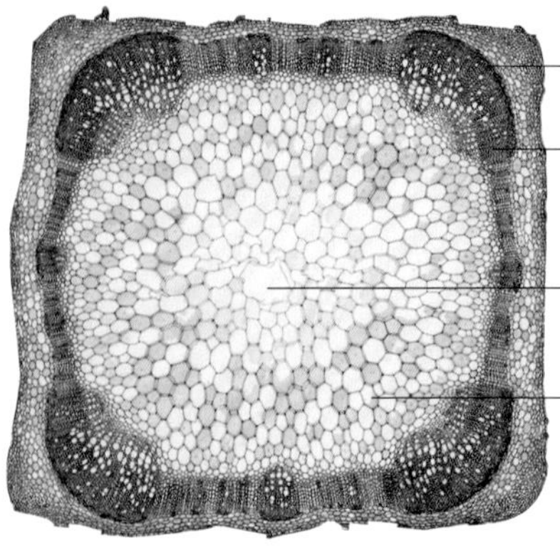

韧皮部筛管将叶制造的有机物传输到根和植物体其他部分
木质部导管向植株身体各处运输来自根部的水分和无机盐
髓腔位于茎中央
髓细胞有助于增加茎部的强度

野芝麻的茎

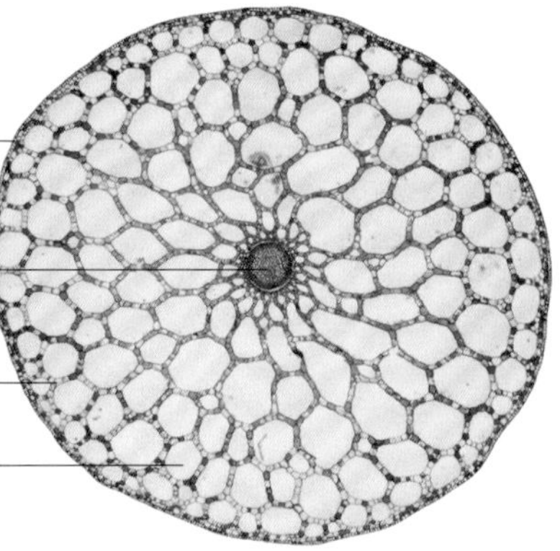

表皮具有防护性和防水性
木质部和韧皮部细胞位于近茎中央的位置
皮层细胞的构建类似于脚手架
气腔使茎部更轻

杉叶藻的茎

▲茎的内部

图中这两个茎横切面展示了植物茎的构成。野芝麻的茎方形，它的木质部和韧皮部细胞束都排列在靠近茎外部的地方。杉叶藻的茎圆形，它的木质部和韧皮部细胞都集中在茎中央处。这两种茎都具有气腔，气腔使植物的茎既轻又强韧。以上两种植物都属草本，会在冬季枯萎。

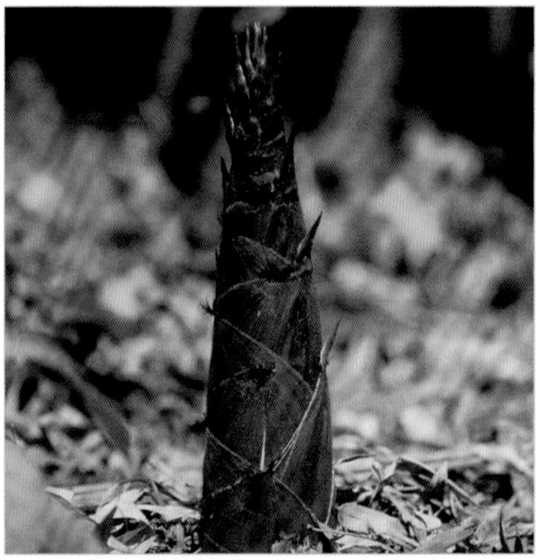

◀长高

这棵巨竹在破土而出之后，茎便开始了朝向阳光向上生长的过程。同所有植物的茎一样的是，它的生长源于细胞的分化。包括竹子在内的许多植物，生长都发生在茎的顶部，而茎的下部一旦形成后便不再生长。竹类中有世界上生长最快的植物，有的能够每天暴长 90 厘米，生长速度快得几乎能够被肉眼所见。

◀长粗

除了越长越高外，一些植物的茎部还会越长越粗。长粗的过程或者称次生生长，发生于所有木本植物的茎和分支中，如图中这棵山毛榉。在木本植物的树皮内侧具有着两薄层的不断进行分裂的细胞，里面一层细胞产生新的木材，而外面一层细胞产生新的树皮。这就意味着树干及其分支每年都能够生长得更粗、更强壮，并且木本植物在受到小伤害的时候还能够进行自我修复。

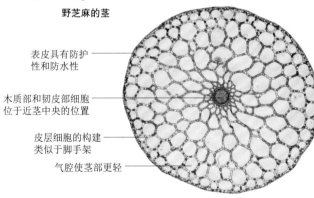

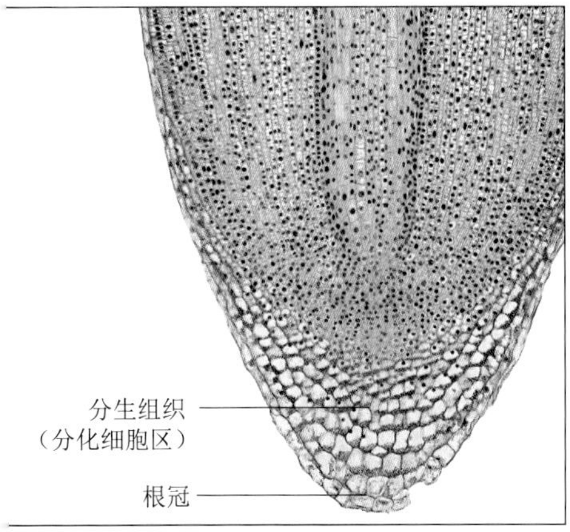
分生组织
（分化细胞区）
根冠

▲根是怎样生长的

这张图片中显示的是被放大了超过100倍的百合根尖。同茎一样的是，根的生长也是发生在尖端，那里的细胞具有分化能力。在根尖前端包裹着一个冠型结构（即根冠细胞），它们保护着分化细胞。根冠外部有一个黏液层，它有助于生长中的根部插入土壤微粒间。根受重力影响而向下生长（向地性）——在土壤中寻找水分的最佳方向。

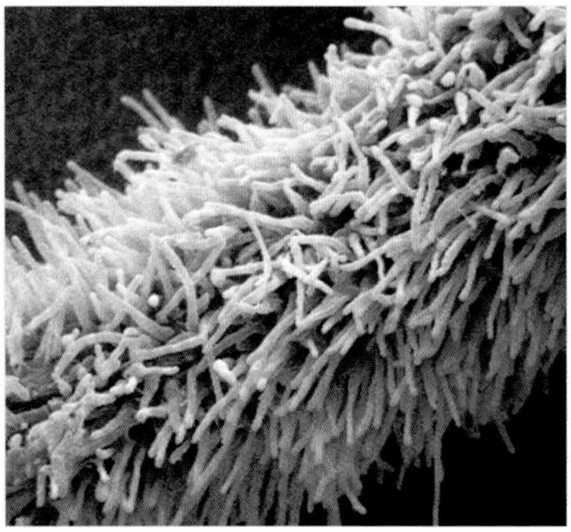

▲根毛

每一个根都会在远离根尖的位置处萌发出极其微小的簇状毛发，就像图中显示的这个马郁兰植株的显微图像一样。根毛插入土壤中用来吸收水分和矿物质。尽管根毛很小，但植物体上却拥有大量的根毛。单株黑麦所拥有的根毛连接起来能够超过1万千米长。移栽植株时，必须轻轻将它挖起，以免根毛受损。

▲特化根

许多植物都利用它们的根部吸收养分。块根植物如甜菜、胡萝卜、萝卜以及甘蓝，它们都是作为天然的养分储备。甜菜的块根有甘甜的汁液，煮沸后用来制糖。在多沼泽地区，许多树木具有特化的、从土壤中钻出的呼吸根。一些攀缘植物也生长有特化根。常春藤朝向阳光向上生长时，利用它的根部紧抓坚固物体。

根系▶

一株年轻的苹果树具有接近地表生长的分散根。这样的根系保证了植株即使在树干遭受到大风时，仍具有很好的抓地性。而蒲公英的根系则大有不同。蒲公英具有深扎的主根，仅有极少的小侧根从主根上生长出来。这一类型的根系能够很好地储存养分和水分，并使得植株很难被拔出。

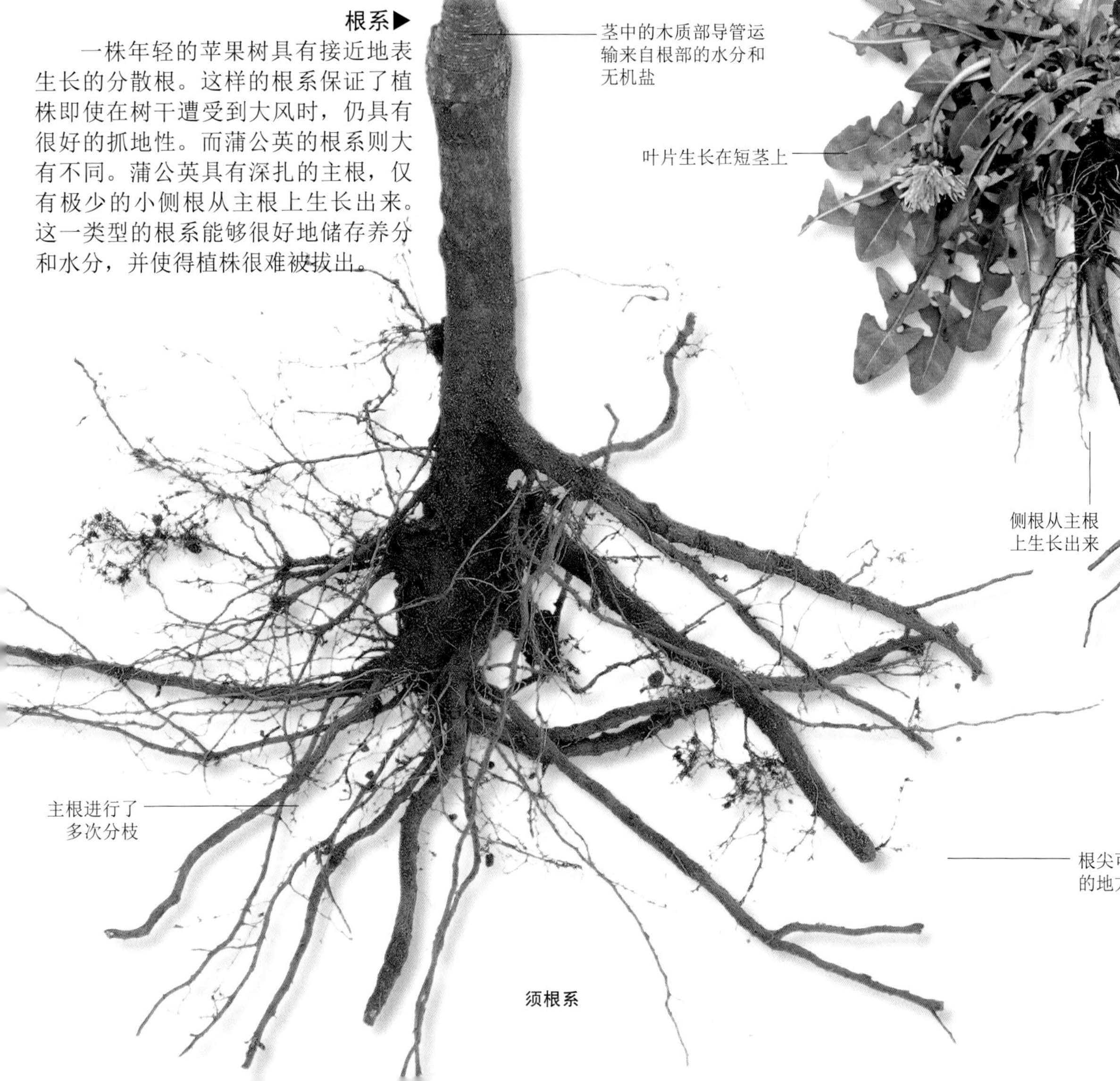
茎中的木质部导管运输来自根部的水分和无机盐
主根进行了多次分枝
根尖可能最终达到的地方要远于树枝

须根系

叶片生长在短茎上
主根储备养分并且生长得很深
侧根从主根上生长出来

直根系

蒸腾作用

植物从开始生长的那一刻起，便开始通过根吸收水分，并通过叶片散失水分。植物体中的水分以水蒸气状态散失到空气中的过程被称为蒸腾作用。一棵小树苗在一周内仅蒸发为数不多的几滴水，但是一棵生长完全的树木在一天内就能蒸发超过 1 升水。在蒸腾作用中，水分是从叶片上被称为气孔的微孔蒸发出来的。这些气孔能够打开或闭合以控制水分的散出。蒸腾作用对于植物来说十分重要，可以为植物从土壤中吸收重要的矿物质和有机物提供动力。

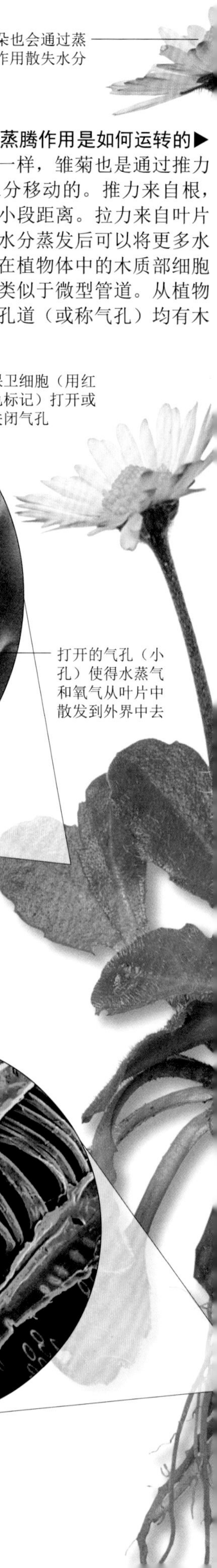
花朵也会通过蒸腾作用散失水分

蒸腾作用是如何运转的▶

同其他被子植物一样，雏菊也是通过推力与拉力联合来进行水分移动的。推力来自根，将水分向茎部泵出一小段距离。拉力来自叶片上的水分蒸发，因为水分蒸发后可以将更多水分拉上来填补。水分在植物体中的木质部细胞内移动，它们的功用类似于微型管道。从植物的根尖直到叶片上的孔道（或称气孔）均有木质部细胞分布。

▼水分在移动

在热带地区的湿热气候下，雨林蒸发出大量的水蒸气。这些水分决定着当地的气候，这是因为它们有助于云层的形成，而这些云层会以降雨的方式浸湿整个森林。在炎热和干旱的条件下植物的水分蒸发会非常地快，这就是为什么沙漠植物需要具有一些特殊的形态来防止自己干枯。蒸腾过程在那些天气寒冷、风力微弱的地区进行得最为缓慢。

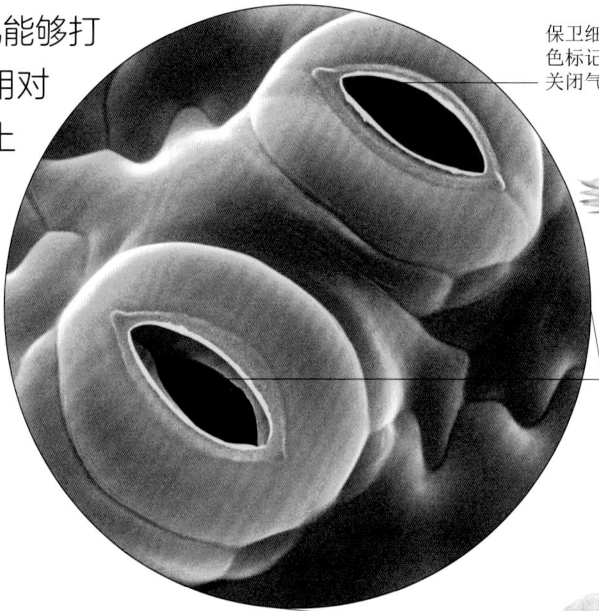
保卫细胞（用红色标记）打开或关闭气孔
打开的气孔（小孔）使得水蒸气和氧气从叶片中散发到外界中去

▲气孔

当水分达到叶片时，其大部分都会通过气孔蒸发掉。每个气孔的边缘都有两个保卫细胞，保卫细胞可以通过形态变化来控制气孔的打开或闭合。这些气孔使得气室网络被隐藏于叶片中。图中，叶片细胞正从空气中吸收二氧化碳——一种植物生长所需的气体。与此同时，细胞中的水蒸气和氧气通过气孔散发到外面的空气中。

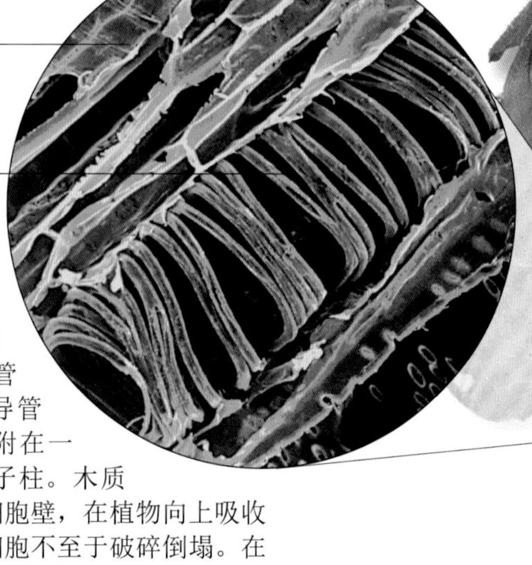
垛叠的细胞围绕在导管周围
细胞壁上的螺旋加厚

水通道▶

水分在植物体，在由木质部细胞形成的导管内流动。导管比头发还细，这些导管有助于将水分子吸附在一起形成长长的水分子柱。木质部细胞具有强韧的细胞壁，在植物向上吸收水分的时候，保证细胞不至于破碎倒塌。在阳光充足的温暖天气下，水分在一小时内可以移动 40 米。

由于缺水，玉米叶片已经枯萎，死亡

▲干旱

在连续几周都没有降雨的情况下，玉米植株已经皱缩并死亡。干旱对植物来说是个灾难，因为它阻止了植物的蒸腾作用。蒸腾作用停止的首要征兆就是叶片发蔫、植株枯萎。因为植物细胞需要水分来维持它们的坚固性。如果缺失水分，细胞会失去它们的形态。如果植物很快又获得足够的水分的话，细胞可以再恢复过来；如果不能，植物细胞便开始枯萎，整株植物就会死亡。

在夜晚，气孔使得水蒸气散失
叶片上的蜡质被膜可以阻止叶片表面上的水分蒸发
叶片中的气室包含着水蒸气

▲保存水分

生长在干旱地区的植物如芦荟，必须节省水分。这类植物会在根、茎或是叶片中储存水分。此外，它们水分的蒸发要比其他植物慢得多。它们具有很少量的气孔，并且白天关闭夜晚打开。夜晚气温低，水分的蒸发会放慢些，这样植物就能少失去些水分。

叶片表面具有使水蒸气散失的气孔
根向上输送水分

水泵▶

清晨，低地植物的叶片边缘有时有水滴“镶嵌”。这些水并非露水，它们来自植物体。这种情况发生在寒冷的晚上，那时植物的根把水分压入叶片中的速度要快于植物蒸腾的速度。这些水分没有散发到空气中，而是凝结为水滴。这一现象被称为吐水作用。

汁液

这个蚜虫利用注射器般的口器刺穿植物的茎，并吸取里面的汁液。汁液通常是浓密而黏稠的，这是因为里面包含了植物要运输至叶片的含糖物质。不同于水分的是，汁液的移动要靠韧皮部细胞导管来运输，并且除了向上移动外还可以向下移动。

植物利用汁液来运输它们所需的养分。春季里，汁液常常将养分从植株的根部运往叶芽，这样它们便能开始生长。秋季里，养分移动到根部，这样养分就能在冬季中得到储藏。

叶

叶片就如同于植物体的“太阳能电池板”，从阳光中汲取能量，植物便能利用这些能量而生长。叶片还能够释放水蒸气和氧气，从空气中吸收二氧化碳。叶片是由活细胞构建的，有多种不同的形状。叶片会发生进化，以便在不同条件下更有效地发挥其机能，以免植物因强光而干枯，也不会因大风而受损。不同植物叶片的寿命不同，一些植物的叶片能够生长好几年，而有些植物的叶片在枯萎和死亡前仅能够生长几个月的时间。

具有三小叶的复叶，三小叶的大小基本一致
金链花

叶片的形状和颜色▶

由平叶片组成的叶子因其叶脉而更加坚韧。生长在欧洲的山毛榉叶柄具有的单独叶片，叫单叶；金链花和胡桃的叶子是有两个以上分开的叶片，它们被称为小叶，这些小叶连接在一个中心柄上，称为复叶。金链花只具有 3 个小叶，而黑胡桃具有的小叶可多达 23 片，有些复叶甚至有上百片小叶。大多数叶片是绿色的，也有一些叶片具有特殊的色素，使得叶片呈其他颜色。那些叶片颜色不寻常的植物会受到园艺工人的青睐。

叶片上的中脉连接着小叶脉网络
欧洲山毛榉

复叶上的小叶排列成两排
胡桃

野生香蕉（大叶片）

高山虎耳草（小叶片）

◀叶片和季节

叶片通过进化来适应不同的生长环境。野生香蕉生长在热带雨林中。它那宽大的叶片可以接收照射在植株顶部的大部分阳光。当然，大叶片使植株通过蒸发失去更多的水分，但雨林的降水量很充足。另一个极端是虎耳草的叶片非常小。它们生长在高山地区，它们的叶片可以抵抗强光的照射、大风的侵袭以及寒冷的低温冰冻。

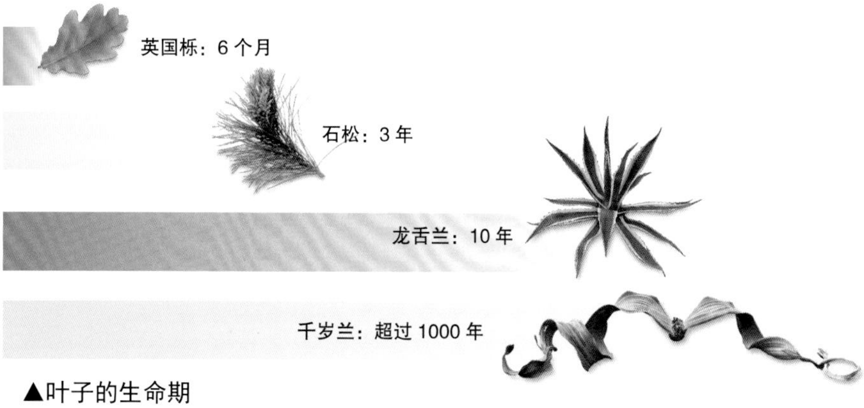

▲叶子的生命期

一些植物的叶片生来就是要被丢弃的，而有些植物的叶片能够生长许多年。例如，英国栎这样的落叶树会在每年秋季脱落叶片，并在次年春天生长出新的叶片。常绿树全年常绿，叶片的生命长短因树木种类而不同，3 ～ 40 年不等。世界上最长寿的叶子要属一种叫千岁兰的沙漠植物了，它仅有两片叶子并伴随着植株的一生，能够生长超过 1000 年。

◀巨型叶片

世界上具有最大叶片的植物是酒椰棕榈，这种植物生长在印度洋的岛屿上。它的叶片从茎基部到叶尖可长达 24 米。这种植物被栽培于种植园是因为它的茎部是酒椰纤维的来源，酒椰纤维是一种可被用作于手工艺品的天然纤维。世界上最大的单叶要数香蕉及其亲缘植物了。香蕉的叶片长度可超过 2.5 米，这样的大小足可做一个抵挡雨林暴雨袭击的巨型雨伞了。

特化叶

一些植物具有特化的叶，如仙人掌。仙人掌通过它们的茎部收集阳光。在超过上百万年的时间里，它们的叶片逐渐萎缩，最后进化成为刺；这些刺可以保护植物不受饥饿的动物侵袭。再如，攀缘植物通常具有细丝般的卷须，它们可以缠绕在坚固的支持物上。一些植物具有的是特化的茎，但多数为具有触碰感应端的特化叶片。

感应性叶片

叶片的打开

生活在世界温暖地区的低生野草——含羞草，属于感应植物。在大多数时间里，它们的叶片是张开的，以便获取尽可能多的光照。感应植物的叶片会引来那些植食性动物的注意，也具有奇妙的瞬间闭合的特性。

叶片的闭合

如果植食性动物触碰到含羞草植株上的一片小叶，小叶就会像合页一样关闭，这一动作很快地沿着叶片扩散，直至所有小叶都闭合上。既然叶片都隐藏了，那么动物也便没有兴趣前往取食了。在接下来的半个多小时的时间里，小叶会再次慢慢张开。

双生叶片▶

淡水植物通常具有两种不同类型的叶片。这棵水毛茛宽阔的五边形叶片浮在水面之上，而沉在水中的是细细的丝状叶。每种类型的叶片形态都是为了在不同环境下发挥功用而形成的。植物体还能够分别在幼苗时期和成熟时期具有不同种类的叶片。如许多桉树种类在幼苗时期具有的是卵形叶片（这样它们能够最大范围地为光合作用吸取阳光），在桉树成熟时，则具有的是披针形叶片（这是为了降低植物体水分的丧失）。

依光生存

不同于动物的是，植物并不依靠摄取食物来获取能量，而是直接从阳光中获取能量。它们利用光能将二氧化碳和水转化为一种功用如同燃料的糖类物质——葡萄糖。葡萄糖可以为植物细胞提供动力，并且使得它们能够进行分化和生长。这种生活的方式称为光合作用（photosynthesis），意为“通过光照进行装配整理”。光合作用发生在植物叶片中一个称为叶绿体的微小结构中。光合作用对于植物来说很重要，对动物来说也同样重要，因为如果没有光合作用，动物也就没有植物性食物可以食用了。

二氧化碳
通过气孔
进入叶片
葡萄糖从
被运往植
其他部位
氧气通过气孔
离开叶片

光合作用▶

要进行光合作用，植物需要三个条件——阳光、二氧化碳和水分。二氧化碳通过一种叫作气孔的微小孔道进入叶片；而水分则是通过植物根和茎的导管从土壤中运输至叶片中。一旦二氧化碳和水分都存在于叶片中时，光合作用便在光照下开始了。光合作用有两大产物：植物所需的葡萄糖和作为废料从气孔排出的氧气。

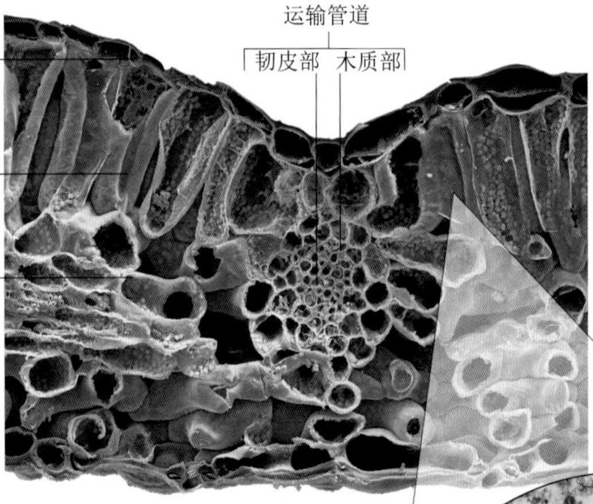
运输管道
韧皮部
木质部
表皮具有蜡质的防水层
栅栏细胞很高并且紧密地排列着
海绵细胞包含着连接叶片气孔的气室

◀叶片内部

这个叶片横切面显示了那些要进行光合作用的细胞。位于叶片外皮（或表皮）下方的是高而细窄的栅栏细胞。这些细胞中含有叶绿体——一种捕获光照并利用光进行光合作用的绿色结构体。在栅栏细胞下方的是被气室分开的海绵细胞。这些气室中含有二氧化碳和水蒸气这两种使得光合作用得以运转的成分。

叶绿体▶

当阳光照射到植物叶片上时，叶绿体会截获这些阳光。叶绿体利用一种被称为叶绿素的绿色分子来捕获能量，并利用它们将二氧化碳和水相结合。每个叶绿体都包含有硬币状的薄膜，它们称为类囊体；这些类囊体位于充满基质的水状液体中。类囊体就像是化学反应面，在那里光能将水分子分解。在基质中，来自水分子中的氢会与二氧化碳结合形成葡萄糖。

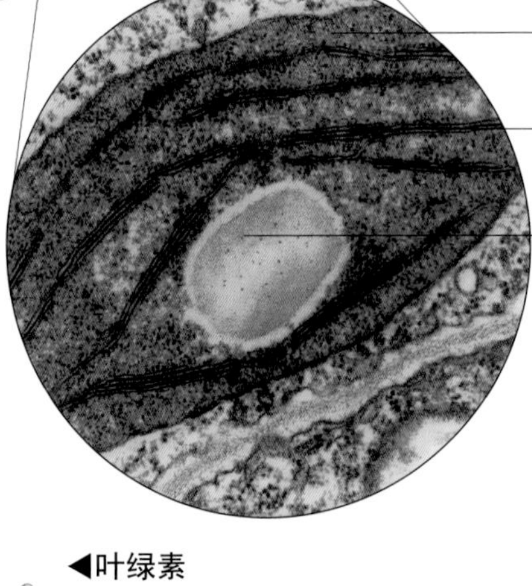
基质中产生葡萄糖
类囊体垛叠（叶绿素膜）
通过光合作用进行养分（淀粉）储存

重要标记

- 氧气
- 葡萄糖
- 水
- 二氧化碳

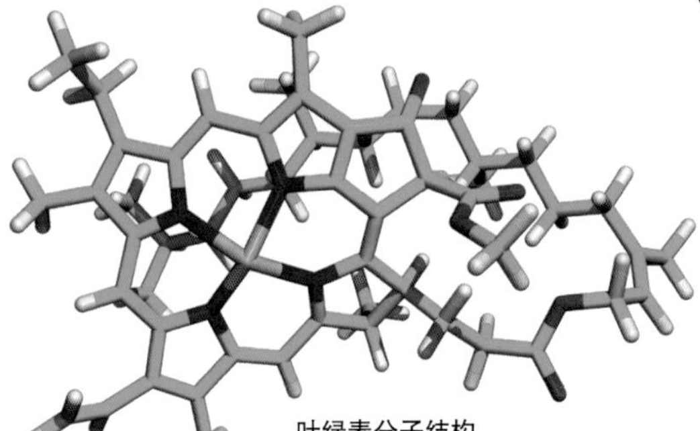

叶绿素分子结构

◀叶绿素

叶绿素的化学结构使得叶绿体具有绿色的外表。叶绿素吸收来自阳光中的能量并将其转化为化学能以供植物体利用。植物体中具有多种叶绿素。其中一种称为叶绿素 a，它存在于所有绿色植物中，也存在于藻类和蓝细菌中。通过叶绿素，这些生命体每年能够获取所有到达地球约 1% 的光能。

来自叶片的
水蒸气
绿色的光被叶
片中的叶绿素
所反射出来
水分在通过茎部
时被向上推拉

◀为什么植物是绿色的

阳光是由彩虹的七彩颜色组成的。叶绿体对来自阳光中的红橙光的能量吸收较好，此外还易吸收蓝紫光。但是，它们几乎不吸收光谱中的绿色部分。这些未被利用的光从叶片上反射或是照射穿过叶片时就会使得叶片显现出绿色。例如，草类植物中的绿色植物通体都是绿色的，这是因为它们的茎和叶片中都含有叶绿素。

光合作用的化学反应

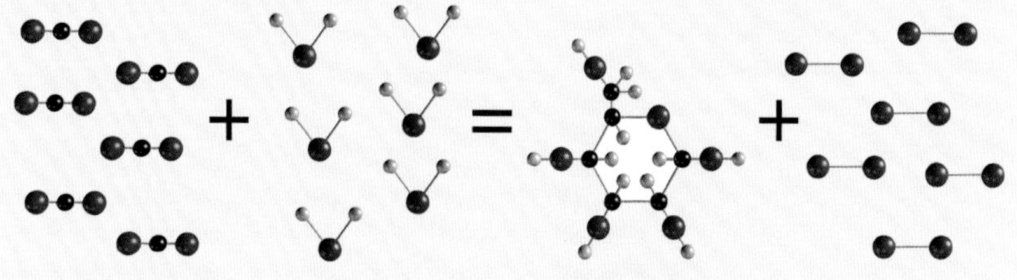
+
=
+
6 分子二氧化碳
6 分子水
1 分子葡萄糖
6 分子氧气

光合作用是一个需要许多不同步骤参与的复杂过程。但是在植物体中，光合作用的反应结果却十分简单。葡萄糖是从二氧化碳和水的反应中得来的，而氧气则作为废料被产生出来。

为了生产出 1 分子葡萄糖，一株植物需要 6 分子的水和 6 分子的二氧化碳。通过利用光能，水分子被分解。水分子中的氢原子会同二氧化碳结合产生出 1 分子的葡萄糖，而水分子中的氧原子则散失进入空气中。

光合作用产生出空气中的所有氧气。氧气对于所有生活在地球表面的活植物体以及埋藏在地下的化石燃料（例如煤和石油）来说都十分重要。

重要标记

- ● 碳原子
- ● 氧原子
- ● 氢原子

葡萄糖的利用

蔗糖（二糖）

植物利用葡萄糖作为生产其他有用物质的基础。这些有用物质中的一种就是蔗糖了，蔗糖是我们用来对食物进行甜度调味的物质。蔗糖被发现于植物的汁液中，它富含能量，并且在工业上通过甘蔗和甜菜生产出来。通过蒸煮的方式可将蔗糖转化为糖的结晶体。

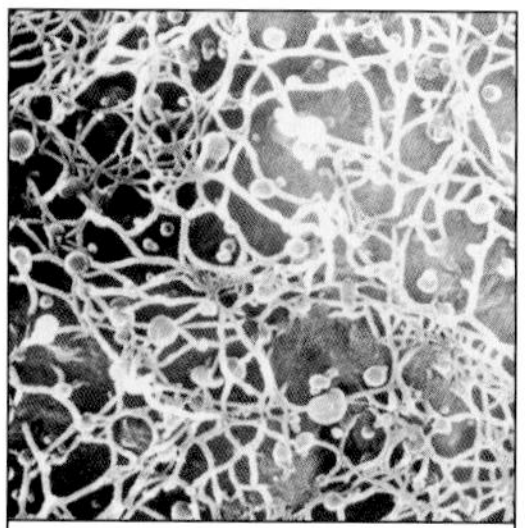

纤维素（多糖）

植物利用纤维素来构建它们的细胞壁。为了构建细胞壁，植物将葡萄糖分子长链或纤维结合在一起。这些纤维常常形成纵横交错的层面，以使得细胞壁更加的强韧。纤维素在每个植物中的含量都超过 1/3，因此纤维素是生命世界中最常见的一种物质。

淀粉（多糖）

图中这些气球状的物质是来自马铃薯的淀粉颗粒。植物通过淀粉来储存能量，存在于叶片、根部以及种子中。不同于蔗糖的是，淀粉并不溶解于水中，可长时间储存。我们从植物性食物中所获取的大部分能量是由淀粉提供的。

◀水分的供应

为了进行光合作用，植物需要持续的水分供应。在大多数植物中，水分被根部所吸收，并通过蒸腾作用到达叶片。仅有很少量的水分参与到光合作用中，而大部分的水分通过植物的气孔蒸发进入空气中。

水分被根部从
土壤中吸收

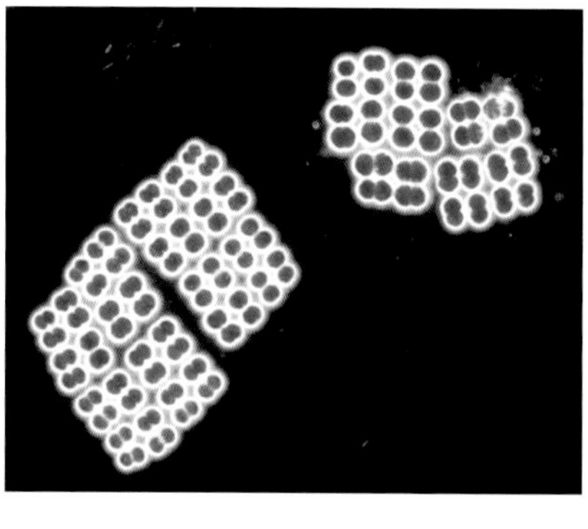

◀细菌中的光合作用

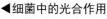

并不是只有植物依靠光合作用生存着，细菌也同样需要光合作用。平裂藻生活在淡水中，但是光合细菌在其他生境中也有发现，其中包括温泉和海洋中。光合细菌都含有叶绿素，但是也含有许多其他色素，这些色素使得细菌看起来为蓝绿色、淡黄色甚至是紫色。细菌在植物首次出现很久前就已开始进行光合作用了。在超过上百万年的时间里，它们向大气中释放氧气并且创造了可供我们呼吸的空气。

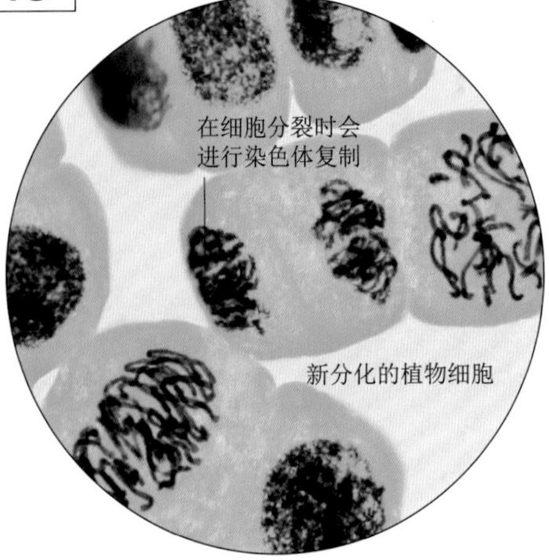
在细胞分裂时会
进行染色体复制
新分化的植物细胞

▲基因和染色体

每个植物细胞中所含有的成套基因。这些基因所存在的丝状结构被称为染色体。图中的细胞已经被染色，以便能够清楚地看见它们的染色体。每个染色体上都包含着数千个基因。这些基因在一起共同控制着植物的机能和生长方式。植物是通过细胞的扩增和分裂来进行生长的。在细胞分裂前，植物的染色体会先增倍，这样每一个分裂后的新细胞都能够具有自己的成套染色体了。

植物是如何生长的

动物是通过由其基因决定的固定方式生长的，甚至在它们很小的时候就能知道它们成年后的模样。植物则不尽然，它们的生长虽然也由基因决定着，但是最终的形态也由它们生长的环境所决定。例如，一棵生长在开阔地带的树木可以生长得很高大粗壮，枝繁叶茂；但是生长在密林中的同样树种则长得又高又瘦。在生长过程不能移动，因此能够适应环境对于植物来说是十分重要的。存在于植物体中的化学物质——生长调节剂，可以使得它们在生长过程中适应其外部环境。

茎秆高的水稻含有过量的生长调节剂
形态标准的植株包含正常水平的生长调节剂

◀生长调节剂

在这片水稻的中央，有一棵很高的植株矗立着。这棵植株之所以比其他水稻高，是它产生了过量的赤霉素——植物用来调节（控制）其生长的物质之一。生长调节剂不仅对植物的高度有影响，还会使得植株的叶片和茎部都向光生长；此外，它们通过在合适时间触发植物生长来使植株随着季节分段生长。

生长在开阔地带的橡树

生长在密林中的橡树

◀获取阳光

植物生长调节剂使植株能够对环境做出反并且影响着植株的形当橡树生长在开阔地带那里到处都是阳光。橡的树枝会向所有方向四生长，植株呈散开状。橡树生长在森林中，它会被周围的树木所遮并且树种之间会争夺光这时它们的生长调节剂使它们生长得又高又以便它们能够更好地获阳光。

树木的修剪

农夫和园丁常常会在植物生长的时候对其进行修剪。经过几年的耐心修剪，这株灌木已经变成了一头大象和骑象人。修剪用来使植株形成奇特或优美的形状。修剪还有其他意义。当灌木和乔木被修剪后，它们常常会开出更多的花、结出更多的果实，还能够使植物生活得更长久，因为它们的老枝不太容易断裂或脱落。

风造形态▲

在沿海地区，许多的乔木和灌木都是受风的影响形成了特定的形态。任何想迎风生长的细枝都被消灭掉了，但是在树干另一侧的那些树枝却得以生长起来。多年后，就形成了树木这种不对称的形态，就像这棵生长在田地中的有50年之久的山楂树。这棵树看起来像是朝一边倾倒，但是它的这种不平衡的形态确实有助于其生存。

▲高大或微小

土壤影响着植物的生长方式。这些罂粟生长在一片玉米田中，那里的土壤营养和水分丰富，因此它们可以生长得跟玉米一样高。在贫瘠、干旱的土地中，同样的罂粟只能生长到8厘米高。它们也能够开花，但是产生的种子量很少。

▲高山上的矮化植物

这棵矮化的松树生长在靠近山崖边的坚硬岩石的裂隙中。它必须应对冷风和少量的水分供应，这是因为降落的雨水会很快从裸岩上流失。令人惊叹的是，这些树木竟能在这样的条件中生存下来。有些种类的植物还能在雪线处生存，在那里它们的树干沿地面迂回生长。

▲保持低姿态生长

石灰岩地面是一种奇特的多岩石景观，那里很少有土壤存在。从远处看，石灰岩地是裸露的、贫瘠的；但是，许多不同种类的植物却生长在深深的天然缝隙中。这些缝隙称为岩溶沟，植物隐藏在那里可以躲避饥饿的动物和风吹。

▲生存中的意外

在林区大火发生后的几周，这株桉树又萌发出新叶片。如果现存的树枝在大火中死亡，那么树干上萌发的特殊小芽会开始生长；如果整棵树都被烧毁，那么这棵植株会从土地中重新生长出来。虽然植物不能在遇到灾难时逃跑，但是，许多植物能够通过重新生长而从灾难中恢复过来。

植物的寿命

植物具有惊人的寿命。一些植物种类的生命在几周内转瞬即逝；而另一些种类的植物则能够存活几千年。现存年龄最大的植物，存世的时间比第一座金字塔建立的时间还早。在植物生命的整个进程——无论时间长短，在以不同的方式度过一生。许多植物将它们的大部分精力放在一次性的繁殖爆发、开花以及一生仅一次的结种上面。另一些植物则采取伺机而动的策略，以年复一年的持续性开花取代了繁殖。

▲一年生植物

园艺植物金盏花是一年生植物，这意味着它们将在短于一年的时间内完成它们的生长、开花和死亡。在开花后，它们就将集中精力于结种上。一年生植物中包括了许多色彩鲜艳的园艺植物，也包括了许多杂草类植物。一年生植物常常在土壤裸露的荒地上萌发；它们在生命周期较长的植物植入之前以最快的速度散播种子。

▲两年生植物

这株毛蕊花植物可以生长两年。在它们生命的第一年，它们构建其叶片并进行养分储存。在第二年，它们利用养分储存来开花和结种；在它们结种后便死亡。像这样的植物叫作两年生植物。它们并不如一年生植物那样普遍，但是它们中也包含着一些花朵鲜艳的植物，如毛蕊花和毛地黄。

▲多年生植物

能生活许多年的植物称为多年生植物。玫瑰就是一个典型的代表：在花园中，一些为人所熟知的品种能够生活超过一个世纪之久。多年生植物中包括世界上所有的乔木和灌木；也包括在秋季枝叶枯萎，在春季重新发芽的草本植物。大多数多年生植物每年都开花，但是有少数种类仅开花一次后便死亡。

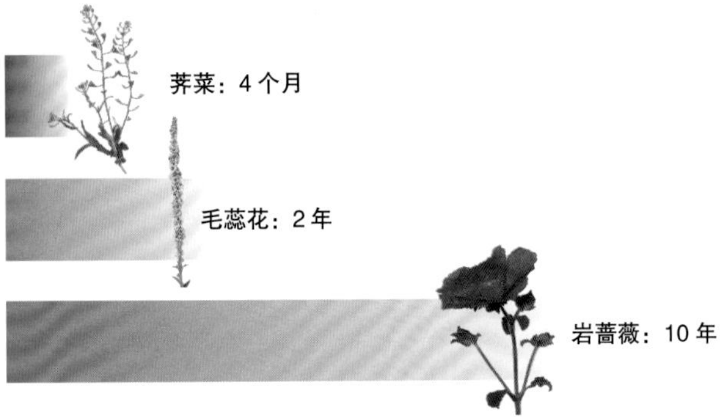

▼或长或短的生命

这个图显示了 6 种典型截然不同的植物寿命。荠菜是一种短命的一年生植物，存活的时间仅 4 个月；毛蕊花可以生长两年，而岩蔷薇（同普通蔷薇没有亲缘关系，属于半日花科）一般可存活 10 年；许多竹子的寿命可以长达 120 年之久，在生命的最后，竹子开出一簇簇的花朵，之后死亡；猴面包树通常可生存超过 1000 年之久，而狐尾松获得独立植株寿命的最高纪录——可存活达 4600 年。

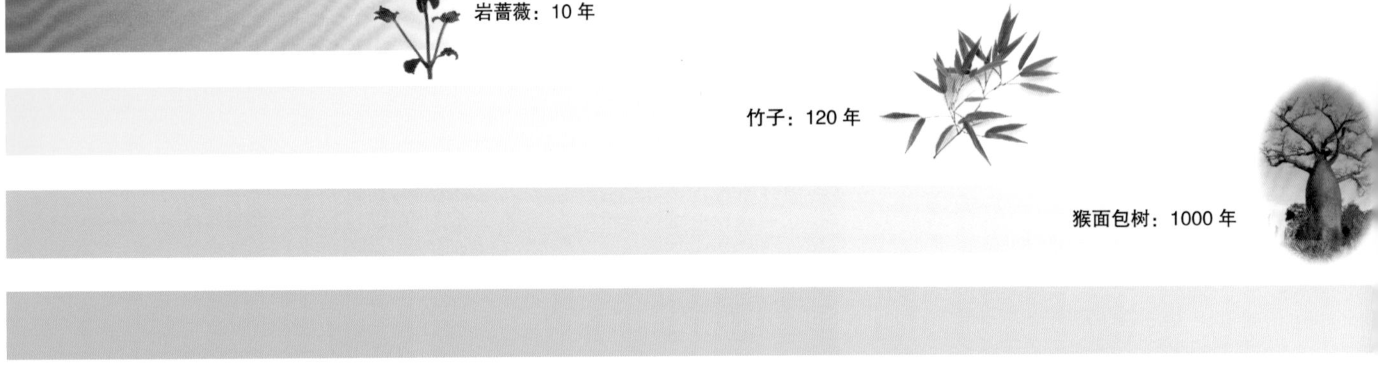

▲“按部就班”

世界上的温暖地区有明显的季节区分，植物必须在一年中合适的时间里开花。在冬末，水仙花从掩埋在地下的球茎中开始生长。它们的叶片在早春时节穿过地表，并且在夏初完成开花和结种。植物受环境条件的影响随季节按步骤进行生长，这些环境条件包括：土壤温度、降雨以及日照时间。

▲三齿拉瑞阿无性系

世界上最老的植物并不是单株植物，而是连接成群的植物，它们被称为无性系。无性系可以生活超过 1 万年之久，比任何一个生物的生命力都长久。三齿拉瑞阿生长在美国西部的沙漠地区中。它们可以在某颗种子扎根很久的地方周围形成一个环状群体。欧洲蕨也同样能够形成无性系，它们可以存活超过 2000 年之久。

狐尾松：4600 年

◀短命植物

植物界中被称为短命植物的沙漠花朵具有极其短暂的生命。它们并不在一年中特定的时间里开花；它们的种子处于休眠状态（无活性状态），直到降雨后才萌发。在大雨瓢泼之后，种子在创纪录的最短时间内开始萌发、生长成为植株并完成开花。当土地再次干旱时，它们已经完成它们的生命周期并已将它们的种子散播到沙漠各地去了。

◀古树

这棵狐尾松的树干裸露，树枝卷曲着，看上去就像是死亡了一样；但是这些树木却是惊人的“生存者”。一些狐尾松能够存活超过 4600 年之久，甚至图中这株扭曲的生命体还能再生活 500 年。被发现位于美国西部干旱寒冷的高山地区的狐尾松每年生长不超过 2 厘米。在高海拔地区，狐尾松微小的叶片可以应对由风所带来的干旱影响。

最后的盛开▶

世界上最晚开花的植物——普雅花（为纪念普雅·雷蒙狄将此种植物的信息带给世人而命名）生长于玻利维亚的安第斯高原。在生命中的大部分时间里，它都在生长形成具有莲座结构的长而尖的叶片。约 150 年后，一个巨型花穗在叶子的中央慢慢形成。这个花穗中包含了多达 8000 个如同顶针大小的花朵，高度可达 10 米多。一旦花朵产生种子，叶片便开始枯萎，整株植物随之死亡。

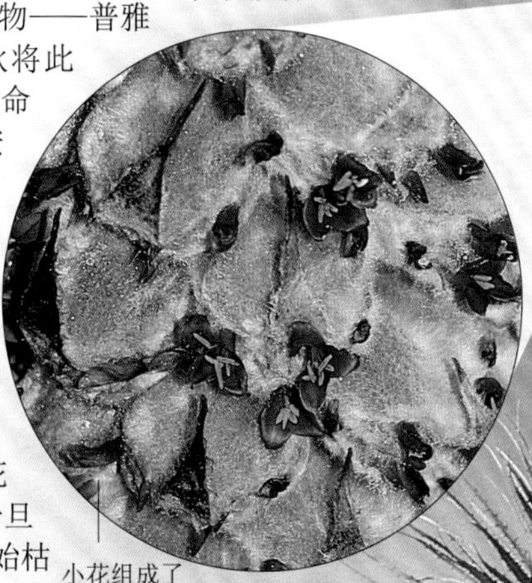

巨大的花穗塔位于叶片之上
小花组成了高大的花穗
叶片储藏了养分使得植株能够开花
长而尖的叶片阻挡了植食性动物的侵袭

褐藻
绿藻
红藻

藻类

藻类要比真正意义上的植物出现得早很多。现今，它们仍然在有水和阳光的地方繁茂地生长着。大多数藻类生长在海洋或淡水中，也有一些种类生长在潮湿的土地上。不同于植物的是，藻类不具有实根、茎或叶片。最小的藻类只有一个单细胞大，并且常营漂浮生活。最大的藻类为褐海藻，它们看上去更像是植物，并且长度能够超过 50 米。藻类作为食物对于动物来说十分重要，并且一些动物还与藻类共生。

◀海藻

同真正意义上的植物一样的是，海藻具有绿色的叶绿素；但是许多海藻还含有其他色素，这使得它们看起来呈现棕色或红色。绿藻常生长在微咸的水域中；褐藻通常出现在靠近海岸的浅海区域；红藻生活在远离海浪的深水中。所有的海藻都具有叶状的植物体，其根状的固定物被称为固着器。

螺旋状的叶绿体收集来自阳光的能量
受精卵是通过有性繁殖形成的

浮游植物

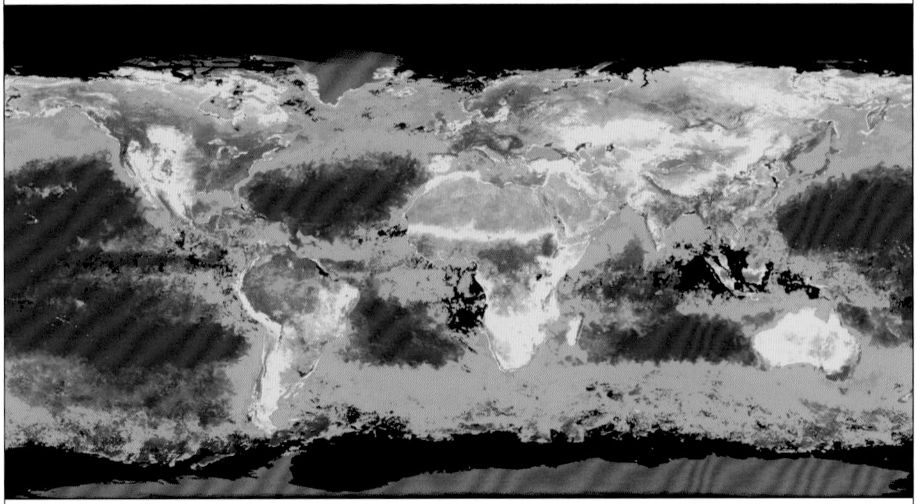

这张彩色卫星地图显示了地球上所存在的叶绿素总量。叶绿素由陆地上生长的植物和在海洋中生存的浮游植物和海藻所产生。浮游植物指那些在近水面营漂浮生活的微藻。浮游植物总重量要比所有陆地植物还重。浮游植物构成了海洋动物的巨大食物储备，范围从鱼到巨大的须鲸（无牙鲸类，如蓝鲸、驼背鲸和露脊鲸）。

藻类植物在富含可溶解营养物质的寒冷水域中生长得最好。在这张卫星地图上，海洋中的绿色和浅蓝色区域中包含浮游植物最多，而深蓝色区域则最少。黑色和红色区域则是卫星无法获取任何数据的地方。大多数浮游植物生活在地球上的北极和南极，当浮游植物处于繁殖高峰期时，动物生命体也大量出现于这些地区。

叶绿素密度

海洋中
- 高
- 中
- 低

陆地上
- 高
- 中
- 低

▲群落生长

这个绿色如稀泥一样的东西是一种叫f
水绵的藻类植物；它们在污浊的水域中繁茂生
长，常被发现于水沟以及浅塘中。水绵产生大
量比人类头发还细的纤维。每个纤维都是一个
藻类植物群体——生活在一起的完全相同的细
胞的集合。单个独立的水绵细胞形态细长，并
具有从一个细胞的末端延展至另一个细胞的螺
旋状叶绿体（包含着叶绿素的微粒）。

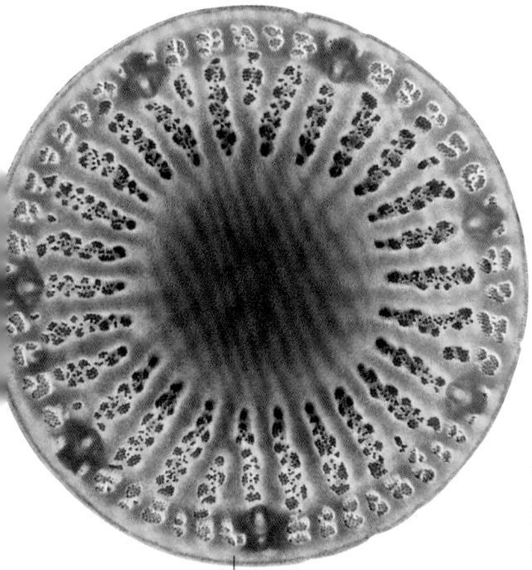

硅藻的半片上壳和半片下壳相互契合，就像盒子的盖子一样

◀单细胞藻类

这个美丽的生物是硅藻，生活在复杂外壳中的单细胞藻类。这个壳由二氧化硅构成，是一种坚硬得可以和玻璃相当的物质。单细胞藻类生活在海洋、淡水和许多其他潮湿的生境中，也包括土壤的表面。一些单细胞藻类具有功用类似于船桨的微毛，这使得它们可以游动。

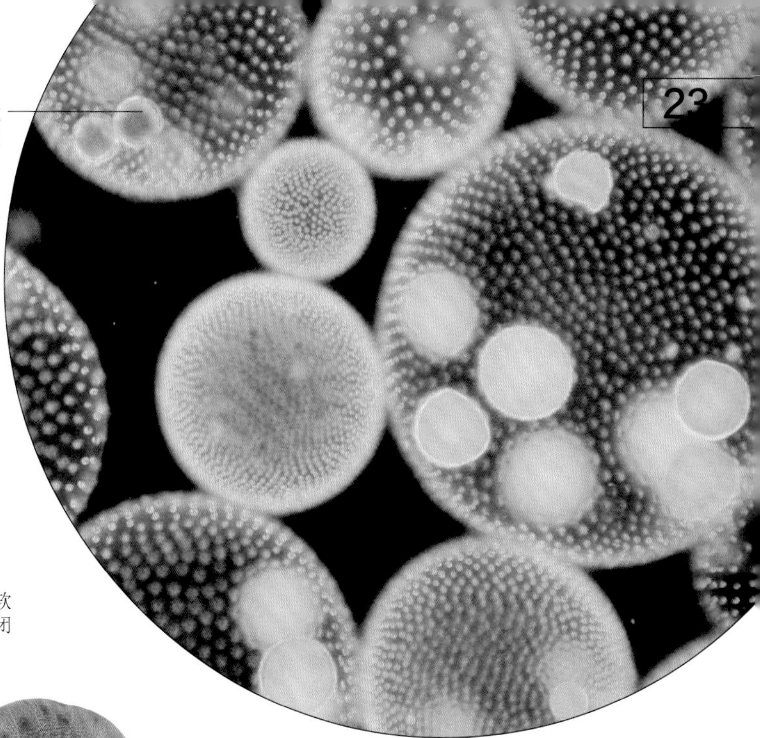

子代团藻群是通过无性繁殖形成的

藻类是如何繁殖的▲

这些被称作团藻的球状藻类和下一代在池塘的水中游动。母体团藻最终会破裂，使子代独立生活。同大多数藻类一样，团藻可以通过两种方式进行繁殖：一种是无性生殖，这发生在单个母体细胞进行繁殖的时候；第二种方式是有性生殖，这发生在雄性细胞和雌性细胞相结合产生受精卵的时候。

蛤蚌的唇状软体会在外壳闭合前回缩

共生生活▶

这个蛤蚌张开着结实的壳，出色彩亮丽的唇状软体。色彩是因生活在其壳内藻类的颜色。蛤蚌为藻提供安居之所，反过它们也能够从藻类那得到食物。还有许其他动物也与藻类生，如扁形虫和构珊瑚礁的珊虫。

▲巨藻

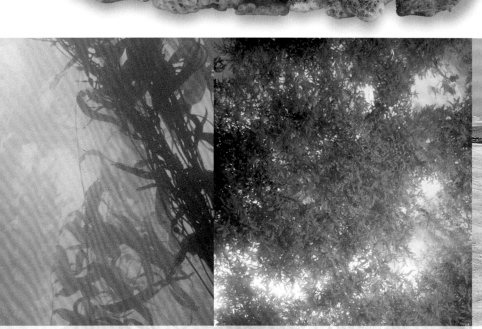

巨藻生长在加利福尼亚海岸地区，它们形成了高耸的水下森林，这对于野生动植物来说是十分重要的栖息地。巨藻是世界上最大的海藻，在良好的环境下一天能够生长1米。同许多海藻一样，它通过充气漂浮物或囊来保持自身直立。在太平洋海域，人们将巨藻收割用作肥料。它们还含有一种叫作藻酸盐的物质可用于食物增稠。

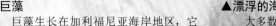

▲漂浮的海藻

大多数海藻都是固着在岩石或海床上生长的，但是马尾藻是在开阔水域上营漂浮生活的。大团的马尾藻漂浮在位于北美东部海域的马尾藻海域（海面满布以马尾藻为主的褐色藻类，故名）。探险家哥伦布带领舰队曾经过这片海域，马尾藻给航行带来很多阻力。船员们害怕他们的船只会被这些藻类所缠住。马尾藻为海洋生物创造了独一无二的生活环境，许多动物在其中生活，例如，海草鱼伪装在藻类的叶状体间。

▲雪生藻类

图中正在融化的雪被生长在高山上的藻类染成了粉色。随着雪的融化，雪生藻类在春季开始生长。它们仅在雪面的下方生长，这样可以免受强烈的阳光和夜晚的寒冷。雪生藻类通过在冬季将卵细胞掩埋在新鲜的雪里进行繁殖。当雪融化，卵细胞开始生长，开启一个完整的生命周期。

真菌和地衣

真菌有时候像是植物，但是它们的生长方式与植物不太相同。真菌营养摄取方式类似动物，并不是自给食物，而是以生物或其残骸为食。真菌通过散发孢子延续种群，它们能够在各种生境中生长，范围从土壤、树木到人体皮肤的表面。一些真菌对于其他生物来说是很有用的共生者，但是有些真菌却能引发疾病。地衣是真菌和藻类长期紧密结合的复合有机体。地衣可以在极端严酷的条件下生存。此外，虽然它们生长得缓慢，但是它们的生命期有时却很长久。

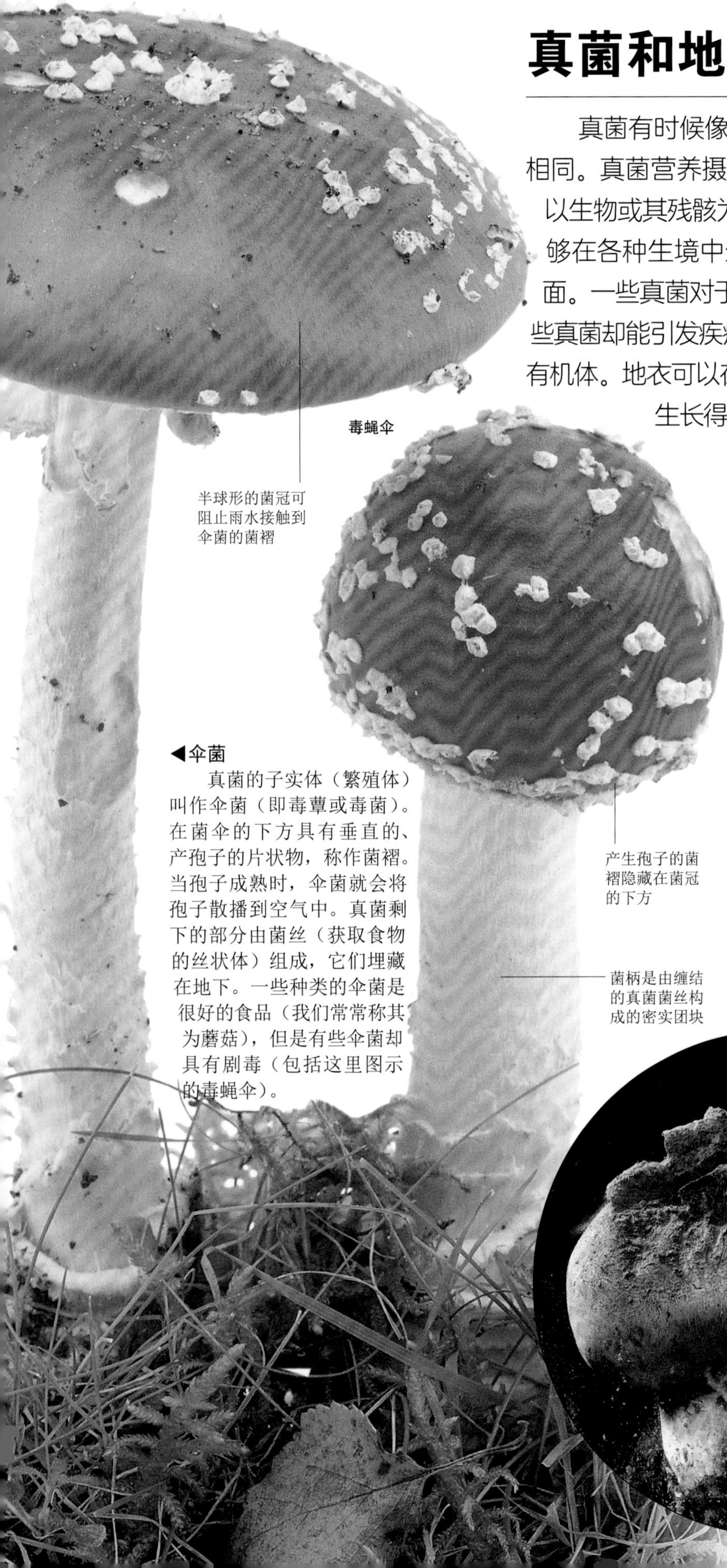
毒蝇伞
半球形的菌冠可阻止雨水接触到伞菌的菌褶
产生孢子的菌褶隐藏在菌冠的下方
菌柄是由缠结的真菌菌丝构成的密实团块

◀伞菌

真菌的子实体（繁殖体）叫作伞菌（即毒蕈或毒菌）。在菌伞的下方具有垂直的、产孢子的片状物，称作菌褶。当孢子成熟时，伞菌就会将孢子散播到空气中。真菌剩下的部分由菌丝（获取食物的丝状体）组成，它们埋藏在地下。一些种类的伞菌是很好的食品（我们常常称其为蘑菇），但是有些伞菌却具有剧毒（包括这里图示的毒蝇伞）。

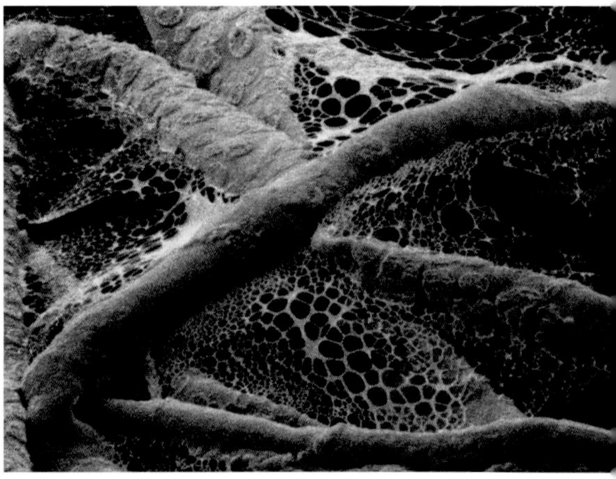

▲真菌是如何取食的

这个真菌的菌丝（获取食物的丝状体）被放大几百倍后看上去就像是蔓延在土壤上的根。不同于真正意义上的根的是，菌丝的生长延伸至真菌所需的食物，它们会消化和吸收所触及的任何营养物质。菌丝网络称为菌丝体。在适宜的生境中，例如林地土壤中，菌丝体可以从一个单个孢子生长成为巨大的网络。这些菌丝体网络可以覆盖面积超过 600 公顷，这使得它们成为世界上最大的生命体。

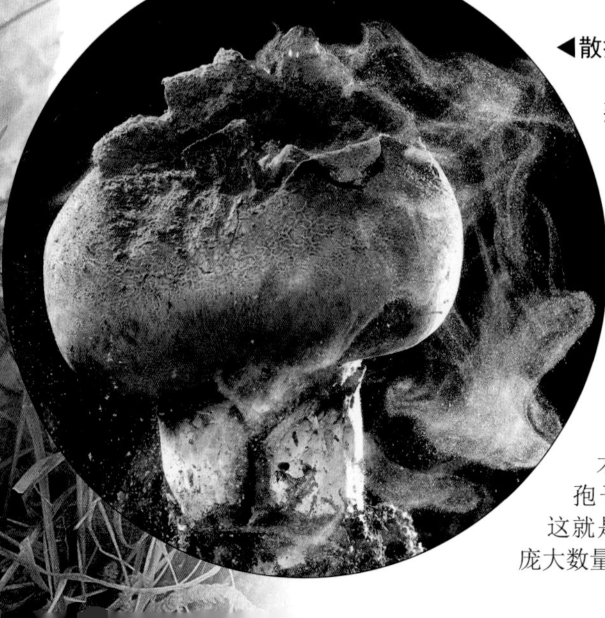

◀散播孢子

当马勃的子实体成熟后，子实体头部就会裂开，释放出深棕色的孢子群。一个马勃能够释放出超过1 万亿个孢子，每个孢子都又小又轻，在微风下就能飘散得很远。孢子可以存活几年，但它们只有着陆在食物或是接近食物的地方才能开始生长。大多数孢子的生长是不成功的，这就是为什么真菌产生如此庞大数量孢子的原因。

子实体

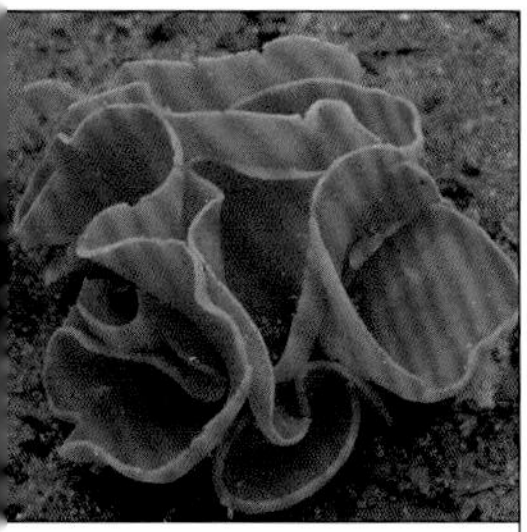

橘皮菌（橙黄网孢子盘菌）

这个橙黄色的真菌生长在裸地或是荒地上。也被称为盘菌（elf-cup fungus），杯状子实体可达到10厘米宽。在杯状子实体的上表面产生出孢子。当孢子成熟时，菌体就会将这些孢子朝向阳光射出。

夏块菌

夏块菌因其味鲜美成为世界上最昂贵的食物之一。它那圆形多突起的子实体在接近树木根部的地下生长发育。它以其独特的香气引诱动物前来食用，以便散播孢子。用来当作食物出售的夏块菌都是利用经过特殊训练的狗或猪找到的。

胶角耳

这种林地真菌的子实体看上去就像是亮黄色的鹿角。它生长在死亡针叶树的腐木上，通常靠近地面或近地面。胶角耳具有许多亲缘种，分别生长在不同种类的木材上。其中一些种类看上去像是直立的香肠，没有任何分叉。

“恶魔之手”（因此真菌形状故起此名）

这个形状怪异的真菌具有4~8个亮红色的“手指”，它们平散在地面上。“手指”的上表面覆盖着黏性的孢子，有股腐肉味。孢子的臭味引来苍蝇前来取食，孢子会粘在苍蝇的脚上，并被带走。

鸟巢菌

鸟巢菌的孢子生长在小型、卵形的物体内，它们并不通过将孢子释放到空中的方法来传播孢子。这些卵形物在形似鸟巢的杯状子实体当中，会因降落的雨滴而被弹射出去。鸟巢菌以肥料和其他植物残骸为食；有时会生长在花盆中。

◀酵母菌

这些成熟梅子上的蜡质光泽是由活酵母层产生的。酵母是以糖类物质为食的单细胞真菌。它们可通过出芽的方式进行繁殖，这些芽体会转变成新的酵母细胞，能将糖发酵成酒精和二氧化碳。因为酵母菌可以使生面团发酵涨起，在面包等食品制作中作为天然发酵剂；它们还用于制作含酒精饮料，如啤酒和葡萄酒。

面包霉菌孢子形成的子实体或壳状物

◀霉菌

这个变质的面包片被霉菌所侵入。霉菌是不产生大型子实体（在此指菌伞）的真菌。一些霉菌是扁平的，但是面包霉菌却是生长着形似细微毛发丛状的子实体。许多霉菌消化活体植物或植物残骸，但是有些却生长在人造材料上。例如：潮湿的石膏，壁纸糊，甚至是相机镜头的外壳。

攻击树木▶

这棵榆树的树叶渐黄，脱落，它活不了多久了。它得上了荷兰榆树病，是一种通过树皮甲虫传播引发的真菌感染。许多其他真菌也会侵袭植物。如，霉菌的孢子会引发马铃薯的枯萎病，这对于马铃薯的收成来说是一种毁灭性的疾病。这种疾病引发了19世纪中期发生在爱尔兰的饥荒，如今它仍在影响着马铃薯的收成。

◀青霉菌

这个略呈绿色的青霉菌以成熟果实和植物残骸为食。随着它们的生长，会释放出一种称作青霉素的抗细菌的化学物质。青霉素是一种有价值的药物，可以在不伤害人的情况下，杀死那些致病细菌。通过这种方式起作用的药物称为抗生素，被发现于1928年的青霉素是世界上第一种抗生素。

攻击动物▶

这只蛾子被虫草菌所杀死，这种真菌的子实体看上去像是裘皮大衣。不寻常的是，这类真菌甚至能够改变它们猎物的行为，如，让这些“受害者”会走向或死在植物体的高处，在那里更利于散播孢子。真菌也攻击许多其他动物，包括人类。例如：癣菌病就是由真菌入侵人类皮肤而引发的。

地衣▶

与植物相比较而言，地衣生长得很缓慢，但是它们能够在地球上一些最恶劣的环境中生存。许多地衣生长在裸岩上、墙上或是树干上；并且有些种类的地衣还能够在南极1200千米的范围内生存。地衣可以是扁平的、直立的或是同灌木样丛生的。地衣的外部是由汲取养分和水分的真菌构成的。地衣的内部包含着通过光合作用产生养分的微型藻类。

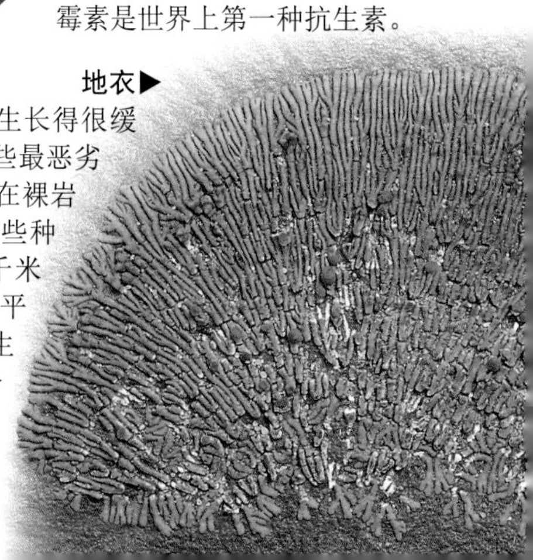

孢子植物

世界上最简单的陆生植物是不具有花和种子的，它们通过释放一种称为孢子的微小细胞进行繁殖。孢子要远比种子微小、简单，能够通过水或风进行散播。孢子植物包括苔类、藓类和木贼类，还有蕨类植物。不同于种子植物的是，不产种子植物的生命周期是由两种分开的植物体类型相互交替完成的：一种植物体产生孢子；另一种植物体产生性细胞（精子和卵子）。有时，这两种植物体看上去很相似，但是通常它们在大小和形状上很不相同。

藓类植物▶

这棵橡树上被亮绿色的藓类植物所覆盖。藓类植物在全球超过9000种，通常都生长在阴凉、潮湿和寒冷的地方。苔类植物和藓类植物共同构成苔藓植物。这些植物没有实根，并且通过植物体表面来进行水分的收集。许多藓类植物体是直立的，并具有小鳞片使其看上去很像叶片。它们从生长在细柄上的小囊中释放出孢子来。

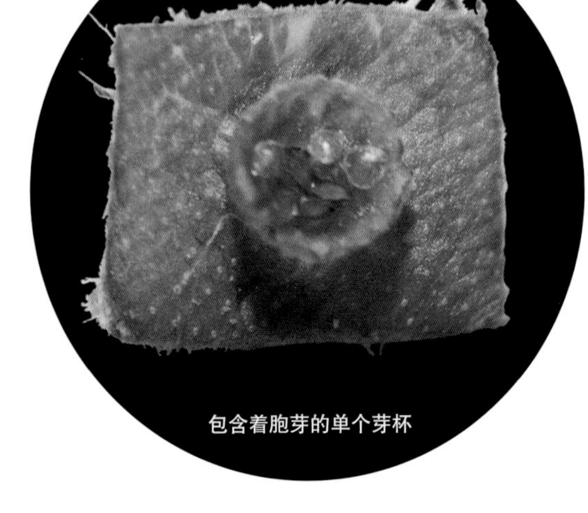

包含着胞芽的单个芽杯

◀苔类植物

苔类植物是世界上最简单的植物。它们大多看上去像是绿色的小丝带，随着它的生长会分支为二。同藓类植物一样的是，苔类植物没有实根，而且可以在没有土壤的表面生长。苔类植物通过产生孢子进行繁殖，但也有许多苔类植物通过生长一种叫作胞芽的卵状珠进行散播（即苔类植物的营养繁殖），其胞芽生于小杯（称为芽杯）中。如果雨滴落入芽杯，胞芽则会从母体植株中溅出很远。

来自过去的植物

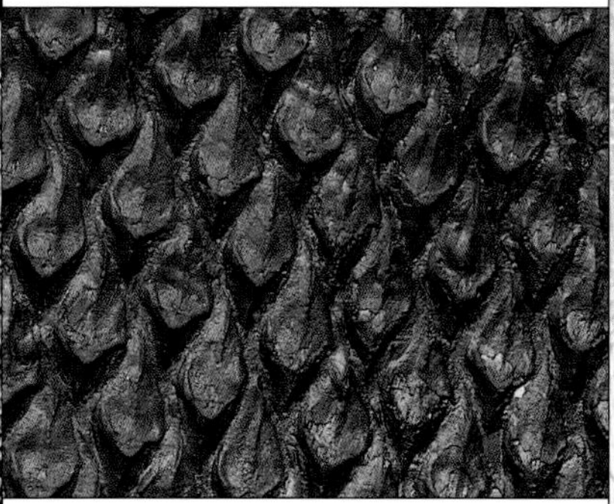

这些尖鳞片是巨石松树皮化石。巨石松生活于2.8亿多年前。在那时，不产种子植物要比现在如今的它们高大得多。问荆几乎能够生长有20米高，鳞木能够高达35米或更高。由这些植物构成的大量森林生长在潮湿地带，其叶片残骸最终会变成煤炭。

泥炭藓▶

异于典型藓类植物的是，泥炭藓生长在浸满水的地方。它们有时能够形成超过1米宽的绿色或粉色小丘；这些小丘显得很结实，但是在极微小的重量下就会坍塌。据史料记载，泥炭藓被用作填垫材料和绷带。一旦干燥，它们的吸水能力比海绵还好。

泥炭沼▶

这个机械切割机正在给泥炭（指泥沼中由死亡的藓类和其他植物残骸形成的疏松物质）切片。经历几千年，泥炭构建了深达10米的地层。泥炭地对于全世界的野生动植物来说十分重要。当它被挖掘并干燥后，可以作为燃料使用。

石松▶

大多数石松生长在森林地面上，但是这个复苏植物生长在沙漠中，能够在降雨后苏醒过来。尽管它的名称中包含moss（藓类植物）这个词，但是石松并不是真正藓类植物的近亲种。石松与藓类植物生长得很不相同，石松具有实根和茎，能够从土壤中吸收水分，并且生长得较高。

问荆▶

问荆（形像马尾）因其直挺的茎和坚挺、发状的叶片而命名，它可以在潮湿、肥沃的土地上生长形成茂密的丛。来自南美的最大问荆种类可以生长到10米高。如今，全球仅存30种问荆，并且有些种类在经过3亿年的时间里已经发生了一些小的变化。

藓类植物的孢子

坚韧外壳保护着里面的孢子细胞

◀孢子

孢子成簇存在于藓类植物的表面，它们很快将会被风吹散。每一个孢子由一个外被着坚韧外壳的单细胞组成。孢子小得在微风下就能被吹得很远。它们在干燥条件下能够存活好几年；但是一旦环境潮湿，就开始萌发生长。孢子植物不仅包括上述植物，像细菌、真菌以及藻类也都属于它们的范畴。

蕨类植物

世界上的蕨类植物有 1 万多种，是孢子植物中的最庞大类群。一些种类只到脚踝那么高，但是有些高大的蕨类具有像树木一样的树干。不同于藓类和苔类这类更低等的植物，蕨类具有实根和茎。根据叶片不同把蕨类植物分为小叶型蕨类（或称拟蕨类）和大叶型蕨类（即真蕨类）。大多数蕨类植物生长在潮湿环境下，也有一些为浮淡水生活。同其他孢子植物一样，它们通过释放孢子进行繁殖；此外，它们的生活周期包含了两种独立的植物形态。

位于中央的茎部支撑着叶

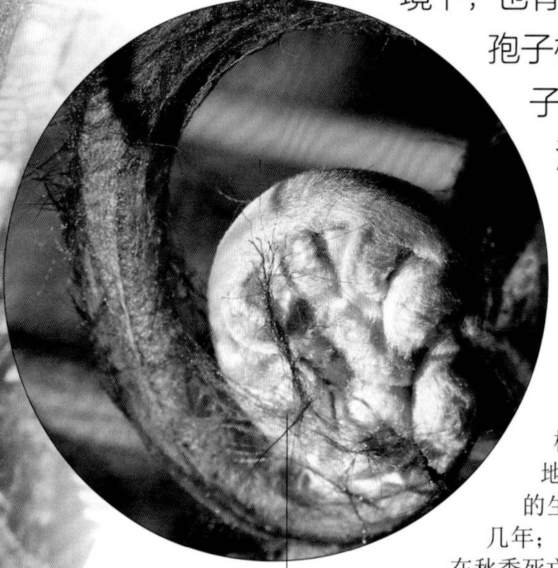

卷牙（幼叶）紧紧地卷曲着

◀蕨类的叶子是如何生长的

蕨类的叶是从纤维状的茎部或树干上萌发的。当其为幼苗时，叶片紧紧卷曲着，所形成的形态称为卷牙。随着每一个叶子的生长，卷牙松开直到叶子伸直为止。生活在温暖地区的蕨类植物，随时都在进行新叶的生长，有些叶子甚至能够持续生长好几年；生活在寒冷地区的大多数蕨类植物，在秋季死亡，并在春季生长发芽出新叶。

▲树蕨（桫椤）

树蕨是世界上最高的蕨类植物，同时也是世界上最大的孢子植物。它们具有单独的、不分枝的树干和雅致的叶形，叶的长度可达 2.5 米。大多数树蕨生长在阴凉的森林里。分布遍及热带地区和南半球气候稍冷的地区，如塔斯马尼亚岛和新西兰。树蕨是古老的蕨类植物，能生长高达 25 米。

▲膜叶蕨

这些小型蕨类植物因其纤薄的叶子而得名，位于叶脉间的叶片部分仅有一两个细胞那么厚。叶子太薄很容易干透，因此膜叶蕨生长在十分潮湿的地区。例如：能收集雨水的森林、阴凉的河堤以及瀑布旁边。膜叶蕨通常沿地面蔓延生长。

蕨类植物生活史

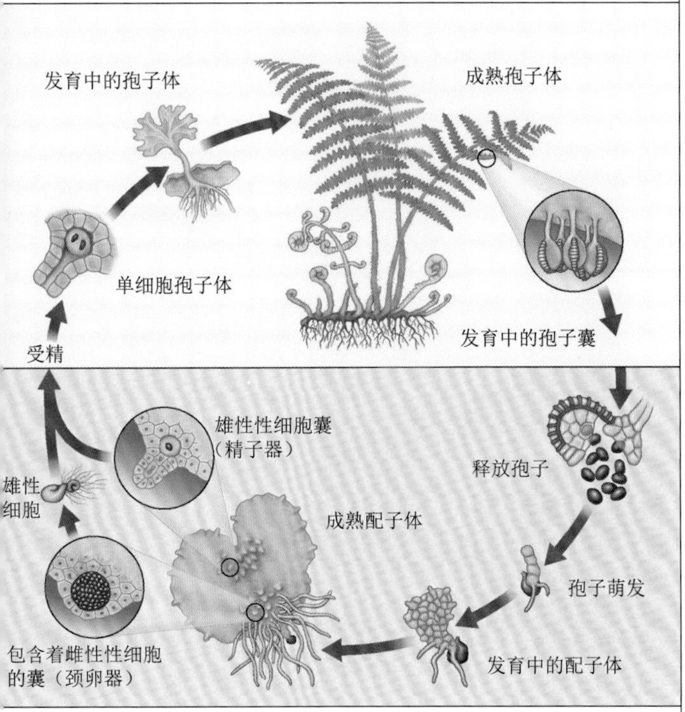

蕨类植物的生活史是在两种不同形式的植物体间相互交替进行的。一种形式为孢子体，它很好辨认，因为孢子体具有叶。一旦孢子体成熟，它就生产出蕨类的孢子来。这些孢子是在孢子囊的小囊中成熟的；而孢子囊成簇排列在蕨类叶片的背部。当孢子成熟，孢子囊便会打开。如果孢子着陆于合适的地点，它便会萌发，并且第二类植物体开始生长。第二类植物体称为配子体，因为它能产生蕨类的配子（或称性细胞）。配子体通常瘦而扁平，一般都不及邮票那么大。雄性和雌性性细胞在位于配子体下面的分开的囊（分别为精子器和颈卵器）中进行发育。雄性细胞朝向雌性性细胞游去。一旦受精发生了，一个新的孢子体便会形成并且开始向上推动其自有的叶片生长。

蕨类植物叶

鹿舌草

这种蕨类具有舌状叶片，其边缘扁平或具褶。叶片可以长达50厘米，并且在叶片下面有柔软的边，还有生产孢子的微型囊。这种蕨类的近亲——鸟巢蕨，具有巨大的1.5米长的叶。鸟巢蕨来自热带地区，但它常被作为室内盆栽植物而种植。

欧亚水龙骨

同大多数蕨类植物一样，欧亚水龙骨的叶也被分开成许多小叶，这使得它们的叶片为羽毛状，叶有40厘米长。在叶的下面有凸起的圆点，里面包含着生产孢子的囊。欧亚水龙骨有时在地面上生长，但是观察它们的最佳地点为树上、岩石上以及老石墙的顶端。

王紫萁

具有壮丽的叶子，它通常作为园艺植物被栽培。每片叶都被分开两次，这意味着每片小叶又再次被分成小叶的小叶。王紫萁具有专门生产孢子的叶，它们生长于植株的中间部分。不同于植株上其他的叶，这些叶片细窄且为茶色。自然界中，王紫萁产于多沼泽地区，被人工种植于世界上许多不同地区。

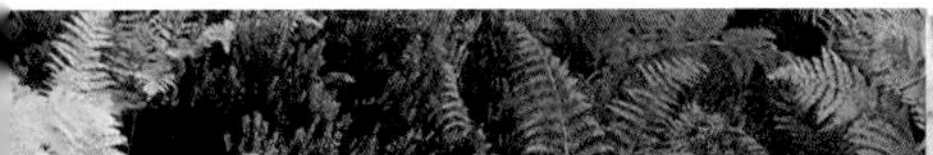

▲欧洲蕨

一些蕨类很稀有且濒临灭绝，但是欧洲蕨是一种对环境适应性极强的野草。它们是通过根状茎来进行扩散和蔓延，并且在林地和田地中形成巨大的丛落。欧洲蕨对于家畜来说具有毒性，而且它们很难清除，因为它们埋藏在地下的茎会很快重新生长出来。异于其他蕨类植物的是，欧洲蕨在全世界各地都有分布。

▲附生蕨类

附在其他植物体上生长的蕨称为附生蕨类。附生蕨类有几千种，几乎大部分都生长在热带地区。鹿角蕨的叶有二型：细窄的孢子叶和起着固定、接收掉落附生物树叶作用的巨大的营养叶。当附生物上掉落的叶片腐烂后，它们能够为蕨提供营养。

▲水蕨

满江红（又称绿萍）在稻田和水池的水面上生长。因为它的上表面是防水的，所以很难下沉。在春季和夏季，它是蓝绿色的；在秋季和冬季，变为红色。世界上有许多种水蕨，大多数依靠水禽传播孢子。

种子植物

大多数植物都是结种子的，并且都是由种子发育而成的。不同于孢子的是，种子中含有大量的营养物质，是种苗萌发不可缺少的营养来源。世界上有两类种子植物：一类为裸子植物，它们将种子产在特殊的鳞片中，这些鳞片包裹在一起构成了球果；另一类为被子植物，将种子产在一个称为子房的闭合小室中，而子房又是构成植株花朵的一部分。不论这些种子的发育是发生在球果中还是花朵中，它们都需要得到保护，也需要一种传播的方式。

在温暖的气候条件下，鳞片渐渐地打开
种子附在长而透明的翅上

◀来自球果的种子

松树的球果就像是生产种子工厂一样，球果的外部是由木质的鳞片以螺旋方式生长的。每鳞片内侧都产生出一对种子。种子成熟时，鳞片打开，种子以飞散出去。具有球果的裸子植已经存在了3亿多年之久，要那些通过开花产种的被子植生长得长久得多。

通过种子进行传播▼

种子植物在全世界的景观中占支配地位。在这个位于欧洲南部的炎热山坡上种植着许多不同的种子植物。位于最前面的为开花的灌木，其中包括了岩蔷薇、大戟和金雀花；位于它们后面的是风造形态树木——石楠属植物和松树。为了能够产种，所有这些植物必须与同种类植株进行花粉的交换。

暴露在外面的树枝远离盛行风（主风）生长
大戟科植物的叶片通常在夏季掉落

花蕾

花朵由许多部分组成，能够在几周内形成。当它发育时，花朵还在花苞中被保护着。在大多数植物中，花蕾是由称为萼片的绿色片状物保护着。这朵罂粟花花蕾具有两个萼片，它们相互契合形成一个外壳。当花朵准备开放时，萼片便会分开折叠并随即掉落。

花

昆虫来到罂粟花上，将其花粉收集并散播到其他罂粟花上。花粉粒中包含着雄性细胞，它们会给植物的雌性细胞或卵细胞受精。卵细胞位于子房——一个在花朵中央的小室中。一旦花朵被授粉，它的花瓣便会掉落，种子开始发育。

成熟的种冠

三个星期后，子房膨胀形成圆形的种冠。种冠坚硬并且干燥，种子松散分布在种冠里面。随着种冠的成熟，它的顶盖便向上拱起，在其边缘上方打开一个圆形的洞。种冠被风吹动，种子就会像从胡椒瓶中撒出的胡椒一样，通过洞口散播出来。

种子

一棵单株罂粟植物能够产种超过 5000 颗。每颗种子都具有一个坚硬的壳来保护里面的胚芽。胚芽是有生命力的，但是它处于休眠状态直到外界环境极其适合。胚芽有时能保持休眠许多年；一旦土壤湿润温暖，种子便会萌发。

隐藏着的多样性▶

从外面来看，植物的种子可能都一样。而在其内部，每个胚芽都具有自己的一套独一无二的基因。这样的结果就导致了成年植株的不相同性。图中这些风铃草显示的就是多样性的一种：一些风铃草取代了普通的蓝色花朵，而具有的是粉色花朵。遗传变异使得植物可以调整改变和进化。植物（以及所有生物）都通过进化来适应它们外部变化着的环境。

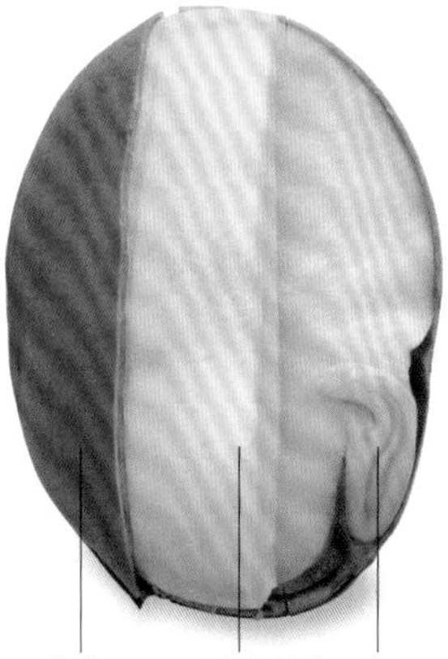

种皮（种子的外被） 子叶里储存养分 胚

◀种子内部

这颗蚕豆已经被横切来显示种子内部的不同部分。整颗种子都被一个坚韧的外皮所包被着，这个外皮称为种皮。更里面的是两个蜡色的子叶；子叶中储存着种子的营养物质。胚芽位于子叶间，具有微小的芽和胚根。当蚕豆发芽时，胚根首先突破种皮，因此根部在种子萌发时首先出现。

以种子为食▶

对于这只北美灰松鼠和其他许多动物来说，植物种子是十分重要的食物来源。种子富含营养物质，并且便于作为饥荒时期的食物储存。松鼠经常在秋季埋藏坚果，并在冬季很难找到食物时，将它们挖掘出来。这样的做法也会有助于树木的生长，因为松鼠会忘记一些它们埋藏的种子的位置。春季来临时，这些种子正好位于合适的地方开始它们的生长。

北美灰松鼠以种子为食，如榛子

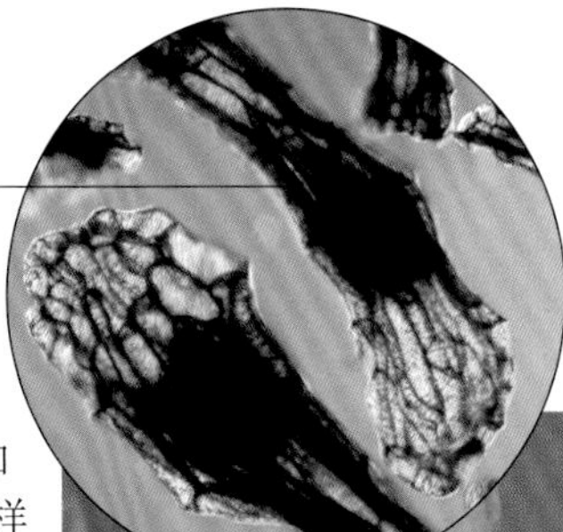

放大了 140 倍的兰花种子

极小的种子▶

世界上最小的种子要属兰花种子。5000 颗兰花种子加起来才和一个单独的罂粟种子一样重。兰花种子小得只有通过显微镜才能观察得到。它们的种子仅有非常小的空间用于养分储存。取而代之的是，兰花要依靠土壤中的真菌来帮助它们萌发和生长。大多数植物的幼苗都以最快的速度生长出叶片，但是年幼的兰花要用好几年的时间才能生长出地面。

◀巨大的种子

世界上最大的种子要属大实椰子（或称海底椰）。这种棕榈植物生长在塞舌尔群岛（位于印度洋的岛屿群）。它的每个种子都由一个巨大劈开的外壳包裹着；种子和外壳加起来重达 20 千克，差不多是一个 6 岁孩子的体重。这些巨大的种子需要用 7 年的时间生长成熟。

裸子植物

与超过 25 万种被子植物相比，裸子植物的种类只有不到 800 种。裸子植物遍布全球，并且擅长在恶劣的环境中生存，如高山、沙漠以及接近极地的寒冷地区。不同于被子植物的是，裸子植物以球果的方式进行种子的生长，并且它们都是通过风力进行种子传播和授粉的。大多数裸子植物是乔木或灌木，有世界上最高和最重的生物种类。

◀松柏类植物

这棵欧洲赤松是典型的松柏类植物，有着修长的树干和坚韧的常绿叶片。松柏类植物占据了所有裸子植物的75%。它们中的许多乔木都是为获取木材而种植的，如松树、云杉、冷杉以及雪松、红杉和红豆杉。与其他针叶植物相比，欧洲赤松分布很广泛，分布于欧洲大部分地区及亚洲北部。

雄性球果准备散播花粉
未受精雌性球
成熟的雌性球果具有坚硬的棕色鳞片
一年前受精的幼龄雌性球果具有柔软、绿色的鳞片

球果▶

松柏类植物能够生长出两种球果。雄性球果小而柔软，成熟时便向空中散发花粉雾，随即变枯萎；雌性球果在幼龄时很柔软，但随着它们的生长，会变得坚硬而木质化，一旦雌性球果授粉，便会产生种子。松树的球果通常是完整地掉落到地面上，而冷杉和雪松的直立球果则随着它们种子的散播而分裂开。

松柏类植物的叶片

针形叶

松树具有细长的、尖尖的叶片，它们被称为针形叶，每簇八根。叶通常能够在树上生长到4年之久，但是一些种类，如狐尾松的叶能够生长30年或更久。叶上的蜡质表面能够有助于它们免于干燥，并且保护着叶片不受冷风的侵袭。

扁平叶

同许多松柏类植物一样，水杉具有细窄、扁平的叶片。扁平叶的上叶面具有光泽，下叶面色彩暗淡。大多数松柏类植物是常绿的，但是水杉为落叶树木。水杉的叶片在秋季掉落，并在春季生长出新叶。此外，具有针形叶的落叶松也属于落叶植物。

鳞片形叶

从柏树到红杉的大部分松柏类植物都具有小的、鳞片状叶子。图中这些叶子来自罗汉柏——一种生长在日本山林中的松柏类植物。鳞状叶可以吸收大量的阳光。此外，像杜松这类松柏类植物幼年时具有针形叶，但是当它们成熟时叶片便成为鳞状叶了。

▲肉质果

红豆杉及其亲缘植物不同于其他松柏类植物，它们不生长坚硬的球果。取而代之的是，它们的种子“坐落在”色彩艳丽的肉质杯状物中，这个杯状物被称为假种皮，看上去像浆果。红豆杉的果实对于人和家畜来说具有毒性，但是鸟类食用却不会受到任何伤害。在果实掉落后，通过鸟类的食用，帮助红豆杉种子的传播。红豆杉雌雄异株，并且只有雌性植株才具有浆果状的假种皮。

▲北方针叶林

覆盖面跨越了北美、欧洲以及亚洲北部地区的北方针叶林是世界上最大的森林。森林中的松柏类植物能够承受每年持续8个月的严酷冬天。这些树木顶端尖角形状，有利于积雪从其树枝上滑落而不是积在树枝间。森林内部黑暗又寂静，并且多具沼泽地，这使得森林内部很难被人类探察。

▲加州巨型树

高耸入天的海岸红杉来自加利福尼亚，是世界上最高的树木。这个最高纪录的保持者目前有112米，并且至少生长了1000年。海岸红杉之所以能够生长得这样高是因为它们从未缺少过水分。海岸边有大量的降雨和雾气，雾气会在叶片上凝结为水滴，然后掉落到幽深的地面上。

苏铁▲

苏铁易与棕榈相混淆，它们是已存在3亿多年的裸子植物。具有短粗的树干，树干顶部丛生坚硬的羽状叶片和球果，雄性球果同雌性球果分别生长在不同的植株上。大多数苏铁生活在世界上的温暖地区，范围自美国佛罗里达到澳大利亚。苏铁生长得十分缓慢。苏铁中的许多种类都因为被挖掘或被作为园艺植物来销售而面临消亡的威胁。

▼千岁兰

来自非洲纳米布沙漠的千岁兰是世界上最奇特的植物之一。它可以生存超过1000年之久，并且仅具有两片带状的卷曲叶片，这些叶片萌发于树干上。叶片坚硬并且木质化，随着不断生长，叶片会断裂分开。在几个世纪之后，这种植物看上去更像是一堆垃圾而不像是一个生命体。千岁兰的球果生长在小分叉上，这些分叉萌发于它们叶片的基部。

手指大小的球果以小簇的方式丛生
深扎的储水主根隐藏在地面下
叶片从植株的中央基部生长出来
老叶部分会分裂并且有磨损

被子植物

无论你在世界上的什么地方，被子植物都能随处可见。已发现的被子植物超过 25 万种。被子植物也叫有花植物。被子植物的种子生长在子房（一个位于花朵中央的闭合小室）中。被子植物分为两类：一类是单子叶亚纲植物，即只有一片子叶的植物类群；另一类是双子叶亚纲植物，即具有两片子叶的植物类群。

作为食物的被子植物

被子植物对于人类来说极其重要，因为它们为我们提供几乎所有的植物性食物。水果和蔬菜都来自被子植物，并且所有能够被畜牧动物食用的食物也是来自被子植物。一些饮料如咖啡和茶，也是来自被子植物。人类食用被子植物的不同部位，包括根、茎、叶片、果实及种子。令人感到奇怪的是，我们却很少食用花朵本身。

卷须使得西番莲固定在其他植物上
柱头接受来自造访昆虫身上的花粉
花蜜
子房
在昆虫飞走前花药将花粉撒在它们身上
彩色的花丝吸引着昆虫到花朵上来
5 片花瓣中的其中一个，它们在 5 个萼片的伴衬下排列成圆形

◀花朵“迷人”的方式

这朵西番莲在阳光下盛开，它的开放仅持续一天。在这段时间内，它必须经授粉才能够产生种子。它那艳丽的色彩吸引着昆虫的造访，它们复杂的形态也保证了花朵在昆虫前来取食的情况下授粉成功。在传粉过后，子房便开始肿胀，从而形成包含着大量种子的果实。动物取食果实后，能够有助于种子大范围的散播。

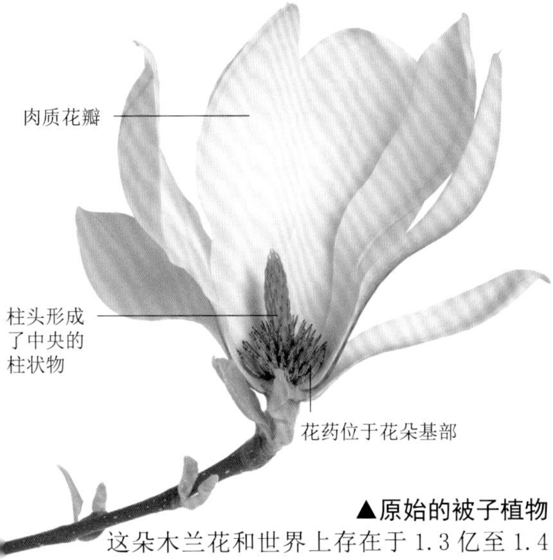
肉质花瓣
柱头形成了中央的柱状物
花药位于花朵基部

▲原始的被子植物

这朵木兰花和世界上存在于1.3亿至1.4亿年以前的原始花朵很相像。早期的花朵具有一圈花瓣环，雄性和雌性花部在中间位置。后来许多花朵进化出一些更加复杂的花形。有些具有羽状花药，可以在空中散播花粉；另一些像西番莲一样的花朵则进化出授粉动物的“着陆场”。

被子植物的分类

单子叶植物

这些番红花为单子叶植物。它们的种子内部只具有一片子叶。单子叶植物的成熟叶片通常是长而窄的，并具有平行的叶脉。花部通常是三基数的。单子叶植物包括禾本科、百合科、兰科及棕榈科植物。除了棕榈科外，许多都是生长自球茎上的，单子叶植物中很少有乔木。

双子叶植物

这些岩蔷薇为双子叶植物。双子叶植物在世界上被子植物中所占比例超过3/4。它们具有两片子叶。双子叶植物的成熟叶片具有网状叶脉。它们的花部通常是四基数或五基数的。双子叶植物中包括许多种类的灌木以及世界上大部分阔叶树。不同于单子叶植物的是，许多双子叶植物具有很深的主根。

▲巨大的被子植物

有着笔直树干的花楸树是世界上最高的被子植物。这些雄伟的树木属于桉属中的一种，生长在澳大利亚寒冷、潮湿的地方。现存最高的花楸树可达3米高，而在19世纪，林业员曾发现一棵倒在地上的花楸树有140多米长，可能是有史以来世界上最高的植物了。

浮萍在水面上漂浮

▲微型被子植物

这个池塘被浮萍覆盖。浮萍科植物是世界上最小的被子植物。浮萍如同绿色的串珠一样在水面上漂浮。每一个植株都有个代替叶片的叶状体，具有浮板的功用。浮萍科中最小的种类为芜萍（无根萍），其长度不足1毫米，没有根，并且花朵也因为太微小而无法被肉眼所见。

◀海洋中的花朵

许多种被子植物生长在淡水中，也有少数种类生活在海洋中，如海岸线不远处的海草。这只海龙正在海草丛中游动。海草具有微小的花朵，并且在水下授粉。海草对于许多海洋动物来说是很重要的食物来源，其中包括鱼类和龟。海龙和海马就是把海草丛当作取食和隐蔽的场所。

花

花是植物体上最引人注目的。它们包括了植株的繁殖器官，其功能就是传粉、受精、产生种子。一些花利用风力传粉，但是那些大朵的、色彩亮丽的或具有强烈气味的花则是通过动物进行传粉。许多植物的花是单独的，被称为单生花。但是有些植物的花形成组，被称为花序。一个花序可以生长多个单独小花，最大的花序有千百万朵小花，以吸引来自各处的传粉动物。

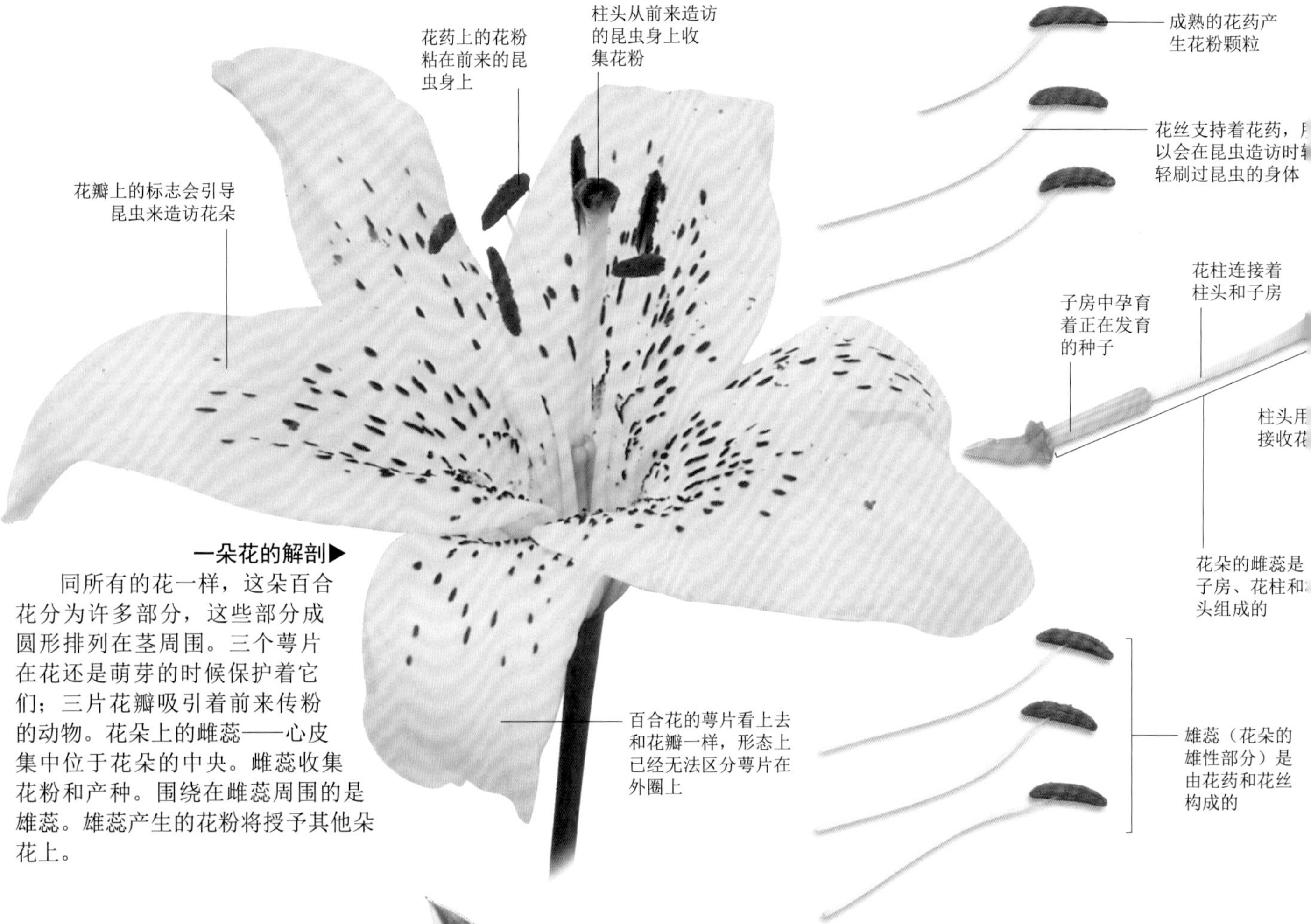

花药上的花粉粘在前来的昆虫身上
柱头从前来造访的昆虫身上收集花粉
成熟的花药产生花粉颗粒
花丝支持着花药，所以会在昆虫造访时轻刷过昆虫的身体
花瓣上的标志会引导昆虫来造访花朵
花柱连接着柱头和子房
子房中孕育着正在发育的种子
柱头用接收花
花朵的雌蕊是子房、花柱和头组成的
百合花的萼片看上去和花瓣一样，形态上已经无法区分萼片在外圈上
雄蕊（花朵的雄性部分）是由花药和花丝构成的

一朵花的解剖▶

同所有的花一样，这朵百合花分为许多部分，这些部分成圆形排列在茎周围。三个萼片在花还是萌芽的时候保护着它们；三片花瓣吸引着前来传粉的动物。花朵上的雌蕊——心皮集中位于花朵的中央。雌蕊收集花粉和产种。围绕在雌蕊周围的是雄蕊。雄蕊产生的花粉将授予其他朵花上。

雌雄异体▶

一些开花植物会分别生长出开有雌花和雄花的植株。雄性植株产生花粉，而雌性植株产生果实和种子，如冬青树的浆果。像这样的植物叫作“雌雄异株”。雌雄异株的植物包括柳树、猕猴桃、芦笋和棕榈树等。为了能够产生出种子，雌性植株需要花粉，因此在雌株的附近要植有雄性植株才行。

雄花
雌花

◀雌雄同体

不同于动物的是，大多数植物的同一株的雌雄是同时存在的。这样的植物称为“雌雄同株”。在这棵密生西葫芦上，同一株植株会生长出分离的雌花和雄花。但是，大多数雌雄同株的花朵是同一朵花中同时具有雄蕊和雌蕊。当这些花朵开放时，雄蕊常常会先成熟起来，这有助于避免花朵的自花授粉

花序

穗状花序

澳大利亚红千层（瓶刷子树）所具有的花序称作穗状花序。在穗状花序中，花朵并不具有自己的花柄，而是直接生长在花序的主轴上。穗状花序通常是直指一个方向向上生长的。但有一种常见的类别——柔荑花序就和这种情况相反，柔荑花序是常下垂生长的。在红千层的穗状花序中，每一个单独的花朵有着微小的花瓣，但是却拥有着长而艳丽的雄蕊，吸引鸟类采蜜、传粉。

总状花序

风铃草和风信子的美丽花朵所形成的花序呈总状花序。总状花序像穗状花序一样是向上生长的，但是每一朵花都具有各自的短柄。在总状花序中，位置在最下面的花通常先开放，而位于上部的花朵还处于萌芽状态。这样的开花顺序对于昆虫和其他传粉的动物来说是十分有益的，因为这样的花序可以在数周内持续为它们提供食物。

圆锥花序（复总状花序）

同许多其他禾本科植物一样，水稻的花朵呈现为圆锥花序。圆锥花序和总状花序很像，但是每个侧边的分枝还具有自己的分枝（各自呈总状花序状），并且以花为末端。这个花序所呈现出来的就是一大簇花朵并排生长着。有的圆锥花序十分巨大。来自东南亚的贝叶棕所生长的圆锥花序可高达5米，其中具有成千上万的花朵。贝叶棕会在产生种子之后死亡。

伞形花序

伞形花序是比较容易辨认的一种花序，因为它们呈现出雨伞的形状，具有条幅状的柄。这些伞形花序是野生胡萝卜（伞形科植物）的。它的大多数亲缘植物，像是冢草、茴香以及芹菜也都是伞形花序。在伞形花序中，花通常是浅颜色的，并且同时开花。这样就为前来传粉的昆虫（如小甲虫、蠓及食蚜蝇）提供很大一块着陆的场所。

肉穗花序

这棵臭崧具有的微小花朵生长在肉质的花轴上，称为肉穗花序。在臭崧的外部包有一个罩兜即苞片，称为佛焰苞。臭崧散发着强烈的气味，并且佛焰苞可以吸引小昆虫来造访花朵，帮助传粉。所有的臭崧亲缘种类，包括龟背竹（又称“瑞士干酪”树）、海芋和马蹄莲都具有这种与众不同的花序。

开花时间

花朵会经历雨水或寒冷天气的侵袭，仍然怒放。同许多花相同的是，这棵蒲公英在白天开放，在夜晚闭合，以便抵御夜晚的寒冷气候。而一些花朵会在下雨时或者在天空多云的情况下闭合。

通过夜行动物（如蛾子或蝙蝠）进行传粉的花则是常在黄昏时刻开花，并且整夜保持开放状态，而在黎明后立刻闭合。通常这些花朵都十分的香，但是它们仅在夜晚传粉动物活动的时候散发香气。

菊科植物的花朵▶

雏菊及其亲缘种类所具有的微小的花朵称为小筒（小花）。这些小筒紧密地集合在一起形成的花序使其看上去像一朵单独的花朵。在雏菊中，围绕在边缘的小花（指舌状花）呈白色，它们中的每一朵都具有一个被称为是“辐”的片状物，这个片状物看上去很像花瓣。位于中心的小筒呈现黄色，它们能够产生出花粉和种子。具有这样排列的花朵则被认为是菊科植物。雏菊的所有亲缘植物（如太阳花、金盏花和蓟）都具有类似的花朵。

位于外面的花朵先开放，随后开放的是接近中心的花朵

萼片
当花朵开放时，萼片彼此分开
花瓣伸展并向后折叠
旱金莲花具有5片花瓣
子房位于花朵的中央

◀一朵花的盛开

大多数花蕾都是由一个被称作萼片的绿色片状物包裹着而得到保护的。当花朵盛开时，萼片可能会存在或是掉落到地上。花瓣会快速地伸展，并且随其生长是向后折叠的。最后剩下的需要成熟的部分就是雄蕊和心皮了。一朵花的雄蕊和心皮是在不同时间成熟的，这使花更有可能授到来自其他花的花粉。

动物传粉

花的雌性细胞必须要经过花粉颗粒的受精作用才能产生出种子来。有些花可以进行自花授粉，但是如果花粉来自另一植株，则能产生出好种子来。一些花利用风力进行传粉，但是有许多花都是通过昆虫或其他动物来进行传粉的。它们通过亮丽的色彩、强烈的香气和香甜的花蜜吸引那些动物。当动物到花上取食时，会将粘在身上的花粉撒落到花的雌性器官上。

▲传粉

在世界上的许多地区，大黄蜂是第一个在春季开始传粉工作的昆虫。它们在花朵间穿行，微小的花粉颗粒会粘在它的脚和被毛上。当它们落在花朵上时，会传递部分花粉，这使得花朵能够产生种子。反之，花也为蜜蜂提供了花蜜作为食物。有许多蜜蜂还收集多余的花粉来喂养它们的幼虫。

花粉在罂粟柱头上的“出芽”

罂粟花

◀受精

在受精发生时，粉颗粒必须到达相同类植物花朵的柱头（性器官）上。在几小的时间里，花粉颗粒长出一个修长的花粉管这个花粉管将插入花朵子房中，在那里它们可将两个雄性细胞（营养胞、生殖细胞）送入雌性中（即卵细胞）。其中一个性细胞受精于卵细胞从而形胚；另一个雄性细胞则帮助乳（为胚提供营养的结构）形成。这一过程成为双受精并且仅在开花植物中存在。

花粉颗粒

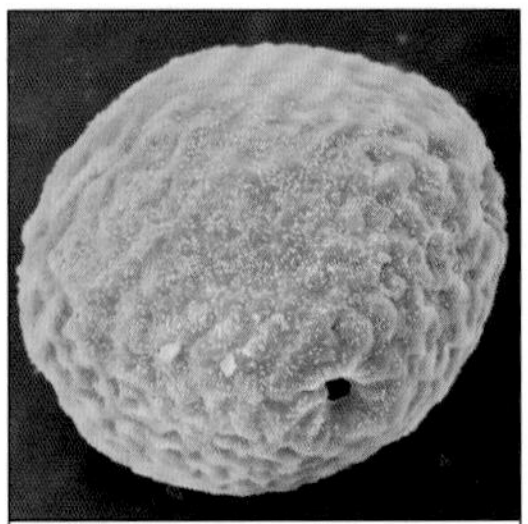

榆树的花粉

花粉颗粒同指纹一样是具有差异性的，因为每一种植物会产生不同类型的花粉。这是一粒榆树（一种通过风媒传粉的植物）花的花粉。榆树的花粉很轻，像尘土一般，这样它们在空中传播的范围才能更远。每粒花粉都具有坚硬的外被，外被上具有一个单独的洞或孔。

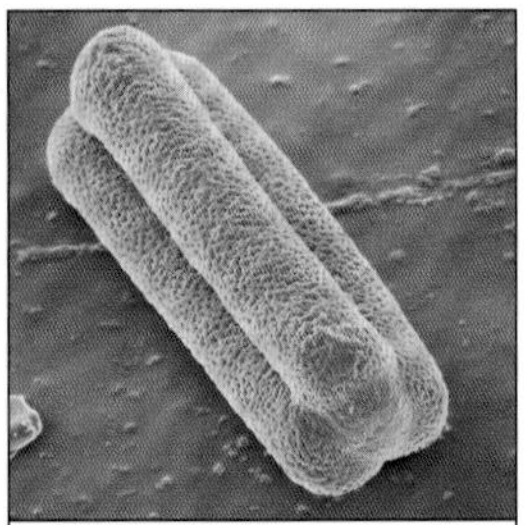

十字爵床的花粉

这个花粉颗粒具有三个长圆突，这种花粉是来自热带非洲的一种被称作十字爵床的多彩灌木。十字爵床花是通过虫媒进行传粉。每一个花粉颗粒都非常黏，可以很好地黏附在来访的昆虫身上。它的花粉粒中含有两个雄性细胞（营养细胞和生殖细胞——二细胞型花粉粒），这使其可以形成单个种子。

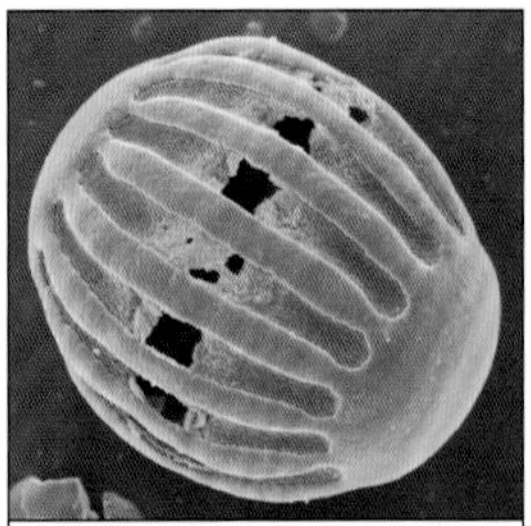

远志的花粉

远志的花粉颗粒是球形的，上面具有许多脊和垄沟。同十字爵床的花粉一样，远志的花粉也是黏附在昆虫的足或毛发上。这些花粉尽管很小，但极其坚固。如果它们被掩埋，它们仍能够保存其形状上千年，这样使得科学家能够对过去的植物进行研究。

花朵在普通
日光下

花朵在紫
外光下
只有昆虫才
可见的标记

蜜腺标记

这两张照片显示的是同一朵花被照以不同方式的光。顶部的这朵花是在日光下。以肉眼来看，它看上去是具有深色中心的黄色花。右侧的花是在紫外光下照射的。这样一来，隐藏着的记号都显现了出来。我们人类不能看到紫外光，但是昆虫却可以。它们根据这些被称作蜜腺标记的记号找出花蜜就在花朵的中央。

◀腐肉花

在非洲南部的沙漠中，腐肉花以其散发着的腐肉味道吸引着苍蝇的造访。它们那五片棕色花瓣是肉质的，上面还附着柔软的毛，像是毛皮一样。这种花宽达20多厘米，并且它们在地面上盛开。当苍蝇造访时，它们会将花粉囊剪断并附在苍蝇的足上，等待苍蝇飞走时会将花粉带到另一朵腐肉花上。

▲开放式邀请

伞形花序（雨伞形状的花）受各种昆虫的欢迎，从苍蝇、甲虫到蜜蜂、黄蜂。像这种杂草的花一天要受到上千只昆虫的造访来帮助其进行花粉的传播。但是，它们的花粉有可能被带到不合适种类的植株上去，因为造访这些花朵的昆虫都十分挑剔它们取食的地点。为了防止这样的问题，许多植物逐步形成与传粉动物的特殊合作关系。

丝兰花蛾为
花朵传粉
花粉颗粒在
花药的末端

▲互利共生

丝兰花只有一种传粉的昆虫——白色的丝兰花蛾。这种蛾子会将它们的卵产在丝兰花上，而传粉工作会在蛾子飞行时发生，它们会将花粉从一棵植株传至另一棵植株。这些蛾子的幼虫在花朵中生长发育。它们食用一部分丝兰花的种子，但也会留下那些没有遭到取食的种子。经过长达上百万年的共生，丝兰花和丝兰花蛾已经成为十分亲密的伙伴，以至于它们现在谁都无法离开对方而生存。

▲蝙蝠传粉

在世界上的温暖地区，蝙蝠对于植物来说是很重要的一个传粉者，尤其是对树木来说。这只有着灰色头部的狐蝠待在一棵生长在澳大利亚东部的桉树上，正在用它那长舌头舔食花蜜和花粉。蝙蝠传粉的花朵通常是白色的，这样便于它们在黑暗中显现出来；并且花朵具有很强烈的麝香气味。经蝙蝠传粉的花朵必须很坚固，这是因为蝙蝠要在花朵中攀爬取食。

飞翔着的蜂
鸟翅膀在一
秒钟内能够
拍打 80 次
吸管状的喙使
得鸟类可以汲
取花蜜
管状花朵正好
适合鸟类的喙

◀鸟类传粉

这只蜂鸟在一朵凤梨科植物花的附近“停飞”，吸吮着它的大餐——甜甜的花蜜。当它取食的时候，鸟喙会将花粉掸掉，这样就能实现花粉在花与花之间的传播了。蜂鸟仅在西半球有发现，但是其他的传粉鸟生活在世界各个不同的地区。它们中包括非洲的太阳鸟和来自东南亚和澳大利亚的蜜雀与鹦鹉。通过鸟类传粉的花朵通常是红色的，这是因为艳丽的色彩能够更容易被鸟类发现。

风媒传粉

许多植物用风来取代动物进行花粉的传递。在干燥的天气条件下，它们将自身的花粉散播到空气中，并利用风来将它们带向远方。大多数花粉是会错过其传粉对象的，但是它们中的一部分是可以落在雌性花上并使得它们产生出种子来。因为风媒花是不需要吸引动物的来访的，因此它们通常不太引人注目，不生产花蜜，也不散发强烈的香气。但是，在花粉季的盛期，它们却能够产生出足量的花粉导致人类患上花粉病。

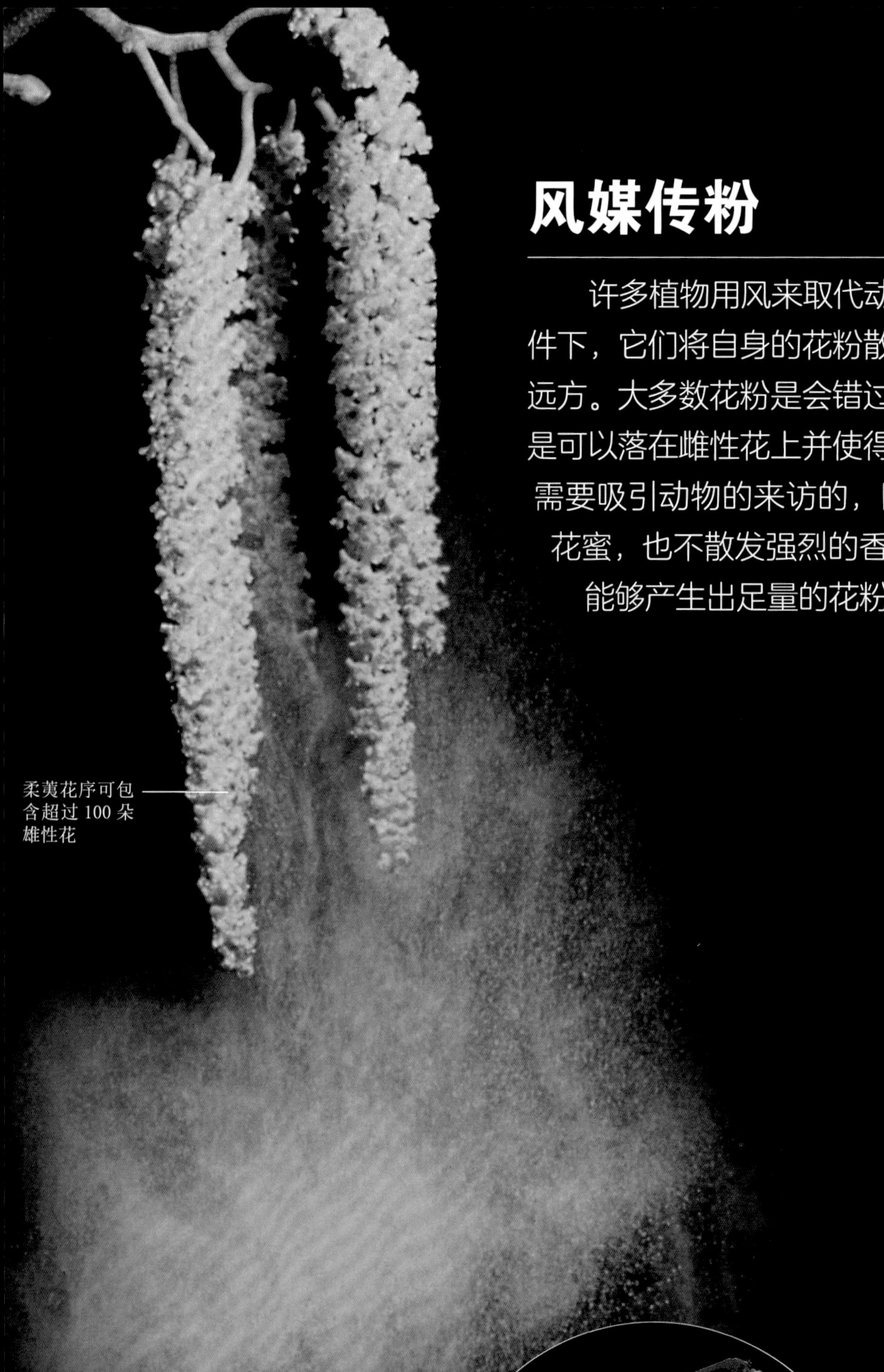
柔荑花序可包含超过 100 朵雌性花

▲禾本科植物的传粉

所有的禾本科植物都通过风媒传粉。黑麦花头要矮于它的花药，这样是为花粉在空中的传播做准备。雌性花柱被隐藏包裹在保护性鳞片中的花朵中。黑麦会在突然的爆发间释放花粉，这些是由太阳的隐去、温度的下降引发的。同所有禾本科植物一样的是，它们的花开在茎部的顶端，这样花粉就能在最佳位置“捕获”到微风了。

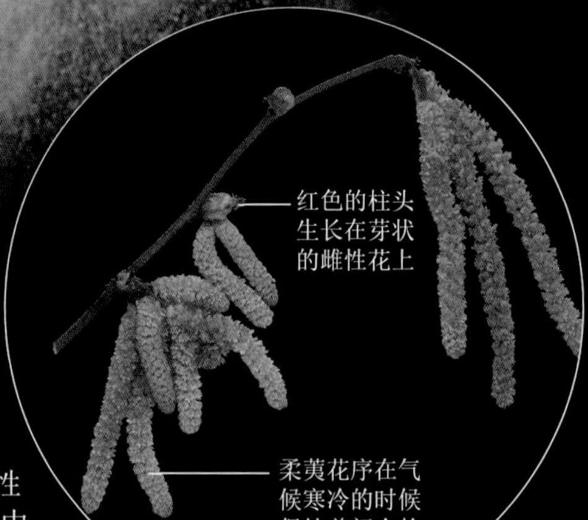
红色的柱头生长在芽状的雌性花上
柔荑花序在气候寒冷的时候保持着闭合的状态

▲在风中吹散

早春时节，榛树那长长的雄性柔荑花序打开，将花粉散落到空中。每一株榛树可以产生出多达 200 万颗花粉颗粒。雌性花要比雄性柔荑花序小得多。雌性花具有柔软的花柱，可以接住之前飘散下来的花粉。同许多风媒树木一样的是，榛树花即使在有树枝存在的情况下仍然是裸露的。由于没有叶片的遮挡，使得它们的花粉传播更加容易。

花粉病（美国）

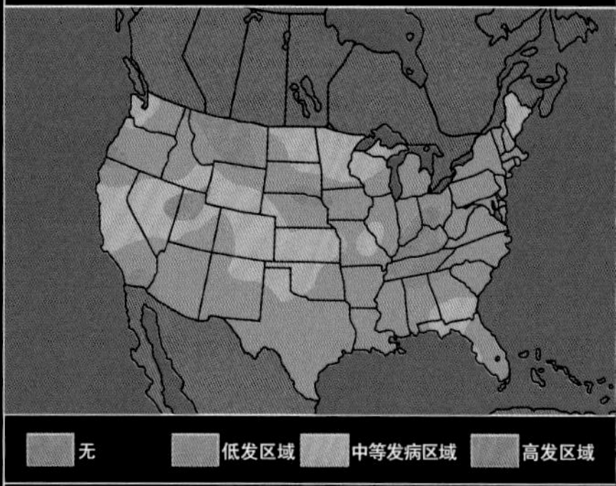
无
低发区域
中等发病区域
高发区域

风媒传播的花粉是导致花粉病（一种过敏症，可导致眼部发痒、喷嚏、流涕）的主要来源。这种过敏症是由花粉颗粒外包被中的化学物质引发的。患有花粉症的人一旦身体处于被攻击状态下，那么这些化学物质就会致使免疫系统发生反应。夏季，天气预报中经常包括了花粉数量，这样就预报了空气中的花粉含量，从而使得患有花粉症的人群能够了解什么时间比较适合待在家里。

风媒传粉的树木

橡树

世界上有超过 600 种橡树，它们全部都通过风媒进行传粉。每株橡树具有分离的雄性花和雌性花。雄性花生长在长长的柔荑花序中，而雌性花成小簇生长在近树枝顶端的位置。在开花后，雄性柔荑花序会掉落，而雌性花会生产大量的果实——橡果。

山核桃

山核桃的雌性花很小，并且很难被发现，但是它们的雄性柔荑花序尽管是绿色却很惹眼。春季的山核桃花及它们的雌性花生产出鸡蛋形状的果实，果实为具有坚硬外壳的坚果。世界上大约有 20 种山核桃。美洲山核桃是其中之一，它们被种植于美国东南部的果园里。

杨树

杨树科中包括三角叶杨和山杨。大多数杨树在叶片生长前开花。不同于橡树和山核桃的是，它们的雄性花和雌性花生长在异株上。在它们进行传粉之后，雌性柔荑花序常常看上去就像毛毛虫一样。每一个柔荑花序中包含了大量的微小种子，风会吹着种子上的羽状绒毛带着种子在风中飘散。

香蒲

香蒲这种在水边生长的普通植物通常会与同样沿池塘边沿生长的宽叶香蒲相混淆。这个棕色的肥肥的部分包含着雌性花。雄性花生长在它们上方的尖刺中。当它们成熟时，雄性花看上去像淡黄色的原棉一样。秋季中，花穗破裂并释放出种子，然后由风媒进行种子的散播。

豚草

在北美地区，这种引发花粉症的路边杂草臭名昭著。由于它们在荒芜土壤上茂盛地生长，因此它们在城市和在开阔的乡村地区一样的常见。它们的穗状雄花并不明显，为绿色的小花，但是在干旱的夏季它们会散播大量的花粉进入空气中。在传粉过后，微小的、绿色发白的雌性花就会发育成为带刺的果实。

未成熟的雄性果球还没有打开
成熟的雄性果球将花粉散播到空中
花粉颗粒在无风时掉落，或是在微风时飘散
单个花粉颗粒具有圆形的翅

针叶植物中的传粉▶

针叶植物不开花，但是它们也利用风媒来进行花粉的传递。在这株松树上，生长在树枝顶端的雄性果球正在散播着花粉。松树的花粉粒上具有微小的肿块，它们的作用同翅膀一样帮助种子传播到远方去。

水媒传粉

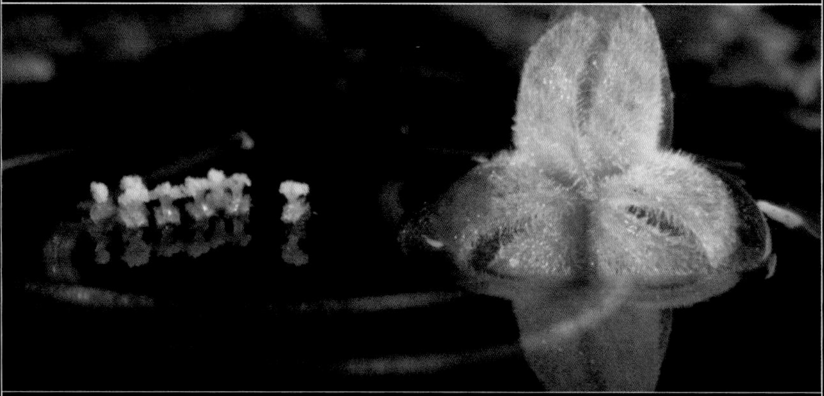

大多数水生植物的花是开在水面上的，并且利用动物和风力进行花粉的传播。苦草（绒带草）就不同了。雄性苦草植株的花朵生在水下，它们将花粉释放到小船一样的结构中，以便浮出水面。每个这样的小船结构都具有三个花瓣，它们的作用类似浮板。在微风的吹拂下，这些承载着花粉的“小船”在水面上漂浮。

苦草每一朵雌性花都坐落在水面上，等待着花粉的到来。水面的张力使得雌性花周围形成了一个下陷的水窝，这使得近处的花粉可以被拉拢进来。图片显示的是，一排花粉正要向花朵的中心处前进。

水媒植物在海洋中也有发现。海草通常就具有蠕虫状的花粉颗粒。花粉在水中漂浮，直到它进入雌性花朵中。

种子是怎样传播的

一旦花被传粉后，植物便可形成种子。在被子植物中，种子在花的子房里生长发育，子房成熟后就成为被人们所熟知的果实了。果实的大小、形状多种多样，可能是柔软、多汁的，或是坚硬、干燥的。最小的果实还不及大头针的针头大，但是最重的果实——栽培南瓜可重达超过 600 千克。果实在种子发育的过程中保护着它们。一旦种子成熟后，果实常会帮助它们的种子从母体植物上向远处传播。

巨嘴鸟的鸟喙像钳子一样钳住果实
成熟的橘子包含着籽（种子）

肉质果实▶

巨嘴鸟利用巨大的鸟喙啄入橘子。肉质果实为了吸引动物已经逐渐进化，这样更利于传播它们的种子。巨嘴鸟整口地吞下橘子，但是它只能消化肉质部分。种子在通过它身体的时候是完整无损的，并随着它们的排泄物落到地上，在条件合适的时候萌发。以果实为食的鸟类对植物来说是有益的，因为它们有助于植物种子在广泛的范围内传播。

肉质果实的种类

浆果

肉质果实有许多不同的种类。浆果就是一种包含着大量种子的柔软的肉质果实。浆果中有黑加仑、醋栗、葡萄及西红柿——世界上销售量最大的果实。同许多水果一样，浆果在其成熟时变化着颜色，从而告知动物们它们已经成熟了，可以食用了。

核果

科学家用“核果”这个词来形容那些具有小数量、大型坚硬种子的肉质果实。核果中包含樱桃、桃和杏，还有橄榄和芒果。当动物食用这些水果时，它们会将多汁的果肉吞下，但是它们通常会将含有种子的核丢在地上。

聚合果

聚合果，如黑莓，像是许多个小果集合在一起，并连接在同一个花托上。每一个小果是由一个离生子房及其内部种子和果肉发育而来的。聚合果中包含了所有黑莓的亲缘植物，如山莓和罗甘莓。

假果

不同于真果是仅由成熟子房发育而来，假果是由成熟子房和植株上其他部分共同发育而来的。例如，苹果果实就是由果核（子房发育而来）和果肉部分（由花托发育而来——指连接在花朵下部的部分茎）组成的。

黑种草的果实裂开并释放出种子
刺芹属植物的头状花序生产出许多小果实

◀干果

当人们使用“水果”这个词的时候，通常都会想到那些柔软多汁、食用起来味道不错的东西。但是，有许多植物，像图中这种植物具有的就是坚硬而干燥的果实。不同于肉质果实的是，干果并不能吸引动物。取而代之的是，它们通过其他方法来进行种子的传播。“迷雾中的爱人”（或称黑种草）的果实在其种子成熟时就会裂开，并将种子散播到土地中。刺芹属植物，如海滨刺芹就具有小而干燥的果实，它的果实是由尖刺的头状花序发育而来。

喷瓜

种子和果液从果实中喷射出去
厚实的外表皮抑制着内部的压力

产自欧洲南部的喷瓜具有不同寻常的方法进行种子传播。它的果实像小而多刺的黄瓜。当喷瓜成熟后，压力会积蓄在其内部。如果有什么东西触碰到它的果实，果实便会从茎部掉落下来，爆裂并且将其种子散播出去，水质果肉能喷射出 3 米远。

喷瓜在与其他植物间的竞争方面并不占优势。它们的种苗在裸地或是在荒芜的土地上（如荒地、路边草地和小路）生长成功率很大。走在路上的人类和狗能够帮助它们传播种子。

崩裂的果实

许多干果在其成熟的时候会打开或爆裂，在距离它母体植株有一段距离的地方散播出它的种子。豆荚具有两瓣，在天气温暖的时候会分裂开来，同时还伴有折断的声音。牻牛儿苗具有像小导弹一样的果实，它们能将自己的种子喷射到空中。这些果实都要经过干燥后才能发挥这样的作用，当它们干燥时，压力会聚集在果实内部。最后，部分果实会崩裂，并将种子散播出去。

▲飘浮在空中

上千种不同的植物能生产出飘浮在空中的干果。每一个蒲公英的果实都具有一个发冠，它的作用同降落伞一样能带动每一颗独立的种子。在干燥、有风的气候条件下，蒲公英的发冠（降落伞）打开，并带动着种子在空中飘浮。一些植物果实释放的种子带有翅膀。最大的带翅种子发现于热带雨林地区，它的翅能够达到 13 厘米宽，用几分钟的时间就能飘到地面上。

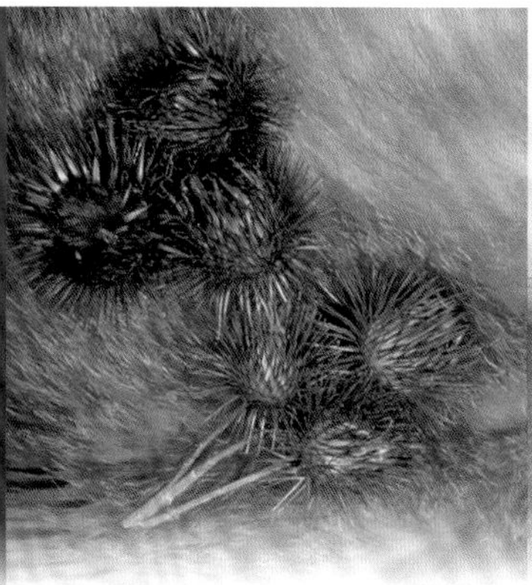

▲“搭电梯”

夏季，如果你走在草地里，你常常会发现一些刺果会像搭电梯一样黏附在你的衣服上。这些种子的头部其实是被刺或钩状物包裹着的特化果实。如果人类或动物拂过它们，这些刺果会黏附在其上被带走。在这之后，这些果实会掉落到地面上并散播其种子。大多数刺果很小，但是来自非洲大草原的最大刺果具有令人生畏的钩刺，它的钩子长度超过了 6 厘米。

▲漂浮的果实

生长在河岸或海岸附近的植物常常生产出能够漂浮的果实来。最著名的漂浮果实是椰子，它在被海浪冲到岸边之前，可以在海水中生存数周时间。它们会在远离浪潮的高潮线上方扎根。漂浮对于种子的远距离传播来说是一种很好的途径。这种传播方式解释了为什么有些海滨植物常常能够在世界上许多不同地区被发现。

◀风滚草

被称作风滚草的沙漠植物在行进中进行种子的传播。它们在开花、干透之后，该草从土里连根收起来卷曲成一个球随风四处滚动。在开放地带，风能够将风滚草吹出 50 千米远。可以堆积在位于其行进路上的任何障碍物和建筑物上。风滚草最早起源于欧洲和亚洲，现在世界的许多地区都有种植。

生命的开端

每颗种子中都包含有一个微小的植物胚，它时刻在寻找机会进行萌发。如果生存条件过于干旱或寒冷，那么这个胚胎将继续保持休眠状态（无活性），有时休眠会持续好几年。一旦条件适宜，种子会在突然间开始生长，植物胚细胞开始分化，种子萌发（发芽），一棵新的植株开始成形。发芽在植物生活史中是最重要的一个时期，萌发过程对于幼年植株的生存来说必须进行得顺顺利利才行。一旦种子已经开始了萌发便不能再倒退回去。

▲萌发

一旦萌发开始，那么随后的许多步骤便快速连续地接踵而来。同所有幼年植物一样的是，这株红花菜豆通过根的生长开始其生命，这些根能够收集水分并使其紧扎在土壤中。下一步，这株红花菜豆便生长出茎，茎部使得植株能够穿出土壤。一旦植株穿出地面，第一片真叶便打开，幼苗植株便可以自己生产自身生长所需的物质了。萌发一周后，植株就成为一个完全自给自足的植物，并快速地生长。

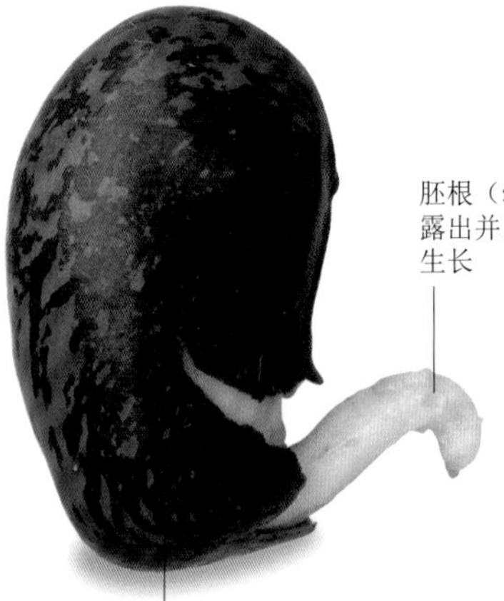

胚根（幼根）露出并向下生长
种皮在豆子吸收水分后裂开

萌发一天后

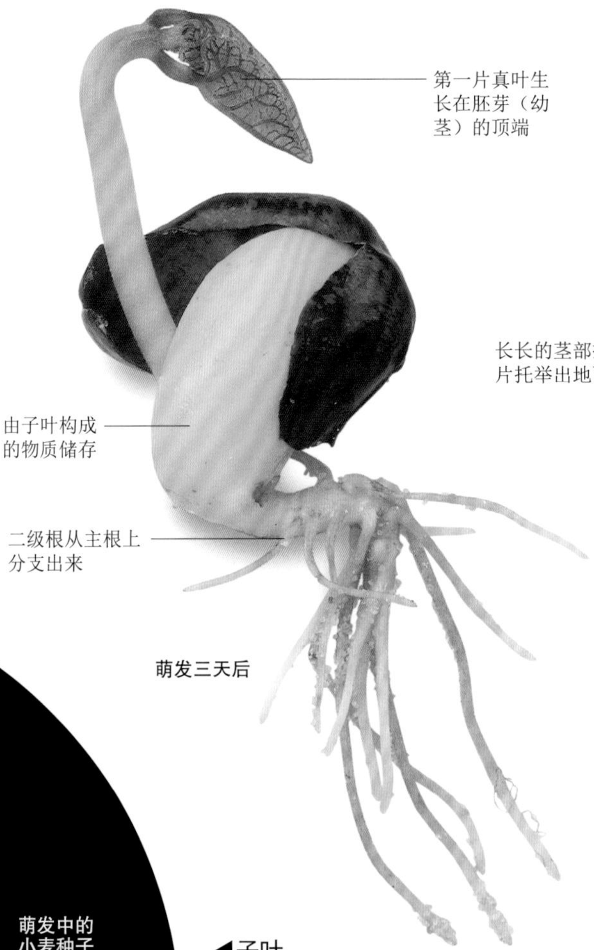

第一片真叶生长在胚芽（幼茎）的顶端
由子叶构成的物质储存
二级根从主根上分支出来

萌发三天后

叶片开始生成并且张开
长长的茎部把叶片托举出地面
种皮在地下分裂成两半

萌发四天后

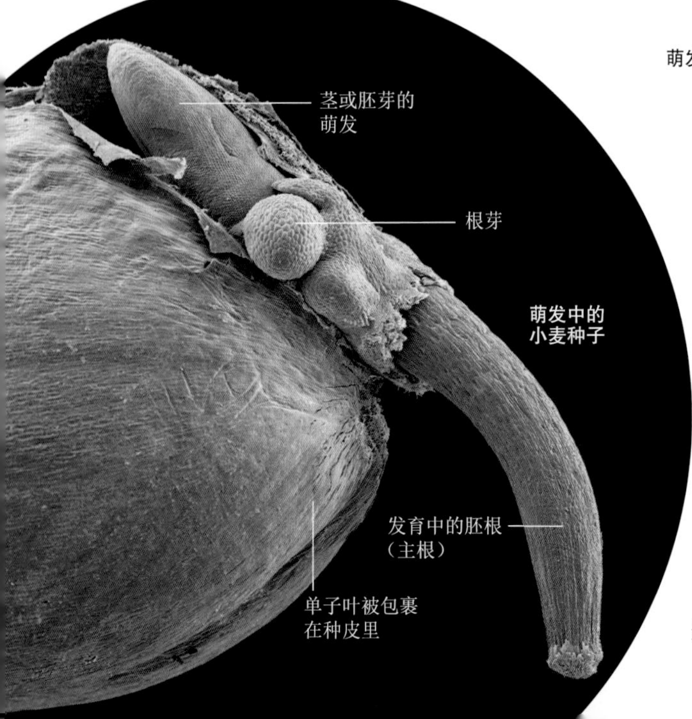

茎或胚芽的萌发
根芽
发育中的胚根（主根）
单子叶被包裹在种皮里

萌发中的小麦种子

◀子叶

种子中包含着在萌发时期起重要作用的子叶。小麦的种子具有一个子叶（单子叶植物），它是为种子转运营养的。随着幼苗植株的生长，子叶存留在地下并最终消亡。在许多其他植物的种子中，子叶的作用更像是真叶。种子萌发后，它们便在地面上打开，并开始从阳光中吸取能量。

茎部继续生长，并且生长出更多的叶片来

为生存而战▶

萌发中的植物面临着许多危险。一只饥饿的蛞蝓（鼻涕虫）能够使一棵幼苗失去其生存的机会。从昆虫到小蠕虫等许多动物都在植物开始生长的时候侵袭它们。幼苗植物还会受到来自真菌的袭击，真菌仅仅在几小时内就能将植物杀死。除了以上问题之外，幼苗植物还要在它们的根部找到机会发育之前经历干燥环境的风险。

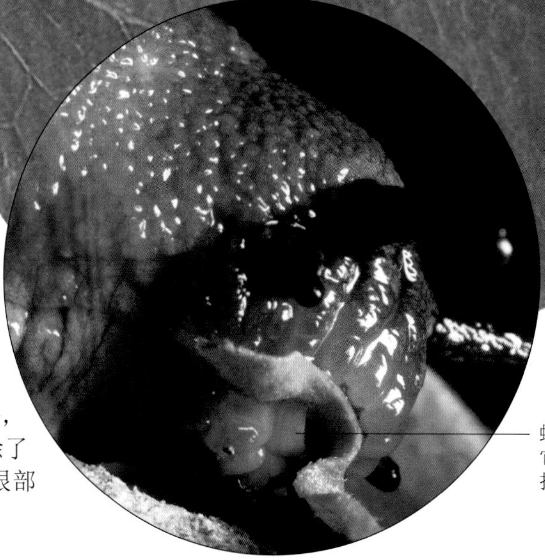
蛞蝓（鼻涕虫）用它那白垩质的牙齿扒拢着食物

▲早期的种子

在适当的条件下，种子的存活时间长得令人惊讶。我们所知道的忘忧树的种子就是在经历了1000年的掩埋后萌发的，而生长在北极地区的羽扇豆如果被掩埋在冻土中，它们能够生存长达10 000年之久。种子常常被保存在自然界当中，这样科学家就能够通过它们来研究我们的祖先种植什么植物和以什么植物为食了。

▲等待着火的到来

森林大火对许多种子来说都是有利的。一些种类植物的种子都不萌发，直至它们受热或是在烟熏中受化学因素的影响才会萌发。大火将那些死亡的植物清除，并且为大地覆上一层肥沃的灰分，植物幼苗在这样的环境下可以生根。一些乔木和灌木，如针叶树和南非山龙眼，会等待大火为它们清除道路后才将自己的种子掉落到地面上。

▲休眠

只要这些豆子待在干燥的环境下，它们就能够保存好几年。每一颗豆子里都包含有一个休眠胚胎，这些胚胎只需要少量的养分和水分就能存活。在自然界中，休眠的种子可以耐受所有极端环境，与此同时，它们也在等待合适的时机萌发。种子的休眠在厨房中也是有益处的，因为这样可以长期储存那些并未发芽的种子。

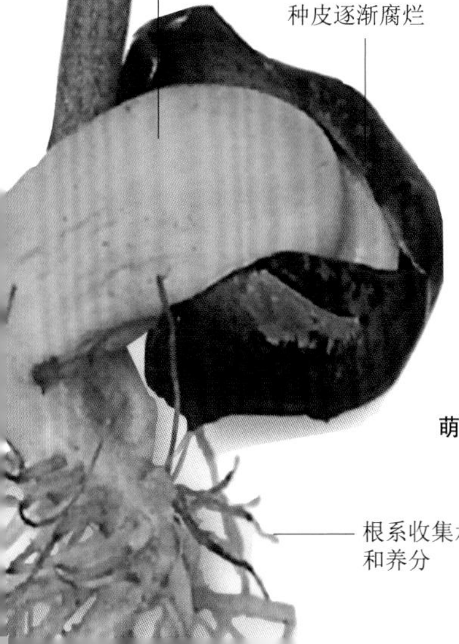

子叶作为植物生长所用的营养储存，在利用之后萎缩

种皮逐渐腐烂

根系收集水分和养分

萌发一周后

克服不利的条件▼

除了要在不良天气、虫害及疾病的侵扰中生存，这些幼苗植物还要应对来自其他幼年植物的竞争。这些山毛榉幼苗在森林地面上发芽，在那里它们不得不去争抢光照、水分和空间。自然界会很快淘汰那些脆弱的幼苗，为的是让那些强壮的植物生存下来。生存与不利条件间的抗争是十分巨大的。对于山毛榉所产生的上百万颗种子来说，只有不到10颗种子能够长成产种的成年树木。

无性繁殖

许多植物能够通过两种截然不同的方式进行繁殖。它们生产出种子，但是它们也能够通过器官的生长发育成为新个体。这些新植株通常从植物根部发育而来，同样也能够从茎、芽甚至是叶发育而来。这种繁殖的方式称为营养繁殖。不同于通过产生种子的有性繁殖的是，营养繁殖产生的幼苗总是和它的母体极其相似。这种繁殖方式受到农民和园丁的喜爱，因为这样他们就可以直接种植那些有用或是具吸引力的植物的相同复本了。

▲植物入侵者

黑刺莓在无性繁殖方面是尤为突出的。每节长茎生长时都会拱起，直至它们的末端接触到地面。而那时，这个接触到地面的茎节末端又会扎根形成一个新的植株。黑刺莓的茎可长达 5 米，因此这种植物在不受控制的情况下蔓延非常快。当然，它们也能够通过种子进行有性繁殖，因为它们生长的香甜的黑莓吸引了许多以果实为食的动物。

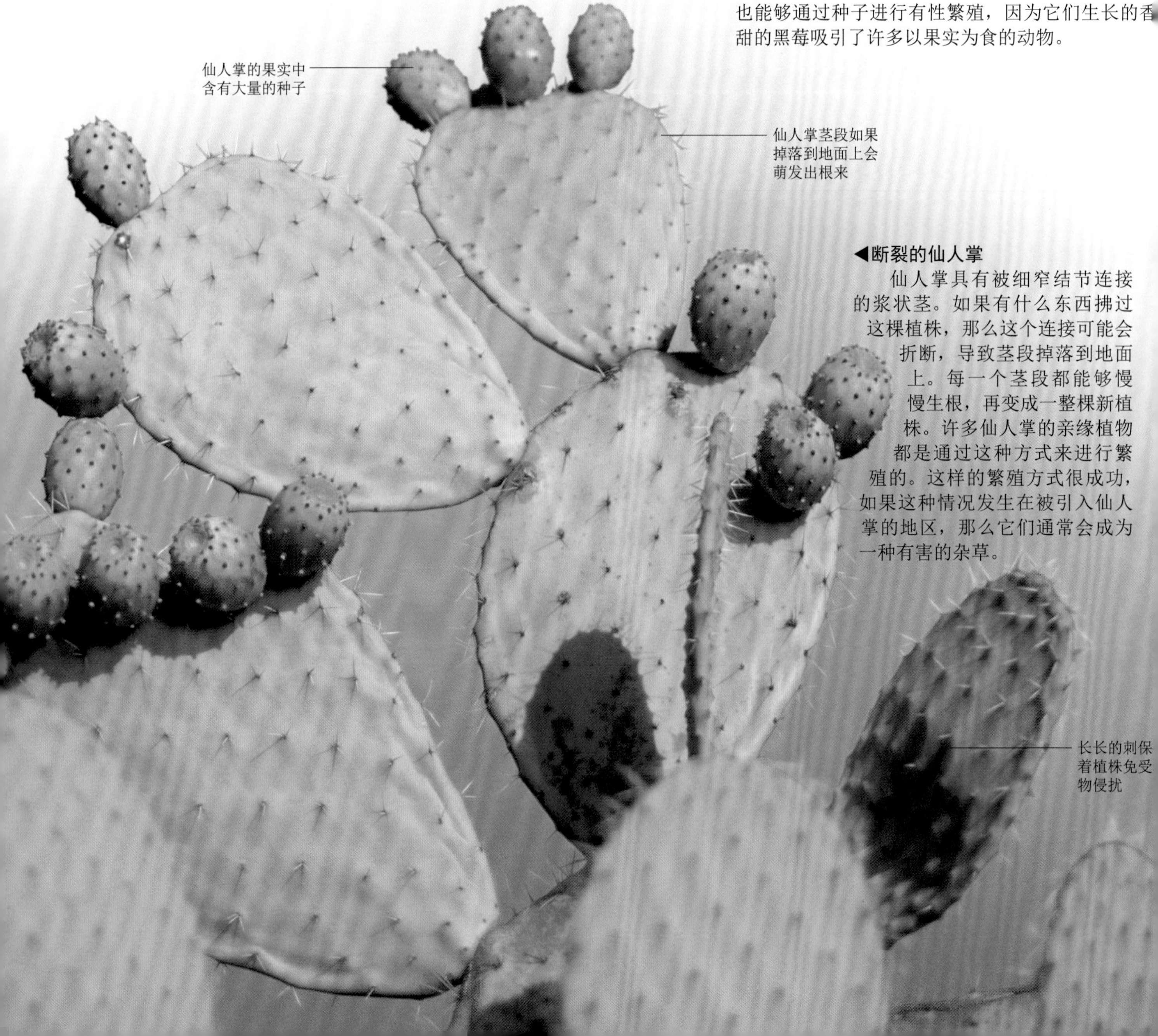
仙人掌的果实中含有大量的种子
仙人掌茎段如果掉落到地面上会萌发出根来
长长的刺保着植株免受物侵扰

◀断裂的仙人掌

仙人掌具有被细窄结节连接的浆状茎。如果有什么东西拂过这棵植株，那么这个连接可能会折断，导致茎段掉落到地面上。每一个茎段都能够慢慢生根，再变成一整棵新植株。许多仙人掌的亲缘植物都是通过这种方式来进行繁殖的。这样的繁殖方式很成功，如果这种情况发生在被引入仙人掌的地区，那么它们通常会成为一种有害的杂草。

繁殖扩散的方法

匍匐茎

草莓生长出的茎称为匍匐茎。这些匍匐茎在地面上蜿蜒并生长出新的植株。匍匐茎从母体中向新生个体运输营养和水分，直至这些新生个体生长得足以自给为止。种植草莓的农民收集这些幼苗植株，并且利用它们来进行新的草莓种植。

根状茎

鸢尾花生长的水平茎称为根状茎。根状茎生长在地下或是沿地面生长。当它们蔓延生长时，这些根状茎会分化并生长出新芽、嫩芽。其他的一些以根状茎进行繁殖的多年生植物包括：竹子、大黄、金光菊以及一些恼人的杂草。

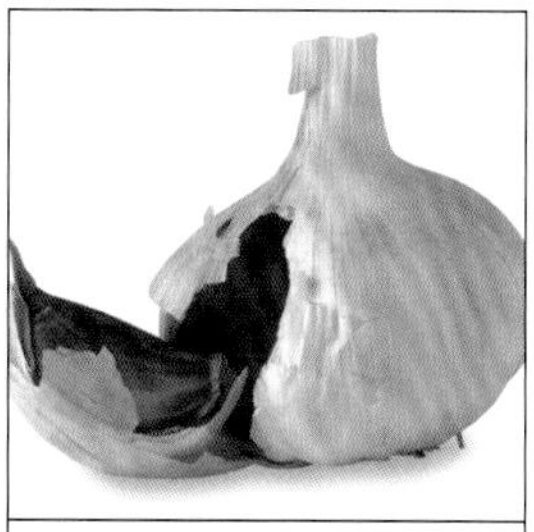

球茎

球茎是指一种短小、肥厚的、被扁平鳞片包裹着的萌芽。当球茎生长时，它常常会产生出新的球茎，当新球茎掉落时便生长出新的植株体。大蒜的球茎中包含着许多小球茎（蒜瓣）。球茎也是储存养分的地下茎。植物可以利用这些养分快速生长、开花以及生产种子。

块茎

块茎指肿胀的地下茎。它的主要作用是储存养分，但是它也可以萌发出新的植株。马铃薯就是块茎。它们身上被那些称为“芽眼”的小芽覆盖着。如果马铃薯被小心地切割的话，那么每一个芽眼都能够形成一个新的植株。种用马铃薯就是一种被用于种植的块茎，而非用于食用。

▼叶片发芽生长的植物

大叶落地生根这种植物具有十分不同寻常的无性繁殖方法——在它的叶片边缘能生长出许多不定芽，碰触落地，根伸入土中即可生成新的植物，故名落地生根。这种植物原产于非洲马达加斯加岛，生长在沙漠和干旱地区，它们的肉质叶能够储存水分。那些不定芽也同样能储存水分，这样一旦它们从母体掉落，可以防止其干枯。

群落和克隆

通过无性繁殖进行传播的植物通常形成的分散群落成为无性系纯系）。世界上最大的无性系（纯系）是北美的树种——颤杨。一些颤杨的无性系（纯系）能够达到 15 公顷，其中包含了被密集根系网络相连接的几千棵树木。同所有的无性系（纯系）一样，每一棵植株都是由共同唯一的母体而来。在最大的无性系（纯系）中，母体植物的生命起源于几千年前。

插条

当植物的茎被切断插入土壤中通常能够生根。幼苗植物，或是植株切段都可以通过这种方式进行种植。当它们通过这种方式成长起来后，每一棵植株的特点都与它的母体植物极为相似。在野外，成熟的植株在风暴的袭击下会被折断。如果雨水覆盖了这些黏附了泥土的植株碎片，这些碎片将会生根发芽。例如，像柳树和杨树这样生长在河岸边的树就会通过这种方式生长。

肉质叶储存水分
不定芽生长在母体植株叶片的边缘

禾本科植物

禾本科植物或许并不是世界上色彩丰富的植物，但是它们中有一些是重要植物。世界上有9000多种不同类型的禾本科植物，分布从热带直至世界的各个地方。在一些生境中，禾本科植物统领了整个景观，延伸至所有能看到的地方。禾本科植物对于生存在野外或是农场的食草动物来说是极为重要的食物来源。那些被种植的禾本科植物——谷物，是人类赖以维生的食物。

▼禾本科植物的解剖

禾本科植物具有管状的茎部和纤细的叶片。每片叶子上都具有包裹着茎的叶鞘和长扁平叶片，叶片具有尖状末端。花都很小、不引人注意，且属于风媒花。花集结在一起形成小穗，这样看上去像是茎部尖端的一丛羽毛。根是纤维状的，并且扎根范围很广，这也是对干旱土地生活的一种适应。

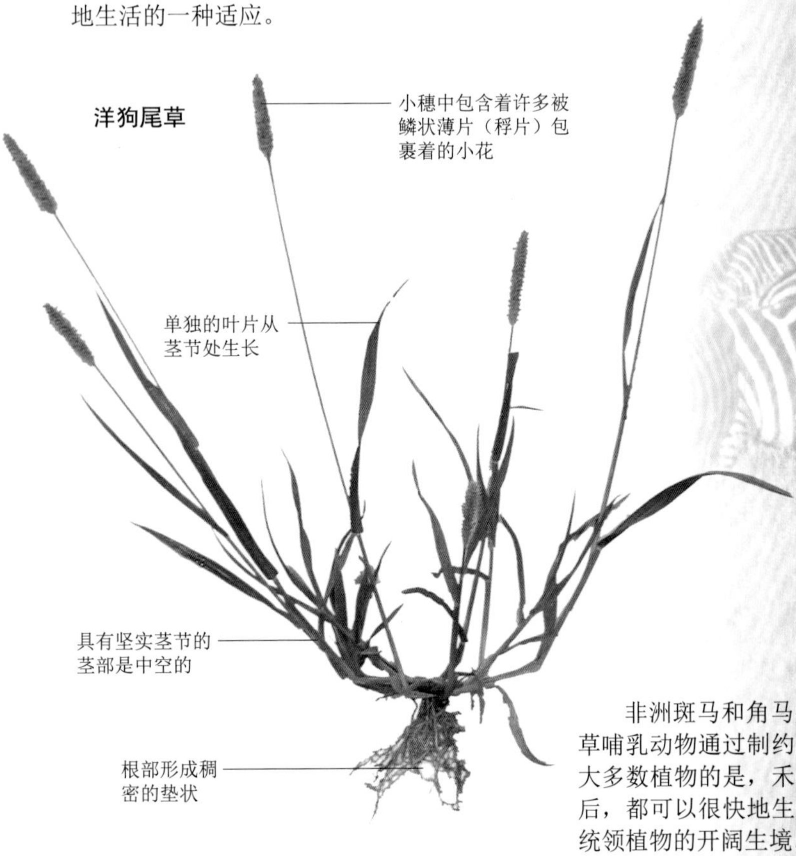
洋狗尾草
小穗中包含着许多被鳞状薄片（稃片）包裹着的小花
单独的叶片从茎节处生长
具有坚实茎节的茎部是中空的
根部形成稠密的垫状

草地和食草者▲

非洲斑马和角马要依靠禾本科植物生活，且与禾本科植物相互依赖。食草哺乳动物通过制约其他植物的生长从而帮助了禾本科植物的生长。不同于大多数植物的是，禾本科植物的生长是贴近地面的，因此在被踩踏或者食用后，都可以很快地生长出来。结果就导致了草地的形成，即以禾本科植物为统领植物的开阔生境。草地在世界上的干旱地区是很常见的。

禾本科植物是如何蔓延的

滨草生长在沙丘上。它们是通过称为匍匐茎的水平生长的茎部进行蔓延的。即使沙子有好几米厚，它们仍通过这种方式在沙地上推进、蔓延，并且萌发出新的植株。滨草是一种非常有用的植物，因为它们有固沙作用，这样防止了沙子在地面上流动。并不是所有的滨草都具有匍匐茎，有的匍匐茎有时只是在地面上蔓延而非穿过土壤。

竹子做的脚手架在风中具柔韧性，因此它适合应用在高层建筑的修建上
竹竿可供做轻便、坚固的脚手架

竹子做的脚手架

甘蔗▶

世界上的大部分糖都是来自甘蔗——可以生产香甜汁液的禾本科植物。糖的制作是通过收割甘蔗榨取出汁液。汁液要经过煮沸直至其水分蒸发后留下糖的结晶体。甘蔗种植在世界上的温暖地区。糖类也产自甜菜中——一种主要种植在欧洲和北美洲的块根植物。

竹子▶

竹子是具有木质茎的高大禾本科植物。尽管它们中的一些种类可以在冰雪地区生存，但是大多数的竹子都生长在温暖的地区。这些来自东南亚的巨大品种的竹子可高达40米，并且它们的茎部比许多种类的树还要粗。对于包括大熊猫这类动物来说，竹子是很重要的食物来源。人类也会食用竹笋。竹子的茎部还用做家具的制作，房屋及支架的建造。

鬣刺形成了一个环状丛

▲沙漠禾本科植物

多亏了细窄的叶片和繁密的根，这些禾本科植物才能够经受得住干旱。图中显示的植物叫作鬣刺，它覆盖了澳大利亚大部分内陆干旱地区。鬣刺总是丛生生长形成一个环状。鬣刺丛对于包括刺草地鸠等动物来说是一个十分重要的栖息地。这些动物在鬣刺丛中筑巢，并以鬣刺种子为食。

芦苇层生长在淡水湖的边缘地区

▲淡水生禾本科植物

许多禾本科植物都生长在小溪边或湖边的浅滩淡水地区。它们中的大多数都生长得很高以便能够露出水面，但是一些禾本科植物的叶片则在水面上漂浮。普通芦苇是分布最广泛的淡水禾本科植物之一——它们生长在湿地（沼泽地）中。茂密芦苇丛对于野生动物来说是十分重要的栖息地，对于水禽来说尤为重要。冬季，芦苇死亡的茎部有时被收割并作为建盖茅草屋的屋顶使用。

南极洲海狗10月登岸进行繁殖

▲丛生禾（丛生草）

这个南极洲海狗从寒冷的南部海洋中来到岸边，在丛生禾中消磨时光。这种禾本科植物生长在寒冷、多风的地区，并且能够形成被泥泞的冲刷沟分隔的高大草丛。仅有少数的动物可以以丛生禾为食，但是从生禾可以用作防风篱使用。海豹经常栖息在丛生禾中，在里面生产幼仔。此外，丛生禾也为企鹅提供了很好的筑巢地点。从生禾是生长在南极洲的少有的开花植物之一。

萼片在花朵
还是蓓蕾的
时候保护着
它们
色彩鲜艳的
唇瓣吸引昆
虫来传粉

兰科植物

兰科植物共有 25 000 多种，兰花（一般指兰科植物）是被子植物中最大的族群之一，分布遍及全球。兰花属地生或附生草本，在气候温和地区，它们通常生长在地面土壤中，但是在热带地区，许多兰花则附着于树木上。兰花因花期能维持数周时间而具有价值。多数兰花的传粉由昆虫完成，并且一朵花能够产生出超过上百万粒微小的种子。兰花的种子因为太微小而不能够进行营养物质的储存。取而代之的是它们采取与真菌共生的方式来使自己发芽、生长。

◀兰花的解剖学

这些绚丽夺目的花属于杂交兰花种类——一种在不同野生品种兰花之间通过异体授粉而产生出的兰花。像其他兰花一样，它的花具有三片外瓣，或称萼片；并且具有三片内瓣，或称花瓣。花瓣中最下面的那一枚为色彩艳丽的唇瓣，它的作用类似于机场停机坪，是为前来的昆虫停靠用的。兰花通常是因色彩艳丽而吸引着昆虫的来访，但是也有一些种类的兰花则是通过强烈的香气来吸引昆虫的。

与昆虫相像

这只雄性蜜蜂被这个与众不同的兰花所使用的伎俩所蒙蔽，这朵兰花正运用拟态来模仿雌性蜜蜂以招致雄性蜜蜂的光顾。对于蜜蜂来说，这朵蜂兰不仅在外形上很像雌性蜜蜂，而且它闻起来和感觉上都像是一只雌性蜜蜂。拿这样的模仿作为诱饵，导致这只雄性蜜蜂停留在这朵兰花上，并尝试着交配。在这只蜜蜂发现自己的错误之前，兰花已将其花粉包裹固定在蜜蜂身体上，这样蜜蜂一旦飞走，就会将其花粉传授至它去到的另一朵蜂兰上去。

▲在夜晚传粉

大多数兰花都是在白天进行传粉，但是这株奶白色的、来自马达加斯加的兰花品种却在夜晚通过蛾子进行传粉。蛾子来到这朵花上吸吮着其甘甜的花蜜，这些花蜜产自花朵底部的一个被称为“距”的纤长小管中。这朵花中的花距可达到 30 厘米长，因此只有具有超长喙的蛾子才能够达到足够的深度去吸吮花蜜。世界上有许多以蛾子来进行传粉的兰花，并且大多数是白皙的花朵，这种颜色可使它们在暗淡的光线下更容易显露出来。不同于那些白天传粉的兰花，它们的香味在夜晚是最强烈的，而蛾子正是在夜间活动。

▲地生兰花

这个来自欧洲北部地区的像女士拖鞋的兰花是地生（意为生长在地面上）兰花品种之一。同所有地生兰花一样，它具有粗密的根，以便在地下储存养分。它们通过小蜜蜂进行传粉，因花朵的形状像拖鞋而得名拖鞋兰。拖鞋兰（学名为兜兰）由于常被挖掘或采摘而变得越来越稀少。

▲食腐兰

珊瑚兰属地生兰花，不同于大多数植物的是，它不具有任何叶片。没有叶片意味着它不能够进行光合作用（利用光能生产养分以便自身生长使用）。取而代之的是，这类植物同地下的真菌一同协作，以地下的腐物为生。像这类的兰花被称为腐生植物。它们生活史中的大部分时间都不是暴露在外的，仅有当它们开花时才会显露出来。

▲附生兰

在热带雨林地区，兰花常常附生在高高的树木上，在那里生长可以使它们更好地吸收阳光。同所知的附生植物一样的是，这些兰花具有特化的根，这些根可使它们固定在树枝之间，并且能够从雨水中吸收水分。它们的根部常常聚拢掉落的叶片或树皮屑，从而产生微型堆肥以便它们自身的生长。

▲兰花保育室

在温室中，保育人员正在为这些将要出售的热带兰花洒水。兰花因其颜色华丽、花期较长而成为十分流行的室内盆栽植物。地生兰花被栽培在有土壤的花盆中，但是附生兰则被栽培在有树皮屑的花盆中。日常的洒水可以模拟它们在热带雨林中的生长环境。

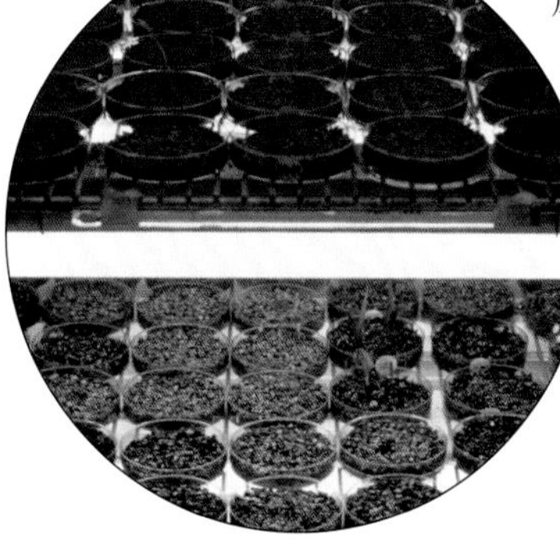

◀培育兰花

这些整整齐齐成排摆放的玻璃培养皿中盛放着兰花茎部的小切片，这些切片将会生长成为一整棵兰花植株。兰花很难从种子进行培养，因为它们依赖于特定真菌而生存，并且需要很长时间的生长期。通过利用分生组织进行组织培养的方式培育兰花要更快些。

香子兰▶

仅有一种兰花品种——香子兰被作为作物来栽培。香子兰散发着令人愉快的香气，因此被用在冰激凌 、巧克力以及其他食品的调味中。首次将香子兰投入使用的是墨西哥的阿兹特克人（墨西哥人数最多的一支印第安人）。如今，大多数香子兰都栽培在马达加斯加。

喜马拉雅桦

黄花七叶树

刺果栎

美洲山核桃

木兰

合欢

阔叶植物

阔叶植物都是开花植物。全球有至少 25 000 种阔叶植物，其中包括 1000 多种合欢和 600 多种橡树。一些阔叶植物为常绿植物，但是它们中多数的树叶都会在冬季或是气候变得炎热或干旱的时候掉落。阔叶植物对于动物和人类来说极其重要（它们为动物提供遮蔽的空间和食物；为人类提供木材、果实、香料、医药以及许多其他的植物产品）。

一棵树的解剖▶

枫树是典型的阔叶植物。它拥有柱形树干，伸展的枝叶形成了圆形的树冠。它看上去与典型的针叶植物有很大的不同，生长得很高大、挺直。枫树的树叶呈现黄绿色，通过风媒传粉。雌性花产生出被称为翅果的果实，翅果是由同纸一样的翅形物相连的一对种子构成的。像图示这样大的一棵树每年可产上千颗翅果。

◀叶子

阔叶植物的叶片极具多样化。一些种类的叶片小得跟指甲盖一样大，但是最大的叶片可达 20 米长。阔叶可具有很简单的形状，并具有分支或裂叶；它们也可被分开成连接在同一叶柄上的小叶。桉树在幼苗时具有一种类型的叶片，而在其成熟后叶片又呈现另一种类型。

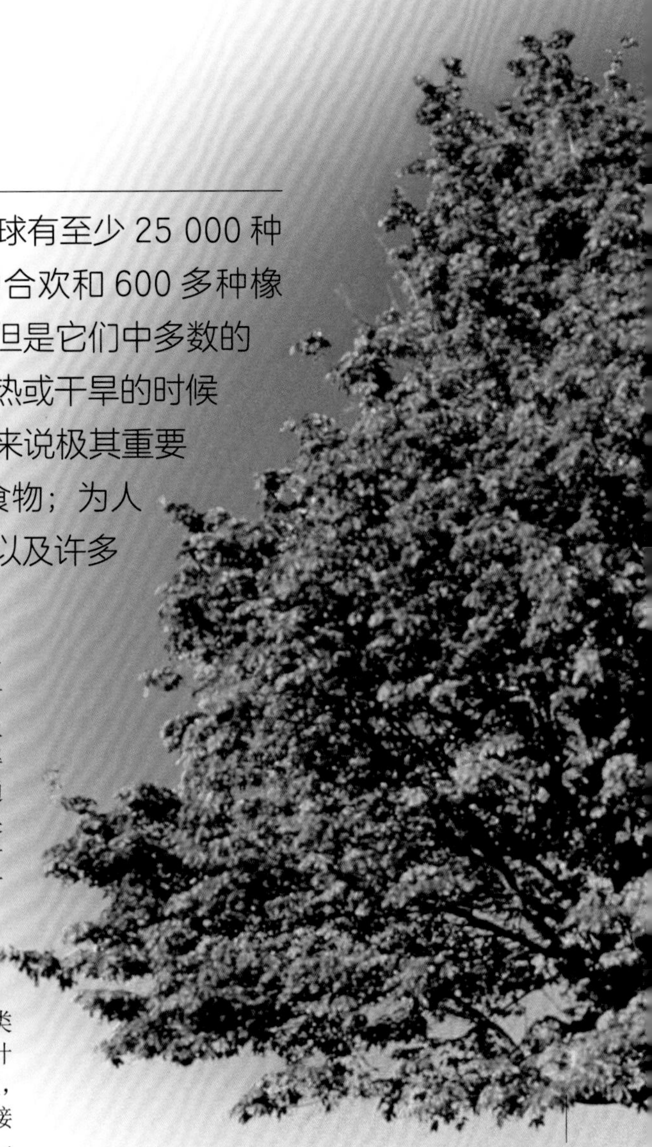

随着花的凋谢，叶片开始显现出来

夏季中的枫树

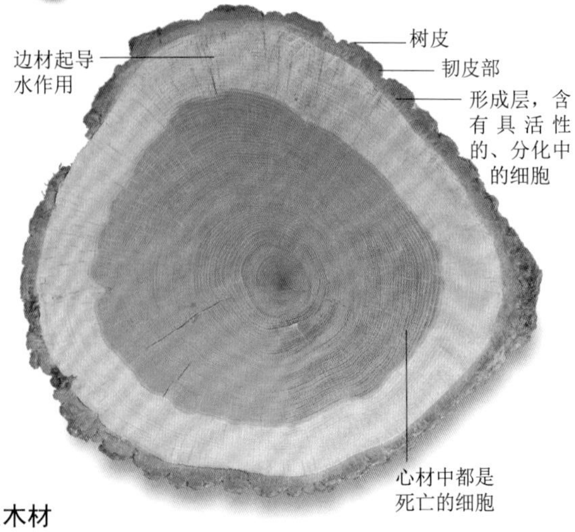

▲木材

一棵树的树干和树枝都是通过相同方式产生的。最外部是一层具有保护作用的树皮。紧靠树皮内侧的一层被称为韧皮部，它们是用来运输树木的汁液的。再次就是形成层了——一薄层细胞层，它们持续地分化以加厚树干或树枝。边材中包含有木质部细胞，它们可以运输来自根部的水分。死亡的心材部分可以提供给树木更多的强壮度，心材都存在于树干及老化树枝的中心部位。

树皮的种类

栓皮栎

栓皮栎具有厚实的树皮，树皮上有着深深的沟壑和脊。这类树皮可以被剥掉形成弯曲的片状，被应用于软木的制作中。如果小心地去掉树皮，那么在其空缺的位置将有新一层的光滑树皮慢慢形成。只要不对这棵树进行破坏，那么我们能在超过一个世纪的时间里从同一棵树上收获到软木。

英国梧桐

英国梧桐（二球悬铃木）常用于城市绿化，具有灰白色的树皮，树皮可以被剥落成一大块薄片，在树皮剥落后会露出下面光滑的一层新树皮。这类树木通过树皮上的小孔呼吸，树皮定期剥落可以防止小孔被堵塞。这些特性都可以使得它在空气污染严重的城市中生存下来。

纸皮桦

纸皮桦具有纸一样薄、颜色白皙的树皮。随着树干的生长，树皮呈片状或条状掉落。纸皮桦的树皮是防水的，美洲原住民曾经用它来制作独木船和活动窝棚的房顶。2000 多年前，亚洲佛教僧侣在桦树皮上书写。

位于嫩枝基部的幼芽将在第二年开出花来

冬季中的枫树

▲花朵

所有的阔叶植物都开花。图中这些花是酸苹果树上生长的——一种被种植于花园中用于装饰的观赏植物。它是通过蜜蜂来进行传粉的，蜜蜂是被其色彩丰富、香气迷人的花朵所吸引。一些热带树木，如蓝花楹，则更加的引人注目，因为它们通常在没有叶片的情况下开花。而枫树这样的风媒树木则十分的与众不同，它们甚至在花朵完全盛开的情况下，那些小绿花也很难被发现。

多刺的果壳在坚果发育的过程中起保护作用
一颗果壳中生长着多达 3 个坚果

▲种子及果实

阔叶植物花落后，便会产生果实和种子。这些种子为生长在多刺果壳中的甜栗。这些坚果（种子）成熟时掉落到地上，果壳裂开将种子散播出去。许多阔叶树生长出肉质果，并且它们逐渐演化以吸引动物的注意。产自东南亚的木波罗（俗称菠萝蜜）有巨大果实。这种果实吃起来的味道介于菠萝和香蕉之间，并且重量可高达 35 千克。

◀常绿树

常绿树整年都具有叶片。每一叶片通常能够保持好几年，并且仅在另一叶片准备好取代它的位置时掉落。几乎所有的针叶树都是常绿树。此外，大部分常绿树都生长在雨林或是冬季气候较温和的地区。常绿树叶通常比落叶树的树叶更加厚质、坚韧，这是因为它们的树叶要保持较长的时间。一些常绿树，如桉树，叶子具有强烈气味的油性物质。这些特性可以使得它远离昆虫和其他一些以叶片为食物的动物的袭击。

▲落叶树

像这棵枫树一样，大多数落叶树木都在秋季掉光所有的叶片，又在春季生长出全新的叶片来。这样做可以节省能量的消耗，停止生长直至适宜的生长条件出现为止。在热带地区，每年涝旱交替，落叶树常常在旱季来临时掉落其叶片，并在雨季来临时生长出新的叶片。

秋季的色彩▶

同许多落叶树一样，生长在美国东北部新英格兰地区的枫树在秋季大放异彩。到了秋天，阳光减弱，气温下降，叶绿素难以生成。没有了叶绿素，那些被隐藏的色素，如叶黄素、胡萝卜素则会显露出来。在那些夏季温暖、秋季夜晚寒冷的地区，秋天的颜色是最鲜艳的。

枫树叶片在秋季会变幻为红色、黄色和橙色

棕榈科植物

棕榈科植物具有修长的树干和华丽的叶片，这使它们看上去和其他阔叶树有所不同。全球有 3000 多种棕榈科植物，大多数都生活在温暖地区。有些棕榈科植物比较矮小，而有的棕榈植物可高达 40 多米。它们的叶片坚韧、持久，可能有数米长。棕榈科植物对于野生动物来说十分重要，比如鸟类可以在它们的树叶间建巢，果实被所有种类的动物所食用，范围从猴子到盗蟹（或称椰子蟹）。人类也同样为了食用其果实而人工种植。

根部常常从地面下长出
叶片的生长可以保持好几年
木质部重量很轻，而且呈纤维化，并且不具有年轮

▲棕榈科植物的外形

椰子同所有棕榈科植物一样，具有没有任何分支的独立树干。树干顶端生长着成簇的巨大树叶，这些叶片是从植株中心的一个萌芽处（生长点）发出，紧挨着生长。这个芽点对于整株植物来说十分重要，如果它被切除掉或是因为天气寒冷而死亡，那么整棵树都会因为这个原因停止生长或死亡。棕榈植物的花和果实通常是成簇地生长在叶片基部。椰子成熟后，它们会掉落，可漂浮在海中。

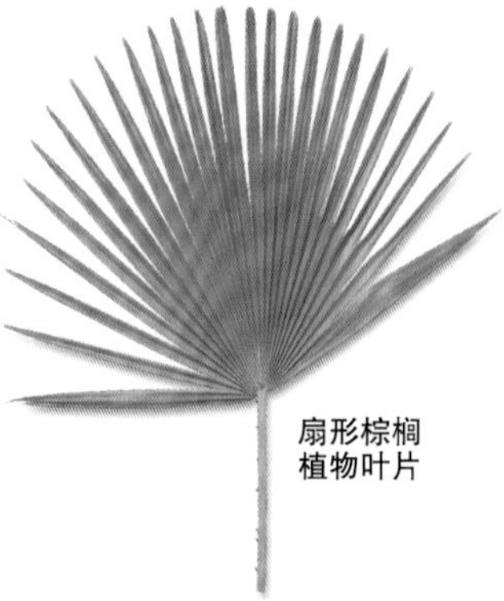

扇形棕榈植物叶片

羽毛状棕榈植物叶片

◀棕榈科植物的叶片

同其他植物的叶片
比，棕榈植物的叶片十
巨大。它们叶片最长纪
是 20 米长，即使小型棕
植物的叶片也能够超过
米长。棕榈植物的叶片
坚硬，并且长而尖。它
通常以分开的小叶形式
在，这些小叶连接着中
的柄。一些棕榈植物的
叶展开成半圆形，形成
子的形状。而在另一些
类中，它们的小叶成两
排列，形成羽毛的形状。

棕榈科植物的生活环境

水椰属生活在潮湿的沼泽地区

海枣（枣椰树）生活在沙漠地区

棕榈植物都需要温暖的环境，但是它们仍可以生活在多样化的环境中。例如，水椰属棕榈植物就生长在热带的沼泽地区，在那里它们能获得所需的大量水分。也常见在河边或湖边成簇生长。

生长在热带雨林地区的许多雨林棕榈植物形体小，且茎部纤细。例如，白藤属植物具有纤细、具有弹性的树干，以便它们蔓延缠绕到周围的树木上。

棕榈植物也同样生长于少有植物生存的沙漠地带。它们通常在干涸的河床边发芽，这样它们的根可以扎入隐藏在地面下的水中。

棕榈科植物是如何生长的

棕榈植物幼苗

这棵椰子树在海滩生长发芽。同所有的棕榈植物一样，在它的树干上生长出成簇的叶片。叶片的基部包裹着树干，并且随着每片叶子的发芽，整棵植株幼苗也在长高。与此同时，生出许多根，使植株固定生长在移动的沙子中。

棕榈植物幼树

当棕榈植物逐渐地成熟，叶片丛也越长越高，形成树干。棕榈植物的树干变得越来越长，不同于大多数树木的是，棕榈植物不具有真正意义上的树皮，并且它的树干一旦被砍伐或者被损坏后就不能修复。

成熟棕榈植物

图中这棵椰子树已经生长了 10 年。它具有成年棕榈植物的叶片大小，树干高达 8 米。这是一株完全成熟的棕榈植物，并且已经开始开花、产果。一些棕榈植物在特定的季节里开花，但是椰子树全年都可以开花。只要植株中心的芽（生长点）存在，这棵棕榈植物就会继续生长下去。

◀棕榈科植物的果实

这位种植园工人正在搬运油棕（一种广泛生长于温带地区的植物）的果实。同大多数棕榈科植物果实相同的是，油棕的每一个果实都只有一颗种子。由这些果实产生的油料被广泛应用于清洁剂、食品等产品的制造。包括油棕和椰子在内的许多棕榈科植物的果实都具有坚硬的外壳。但海枣（枣椰树）的果实却很特别，它的果实叫海枣或椰枣，果实有香甜果肉和外皮。

棕榈科植物产品

棕榈科植物的用途很多。它们能够提供食物，汁液还可作为饮料。棕榈科植物的汁液经过发酵后还可作为棕榈酒。

一些棕榈科植物是纤维的主要来源，如酒椰纤维（产于马达加斯加）和椰壳纤维。酒椰纤维来自酒椰的叶片，可用于编织物的制造。椰壳是椰子外被的硬壳，常被用于制作刷子、席子和绳子。

棕榈科植物叶片可以被用来做茅草屋的房顶和沙滩伞。茎部常会在建筑中使用或作为栅栏桩使用。棕榈科植物还会生产出有用的蜡质物质。

攀缘棕榈科植物▶

白藤属植物及其亲缘植物具有非常修长的树干，可以通过在其他植物上的攀爬生长达到 150 米长。生活在东南亚地区的雨林中，通过在其他植物上的攀爬来同那些植物分享阳光。它们的树干上具有背向勾缝脊，有助于勾住树枝，从而在一个地方固定下来。白藤属的树干十分茂盛，并且十分强壮且易弯曲的特性，常被用于制造家具。

密集的叶片丛都靠桶状的树干支持着

▲濒危棕榈科植物

全球棕榈科植物有超过 10% 都面临着灭绝的威胁。这种智利酒棕由于其汁液被用作制酒而变得越来越稀少。为了收集它的汁液，人类将树干的顶部砍掉，导致树木死亡。这类物种现已被保护，但是由于其他许多棕榈科植物生存环境的破坏也同样面临着灭绝的危险。这种威胁越来越难以控制。

幼嫩的叶片从扇面的中心发芽生长
老叶在远离扇面中心的地方生长
位于扇形基部的叶片会很快就掉落

旅人蕉▲

旅人蕉生长成熟时的巨型叶片可形成 8 米宽的扇形。旅人蕉起源于马达加斯加，现在在世界温带地区的公园里都有种植。旅人蕉不属于棕榈科植物，但是属于单子叶植物，并且它们有着与棕榈科植物相同的生长方式。其他如香蕉和露兜树的类棕榈科植物则生长在热带海滨地区。

食虫植物

植物不需要食物，但是却需要矿物质营养（氮素）来维持生长。大多植物能够从土壤的硝酸盐中获取足够的氮。而食虫植物（肉食植物）则是通过捕获小动物，并且消化它们的尸体来获取氮素的。它们捕获的动物中小型昆虫占大多数，但是有些种类的食虫植物还可以捕获像蜈蚣和青蛙等大型猎物。食虫植物生长在世界上任何土壤泥泞、荒芜以及氮素缺乏的地方。为了能够捕获到猎物，食虫植物利用取代正常叶片的特化捕虫器进行抓捕。

雨林地区的捕虫植物▶

热带猪笼草（瓶子草）的叶片末端具有一个瓶子状的捕虫笼。每个捕虫笼具有一个防雨的盖子和一个又宽又滑的瓶口（也称为唇）。这个捕虫笼的瓶口可以生产花蜜，这样就会吸引那些采蜜的昆虫停驻在上面。一旦昆虫站在上面就会滑进充满着消化液的特化捕虫笼中。几天后，消化液中的消化酶会渐渐地将昆虫的尸体消化掉。最小的食虫植物捕虫器还没有缝纫用的顶针大，并且沿地面生长。最大的捕虫器能够盛下超过1升的消化液。捕虫器都是由常绿的攀缘植物产生的。热带猪笼草生长在马达加斯加、南亚以及澳大利亚地区的森林中和多雨草原上。

捕虫笼红黄相间的颜色用来吸引昆虫
缠绕的卷须可以抱握住其他植物以获得支撑

捕蝇草

捕虫夹上的着陆

捕蝇草拥有具弹簧机制的叶片，它可以在瞬间关闭来捕获昆虫。图中显示的是一只豆娘在捕蝇草的捕虫夹的叶片上落脚。这个捕虫器是酷似“贝壳”的两片叶子所形成，由一个铰合区相连。捕虫夹的每个叶片边缘会有规则状的刺毛。在捕虫器中心还有三根小刺毛，它们的作用相当于启动捕虫器的开关。

捕虫夹的关闭

如果这只豆娘同时触碰捕虫器的两个开关后，这个捕虫夹的弹性机制便开始发挥作用。这个铰合区关闭，捕虫器“啪”地合在了一起。当捕虫器合上时，圆裂片上的刺毛便会像手指一样咬合在一起，使得豆娘难以逃脱。在不到一秒的时间里，这只昆虫就会被完全地捕获。

消化猎物

一旦捕虫器关闭，捕虫器的叶片上就会分泌消化酶，用以分解这个豆娘的尸体，并释放出能被植物体吸收的营养物质。大约一周过后，这个捕虫夹会再次打开，猎物的残体被释放。每个捕虫器在经过两到三次的消化后便会枯萎消亡。

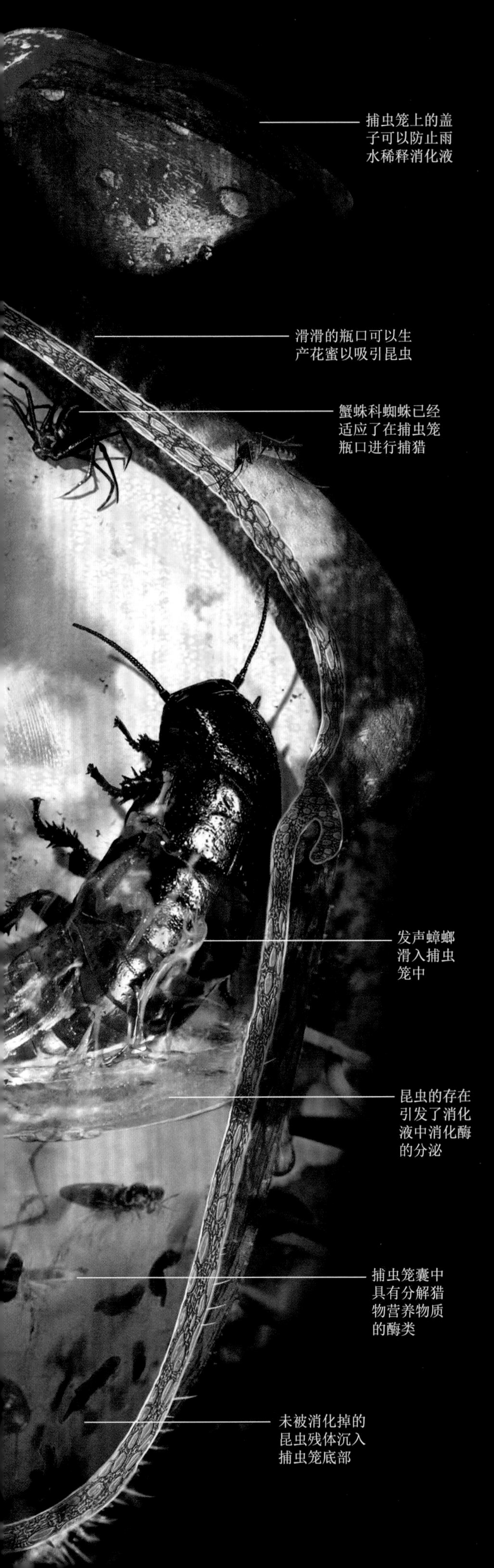

捕虫笼上的盖子可以防止雨水稀释消化液
滑滑的瓶口可以生产花蜜以吸引昆虫
蟹蛛科蜘蛛已经适应了在捕虫笼瓶口进行捕猎
发声蟑螂滑入捕虫笼中
昆虫的存在引发了消化液中消化酶的分泌
捕虫笼囊中具有分解猎物营养物质的酶类
未被消化掉的昆虫残体沉入捕虫笼底部

茅膏菜▶

茅膏菜是一种食虫的沼泽植物，它全身被有黏性的毛（腺毛）。在每一根腺毛的末端都有露珠状的黏液。一旦昆虫将这闪闪发光的“露珠”当作是花蜜而停驻的话，立刻被黏住。附近的腺毛会将昆虫折叠起来并当场将它消化掉。世界上有超过100种茅膏菜。世界各地均有分布，生长于沼泽中，高山上或者其他一些土壤湿润且酸性的地方。

捕虫堇▶

捕虫堇的叶片上附有两种不同的腺体。一种腺体分泌具有特殊气味的黏液以吸引并捕捉昆虫。另一种腺体分泌消化液。这种植物英文为butterwort（黄油植物），是因为它们的叶上覆盖着“油腻”的腺毛。许多食虫植物的花色都很灰暗，但是捕虫堇的花朵颜色是为亮蓝色。世界上大约有40种捕虫堇。野生的捕虫堇生长在沼泽地带，它们有时也会被种植在温室中，用来防控虫害。

瓶子草（猪笼草）▶

北美洲瓶子草（猪笼草）能够从地面上生长出成簇的瓶状体。它们的瓶状体像冰激凌蛋筒，高度长达90厘米。同热带猪笼草一样的是，它们也具有防雨的盖子，此外，它们散发出的强烈气味是用来吸引蝴蝶以及其他一些在腐坏物上进行生殖的昆虫。北美瓶子草的生长遍及大陆中沼泽湿地，范围从美国南部的佛罗里达州一直北上至加拿大的极地地区。

狸藻▶

唯一能够在水下进行捕虫的食虫植物就是狸藻了。狸藻在水下的叶片备有小型的、泡泡状的捕虫囊。这些捕虫囊外部的纤毛被触动后，捕虫囊以极快的速度打开，囊内形成的负压就可以迅速地把周围的东西吸进去。图中，一只水蚤在捕虫囊附近游动，而现在已被捕获。

附生植物

附生植物并非在地面生长，而是高高地生长在树木或其他植物上。这样的方式为它们不必靠自身的高度生长就能获取光照提供了很好的条件。大多数附生植物利用它们的根定植在一个地方，它们所需的水分都从雨水中获得。它们从空气尘埃或者从它们上方掉落的枯死叶片中获取矿物质营养。附生植物包括苔类植物、藓类植物和蕨类植物，除此以外，还包括地衣和许多被子植物。它们大多常见于热带雨林中，但是也有一些生长在寒冷、潮湿的森林中。

空中花园▶

图中这个热带植物的树干被附生植物和攀缘植物所覆盖。这些攀缘植物扎根于土壤中，但是附生植物终其一生都是离开地面而生存的。一些附生植物生长在垂直的树干上，而另一些则附着于倾斜的树枝上。不同于寄生植物的是，附生植物并不从其宿主植物中窃取水分或营养。大多数附生植物具有小的、风媒传送的种子或孢子，它们会在树与树之间进行迁移。

花朵产生花蜜以吸引前来的蜂鸟
树蛙具有黏性的指垫以依附在植物叶片上

◀凤梨科植物

生长在热带的凤梨科植物中包括了世界上最大的一些附生植物。图中这种来自南美洲地区植物开着艳丽的花朵，通过蜂鸟进行传粉。同许多凤梨科植物一样的是，它通过叶片将雨水引流到位于植物中心的一个类似于储水箱的凹陷中。这个凹陷是一个十分重要的栖息地，一些树蛙甚至将它们的卵放置在这个凹陷中，蝌蚪就在这个高于地面的凹陷中进行生长发育。

寒冷气候中的附生植物

这些形态扭曲的橡树被藓类植物所覆盖。它们是生长于寒冷、潮湿地方中的一些最常见的附生植物。藓类植物能够在橡树上生长得很好，这是因为橡树皮上具有苔藓植物孢子能够附着生长的大量裂隙。

地衣是生长在温带树木上的另一种附生植物。一些地衣平展地覆盖在树干上，而另一些看上去像小灌木丛的地衣则是从分叉和细枝中生长出来的。

定植于某处▶

附生植物为了生存需要紧紧地附着生长。附生兰花是利用其特殊的根部将树枝抱住。它的根具有海绵状的包被，它们的水分和营养吸收来自雨水。世界上有超过一半的兰花为附生生长，并且多数都生活在温暖而潮湿的热带雨林地区。它们的种子十分细小，并且通过微风将种子散播在林冠层中。

绿色的根尖进行光合作用

▲叶附生植物

图中的苔类植物附生在一个独立的叶片上。以这种方式生长的植物被称为是叶附生植物，它们中的大多数都生长在热带雨林地区。叶附生植物通常附着在生长于潮湿林底层的大型常绿植物的叶片上。除了苔类植物外，叶附生植物还包括藓类植物和藻类植物。总的来说，它们可以完全覆盖、压住叶片，并且获取它大部分的光照。

▲西班牙藓类植物

在美国的东南部，西班牙藓类植物优美地拖曳在树枝间。尽管它的名字叫藓类植物，但是这种附生植物并不是真正的苔藓，而是一种凤梨科植物。大多数凤梨科植物具有肉质叶，但是西班牙藓类植物却具有悬挂着的茎，上面还长着能够收集水分的小鳞片。西班牙藓类植物的茎部可生长达1米多长。同凤梨科植物一样，西班牙藓类植物只生长于美洲的热带地区，在世界上的其他区域却没有生长。

▲空气凤梨

由于它们特别的外形和生活方式，空气凤梨常常被作为盆景植物进行栽培。不同于大多数的附生植物，空气凤梨可以生活在干旱的生长环境中，并且它除了用根部，还会用其蜿蜒的叶子来进行附着生长。空气凤梨通常生长在灌木和乔木上，但是也有可能生长在一些人工材料上，如电视天线和电话线。空气凤梨属于西班牙藓类植物的亲缘性植物，它们同样具有覆盖于叶片上的集水鳞片。

蔓生植物和攀缘植物

植物需要光的滋养。为了得到足够的光照，大多数植物长有强壮的、能够生长大量叶片的茎部。但是这些对于蔓生植物和攀缘植物来说却很难做到。在蔓生植物和攀缘植物中，自我支撑被替代，它们采取在就近物体上攀爬的方式来生长。许多蔓生植物和攀缘植物爬到其他植物上去，但是有一些会爬到岩石、篱笆和建筑物上去，为的就是能够和它们共享阳光。这样的生活方式具有一个很大的优势——蔓生植物和攀缘植物不需要强韧的茎，因此可以将更多的能量用于自身的快速生长中去。蔓生植物和攀缘植物分别来自许多不同的植物分科，已经发展出多种攀爬方式。

龟背竹▶

同室内盆栽一样流行的龟背竹（或称蓬莱蕉）是一种野生于美洲中部雨林地区的攀缘植物。龟背竹的幼苗在森林地被层向着荫蔽处生长。这样的方式有助于它们寻找能够攀爬以获得阳光的树干。随着幼苗的生长，这种植物生长出许多纤细的根，它们能够像绳子一样缠绕在树干上。它们的叶片也随之变大，并且叶片上面生长出许多小洞，这使得它们看上去就像切片后的瑞士干酪。成熟植株，可高达 20 米。如果龟背竹的宿主植物不高，它则会通过其生存趋向性去接近阳光。在它开始下一次攀爬之前，会先回到地面生长再去寻找新的树干进行攀缘。

◀藤本植物

藤本植物指的是那些具有厚实木质茎的巨大的缠绕植物。它们生长于热带的森林地区，要借助其他植物在林冠（指森林中树木的最上部枝叶相互连接成一大片）中立足。藤本植物通常要比那些被它们缠绕生长的植物活得久。一些藤本植物可以超过 100 米长，茎直径达到 5(厘米。在林冠中，它们的叶片摊开的范围比一个足球场还大。

▲缠绕的攀缘植物

旋花科植物和甘薯属植物都是典型的攀缘植物，即那些缠绕在其他植物上面生长的植物。攀缘植物的茎旋转成螺旋状，这样可以为它们提供足够的攀爬力。攀缘植物的缠绕总是朝向一个方向螺旋。从上方看，旋花科植物的旋转方向是逆时针的。当缠绕植物开始萌发时，它们生长中的茎常常靠近地蜿蜒成圆形。这样的方式为它们寻找攀爬物提供了一个很好的机会。

▲附着根

常春藤利用沿茎生长的根而附着在树木或是墙壁上。它们的根会生长进树皮或砖墙的裂隙中。当常春藤植物成熟后，它的顶端会生长出去形成灌木丛，有时会高于地面。常春藤不算是寄生植物，因为它们不窃取附着植物体内的水分和养分，但是它们可以通过包埋树木的叶子而杀死树木。常春藤还是老旧建筑的一大难题。当它们从墙壁上被剥掉时，建筑中砖块的碎片和砂浆也会随之脱落。

▲黏性吸盘

北美爬山虎（五叶地锦）几乎可以攀爬各种表面，这都要归功于吸盘。这些吸盘是从它们卷须的末端特化而来的，它们伸展开来像是手指一样。随着每个叶枕的生长，它们会钻进很小的缝隙和裂隙中去，以便获取极其坚固的抓力。这些卷须会将植株和它的支撑物紧紧地连在一起。北美爬山虎（五叶地锦）是很受欢迎的园艺植物，因为它们的颜色在秋季里能够变成亮红色。

◀卷须

许多攀缘植物都是通过一种叫作“卷须”的纤细线状物卷曲固定在一个地方的，这些卷须具有感应末端。下图中，白泻根的卷须正卷曲在麝香兰的周围——卷须遇到任何牢固的物体都会卷曲。一旦卷须抓紧后，它的基部就会像弹簧一样开始螺旋。这个紧抓的卷须有助于植物在某一个地方的固定。因为卷须的基部具有这个类弹簧结构，因此它们更具弹性且在有风吹过植物的时候不易被折断。卷须对于触碰十分敏感。如果用铅笔轻碰卷须，它们会在五分钟内变得卷曲。

▲攀缘植物和匍匐植物

图中这个蔷薇科植物穿过灌木而生长。它们是利用刺倾靠在其他植物上生长，而不是紧紧地附着在其上。通过这样方式生长的植物，植株大小能够达到令人吃惊的程度。世界上最大的蔓生玫瑰灌木丛具有一个主干，直径能够达到1米，灌木丛所覆盖的面积竟有一个奥运会的游泳池那么大。匍匐植物采取同样的方式生长，但是是接近地面的。它们那具有弹性的茎可以蔓延扩展到任何位于其生长路径中的物体，其中包括岩石和其他植物。

寄生植物

寄生植物指不依靠自身生长，而是靠“偷取”其宿主植物体内营养物质而生长的植物。所有的寄生植物都不具有叶片，但它们可获取自身生长所需的一切物质。半寄生植物具有叶片，并且自己合成食物，但是它们也会“偷取”其宿主植物中的水分和营养物质以供自身生长所用。寄生植物生长于多种生境中，范围从雨林到农田。大多数寄生植物很容易定植，但是一些种类则隐生在其宿主植物内部或地下，这些寄生植物仅仅在每年开花的时候才能够见到。

作物上的寄生

世界上有100多种列当（上图），它们有害于庄稼作物的生长，尤其对豌豆和菜豆的伤害最大。它们从地下闯入作物体内，并且营寄生生活，其生长所需的物质完全依赖于其寄主植物。它们的花朵呈褐色或淡黄色。

独脚金（下图）是一种来自亚洲和非洲地区的寄生植物，它们袭击玉米及其他谷类植物。同列当一样，它们的生长完全依靠于其宿主植物，并且在地下进攻宿主植物。独脚金因其色彩斑斓的花朵而倍加显眼。

对付庄稼寄生植物并非易事，现在唯一确定的办法就是进行不同种类庄稼的轮种，以便寄生植物无法进行寄生生活。

巨大的寄生植物▶

大花草是来自亚洲东南部地区的一种寄生植物。它生长在雨林中，其生命中的大部分时间都是寄生在攀缘的藤本植物上。它每一朵似橡胶的花径达90厘米，并且具有极其强烈的气味来吸引成群的苍蝇。大花草产生的软烂的果实有网球那么大。这些果实黏附在森林象的脚上，以便其种子传播到其他藤本植物上。

似橡胶的边缘围绕在花朵的中央
花瓣看上去和闻上去都像腐肉一样
在花朵的中心产生出具有黏性的果实

菟丝子

被菟丝子所覆盖

图中的灌木已被菟丝子覆盖，形似意大利面的菟丝子是完全的寄生植物。菟丝子生长在土壤中，而一旦它攀附于宿主植物后，它自己的根便会萎缩。菟丝子会生长出被称为“吸器”的肿块，这个肿块会进入宿主植物中窃取它的养分和水分。世界上有100多种菟丝子，它们可以寄生于多种植物中。

菟丝子的花

菟丝子开出成簇的粉色或白色的小花。这些花常常通过蝴蝶进行传粉，他们生产出的极小种子也会被散落入土中。当菟丝子的种子开始萌发时，这种幼小的植物便开始长出长长的茎，这些茎伸出土壤去寻找它们的宿主植物。

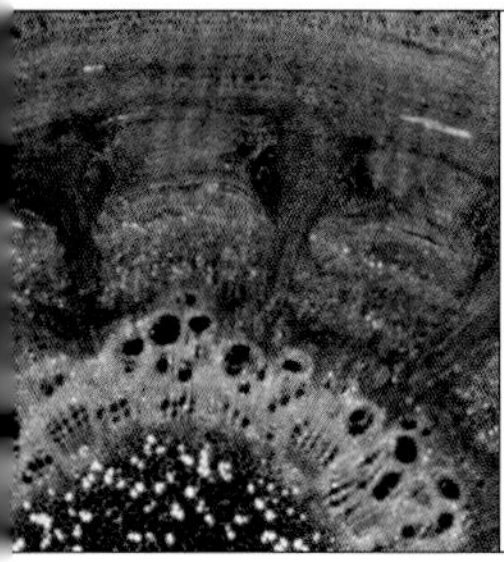

菟丝子的闯入

图中是显微镜下已被染色为橙色的菟丝子茎以及菟丝子那被染成深绿色的“吸器”。而宿主植物的茎则被染色成为青绿色。“吸器”强行进入宿主植物的茎部，并且与宿主植物中运输养分和水分的管道进行了连接（显示为粉色）。有时由于寄生植物吸取了太多宿主植物的营养物质而导致其死亡。

画眉鸟通过对槲寄生的果子在树木间的运输来实现槲寄生的传播

槲寄生▶

槲寄生是一种寄生在树木上的寄生植物。它们从其宿主树木中获取水分和无机盐，但是它们具有自己的叶片并且自己供给养分。槲寄生为了传播必须将自己的种子散播出去，这样才能使其到达其他宿主树木上去。一般来说，槲寄生是通过产生黏附性果实来实现种子的传播的。这要通过鸟类来实现，鸟类在树枝上的行走中便将果实黏黏的外皮给剥掉了。这样种子便能裸露出来黏附在树枝上，然后开始自己的生长发育。

这些绿色的叶子使得槲寄生能够通过光合作用产生自身所需的养分

槲寄生长入宿主植物的树枝中

光彩夺目的黄色花朵产生出大量的花蜜

▲寄生乔木

澳大利亚圣诞树是世界上最引人注目的寄生乔木之一。每年12月，当它的花期来临时，树上便开满了黄色的花。这种引人注意的树木属于半寄生植物，它们从其周围生长的草类植物中吸取水分和养分。澳大利亚圣诞树通过利用周围草类植物的根，要比仅仅利用自身的根可以吸取更多的水分。澳大利亚圣诞树和槲寄生属同一个科。

植物的防御

植物从开始生命的那一刻起，就必须抵御那些饥饿的植食性动物的攻击。昆虫吸吮它们的汁液，啃食它们的叶片或是在它们的茎部挖洞。诸如鹿一类的大型植食性动物能够一口就剥食掉植物的树皮和叶片，或者将植株连根拔起一口吞掉。植物不能够跑动，因此它们采取一些特殊的防御机制与这些入侵者保持一定距离。一些植物采取加大动物取食难度或获取过程繁复等措施进行防御。而另一些植物则吃起来味道不那么好，甚至具有毒性，从而保护了植物远离动物的侵袭。

坚硬的苞片生长在
头状花序的下部，
包被着它们
长而尖
的叶片
结实、挺
直的茎部

植物的盔甲▶

海滨刺芹以其坚硬、尖端带刺的叶片很好地将自己保护起来，远离饥饿的植食动物的袭击。它们的花具有自己的防护盔甲——即一轮叫作“苞片”的片状物，它们形似带刺领口。这种多刺的植物“盔甲”使得许多植食性动物都不敢靠近它们。海滨刺芹生活在风势强劲、淡水资源缺乏的沿海地带。它们的革质叶片能够很好地保存水分，并且能够抵御风暴的侵袭。海滨刺芹是刺芹属植物类群中的一种，在干旱的内陆地区生长有许多它的亲缘植物。与海滨刺芹一样，它们也具有带刺的防护，并且具有深扎土壤中寻找水源的直根。

▲防御性茸毛

羊耳朵是一种具有柔软、丝质叶片的草本植物，叶片上有细小茸毛覆盖。这些茸毛不但可以帮助叶片遮阳，使叶片在光照下保持一定的低温，还能够抵挡住那些想食用这些叶片的小昆虫。茸毛有时候分叉缠结成一团，形成毡状层，使得昆虫很难进入。在许多植物中，这些茸毛还能够产生出给予叶片更多保护的黏液。

小帽中含
有毒素
尖锐的茸毛是由
二氧化硅组成的

◀荨麻

一株荨麻被含有小剂量毒性的尖锐茸毛覆盖着。每一根茸毛都是中空的，茸毛末端为一坚硬的小帽。如果哪个动物拂过这些茸毛，这些小帽便会断开并将毒性物质注射进这个动物的皮肤中。这些被擦伤的动物很快就知道了荨麻不能食用。来自澳大利亚和新西兰的荨麻树则更具毒性，它们甚至可以杀死那些和它们有过接触的动物。

毛刺覆盖
着荨麻的
茎和叶
孔雀蝶幼虫在
取食时可以避
免荨麻的蜇刺

▲克服植物的防御机制

尽管荨麻具刺，但是面对袭击，它们仍不是完全安全的。仍有多毛虫以荨麻为食。新孵化出的毛虫小得足够在带刺茸毛间穿行；而大的毛虫很轻，移动慢得不至于将那些茸毛顶端折断。大多数毛虫在蝶前，维持以荨麻为食的生活大约四周。荨麻是良好的食物来源，因它们的叶片中富含营养物质，并且叶片上的毛刺可以保护它们免受大植食动物的袭击。

成簇的小花

肿块形成于植株尖刺的基部
蚂蚁进入肿块中，并在上面留下了穿行后的小孔

▼与动物同盟

在与动物的殊死抗争中，一些植物利用其他动物来帮助自己。来自美洲中部的合欢荆棘树，在其尖刺的基部具有隆起的肿块，蚂蚁就居住在这些肿块中。如果有其他动物想食用合欢荆棘树，这些蚂蚁则会攻击它。在有风的天气里，这些肿块会发出类似于口哨的声音，这也是为什么这种植物又名哨刺金合欢的原因。

草酸钙的单结晶
自叶片中心
置的细胞

▲化学防御

图中这个植物叫作花叶万年青（大王黛粉叶），在它的叶片中具有草酸钙结晶。这些尖锐的结晶体一旦进入动物喉咙中，会导致它们窒息。总计下来，植物体内有几千种不同的化学物质用于自我防护。例如，单宁酸仅仅是使植物被食用时味道不好；而像氰化物和士的宁仅很少的剂量就具有致命的毒性。

▲胶乳

大戟科植物圆苞大戟在茎部断裂时，能够渗出一种叫作胶乳的乳白色液体。胶乳具有强烈刺激的味道。这些胶乳使得其茎和叶被动物食用起来并不那么好吃，甚至是致命的。胶乳还能够密封住切口，这样使得真菌无法进入。橡胶树也属于大戟科。天然橡胶的取得是通过切割树干上的树皮后而得的，这样胶乳能够自己渗出。

▲植物的伪装

图中显示的是生长在非洲南部沙漠地区的“有生命的石头”。它具有两片肉质的、带有斑纹的叶片，这些叶片让它们看起来像是小卵石。它们的伪装近乎完美，这些保护会持续到它们的开花时期。植物中的伪装较动物来说更为少见，其中一个原因是植食动物通常是依靠气味来寻找食物的，而非外表。

有毒植物

随着植物的生长发育，它们产生出上千种不同的产物。这些产物多数是无害的，但是一些却是有毒的。来自蓖麻籽中的蓖麻毒是世界上的剧毒之一。来自月桂中的氰化物可以在几分钟内杀死活细胞，而来自颠茄中的生物碱可以麻痹肌肉并且能够使呼吸变得困难。产生有毒物质对于植物来说是一种自我保护，因为它们能够保护植物免受饥饿动物的侵袭。植物产生的有毒物质一般在其被吞咽时发挥毒性，但是一些剧毒物质在被碰触的时候就会散发毒性。

▲毒性持久的有毒植物

毒葛是北美洲最危险的植物之一，在它体内有漆酚，即一种浓密的、黏稠的有毒物质，裸露的皮肤一旦接触了这种物质就会引发严重的皮疹。如果它被意外地蹭到衣服或鞋上，毒性可持续几个月之久。如果毒葛被点燃，将产生具有毒性的气体。尽管它的名字叫毒葛，有时会攀爬到树干上去，但它并非是真正的常春藤。它的叶片为光亮的三出复叶。秋季，叶片在掉落前变成亮红色。

世界上最致命的植物▶

蓖麻可以在生命世界中产生出最致命的有毒物质。这种有毒物质被称为蓖麻蛋白（蓖麻毒），它仅仅存在于蓖麻的豆型种子中。蓖麻蛋白的毒性是响尾蛇毒液的1万倍之多，并且没有发现解毒剂。1978年，蓖麻毒被应用于一场特别著名的暗杀中。当时，保加利亚记者乔治·马克夫被雨伞刺伤了腿部。在他死后，医生在他的腿中发现一个比米粒还要小的、沾过蓖麻毒的子弹。当然，蓖麻蛋白在蓖麻油的榨取过程中被视为无用产物而清除掉了。蓖麻油是一种具有多功能的物质，被应用在医药、香水、肥皂、塑料以及油漆的制造中。

蓖麻籽中含有致命的蓖麻毒

小果实成熟后会变为黑色

桂樱的叶子在受到伤害时会释放氰化物

▲有毒的叶子

桂樱是一种生长十分迅速的园艺灌木。它那厚质、常绿的叶片很好地抵御了来自昆虫的攻击。因为当叶片受到戳刺或挤压时，会散发氰化物。由于氰化物对于植物来说同样具有毒性，因此，桂樱体内储存着能够产生出氰化物的成分，并且储存氰化物本身。一旦昆虫咬了桂樱的叶片，这些成分就会混合形成氰化物。这些释放出来的氰化物能够杀死昆虫，并且还会被带到另一棵植物中去。

海洋中的有毒植物

一些藻类也会产生如同植物释放物一样的有毒物质。这幅图片中显示的是赤潮，是由被称作沟鞭藻的无数漂浮的海藻引发的。这些有毒物质随着藻类的生长被释放出来，它们能够杀死海中的鱼类及其他种类的生物。

赤潮通常发生在世界上温暖的地区，这些地区的水中含有大量的营养物质，其中包括有肥料或污物。在赤潮过后，成千上万的死鱼可能会被冲上岸。

蛤蜊、贻贝以及其他贝类海产常常以沟鞭藻为食。它们本身不会受到伤害，但是这些有毒物质会在其体内积累。如果有人吃了被污染的贝类食品，那将非常危险，他可能会在几小时内失去生命。

乳草属植物的叶片中含有毒性物质强心苷

▲致死或治愈

洋地黄（毛地黄）中含有一种称为洋地黄毒苷的毒性物质，它可作用于心肌。如果哺乳动物吃了洋地黄的叶子，那么它的心脏将会比通常跳动得更加有力，并且心跳会减慢。如果这个动物持续以洋地黄为食，那么它将会有心脏病发作的危险。同许多植物有毒释放物一样的是，洋地黄毒苷也被应用于药物的制造中。它可以帮助人们缓解心力衰竭，但是要对其用量进行严格控制，3倍剂量就会致死。

▲植物间的对抗

植物的毒性物质不仅为击退动物而释放。诸如黑胡桃树一类的植物，还会利用其有毒物质防止其他植物靠近。黑胡桃的根部会释放有毒物质，这会使胡桃树周围形成一片裸露的土地，导致其他植物无法在其周围生长；这样可以保证它自身所需的光照和水分的摄取。黑胡桃树生长在森林中，但是像这种化学毒性物质的争斗在沙漠中也十分常见，沙漠中的植物都尽自己所能地获取更多的水分。

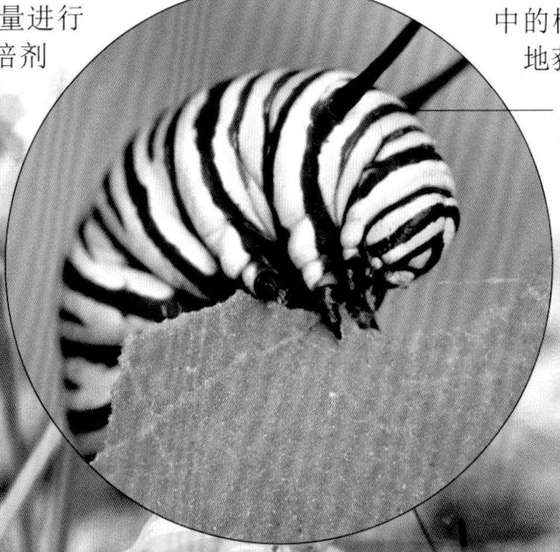

大斑蝶的幼虫具有警戒色

成年大斑蝶以乳草属植物的花蜜为食

茄科家族

致命的颠茄

茄科家族包含上百种植物，它们都能够产生一种叫生物碱的毒性物质。生物碱在医药中有重要作用，但大剂量的使用则会造成致命性伤害。致命颠茄的浆果中就富含一种叫作阿托品的生物碱。这种物质能够加速心跳，并且影响大脑中控制呼吸的区域。

天仙子

天仙子通常生长在荒芜的土地上，具有喇叭形的、带有紫色叶脉网络的花朵。这种具有强烈气味的植物生产出一种叫作天仙子胺的生物碱，这种物质能够影响中央神经系统。天仙子胺可用作镇静药，为那些饱受神经紊乱之苦的人缓解痛苦。

风茄（又称曼德拉草）

从古时候起，人们就利用曼德拉草的毒性产物作为催眠药物及其他一些具有药效的饮剂（波欣酒）使用。这种植物的叉状根外形类似人体。风茄的根呈人形，人们传说它具有灵性，在它被连根拔起时会发出剧烈的惨叫声，令采集风茄的人精神失常甚至丧命。

曼陀罗

曼陀罗是一种常见的生长在热带地区道路旁的植物。它含有多种有毒的生物碱，其中包括阿托品和东莨菪碱。这两种生物碱都能够作用于控制内脏、心跳以及呼吸的神经系统。英语名字 thorn apple（thorn 意为“刺”）来自其钉子样的蒴果。

烟草

烟草中的主要有毒物质就是尼古丁，它是一种极易使人上瘾的物质。尼古丁保护烟草免受昆虫的叮咬，有时也作为商用杀虫剂（即能够杀灭害虫的化学制剂）使用。野生烟草是来自美洲中部及南部地区，但是，烟草现如今作为一种作物被栽培在世界各地。

◀以毒物为食

有毒物质的毒性也不会总是有效的，因为动物可以对这些毒性物质进行免疫。乳草属植物包含对心脏有强烈影响的毒性物质，但是大斑蝶却以其为食并且免受伤害。这些幼虫会将毒性物质储存在其体内，成为对抗捕食天敌的一种武器。成年大斑蝶体内仍含有这些有毒物质，并且通过与幼虫相同的方式来保护自己。

警告：不要去碰那些你并不了解的植物，因为它们可能是有毒的！

沙漠植物

对于植物来说，沙漠算是十分恶劣的生活环境了。大多数沙漠的年降水量不到 250 毫米。当雨水来临时，通常都是那种能够冲走任何土壤的瓢泼大雨。白天的沙漠可能会极其炎热，而夜晚又可能出现冰冻。夹带着沙粒的强风又不断袭击生长在沙漠里的植物。植物通过不同的方式来对抗恶劣的生活环境。一些植物通过积累足够的水分来度过数月、甚至是数年的干旱期。另一些被称为“短生植物”的种类可在雨水来临后迎来其短暂的生命周期。

当树形仙人掌的茎部获取水分时，其上具有沟槽的一侧就会膨胀起来

◀树形仙人掌

树形仙人掌以其1米的直立高度成为世界上最高的仙人掌。同多数仙人掌一样，它拥有尖刺，但是它不具有任何叶片，而是通过巨大的、具沟槽的茎来获取光照。其茎的作用如同水缸一样，雨水来临的时候，它们从土壤中获取水分，茎就会慢慢地膨胀起来。树形仙人掌具有淡黄色的花朵，它们通过蜂鸟和蝙蝠进行传粉。树形仙人掌虽然生长得缓慢，但是它们的寿命可长达 150 年。

在干旱中生活▶

北美洲的索诺兰沙漠是一个为 2500 多种植物提供生活环境的地方，这里的仙人掌就有 300 种，其中包括壮观的树形仙人掌——同树木的体型一样巨大，重量可超过 1 吨的巨型植物。生长在那里的植株通常都被裸露的地块分开，因为每一棵植株会汲取在其附近下过的所有雨水。生活在索诺兰沙漠里的植物体生长格外地茂盛，因为它们可以依靠冬季的雨水生存。世界上最干旱的沙漠则更加的荒芜。

树形仙人掌是索诺兰沙漠中最高的植物
沙漠中的灌木植物通常仅在冬季和春季具有叶片

仙人掌的解剖结构

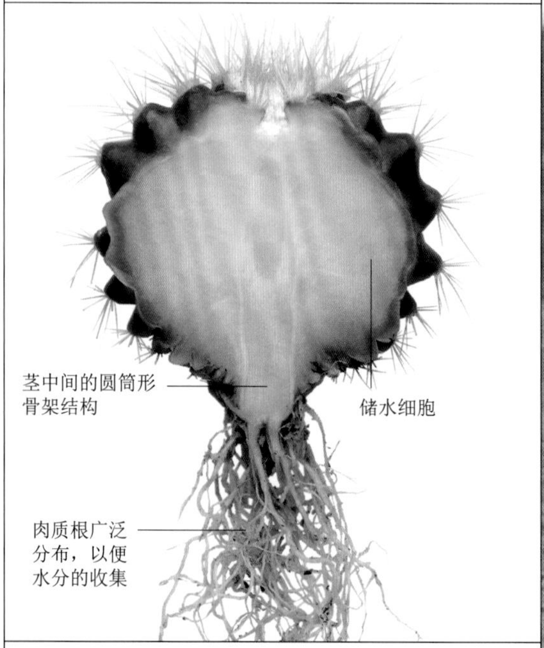
茎中间的圆筒形骨架结构
储水细胞
肉质根广泛分布，以便水分的收集

世界上有 2000 多种仙人掌，其中一些如同树木一样高大，而另一些种类比高尔夫球还要小。这些仙人掌都有着相同的基本结构，都具有肉质的储水的茎部。大多数仙人掌具有由叶子特化而来的尖刺，这些刺作为植物抵制植食动物来袭的一种保护措施。一些种类的仙人掌有短小丛生的尖毛。光合作用在仙人掌的茎部进行。茎中含有储水细胞，并且还具有当仙人掌死后或腐烂后仍能存留的圆筒形骨架。仙人掌的花开在茎的顶端。许多花朵通常在晚上开放，并通过蝙蝠和蛾子进行花粉的传播。

▲肉质植物

来自非洲南部的景天属植物是一种肉质植物——指那些植株根、茎或叶片中能够储存水分的植物。仙人掌也是肉质植物。在肉质植物中，水分被储存在一种特殊细胞中，外形上显得肥厚多汁。肉质植物在叶片上通常具有一层蜡质包被，这可以防止水分通过蒸腾作用散失到空气中。如果它们的叶片掉落，掉落的叶片能够很快地扎根并生长出新的植株。

沙漠乔木

箭筒树

只有生命力顽强的树木才能够在沙漠环境中生长。南非纳米布沙漠中的箭筒树将水分储存在其树干中。它的叶片狭小且革质，这样可使其在阳光照射下不易被晒干。这种乔木之所以被称作“箭筒树”是因为居住在沙漠中的桑族人利用挖空的树枝作为装箭的箭筒。

土豆袋树（或称索科特拉岛沙漠玫瑰树）

迷人的土豆袋树生长在索科特拉岛上，这座岛位于印度洋靠近红海的入海口处。矮胖、类似袋子状的树干用来储存水分，在树干顶部具有许多短而粗的树枝，在那上面开有粉色的花朵。索科特拉岛上生长着许多世界上其他地区所没有的奇异树种。

圆柱木

当圆柱木生长成熟时，它看上去像一根杆子。这种植物具有非常短的、形如硬毛的树枝。它们的叶子十分微小，叶片在一年中最热的时期掉落。这种植物只生长在墨西哥西北地区的加利福尼亚半岛上。

在酷热与严寒中生存▶

并不是所有的沙漠地区都很炎热。美国西部的内陆盆地（大盆地）就是个夏季温暖而冬季寒冷的地方。大多数仙人掌植物无法抵御这种生存环境，因为它们一旦受冻就会死亡。在这种地区生长的大多数常见植物为低生灌木，如蒿属植物。虽然蒿属植物生长缓慢，但是它们却覆盖了沙漠的大片区域。植株上的银白色茸毛可以保护叶片免受强光和冷风的侵袭。

沙漠绿洲▶

在许多沙漠中，水源都隐藏在地表下方不远处。这些海枣生长在一片绿洲（指那些终年有水的地方）当中。许多绿洲植物都是通过风媒传种而到达这里定植的，但是海枣通常被人类作为食物来源而种植。一些绿洲只有几米宽。世界上最大的绿洲之一为埃及的哈里杰绿洲，长达200多千米。

玩具熊仙人掌具有布满尖刺的分支，看上去毛茸茸的

沙漠中的野花在雨后开放

◀在沙漠中盛开

这个毛茸茸的仙人掌植物（玩具熊仙人掌）被多姿多彩的短生植物花朵层覆盖着。与仙人掌和沙漠灌木不同的是，短生植物仅具有非常短的生命周期。它们的种子以休眠状态存在于地下，直到雨季来临时它们开始萌发。种子开始萌发后，它们将快速地生长在几周内完成生命周期。雨季后，土壤再次进入干旱期，成年植株死亡，但是它们已经将种子散播出去了。

高山植物

对于植物来说，高山上的生活要比低地生活艰难得多。许多山上都有树木生长，但是很少有树木能在山顶生活。高于森林线生长的植物必须要应对强烈的阳光、强风的袭击以及夜晚的严寒。高海拔植物为适应环境都具有小叶片、深扎的根部以及紧贴地面生长的特点。有一些植物生长在海拔 6500 米的地方，而人类登上那些地方因缺氧而呼吸困难。

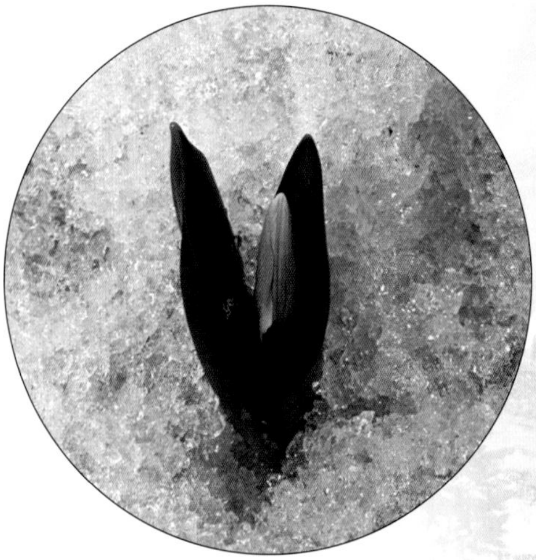

▲在高于雪线地方生存的植物

图中这株犬齿赤莲正穿过俄罗斯阿尔泰山脉上的雪层生长。雪对于高山上的动物来说是一大难题，但是它通常有助于植物的生长。在冬季，雪会形成一个保护层，保护植物不受到严寒和风的侵袭。春季，许多高山植物在雪融化之前就开始了生长，雪一融化，植物就为开花做好准备。

高山上盛开的花

春龙胆

初夏，植物的花开遍了高山地带。春龙胆是这些引人注目的花朵之一，天蓝色的花朵招引着蜜蜂。有 400 多种龙胆生长在世界上温带地区的高山上。有些龙胆并非在春季开花，而是在秋季开花。

喜马拉雅报春花

报春花喜寒冷、潮湿环境。许多报春花都生长在高于森林线的岩石上，或是生长在高山区的牧场。这些来自喜马拉雅山上的美丽物种只有 10 厘米高。高山报春花也常常被园艺师种植，许多色彩丰富的种类都是通过野生报春花之间的杂交产生出来的。

耧斗菜

耧斗菜具有钟形花朵和挺立的茎。每片花瓣上都具有凹陷的小管或瓣距，在距的末端储存着花蜜。耧斗菜通过大黄蜂进行花粉的传递。这些黄蜂利用它长长的喙深入耧斗菜的距中去吸吮花蜜，同时进行传粉。

◀垫状植物

如同许多高山植物一样，虎耳草具有短小的团块状的茎，它们形成接近地表的垫状堆。这样的垫状物可保护植物免受寒风侵袭，并且使得植株在雪层的重压下不会折断。垫状层中的温度可比外界气温高出10℃之多。虎耳草在拉丁语中意为“碎石机”。名称源于其根可深扎入岩石的裂隙中，看上去像是它们将岩石分裂开来一样。

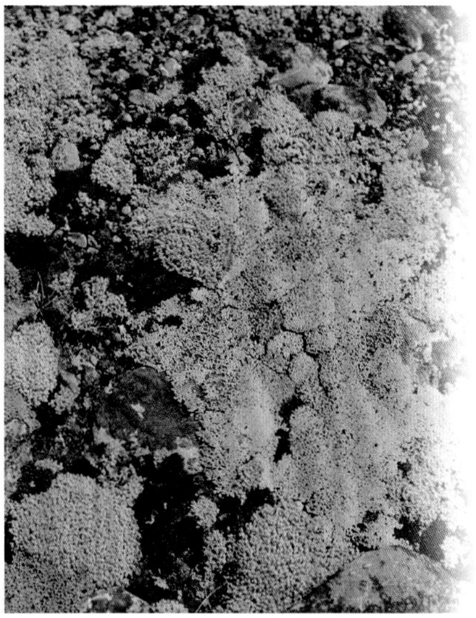

◀壳状植物

与形成垫状层不同，痂状草散布在岩石表面就像一层具有生命的壳儿一样。它们平均有1厘米高，是世界上最扁平的开花植物之一。它们来自新西兰。它们那种紧扣地面的结构有助于它们在山中强风下的生存。地衣（藻类和真菌的共生体）同样是扁平状的，并且生长在海拔更高的地方。地衣生长在接近于埃佛勒斯峰顶的岩石上、南极洲境内和其他一些世界上最寒冷、风最大的高山上。

植被的分带

高山植物分布随海拔而变化。在温带地区，阔叶树生长在低坡带。海拔再高的地方生长的则是针叶树，它们更能够抵抗住严寒和冰雪的侵袭。随着海拔继续升高，针叶树变得越来越小，并且多为矮化种。针叶树的生长停止在森林线处，在高于森林线的地方，生活环境寒冷不适于这些植物的生长。

远离森林线的地方为高山地域，那里的春夏两季生长着低地开花植物。如果山足够高，那么高山地域则仅剩裸岩，并且在高于雪线的地区只剩下积雪。在这样寒冷的地区，只有微生物和地衣能够生存下来。

隔离阳光▶

在高山上，阳光十分强烈以至于会对叶片有极大的损伤。同许多高海拔植物一样，银剑（一种火山植物）的叶片被其表层的银色茸毛保护着，这些茸毛的作用是将部分照射在叶片上的阳光反射回去。银剑仅生长在夏威夷群岛贫瘠的火山坡上。它的生命长达20年，在开过巨大的花簇后死去。

非洲地区的巨型植物▶

大多数高山植物都是小型的，但是非洲东部地区的高山上生长着一些世界其他地区发现不到的巨型植物。生长在肯尼亚山岩石坡上的巨型山梗菜高达3米或更高。处于日照极其强烈的赤道地区。在日落时，它那长而尖的叶子向内折叠以便保护植物免受夜晚严寒的侵袭。

高原植物▶

图中这些藓类植物生长在南美洲的安第斯高原。高原气候干燥，雨水稀少，植物赖以生存的水分仅靠春季雪水融化时才能得到。当融化的雪水流失，这些藓类植物就进入休眠状态，并且变得干燥、生脆和灰暗。像仙人掌那样的开花植物在这种情况下仍然能够维持生长，其原因是它们的根和茎中可以储存足够的水分来维持其生长。

淡水植物

淡水环境中经常被一些生长繁茂的植物包围着——这标志着这片环境对于植物来说是最适生境。许多植物都在水边生长，但是真正的水生植物却是生活在水中的。水生植物包括小型的浮萍，到能够高出过往船只的纸莎草。淡水植物的寿命受多种因素的影响，其中包括水的深度以及水中营养物质的总量。水中营养物质含量越高，植物就生长得越快。

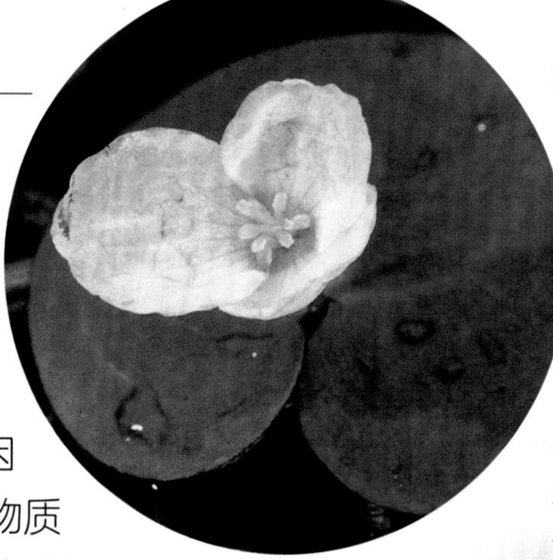

◀一生漂浮

马尿花（一种与小型睡莲相像的漂浮植物）在水面漂浮度过一生，而非在某个固定的环境下生长。它的根拖曳在水中，心形叶漂浮在水面上。秋季，马尿花会形成独特的冬芽。这些冬芽会在水面结冰前沉入水下。次年春天，当冰开始融化，它们会再漂浮到水面。马尿花生长在欧洲、亚洲以及非洲北部地区的浅水环境中。

淡水生境▶

淡水生境的多样化可从小池塘直至覆盖面积超过10 000平方千米的沼泽地。浅水湖对于睡莲来说是十分完美的生活环境，在那里睡莲的根可以扎入湖底的泥土里，而其叶片又能够漂浮在水面上。大多数睡莲都不能在水深超过3米深的水中生存。

鸭子用它的脚掌把浮萍划开
浮萍的茎漂浮在水面上
浮萍的根拖曳在水中

◀浮萍

浮萍是世界上最小的开花植物。每一枝浮萍都具有一个微小的、鸡蛋形状的茎，并且通常具有一个或多个拖曳在水中的根。世界上最小的浮萍结构更加简单，不具有根。浮萍可通过出芽产生新的茎来繁殖，新的茎会自行漂走去开始它新的生命周期。在春夏季，它们繁殖速度过快以至水沟和池塘都被覆上了一层绿色。

生活在水下▶

加拿大角果藻除了开花之外，都只营水下生活。这种能够快速生长的植物具有很小的卷曲的叶片，并且在低浅的湖或池塘中缠结成厚实的一团。它那微小的花朵在其柔软的茎上向上生长，直至穿过水面。角果藻有助于水的氧化（即将氧摄入水中），并且它们为小鱼提供掩蔽之所。角果藻的适合种类也可用于水族箱内养殖。加拿大角果藻充满生命力以至于很快就能将填满一个小鱼缸。

香蒲▶

香蒲因其如天鹅绒般柔软光滑、拨火棒般的花头而容易被发现。香蒲生长在低浅的水沟、池塘及湖泊中。通过风媒传种定植，植株通过根状茎（水平根状茎）蔓延扩展。一个单独的根状茎一年可生长2米多，将其与植株分离后便可形成新植株进行定植。随着时间的流逝，死亡香蒲的遗骸堆积起来，它们有助于将露天水源转变成为被叶子覆盖的沼泽。

纸莎草▶

在热带地区的非洲，纸莎草成一大丛围绕在湖边和河边生长。纸莎草的茎是三棱形的，并且可生长至近5米高。每棵纸莎草顶部都具有一个球形花，花上有许多绿色硬挺的辐条状结构。在遥远的过去，纸莎草是一种具有许多用途的植物。古埃及人用它做衣服、席子和绳子，此外还用它制造出一种最早的书写纸。

落羽杉▶

多数乔木很难在水中生长，原因是它们的根无法从水中摄取生长所需的氧气。落羽杉通过其根上的一种特殊生长结构来克服这个问题，这种结构被称为“膝盖”。这些枝条（即屈膝状的呼吸根）露出水面并且摄取来自空气中的氧气。落羽杉为针叶树，但是不同于其多数的亲缘种，它们的叶片在冬季脱落。它们生长在美国佛罗里达州的沼泽地以及美国东南部的其他一些地区。

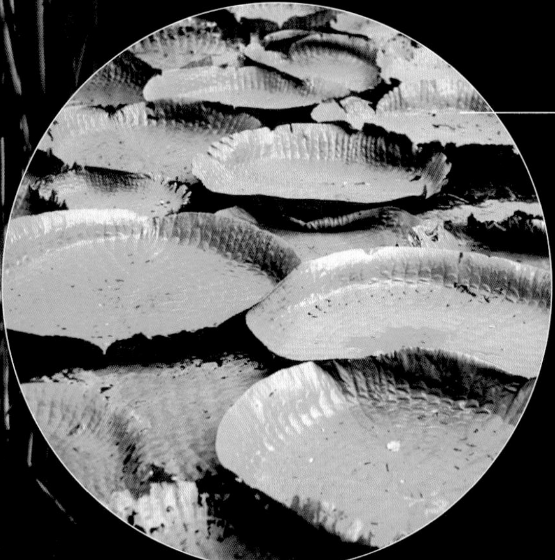

亚马孙睡莲的叶枕出现在叶片的边缘处

◀巨型漂浮植物

来自南美洲的亚马孙睡莲具有世界上最大的漂浮叶。每片叶子可达2米宽，并且叶片上具有垂直的边缘。边缘上的凹陷可排去雨水。它们的叶片具有足够大的空间使其漂浮在水面上，在叶片的下面具有棘状棱。这种结构使得叶片极其强壮：当其生长成熟时，它们的叶片可承受一个体重20多千克小孩的重量。

沿海植物

位于沿海地带的植物必须能够承受强风和海浪的侵袭。风和浪的结合使得沿海植物的生活环境很恶劣，尤其是当炙热的阳光或寒冷的严冬来临时，会使得这些植物的生存更加艰难。在岩岸边，大多数植物都近地面生长，这样可使它们躲避风的侵袭。在低洼沿海地区所生长的植物要面临不同的问题，因为它们的生活环境是不变的。在这种环境下，粗砾石随着海浪漂动；风吹散了沙子；潮汐推动着泥土。生长在这种环境下的植物通常具有很深的根，并且都具有处理过剩海盐的独特方法。

海岸边▶

海岸边的环境多种生境并存。地衣生长在裸岩上——黑色品种生长在海洋附近，亮橙色品种在高处生长。生长于更高处的是耐盐植物，它们生长在会被咸咸的浪花打湿的悬崖裂隙中。悬崖顶端的草地是观察野花的好地方，这些野花在远离浪潮的地方生长。岩岸边也是沿海灌木生长的地方，在那里它们能够应对登陆海岸的风的侵袭。

◀悬崖植物

圆形的、具有亮粉色花的滨簪花是生长在岩岸边色彩最丰富的植物之一。滨簪花的另一个名称是海石竹。它生长在远离浪潮的岩石裂隙中。滨簪花十分修长、坚韧，而它那美丽的花朵并不像看上去那么脆弱。它们具有强壮的茎和坚韧的花瓣，并且很容易在强风的侵袭下生存。滨簪花的生长遍及北半球的高山及沿海地区。

沿海灌木

马基斯群落（常绿高灌木丛林带）

这类灌木丛林状植物出现于环绕地中海沿岸的岩石地面上，被称为马基斯群落（常绿高灌木丛林带）。其中包括了常绿灌木和低矮乔木。许多常绿高灌木丛林带中的植物都具有强烈的香气，这些香气来自储存在植物体叶片中的油类物质。这种油类物质可以防止叶片在酷热的地中海阳光照射下干枯。

拔克西木

在澳大利亚南部，有一种生长在距离海岸边很近的灌木，被称作拔克西木。拔克西木具有坚韧、常绿的叶子以及蜡烛状的包含有几百朵小花的头状花序。花能开数月。它们为那些帮助它们传粉的鸟类提供全年的食物和栖息地。

高山硬叶灌木群落

高山硬叶灌木群落是生长在非洲南部海岸及其内陆山上的一类常绿植物。英文词意为“窄叶”，这类灌木可以抵御酷热的夏季和强风。高山硬叶灌木群落包含的植物种类多得令人惊讶，是全球植物学研究的热点之一。

◀生长在沙滩上的植物

近海岸地区，风会不间断地改变沙丘的形状。只有少部分植物能生活在这样的环境下。最普遍的此类植物之一就是滨草，它的种植有助于沙子的固定。在距离海边更远一些的内陆地区，沙丘不会移动得太快，并且沙子中包含着肥沃的腐殖土壤（指腐烂植物的遗体）。这类形态持久的沙地是多种沿海植物的生长地，这类植物包括兰花、海滨刺芹，甚至一些小型乔木。松树就常常生长在内陆沙地上。它们在贫瘠的沙质土壤上茁壮成长，叶片能够抵挡住海风。

◀生长在砾石地上的植物

粗砾石地对于沿海植物来说算得上是最差的生活环境了，因为地上的小石块很容易被海浪卷走。更糟的是，砾石地无法储存水分，雨水会因此从中直接流失掉。海滨香豌豆是少有的几种能够生存在此的植物之一。这都要归功于它那超长的根部以及异乎寻常的坚韧叶片和茎。它的种子看上去像小的、黑色的豌豆，并具有坚韧的外皮以防止它们在暴风天气下破裂开来。它们在海水中存活的时间长达五年，海浪有助于将海滨香豌豆散播到其他砾石地中去。

盐碱滩▶

盐碱滩形成于低洼海岸，在那里河流将沉积物带到海岸。潮水导致一片泥泞地的形成，地上面满是凹陷和小溪。盐碱滩上最干涸的部分被禾本科植物、匙叶草以及其他耐盐植物所覆盖。匙叶草在夏末开紫色的小花。它们具有长长的根部能够深深地扎入土壤中，并且使得植株在满潮来临时能够固定不动。

泥潭▶

厚岸草生长在全世界平坦、泥泞的海岸上。这些不常见的植物只有不到15厘米高。它们具有肉质茎和小的鳞状叶。春季，厚岸草呈亮绿色，到了夏季，它们就变成深红色。厚岸草体内包含很多盐分，并且它们曾经在玻璃制造中被用来提供苏打。一些厚岸草则被收集、腌制为食品用来食用。

红树林▶

热带沼泽地区平坦、泥泞的海岸线是红树林（唯一能生存在咸水中的树种）的生长地。红树林植物具有坚韧、常绿的叶片以及形成拱形的支持根（支持根从植物的主干中长出，牢牢扎入淤泥中形成稳固的支架）。红树林具有独特的呼吸根，呼吸根露出泥土表面并且从空气中获取氧气。红树林是许多野生动植物的栖息地。

海洋漂泊者

即使在遥远的小岛上，植物也能在那里安营扎寨生存下来。例如，椰子一类的植物通过种子的越洋漂流来到小岛上；另一些植物则通过海鸟一类的动物到岛上进行繁殖的时机，将种子带到岛上来。

植物的旅行也离不开人类的帮助，人们会有意或无意地将植物带到新的生境中来。有时，植物的引进也会引发一些问题，因为引进的植物会同原产植物进行生存竞争。

食用植物

早期的人类通过捕食动物，采集野生植物生存。在 1 万年以前，人们开始学会种植植物以供食用。耕种转变了人们的生活方式，并且改变了整个世界的面貌。如今，我们依靠着培育的食用植物而生存。谷物是最重要的食用植物。我们也种植上百种不同品种的水果和蔬菜以及那些为我们提供香料和食用油的植物。

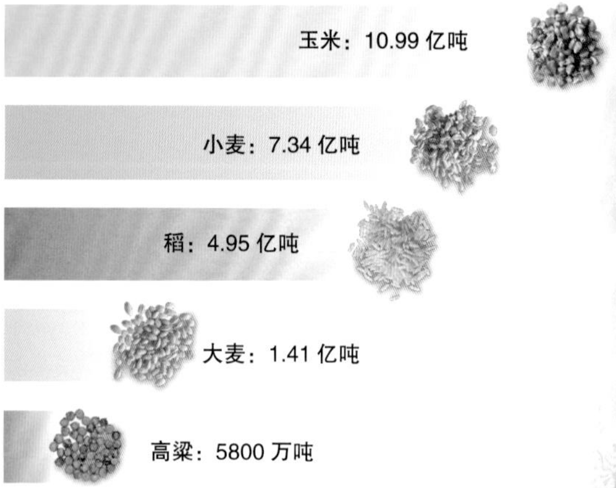

▲谷类植物

这张图表显示了世界谷类植物的年产量。谷类植物中具有富含能量的淀粉、食用纤维以及维生素。仅玉米、小麦、稻这三类谷类植物就占据了人类食用的植物食品的一半。玉米和小麦主要生长在世界上气候温暖的地区，如北美、欧洲以及澳大利亚西南地区。稻生长在热带地区，生长在水田中的称为水稻。

耕作方式

给养耕种

采取给养耕作方式的人们仅仅是为了喂饱自己和供养家庭而进行耕种的。农民只有一小块田地种植不同种类的作物，并且还会饲养一些家畜。给养耕种是一项艰苦劳动，但是其花费很低，原因是农民不用机器进行劳作。

集约化耕种

在集约耕种的农田中，会耕种大面积的作物，机械化劳动也取代了人工劳作。其结果就是小部分人能够种植出比上千人手工劳作产量还高的食物。集约化耕种也会大规模地应用化学制剂防止病虫害的侵扰以及土地的施肥。

▲油料作物

橄榄是世界上最古老的
油作物之一。这类植物最早
源于地中海地区，在那里
们生长了至少 5000 年。
一些油料作物包括油棕、
生、向日葵以及芸苔（也
油菜）。除了为我们提供
能食物外，一些植物油还
用于清洁剂、肥皂和颜料
制造。

橄榄成熟时会变为黑色，但是绿色时的橄榄是可食用的

农田工作人员徒手采摘橄榄，或是摇晃树枝使其掉落

豆科植物

豆科指任何属于豆科的食用植物。豆科植物中
l括许多种类的豌豆和豆类，在全世界各地都有种
ā。最早种植的豆科植物之一就是兵豆——一种来
l中东地区的豆科植物。豆科植物的种子都十分容
易保存，并且它们也是蛋白质的良好来源。豆科植
J还有助于土地的施肥，因为它们的根含有一种细
ā（根瘤菌）能够将空气中的氮气转化为改善土壤
J硝态氮。

叶枝可被
动物食用
长长的茎通常
蔓延于地面上
薯的皮可能是红
紫色或是白色

▲块根植物

许多植物将其养分储存在根中，这也是为什么块根植物是能量的有用来源了。在热带地区，人们种植甘薯、木薯、芋头以及薯蓣。但是，世界上最具地位的块根植物是马铃薯，每年要种植超过3亿吨，并且品种多达上千种。甘薯和马铃薯的亲缘并不相近，但是它们都生长出位于地下的可食块根。

◀水果

除了味道好以外，水果是维生素的一大重要来源。现在已有上百种不同的水果被种植。例如，橘子一类的水果已被大规模地种植，并且被全世界的人们所食用。另一些水果如榴莲，就是属于地区特产水果了。榴莲来自亚洲东南部。它们因独特美味而珍贵，但是它们也因其强烈的气味常被禁止在汽车及火车上携带。

这个榴莲约有4千
克重，并且皮上布
满了尖刺
可食用的果肉
包裹着榴莲籽

◀蔬菜

人们每天都要将许多不同种类的植物作为蔬菜食用——卷心菜的叶片、花椰菜的头状花序以及球芽甘蓝的萌芽。蔬菜也包括某些植物的茎，如芹菜和芦笋以及某些植物的根，如胡萝卜。

草本植物和香料▶

几千年来，人们利用草本植物和香料为食物调味。草本植物在全世界都有种植，并且大部分由叶片组成。香料大部分来自热带地区，来自多种植物的不同部位。姜黄粉是通过研磨姜黄的块根制得的，而丁香是小的常绿乔木的花蕾。胡椒粉——世界上最流行的香料，是由一种攀缘藤本植物的浆果干燥后制成的。

姜黄粉具有与众
不同的深黄色
辣椒粉是辣椒干燥
后研磨成粉制成的

玉米穗中包含
上百个谷粒

育种

我们现在吃的大部分食用植物都与其野生亲缘有很大不同。这是由于农民们会通过选择育种提高庄稼质量。为了实现这些，需要农民选择最好的植株种子进行播种。多年选择育种的结果就是庄稼产量的提高。从史前时期开始，人们就已经开始运用选择育种；今天，科学家用一种全新的技术投入植物育种，即运用遗传修饰方法将有用的基因直接插入庄稼植物基因中去。

玉米草是玉米
的野生原种

◀玉米

玉米源自中美洲，在那里已培育了至少6000年。玉米野生原种是一种称为玉米草的禾本科植物，具有在成熟时会破裂的小玉米穗。通过选择性育种，农民们将这种本无利用价值的植物转变成为如今全世界都种植的谷类植物。不同于玉米草，玉米不能自己散播谷粒，因此失去人工的作用下玉米无法生长。

不规则形状
的马铃薯可
能个头很小
土豆皮颜色
排列从蓝黑
到淡黄色

▲遗传变异

这位秘鲁妇女正在卖马铃薯，这些马铃薯起源于南美洲高原。在那里，人们种植马铃薯的历史至少有7000年，并且还培育出外界不知道的许多其他品种。这些本地品种也引起了植物培植者的极大兴趣，因为它们有时会包含可以培育成为新型品种的有利基因，这些基因在对抗植物病虫害方面是有用的。

小麦及其祖先

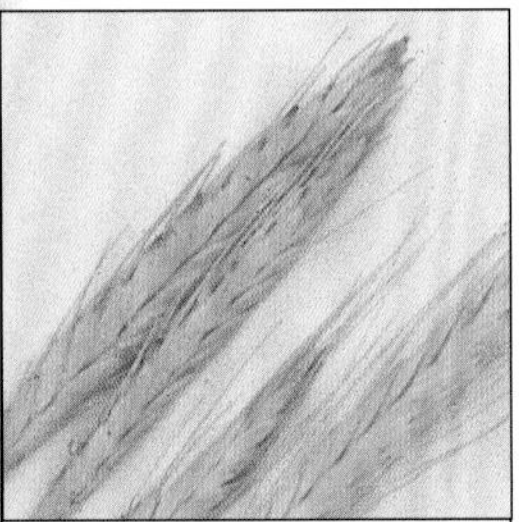

野生单粒小麦

这类来自中东地区的野生禾本科植物是栽培小麦的原种之一。在人类学会耕种之前，当地的人们就通过收集这种小麦的种子作为食物。野生单粒小麦具小的谷粒，当它们成熟时会从植株上脱落。约9000年前，人类开始培育单粒小麦，选择植株以便生产出更大颗的谷粒。

野生二粒小麦

在埃及以及中东地区发现的这类野生禾本科植物是二粒小麦（最早的小麦种类之一）的原种。野生二粒小麦较野生单粒小麦具有更大的谷粒，并且谷粒上具有长而尖的称作芒的刺毛。栽培的二粒小麦曾是重要的庄稼作物，但是最终被杂交小麦（如斯卑尔脱小麦）所取代。

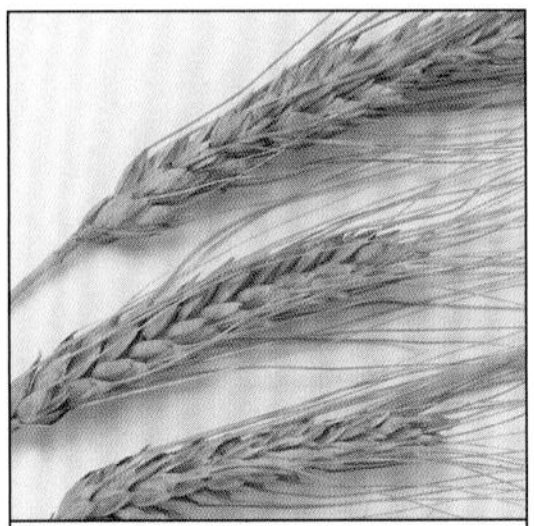

斯卑尔脱小麦

这类小麦出现在大约3000年前的欧洲，由单粒小麦和二粒小麦进行杂交后产生。斯卑尔脱小麦具有大的谷粒，并且当其成熟时谷粒会依附在植株上面，这些都利于对它们的收割。直到20世纪，斯卑尔脱小麦依然是世界上最重要的庄稼作物之一。

现代小麦

幸亏有了科学的植物育种使得现代小麦较之前的小麦种来说具有更加高产的特性这种做面包用的小麦含有高平的谷蛋白。存在于谷蛋白的蛋白质使生面团具有弹性因此可使面发起来。另一种代小麦——硬质小麦，含有少的谷蛋白，低筋力，常用意大利面和饼干等。

▲人工授粉

农民在为香草花进行授粉，使它们产生出具良好收成的荚。人工授粉是种植庄稼作物的一种途径，常用在南瓜和番荔枝等自然授粉率低的植物上。人工授粉还用在杂交品种的生产中，即授予来自不同品种植株的花粉。杂交品种的植株通常较其父本、母本更加强壮。从小麦到葡萄柚，许多食品植物都是通过人工授粉的方式产生的。

▲更容易收割或采摘

除了产量的增大，植物育种还能够使收割或采摘变得更加容易。这些苹果树已经被移植到特殊的砧木上（指另一品种苹果树的树桩）。这样的嫁接可使苹果树的树干低矮，便于果实的采摘。植物育种者也通过与强健而低矮的植株茎的杂交来培育矮小的谷类植物。不同于形态高大的谷类植物品种，这些低矮品种植株在暴风天气情况下被吹倒的可能性更小些。

▲绿色革命

这位种植水稻的中国农民正在用喷雾器对他的庄稼采取防虫措施。水稻在 20 世纪 70 年代得到发展，那时正实施全球作物育种计划，即绿色革命时期。这项研究计划取得了很大进展，产生出了产量是传统品种 3 倍的新种水稻。

遗传修饰是如何发挥作用的

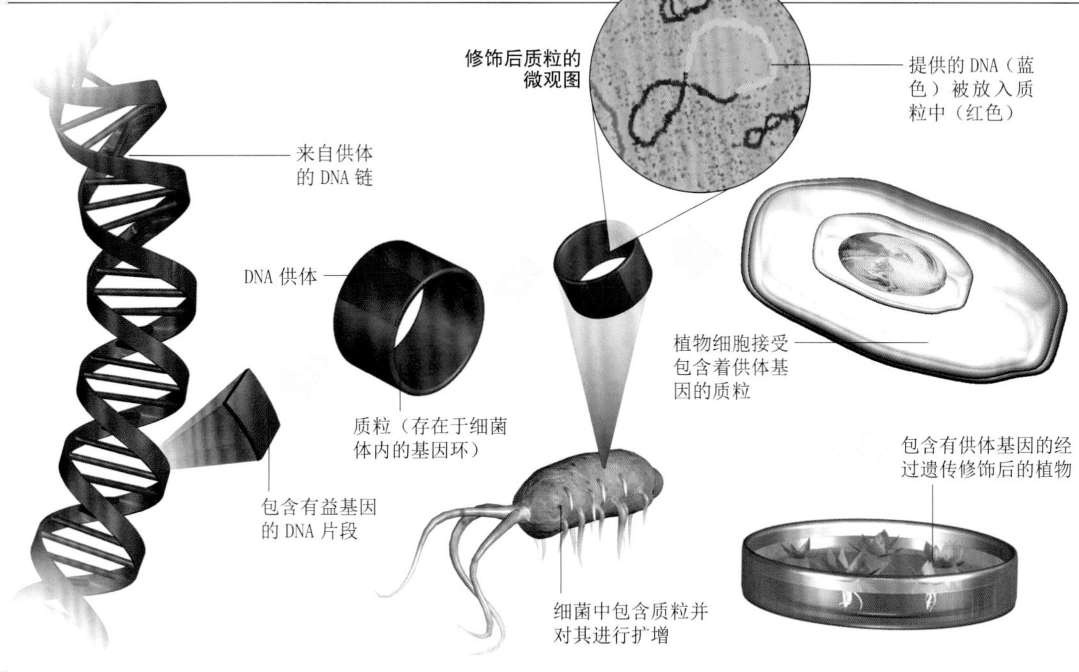

基因是所有生命体中都具有的一种化学结构体。在遗传修饰中，科学家鉴别出有益基因后，便将它们从一种生命体中移入另一种生命体中。他们利用一种叫作限制性酶的化学制剂将基因从 DNA 链中间切下来，然后将这段基因插入细菌中进行扩增。最后，将含有扩增后基因的细菌插入至植物体中。

遗传修饰经常用于庄稼育种中，因为它快速并精准。利用遗传修饰可使得庄稼作物生长速度更快，并且有助于作物的病虫害防治。遗传修饰还可以降低浪费，这样的水果和蔬菜在收割后能够保存较长的时间。

◀遗传修饰的庄稼与环境

这些示威者正毁坏经过遗传修饰后的油菜田。他们想制止遗传修饰作物的培育，因为他们认为庄稼的基因会跑入野生植物当中去，如通过风媒传粉会将遗传修饰后植物的花粉授给野生种类植物，从而产生出杂交种。反遗传修饰示威已经遍及西欧地区，但是在北美地区遗传修饰作物已经进行了大面积的培育。科学家对于遗传修饰的意见有分歧。一些科学家认为植物的遗传修饰可以解决世界粮食短缺问题；另一些科学家则更关注遗传修饰所带来的长期影响。

植物产品

在我们每天的生活中，除了食品，植物还为我们提供成千上万种重要物品。树木为房子和家具提供木材，同时，木浆又是纸张和硬纸板的主要成分；棉花和亚麻等植物为我们制造织物和衣服提供天然纤维；香水和化妆品也是以植物为基本成分制造的；还有许多工业产品，如上光剂、清漆、油墨以及颜料等。此外，来源于植物的糖可以转化为酒精，而酒精可以作为低污染燃料。

▲木材

木料是世界上主要的建筑材料之一。软木来自针叶树，生长得非常快，又轻又结实。它还是很好的绝缘材料，有助于高效能房子的建造。硬木来自阔叶树，需要较长的生长时间。像桦树、栗子树等硬木，重量很轻，并且加工容易，有好看的纹理。而柚木和橡木十分结实，很适合作为抗腐材料。

纸张和硬纸板▼

大约2000年前，中国发明了纸。纸张是植物重要的产品之一。纸张是由木片制成的。木片被磨碎制成木浆，木浆被铺在一个金属细筛网上，而后进行压制。在纸张干透、切割成型之前，它以大纸卷方式保存。纸张可重新转化为纸浆，从而进行循环利用。

针叶树是世界上纸张的最大供应者
在树木削片前，树枝先将被移除
砍伐后的森林会进行再植

纸张的卷轴长达2.5米宽
印刷纸表层做抗吸水性处理可防止纸张吸收太多的墨水

成熟的棉铃

植物纤维制品▶

棉花、亚麻以及大麻都是可以产生出纤维的植物。棉花纤维生长在称作棉铃的松软纤维团中，棉铃中包含着棉花的种子。棉铃是通过机器收割的，在收割的时候会将种子挑选出去，只留下棉花纤维。棉花纤维纺织在一起形成纱线，纱线纺在一起织成棉布。棉布穿着舒适，易漂染，是制衣的上等材料。

收获棉铃为扎棉（种子的挑除）做准备

植物染料▶

几千年来，人们一直在用从植物中提取的染料对衣物、食品，或是头发和皮肤进行染色。产自胭脂树的荚果可以生产出给织物和食品上色的染料。这种植物最早起源于美洲中部和南部地区，现在那里的原住民仍然在用它作为底彩（一种为准备在身体上着色或涂画图案所用的油彩或化妆品）使用。另一些以植物为基础的重要染料包括靛（由某些植物尤指从木蓝中提取的蓝色染料，即藏蓝色）以及散沫花染剂（呈棕红色）。

香水

薰衣草

从古时候起，这种开蓝色花朵、具香气的灌木就被用于香水的制作。它栽培于欧洲及北美地区。芳香的薰衣草油是从其茎、叶和花的油腺中提取出来的。薰衣草花还可被制成干花，放入香包内使用。

栀子花

栀子花是一种生长于非洲及亚洲热带地区的灌木。它们具有大朵白色的和强烈香气的花。它们中的大多数是通过蛾子来传粉的，在天黑后这些传粉的蛾子通过花朵散发的香气来寻找花朵。栀子花香气是由聚集的花朵产出的，通过对花的压榨可提取出芳香油。

香柠檬

不同于其他柑橘属类植物，香柠檬具有坚韧、少汁的果肉。栽培香柠檬更多是为了获取其具有香味的油，而非食用果实。香柠檬油是从其果皮中提取出来的，用于制造古龙香水和格雷伯爵茶等。香柠檬主产区在意大利南部。

檀香木

这种低生乔木是以取自于其木材中的芳烃油而极负盛名的。檀香木油用于香水、熏香以及传统医药方面的制造。檀香木本身还可因其独特的香味用于制作家具。它生长在亚洲南部和东部地区，但是在某些地区由于对它的过度利用，檀香木变得稀少。

依兰－依兰

这种树生长在亚洲东南部地区，一些世界上知名的香水（包括香奈儿5号）都是由提取自依兰－依兰树中的油制成的。依兰－依兰油是从全年都开放的花朵中提取的。这种油很贵，因为1千克的花朵才能生产出10滴依兰油。

◀植物油

除了食用油外，植物生产的油还可做他用。由于棕榈油和橄榄油对于皮肤来说性质温和，因此都可以作肥皂使用。从制动液到油墨，蓖麻油在工业生产中有多种应用；而亚麻籽油则可用作清漆以及画家用的油画颜料。植物油一般为液态，但是许多植物油可通过氢化过程转化成为固态。人造黄油就是通过氢化作用制造而成的。

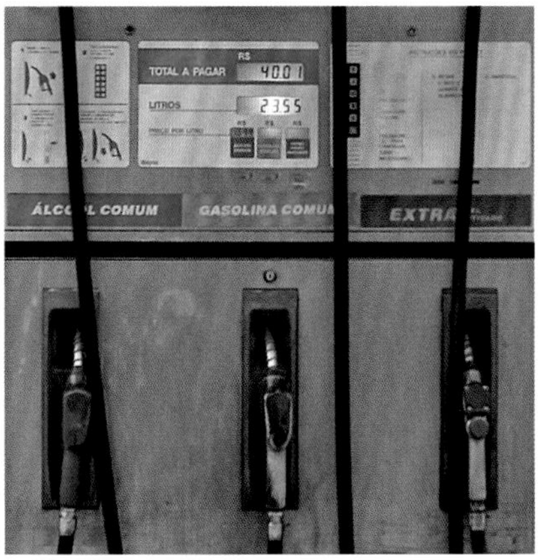

▲以植物为基础制造的燃料

世界上的一些地区，例如：巴西，甘蔗是被用作生产机动车燃料的植物的。先从甘蔗茎中提取出甘蔗汁，然后添加酵母菌进行发酵。酵母菌能够将糖转化为乙醇。以乙醇制成的燃料相对于汽油来说更环保，因为它含有较少的硫黄。并且它还能够将一些国家从依靠进口石油（随着石油储备的减少，石油价格越来越贵）的束缚中解脱出来。

药用植物

早在现代医学出现之前，人们就知道一些植物能够帮助抵抗疾病。一些世界上较早的书籍都是草药书，即那些描述药用植物形态以及用法的书籍。在现代医学出现后，许多疾病是由特制药物来进行治疗的。即使如此，我们所用药物的 80%都是由植物产品或基于最初在植物中发现的物质制成的。研究者每年都会发现一些新型的药用植物以及那些已知植物的新用途。

罂粟具有大朵的花和蜡质的叶片
未成熟的种子头部中含有用作止痛药的乳汁

◀止痛药

在 5000 多年的时间里，罂粟的种植是为了获取存在于其体内作为止痛药的乳汁。这些药物包括可待因（碱）和吗啡（已知的最强效止痛药之一）。有一段时期，含有罂粟的药物被用来治疗腹泻和失眠；尽管如此，它们还是具有危险的副作用。现今，罂粟仍旧作为药用植物被种植，但是为制造毒品海洛因而去种植罂粟则是非法的。

叶子边缘的尖是用来威慑动物的
花蕾显现于植株的中心
多汁的肉质叶是用来震慑植食性动物的

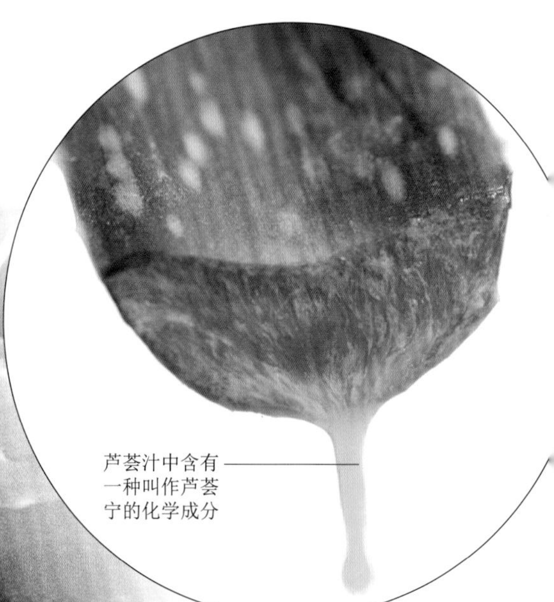
芦荟汁中含有一种叫作芦荟宁的化学成分

▲促进痊愈

从古代起，人们就开始利用植物治疗动物叮咬和蜇刺，还用它们去治愈割伤和擦伤。来自芦荟的汁液可以减少发炎和舒缓烧伤，也被用于化妆品和防虫剂的制作。世界上有 200 多种芦荟，许多品种都一直被作为药品使用。现在世界各地都有种植起源于热带非洲的芦荟。

抗哮喘药用植物▶

常绿灌木——麻黄可以生产出作为药物的麻黄素（麻黄碱）。麻黄素可以打通直达肺部的导气管，古代中国人就利用麻黄来治疗哮喘和花粉病。现今，麻黄素采用合成的方式制成，替代了从植物中提取的方法。麻黄素被吸入后逐渐发挥作用，但是一剂药只发挥几小时的药效。

镇静剂▶

许多药用植物都对神经系统起作用。几百年来，木质灌木——萝芙木根部的粉末曾被作为镇静剂和降压药使用。这种植物的速效成分——利血平，被作为是治疗精神疾病的最有效的药物。长时间服用此类药物会带来一些副作用，因此后来不再把它作为处方药来使用。

萝芙木的花朵是管状的，具有红色的茎和白色的花瓣

叶片类似皮革并且常绿

抗疟疾药用植物▶

疟疾是一种十分可怕的疾病，一年能够侵害2.5亿人。金鸡纳树的树皮用于疟疾的治疗已有300年的历史。金鸡纳树树皮中含有金鸡纳碱，可以防止疟原虫在已感染人体血液中的繁殖。人工生产金鸡纳碱很困难，因此金鸡纳碱的生产仍然是依赖于金鸡纳树。

古柯的叶片用来生产可卡因

抗癌药物▶

同多数红豆杉一样，太平洋红豆杉也是有毒的。但它也是紫杉醇（一种重要的抗癌药物）的来源。紫杉醇可以干预细胞的分化，因此它可抑制癌细胞的生长和扩散。红色的蔓长春花（长春蔓）是另一种含有抗癌药物的植物。它用来治疗白血病和霍奇金病（霍奇金淋巴瘤）。

药物滥用▶

在拦截可疑船只后，海关工作人员正在检查所缴获的非法毒品。许多来自植物的毒品都在秘密地进行着提炼和买卖。毒品的主要原料是大麻、罂粟和古柯（生长在南美的一种用来生产可卡因的灌木）。违禁毒品对健康造成极大伤害，并且加剧了犯罪的发生。尽管国际刑警组织一直在努力打击毒品犯罪，但毒品贸易仍旧很难得到控制。

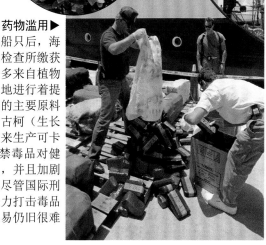

药用植物治疗法

金光菊

按其科学分类也称为紫锥菊（echinacea）。这种植物来源于北美洲大草原。它可以治疗刀伤，也可以增进免疫系统（身体中预防感染的部分）的免疫力。金光菊是最重要的药用植物之一，美国的印第安人就利用它作为治疗药物。

夜来香

夜来香作为药物治疗首次应用于20世纪70年代，是一种相对来说比较新型的药物治疗方法。夜来香油中含有脂肪酸，它可以促进循环，并且有助于关节炎症状的治疗。夜来香起源于北美，但现在在世界各地都有种植。

银杏

银杏具有扇形叶，其中含有高水平的抗氧化剂——有助于保护生命细胞中复合化合物的物质。许多草药学家认为，从银杏叶中提取出来的物质能够有助于保持身体的健康，并延缓衰老。

亚洲人参

人参被视为强身滋补药。人参是最著名的药用治疗植物之一。几个世纪来，东亚地区的人们将人参的根作为滋补品，即那些能够增强体魄并预防疾病的物质。在北美种植的一种人参的近亲植物似乎也同人参一样具有同样的功效。

常见撷草

也称夏枯草。撷草是一种用于治疗失眠的传统药物。不同于合成药物，它们没有不良的副作用，可以帮助人们入眠，也常用于低血压的治疗以及精神压力的缓解。撷草的提取物是从其经过干燥和碾碎的根部来制备的。

杂草

生长在一定生境中的无用植物被称为杂草。杂草对于园丁和农夫来说都是一大难题，因为它们会与栽培的植物争夺空间、水分和阳光。杂草还会导致病虫害在园艺植物和作物中扩散。如果杂草扩散到正常生境以外的地区，那将会造成更大的麻烦，因为它们会变得具有入侵性，并将原产地的植物排挤出去。控制杂草的方法有三种：人工除草；利用化学制剂消除；利用自然敌害控制的生物防治。

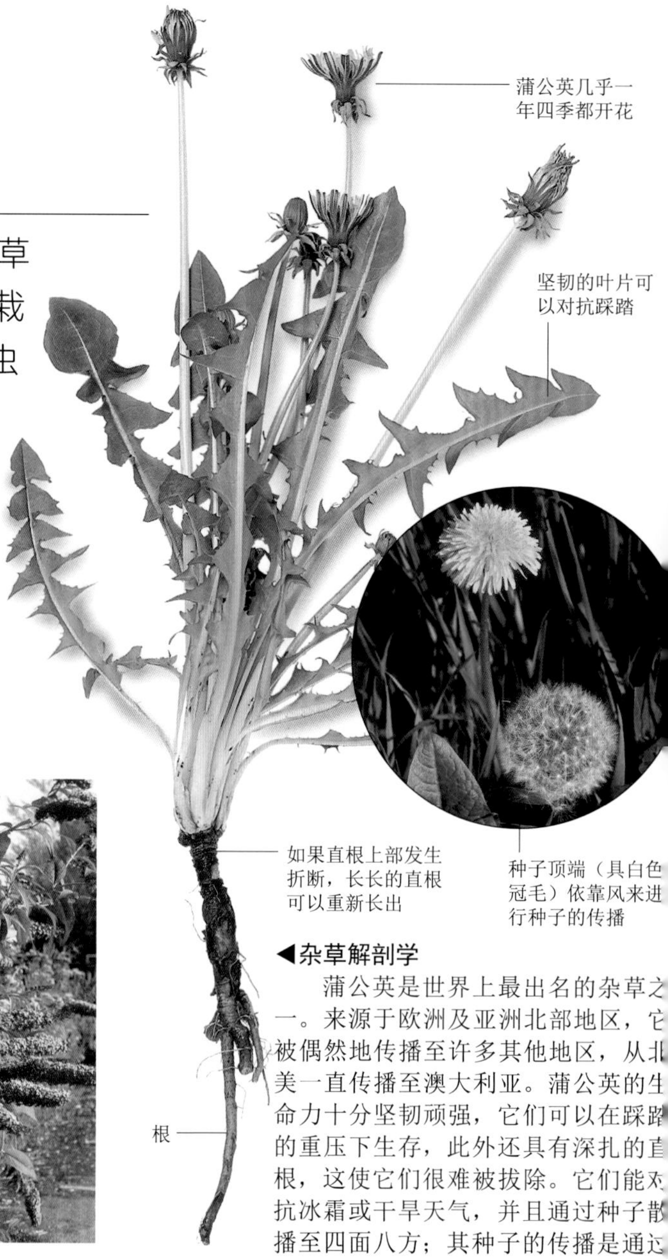

蒲公英几乎一年四季都开花
坚韧的叶片可以对抗踩踏
如果直根上部发生折断，长长的直根可以重新长出
种子顶端（具白色冠毛）依靠风来进行种子的传播
根

◀杂草解剖学

蒲公英是世界上最出名的杂草之一。来源于欧洲及亚洲北部地区，它被偶然地传播至许多其他地区，从北美一直传播至澳大利亚。蒲公英的生命力十分坚韧顽强，它们可以在踩踏的重压下生存，此外还具有深扎的直根，这使它们很难被拔除。它们能对抗冰霜或干旱天气，并且通过种子散播至四面八方；其种子的传播是通过形似降落伞的微小绒毛的飘散进行的。

杂草是如何扩散的▶

醉鱼草最初来源于中国，但是它现在已经成为世界其他地区常见的一种杂草。在19世纪，醉鱼草作为一种园艺植物被带到欧洲和北美地区，但是它们自己却野化（退化）掉了。它们在荒地中（砾石地及铁路旁）茁壮成长。如果根部能够收集到水分，它们甚至能生存于高架桥以及墙壁上。夏季，这种草开的小紫花能够产生出具有香甜气味的花蜜，从四面八方招引蝴蝶。一些蝴蝶能够在超过1千米的地方闻到来自醉鱼草花的芳香。

▲园艺杂草

对于全世界的园丁来说，除草是必需的工作。大多数园艺杂草为一年生植物，一旦土壤经过挖掘它们就会萌发生长。繁缕、千里光以及其他一些一年生杂草通常具有浅根，这使得它们容易被拔除。而蒲公英这样的多年生杂草就是比较棘手的问题了。它们在土壤中扎根很深，并且当根被折断后，还能够重新生长。这类杂草的每一部分都必须被去除。

▲耕地杂草

耕地中，不同的杂草生长在不同的区域。图中这些马正在牧场吃草，牧场是荨麻、蓟、酸模以及其他多年生杂草最喜爱生活的环境。农畜啃食草类以及叶片柔软的植物，唯独剩下了杂草没有被吃掉，结果导致了杂草缓慢的扩散。在庄稼地中，大多数杂草属一年生植物。这些杂草通常在作物开始生长之前就已经萌发，并且在作物收割时还帮助了杂草种子的传播。

▲水生杂草

一些世界上最有害的杂草生活在淡水中。这张图片显示的是被称作水葫芦的浮水植物。它来源于南美，偶然被带到热带地区，在那里它们依附于河流、湖泊以及池塘生活。水葫芦生长非常迅速，遮蔽住了生存在水中的动植物，使得鱼类很难生存下去。它们堵塞船舶的推进器，甚至能够迫使水电站的涡轮机停止工作。

工作人员将入侵的灌木拔除
帝王花是南非的国花

▲与外来入侵植物的争战

南非的植保工作人员手持大砍刀正在击退外来的入侵植物。受世界自然基金会的经费支持，这项工作的目的在于保护高山硬叶灌木群落，这是一类在世界的其他地方发现不到的植物。此类植物种类多得令人惊讶，包括芦荟属植物、天竺葵属植物以及南非山龙眼属植物。但是它们中的大多数都受到来自外来物种对其生境入侵的威胁。入侵种大多为一个世纪前引入南非的澳大利亚灌木和乔木。

以仙人掌为食的蛾子

▲杂草的生物防治

20世纪20年代，来自南美的刺梨仙人掌在东澳大利亚毫无拘束地生长。几年中，有超过1500万公顷的农田被仙人掌植物所覆盖。为了应对这些危害，科学家从南美引进了以仙人掌为食的蛾子。5年中，这些蛾子遏制住了仙人掌植物侵略的脚步。这种治理杂草的方式称作生物防治。

双翼飞机低空飞行向作物喷洒除草剂

▲杂草的化学防治

在田地上空飞行的飞机正在向庄稼喷洒除草剂。一些除草剂会杀死所有植物，但是用在杂草防治中的除草剂需要经过选择进行使用，也就是说除草剂只消除庄稼以外的杂草。除草剂彻底改变了农业耕种，并且帮助农民增收。但是，除草剂同样存在一些欠缺，它们会伤害到野生动物，并且对人类健康造成威胁。

被引入的入侵植物

黑荆树（澳大利亚柔毛金合欢）

这是来自澳大利亚的一种生长十分迅速的树种，它的生长环境通常是贫瘠、干旱的土地。它被引入世界其他地区，因为它是制造火柴的上等原料。它的根中还含有固氮菌，可以为土地施肥。在南非，黑荆树已经成为当地的问题树种，因为它们强夺了当地树种生长所需的水分。

日本结节草

这是一种成簇生长的多年生植物。日本结节草是作为园艺植物引入欧洲和北美地区的。但不幸的是，被引入的结节草很快就野化（退化）了，如今它们出现在荒地或河畔，尤其出现在那些土地潮湿的地区。它们将其他植物种类排挤出去，并且它们的茎形成浓密的灌木丛，即使利用强效除草剂也很难消除这类植物。

野葛

也称为一分钟一英里藤（形容生长速度快）。这种生长速度极快的攀缘植物来自中国和日本。它们一年可生长10米，并且它们还能够在地面和树上蔓延。它们是作为园艺植物被引进至北美地区的，并已成为最主要的有害植物，现在这类植物已经蔓延超过200万公顷的土地。在北美的许多州，种植此类植物是非法的。幸运的是，由于它们承受不了恶劣的冰霜天气，这也限制了它们的蔓延速度。

马缨丹

这是一种低生的热带灌木，它们具有整洁的叶片和散发芬芳的橘色或红色的花朵。尽管具有十分吸引人的外表，但是它们在世界的温带地区仍旧不受欢迎。它们常常“掌管”牧场，因为农畜无法啃食它们粗糙的叶片和木质茎。此外，它们生产的浆果是有毒的。由于马缨丹无法忍受冰霜天气，因此，在冬季寒冷的地区，将其作为园艺植物进行种植是安全的。

千屈菜

这是一种来自欧洲的普通野花。千屈菜生长于河堤及淡水沼泽中，在其自然生境中，其他植物种类控制它的生长。但是在北美地区，千屈菜经常排挤本地植物。千屈菜的蔓延十分迅速，仅一棵千屈菜就能产生出多达30万颗种子。这种植物还具有攀缘茎，会形成巨大丛落。

植物学研究

植物学（即以植物为研究对象的学科）是一门古老的科学。早在 2000 多年前的古希腊和中国，经验丰富的医生收集各类植物并对这些植物的药用价值进行描述。在 18 世纪，瑞典植物学家林奈发明了一套植物的命名系统，并且一直沿用至今。从那时起，植物学家就开始对植物的运作机制进行了大量的研究。现代植物学家的身影开始出现在实验室中、植物园中以及遍及各地的天然植物生境中。植物学之所以重要，是因为世界变化得太快了。植物的生活环境正不断地缩减，与此同时，植物学家为能在如此的威胁下对植物进行保护而更加努力地进行着工作。

对新物种的研究▶

图中的植物学家正手持放大镜对南亚热带雨林中的猪笼草进行研究。在对活体植物的近距离观察之后，他会带走一些植物的叶片及花朵的样本，从而能够对其进行鉴定。如果结果显示此类植物为新品种，那么植物学家会对其进行细致的描述，并为之赋予一个科学的名称。这类工作会对濒危植物的保护提供帮助，因为识别濒危植物是对它们进行保护的第一步。植物学家对植物的研究已经进行了几个世纪，尽管如此，植物学领域仍有许多需要研究的东西。每年有上百个新种被发现——这些新种的发现不仅存在于遥远的雨林，也同样存在于城市之中。

▲保存植物

这个抽屉中装有一个被压平的植物标本，它被平放在一张纸上。平缓地压制植物标本可以挤出其中的水分，但又不破坏其形态。干燥的植物标本可以无限期地保存，并且不会腐坏。压制的标本汇总成为植物标本集。世界上最大标本集之一就存在于伦敦邱园，其中包含了 700 万份植物标本，标本数量每年仍在不断增加。

生境的破坏▶

由于农民对土地的渴望，南亚的雨林正在消失。树木也因人们对木材的需求而被砍掉。当雨林中的树木消失，其他的森林植物如兰科植物、棕榈科植物以及蕨类植物，也将随之消失。据世界自然保护联盟调查显示，世界上有8000多种的植物正在遭到破坏。

植物保护▶

组织培养是保护濒临物种的一项技术。将植物细胞移除，然后将细胞团转移到放置有培养基的试管中。经过几周的培养，每一个细胞团都能发育成为具有根和叶的新个体。组织培养中新个体的形成是直接略去花的授粉和种子发育这两个步骤的。

种子库▶

在世界各地，特殊种子库中保存了濒危物种的种子。不同于活体植物，种子是可以保存几十年甚至几百年的。将来，这些种子可以在野外重新种植培育出植物。种子库也储存来自作物的原始种，这样可以防止它们在新种出现后不会完全消失。

▲植物园

这些植物种植于英国皇家植物园——邱园。邱园是世界上植物研究方面的领先中心之一。在邱园中，科学家可以进行研究；也可供游人观赏，游客们可以在控温的温室中欣赏多种植物。现代植物园中经常种植那些在野外罕见、濒临灭绝的植物物种。

路易斯-安托万·德布甘维尔伯爵
宝巾花朵被色彩丰富、叶状的苞片包裹着

▲植物命名

当一个新种植物被鉴定出来后，必将赋予其一个科学的名称。这个名称通常描述的是这个植物的形态特点，但也经常为纪念第一个发现它的人而命名。例如，引人注目的攀缘植物宝巾花（*Bougainvillea glabra*）的名称就是在一位名叫路易斯-安托万·德布甘维尔（Louis-Antoine de Bougainville）的法国海军军官于南太平洋探险时发现的。“glabra”是拉丁文中“光滑”的意思，用来描述此植物光滑无毛的叶片。

濒危植物

渐尖木兰

这种稀有物种生长在“非洲之角”的延长部分——索科特拉岛。渐尖木兰是葫芦科中唯一的一个树种，具有一个可以抵抗干旱的储水树干。在旱季，农民们常常给他们的牲畜喂食渐尖木兰的多汁果肉，这就是为什么这类植物稀少的原因。

智利肖柏

此种植物属于大型针叶树，来自位于智利南部和阿根廷地区的湿润山坡上。早在17世纪，欧洲殖民者利用它作为木料，目前原始智利肖柏只剩下一小部分。这一树种现已被保护起来，但是非法砍伐仍然存在。

圣海伦岛黄杨树

这种小型灌木生活在位于大西洋南部的圣海伦岛上，那里只留有不足20种野生植物种。生境的丧失以及家畜的破坏是这些植物所面临的主要威胁。但是，植物学家收集黄杨树的种子，以便能够在野外重新进行种植。

黄金宝塔

如同许多南非的灌木，黄金宝塔同样受到来自外来物种的威胁。在它们的生境中涌入了外来植物物种。幸运的是，黄金宝塔受全世界的园艺爱好者欢迎。虽然这种植物在野外生存数量稀少，但是它们能够依靠人工栽培继续存活下去。

扶桑

这种植物只生长在位于印度洋地区的毛里求斯。外来种侵占了它的生境，仅有少数存活于自然环境下。这种植物还面临着另一大难题——它与普通木槿属中其他植物的杂交，导致了纯种扶桑数量的递减。

植物的分类

不开花植物

孢子植物

门	常见名	科	种	分布	突出特点
苔类植物门	苔类植物	69	8000	全世界范围	世界上最简单的植物，不具有真正的根、茎、叶（虽然有些种类中具有片状叶）。低生（矮生），并且限制生活在湿润生境下，通过产生孢子进行繁殖。
角苔植物门	角苔	3	100	主要分布在热带及亚热带地区	类似于苔类的简单植物，可能是由绿藻单独进化而来。生长在潮湿环境中，其名称由角状的产孢结构而来。
苔藓植物门	藓类植物	92	9000	全世界范围内，但大部分分布于温带地区	通常具有垫状或羽状结构的多样化简单植物。其孢子在生长于细柄上的孢蒴中发育。它们生长于林地、泥炭沼泽及裸岩上。
松叶蕨植物门	松叶蕨	1	6	热带及亚热带地区	最简单的维管植物（指植株体内具有运送水分的导管）。在产孢时期有具细微分支的类箒帚状结构。松叶蕨可能生长在其他植物体上。
石松植物门	石松	3	1000	全世界范围	一种低生（矮生）植物，具有实根、攀爬或直挺的茎以及小的鳞状叶。通常生长于林底层。石松属于成煤时代（石炭纪一名最初创用于英国，由于这个时期的地层中蕴藏着丰富的煤矿藏，故称成煤时代；3.54 亿～2.9 亿年前）的优势植物。
楔叶植物门	问荆	2	15	全世界范围	具圆形茎、轮生细叶以及分开的产孢茎。一般生长在潮湿环境下，如生长在小溪旁，并经常成簇生长。
蕨类植物门	蕨	27	11 000	全世界范围，但大部分分布于热带地区	具发达根系、纤维状茎以及复叶的植物。多数在地面生长；一些种类生长在淡水中或附着于其他植物生长。蕨类组成了不开花植物中的最大群体。

裸子植物　不开花，产种子的植物

门	常见名	科	种	分布	突出特点
松柏门	针叶树	7	550	全世界范围，但大部分分布在北极地区	不开花的风媒植物。具有木质茎并且在雌性球果中产种。种类多为乔木，也有一些为低生灌木，并且几乎所有种类都具有常绿叶。它们的叶片及木质部中通常都含有芳香树脂。
苏铁门	苏铁	4	140	主要分布于热带地区	具有质密的木质茎，顶生复叶的掌状植物。雌雄异株，雌性苏铁在球果中产种，雄性苏铁散布花粉。多数苏铁为风媒传粉，也有一些为虫媒传粉。
银杏门	银杏	1	1	起源于中国和日本；现今在世界各地都有培育	唯一具有与众不同的扇形叶的树种（也称作掌叶铁线蕨）。雌雄异株，雌性树产具有肉质外壳的种子，当其成熟时看上去像黄色的浆果。
买麻藤门	买麻藤	3	70	主要分布于热带及亚热带地区	多样化的、不开花的种子植物。通常生活在沙漠或干旱地区，包括有被称作麻黄的分支茂密的灌木以及只生长在非洲纳米布沙漠的千岁兰。风媒或虫媒传粉。

被子植物（有花植物）

木兰纲　具两片子叶的植物

亚纲	常见名	科	种	分布	突出特点
木兰亚纲	木兰及其亲缘植物	39	12 000	全世界范围	具有单瓣花的植物（而不是头状花序）。萼片和花瓣都呈螺旋状排列。包括含有木质茎以及软质茎的植物，如木兰、睡莲、毛茛和罂粟。它们都是最原始的双子叶植物。
金缕梅亚纲	金缕梅及其亲缘植物	24	3400	全世界范围	具有典型的小型风媒花，并组成柔荑花序的植物。这一种类中包括了一些软质茎植物，如荨麻和大麻；但是一些为乔木和灌木，如金缕梅、悬铃木、桦树、山毛榉以及橡树。
石竹亚纲	石竹及其亲缘植物	13	11 000	全世界范围	这类植物通常具有软质茎，并且花瓣颜色通常多样。大多数为低生，一些种类为常见的杂草。此类植物中包括石竹和康乃馨、甜菜、菠菜以及一些攀缘植物，如九重葛。仙人掌也属于此亚纲。
五桠果亚纲	棉花及其亲缘植物	78	25 000	全世界范围，但是大部分分布在热带地区	此类植物通常为单叶（即不分开的叶），有些时候花朵的花瓣是相连的。此种类中包括许多乔木、灌木以及一些庄稼植物，如木瓜、南瓜属（南瓜、西葫芦和黄瓜）、棉花、可可和茶。
蔷薇亚纲	蔷薇科及其亲缘植物	116	60 000	全世界范围	此类植物的花朵具有分开的花瓣，并且具有数量众多的花蕊。包括许多世界上最大的植物分科，如豌豆、大戟植物以及蔷薇植物，此外还有大花草属植物（具有最大花朵的植物）。
菊亚纲	雏菊及其亲缘植物	49	60 000	全世界范围	此类植物具有花瓣相连的花朵，其花蕊依附于花朵内部。此类中有许多主要的植物分科，包括薄荷及马铃薯。雏菊科植物具有复合花，即由许多小花（或称小筒）集合在一起而形成的。

百合纲　单子叶植物

亚纲	常见名	科	种	分布	突出特点
泽泻亚纲	水池草（泛指多种淡水植物，如眼子菜，鸭子草等）及其亲缘植物	16	400	全世界范围	此类植物具有软质茎，并且在水中生长或浮水生活。此种类中包括沼泽海韭菜、淡水眼子菜以及生活在海洋中的大叶藻。它们都是最原始的单子叶植物。
鸭跖草亚纲	禾本植物及其亲缘植物	16	15 000	全世界范围	此类植物通常具有风媒传粉的小花。此种类中包括禾本科植物（是分布最广、最重要的开花植物分科中的一类）、灯芯草、芦苇、莎草植物以及凤梨科植物。此种类中的大多数为软质茎。
槟榔亚纲	棕榈植物及其亲缘植物	6	4800	全世界范围，但是大部分分布在热带地区	此类植物具有排列成组的小花，花朵被称为佛焰苞的叶状片紧扣。此种类包括棕榈科植物（大约有 2800 种）、天南星科植物（如蓬莱蕉）以及浮萍科植物（最小的开花植物）。
百合亚纲	百合及其亲缘植物	19	30 000	全世界范围	此类植物具有典型的软质茎、狭叶以及引人注目的花朵。除百合外，此类植物还包括蝴蝶花、水仙花、龙舌兰、薯蓣科植物以及兰科植物（开花植物中最大的分科之一）。它们是最高等的单子叶植物。

词汇表

DNA（脱氧核糖核酸）

DNA是脱氧核糖核酸的缩写。DNA是生命体储存生命信息的物质。它的工作方式类似于化学配方。它决定了细胞的形成，而且控制细胞如何去工作。参见染色体。

半寄生

依靠吸取其他植物体内的水分和养分而生存的植物。

孢子

能够发芽及生长发育的小型细胞囊或单个细胞。简单植物及真菌利用孢子进行扩散。

孢子体

在苔类、藓类或蕨类等简单植物生活史中，产生孢子的那一时期的植株。

被子植物

通过生产种子来进行繁殖的开花（有花）植物。供种子所生长的保护性腔室称为子房，子房成熟后便形成了果实。

表皮

植物的叶、茎、根中的最外层细胞。

常绿树

常年具有树叶的树木。

传粉

花粉从花药或小孢子囊中散出后，传送到雌蕊柱头或胚珠上的过程。传粉后进行受精和种子的生长发育。传粉媒介有动物（昆虫）和风。

雌雄同株

分开的雄花和雌花生长在同一植株上。玉米就是雌雄同株的一个范例。

雌雄异株

雌花和雄花分别长在不同株体上的植物。

单叶

不分成两个部分的一片叶子。科学解释为：一个叶柄上只着生一个叶片。

单子叶植物

具有一片子叶的开花（有花）植物。

地下茎

匍匐生长于地下的茎。植物可利用地下茎蔓延。

地衣

由真菌和微藻组合的复合有机体。地衣常生长于裸岩以及一些其他植物无法生存的极端生境中。

淀粉

储存于植物中的高能量物质。可用来作为食物淀粉，是人类主食（如小麦、大米和马铃薯）中十分重要的一种成分。

豆科植物

双子叶植物纲蔷薇亚纲的一科。有成熟时会崩裂开的荚果。

短生（短命）植物

萌发、开花及种子的散播（即生命周期）都发生在短时期内的植物。多数短生植物生长在干旱地区，雨水来临后即可萌发。

多年生植物

生长期为多年的植物。所有的乔木和灌木都是多年生植物。其他的一些多年生植物具有非常柔软的茎，它们在冬季是通过地下休眠来躲避寒冷的。

萼片

保护花蕾的片状物。不同于花瓣，萼片通常是绿色的。

二年生植物

在两年内完成其生活周期的植物。二年生植物的开花、结果以及死亡都发生在其生命周期的第二年里。

发芽

种子或孢子在一定湿度和温度条件下的萌发。

浮游生物

那些在水中度过其整个或部分生活周期的微型生物。

浮游植物

在水中营浮游生活的微小生物体。它们的生活方式同植物一样，从光照中获取能量。

附生植物

能够自己获取养分或食物（不同于寄生植物），但附生在其他植物（尤其是树木）上生长的植物。

复叶

被分离成多枚小叶，且小叶共同着生在同一个叶柄上的叶子。

高山植物

在高于森林线上的空旷山坡生长的植物。多数高山植物属于矮生种并且形态为垫状。

根毛

生长于接近根尖区域的微型毛状物。它们可从土壤中吸收水分和养分。

谷类

经过培育的禾本科植物。例如：小麦和玉米。栽种它们是为了生产出可供食用的谷物。

光合作用

植物和藻类生产养分的途径，这些植物含有一种被称为叶绿素的色素，它们在光的照射下，将二氧化碳和水转化为葡萄糖。

硅藻

微小的、单细胞藻类。具有硅质小壳（即硅藻与众不同的细胞壁——由上下两壳相扣而成）。硅藻大量地出现在海水表层，在那里它们可以从阳光中吸收能量。

果实

包裹着种子的成熟子房。开花植物通过果实来散播其种子。

旱生植物

特别适应干旱生境的植物。

花瓣

花朵上的片状体。通常花瓣具有鲜艳的颜色来吸引传粉动物。

花粉

种子植物雄花花药中的粉状物（花粉粒），是植物雄性生殖细胞。

花丝

花朵中支撑花药的柄状结构，可以做散播花粉之用。

花药

花中的雄性部分，是产生和散播花粉的地方。

花柱

花朵中连接柱头和子房的柄。

化石

存留在岩石中的生物遗骸。植物化石可以帮助植物学家研究植物是如何进化的。

基因

控制机体生长及工作的化学结构。基因是具有遗传效应的 DNA 片段，基因的复制和传递发生在生命物质进行复制的时期。

寄生植物

从其他植物（宿主）体内获取所有自身所需养分的植物。不同于大多数植物，寄生植物不具备机能叶片。

胶乳

由植物产生的一种具有难吃味道的汁液。通常用于抵御植食性动物的侵犯。

界

生物科学分类法中最高的类别。大多数生物学家将生物界分为五类：动物、植物、真菌、原生生物以及原核生物。原生生物包括藻类（与植物有着十分近的亲缘关系的生命体）。

进化

植物乃至所有生命体中产生的一种渐变的过程。进化使生命体能够历经多代去适应不断变化的生活环境。

茎节

茎上生长一片或多片叶子的地方。

聚合花

具有头状花序的花。其花序由微小花朵或小筒聚合在一起组成，使其看上去像朵单个的花。

卷须

植物用来附着和缠绕其他物体的螺旋状叶（此处指的是由叶片演变而成的卷须，此外还有由茎演变而来的卷须）。卷须环绕在植物近处的物体上，并支持植物向上生长。

克隆

利用无性繁殖，由同一个祖先产生的植物（或生命体）的一群个体的集合。被克隆的植物共享完全相同的基因。

块茎

肉质膨大的块状茎，用于植物的养分储存及帮助植物延展。马铃薯就是植物块茎的代表。

阔叶树

非针叶树类的开花（有花）树种。阔叶树可以是常绿或是落叶的。

落叶树

在一年当中会掉落其所有叶子的树木。

裸子植物

一类无花无果，通过产生种子进行繁殖的植物。其种子通常形成在球果中。

木质部

功能类似于管道的细胞网络。植物通过木质部可将来自根部的水分运输至叶片中去。

年轮

树木在被砍倒后，显现于树干截面上的环。每一个环代表着树木在每一年中增长的部分。环的数量代表着树木的年龄。

胚

包裹在种子内部的未发育的植物体。

胚根

种子植物胚中未成熟的根。

胚珠

开花（有花）植物中的一小团雌细胞群，是种子的前体。在种子形成之前，花粉粒中的雄细胞会对胚珠进行受精。

配子体

简单植物中（如苔类或蕨类），在其生活史内处于产配子（性细胞）时期的植物体。参见孢子体。

葡萄糖

植物通过光合作用产生的一种糖类。葡萄糖可以为植物提供生长所需的能量。

球茎

植物处于地下的，用于储存养分的部分。球茎是由肿胀的叶基形成的，或由相互包裹的肉质鳞茎所组成。

染色体

在多数生物细胞中发现的微观结构。染色体包含一种被称作基因的化学指令，基因通过一系列指令来构建生命物质并使其运转工作。

韧皮部

具有管道作用的细胞网络。负责将植物通过光合作用而产生的养分运输到植物体的各部分当中去。

肉质植物

生长在干旱地区的植物，将水分储存在根、茎以及叶片中。

生长调节剂

调控植物细胞分化速度的一类化学物质。通常作用于加速细胞分化的进程，但有时也会降低细胞分化的速度。

生境（栖息地）

植物（或其他种类生物）生长（生活）所在的特定环境。

生物碱

由植物产生的化学物质。它们可以侵袭动物的身体。生物碱中含有兴奋剂（如咖啡因）和有毒物质（如马钱子碱）。

生物控制

一种控制虫害和疾病的方法。此方法是利用生物的自然天敌来替代合成的化学药剂。

受精

雄性细胞与雌性细胞结合产生新个体的时刻。在开花植物中，当花粉于两花间转移后发生受精。一旦受精发生了，花朵便可以开始形成种子。

双子叶植物

具有两片子叶的开花（有花）植物。

水生植物

生活在水中的植物。

松柏类植物

在球果中产生种子的不开花植物。大多数的松柏类植物属于常绿树种。

藤本植物

具有较长木质茎的植物，常见于热带雨林地区。

头状花序

生长于同一个茎上的花簇。

外来植物

野化进入荒地的非本地植物。

无性繁殖

一种不涉及雄性细胞和雌性细胞的繁殖方式。比如，一个植物可以通过茎和芽的生长最终形成一个新的、独立的植株。

细胞壁

由纤维素构成的围绕在细胞外部的纤维状外套。细胞壁的功用类似于支架，可以为植物提供其生长所需的支撑力。

细胞

构成生命体的极小的结构单元。它被一层薄膜包裹着。在植物细胞中，其细胞外膜被细胞壁包围着。大多数植物具有不同功能的不同类型的细胞。

细菌

单细胞生命有机体。是世界上结构最简单、种类最丰富的生物。一些细菌会引发植物疾病。有些种类的细菌与植物互惠共生，并帮助植物从土壤中吸收养分。

纤匐枝

在地面水平延展的茎。它的生长可产生出新的植株。

纤维素

由植物产生的一种建构材料。植物利用纤维素去构筑细胞壁。

小花（小筒）

头状花序中组成一整朵复合花中的单一小花。

心皮

花的雌蕊部分。雌蕊是由收集花粉的柱头和种子生长发育地方——子房构成的。连接两者的柄称作花柱。

性细胞

有性繁殖中的雄性细胞和雌性细胞。在开花（有花）植物中，雄性细胞存在于花粉中，雌性细胞存在于子房中。

雄蕊

花朵中雄性部分的集合。每一个雄蕊含有一个花药（产花粉部分）和一根连接在花药与花朵其他部分之间的花丝。

休眠

长时间的无活性状态。种子通过休眠来度过不良环境。

选择育种

一种提高植株质量的方法。即从母本产生的种子中挑选出有实用价值和具有独特性质的种子来培育植株。

盐生植物

生长在具有一定盐度生境中的植物。如生长在海边或是盐湖周围。

叶附生植物

附生于其他植物叶片上的一类植物。通过附着在其他植物叶片上以利获取阳光。

叶绿素

绿色色素（有色的有机化合物）。植物和藻类可以在光合作用中利用叶绿素从阳光中获取能量。

叶绿体

植物体中含有叶绿素的微观结构。叶绿体利用叶绿素从阳光中收集能量。

一年生植物

在一个单独的生长季节（一年）内完成其生活周期的植物。

遗传修饰（GM）

将有用基因从一类生命体转移至另一类当中去的一种人工方法。例如：遗传修饰在农作物增产当中的应用。

有性繁殖

通过两性生殖细胞相互融合的生殖方式。不同于无性生殖，有性繁殖可产生多样的后代，如植物产生的不同颜色的花朵。

杂草

生长在其不该生长的环境和场地中的草本植物。

藻类

简单、类植物生命体中一类多样化的群体。它们通过光合作用获得养分。大部分藻类生活在水中。

针叶树

一类不开花的、在球果中形成种子且具有常绿叶的树或灌木。针叶树是具有球果的植物，而且种类繁多、分布广泛。

蒸腾作用

水蒸气通过植物叶片中的气孔向外散失的过程。这一过程帮助植物吸收来自根部的水分。水分能提供有用的矿物质，保持植物细胞的坚固性，并且水分还要参与植物的光合作用。

汁液

向植物体内不同部分运输水分、养分和溶解食物的液体。汁液流过木质部及韧皮部细胞的微型管道。

植物学

研究植物的学科。

中脉

延伸于叶片中央的一条主脉。

种皮

附于成熟种子外部的坚硬的、具有保护性的外壳。

种

生物分类系统中最基本的单位。同种的成员形态相似，并且同种之中在野生状态下能够繁殖后代。

种子库

将种子集合、干燥并进行长期储存的地方。

主根

植株的最主要的根。其他小根从主根中作为分枝生长出去。

柱头

花朵中用来授粉（指花粉）的雌性部分。

子房

开花（有花）植物中生长种子的器官。

子叶

包裹在种子内部的小叶。一些子叶储存营养物质，并且不会像正常叶片那样打开。另一类子叶在种子萌发时即快速打开，并获取能量以利种子的生长发育。

致 谢

Dorling Kindersley would like to thank Lynn Bresler for proof-reading and the index; Christine Heilman for Americanization; and Dr. Olle Pellmyr for her yucca moth expertise.

Picture Credits

The publisher would like to thank the following for their kind permission to reproduce their photographs:

Abbreviations key:
t-top, b-bottom, r-right, l-left, c-centre, a-above, f-far

1 Science Photo Library: John Kaprielian (clb). 3 Getty Images: Stock Image. 6 Getty Images: Kathy Collins (crb); Robert Harding World Imagery (l). N.H.P.A.: NASA/T&T Stack (cla). 7 N.H.P.A.: Guy Edwards (tl); Eric Soder (cra). 8 Science Photo Library: J.C Revy (c). 9 Getty Images: Panoramic Images (tr). N.H.P.A.: Roger Tidman (br). 10 Getty Images: Shoichi Itoga (br). Science Photo Library: Pascal Goetcheluck (crb). 11 Science Photo Library: Andrew Syred (tc); M I Walker (tl). Still Pictures: Ed Reschke (cr). 12 Science Photo Library: Dr. Jeremy Burgess (c); Dr. Morley Read (bl); J.C Revy (bc). 13 Alamy Images: Rubens Abboud (cr). N.H.P.A.: Steve Dalton (br). Science Photo Library: Mike Boyatt / Agstock (tc); Scott Camazine (bc); Eye of Science (tr). 15 Scotty Kyle, Conservation Officer, Greater St Lucia Wetland Park (www.zulu.org.za): (tl). N.H.P.A.: Andrew Gagg ARPS (br). Science Photo Library: John Kaprielian (cl); John Kaprielian (clb). 16 Science Photo Library: Dr. Jeremy Burgess (cb); Dr Tim Evans (bl); Eye of Science (cl). 17 Science Photo Library: Dr. Jeremy Burgess (br); Susumo Nishinaga (bc); Andrew Syred (fbr). 18 Alamy Images: Christine Webb (br). Holt Studios International: Nigel Cattlin (cl). Nature Picture Library: Chris O'Reilly (bl). Science Photo Library: M I Walker (tl). 18-19 Science Photo Library: Colin Cuthbert (t). 19 Ardea.com: P Morris (br); Kenneth W Fink (bl). 20 Getty Images: Andy Rouse (br). 21 Ardea.com: Francois Gohier (cra, crb); Francois Gohier (br). Getty Images: Jeri Gleiter (bl). Photolibrary.com: Oxford Scientific Films (tr); Oxford Scientific Films (clb). 22 Corbis: David Spears (cr). Science Photo Library: NASA/Goodard Space Flight Centre (bl). 23 Ardea.com: Francois Gohier (br). Corbis: Stephen Frink (bc). N.H.P.A.: Norbert Wu (bl). Science Photo Library: Mandred Kage (tr); Dr Ann Smith (tl). 24 Science Photo Library: David Scharf (cra). 25 Alamy Images: Blickwinkel (tr); Roger Phillips (tl). Ardea.com: Thomas Dressler (br); J L Mason (clb). Science Photo Library: Jan M Downer (ftl); Microfield Scientific Ltd (c); Andrew McClenaghan (crb); Duncan Shaw (tc); K Wise (cla); John Wright (ftr). Still Pictures: Darlyne A Murawski (bl). 26 Corbis: Hal Horwitz (clb). 26-27 Ardea.com: Bob Gibbons (c). 27 Alamy Images: Brian Harris (cra). Nature Picture Library: Tony Evans (tr). Science Photo Library: Susumo Nishinaga (bl). 28 Getty Images: Panoramic Images (bc). Natural Visions: Heather Angel (br). Science Photo Library: Simon Fraser (l). 29 Alamy Images: David Wall (bc). Corbis: Tony Wharton; Frank Lane Picture Agency (br). Nature Picture Library: Niall Benvie (bl). 30 N.H.P.A.: Alberto Mardi (b). 31 Alamy Images: Ian Evans (tr). Nature Picture Library: Adam White (br). Science Photo Library: Claude Nuridsany & Marie Perrenou (cb). 32 Nature Picture Library: Brian Lightfoot (br). Science Photo Library: Duncan Shaw (tl). 33 Bryan and Cherry Alexander Photography: B & C Alexander (tl). Ardea.com: Ingrid van den Berg (b). 34 Science Photo Library: Dr. John Brackenbury (b). 35 Alamy Images: Andre Seale (br). N.H.P.A.: Otto Rogge (bl). 37 N.H.P.A.: Simon Colmer (tc); Simon Colmer (tr). 38 Science Photo Library: Dr. Jeremy Burgess (cr); Susumo Nishinaga (cl). 39 Alamy Images: M P L Fogden (cr). N.H.P.A.: N A Callow (cl); Ken Griffiths (bl); Martin Harvey (tr). Science Photo Library: Leonard Lessin (tl); Leonard Lessin (tc); Anthony Mercieca (br). 40 Ardea.com: Ake Lindau (cr). Science Photo Library: Dr. Jeremy Burgess (tl). 41 Photolibrary.com: Oxford Scientific Films (br). Science Photo Library: Claude Nuridsany & Marie Perrenou (tr); Derrick Ditchburn (bl). 42 N.H.P.A.: Harold Palo Jr. (l). 43 Alamy Images: Steve Bloom (cl). N.H.P.A.: Stephen Krasemann (bl). Nature Picture Library: Jurgen Freund (fcr). Photolibrary.com: Oxford Scientific Films/Patti Murray (cr). 44 Science Photo Library: Eye of Science (bl). 45 Alamy Images: Imagebroker/Christian Handl (cl). Nature Picture Library: Jason Smalley (tr). Photolibrary.com: Oxford Scientific Films/Terry Heathcote (bl). Rex Features: BEI/O Pimpare (c). 46 Alamy Images: Caroline Woodley (t). Getty Images: Robert Harding World Imagery/Oliviero Olivieri (bl). 47 FLPA - Images of Nature: David Hosking (cl). 48 Getty Images: Skip Brown (r). 49 Alamy Images: David Moore (bc). Corbis: Paul A. Souders (br). Getty Images: Michael Edwards (tl). 50 Science Photo Library: Claude Nuridsany & Marie Perrenou (bl, br); Ken Everden (tl). 51 Corbis: Richard A. Cooke (bl); Clay Perry (tr). Nature Picture Library: Tony Evans (tc). Science Photo Library: Peter Menzel (bc). 52 Alamy Images: blickwinkel (br). DK/Weald and Downland Open Air Museum, Chichester: (bl). FLPA - Images of Nature: Larry West (fbr). 52-53 Getty Images: Rich Iwasaki (t). 53 Getty Images: Siefgried Layda (b). Science Photo Library: Colin Cuthbert (c). 54 Alamy Images: Kevin Lang (clb). Ecoscene: Christine Osborne (bl). FLPA - Images of Nature: Minden Pictures/Frans Lanting (bc). Getty Images: Chris Cheadle (tl). N.H.P.A.: George Bernard (br). Nature Picture Library: John Downer (fbr). 55 Alamy Images: Fabrice Bettex (br); Peter Bowater (tl). FLPA - Images of Nature: Minden Pictures/Mark Moffett (c). 56 Getty Images: Joseph Van Os (c). 57 N.H.P.A.: George Bernard (br); Laurie Campbell (tr). Nature Picture Library: Juan Manuel Borrero (cra); Neil Lucas (crb). 58 Ardea.com: Kenneth W Fink (bl). N.H.P.A.: James Carmichael Jnr (c). 58-59 Corbis: Wolfgang Kaehler. 59 Alamy Images: Danita Delimont (bc). Corbis: Staffan Widstrand (tr). FLPA - Images of Nature: Minden Pictures/Mark Moffett (bl). Science Photo Library: Vaughan Fleming (cr); Sincair Stammers (tc). 60 Alamy Images: Jacques Jangoux (l). Garden and Wildlife Matters: (cr). Still Pictures: Jean-Leo Dugast (bc). 61 Alamy Images: Roger Phillips (br). FLPA - Images of Nature: B Borell Casals (bl). Holt Studios International: Nigel Cattlin (tc); Nigel Cattlin (ftr). Still Pictures: JP Delobelle (tr). 62 Alamy Images: Chris Fredriksson (c). Richard Markham INIBAP, Montpellier: (cra). Natural Visions: Heather Angel (b). Nature Picture Library: Mark Payne-Gill (t). 63 Ardea.com: John Daniels (clb). FLPA - Images of Nature: Ian Rose (cla). Natural Visions: Heather Angel (cl). Nature Picture Library: Tony Heald (tl). Photolibrary.com: Bert & Babs Wells (r). 64 Alamy Images: Nigel Cattlin/Holt Studios International Ltd (br). Science Photo Library: Eye of Science (clb). 65 Holt Studios International: Nigel Cattlin (bc). N.H.P.A.: N A Callow (c); Sephen Dalton (tr). Cornell University (www.cimc.cornell.edu): (fclb). 66 N.H.P.A.: Pete Atkinson (bc). Science Photo Library: Ron Bass (tr). 66-67 Science Photo Library: Sally McCrae Kuyper (b). 67 FLPA - Images of Nature: Martin B Withers (tc). Holt Studios International: Nigel Cattlin (fcrb). Still Pictures: Ed Reschke (c). 68 Alamy Images: Worldwide Picture Library (tc). 68-69 Getty Images: Tom Bean (b). 69 Alamy Images: Robert Harding Picture Library Ltd (tc). FLPA - Images of Nature: Minden Pictures/Carr Clifton (cra). Gary James: (tr). Lonely Planet Images: Woods Wheatcroft (ftr). Photolibrary.com: Michael Leach (br); Oxford Scientific Films (bl). 70 Alamy Images: Pavel Filatov (tl). Getty Images: Photonica (r). 71 Alamy Images: Douglas Peebles (cra); David Sanger (br). Lonely Planet Images: Grant Dixon (crb). Natural Visions: Heather Angel (tr). 72 FLPA - Images of Nature: Michael Rose (cl). Holt Studios International: Nigel Cattlin (clb). 72-73 Alamy Images: David Sanger (c). 73 Alamy Images: Sue Cunningham (bc). Nature Picture Library: Christophe Courteau (cra); Jeff Foott (crb). 74 Alamy Images: Stephen Bond (cl); David Sanger (br). Getty Images: Theo Allofs (bc); Bruno De Hogues (bl). 74-75 Getty Images: Photonica (c). 75 Alamy Images: Aflo Foto Agency (bl). Corbis: Roger Tidman (crb). FLPA - Images of Nature: Ian Rose (cra); Tony Wharton (tr). Getty Images: Neale Clarke (tl). Science Photo Library: Alexis Rosenfeld (br). 76 Science Photo Library: Tommaso Guicciardini (cl). 78 Ardea.com: B McDairmanti (l). South American Pictures: Tony Morrision (cr). 79 Alamy Images: Mark Bolton Photography (tc); David Hoffman Photo Library (bl); Edward Parker (tl). Science Photo Library: Prof. David Hall (tr). 80 Corbis: Robert Essel NYC (b). Photolibrary.com: Lon E Lauber (c). 81 Alamy Images: Lise Dumont (cra); the Garden Picture Library (cr). Getty Images: Jon Bradley (bl). Science Photo Library: Agstock/Harris Barnes Jr (cla). Still Pictures: Ron Giling (bc). 82 Alamy Images: Nigel Cattlin/Holt Studios International Ltd (tr); Photo3 (br). Getty Images: Heather Roth (bl). 83 Alamy Images: blickwinkel (tl); Phototake Inc (br). Corbis: Sygma/Tore Bergsaker (cra); Bettmann (fcr); Kevin Schafer (clb). Lonely Planet Images: Lee Foster (cla). 84 Corbis: Tiziana and Gianni Baldizzone (bl). Getty Images: Jenifer Harrington (bc). Jeff Moore (jeff@jmal.co.uk): (c). 85 WWF-Canon: Martin Harvey (tl). Corbis: Buddy Mays (cr); Richard Hamilton Smith (bc). FLPA - Images of Nature: Minden Pictures/Frans Lanting (bl). Getty Images: Nigel J Dennis (tc). N.H.P.A.: ANT Photo Library (clb). 86 Ardea.com: Jean-Paul Ferrero (r). Corbis: Annebicque Bernard/Sygma (l). 87 Alamy Images: Stock Connection (tl). Ardea.com: Richard Porter (fbl). Rebecca Cairns-Wicks: (bc). Corbis: Jim Richardson (cla, clb); Leonard de Selva (cra). Getty Images: Angelo Cavalli (crb). Craig Hilton-Taylor: (br). Jeff Moore (jeff@jmal.co.uk): (tr). Wendy Strahm, PhD: (fbr).